环境与新能源矿物材料

廖立兵　吕国诚　刘　昊　梅乐夫　郭庆丰　王丽娟　著

科　学　出　版　社

北　京

内 容 简 介

本书介绍了矿物材料的定义和分类,综述了环境矿物材料(特别是水处理、土壤重金属污染治理矿物材料),基于矿物的发光材料,二次电池、电容器用矿物材料,新型矿物保温材料和工业固体废弃物综合利用的研究进展,重点介绍了作者在以上领域的主要研究成果。全书共分6章,分别是绪论、环境矿物材料、电化学储能矿物材料、基于矿物的发光材料、新型矿物保温材料、基于工业固体废弃物的矿物材料。

本书可为材料学特别是矿物材料学研究人员提供参考,也可作为相关专业本科生、研究生的教学参考书。

图书在版编目(CIP)数据

环境与新能源矿物材料 / 廖立兵等著. —北京:科学出版社,2023. 2
ISBN 978-7-03-074588-0

Ⅰ. ①环… Ⅱ. ①廖… Ⅲ. ①矿物–材料 Ⅳ. ①P57

中国版本图书馆 CIP 数据核字(2022)第 257023 号

责任编辑:霍志国 / 责任校对:杜子昂
责任印制:赵 博 / 封面设计:东方人华

科 学 出 版 社 出版
北京东黄城根北街 16 号
邮政编码:100717
http://www.sciencep.com
北京中科印刷有限公司印刷
科学出版社发行 各地新华书店经销
*
2023 年 2 月第 一 版 开本:720×1000 1/16
2025 年 1 月第二次印刷 印张:40 1/2 插页:12
字数:817 000
定价:198. 00 元
(如有印装质量问题,我社负责调换)

序　一

过去 30 年,能源危机日益凸显,环境污染问题日趋严峻,节能减排、发展环境与新能源材料和技术已成为世界各国发展战略的重要组成部分。矿物材料学是矿物学与材料学的交叉学科,环境矿物材料、新能源矿物材料是矿物材料学为满足社会、经济发展需求而逐步形成的新方向。天然矿物岩石具有独特的成分、结构、性能特点,利用天然矿物岩石制备高性能材料越来越被人们重视,而将先进的材料学、矿物学理论和手段引入矿物材料学研究,极大促进了矿物材料学的发展,矿物功能材料已被确定为特色资源新材料列入《"十三五"国家战略性新兴产业发展规划》,成为国家大力发展的战略性新兴产业之一。

廖立兵教授早年从事矿物晶体结构研究与教学,20 世纪 90 年代初在国内首先将扫描探针技术应用于矿物表面结构研究并获得重要成果,被认为是当时我国矿物学研究的重要突破。1993 年他参加筹建中国地质大学(北京)材料科学系、材料科学与工程学院后,研究转向矿物材料,至今已近 30 年。30 年来,他长期担任材料科学系主任、材料科学与工程学院院长,领导学院以矿物材料为特色建立和发展中国地质大学(北京)的材料学科,使中国地质大学(北京)的材料学科从无到有,并建成了硕士点、博士点和博士后流动站。同时,廖立兵教授还曾长期担任中国矿物岩石地球化学学会矿物岩石材料专业委员会主任,是我国矿物材料领域的带头人,为发展我国矿物材料学科做出了重要贡献。

在廖立兵教授从事矿物材料研究的 30 年间,他带领研究团队在矿物材料领域辛勤耕耘、不断开拓进取,在环境材料、新能源与特殊功能材料、低维与纳米材料、矿物深加工与综合利用方面取得了一系列重要成果。该书既是廖立兵教授团队在环境与新能源矿物材料方向主要研究成果的归纳和总结,也是中国地质大学(北京)材料学科建设的重要成果,书中引用的研究成果具有很高的学术水平,对矿物材料研究者具有重要的参考价值。此外,该书还介绍了每类相关材料的有关知识和国内外研究进展,因此内容系统、独具特色,可作为材料学相关专业本科生、研究生的教学参考书。

　　作为我国第一部环境与新能源矿物材料专著,该书的出版必将受到矿物材料学界的关注,对推动我国矿物材料研究和学科发展都将具有重要的作用。

邓华

中国科学院院士、中国地质大学(北京)原校长

2022 年 9 月

序　二

能源和环境问题伴随着工业文明的进步而发生和发展。现代社会的发展越来越依靠环境与资源的支撑,资源、环境与可持续发展是 21 世纪的主旋律。

我国是近几十年发展最快的发展中国家,经济、社会的高速发展造成能源消耗大幅度增长,煤炭、石油、天然气等传统能源不仅难以满足发展的需求,而且在消耗过程中对环境造成巨大破坏。大力研究和发展新能源已成为我国未来十分紧迫的任务。新能源材料是发展新能源的核心和基础,新能源材料催生了新能源系统的诞生,提高了新能源系统的效率,影响着新能源系统的投资与运行成本,对促进新能源的发展发挥了重要作用。

生态环境材料(简称环境材料)是指同时具有满意的使用性能和优良的环境协调性,或可改善环境的材料。发展环境与新能源材料是实现社会可持续发展的必然要求,已成为世界各国发展战略的重要组成部分。

环境与新能源材料种类繁多,环境与新能源矿物材料是其中重要的组成部分。环境与新能源矿物材料是为满足社会、经济可持续发展需求而逐步形成的矿物材料新方向。天然矿物岩石具有独特的成分、结构和性能,用其制备高性能材料,特别是环境与新能源材料具有得天独厚的条件,越来越受到关注。

廖立兵教授是我国矿物材料学知名专家,早年从事矿物晶体结构研究,有很强的矿物学、晶体学背景,曾在矿物表面结构研究方面获重要成果,受到国内外同行关注。廖立兵教授于 1993 年开始从事材料学研究与教学,至今已近 30 年。在材料研究中他充分利用在矿物学、晶体结构与晶体化学方面的基础和优势,紧紧围绕材料的成分–结构–性能关系主线,深入开展矿物新材料研究,在环境材料、新能源与特殊功能材料、低维与纳米材料、矿物深加工与综合利用方面取得了一系列重要成果并形成了自己鲜明的特色。该书是廖立兵教授团队在环境与新能源矿物材料方向主要研究成果的归纳和总结,是我国第一部环境与新能源矿物材料专著。该书内容系统、丰富,学术水平高,对矿物材料研究者具有重要的参考价值。相信该书的出版必将受到矿物材料学界的关注,对推动我国矿物材料研究和学科发展都将具有重要的意义。

中国工程院院士、北京工业大学校长

2022 年 9 月

前　言

社会发展程度的标志之一是非金属矿产值及消费量超过金属矿产。改革开放以来,我国非金属矿产业发展迅速,20世纪90年代初,我国非金属矿产值及消费量超过了金属矿产。与此同时,非金属矿深加工及应用研究也不断发展和深入,20世纪80年代初开始出现"矿物材料"有关术语,并逐步形成了"矿物材料学"这一新兴边缘学科,此后矿物材料学进入快速发展时期。由于矿物功能材料在国家社会、经济发展中的重要性和不可替代性,国务院2016年印发的《"十三五"国家战略性新兴产业发展规划》中,矿物功能材料被确定为特色资源新材料,成为国家大力发展的战略性新兴产业之一。

能源和环境是当今世界的两大主题,是一个国家或社会可持续发展的重要支柱,是经济社会发展、国家安全和人民健康生活的重要保障。改革开放以来,我国经济发展迅速,但环境污染、能源短缺问题也随之日趋严重。生态保护、能源安全成为我国可持续发展战略的重要组成部分。环境保护与治理、新能源开发利用有赖于相应的材料和技术,因此大力发展环境与新能源材料具有重要意义。利用天然矿物制备环境与新能源材料,可充分发挥天然矿物的成分、结构、性能优势和资源优势,对加强环境保护、减少环境污染、缓解能源短缺和发展矿物功能材料等均具有极大的促进作用。

作者从事矿物材料研究三十余年,研究团队的主要研究方向包括环境材料、新能源与特殊功能材料、低维与纳米材料、矿物深加工与综合利用。由于上述的原因,近20年重点开展了环境与新能源矿物材料研究。本书是作者在环境与新能源矿物材料方向主要研究成果的归纳和总结。全书共分6章,第1章绪论、第2章环境矿物材料、第3章电化学储能矿物材料、第4章基于矿物的发光材料、第5章新型矿物保温材料、第6章基于工业固体废弃物的矿物材料,内容涉及矿物材料、环境与新能源矿物材料的定义、分类及研究进展,水处理、土壤重金属污染治理用矿物材料,基于矿物结构的发光材料,二次电池、电容器用矿物材料,矿物保温材料和用工业固体废弃物制备的胶凝材料、建筑材料和复合材料。廖立兵负责第1章的编写和全书的修改、统稿,吕国诚负责编写第2章,刘昊负责编写第3、5章,郭庆丰、梅乐夫负责编写第4章,王丽娟负责编写第6章。本书是以廖立兵为首的中国地质大学"先进矿物材料课题组"集体劳动的结晶,所涉及的研究成果包含课题组老师和历届研究生的集体贡献,书稿的整理、出版得到了很多在读研究生的帮助和支持,作者在此表示衷心感谢!

　　本书研究得到众多科研项目的资助,包括国家自然科学基金重点项目(41831288)、面上项目(49973028、40672031、41172053、41672044、51202226、51672257、51872269、21875223)、青年基金项目(42072053、51202226、41802040、51502271),科技部国家科技支撑计划项目(2011BAB03B06、2008BAE60B07)、"863"重大项目课题(SS2012AA062403)、"十三五"国家重点研发计划课题(2017YFB0310702、2017YFB0310704、2017YFE0107000)、水体污染控制与治理科技重大专项课题(2009ZX07424-002)、科技部国际科技合作专项课题(2014DFA91000)、北京市自然科学基金项目(2022017、2072016、2192048、2153041)、国家教委博士点科研基金项目和教育部留学回国人员科研启动基金项目,在此表示衷心感谢!

　　感谢中国地质大学(北京)学科建设办公室、教务处及材料科学与工程学院对本书出版的支持!

廖立兵

2022 年 9 月于北京

目　　录

彩图

第1章 绪 论

1.1 矿物材料概述

社会发展程度的标志之一是非金属矿产值及消费量超过金属矿产。改革开放以来,我国非金属矿产业发展迅速,20 世纪 90 年代初,我国非金属矿产值及消费量超过了金属矿产。与此同时,非金属矿深加工及应用研究也不断发展和深入,20 世纪 80 年代初,开始出现"岩石矿物材料""矿物岩石材料""矿物材料""矿物功能材料""纳米矿物材料""生物矿物材料""特种矿物材料"等术语[1-17],并逐步形成了"矿物材料学"这一新兴边缘学科。由于矿物功能材料在国家社会、经济发展中的重要性和不可替代性,国务院 2016 年印发的《"十三五"国家战略性新兴产业发展规划》中,矿物功能材料被确定为特色资源新材料,成为国家大力发展的战略性新兴产业之一。

然而自"岩石矿物材料""矿物岩石材料""矿物材料"等术语出现和使用以来,不同学者给出了不同的定义,关于"矿物材料"的定义及其内涵至今意见不尽统一,不仅影响对矿物材料的分类、影响矿物材料的学术研究与交流,而且一定程度上还影响矿物材料学的学科发展,影响非金属矿工业的发展。因此作者在分析总结已提出的各种"矿物材料"定义的基础上,提出一种新的矿物材料定义及矿物材料分类方案。

1.1.1 矿物材料的定义及内涵

自 20 世纪 80 年代初提出"矿物材料"的概念至今,学者们已给出了十余种"矿物材料"或"岩石矿物材料"的定义[2-4,6,7,10-17],人们对"矿物材料"或"岩石矿物材料"的认识不断深入并逐步统一,但也存在分歧和问题。基于前人提出的"矿物材料"定义,并考虑到各种定义存在的问题,本书作者提出了以下矿物材料定义[18]。

狭义矿物材料:可直接利用其物理、化学性能的天然矿物岩石,或以天然矿物岩石为主要原料加工、制备而成,而且组成、结构、性能和使用效能与天然矿物岩石原料存在直接继承关系的材料。

该定义具有以下特点和含义:

①包括可直接利用其物理、化学性能的天然矿物岩石,这是所有学者的共识。

②由天然矿物岩石为原料加工、制备而成的材料,强调了以"天然矿物岩石"

为主要原料。因此像以粉煤灰等为原料制备的材料不属于狭义矿物材料。

③由天然矿物岩石为原料加工、制备而成的材料,强调了材料组成、结构、性能和使用效能与天然矿物岩石原料存在直接继承关系,因此将"加工、制备"限制在不根本改变天然矿物岩石的成分、结构和性能的范畴,较过去"不以提炼金属和化工原料为目的的制备与合成"等提法更加严密、科学。

④所定义的矿物材料一定是"以矿物为主要或重要组分"的材料。

根据以上定义,狭义矿物材料应包括两类:一类是可直接利用物理、化学性能的天然矿物岩石,如天然石材、天然矿物晶体、天然宝玉石等;另一类是以天然矿物岩石为主要原料加工、制备而成,而且组成、结构、性能和使用效能与天然矿物岩石原料存在直接继承关系的材料,包括天然矿物岩石粉体及各种改性的天然矿物岩石材料(如表面改性天然矿物岩石填料、有机插层和无机柱撑黏土矿物、煅烧高岭石等)。狭义矿物材料不包括天然矿物岩石充填的橡胶、塑料或涂料,因为这些材料不是以天然矿物岩石为主要原料;也不包括水泥、玻璃、陶瓷、耐火材料等,因为它们虽然以天然矿物岩石为主要原料,但材料的组成、结构、性能和使用效能与天然矿物岩石原料不存在直接继承关系。

广义矿物材料:以矿物岩石为主要原料加工、制备的材料。该定义的特点及含义如下:

①广义矿物材料的原料必须以矿物岩石为主,矿物岩石原料包括天然的和非天然的。

②广义矿物材料的组分不一定是矿物(包括人工合成矿物)。

③广义矿物材料的组成、结构、性能和使用效能与矿物岩石原料可以不存在直接继承关系。

按此定义,广义矿物材料除包括以上定义的狭义矿物材料外,还包括水泥、以矿物岩石为原料制备的陶瓷、以矿物岩石为原料制备的玻璃、以矿物岩石为原料制备的耐火材料、以矿物岩石为原料制备的人工晶体、以矿物岩石为原料制备的人工矿物岩石材料(如以石墨为原料制备的金刚石),以及由工业固体废弃物(人工矿物岩石)制备的材料等。但不包括以非矿物岩石为主要原料加工、制备的材料,如以 CH_4 等为碳源制备的金刚石薄膜等。

1.1.2　矿物材料的分类

由矿物材料定义可知,矿物材料是一种特殊类型的材料,它既有其他材料的共性,又有自己的特殊性,这给矿物材料的分类带来一定的困难。一些学者从不同角度提出过不同的矿物材料分类方案[4,12-16],这些方案可归纳为如下类型:①按材料状态的分类,分为单晶、多晶、非晶、复合、分散材料;②按用途和行业的分类,分为玻璃、陶瓷、耐火材料等;③按材料工艺的分类,分为机械加工材料、化学处理材料、热处理材料、水热处理材料、熔融处理材料、胶结处理材料、烧结处理材料等,或分为熔浆型、烧结型和胶凝型材料。以上分类方案各有优缺点,一个共同的问题是都未考虑与其他材料类型的关系,与通用的材料分类方法不能衔接,因此既不被矿物材料学界所接受也不被其他材料界认可。为此,本书作者认为[18],作为一种特殊类型的材料,矿物材料可以在通用的材料分类方法基础上,考虑矿物材料的成分、结构、性能特点和实际应用情况进行综合分类。

具体分类方案如下:

1. 根据材料的成分、结构和性质划分

材料按物理化学属性可分为金属材料、无机非金属材料、有机高分子材料和复合材料。绝大多数矿物材料属无机非金属材料,也有极少数矿物材料属金属材料(由金属矿物制备,如辉钼矿),矿物材料也可以与其他类型材料复合,制备以矿物材料为主要或重要组分的复合材料(如果复合材料原料非以矿物为主,该复合材料不属于矿物材料)。因此矿物材料按成分、结构和性质可划分可分为矿物无机非金属材料、矿物金属材料、矿物复合材料三类,每一类可以根据情况进一步划分。

2. 根据材料的性质和用途划分

材料按用途可分为电子材料、宇航材料、建筑材料、能源材料、生物材料等。实际应用中又常分为结构材料和功能材料。结构材料是以力学性质为基础,用以制造以受力为主的构件。结构材料也有物理性质或化学性质的要求,如光泽、热导率、抗辐照能力、抗氧化、抗腐蚀能力等,根据材料用途不同,对性能的要求也不一样。功能材料主要是利用物质的物理、化学性质或生物现象等对外界变化产生的不同反应而制成的一类材料。如半导体材料、超导材料、光电子材料、磁性材料等。因此矿物材料可分为矿物结构材料(如石材)和矿物功能材料(绝大多数矿物材料)。矿物功能材料又可以进一步分为环境矿物材料、医用/医学矿物材料、能源矿物材料等。

此外,还可按状态分为单晶矿物材料、多晶矿物质材料。还有体积矿物材料(矿物填料)、纳米矿物材料、多孔矿物材料等材料类型。

1.2　环境、新能源矿物材料及其研究意义

环境材料是指同时具有满意的使用性能和优良的环境协调性,或者能够改善环境的材料[19]。环境协调性是指资源和能源消耗少,环境污染小和循环再利用率高。

环境矿物材料是指以天然矿物岩石为主要原料,在制备和使用过程中能与环

境相容和协调、或在废弃后可被环境降解、或对环境有一定净化和修复功能的材料[20]。矿物用于环保目的历史悠久,20世纪90年代后更是备受关注,新技术、新材料、新应用成果层出不穷。环境矿物材料种类繁多,涉及面广,包括环境净化和修复材料、与环境相容的绿色材料等,但最主要的是可用于环境净化和修复的材料。

广义地说,凡是能源工业及能源技术所需的材料都可称为能源材料。但在新材料领域,能源材料往往指那些正在发展的、可能支持建立新能源系统、满足各种新能源及节能技术的特殊要求的材料。

能源材料的分类在国际上尚未见有明确的规定,可以按材料种类来分,也可以按用途来分。大体上可分为燃料(包括常规燃料、核燃料、合成燃料、炸药及推进剂等)、能源结构材料、能源功能材料等几大类。

按其使用目的又可以把能源材料分成能源工业材料、新能源材料、节能材料、储能材料等大类。

目前比较重要的新能源材料有:

①裂变反应堆材料:如铀、钍等核燃料、反应堆结构材料、慢化剂、冷却剂及控制棒材料等。

②聚变堆材料:包括热核聚变燃料、第一壁材料、氚增值剂、结构材料等。

③高能推进剂:包括液体推进剂、固体推进剂。

④燃料电池材料:如电池电极材料、电解质及电解质薄膜等。质子交换膜型燃料电池用的有机质子交换膜。

⑤氢能源材料:主要是固体储氢材料。氢是无污染、高效的理想能源,氢的利用关键是氢的储存与运输,美国能源部在全部氢能研究经费中,大约有50%用于储氢技术。氢对一般材料会产生腐蚀,造成氢脆及其渗漏,在运输中也易爆炸,储氢材料的储氢方式是能与氢结合形成氢化物,当需要时加热放氢,放完后又可以继续充氢的材料。目前的储氢材料多为金属化合物。如$LaNi_5H$、$Ti_{1.2}Mn_{1.6}H_3$等。

⑥超导材料:传统超导材料、高温超导材料。

⑦太阳能电池材料。IBM公司研制的多层复合太阳能电池,转换率高达40%。

⑧其他新能源材料:如风能、地热、磁流体发电技术中所需的材料。

新能源矿物材料指那些以天然矿物岩石为主要原料制备的能支持建立新能源系统、满足各种新能源及节能技术的特殊要求的材料。

能源和环境是当今世界的两大主题,是一个国家或社会可持续发展的重要支柱,是经济社会发展、国家安全和人民健康生活的重要保障。改革开放以来,我国经济发展迅速,但环境污染、能源短缺问题也随之日趋严重。

我国的环境污染范围广、污染类型多、污染危害大。例如,我国城市大气环境中总悬浮颗粒物浓度普遍超标;二氧化硫污染保持在较高水平;机动车尾气污染物排放总量大;氮氧化物污染呈加重趋势;全国形成华中、西南、华东、华南多个酸雨区,以华中酸雨区为重。数据显示,自有统计以来我国总计排放污水 13000 多亿 m^3,占全国水资源总量近 $1/2^{[21]}$。我国辽河、海河、淮河、黄河、松花江、珠江、长江 7 大水系均有不同程度的污染,其中辽河、淮河、黄河、海河流域 70% 以上河段受到污染。据相关资料显示,全国有近 2000 万 km^2 耕地受到各种重金属和农业污染,受污染的耕地面积约占我国耕地总面积的 $20\%^{[22]}$。

通过不断的新旧能源改革发展,我国逐步形成了全球最大的能源供应体系,建成了以煤炭为主体,以电力为中心,以石油、天然气和可再生能源全面发展的能源供应格局。化石能源依然是我国能源供应的主体,从 2019 年我国能源消费结构来看,以煤炭、石油和天然气为主的化石能源占比达 84.7%。新能源和可再生能源快速发展,我国可再生能源和清洁能源消费在总能源消费中的占比逐年提高,天然气消费量在能源消费总量中的占比为 8.2%,非化石能源消费量的占比为 15.2%,而电力在终端能源消费的比重提高到 25.5%。但我国的能源发展仍然面临诸多问题,主要包括:化石能源开发引起生态环境破坏;温室气体减排面临挑战;能源利用效率总体偏低;能源安全形势依然严峻。能源绿色开发利用是贯彻落实能源安全战略的重要任务 [23]。

迫于全球气候变化、生态环境恶化以及资源紧缺等问题,世界各国都高度重视环境保护与污染治理,重视新能源开发利用和节能减排工作。

环境保护与治理、新能源开发利用和节能减排有赖于相应的材料和技术,因此大力发展环境与新能源材料具有重要意义。而大力开展和加强环境与新能源矿物材料研究,可充分发挥一些矿物的成分、结构、性能优势和天然矿物的资源优势,制备性能优异、成本低廉的环境、新能源矿物材料,对加强环境保护、减少环境污染、缓解能源短缺和发展矿物功能材料等均具极大的促进作用。

1.3　环境、新能源矿物材料研究进展

近十年我国环境、新能源矿物材料研究发展迅速,新型材料不断涌现,应用领域不断拓展,已经成为矿物材料活跃的前沿领域。

1.3.1　环境矿物材料

环境矿物材料是与生态环境具有良好协调性或直接具有环境修复功能的矿物材料。环境矿物材料近十年来取得了极大的进展,其研究应用范围也变得越来越广,除了在常见的水、气、声、土壤等领域的应用外,在荒漠治理、海上重油处理、核辐射处理等方面的应用研究得到加强。

1. 水污染治理材料

水污染治理矿物材料是环境矿物材料最主要的部分,也是研究最活跃、成果最集中的部分。这主要是因为环境矿物材料比表面积大、离子交换能力强使其具有较强的吸附性能,可用来去除废水中的金属离子、有机污染物等。近十年,水污染治理矿物材料研究主要集中于新型材料、应用新技术研发和应用领域拓展方面。

在研发新材料领域,主要是将天然矿物进行改性或复合。何宏平等[24]研究了在降解不同染料的过程中,类质同象置换作用对铬磁铁矿异相 Fenton 催化性能的影响,亚甲基蓝的吸附降解量随着铬置换量的增加而增加。杨华明等[25]通过对二维高岭石改性制备高岭石纳米膜,对刚果红显示出良好的吸附性能,具有高效的再生能力。朱建喜等[26]研究了酸化对坡缕石吸附有机污染物苯的影响,酸活化可提高坡缕石在低压与高压区对苯的吸附量。陈天虎等[27-29]将褐铁矿改性,或是将沸石与 δ-MnO_2 复合,制备高效吸附剂用于污水处理。适当改性后的蛭石可以用于去除水中氨氮[30]或重金属离子[31]。吴平霄等[32]还将有机改性蛭石用于吸附2,4-二氯酚。此外,将矿物与特定材料复合也可有效治理水污染,郑水林等[33]以伊利石为载体、葡萄糖为碳源,制备出纳米碳-伊利石复合材料,对溶液中亚甲基蓝吸附效果极好。王爱勤等[34]探究凹凸棒-碳(APT/C)复合材料作为可重复使用的抗生素吸附剂的吸附性能,研究表明在 300℃ 下制备的复合材料表现出高吸附能力快速达到平衡。王林江等[35,36]用赤泥和偏高岭石制备地聚物用于吸附水中 Pb^{2+},该地聚物显示出良好的 Pb^{2+} 固定能力。吴向东[37]、李辉等[38]对膨润土和海泡石、天然沸石改性之后用于污水处理,吸附效果显著增强。磁性矿物材料和磁分离技术也被广泛使用。有研究人员用溶剂热法制备了 Fe_3O_4/膨润土复合材料[39]及磁性膨润土[40],使其具备了较高的饱和磁化强度,可作为吸附剂并能通过磁分离技术从体系中分离。

与矿物材料有关的水处理新技术近年来不断涌现。渗透反应格栅(PRB)是一种原位修复技术,近年来成为研究和应用最为广泛的地下水污染修复技术[41-43]。廖立兵等[44-46]对蛭石、凹凸棒石静态、动态吸附去除水中低浓度氨氮和腐殖酸进行了系统的研究并用作 PRB 材料;以离子液体为绿色溶剂对天然沸石进行改性,制备了环保型 PRB 材料,并建设了示范工程,应用于云南阳宗海砷污染的治理。此外微波降解技术应用于水处理领域也有很大进展,例如廖立兵、吕国诚等在微波辅助下利用氧化锰矿物对水中抗生素[47,48]及染料[49]进行降解,效果良好。

水处理矿物材料的应用领域也在不断拓展,除用于常规的生活污水、工业废水、农业污水处理外,矿物材料开始应用于海上重油的处理。例如,邱丽娟等[50]以石墨等为原料制备了超疏水的海绵状复合材料,该复合材料对水上浮油和水下重油均具有优异的吸附能力。此类复合材料在处理油脂和有机物泄漏造成的大面积污染方面有巨大的应用前景。

2. 大气污染治理材料

大气污染治理材料是环境矿物材料研究的薄弱方向,近十年得到明显加强。一些天然矿物具有较大的比表面积和丰富的孔道结构,对气体有良好的吸附性能,例如沸石具有大量孔穴和孔道,对气体分子具有较强的吸附能力,被用于吸附甲硫醇、氨气、苯气体、甲醛、甲烷等[51-53]。膨润土、海泡石等具有强的气体吸附性能,被作为吸附介质用于处理 NH_3、SO_2、H_2S 等有害气体[54]。在矿物材料的改性和制备研究方面,高如琴等[55]以硅藻土为主要原料制备出电气石修饰的硅藻土基内墙材料,对甲醛有很好地去除效果。马剑[56]对坡缕石进行改性,用于吸附 CO_2。硅烷改性硅藻土[57]、H_2SO_4 改性海泡石[58]被用于吸附甲醛。综上,矿物材料在大气污染治理方面有很好的应用前景。

3. 土壤污染治理材料

我国土壤污染问题日益严重,其中以重金属污染最为典型。矿物材料具有来源广泛、成本低廉、使用方便、对重金属污染治理效果优良等突出特点,已成为土壤污染治理的优选材料。黏土矿物是土壤的主要组分之一,可以通过离子交换、专性吸附或共沉淀反应降低土壤中重金属活性,从而增强土壤的自净能力,以达到钝化修复目的。海泡石与石灰石、磷肥及膨润土联合施用可促进污染土壤镉的固定[59],坡缕石对镉的最大吸附量可达 40mg/g,高于普通黏土矿物[60],硅藻土[61]、羟基磷灰石[62]等也被用于重金属污染土壤的修复。此外,对天然矿物进行改性或者制备成复合材料,可进一步提高其固持重金属的性能,成为高效的土壤污染治理材料,例如改性纳米沸石能显著降低土壤有效镉含量[63],改性海泡石可吸附固定土壤中的 As^{3+} 和 As^{5+}[64]。

4. 噪声污染治理材料

城市噪声污染是四大环境公害之一,是 21 世纪环境污染控制的主要对象,城市环境噪声污染已成为干扰人们正常生活的主要环境问题之一。全国已有 3/4 以上的城市交通干线噪声平均值超过 70dB。一些多孔矿物材料如膨胀珍珠岩板和火山岩板等具有吸声的功能,其相关研究已取得较大进展。蛭石是一种吸声性能优良的矿物,近年来常作为硬质吸声材料在建筑领域使用。彭同江等[65]将膨胀蛭石与石膏进行复合,所制备的材料可以用于隔热、吸声和湿度调节。范晓瑜[66]将蛭石与 PVC 复合,对复合材料的隔声性能、力学性能、阻燃性能进行了研究,分析了材料隔声量与声压级、物料含量、面密度等之间的关系。

5. 节水防渗材料

一些天然矿物由于具有较好的低渗透性和化学稳定性,以及储量丰富、价格便宜的特点,作为防渗材料被广泛用于生活垃圾填埋场、工业危险废物填埋场、矿山尾矿处理、油槽防漏以及地下建筑和景观工程、地铁、隧道、水利工程等领域。膨润土被认为是最合适的防渗材料。刘学贵[67,68]、于健等[69]对改性膨润土作为垃圾填埋场防渗材料进行了研究,结果表明聚丙烯酰胺改性膨润土作为填埋场防渗衬层的效果良好。王丫丫等[70]以红黏土为主要原料,添加高分子羧甲基纤维素钠制备红黏土防渗材料,该材料对环境无毒无污染,原材料廉价易得,具有很大的实际应用价值。

6. 荒漠治理材料

土地荒漠化、沙漠化是全世界面临的一个长期问题,是我国当前面临的最为严重的生态问题之一,也是我国生态建设的重点和难点。王爱娣[71]以自然界分布广泛、储量丰富的天然红土和黄土为主要成分,与环境友好型高分子(CMC、PVA)和生物高分子(植物秸秆)进行复配,制备了天然黏土基固沙材料。冉飞天[72]以聚乙烯醇、坡缕石黏土和部分中和的丙烯酸为原料制备高吸水复合材料,能够显著提高固沙试样的抗压强度。这类复合材料可以保护沙生植物的生长,使其根系免受风沙的侵蚀,同时可以为其生长提供一定的营养,有保温、保水作用,对沙漠地区植被的恢复起到促进作用。

7. 防辐射材料

放射性核素半衰期长,伴有放射性和化学毒性,基本上不经历生物或化学降解过程,可以在环境中长期存留并富集。彭同江等[73]合成了含 CsA 沸石,对模拟核素 Cs^+ 具有较好地去除效果,去除率可达 97.95%;孙红娟等[74]采用静态实验方法研究了蒙脱石对水溶液中模拟核素 Ce^{3+} 的吸附特性,通过研究蒙脱石吸附 Ce^{3+} 的动力学和热力学行为,探讨了其吸附机制;赖振宇[75]将磷酸镁水泥用于固化中低放射性废物,包括用于处理中低放射性焚烧灰,结果表明磷酸镁水泥对 Cs 和 Sr 均具有较好的吸附性能,对 Sr 吸附率高达 97.72%。石墨是我国的优势矿产资源,它具有较好的力学性能和稳定性能,成为核科学和工程中的重要材料。例如以熔化的氟盐做核燃料载体的第四代反应堆——熔盐堆,就以石墨作为中子慢化剂和反射体,与燃料盐直接接触[76]。

8. 保鲜防霉材料

微生物破坏商品包装致使其腐败变质,缩短了食品的货架寿命,甚至威胁人类健康和环境安全,使保鲜防霉材料研究受到关注。2011 年,欧洲食品安全局[77]发表了一项关于层状硅酸盐特别是膨润土的研究,验证了膨润土作为食品添加剂的安全性,并证明了膨润土对牛奶中黄曲霉素的还原作用。膨润土有较强的吸附能力和黏结能力,作为防霉剂可有效防止食品含水量偏高[78]。林宝凤等[79]采用离子交换的方法制备了壳聚糖-膨润土-锌复合物,并研究了复合物在蒸馏水和盐水中的缓释行为及抗菌性能。段淑娥[80]以银-组氨酸配位阳离子为前驱体,以蒙脱石为载体,制备了抗变色耐盐性的载银抗菌剂。

1.3.2　新能源矿物材料

新兴能源的开发已经成为世界各国关注的重点,与此相关的新材料、新技术研发成为近年的研究热点。新能源矿物材料是指能实现新能源的转化和利用以及发展新能源技术所需的矿物材料,主要包括电池材料、储气材料、储热保温材料等。目前二次能源电池和太阳能电池已成为研究热点,发展迅速。

1. 电池材料

矿物材料可作为原料或与其他材料复合用作电池材料,其中部分矿物提纯、处理后可直接用作电池材料。在二次电池材料领域,朱润良等[81]以天然海泡石为原料制备一维硅纳米棒,作为锂离子电池的负极材料显示出良好的循环稳定性。本书作者[82]将天然黑滑石进行酸处理制备出新型氟碳材料,作为锂离子电池负极,表现出优异的电化学性能。孙伟等[83]以天然辉钼矿为原料,经过破碎-磨矿、浮选、机械剥离和分级工艺制备出了一系列不同粒径的片状 MoS_2,获得了具有高容量的锂离子电池负极材料。Golodnitsky 等[84]将天然黄铁矿用作锂电池正极材料,研究了不同产地黄铁矿对电池电化学性能的影响。孙伟等[85]以天然黄铜矿为原料,通过简单的浮选和酸浸工艺制备得到了产率高、纯度高的微米级 $CuFeS_2$,作为锂离子电池负极材料显示出了优良的倍率性能和良好的循环性能。石英是一种物理性质和化学性质均十分稳定的矿产资源,属三方晶系的氧化物矿物。高纯石英砂 SiO_2 含量高于 99.5%,采用 1~3 级天然水晶石和优质天然石英精细加工而成,是生产光纤、太阳能电池等高性能材料的主要原料。汪灵等[86,87]对高纯石英开展了多年研究,发明了一种以脉石英为原料加工 4N 高纯石英的方法,效果明显且用途广泛,社会经济效益显著。Nair 等[88]利用天然辉锑矿粉体作为真空镀膜太阳能电池的蒸发源,得到的 $Sb_2S_{0.5}Se_{2.5}$ 太阳能电池材料的转换效率为 4.24%。

2. 储气材料

化石燃料的日益消耗,使人类面临着能源短缺的严峻考验。氢能以及甲烷等新型能源的有效开发和利用需要解决气体的制取、储运和应用三大问题。由于气体燃料极易着火和爆炸,其运输和储存成为其开发利用的核心。有研究显示,黏土矿物对页岩气藏的形成和开发具有一定的积极意义[89],并且具有储气性能。袁鹏等[90]研究发现在高压条件下蒙脱石、高岭石及伊利石对 CH_4 具有良好的吸附性能;杨华明[91]研究了不同处理条件下的管状埃洛石的储氢能力,发现其具有良好的稳定性和高的氢吸附能力,在室温储氢方面有极大潜力;吉利明等[92]研究了常见黏土矿物对甲烷的吸附性能,并利用扫描电镜观察其微孔特征,发现黏土矿物吸附甲烷的能力与微孔的发育程度有关。将不同的矿物材料进行复合是储气材料新的研究方向。有学者[93]以凹凸棒石为模板制得介孔凹凸棒石-碳复合材料,具有良好的储氢性能。也有研究[94-96]将坡缕石、微孔活性炭、沸石等进行复合用于储氢,发现结构可调的新型材料是未来储氢介质的发展趋势。

3. 储热保温及耐火材料

建筑能耗不断增加,建筑节能问题越来越受到人们的关注。绿色建筑材料尤其是外墙保温隔热材料的开发是实现建筑节能的重要手段。相变储热材料成为建筑节能外墙保温隔热材料研究的新方向。近十年来,以矿物棉、膨胀珍珠岩、膨胀蛭石、黏土矿物[97](凹凸棒石、埃洛石、高岭石、蒙脱石)、硅藻土等为原料制备新型保温隔热材料的研究取得了较大进展,研发了一批有应用潜力的新型矿物材料。例如,本书作者[98,99]利用珍珠岩尾矿等制备了多种新型泡沫保温材料,质轻且隔热性能优异。赵英良[100]以偏高岭土为主要原料,制备出新型保温材料。

4. 发光功能矿物材料

天然萤石具有发光性能,因此萤石结构化合物可作为很好的发光材料基质[101],通过稀土离子掺杂可制备性能优异的发光材料。本书作者[102]采用高温固相烧结的方法合成了系列萤石结构的荧光粉,并研究了 Eu^{3+} 的主要能量转移机理。除此之外还制备了冰晶石结构[103,104]及磷灰石结构[105-107]的荧光粉,并对其发光性能和能量传递机理进行了详细的研究;制备了基于黏土矿物的荧光材料,可用于对液相和气相中的苯酚进行检测和定量[108]。吐尔逊·艾迪力比克[109]用 Yb^{3+} 掺杂天然萤石,观测到了室温下 2-Yb^{3+} 离子对的上转换发光;利用 Eu^{3+} 和 Yb^{3+} 共掺杂方钠石,观察到 Eu^{3+} 的可见区上转换发光。

5. 催化材料

一些架状、层状、链层状结构矿物因具有复杂的孔结构和高比表面积而被广泛用作催化剂载体,因此催化用矿物材料一直是研究的热门领域。例如杨华明等[110]制备出了 MoS_2/蒙脱石杂化纳米薄片,具有较高的催化活性和稳定性,在水处理和生物医学领域具有良好的应用前景。天然沸石[111-113]经酸碱改性后具有较好的催化性能,可有效提高化工产品的产量。光催化矿物材料一直是光催化材料研究的重要组成部分,近十年依然如此。张高科等[114,115]将过渡金属氧化物与黏土矿物进行复合,研究表明,黏土矿物作为光催化剂载体能够有效固载光催化成分,有利于提高复合光催化剂的吸附性能和回收利用率。张以河[116]制备了 Cu_2O/海泡石复合材料,海泡石通过红移带隙提高了可见光的利用率和对污水的降解效果。牟斌等[117]通过水热分解法制备了凹凸棒土/CdS(APT/CdS)纳米复合材料,研究发现在 70min 内对亚甲基蓝,甲基紫和刚果红的降解表现出最佳的光催化性能。彭同江等[118]合成了 Cu-TiO_2/白云母复合纳米材料,并用于光催化降解亚甲基蓝,其光催化性能随着掺 Cu^{2+} 量增加先提高后下降。李芳菲等[119]合成的磷掺杂纳米 TiO_2/硅藻土复合材料具有良好的光催化性能。程宏飞等[120]采用置换插层法和煅烧法制备出 g-C_3N_4/高岭石复合光催化剂,研究表明高岭石的加入能有效避免 g-C_3N_4 的团聚并显示出较好的光催化性能。此外,累托石、水滑石[121]、蒙脱石[122]、水钠锰矿[123]、高岭石[124]、管状埃洛石[125]、坡缕石[126]等经过改性或复合后也被用于光催化领域,并且具有良好的催化效果。

6. 其他能源材料

近年来,具有孔结构或者纳米纤维形貌的天然矿物逐渐引起人们的注意。用于电容器电极材料,天然纳米矿物具有来源广泛、价格低廉等优势。本书作者[127]以天然埃洛石为模板成功合成了纳米管结构的聚苯胺作为超级电容器的电极材料,在不同电流密度下均具有较高的比电容且具有良好的电化学稳定性。有学者[128,129]利用凹凸棒石制备复合材料用于电容器和电池,可有效提升电化学性能。传秀云等[130,131]以纳米纤维矿物蛇纹石为模板合成多孔碳并用于超级电容器中,具有良好的电化学性能。凹凸棒石[132]、硅藻土作为模板可合成具有不同结构的电学功能复合材料。

一些矿物的介电性能也引起了关注,其潜在研究和应用价值也逐渐体现出来。赵晓明等[133]研究发现铁氧体–碳化硅–石墨复合材料涂层厚度对介电常数实部、虚部和损耗角正切有较大影响。除天然铁氧体矿物被用于制备介电材料外,用其他矿物制备介电材料的研究也有报道。张明艳等[134]以双酚 A 型环氧树脂为基体,利用碳纳米管及有机蒙脱石共同对环氧树脂进行改性,制备出了复合介电材料;秦文莉[135]合成的黑滑石/$NiTiO_3$复合材料具有较好的电磁波吸收性能,拓展了黑滑石在电磁波吸收领域的应用。

1.3.3 矿物材料基础研究

随着矿物材料研究的深入,研究者发现新型矿物材料的研发需要理论指导。矿物材料基础研究,特别是成分、结构及性能关系研究近年越来越受到关注。基础研究需要了解材料在原子分子层次上的微观信息,而目前的实验手段不能完全满足研究需求,理论模拟计算方法可以弥补实验研究的不足。

1. 成分、结构及性能关系研究

近十年,有少数研究者对一些矿物材料的成分、结构及性能关系进行了较深入的研究,并以此为指导,设计开发了新型矿物材料。层状结构硅酸盐矿物结构单元层电荷源于硅–氧四面体和金属–氧八面体中心阳离子的不等价类质同象替代,酸、碱处理可选择性溶出四面体和八面体中的阳离子,从而改变结构单元层电荷。本书作者[108]通过酸改性等方法选择性溶出蒙脱石、蛭石等层状硅酸盐矿物四面体和八面体中的阳离子,发现酸改性可使层电荷密度增加,但离子交换容量呈先增大后减小的变化趋势。在此基础上研究了层电荷对蒙脱石层间域和表面有机荧光分子分布形态的影响,构建了新型黏土矿物荧光材料,实现了对液相和气相中苯酚的高灵敏定性、定量检测,还通过对氧化锰矿物进行结构调控,研究了氧化锰矿物的微波催化机理,揭示了电偶极矩和电子自旋磁矩对其微波吸收和微波降解的影响机制,实现了在微波辐照下对污水中抗生素等有机污染物[45,46]的高效降解。鲁安怀等[136]对不同产地的天然闪锌矿进行了矿物学和光催化性能研究,发现闪锌矿中Fe含量影响禁带宽度和光响应范围,Cd含量影响光催化性能,为高附加值开发利用天然闪锌矿提供了科学依据。梁树能等[137]对绿泥石矿物的光谱特征参量和晶体化学参数进行了分析,结果表明绿泥石矿物的吸收波长位置随绿泥石中Fe离子含量的增加而向长波方向移动。然而,目前矿物材料的基础研究明显薄弱,尤其缺少矿物成分、结构及性能关系的研究,严重影响新型矿物功能材料研发与应用。

2. 理论模拟与计算

将理论计算与模拟方法应用于矿物材料的研究起步相对较晚,但近年发展迅速。在大多数天然蒙脱石中,Na^+和Ca^{2+}作为补偿离子共同存在于层间,陆现彩等[138]通过分子动力学模拟研究了(Nax,Cay)–蒙脱石在不同含水量下的溶胀特性、水化行为和迁移率,揭示了在高Ca^{2+}/Na^+比例的蒙脱石中,Ca^{2+}水化复合物对Na^+迁移的抑制作用。在晶体结构研究方面,何宏平等[139]选取二氧化硅的两种同质多象体作为研究模型,通过基于密度泛函理论的量子力学模拟优化各表面结构,研究了两种同质多象体表面的水化结构差异。董发勤、边亮等[140]利用蒙特卡罗SRIM软件包模拟α粒子和Kr^+对钙钛锆石的微观损伤机制。杨华明等[141]用镧掺杂纳米管黏土矿物,通过密度泛函理论计算,揭示了金属掺杂后的几何和电子结构演化,验证了镧掺杂的原子级效应。刘显东等[142]基于第一分子动力学的垂直能隙方法,研究了蒙脱石片层边缘上的固有酸度,发现了蒙脱石表面的主要活性位点。本书作者[108,143]用分子动力学模拟方法研究了蒙脱石层间离子的能量状态及其对有机物插层的影响,还研究了氧化锰矿物对抗生素的降解[144]。由此可见,理论计算与模拟可揭示矿物材料原子分子层次上的微观信息,有助于提高矿物材料的研究水平,是未来应加强的研究方向。

综上所述,我国环境与新能源矿物材料研究近十年取得了丰硕的成果,然而仍存在局限,主要体现在两个方面:①基础研究薄弱,新型矿物功能材料研发缺少理论指导;②研究成果与工业生产和实际应用的需求仍存在较大差距,很多成果难以推广应用。

1.4 环境、新能源矿物材料发展方向

根据我国科技发展战略和社会对新型矿物材料的需求,作者提出未来10～15年我国环境与新能源矿物材料可能的重点研究方向[145]。

1.4.1 隔热防火矿物复合材料

隔热防火材料是建筑建材领域不可或缺的材料之一,也是关系到社会公共安全和人民生命财产安全的重要材料之一。卤素阻燃材料是当前隔热防火市场上的主流产品,虽具有阻燃效率高以及用量少的特点,但因会产生具有腐蚀性以及毒性的气体,对人体和环境可造成严重危害。因此,针对目前隔热防火材料中卤系阻燃材料使用量所占比重太大的问题,制备兼具轻质高强、保温隔热、防火阻燃、耐久性强、绿色环保等性能的新型隔热防火材料是国内外隔热防火材料发展的趋势。开发隔热防火矿物新材料有望成为未来矿物材料的一个重要发展方向。

1.4.2 大气污染治理矿物材料

目前我国大气污染形势相当严峻,由山林火灾、火山喷发、燃烧石化燃料和交通尾气排放等带来的大气污染物的排放总量仍居高不下,以甲醛为代表的室内空气污染物也严重威胁着人们的健康。研究新型空气净化过滤材料以及异味吸附分解材料是目前空气污染治理的重要研究方向。很多矿物因具有良好的吸附性能、优异的氧化还原能力、成本低、来源广等特点,以及具备轻质、保温节能、环保、安全舒适和微环境调节等多种属性和功能,对研发空气污染治理与室内环境调节材料具有重大意义。

此外,针对毒性大、难处理的生物医药和化工废水、核废料、海上溢油污染以及含油废水净化等问题,研发新型环境矿物材料是重要的解决途径。

1.4.3 矿物固碳材料

CO_2过度排放造成的温室效应导致全球变暖,严重威胁人类生存。《巴黎协

定》(The Paris Agreement)是由全世界 178 个缔约方共同签署的气候变化协定,是对 2020 年后全球应对气候变化的行动作出的统一安排。《巴黎协定》的长期目标是将全球平均气温较前工业化时期上升幅度控制在 2℃以内,并努力将温度上升幅度限制在 1.5℃以内。

2021 年 11 月 8 日,《中共中央国务院关于完整准确全面贯彻新发展理念做好碳达峰碳中和工作的意见》为我国实现碳达峰、碳中和目标制定了"时间表""路线图",是我国推动高质量发展、加强生态文明建设、维护国家能源安全、构建人类命运共同体的重大举措。

作为世界上最大的发展中国家,我国将完成全球最高碳排放强度降幅,用全球历史上最短的时间实现从碳达峰到碳中和,力争 2030 年前实现碳达峰、2060 年前实现碳中和。

减少碳排放和增加碳吸收是实现碳中和目标的两大技术路线。在减少碳排放方面,关键在于能源结构调整、重点领域减排和金融减排支持。在增加碳吸收方面,主要技术路线有技术固碳和生态固碳。

目前的主要固碳技术包括地质固碳、海洋固碳和矿物固碳[146-148]。矿物固碳是通过一些硅酸盐矿物岩石与 CO_2 反应,形成 $MgCO_3$、$CaCO_3$ 等能长期稳定存在的碳酸盐矿物,从而达到固碳的目的。基性、超基性岩石中的主要矿物为橄榄石、辉石和基性斜长石,蚀变形成的主要矿物为蛇纹石。它们均富含二价阳离子,因而可以消耗水中的 HCO_3^- 和 CO_3^{2-}(CO_2 溶解形成)形成碳酸盐矿物。因此将基性、超基性岩石加工制备成矿物材料并用于固碳,具有制备和应用工艺简单可行、成本低、固碳效率高等优点,是环境矿物材料一个重要的发展方向。

1.4.4 新能源矿物材料

随着太阳能、风能、生物质能、地热能等新型能源的全面开发,新能源材料作为各种新能源技术的重要基础,在新能源系统中得到了广泛的应用。一些天然矿物具有独特的成分、结构或者形貌,并且来源广泛、价格低廉,可用作电池、电容器材料或作为载体或模板制备催化材料或电池、电容器材料。此外,矿物还可用于制备光伏用材料、储氢储气材料、相变储能材料和高导热材料等,满足新能源领域的发展需求。新能源矿物材料仍将是未来的重要发展方向。

未来 10~15 年是我国经济社会发展的关键期,是我国建成全面小康社会并向中等富裕国家转变的重要过渡期。矿物材料的研究应与国家经济社会发展的需要更紧密结合,以满足国家重大战略需求。建设富强、美丽的中国,实现中国梦,需要更多性能优异的矿物材料,特别是环境与新能源矿物功能材料。因此加强矿物材料基础研究,揭示矿物成分-结构-性能关系,研发矿物功能新材料并加强成果的推广应用,是矿物材料研究者共同的任务。

参 考 文 献

[1] 汪小红,张群. 仿生矿物材料的研究现状[J]. 科技信息,2008,(21):372,421.

[2] 汪灵. 矿物材料学的内涵与特征[J]. 矿物岩石,2008,28(3):1-8.

[3] 汪灵. 矿物材料的概念与本质[J]. 矿物岩石,2006,26(2):1-9.

[4] 彭同江. 我国矿物材料的研究现状与发展趋势[J]. 中国矿业,2005,14(1):17-20.

[5] 张立娟,孙家寿. 环境矿物材料的研究现状与展望[J]. 湖北化工,2003,(3):10-12.

[6] 邱冠周,袁明亮,杨华明,等. 2003. 矿物材料加工学[M]. 长沙:中南大学出版社,2003.

[7] 万朴. 矿物材料与非金属矿工业市场[J]. 中国非金属矿工业导刊,2022,(1):3-9.

[8] 周明芳. 纳米矿物材料的开发现状及存在的主要问题[J]. 矿产与地质,2002,16(2):103-104.

[9] 张刚生. 生物矿物材料及仿生材料工程[J]. 矿产与地质,2002,16(2):98-102.

[10] 郑水林. 非金属矿物材料的加工与应用[J]. 中国非金属矿工业导刊,2002,(4):3-7.

[11] 李艺. 特种矿物材料的应用与发展[J]. 矿产综合利用,2001,(3):30-34.

[12] 吴季怀. 矿物材料刍议[J]. 矿物学报,2001,21(3):278-283.

[13] 赵万智,宋存义,陈德平. 矿物材料学的几个基本问题[J]. 矿物岩石地球化学通报,1999,18(4):264-266.

[14] 倪文,李建平,方兴,等. 矿物材料学导论[M]. 北京:科学出版社,1998.

[15] 邱克辉. 材料科学概论[M]. 成都:电子科技大学出版社,1996.

[16] 汪灵,张振禹,叶大年. 矿物材料及矿物材料学[J]. 建材地质,1995,(2):7-10,48.

[17] 陈丰. 若干非金属矿产资源及矿物材料的开发与应用[A]//中国科学院地球化学研究所,中国科学院地球化学研究所集刊[C]. 贵阳:中国科学院地球化学研究所,1990:5-11.

[18] 廖立兵. 矿物材料的定义与分类[J]. 硅酸盐通报,2010,29(5):1067-1071.

[19] 黄伯云. 材料大辞典(第二版)[M]. 北京:化学工业出版社,2016.

[20] 廖立兵. 我国矿物功能材料研究的新进展[J]. 硅酸盐学报,2011,39(9):1523-1530.

[21] 张维蓉,张梦然. 当前我国水污染现状、原因及应对措施研究[J]. 水利技术监督,2020,(06):93-98.

[22] 周国新. 我国土壤污染现状及防控技术探索[J]. 环境与发展,2020,32(12):26-27.

[23] 李全生,张凯. 我国能源绿色开发利用路径研究[J]. 中国工程科学,2021,23(1):101-111.

[24] 梁晓亮,何宏平,钟远红. 铬磁铁矿催化异相 Fenton 法降解不同类型染料的对比研究[J]. 矿物学报,2012,32(s1):150-151.

[25] Zhang Q,Yan Z,Ouyang J,et al. Chemically modified kaolinite nanolayers for the removal of organic pollutants[J]. Applied Clay Science,2018,157:283-290.

[26] 张萍,文科,王钺博,等. 酸处理对坡缕石结构及其苯吸附性能的影响[J]. 矿物学报,2018,38(1):93-99.

[27] 张羽,刘海波,陈平,等. 热处理褐铁矿去除水中的 Mn^{2+}[J]. 岩石矿物学杂志,2018,37(4):169-178.

[28] 刘海波,张如玉,陈天虎,等. 褐铁矿纳米结构化相变零价铁及其除磷性能[J]. 矿物岩石地球化学通报,2016,35(1):64-69.

[29] 马文婕,陈天虎,陈冬,等. δ-MnO₂/沸石纳米复合材料同时去除地下水中的铁锰氨氮[J]. 环境科学,2019,40(10):4553-4561.

[30] 张佳萍. 蛭石在除氮技术中的应用研究[J]. 环境监控与预警,2012,4(3):45-49.

[31] 包利芳. 改性蛭石处理重金属废水的研究[D]. 成都:西华大学,2015.

[32] 王完牡,吴平霄. 有机蛭石的制备及其对 2,4-二氯酚的吸附性能研究[J]. 功能材料,2013,6(44):835-839.

[33] 王珊,王高锋,孙文,等. 富氧官能团纳米碳/伊利石复合材料的制备及吸附性能研究[J]. 硅酸盐通报,2017,36(7):2326-2331.

[34] Tang J, Zong L, Mu B, et al. Attapulgite/carbon composites as a recyclable adsorbent for antibiotics removal[J]. Korean Journal of Chemical Engineering,2018,35(8):1650-1661.

[35] Xie X, Peng P, Zhu W, et al. Preparation and fixation ability for Pb²⁺ of geopolymeric material based on bayer process red mud[J]. Advanced Materials Research,2014,1049-1050:175-179.

[36] 王斌,朱文凤,王林江,等. 广西拜耳法赤泥烧胀陶粒制备及对水体中 Pb²⁺的吸附[J]. 武汉工大大学学报,2014,36(4):30-34.

[37] 吴向东,符勇. 改性膨润土和海泡石在污水处理中的实验研究[J]. 中州煤炭,2019,41(2):115-118.

[38] 李辉,左金龙,王军霞. 天然沸石及其改性对污水中磷的吸附[J]. 哈尔滨商业大学学报(自然科学版),2015,31(3):311-314.

[39] Yan L, Shuang L, Yu H, et al. Facile solvothermal synthesis of Fe₃O₄/bentonite for efficient removal of heavy metals from aqueous solution[J]. Powder Technology,2016,301:632-640.

[40] 李双. 磁性膨润土制备及去除水中污染物的研究[D]. 济南:济南大学,2016.

[41] Obiri-Nyarko F, Grajales-Mesa S J, Malina G. An overview of permeable reactive barriers for *in situ* sustainable groundwater remediation[J]. Chemosphere,2014,111:243-259.

[42] 刘菲,陈亮,王广才,等. 地下水渗透反应格栅技术发展综述[J]. 地球科学进展,2015,30(8):863-877.

[43] Ayad F, Hamid S A, Qusay K. A review of permeable reactive barrier as passive sustainable technology for groundwater remediation[J]. International Journal of Environmental Science & Technology,2017,15(5):1123-1138.

[44] Wang M, Liao L, Zhang X, et al. Adsorption of low-concentration ammonium onto vermiculite from Hebei Province, China[J]. Clays & Clay Minerals,2011,59(5):459-465.

[45] Wang M, Liao L, Zhang X, et al. Adsorption of low concentration humic acid from water by palygorskite[J]. Applied Clay Science,67-68:2012,164-168.

[46] Zhang X, Lv G, Liao L, et al. Removal of low concentrations of ammonium and humic acid from simulated groundwater by vermiculite/palygorskite mixture[J]. Water Environment Research,2012,84(8):682-688.

[47] Gu W, Lv G, Liao L, et al. Fabrication of Fe-doped birnessite with tunable electron spin magnetic

moments for the degradation of tetracycline under microwave irradiation[J]. Journal of Hazardous Materials,2017,338:428-436.

[48] Lv G, Xing X, Liao L, et al. Synthesis of birnessite with adjustable electron spin magnetic moments for the degradation of tetracycline under microwave induction[J]. Chemical Engineering Journal,2017,326:329-338.

[49] Wang X, Mei L, Xing X, et al. Mechanism and process of methylene blue degradation by manganese oxides under microwave irradiation[J]. Applied Catalysis B Environmental,2014,160-161:211-216.

[50] 邱丽娟,张颖,刘帅卓,等. 超疏水、高强度石墨烯油水分离材料的制备及应用[J]. 高等学校化学学报,2018,39(12):2758-2766.

[51] 任连海,郝艳,王攀. 改性沸石对餐厨垃圾释放的恶臭气体吸附研究[J]. 环境科学与技术,2014,37(7):137-140.

[52] 莫奔露. 红辉沸石对甲醛的吸附及其在涂料中的应用[J]. 广东经济,2017,(16):295-296.

[53] 张慧捷. X型沸石-活性炭吸附剂的改性对甲烷的吸附分离研究[J]. 化工管理,2018,(4):195-196.

[54] 鲁旖,仇丹,章凯丽. 海泡石吸附剂的应用研究进展[J]. 宁波工程学院学报,2016,28(1):17-22.

[55] 高如琴,谷一鸣,曹行,等. 电气石修饰硅藻土基内墙材料的制备及甲醛去除效果研究[J]. 轻工学报,2018,33(2):7-12.

[56] 马剑. 咪唑改性坡缕石的制备及其对 CO_2 的吸附研究[D]. 兰州:西北师范大学,2012.

[57] 李铭哲,刘阳钰,郑水林,等. 改性硅藻土的甲醛吸附性能与吸附机理[J]. 非金属矿,2019,42(3):83-86.

[58] 张韬,贺洋. 海泡石环境吸附材料制备研究[J]. 非金属矿,2016,39(4):46-47.

[59] 梁学峰,徐应明,王林,等. 天然黏土联合磷肥对农田土壤镉铅污染原位钝化修复效应研究[J]. 环境科学学报,2011,31(5):1011-1018.

[60] Han J, Xu Y, Liang X, et al. Sorption stability and mechanism exploration of palygorskite as immobilization agent for Cd in polluted soil[J]. Water Air & Soil Pollution,2014,225(10):2160.

[61] Ye X, Kang S, Wang H, et al. Modified natural diatomite and its enhanced immobilization of lead, copper and cadmium in simulated contaminated soils[J]. Journal of Hazardous Materials,2015,289:210-218.

[62] Sun Y, Xu Y, Xu Y, et al. Reliability and stability of immobilization remediation of Cd polluted soils using sepiolite under pot and field trials[J]. Environmental Pollution,2015,208:739-746.

[63] 郑荧辉,熊仕娟,徐卫红,等. 纳米沸石对大白菜镉吸收及土壤有效镉含量的影响[J]. 农业环境科学学报,2016,35(12):2353-2360.

[64] 张清. 黏土矿物材料对水体中砷和重金属的控制研究[D]. 南京:南京理工大学,2015.

[65] 习永广,彭同江. 膨胀蛭石-石膏复合保温材料的制备与表征[J]. 复合材料学报,2011,28(5):156-161.

[66] 范晓瑜. 蛭石/PVC 隔声复合材料的性能研究[D]. 杭州:浙江理工大学,2014.

[67] 刘学贵,刘长风,高品一,等. 聚丙烯酰胺改性膨润土防渗材料的制备及其表征[J]. 新型建筑材料,2012,(4):10-13.

[68] 刘学贵,刘长风,邵红,等. 改性膨润土作为垃圾填埋场防渗材料的研究[J]. 新型建筑材料,2010,(10):56-58.

[69] 孙志明,于健,郑水林,等. 离子种类及浓度对土工合成黏土垫用膨润土保水性能的影响[J]. 硅酸盐学报,2010,38(9):1826-1831.

[70] 王丫丫,张哲,马国富,等. 红土基防渗漏材料的制备及性能研究[J]. 干旱区资源与环境,2018,32(10):197-202.

[71] 王爱娣. 黏土基复合固沙材料性能研究[D]. 兰州:西北师范大学,2013.

[72] 冉飞天. 黏土基高分子复合材料的制备及其保水固沙性能研究[D]. 兰州:西北师范大学,2016.

[73] 胡小强,彭同江,孙红娟. 含 CsA 沸石的合成及对 Cs^+ 的去除效果研究[J]. 非金属矿,2016,(4):24-27.

[74] 李真强,孙红娟,彭同江. 蒙脱石对模拟核素 Ce(Ⅲ)的吸附特性和机制研究[J]. 非金属矿,2016,39(2):31-34.

[75] 赖振宇. 磷酸镁水泥固化中低放射性废物研究[D]. 重庆:重庆大学,2012.

[76] 张宝亮,戚威,夏汇浩,等. 核石墨的孔结构与熔盐浸渗特性研究[J]. 核技术,2017,49(12):120605.

[77] FEEDAP. Scientific opinion on the safety and efficacy of bentonite(dioctahedral montmorillonite) as feed additive for all species[J]. EFSA Journal,2011,9(2):2007.

[78] 王凯. 畜禽饲料中防霉剂和膨润土的使用[J]. 养殖技术顾问,2014,(2):59.

[79] 林宝凤,刘小舟,吕彦超,等. 壳聚糖–膨润土–锌复合物的制备与抗菌性能研究[J]. 广西大学学报(自然科学版),2011,36(3):429-434.

[80] 段淑娥. 抗变色载银抗菌剂的制备与性能研究[A]. 2014 年(首届)抗菌科学与技术论坛论文集[C]. 2014:14-15.

[81] Chen Q,Zhu R,Liu S,et al. Self-templating synthesis of silicon nanorods from natural sepiolite for high-performance lithium-ion battery anodes[J]. Journal of Materials Chemistry A,2018,6(15):6356-6362.

[82] Fan P,Liu H,Liao L,et al. Excellent electrochemical properties of graphene-like carbon obtained from acid-treating natural black talc as Li-ion battery anode[J]. Electrochimica Acta,2018,289:407-414.

[83] Jiang F,Li S,Ge P,et al. Size-tunable natural mineral-molybdenite for lithium-ion batteries toward:Enhanced storage capacity and quicken ions transferring[J]. Frontiers in Chemistry,2018:00389.

[84] Strauss E,Ardel G,Livshits V. Lithium polymer electrolyte pyrite rechargeable battery:comparative characterization of natural pyrite from different sources as cathode material[J]. Journal of Power Sources,2000,88(2):206-218.

[85] Zhou J,Jiang F,Li S,et al. CuFeS$_2$ as an anode material with an enhanced electrochemical performance for lithium-ion batteries fabricated from natural ore chalcopyrite[J]. Journal of Solid State Electrochemistry,2019,23(7):1991-2000.

[86] 汪灵,党陈萍,李彩侠,等. 中国高纯石英技术现状与发展前景[J]. 地学前缘,2014,21(5):267-273.

[87] 汪灵,王艳,李彩侠. 一种以脉石英为原料加工制备4N高纯石英的方法[P]. CN Patent 201210422785.2,2013-01-23.

[88] Nair P K,Geovanni V G,Eira A Z M. Antimony sulfide-selenide thin film solar cells produced from stibnite mineral[J]. Thin Solid Films,2018,645:305-311.

[89] 陈尚斌,朱炎铭,王红岩,等. 四川盆地南缘下志留统龙马溪组页岩气储层矿物成分特征及意义[J]. 石油学报,2011,32(5):775-782.

[90] Liu D,Yuan P,Liu H,et al. High-pressure adsorption of methane on montmorillonite,kaolinite and illite[J]. AppliedClay Science,2013,85:25-30.

[91] Jin J,Zhang Y,Ouyang J,et al. Halloysite nanotubes as hydrogen storage materials[J]. Physics & Chemistry of Minerals,2013,41(5):323-331.

[92] 吉利明,邱军利,夏燕青,等. 常见黏土矿物电镜扫描微孔隙特征与甲烷吸附性[J]. 石油学报,2012,33(2):249-256.

[93] Luo H,Yang Y,Sun Y,et al. Preparation of lactose-based attapulgite template carbon materials and their electrochemical performance[J]. Journal of Solid State Electrochemistry,2015,19(4):1171-1180.

[94] 程继鹏,张孝彬,刘芙,等. 天然纳米矿物原位复合碳纳米管及其吸氢性能[J]. 太阳能学报,2002,23(6):743-747.

[95] 刘国强. 介孔氧化硅气凝胶和微孔活性炭的制备、织构及氢气吸附性能[D]. 北京:北京化工大学,2010.

[96] 杜晓明,李静,吴尔冬. 沸石吸附储氢研究进展[J]. 化学进展,2010,22(01):248-254.

[97] 胡成刚. 建筑保温材料的应用与发展[J]. 建材发展导向,2013,(3):182-183.

[98] Gao H,Liu H,Liao L,et al. Improvement of performance of foam perlite thermal insulation material by the design of a triple-hierarchical porous structure[J]. Energy and Buildings,2019,200:21-30.

[99] Gao H,Liu H,Liao L,et al. A novel inorganic thermal insulation material utilizing perlite tailings [J]. Energy and Buildings,2019,190:25-33.

[100] 赵英良,邢军,刘辉,等. 多孔矿物聚合材料在外墙保温方面应用的试验研究[J]. 硅酸盐通报,2016,35(10):3340-3344.

[101] 刘涛,吴微微,吴星艳,等. 萤石掺杂稀土发光材料的合成与应用[J]. 科技创新导报,2011,(22):58-59.

[102] Yang D,Liao L,Liu H,et al. Structure and fluorescent properties of Sr$_{0.69}$La$_{0.31}$(1-x)F$_{2.31}$:xEu^{3+} phosphors[J]. Nanoscience & Nanotechnology Letters,2017,9(3):277-280.

[103] Yang D,Liao L,Guo Q,et al. Luminescence properties and energy transfer of K$_3$LuF$_6$:Tb^{3+},

Eu^{3+} multicolor phosphors with a cryolite structure[J]. RSC advances,2019,9(8):4295-4302.

[104] Yang D,Liao L,Guo Q,et al. Crystal structure and luminescence properties of a novel cryolite-type K$_3$LuF$_6$：Ce^{3+} phosphor[J]. Journal of Solid State Chemistry,2019,277:32-36.

[105] Ma X,Liao L,Guo Q,et al. Structure and luminescence properties of multicolor phosphor Ba$_2$La$_3$(GeO$_4$)$_3$F：Tb^{3+},Eu^{3+}[J]. RSC Advances,2019,9(61):35717-35726.

[106] Guo Q,Ma X,Liao L,et al. Structure and luminescence properties of multicolor phosphor Ba$_2$La$_3$(SiO$_4$)$_3$Cl：Tb^{3+},Eu^{3+}[J]. Journal of Solid State Chemistry,2019,280:121009.

[107] Zhou T,Mei L,Zhang Y,et al. Color-tunable luminescence properties and energy transfer of Tb^{3+}/Sm^{3+} co-doped Ca$_9$La(PO$_4$)$_5$(SiO$_4$)F$_2$ phosphors[J]. Optics & Laser Technology,2019,111:191-195.

[108] Lv G,Liu S,Liu M,et al. Detection and quantification of phenol in liquid and gas phases using a clay/dye composite[J]. Journal of Industrial and Engineering Chemistry,2018,62:284-290.

[109] 吐尔逊·艾迪力比克. 3-Yb^{3+}团簇合作敏化 Cu^{2+}、Pb^{2+}上转换发光及团簇结构性破坏荧光猝灭研究[D]. 长春:吉林大学,2017.

[110] Peng K,Fu L,Yang H,et al. Hierarchical MoS$_2$ intercalated clay hybrid nanosheets with enhanced catalytic activity[J]. Nano Research,2017,10(2):570-583.

[111] 李秉正,黎演明,吴学众,等. 酸性沸石催化葡萄糖制备 5-羟甲基糠醛研究[J]. 广西科学,2013,20(2):158-161.

[112] 刘冬梅,翟玉春,王海彦,等. Na$_2$CO$_3$ 处理法制备微介孔 ZSM-5 沸石及其催化硫醚化性能[J]. 石油学报(石油加工),2015,31(1):38-44.

[113] 肖欢,张维民,马静红,等. 1,3,5-三甲苯在沸石催化剂上的催化转化[J]. 石油学报(石油加工),2019,35(2):369-375.

[114] 杜玉,汤丹丹,张高科,等. Ag$_2$O-TiO$_2$/海泡石复合光催化剂制备及其可见光光催化性能[J]. 催化学报,2015,36(12):2219-2228.

[115] Guo S,Zhang G,Wang J. Photo-Fenton degradation of rhodamine B using Fe$_2$O$_3$-Kaolin as heterogeneous catalyst:Characterization,process optimization and mechanism[J]. Journal of colloid and interface science,2014,433:1-8.

[116] Zhu Q,Zhang Y,Lv F,et al. Cuprous oxide created on sepiolite:Preparation,characterization,and photocatalytic activity in treatment of red water from 2,4,6-trinitrotoluene manufacturing[J]. Journal of Hazardous Materials,2012,217-218:11-18.

[117] Wang X,Mu B,An X,et al. Insights into the relationship between the color and photocatalytic property of attapulgite/CdS nanocomposites[J]. Applied Surface Science,2018,439:202-212.

[118] 李瑶,彭同江,孙红娟,等. Cu-TiO$_2$/白云母纳米复合材料的制备及结构,形貌和光催化性能[J]. 硅酸盐学报,2019,(4):480-485.

[119] 夏悦,李芳菲,蒋引珊,等. 天然硅藻土负载磷掺杂 TiO$_2$ 及其可见光光催化性能[J]. 吉林大学学报(工学版),2014,44(2):415-420.

[120] 程宏飞,杜贝贝,孙志明,等. 插层法制备 g-C$_3$N$_4$/高岭石复合材料及其光学性能[J]. 人工晶体学报,2017,46(7):1258-1262.

[121] 艾玉明. 黏土矿物/TiO_2/Cu_2O 光催化剂的制备及其杀藻性能的研究[D]. 武汉:武汉工程大学,2018.

[122] 徐天缘. 半导体–异相芬顿复合催化材料的构建及其光催化性能的研究[J]. 广州:中国科学院大学(中国科学院广州地球化学研究所),2017.

[123] 刘宇琪,谢龙悦,孟繁斌,等. 水钠锰矿光电催化降解亚甲基蓝及其机理研究[J]. 环境科学与技术,2019,(1):58-64.

[124] 杨佩,汪立今. 改性高岭石负载 TiO_2 光催化剂制备及分析[J]. 非金属矿,2015,38(5):1-4.

[125] 李霞章,殷禹,姚超,等. CeO_2-CdS/埃洛石纳米管的制备及可见光催化性能[J]. 硅酸盐学报,2015,43(4):482-487.

[126] 孟双艳,杨红菊,朱楠,等. BiOCl-ov/坡缕石复合可见光催化剂的制备及其对醇类的选择性氧化研究[J]. 化学学报,2019,77(5):461-468.

[127] Fan P,Wang S,Liu H,et al. Polyaniline nanotube synthesized from natural tubular halloysite template as high performance pseudocapacitive electrode[J]. Electrochimica Acta,2020,331:135259.

[128] Zhang W,Mu B,Wang A,et al. Attapulgite oriented carbon/polyaniline hybrid nanocomposites for electrochemical energy storage[J]. Synthetic Metals,2014,192:87-92.

[129] Sun L,Su T,Xu L,et al. Preparation of uniform Si nanoparticles for high-performance Li-ion battery anodes[J]. Physical Chemistry Chemical Physics,2016,18(3):1521-1525.

[130] 曹曦,传秀云,李爱军,等. 纳米纤维矿物纤蛇纹石为模板合成多孔炭及其在超级电容器中的应用[J]. 新型炭材料,2018,33(3):229-236.

[131] 周述慧,传秀云. 埃洛石为模板合成中孔炭[J]. 无机材料学报,2014,29(6):584-588.

[132] Wang Y,Liu P,Yang C,et al. Improving capacitance performance of attapulgite/polypyrrole composites by introducing rhodamine B[J]. Electrochimica Acta,2013,89:422-428.

[133] 赵晓明,刘元军. 铁氧体–碳化硅–石墨三层涂层复合材料介电性能[J]. 材料工程,2017,45(1):33-37.

[134] 张明艳,王晨,吴淑龙,等. 碳纳米管、蒙脱土共掺杂环氧树脂复合材料介电性能研究[J]. 电工技术学报,2016,31(10):151-158.

[135] 秦文莉. 基于黑滑石的复合材料制备及其在功能材料领域的应用研究[D]. 杭州:浙江大学,2018.

[136] 沈灿,鲁安怀,谷湘平. 天然闪锌矿矿物学特征与光催化性能[J]. 岩石矿物学杂志,2017,36(6):45-54.

[137] 梁树能,甘甫平,闫柏琨,等. 绿泥石矿物成分与光谱特征关系研究[J]. 光谱学与光谱分析,2014,34(7):1763-1768.

[138] Zhang L,Lu X,Liu X,et al. Hydration and mobility of interlayer ions of (Na x,Ca y)-montmorillonite:A molecular dynamics study[J]. Journal of Physical Chemistry C,2014,118(51):29811-29821.

[139] 周青,魏景明,朱建喜,等. 二氧化硅同质多象矿物的表面结构及水化特征差异性的计算

模拟[J]. 吉林大学学报(地球科学版),2015,45(s1):71-72.

[140] 李伟民,董发勤,李文周,等. α 粒子和 Kr⁺离子对钙钛锆石辐照损伤的 MonteCarlo 模拟 [J]. 功能材料,2018,49(3):3001-3006.

[141] Zhang Y,Fu L,Shu Z,et al. Substitutional doping for aluminosilicate mineral and superior water splitting performance[J]. Nanoscale Research Letters,2017,12(1):456.

[142] Liu X,Cheng J,Sprik M,et al. Surface acidity of 2:1-type dioctahedral clay minerals from first principles molecular dynamics simulations[J]. Geochimica Et Cosmochimica Acta,2014,140: 410-417.

[143] Weng J,Liao L,Lv G,et al. Probing the interactions between lucigenin and phyllosilicates with different layer structures[J]. Dyes and Pigments,2018,155:135-142.

[144] Liu T,Yuan G,Lv G,et al. Synthesis of a novel catalyst MnO/CNTs for microwave-induced degradation of tetracycline[J]. Catalysts,2019,9(11):911.

[145] 吕国诚,廖立兵,李雨鑫,等. 快速发展的我国矿物材料研究——十年进展(2011~2020 年)[J]. 矿物岩石地球化学通报,2020,39(04):714-725+682.

[146] Eric H Oelkers,David R Cole. Carbon dioxide sequestration—A solution to a global problem [J]. Elements,2008,4(5):305-310.

[147] 张舟,张宏福. 基性、超基性岩:二氧化碳地质封存的新途径[J]. 地球科学——中国地质 大学学报,2012,37(1):156-162.

[148] 孙泽祥,张明峰,王先彬,等. 超基性岩的蛇纹石化和碳酸盐化耦合关系[J]. 矿物岩石地 球化学通报,2018,37(6):1190-1197.

第 2 章　环境矿物材料

2.1　环境矿物材料及其研究进展

环境矿物材料是矿物学与材料学、环境学等学科的交叉领域,环境矿物材料的发展顺应了人与自然和谐发展的战略需求。随着科技的发展,环境矿物材料研究不断深入,并以开发污染治理与检测用环境矿物材料为重点,如水中有机物及无机物的吸附降解、水体和土壤的原位修复以及污染物的原位实时检测环境矿物材料。有理由认为未来环境矿物材料将在人类治理污染与修复环境中发挥不可替代的作用。本章在简单介绍环境矿物材料定义、分类和研究进展的基础上,重点介绍本书作者在环境矿物材料研究中取得的主要成果。

2.1.1　环境矿物材料的定义及分类

第 1 章中本书作者给出了环境矿物材料的明确定义,即以天然矿物岩石为主要原料,在制备和使用过程中能与环境相容和协调、或在废弃后可被环境降解、或对环境有一定净化和修复功能的材料。与其他矿物材料相比,环境矿物材料强调材料及技术的环境协调性和相容性,即环境属性与功能,符合人与自然和谐发展的要求,加强环境材料研究与应用是材料科学与工程、矿物科学与工程发展的一种必然趋势。

根据环境矿物材料的概念,大多数矿物材料都可纳入环境矿物材料的范畴,因为矿物材料都以天然矿物岩石为主要原料,在制备和使用过程中都能与环境相容和协调。但狭义的环境矿物材料是指对环境有一定净化和修复功能的材料。很多矿物因特有的成分和结构特征,具有优异的吸附、过滤、分离、离子交换、催化等物理化学性能,以其为主要原料制备的矿物材料对环境污染治理有独特的功效。同时还具有原料来源丰富、加工处理工艺相对简单、价格低廉等优势。因此,发展环境矿物材料具有巨大的社会效益与经济效益。

归纳起来,环境矿物材料主要有以下特点:

①环境协调。环境矿物材料以天然矿物岩石为原料,具有天然的环境相容性和协调性,既能治理污染,又能修复环境、回归自然。

②应用范围广。除可用于传统的"三废"处理外,还适用于高科技发展产生的新污染治理,如光辐射、各种射线辐射、微波、电磁场、低频噪声等的治理。

③可循环利用、无污染。绝大部分环境矿物材料在应用中可实现循环再生利用,无二次污染或二次污染小。

④天然自净化功能。很多环境矿物材料具有天然自净化功能,在一般环保技术不能解决的非点源区域性污染问题方面能发挥独特的作用,这是其他材料所不能比拟的。

⑤处理效果好。可去除多种无机和有机污染物,效果良好。

⑥高生化稳定性。具有较高的化学活性和生物稳定性。

⑦原料储量丰富,制备工艺简单。天然矿物原料丰富,材料制备工艺简单,治理污染成本低廉。

工业废弃物如尾矿、煤矸石、粉煤灰、冶炼渣等也以天然矿物或人工矿物为主要组分,利用工业废弃物制备的各种材料也可纳入环境矿物材料范畴,其中一些材料还可直接用于污染治理和环境修复。

自然界中蕴藏着丰富的矿产资源,随着人们对环境保护的重视和对绿色环境的渴望,新的环境矿物材料伴随着人们生产和生活的需求不断诞生,人们对环境矿物材料的研究与应用不断取得进展。

2.1.2　环境矿物材料研究进展

第1章综述了近十年我国环境矿物材料的研究进展。因本书作者长期从事地表水污染治理环境矿物材料(包括微波诱导降解功能环境矿物材料、污染物检测功能环境矿物材料)、PRB 介质环境矿物材料、土壤重金属污染治理环境矿物材料研究,2.3 节也将介绍本书作者在这些方面的主要研究成果,因此本节将在第 1 章基础上,补充介绍微波诱导降解功能环境矿物材料、PRB 介质环境矿物材料、污染物检测功能环境矿物材料的研究进展。

1. 微波诱导降解功能环境矿物材料

微波诱导氧化作为一种处理有机污染的绿色技术,已引起世界各国的广泛关注。微波过程中会产生热点效应及非热点效应。微波的热点效应是指微波吸收材料在微波辐照过程中会释放大量热量并产生反应中心,从而在其表面产生活性氧化物质;非热点效应是指微波作用下极性分子振荡而产生活性氧化物质和活性中心[1]。因此,材料的微波吸收能力是降解有机污染物的关键因素,最适宜作微波催化剂的矿物包括水钠锰矿、六方软锰矿等半导体矿物。

任大军等[2]在微波功率为 500W 和弱酸性条件下,采用微波辅助锰矿物诱导氧化降解 50mL 初始浓度为 100mg/L 的喹啉,去除效率高达 92.54%,反应呈一级动力学特征。本书作者[3]考察了在不同初始浓度、溶液 pH 值、微波反应时间和微波功率下,水钠锰矿在微波辐射下降解四环素(TC)的效率及其影响因素。在 pH =

1 的强酸性介质中,400W 下微波催化 30min,水钠锰矿对 TC 的最大去除率可达99%。水钠锰矿在微波条件下表面活性大大增加,同时微波可以提供高温环境,加速 TC 的去除。张桂欣等[4]采用二氧化锰纳米管在微波加热条件下催化降解塑料聚对苯二甲酸乙二醇酯(PET),当 MnO_2 的用量是 PET 用量的 2% 时,降解率可达到 100%,^1H NMR 和 FTIR 分析证明降解产物为纯对苯二甲酸乙二醇酯单体。此外,微波诱导锰氧化物对土壤中的多氯联苯也有良好的降解效果,但材料的 pH 值依赖性很高,在酸性土壤中对多氯联苯去除效率比在中性土壤中更高[5]。

不同天然锰矿物的微波降解能力差异很大,本书作者[6]发现在相同微波催化条件下,经过 30min 的微波降解,水钠锰矿对 MB(亚甲基蓝)的去除量为 230mg/g,而六方软锰矿并不存在这种现象(仅为 27mg/g)。这主要是由于水钠锰矿具有较大自旋磁矩,能够吸收更多的微波。同时有研究表明,锰的平均氧化态越低,对 MB 的降解效率越高。这是由于[MnO_6]八面体中相邻的不同价态锰在微波作用下会促进高频电子转移,从而产生明显的介电损耗[6,7]。因此,具有更多可变价态和更高自旋磁矩的锰氧化物可能对微波处理有机污染物有更好的响应。

除了氧化锰矿物以外,多种其他矿物也被用于微波降解水中污染物。田方圆等[8]为了解决铁酸镍($NiFe_2O_4$)在微波催化降解过程中存在的成本高、"热点"分散不均匀的问题,以海泡石、硅藻土和高岭石作为载体,制备得到 $NiFe_2O_4$/天然矿物复合材料,成功提高了 $NiFe_2O_4$ 的微波降解效率。其中 $NiFe_2O_4$/海泡石的催化活性最好,当投加量为 3.2g/L、微波降解功率为 750W 时,10min 内可以实现甲基对硫磷(10mg/L)的完全降解,3min 内可以实现对偶氮品红的完全去除。Zhang 等[9]开发了一种活性炭(AC)负载纳米级锐钛矿型(A-TiO_2/AC)或金红石型(R-TiO_2/AC)TiO_2 复合材料,用于微波诱导降解水溶液中的对硫磷。研究结果表明,与单独的 AC 相比,TiO_2 的加入显著改善了微波降解效果,并且 A-TiO_2/AC 显示出比 R-TiO_2/AC 更高的微波催化活性,这是由于 A-TiO_2 在微波辐照下能够产生更多的羟基自由基。本书作者[10,11]分别尝试将 nZVI 负载到高岭石、海泡石和蒙脱石上,探究了不同微波功率对降解效果的影响。复合材料显示出比纯 nZVI 更好的抗氧化能力和更强的微波吸收能力。nZVI/高岭石对罗丹明 6G 的去除量在 15min 内为110mg/g,nZVI/海泡石为 300mg/g,而 nZVI/蒙脱石的去除量可达到 500mg/g。不同负载矿物对罗丹明 6G 的去除性能差异可能是由于比表面积和 Zeta 电位差异引起的铁负载量差异导致。此外,可对复合材料进行再生,再生后的材料可重复使用多次。

2. PRB 介质环境矿物材料

渗透反应格栅(PRB)是最受关注的地下水原位修复技术之一,该项技术通过在地下安装活性材料体,对污染羽进行拦截,被污染的地下水由于自身水力梯度流经反应墙(反应格栅),污染物在活性介质的表面及孔隙内发生吸附、沉淀、氧化/还原、生物降解等反应过程,从而被去除[12]。与其他方法相比,PRB 原位修复技术具有更高的经济适用性,安装好后不需要追加投资,并且对重金属和有机污染物都有很好的去除效果,对地下水的流动与土壤环境影响较小[13,14]。

含铁矿物常被用作 PRB 的介质材料。黄铁矿是一种丰富的矿产资源,其成分主要为 FeS_2,具有一定的还原性。有研究表明[15],将黄铁矿作为 PRB 反应介质材料,能够有效固定 Cr(VI),尤其是在酸性环境下。溶解氧的存在会抑制 Cr(VI)的还原,初始 Cr(VI)浓度过高会使黄铁矿的吸附速率降低,其他离子的强度和天然有机物对 Cr(VI)的去除没有显著影响。何叶等[16]发现将天然黄铁矿作为 PRB 的活性材料,通过表面吸附能够有效修复被 U(VI)污染的地下水。黄铁矿的粒径越小对 U(VI)的吸附效果越好,这是因为颗粒越细,比表面积越大,吸附位点更多。根据 SEM 和 XRD 结果推测,黄铁矿对 U(VI)的吸附主要为表面吸附。也有研究者发现黄铁矿、磁黄铁矿($Fe_{1-x}S$)、马基诺矿(FeS)等硫化铁矿物在微生物、空气和水的协同作用下会发生反应形成酸性废水,可能使吸附或沉淀的重金属产物重新活化而造成二次污染,在厌氧条件下酸化过程及反应可得到显著抑制[17]。赤铁矿(Fe_2O_3)、磁铁矿(Fe_3O_4)等氧化铁类矿物也可与水中重金属离子发生吸附或氧化还原反应,达到去除水中重金属离子的目的,是具有应用潜力的 PRB 介质材料。放射性污染物 U(VI)能够以 UO_2^{2+} 的形式吸附在赤铁矿的表面,该过程是一个吸热的、熵驱动的反应过程,吸附焓为 $+71kJ/mol$[18];而多孔赤铁矿需要具备合适的孔径才能有效吸附 As(V),孔径太小 As(V)无法有效进入孔内,会大大降低其去除效率[19]。磁铁矿对于除草剂草甘膦、污染物苯酚(Ph)、对氯酚(PCP)和对硝基苯酚(PNP)也有明显的去除效果[20]。

除含铁矿物外,广泛存在于地表岩石和土壤中的黏土矿物也是极有潜力的PRB 活性介质材料。侯国华等[21]针对沈阳傍河区地下水氨氮污染问题,构建了以释氧材料和沸石为介质材料的 PRB 装置,当入水氨氮浓度为 10mg/L 时,出水浓度小于 0.5mg/L,氨氮的去除效率可达 90%以上。本书作者[22]将离子液体改性沸石作为渗透反应墙(PRW)的介质材料拦截和修复 As 污染的地表水,该材料对砷的吸收能力约为 15mmol/kg,延迟因子为 30 ~ 50。并进行了中试,在六个月的采样期内(图 2.1 为 PRW 的设计图及实地装置图),地表水流经压水堆后,砷含量降低了80%以上。试验结果与实验室中进行的柱实验的预测一致,该装置能够有效去除季节性地表水中的 As。凹凸棒石对于氨氮也有很好的去除效果,氨氮浓度同样为10mg/L 时,安徽地区产出的凹凸棒石对氨氮的饱和吸附容量可达 4.54mg/g[23]。本书作者还发现凹凸棒石和蛭石对水中铵(NH_4^+)和腐殖酸(HA)具有不同的亲和力,两者联用可以实现 NH_4^+ 和 HA 的同步去除,并且它们的粒径大小合适,是很有潜质的 PRB 介质材料[24]。

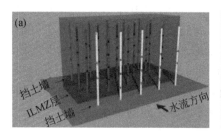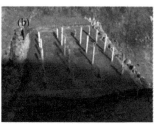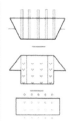

图 2.1　（a）PRW 安装的监测井示意图（每口井上黑色字体的数字表示取样口的标高,1 位于距井底 0.5m 处;红色的数字表示空间上的样品井）;（b）PRW 安装后现场图;（c）施工前景（混凝土搅拌器与改性沸石）

目前利用氢氧化铁-氢氧化铝（HFO/HAO）去除水中砷是一项较为成熟的技术,本书作者[25]尝试以天然斜发沸石作为 PRB 介质,通过添加 HFO/HAO 以诱导砷发生沉淀来实现对水体中砷的吸附与去除。结果表明,该方法可以相对有效地去除水中的砷。沉淀 HFO 对 As（III）和 As（V）的吸附容量分别为 48mg/g 和 68mg/g。去除砷的最佳 pH 值为 6.5~9 的较中性范围。根据初始砷浓度和氧化还原条件,将砷浓度降至标准以下所需的最低 Fe（III）约为 10mg/L。本书作者[26]还利用未改性沸石和 Fe（II）改性沸石（Fe-eZ）进行了间歇试验和柱实验。实验结果表明 Fe（II）改性后的沸石材料对 Cr（VI）的吸附量增加到 6mmol/kg。溶液中 Cr（VI）的去除随着离子强度的增加而增加,但随着溶液 pH 值的增加而降低。沸石的水力传导率在 Fe（II）改性前后和 Cr（VI）吸附前后变化不大,表明沸石具有良好的机械稳定性,可作为地下水修复中 PRB 介质。

羟基磷灰石是动物骨骼的主要无机成分,含量可达 70%,可以通过煅烧动物骨骼得到不同成分与结构的羟基磷灰石[27]。廖德祥等[28]利用废蛋壳与工业 H_3PO_4 溶液合成了碳酸羟基磷灰石（CHAP）,用于去除水溶液中的 Pb（II）,当 pH 值为 6.0 时,在 60min 内可达到吸附平衡状态,最大吸附量可达 101mg/g。但是当水体酸性较高时,磷灰石会发生溶解,释放磷酸盐与水中氢离子发生反应,将 pH 值提高至 6.5~7.5,络合并诱导金属离子沉淀为金属磷酸盐。因此,以磷灰石作为 PRB 介质材料时,建议在微酸性或中性水体中使用,这样可以有效提高 PRB 的去除效率并延长使用寿命。若水体酸度很高,磷灰石在 PRB 中会发生溶解再结晶的过程,这样虽然也能够将污染物离子去除,但容易使 PRB 堵塞,降低其渗透率与使用寿命[29]。Josep 等[30]发现以磷灰石Ⅱ™作为 PRB 反应介质材料同步去除水中镉、铜、钴、镍和汞离子时,若流入 pH 值大于 5 时,该装置的使用寿命可长达 5 ~ 10 年。因此,以羟基磷灰石作为 PRB 介质材料时,需要综合考虑沉淀-溶解机制带来的高去除效率与其造成的空隙堵塞降低装置渗透率之间的平衡关系。

3. 污染物检测功能环境矿物材料

建立快速、灵敏、低成本、可靠的污染物检测新方法是水体治理中急需解决的问题。纳米技术的快速发展为实现快速水体污染物检测提供了新的研究思路。研究者们将具有更大比表面积、更多活性位点、更高表面自由能的纳米材料与光学、电化学、生物学等多学科原理交叉联用,开发了多种操作简单、成本低廉的重金属离子及有机污染物检测探针与传感器。某些环境矿物材料具有独特的结构和突出的物理化学性能,以及与其他原材料相比更低的投资成本,在制备新型快速污染物检测材料中占有重要地位。

金刚石具有优异的导电性能,在电化学分析检测中占有很重要的位置。掺硼金刚石(BDD)电极对于金属离子、阴离子、生物分子、药物、农药、有机分子、染料等都具有优异的识别能力[31]。Nurhayati 等[32]在 Ti 衬底上生长 BDD 薄膜,制备出能够在醋酸盐缓冲溶液或天然水系统中单独或同步检测 Pb(Ⅱ)、Cu(Ⅱ)和 Hg(Ⅱ)的 BDD 电极。Pb(Ⅱ)、Cu(Ⅱ)和 Hg(Ⅱ)的检出限及灵敏度分别为 1.339μmol/L、0.102μmol/L 和 0.666μmol/L,以及 0.014μA/(μmol/L · mm^2)、0.104μA/(μmol/L · mm^2)和 0.057μA/(μmol/L · mm^2)。但是当水体中有机物的含量高时会影响测量结果的稳定性。

除 BDD 外,多种黏土矿物也被用于制备电化学检测材料。以有机改性凹凸棒石作为电极材料,将其做成薄膜涂覆在玻碳电极(GCE)的活性表面上,通过阳极溶出伏安法可测定 Pb(Ⅱ)浓度[33]。该方法对 Pb(Ⅱ)的检测限可达 0.88×10^{-12} mol/L,但在铜(Ⅱ)、铊(Ⅰ)和铟(Ⅲ)存在的情况下,检测结果会受到干扰。六方氮化硼-埃洛石(h-BN/HNTs)纳米复合材料对呋喃唑酮(FZ)具有极高的选择性,利用该复合材料修饰得到的检测电极,即使在高浓度 FZ 的干扰下,也能够保持对 FZ 较高的检测灵敏度[34]。HNTs 复合电极材料还被用于检测水体中的汞(Ⅱ),使用简单的化学沉淀法和水热法可制备得到 $HNTs/Fe_3O_4/MnO_2$[35]。在测试过程中,该复合材料先经过预浓缩步骤吸附水中汞(Ⅱ),然后将材料连同吸附的汞(Ⅱ)一起置于磁性碳糊电极(MCPE)表面,通过微分脉冲伏安技术检测汞(Ⅱ)的浓度,可检测的汞(Ⅱ)浓度范围为 0.5 ~ 150μg/L,检测限为 0.2μg/L。该材料在检测的同时还可以现实汞(Ⅱ)的去除,回收率为 96.0% ~ 102.7%。电化学检测方法虽然灵敏度高,可检测皮米级别的污染物含量,但仍然存在材料本身制备成本高、需要稳定的测试条件、可能产生二次污染等限制因素[36]。

荧光分子探针具有灵敏度高、速度快、无破坏性等特点,在检测、诊疗和成像等领域有巨大的应用前景。所谓荧光分子探针是指通过荧光主体和客体之间的选择性结合,使材料的荧光信号发生变化。再通过观察、测定信号的改变量,实现对底物浓度的测定。目前常用的荧光基团包括荧光素、香豆素、1,8-萘酰亚胺、花菁类染料、罗丹明类、镧系金属离子等[37-39]。荧光发射波长长、荧光量子产率高、消光系数大、毒性低是选择荧光基团的首要考虑因素。

荧光分子在实际使用过程中容易相互团聚,或者与溶液中其他分子结合形成不发光的基态配合物,造成发射光谱的位移、宽化或荧光猝灭等现象,导致材料的荧光强度降低,影响探针检测的准确性。而荧光分子与矿物结合可以有效地抑制荧光猝灭,这引起了很多研究者的关注。本书作者[40]利用简单吸附的方式将有机染料吖啶橙(AO)装载在水滑石(LDH)的层间,使得荧光猝灭显著被抑制。当 AO 初始浓度为 5mg/L 时,复合 AO-LDH 的荧光强度最高。利用其增强的荧光性能,将复合粉体制备成荧光试纸,可实现肉眼检测水中 Hg^{2+},检出限为 5mmol/L。Rhee 等[41]以 LDH 作为载体,将桑色素(MR)负载其上,得到 MR/水滑石复合材料。再将其分别分散在聚氨酯水凝胶和溶胶-凝胶复合高分子基底中以及 Nafion 聚合物中,得到两种膜材料。前者对 $H_2PO_4^-$ 有极高的敏感度,而后者能够检测到浓度 $0.01 \sim 0.2mmol/L$ 的 HPO_4^{2-}。

蒙脱石(MMT)作为一种 2∶1 型的二维层状黏土矿物,其片层状的结构有利于有机荧光小分子插层,这对于稳定和提高荧光分子的荧光强度有很大的帮助。本书作者[42]成功地将 7-氨基-4-甲基香豆素(AMC)插入 MMT 层间,显著抑制了荧光猝灭,使材料的荧光性能增强,AMC 以不同角度进入 MMT 的动态模拟如图 2.2 所示。而后以聚乙烯醇作为基底,将该复合材料与壳聚糖混合制备得到膜材料,用于检测水体中的 Cr(Ⅵ)离子,检测范围可从 0.005mmol/L 至 100mmol/L,检测限为 5μmol/L。此外,本书作者还将荧光分子罗丹明(R6G)插入 MMT 层间,制备了一种新型矿物-染料复合材料[43]。这种复合材料大大提高了 R6G 的光稳定性和效率。R6G/MMT 的荧光寿命延长了 8 倍,发光强度提高了 20 倍。当将该材料制成固体试纸时,对于 Cr(Ⅵ)的肉眼检测可以达到 mmol/L 的水平。

具有层状结构的皂石与 MMT 相似,可以为纳米尺度的荧光分子提供一个受限的微环境,从而提高光活性分子的发光效率。本书作者[44]发现通过调节皂石的薄片结构,可获得不同电场强度的层间域。通过分子动力学模拟发现,电场强度越高,皂石片与双甲基吖啶硝酸盐(BNMA)之间的静电引力越大,BNMA 分子之间的相互作用越小,从而产生更小的倾斜角、更少的聚集和更稳定的结构,使得 BNMA 的发光效率大大提高。该方法最高可使材料的荧光寿命延长 26 倍,发光强度提高

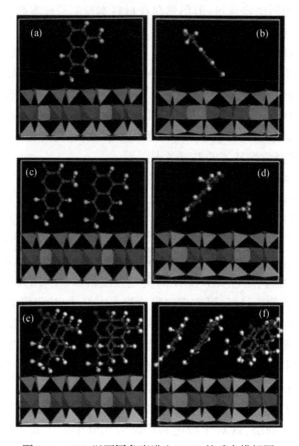

图 2.2　AMC 以不同角度进入 MMT 的动态模拟图

14 倍。Marchesi[45]将镧系元素离子 Tb^{3+} 和 Eu^{3+} 同时引入皂石框架中,利用两种金属离子之间可调谐的发光特性,可实现水中铬酸盐阴离子的快速识别。皂石层间两种金属中心的共存产生了有效的 Tb^{3+}/Eu^{3+} 能量转移,大大增强了铕的发光强度。由于该过程涉及复杂的静态/动态混合猝灭机制,因此在极低浓度(mmol/L 水平)也可实现对铬酸盐阴离子的快速响应。

　　埃洛石纳米管(HNTs)具有独特的中空管状结构,其内外壁展现出不同的物理化学性质,在水中有良好的稳定性,也常被用作荧光检测材料的载体。将香豆素负载到 HNTs 的表面,可得到一种环境友好型的化学传感器材料,有效提高了香豆素的水解稳定性[46]。改性材料在具有对 Zn^{2+} 极高响应性的同时,还能够有效吸附 Zn^{2+},吸附容量约 16mg/g。贾磊等[47]先将纳米 Ag 选择性地负载在 HNTs 的内腔中,再将柠檬酸与 Eu^{3+} 选择性地负载在 HNTs 的外表面,利用金属增强荧光(MEF)效应,制备出一种具有同时检测与去除四环素潜力的复合材料。

2.2 新型环境矿物材料研究与应用

目前,新型环境矿物材料不断涌现,应用领域不断拓展,已经成为矿物科学与工程、材料科学与工程、环境科学与工程等学科活跃的前沿领域。本书作者长期从事矿物材料研究,对于环境矿物材料应用于地表及地下污水处理、污染物检测以及土壤重金属污染治理有深入的研究,开发了包括蛭石、改性沸石、改性蒙脱石、改性水滑石、改性水钠锰矿在内的地表污水处理材料;蛭石、凹凸棒石、改性沸石、赤铁矿以及羟基磷灰石等 PRB 介质材料;可应用于有机物检测的蒙脱石和海泡石复合材料;以及可应用于处理酸性土壤重金属污染的改性沸石以及蒙脱石材料。

2.2.1 地表污水处理矿物材料

本书作者利用蛭石、沸石、蒙脱石和水滑石等天然矿物所具有的大量的孔道、较大的开放性和高的比表面积、良好的离子交换和选择性吸附等特性,制备可对地表污水进行处理的环境矿物材料,研究了这些环境矿物材料对污水中重金属离子以及有机物的去除能力及去除机理,考察了不同改性技术及吸附条件对材料吸附能力的影响。此外,研究了水滑石和氧化锰矿物在微波条件下对有机污染物的降解性能及机理。

1. 蛭石去除有色金属尾矿渗滤液中重金属污染物的研究

本书作者针对广西某多金属矿山尾矿渗滤液污染,以新疆尉犁天然蛭石为材料,进行了去除模拟渗滤液重金属污染物的实验研究。通过静态吸附实验研究了蛭石对 Cu^{2+}、Mn^{2+}、Pb^{2+}、Zn^{2+} 等单金属离子及混合金属离子的去除能力,并研究了污染物初始浓度、溶液 pH 值对去除污染物的影响。

1) 吸附实验方法

(1) 污染物初始浓度的影响

以六水合硝酸铜、硝酸锰、硝酸铅、硝酸锌为原料,配置不同浓度的 Cu^{2+}、Mn^{2+}、Pb^{2+}、Zn^{2+} 水溶液。由于 Mn^{2+} 的特殊性,无法在不同初始浓度条件下测出准确的对应平衡浓度,因此选择采用体积实验。

分别称取 200 目 0.1g 蛭石加入到 35mL 初始浓度为 200mg/L、400mg/L、600mg/L、800mg/L、1000mg/L、1200mg/L 的 Cu^{2+} 溶液中,调节 pH 值为 5.5;200 目 0.1g 蛭石加入到体积为 50mL、100mL、200mL、250mL、300mL、500mL 的浓度为 100mg/L 的 Mn^{2+} 溶液中;200 目 0.1g 蛭石加入到 35mL 初始浓度为 0mg/L、100mg/L、500mg/L、800mg/L、1000mg/L、1500mg/L、2000mg/L、2500mg/L、3000mg/L、3500mg/L、4000mg/L、6000mg/L、8000mg/L 的 Pb^{2+} 溶液中,调节 pH 值为 5;200 目

0.1g 蛭石加入到 35mL 初始浓度为 0mg/L、50mg/L、100mg/L、200mg/L、300mg/L、400mg/L 的 Zn^{2+} 溶液中,调节 pH 值为 7。25℃恒温摇床振荡吸附 12h,取上清液过滤,测试溶液中剩余 Cu^{2+}、Mn^{2+}、Pb^{2+}、Zn^{2+} 的浓度,通过公式(2.1)计算吸附量。

$$Q = \frac{V(C_0 - C)}{m} \tag{2.1}$$

式中,Q 为蛭石对污染物的吸附容量(mg/g);m 为蛭石用量(g);C_0 为污染物初始浓度(mg/L);C 为吸附平衡浓度(mg/L)。

(2)pH 值的影响

分别称取 200 目 0.1g 蛭石加入到 35mL 浓度为 600mg/L 的 Cu^{2+} 溶液、浓度为 100mg/L 的 Mn^{2+} 溶液、浓度为 600mg/L 的 Pb^{2+} 溶液、浓度为 300mg/L 的 Zn^{2+} 溶液中,用 0.1mol/L 的 NaOH 溶液和 0.1mol/L 的 HCl 溶液调节溶液 pH 值在 2~7(模拟尾矿渗滤液的 pH 值),置于 25℃恒温摇床振荡吸附 12h,取上清液过滤,测试溶液中剩余 Cu^{2+}、Mn^{2+}、Pb^{2+}、Zn^{2+} 的浓度,通过公式(2.1)计算吸附量。

(3)去除混合重金属离子

分别称取 200 目 0.1g 蛭石加入到初始浓度为 25mg/L、50mg/L、75mg/L、100mg/L、125mg/L、150mg/L、200mg/L 的 Pb^{2+}、Zn^{2+}、Cu^{2+}、Mn^{2+} 硝酸盐混合溶液中,调节 pH 值至 5.5,置于 25℃恒温摇床振荡吸附 12h,取上清液过滤,测试溶液中剩余 Cu^{2+}、Mn^{2+}、Pb^{2+}、Zn^{2+} 的浓度,通过公式(2.1)计算吸附量。

2)材料表征

吸附材料为新疆尉犁天然蛭石,粉碎至 200 目。从蛭石的 SEM 图[图 2.3(a)~(d)]中可以看到,本实验选用的新疆尉犁蛭石为厚片层状。X 射线衍射(XRD)分析[图 2.3(e)]表明,吸附材料中存在蛭石、金云母、蛭石–金云母混层矿物(水黑云母)和方解石。利用基体清洗法(K 值法)计算样品中各物相质量分数为:蛭石

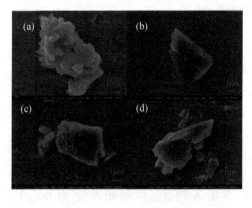
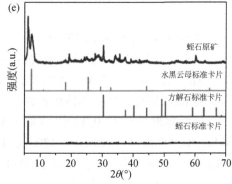

图 2.3 (a)~(d)新疆尉犁蛭石的 SEM 图;(e)新疆尉犁蛭石的 XRD 图谱

1.21%、金云母 49.96%、蛭石–金云母混层矿物 a(蛭石与云母晶层比为 6∶4)11.72%、蛭石–金云母混层矿物 b(蛭石与云母晶层比为 4∶6)27.82%、方解石 9.30%[48]。

X 射线荧光光谱(XRF)测试结果表明(表 2.1),本实验选用的蛭石的 Mg 元素含量较高,说明以镁型蛭石为主。

表 2.1　蛭石的 XRF 分析结果

组分	含量(%)	组分	含量(%)
SiO_2	35.30	Cr_2O_3	1.00
Fe_2O_3	19.66	Na_2O	0.75
MgO	15.49	BaO	0.60
Al_2O_3	11.30	NiO	0.27
K_2O	8.87	SO_3	0.26
TiO_2	3.16	Rb_2O	0.17
CaO	2.87	MnO	0.10

3)吸附性能研究

(1)去除单一重金属离子

①污染物初始浓度的影响

由图 2.4(a)可以看出,随着初始浓度的增大,蛭石对 Cu^{2+} 的吸附量增大,在初始浓度为 600mg/L 时趋于平衡,最大吸附量为 49.5mg/g 左右。Cu^{2+} 浓度较低时,蛭石表面的附着位点尚未达到饱和状态,因此吸附速率高,不断提高 Cu^{2+} 初始浓度,蛭石吸附位点逐渐饱和,吸附速率有所下降。采用 Langmuir 等温模型和 Freundlich 等温模型对吸附数据进行拟合,拟合的线性相关因子 R^2 分别为 0.9962 和 0.8796,可见 Langmuir 吸附等温线的拟合度更高(表 2.2)。从图 2.5 亦可直观看出 Langmuir 拟合曲线更接近实验数据,表明天然蛭石对 Cu^{2+} 的吸附为单层吸附。

图 2.4(b)给出了蛭石对不同浓度 Mn^{2+} 的吸附结果。随着溶液体积的增大,蛭石对 Mn^{2+} 的吸附容量增大,在溶液体积为 100mL 时达到饱和,吸附容量趋于稳定,最大吸附容量为 24.5mg/g 左右。

图 2.4(c)显示,随着 Pb^{2+} 初始浓度的增大,蛭石对 Pb^{2+} 的吸附容量增大,Pb^{2+} 初始浓度为 6000mg/L 时吸附趋于平衡,初始浓度为 8000mg/L 时吸附容量达到最大,为 108mg/g 左右。与对 Cu^{2+} 的吸附类似,Pb^{2+} 浓度较低时,蛭石表面的吸附位点尚未达到饱和,因此吸附速率高,不断提高 Pb^{2+} 初始浓度,蛭石吸附位点逐渐饱

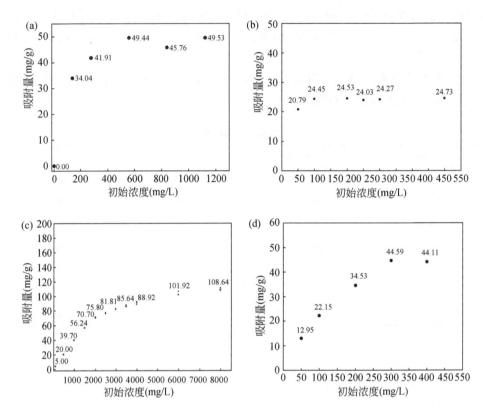

图 2.4　不同初始浓度条件下蛭石对 Cu^{2+}(a);Mn^{2+}(b);Pb^{2+}(c);Zn^{2+}(d)的吸附容量

和,吸附速率下降。对吸附数据进行拟合发现[图 2.5(c)和(d)],蛭石对 Pb^{2+} 的吸附更符合 Langmuir 等温吸附模型,为单层吸附。

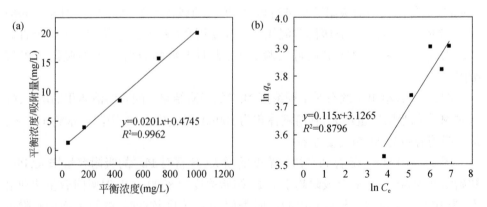

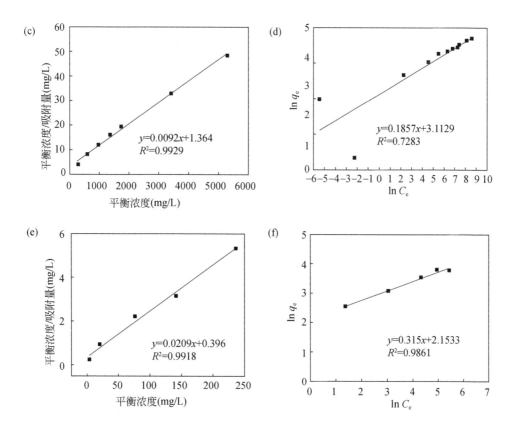

图 2.5　蛭石吸附 Cu^{2+} 的 Langmuir(a) 和 Freundlich(b)吸附等温线拟合结果；蛭石吸附 Pb^{2+} 的 Langmuir(c) 和 Freundlich(d)吸附等温线拟合结果；蛭石吸附 Zn^{2+} 的 Langmuir(e) 和 Freundlich (f)吸附等温线拟合结果

　　由图 2.4(d)可以看出，随着 Zn^{2+} 初始浓度的增大，蛭石对 Zn^{2+} 的吸附容量增大，Zn^{2+} 初始浓度为 300mg/L 时吸附容量达到最大，为 44.5mg/g 左右。通过吸附等温线拟合发现，蛭石对 Zn^{2+} 的吸附为单分子层吸附。

表 2.2　蛭石吸附 Cu^{2+}、Pb^{2+}、Zn^{2+} 的 Langmuir 和 Freundlich 吸附等温线拟合参数

吸附离子种类	Langmuir 方程			Freundlich 方程		
	q_{max}(mg/g)	K_L(L/mg)	R^2	K_F(mg/g)	n	R^2
Cu^{2+}	49.53	0.0423	0.9962	22.79	8.69	0.8796
Pb^{2+}	108	0.0067	0.9929	22.49	5.38	0.7283
Zn^{2+}	44.11	0.0528	0.9918	8.6132	3.17	0.9861

②pH 值的影响

由图 2.6(a)可以看出,在 pH 值 2 ~ 6,蛭石对 Cu^{2+} 的吸附容量不断增加,pH 值为5 ~ 6时达到最大吸附容量 50mg/g,在近中性条件下吸附效果最好;蛭石对 Mn^{2+} 的吸附在不同 pH 值条件下表现不同[图 2.6(b)],在中性条件下,蛭石对 Mn^{2+} 的吸附容量最高,达到25.86mg/g 左右;蛭石对 Pb^{2+} 的吸附容量在 pH 值为2 ~ 4.5 不断增大,后趋于平缓,在 pH 值接近 5.5 时,达到最大吸附容量 118mg/g 左右。由图 2.6(d)可以看出,pH<6.5 时,蛭石对 Zn^{2+} 的吸附容量均较低,pH>6.5 后蛭石对 Zn^{2+} 的吸附容量快速增加,pH 值接近中性时,吸附量达 44.5mg/g 左右。蛭石对重金属离子的吸附容量随 pH 值变化的主要原因是当溶液 pH 值较低时,存在大量的 H^+,与重金属离子形成竞争吸附,使得吸附容量较低,随着 pH 值升高,H^+ 大量减少,吸附容量逐渐增大。

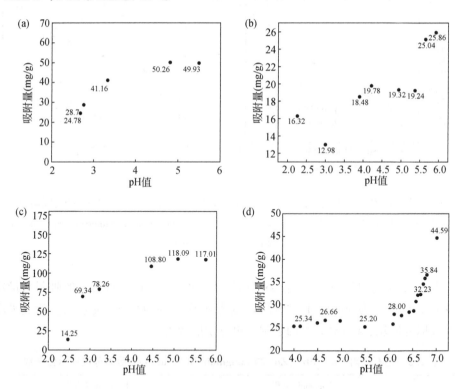

图 2.6　不同 pH 值条件下蛭石对 Cu^{2+}(a);Mn^{2+}(b);Pb^{2+}(c);Zn^{2+}(d)的吸附容量

以上实验结果表明,蛭石对 Cu^{2+}、Mn^{2+}、Pb^{2+}、Zn^{2+} 均有很好地吸附去除效果,吸附容量随重金属初始浓度和 pH 值增加而增大。Cu^{2+}初始浓度>600mg/L、pH>5 时吸附容量达到最大,为49.5mg/g 左右;Mn^{2+}初始浓度>100mg/L、pH>6 时吸附容量达到最大,为 25.86mg/g 左右;Pb^{2+} 初始浓度>8000mg/L、pH>5.5 时,吸附量达到最大,为 108mg/g 左右;Zn^{2+} 初始浓度>300mg/L、pH = 7 时,吸附量达到最大,为 44.5mg/g 左右。蛭石对 Pb^{2+} 的去除能力最强,对 Mn^{2+} 的去除能力相对较弱。蛭石对 Cu^{2+}、Mn^{2+}、Pb^{2+}、Zn^{2+} 的吸附过程均可用 Langmuir 模型描述,说明 Cu^{2+}、Mn^{2+}、Pb^{2+}、Zn^{2+} 主要通过静电吸附方式单层吸附于蛭石的表面。

(2)蛭石去除混合重金属离子

金属离子初始浓度对蛭石吸附容量影响的实验结果见图 2.7,蛭石对各金属离子的吸附容量为 Pb^{2+}>Zn^{2+}>Cu^{2+}>Mn^{2+},与吸附单一离子的结果基本一致。但是在蛭石吸附单一离子的实验中,蛭石对 Zn^{2+}、Cu^{2+} 的吸附容量大致相同,而在混合离子的吸附实验中,金属离子浓度较低时,Cu^{2+} 对吸附位点的捕获能力略大于 Zn^{2+},初始浓度为 150mg/L 时二者吸附容量大致相同,随初始浓度继续增加,Zn^{2+} 的吸附容量稍大于 Cu^{2+}。

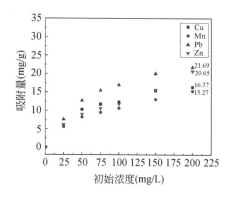

图 2.7 蛭石去除混合重金属离子的实验结果

4)小结

单一离子吸附实验表明,新疆尉犁型蛭石对 Cu^{2+}、Mn^{2+}、Pb^{2+}、Zn^{2+} 均有很好的吸附去除效果,且吸附容量随重金属离子初始浓度和 pH 值增加而增大。混合离子吸附实验表明,蛭石对 Cu^{2+}、Mn^{2+}、Pb^{2+}、Zn^{2+} 混合离子的去除能力为 Pb^{2+}>Zn^{2+}>Cu^{2+}>Mn^{2+},与吸附单一重金属离子基本一致。但金属离子浓度较低时,Cu^{2+} 对吸附位点的捕获能力略大于 Zn^{2+},初始浓度大于 150mg/L 后,Zn^{2+} 的吸附容量稍大于 Cu^{2+}。

2. 离子液体改性沸石的制备及其对水溶液中重金属离子的吸附

以河北承德天然沸石为原料,分别采用十六烷基三甲基氯化铵(CTAC)和十六烷基三甲基咪唑氯化物[(C16MIm)Cl]等咪唑系列离子液体为改性剂,制备了

CTAC 改性沸石和咪唑离子液体改性沸石，并以其作为吸附剂进行吸附去除 Cr(Ⅵ)和 Mo(Ⅵ)的实验，研究初始溶液的 pH 值、污染物离子浓度、改性沸石的投加量以及其他共存阴离子种类对吸附效果的影响。

1)实验方法

(1)改性沸石的制备

以河北承德地区天然沸石作为原料，采用振动磨对沸石原矿进行粉碎，筛取粒径为 0.15~0.27mm 的沸石粉末备用。称取 2.00g 沸石粉末，向其中分别加入一定量的 CTAC 或不同链长的咪唑离子液体，将其置于 25℃ 的水浴恒温振荡器中，160r/min 振荡改性 12h 后，取出置于 60℃ 恒温鼓风干燥箱中烘干，获得不同改性剂种类和用量以及不同烷基链长度咪唑离子液体改性的沸石材料，通过公式(2.1)计算改性剂吸附量。

(2)改性沸石对 Cr(Ⅵ)和 Mo(Ⅵ)的吸附

称取 0.50g 的改性沸石加入到 25mL 浓度为 50mg/L 的 Cr(Ⅵ)或 Mo(Ⅵ)溶液中，在 25℃ 下，160r/min 振荡吸附 6h。吸附结束后将溶液以 6000r/min 的转速离心 5min，取上层清液过滤，采用二苯炭酰二肼分光光度法(GB 7467—87)测定 Cr(Ⅵ)浓度或采用电感耦合等离子体发射光谱法(ICP-AES)测定 Mo(Ⅵ)浓度，通过公式(2.1)计算吸附量。

在该过程中，通过调整初始溶液的 pH 值、污染物浓度、改性沸石的投加量、添加其他共存阴离子($NaNO_3$、Na_2SO_4、NaCl、$NaHCO_3$、Na_2CO_3 和 Na_3PO_4)、设定不同的吸附时间来考察 pH 值、Cr(Ⅵ)或 Mo(Ⅵ)初始浓度、改性沸石用量、共存阴离子以及吸附时间对吸附效果的影响。

2)材料表征

沸石原矿产地为河北承德，该沸石具有高纯度、高阳离子交换容量的特点。对沸石原矿进行 XRD 全谱拟合分析，结果如图 2.8 所示，该天然沸石主要由斜发沸石组成(64.71%)，其次是辉沸石(26.83%)，另外还含有 6.74% 的正长石和 1.73% 的石英。

为验证(C16MIm)Cl 对沸石的改性过程为表面改性，并未改变沸石的内部结构，对改性前后的沸石进行了 XRD 分析，衍射图如图 2.9(a)所示。由图可知，改性前后沸石的特征衍射峰并未改变，可见(C16MIm)Cl 改性并未对沸石的晶体结构造成影响。

图 2.9(b)为咪唑离子液体及沸石改性前、后的红外光谱图。沸石原矿的图谱中，3500~3400cm^{-1} 为 SiOH 和 AlOH 中—OH 的伸缩振动峰；1300cm^{-1} 以下为指纹区，由硅氧或铝氧类官能团振动引起，其中 1100~1000cm^{-1} 和 720~650cm^{-1} 区域分别归属于沸石内部四面体的反对称伸缩振动和对称伸缩振动谱带；795cm^{-1} 为双六元环的特征振动峰；553cm^{-1} 为沸石结构中双四元环的特征谱带。

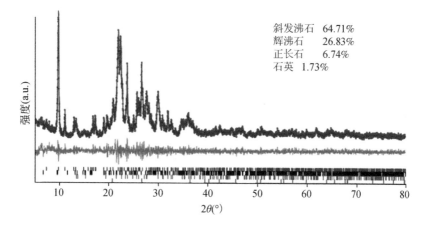

图 2.8　沸石原矿的 XRD 图谱和全谱拟合结果(见彩图)

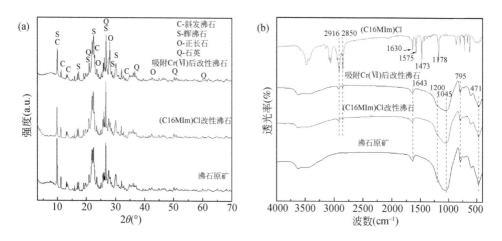

图 2.9　(a)沸石改性前后的 XRD 对比图;(b)离子液体及改性前后沸石的红外光谱

在(C16MIm)Cl 的红外光谱中,$1000 \sim 1650 \mathrm{cm}^{-1}$ 主要为咪唑官能团的吸收峰,$1630 \mathrm{cm}^{-1}$ 为咪唑环中 C ═C 的伸缩振动峰,$1575 \mathrm{cm}^{-1}$ 和 $473 \mathrm{cm}^{-1}$ 为咪唑环的 N^+—H 平面振动峰,$1178 \mathrm{cm}^{-1}$ 为 C—N 伸缩振动峰。另外,$2800 \sim 3150 \mathrm{cm}^{-1}$ 处吸收峰表明有 CH_3 和 CH_2 基团。可以发现,经(C16MIm)Cl 改性后的沸石特征吸收峰与沸石原矿的特征吸收峰基本一致,但在 $2916 \mathrm{cm}^{-1}$ 和 $2850 \mathrm{cm}^{-1}$ 处出现了 CH_3 和 CH_2 的 C—H 振动引起的吸收谱带,表明咪唑离子液体已经负载在沸石表面。

3）吸附性能研究

（1）CTAC 改性沸石对 Cr(Ⅵ)的吸附

CTAC 用量对 Cr(Ⅵ)吸附性能的影响如图 2.10(a)所示。由于沸石表面带负电，未改性沸石对 Cr(Ⅵ)的吸附量极低，随着 CTAC 用量的增加，改性沸石对 Cr(Ⅵ)的最大吸附量逐渐增大。通过测试不同 CTAC 用量改性沸石的 Zeta 电位发现，CTAC 能够改变沸石的表面电性，使表面电性发生反转。对照图 2.10(b)发现，改性沸石对 Cr(Ⅵ)的吸附性能与沸石表面的电势密切相关，当沸石表面电势增加时，改性沸石对 Cr(Ⅵ)的吸附量随之增加，当沸石表面电势达最高时，改性沸石对 Cr(Ⅵ)的吸附量也最大。因此，改性沸石对 Cr(Ⅵ)的吸附主要是静电作用。

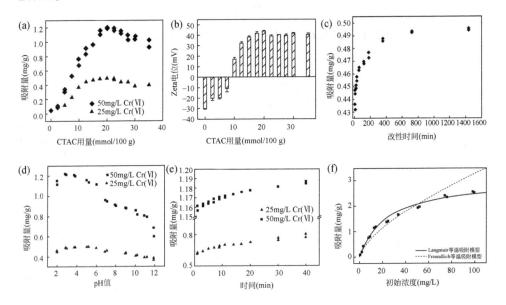

图 2.10　（a）CTAC 用量对 Cr(Ⅵ)吸附性能的影响；（b）CTAC 用量对沸石表面 Zeta 电位的影响；（c）改性时间对 Cr(Ⅵ)吸附性能的影响；（d）pH 值对改性沸石吸附 Cr(Ⅵ)的影响；（e）吸附时间对改性沸石吸附 Cr(Ⅵ)的影响；（f）Cr(Ⅵ)初始浓度对改性沸石吸附 Cr(Ⅵ)的影响

此外，当 Cr(Ⅵ)初始浓度为 50mg/L 时，CTAC 用量为 20mmol/100g 的改性沸石对 Cr(Ⅵ)的吸附量最大；当 Cr(Ⅵ)初始浓度为 25mg/L 时，CTAC 用量为 15mmol/100g 的改性沸石对 Cr(Ⅵ)的吸附量最大。可见，将 CTAC 改性沸石用于吸附低浓度 Cr(Ⅵ)时，CTAC 用量可适当降低。这是由于 Cr(Ⅵ)浓度降低，所需要的改性沸石表面吸附位也相应减少所致。

图 2.10(c)显示了改性时间对改性沸石吸附 Cr(Ⅵ)的影响。结果表明，随改

性时间延长，改性沸石对 Cr(VI) 的吸附量逐渐提高，前 60min 内随改性时间增加沸石对 Cr(VI) 的吸附量增加较快，改性 5min 和 60min 的沸石对 Cr(VI) 的吸附量分别为 0.43mg/g 和 0.46mg/g；改性 6h 后，改性沸石达到最大吸附量 0.49mg/g，此后随改性时间延长吸附量不再改变。

另外，溶液 pH 值也影响重金属离子吸附，一方面它影响溶液中重金属离子的存在形态，另一方面影响吸附剂自身的结构和表面电荷。图 2.10(d) 为 pH 值对 CTAC 改性沸石吸附 Cr(VI) 的影响。可以看出 pH 值与改性沸石的 Cr(VI) 吸附量呈负相关关系，酸性(pH = 2 ~ 6) 条件下有利于改性沸石对 Cr(VI) 的吸附。不同 Cr(VI) 初始浓度条件下，改性沸石对 Cr(VI) 的吸附量均随 pH 值的增大而减小，并且减小趋势呈先缓慢后急剧的规律。如 Cr(VI) 初始浓度为 50mg/L，当 pH≤6 时，Cr(VI) 吸附量随 pH 值增大而缓慢减小，当 pH>6 时，对 Cr(VI) 的吸附量随 pH 值增大而迅速降低。

以上现象主要是因为 pH 值增大引起溶液中铬的存在形态发生变化[49]。当 pH 值在 1.0 ~ 6.0 时，铬的存在形态主要为 $HCrO_4^-$，当 pH>6.0 时主要为 CrO_4^{2-}，由于负二价的 CrO_4^{2-} 占用的表面正电荷比负一价的 $HCrO_4^-$ 多一倍，因而当 pH 值增大到一定值时，Cr(VI) 吸附量迅速减小；但负二价的 CrO_4^{2-} 比负一价 $HCrO_4^-$ 的静电吸引力也更大，当改性沸石表面正电荷充足时(大的改性剂用量)，改性沸石对 Cr(VI) 的吸附受 pH 值影响减小。进一步增大 pH 值时，尽管 Cr(VI) 主要以带负电荷的 CrO_4^{2-} 形式存在，但由于 OH^- 竞争吸附，使 Cr(VI) 的吸附量降低。

吸附时间是影响吸附反应的另一个重要因素，对 CTAC 改性沸石吸附 Cr(VI) 的影响如图 2.10(e) 所示。整个吸附过程进行迅速，对于不同的 Cr(VI) 初始浓度，吸附过程基本相似。反应开始，改性沸石对 Cr(VI) 的吸附量先迅速增大后缓慢增大，10min 以后，CTAC 改性沸石对 Cr(VI) 的吸附量增大的幅度趋缓，30min 左右达到吸附平衡。在初始阶段，改性沸石表面有着丰富的吸附位点，故吸附速率较高；随着吸附位点的逐渐减少，静电排斥逐渐显现，因而改性沸石对 Cr(VI) 阴离子的吸附速率逐渐下降直至达到吸附平衡[50]。

分别采用准一级动力学模型和准二级动力学模型对以上数据进行拟合。根据图 2.11 中各曲线的斜率与截距可计算得出准一级动力学常数 k_1、准二级动力学常数 k_2 及不同模型平衡吸附量计算值 $q_e(cal)$。拟合数据与初始浓度 C_0、线性相关因子 R^2 值以及平衡吸附量实验值 $q_e(exp)$ 列于表 2.3。对比表 2.3 中数据可知，CTAC 改性沸石对初始浓度为 25mg/L 和 50mg/L 的 Cr(VI) 的吸附过程准二级动力学拟合曲线的线性相关因子 R^2 值分别为 0.9996 和 0.9999，均优于准一级动力学模型的 R^2 值，并且通过准二级动力学方程得出的平衡吸附量计算值比通过准一级动力学方程得出的值更接近实验结果，可见，准二级动力学模型能够很好地描述 Cr(VI)在 CTAC 改性沸石上的吸附行为。因此说明 Cr(VI)离子在 CTAC 改性沸石上的吸附包含外部液膜扩散、表面吸附和颗粒内部扩散等过程[51]，吸附主要由化学机理控制。

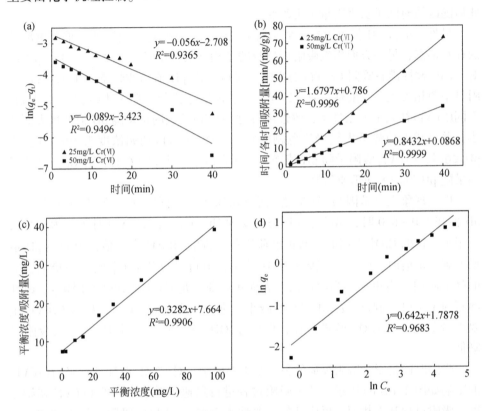

图 2.11　(a)CTAC 改性沸石吸附 Cr(VI)的准一级动力学模型模拟结果；(b)CTAC 改性沸石吸附 Cr(VI)的准二级动力学模型模拟结果；(c)CTAC 改性沸石吸附 Cr(VI)的 Langmuir 吸附等温线拟合结果；(d)CTAC 改性沸石吸附 Cr(VI)的 Freundlich 吸附等温线拟合结果

图 2.10(f)显示了 Cr(VI)初始浓度对 CTAC 改性沸石吸附 Cr(VI)的影响。随着 Cr(VI)离子初始浓度的增加，Cr(VI)离子在 CTAC 改性沸石上的吸附量也随之增大，当 Cr(VI)离子浓度达到 80mg/L 时，CTAC 改性沸石对 Cr(VI)离子的吸附达到饱和，此时吸附量达到最大值 2.55mg/g。吸附过程与 Cr(VI)离子向 CTAC 改性沸石表面的扩散过程有关，溶液中 Cr(VI)浓度增大时，浓度差增大，传质驱动力增加，扩散速度加快，吸附量增加，说明 Cr(VI)初始浓度大有利于吸附。

表 2.3 CTAC 改性沸石吸附 Cr(VI)的准一级动力学拟合及准二级动力学拟合的相关参数

吸附剂	C_0 (mg/L)	q_e(exp)	准一级动力学模型			准二级动力学模型		
			k_1 (min^{-1})	q_e (cal)	R^2	k_2[g/ (mg·min)]	q_e (cal)	R^2
CTAC 改性沸石	25	0.6001	0.056	0.0667	0.9365	3.5895	0.5953	0.9996
	50	1.1899	0.069	0.0326	0.9496	8.1911	1.1859	0.9999

为进一步对 Cr(VI)离子在 CTAC 改性沸石上的吸附行为进行研究，采用 Langmuir 和 Freundlich 等温吸附模型对图 2.10(f)中吸附数据作拟合。Langmuir 和 Freundlich 等温吸附模型拟合的线性相关因子 R^2 分别为 0.9906 和 0.9683，可见 Langmuir 吸附等温线的拟合度更高(表 2.4)。从图 2.11 中的(c)、(d)亦可直观看出 Langmuir 拟合曲线更接近实验数据，表明 Cr(VI)在 CTAC 改性沸石上的吸附过程用 Langmuir 模型描述更准确，符合单层吸附模型。

表 2.4 CTAC 改性沸石吸附 Cr(VI)的 Langmuir 和 Freundlich 模型拟合的相关参数

吸附剂	Langmuir 方程			Freundlich 方程		
	q_{max}(mg/g)	K_L(L/mg)	R^2	K_F(mg/g)	n	R^2
CTAC 改性沸石	3.05	0.0428	0.9906	0.17	1.56	0.9683

在实际环境中，污染废水如工业废水、地表污染水和地下污染水等常有多种无机阴离子共存，其中如 NO_3^-、SO_4^{2-}、Cl^-、HCO_3^-、CO_3^{2-} 和 PO_4^{3-} 等阴离子对 Cr(VI)的吸附影响较大，因而探究不同共存阴离子对 Cr(VI)吸附的影响非常有必要。

由图 2.12 可知，不同阴离子对 CTAC 改性沸石吸附 Cr(VI)的影响规律一致，随阴离子浓度的增加，CTAC 改性沸石对 Cr(VI)的单位吸附量逐渐降低。然而不同阴离子对 CTAC 改性沸石吸附 Cr(VI)的影响程度差别较大，随 HCO_3^-、CO_3^{2-} 和 PO_4^{3-} 浓度升高，Cr(VI)吸附量降低明显。NO_3^-、Cl^- 和 SO_4^{2-} 浓度升高对 Cr(VI)吸附量的影响弱于以上离子。由于 HCO_3^-、CO_3^{2-} 和 PO_4^{3-} 可影响溶液平衡使水溶液呈碱性，溶液 pH 值增大导致 Cr(VI)的吸附量降低明显。此外，PO_4^{3-} 等阴离子对 Cr(VI)在改性沸石表面吸附的明显抑制作用可能也与吸附的阴离子使矿物表面的负电性增强，因而使负电荷形态的 Cr(VI)与改性沸石表面之间的静电斥力增加有关[52]。不同共存阴离子对 CTAC 改性沸石吸附 Cr(VI)的影响程度从小到大排序如下：$Cl^- < SO_4^{2-} < NO_3^- < HCO_3^- < CO_3^{2-} < PO_4^{3-}$。

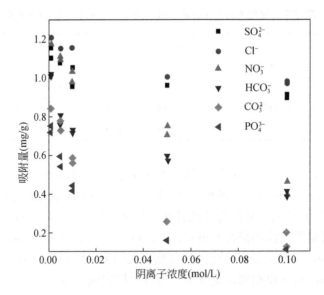

图 2.12 共存阴离子对 Cr(Ⅵ)吸附量的影响

（2）咪唑离子液体改性沸石对 Cr(Ⅵ)的吸附

（C16MIm）Cl 用量对 Cr(Ⅵ)吸附性能的影响如图 2.13（a）所示。沸石原矿对 Cr(Ⅵ)的吸附量极低，这是因为天然沸石本身带负电，与溶液中同为负电的 Cr(Ⅵ)阴离子静电互斥，从而使得沸石原矿对 Cr(Ⅵ)的吸附作用极其微弱。用 5mmol/100g 浓度的（C16MIm）Cl 进行改性后，沸石吸附 Cr(Ⅵ)的效果也不明显，而当（C16MIm）Cl 用量继续增大时，改性沸石对 Cr(Ⅵ)的吸附作用逐渐显现，改性沸石对 Cr(Ⅵ)的吸附量迅速增加。当改性剂（C16MIm）Cl 用量大于 20mmol/100g 时，改性沸石对 Cr(Ⅵ)的吸附量达饱和。这是因为，低（C16MIm）Cl 用量改性时，（C16MIm）Cl 中的咪唑阳离子在沸石表面上吸附形成单分子层，可使沸石表面负电荷逐渐减少直至不带电，但此时的沸石对 Cr(Ⅵ)吸附仍不明显；当（C16MIm）Cl 用量继续增大，（C16MIm）Cl 中的咪唑阳离子端通过疏水作用在沸石表面逐渐形成双分子层，使沸石表面电荷反转而带正电，此时改性沸石对 Cr(Ⅵ)的吸附效果开始显现，并随正电荷量的增加而增大，直至达到饱和[53]，故而出现如图 2.13（a）所示的规律。

图 2.13（b）为沸石表面 Zeta 电位随改性剂用量的变化图，对照图 2.13（a）发现，改性沸石对 Cr(Ⅵ)的吸附性能与沸石表面的电势密切相关，当沸石表面电势增加时，改性沸石对 Cr(Ⅵ)的最大吸附量随之增加，当沸石表面电势达最高时，改性沸石对 Cr(Ⅵ)的吸附量达最大。由此可知，改性沸石对 Cr(Ⅵ)的吸附主要是静电作用。

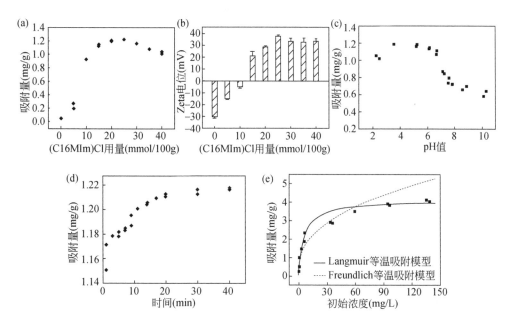

图 2.13　(a)(C16MIm)Cl 用量对 Cr(Ⅵ)吸附性能的影响；(b)(C16MIm)Cl 用量对沸石表面 Zeta 电位的影响；(c)pH 值对 Cr(Ⅵ)吸附的影响；(d)吸附时间对 Cr(Ⅵ)吸附的影响；(e)Cr(Ⅵ)初始浓度对 Cr(Ⅵ)吸附的影响

pH 值对(C16MIm)Cl 改性沸石吸附 Cr(Ⅵ)的影响如图 2.13(c)所示。(C16MIm)Cl 改性沸石对 Cr(Ⅵ)的吸附量与溶液 pH 值密切相关，整体随 pH 值增大而减小。当 pH 值低于 6 时，随 pH 值的增大改性沸石对 Cr(Ⅵ)的吸附量平缓减小；当 pH 值高于 6 时，随 pH 值升高改性沸石对 Cr(Ⅵ)的吸附量显著降低。因此，(C16MIm)Cl 改性沸石吸附去除水溶液中 Cr(Ⅵ)离子的最佳 pH 值条件为酸性(pH=2~6)环境，在中、碱性环境中吸附性能较差。当 pH 值低于 6 时，溶液中 Cr(Ⅵ)以 $HCrO_4^-$ 形式存在，与改性沸石表面带正电的咪唑官能团结合，随着 pH 值升高，溶液中的 Cr(Ⅵ)以 CrO_4^{2-} 存在，同等量 Cr(Ⅵ)条件下，CrO_4^{2-} 需要占用更多的吸附位点，降低了吸附量。同时，随 pH 值增加，溶液中 OH^- 浓度增大，与 CrO_4^{2-} 竞争吸附位点，降低 Cr(Ⅵ)的吸附量。

吸附时间对(C16MIm)Cl 改性沸石吸附 Cr(Ⅵ)的影响如图 2.13(d)所示。整个吸附过程进行迅速，反应开始，改性沸石对 Cr(Ⅵ)的吸附量先迅速增大后缓慢增大，10min 以后，(C16MIm)Cl 改性沸石对 Cr(Ⅵ)的吸附量增大幅度趋缓，20min 左右达到吸附平衡，平衡吸附量为 1.21mg/g。在初始阶段，改性沸石表面有丰富的吸附位点，故而吸附速率较高；随着吸附位点的逐渐减少，静电排斥逐渐显现，因而改性沸石对 Cr(Ⅵ)阴离子的吸附速率逐渐下降直至达到吸附平衡。

采用准一级动力学模型和准二级动力学模型对以上数据进行拟合，结果如图 2.14 所示，相关参数列于表 2.5 中。分析表 2.5 中数据可知，采用准二级动力学模型拟合得到的线性相关因子 R^2 值为 0.9999，优于采用准一级动力学模型的 R^2 值，并且通过准二级动力学方程得出的平衡吸附量计算值比通过准一级动力学方程得出的值更接近实验结果，可见准二级动力学模型能够更好地描述 Cr(Ⅵ)在 (C16MIm)Cl 改性沸石上的吸附行为。因此说明 Cr(Ⅵ)离子在(C16MIm)Cl 改性沸石上的吸附包含外部液膜扩散、表面吸附和颗粒内部扩散等过程，吸附主要由化学机理控制。

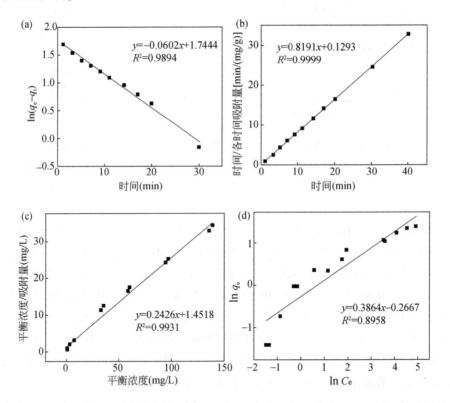

图 2.14　(a)(C16MIm)Cl 改性沸石吸附 Cr(Ⅵ)的准一级动力学模型模拟结果；(b)(C16MIm)Cl 改性沸石吸附 Cr(Ⅵ)的准二级动力学模型模拟结果；(c)(C16MIm)Cl 改性沸石吸附 Cr(Ⅵ)的 Langmuir 吸附等温线拟合结果；(d)(C16MIm)Cl 改性沸石吸附 Cr(Ⅵ)的 Freundlich 吸附等温线拟合结果

图 2.13(e)显示了 Cr(Ⅵ)初始浓度对(C16MIm)Cl 改性沸石吸附效果的影响。随着 Cr(Ⅵ)离子初始浓度的增加，Cr(Ⅵ)离子在(C16MIm)Cl 改性沸石上

的吸附量也随之增大。当 Cr(Ⅵ)离子浓度达到 90mg/L 时，(C16MIm)Cl 改性沸石对 Cr(Ⅵ)离子的吸附达到饱和，此时最大吸附量达到 4.11mg/g。吸附过程与 Cr(Ⅵ)离子向(C16MIm)Cl 改性沸石表面的扩散过程有关，溶液中 Cr(Ⅵ)浓度增大时，浓度差增大，传质驱动力增加，扩散速度加快，吸附量增加。

表 2.5　(C16MIm)Cl 改性沸石吸附 Cr(Ⅵ)的准一级动力学拟合及准二级动力学拟合参数

吸附剂	q_e(exp)	准一级动力学模型			准二级动力学模型		
		k_1(min^{-1})	q_e(cal)	R^2	k_2[g/(mg·min)]	q_e(cal)	R^2
(C16MIm)Cl 改性沸石	1.21	0.06	5.7	0.9894	5.2	1.22	0.9999

采用 Langmuir 和 Freundlich 等温吸附模型对吸附数据进行拟合，结果如图 2.14(c)、(d)所示。由两种模型拟合方程的截距与斜率计算得到的有关参数列于表 2.6 中。通过 Langmuir 和 Freundlich 等温模型拟合所得的线性相关因子 R^2 分别为 0.9778 和 0.8951，可见 Langmuir 吸附等温线的拟合度更高，表明 Cr(Ⅵ)在 (C16MIm)Cl 改性沸石上的吸附过程用 Langmuir 模型描述更准确，符合单层吸附模型。

表 2.6　(C16MIm)Cl 改性沸石吸附 Cr(Ⅵ)的 Langmuir 和 Freundlich 模型拟合参数

吸附剂	Langmuir 方程			Freundlich 方程		
	q_{max}(mg/g)	K_L(L/mg)	R^2	K_F(mg/g)	n	R^2
(C16MIm)Cl 改性沸石	4.14	0.1444	0.9778	0.76	2.62	0.8951

不同共存阴离子对 Cr(Ⅵ)吸附的影响如图 2.15(a)所示。不同阴离子对 (C16MIm)Cl 改性沸石吸附 Cr(Ⅵ)的影响规律一致，随阴离子浓度的增加，(C16MIm)Cl 改性沸石对 Cr(Ⅵ)的单位吸附量逐渐降低。然而不同阴离子对 (C16MIm)Cl 改性沸石吸附 Cr(Ⅵ)的影响程度差别较大，随 HCO_3^-、CO_3^{2-} 和 PO_4^{3-} 浓度升高吸附量降低明显，NO_3^-、Cl^- 和 SO_4^{2-} 浓度的升高对吸附量的影响较弱。HCO_3^-、CO_3^{2-} 和 PO_4^{3-} 可使水溶液呈碱性，溶液 pH 值的增大导致 Cr(Ⅵ)吸附量降低。此外，PO_4^{3-} 等阴离子对 Cr(Ⅵ)在改性沸石表面吸附的明显抑制作用可能也与吸附的阴离子使矿物表面负电性增强，因而使负电荷形态的 Cr(Ⅵ)与改性沸

石表面之间的静电斥力增加有关。不同共存阴离子对（C16MIm）Cl 改性沸石吸附 Cr（VI）的影响程度从小到大排序如下：$SO_4^{2-}<Cl^-<NO_3^-<HCO_3^-<CO_3^{2-}<PO_4^{3-}$。

　　本实验除采用十六烷基三甲基咪唑氯化物改性外，还采用了十四烷基三甲基咪唑溴化物、十二烷基三甲基咪唑溴化物、癸基三甲基咪唑溴化物和辛基三甲基咪唑溴化物进行改性，制得 5 种改性沸石，并考察其吸附性能，结果如图 2.15（b）所示。由图可知，改性剂的碳链越长，改性效果越好。相同改性剂用量下，随着改性剂碳链长度的缩短，改性沸石的吸附性能逐渐下降。十六烷基咪唑改性效果最好，碳链数为十二和十四的咪唑改性沸石吸附性能差别不大，但明显高于碳链数为十和八的咪唑改性沸石。

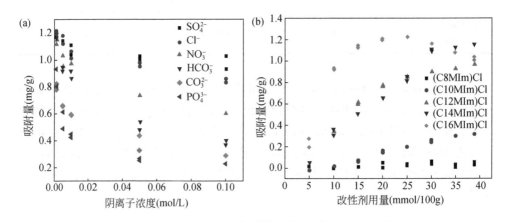

图 2.15　（a）共存阴离子对 Cr（VI）吸附的影响；（b）不同链长烷基咪唑改性沸石对
Cr（VI）的吸附对比

　　由于表面活性剂分子两端极性相差较大，一端为极性的阳离子亲水基团，一端为非极性的不带电憎水基团，使得改性剂分子链长越长，分子极性也越强，在沸石表面排列有序度越高，链长越短，分子极性越弱，分子也越小，越容易进入沸石孔道[54]。在沸石表面，短烷基链咪唑离子采取单层平卧形式排列，长烷基链咪唑离子采取双层平卧形式排列，从而长碳链的改性剂分子有较强的形成双分子层的能力，裸露在外层的改性剂分子阳离子端是极好的 Cr（VI）吸附位点。

　　（3）（C16MIm）Cl 改性沸石对 Mo（VI）的吸附

　　（C16MIm）Cl 用量对改性沸石吸附 Mo（VI）的影响如图 2.16（a）所示。未改性沸石对 Mo（VI）的吸附量极低，因为天然沸石本身带负电，与溶液中同为负电的 Mo（VI）阴离子静电互斥，从而使得沸石原矿对 Mo（VI）的吸附作用极其微弱。随着（C16MIm）Cl 用量的增加，改性沸石对 Mo（VI）的吸附量逐渐增大，当改性剂与沸石用量比达 20mmol/100g 时，改性沸石对 Mo（VI）的吸附量最大。改性剂与沸石用量比继续增加，Mo(Ⅵ)的最大吸附量基本稳定。

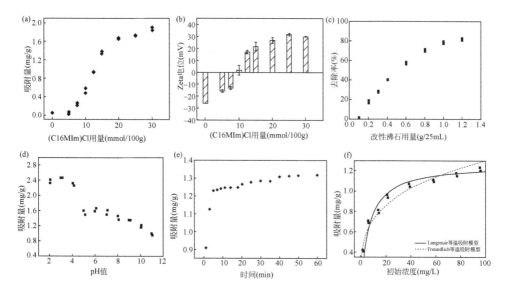

图 2.16　(a)(C16MIm)Cl 用量对 Mo(Ⅵ)吸附的影响；(b)(C16MIm)Cl 用量对沸石表面 Zeta 电位的影响；(c)改性沸石用量对 Mo(Ⅵ)吸附的影响；(d)pH 值对 Mo(Ⅵ)吸附的影响；(e)吸附时间对 Mo(Ⅵ)吸附的影响；(f)Mo(Ⅵ)初始浓度对 Mo(Ⅵ)吸附的影响

图 2.16(b)为沸石表面 Zeta 电位随改性剂用量的变化图，改性沸石对 Mo(Ⅵ)的吸附性能与沸石表面的电势密切相关，当沸石表面电势增加时，改性沸石对 Mo(Ⅵ)的最大吸附量随之增加，当沸石表面电势达最高时，改性沸石对 Mo(Ⅵ)的吸附量达最大。由此可知，改性沸石对 Mo(Ⅵ)的吸附主要是静电作用。

图 2.16(c)为(C16MIm)Cl 改性沸石用量对 Mo(Ⅵ)去除效果的影响，当改性沸石的添加量小于 1.0g/25mL 时，改性沸石对 Mo(Ⅵ)的吸附率随改性沸石用量的增加而增加，当改性沸石用量大于 1.00g/25mL 时，Mo(Ⅵ)吸附率基本稳定。吸附效果随着改性沸石用量的增加而增加可以归因于改性沸石总表面积增加，从而为吸附反应提供了更多的反应活性点。对初始浓度为 50mg/L 的含 Mo(Ⅵ)溶液，当改性沸石用量为 1.0g/25mL 时，对 Mo(Ⅵ)的去除率可达 90%。

pH 值对(C16MIm)Cl 改性沸石吸附 Mo(Ⅵ)的影响如图 2.16(d)所示。(C16MIm)Cl 改性沸石对 Mo(Ⅵ)的吸附效果随 pH 值的增大而降低，pH 值为 2.0~4.0 时，改性沸石对 Mo(Ⅵ)的吸附效果显著，在 pH 值 4.0~8.0 基本保持不变，当 pH>8.0 时，改性沸石吸附能力下降明显。pH 值低于 4.5 时，Mo(Ⅵ)

离子形态主要为 $Mo_7O_{22}(OH)_2^{4-}$、$Mo_7O_{23}(OH)_5^-$ 和 $Mo_7O_{24}^{6-}$。pH 值高于 4.5，MoO_4^{2-} 为主要形态，计算可知，Mo(Ⅵ)同等量条件下，相比其他离子形态 MoO_4^{2-} 需要占用更多的吸附位点，因此吸附量降低。同时，随 pH 值增加，溶液中 OH^- 浓度增大，与 MoO_4^{2-} 竞争吸附位点，也使 Mo(Ⅵ)的吸附量降低。

吸附时间对(C16MIm)Cl 改性沸石吸附 Mo(Ⅵ)的影响如图 2.16(e)所示。从中可以看出，整个吸附过程进行迅速。反应开始，改性沸石对 Mo(Ⅵ)的吸附量迅速增大，5min 后(C16MIm)Cl 改性沸石对 Mo(Ⅵ)的吸附量增大的幅度变小，20min 左右达到吸附平衡，平衡时吸附量为 1.32mg/g。在吸附的初始阶段，改性沸石表面有丰富的吸附位点，故而吸附速率较高；随着吸附位点的逐渐减少，静电排斥逐渐显现，因而改性沸石对 Mo(Ⅵ)阴离子的吸附速率逐渐下降直至达到吸附平衡。

采用准一级动力学模型和准二级动力学模型对上述数据进行拟合，结果如图 2.17(a)、(b)所示，相关参数列于表 2.7 中。采用准二级动力学模型拟合得到的线性相关因子 R^2 值为 0.9998，优于采用准一级动力学模型的 R^2 值，并且通过准二级动力学方程得出的平衡吸附量计算值比准一级动力学方程得出的值更接近实验结果。可见，准二级动力学模型能够更好地描述 Mo(Ⅵ)在(C16MIm)Cl 改性沸石上的吸附行为。因此说明 Mo(Ⅵ)离子在(C16MIm)Cl 改性沸石上的吸附包含外部液膜扩散、表面吸附和颗粒内部扩散等过程，吸附主要由化学机理控制。

表 2.7　(C16MIm)Cl 改性沸石吸附 Mo(Ⅵ)的准一级动力学拟合及准二级动力学拟合参数

吸附剂	$q_e(\exp)$	准一级动力学模型			准二级动力学模型		
		$k_1(\min^{-1})$	$q_e(\text{cal})$	R^2	$k_2[\text{g}/(\text{mg}\cdot\min)]$	$q_e(\text{cal})$	R^2
(C16MIm)Cl 改性沸石	1.32	0.076	0.222	0.8964	1.039	1.33	0.9998

图 2.16(f)显示了 Mo(Ⅵ)初始浓度对(C16MIm)Cl 改性沸石吸附容量的影响。随着 Mo(Ⅵ)离子初始浓度的增加，Mo(Ⅵ)离子在(C16MIm)Cl 改性沸石上的吸附量也随之增大。当 Mo(Ⅵ)离子浓度达到 80mg/L 时，(C16MIm)Cl 改性沸石对 Mo(Ⅵ)离子的吸附达到饱和，此时吸附量为 1.23mg/g。吸附过程与 Mo(Ⅵ)离子向(C16MIm)Cl 改性沸石表面的扩散过程有关，溶液中 Mo(Ⅵ)浓度增大时，浓度差增大，传质驱动力增加，扩散速度加快，吸附量增加。此外，对比(C16MIm)Cl 改性沸石对 Cr(Ⅵ)的最大吸附量可知，(C16MIm)Cl 改性沸石吸

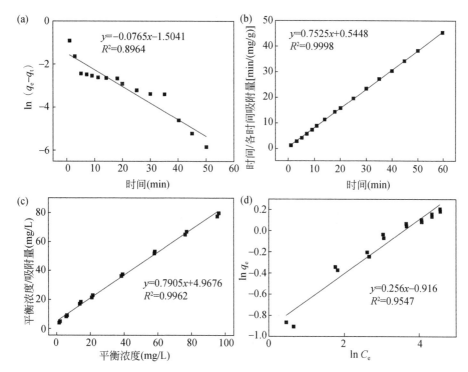

图 2.17 （a）（C16MIm）Cl 改性沸石吸附 Mo（Ⅵ）的准一级动力学模型模拟结果；（b）
（C16MIm）Cl 改性沸石吸附 Mo（Ⅵ）的准二级动力学模型模拟结果；（c）（C16MIm）Cl 改性沸石
吸附 Mo（Ⅵ）的 Langmuir 吸附等温线拟合结果；（d）（C16MIm）Cl 改性沸石吸附 Mo（Ⅵ）的
Freundlich 吸附等温线拟合结果

附 Cr（Ⅵ）的性能优于吸附 Mo（Ⅵ）。

　　同样采用 Langmuir 和 Freundlich 等温吸附模型对吸附数据进行了拟合［图
2.17（c）、（d）］。由两种模型拟合方程的截距与斜率计算得到的有关参数列于表
2.8。通过 Langmuir 和 Freundlich 等温模型拟合的线性相关因子 R^2 分别为 0.9962
和 0.8958，可见 Langmuir 吸附等温线的拟合度更高。表明 Mo（Ⅵ）在（C16MIm）
Cl 改性沸石上的吸附过程用 Langmuir 模型描述更准确，符合单层吸附模型。

表 2.8　（C16MIm）Cl 改性沸石吸附 Mo（Ⅵ）的 Langmuir 和 Freundlich
等温模型拟合参数

吸附剂	Langmuir 方程			Freundlich 方程		
	q_{max}（mg/g）	K_L（L/mg）	R^2	K_F（mg/g）	n	R^2
（C16MIm）Cl 改性沸石	1.27	0.1591	0.9962	0.40	3.91	0.8958

不同共存阴离子对 Mo(Ⅵ)吸附的影响如图 2.18 所示。不同阴离子对(C16MIm)Cl 改性沸石吸附 Mo(Ⅵ)的影响规律一致，即随阴离子浓度的增加，(C16MIm)Cl 改性沸石对 Mo(Ⅵ)的单位吸附量逐渐降低。不同共存阴离子对(C16MIm)Cl 改性沸石吸附 Mo(Ⅵ)的影响程度从小到大排序如下：$HCO_3^-<Cl^-<SO_4^{2-}<PO_4^{3-}<CO_3^{2-}<NO_3^-$。

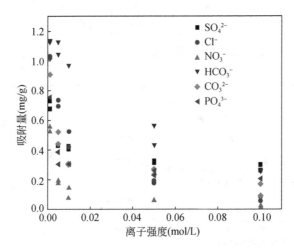

图 2.18　共存阴离子对 Mo(Ⅵ)吸附的影响

4）小结

本研究以河北承德的天然沸石为原料，分别采用十六烷基三甲基氯化铵(CTAC)和十六烷基三甲基咪唑氯化物[(C16MIm)Cl]等咪唑系列离子液体为改性剂，制备了 CTAC 改性沸石和咪唑离子液体改性沸石，以此作为吸附剂进行了吸附去除水中重金属离子 Cr(Ⅵ)和 Mo(Ⅵ)的实验研究。

结果表明，沸石原矿本身带负电，对溶液中 Cr(Ⅵ)和 Mo(Ⅵ)离子的吸附作用微弱，通过改性可提高沸石对水溶液中 Cr(Ⅵ)和 Mo(Ⅵ)离子的吸附能力。随着 CTAC 和(C16MIm)Cl 用量的增加，改性沸石对 Cr(Ⅵ)和 Mo(Ⅵ)离子的吸附量增大，最后基本稳定。对初始浓度为 25mg/L 的 Cr(Ⅵ)模拟液，CTAC 最佳用量为 15mmol/100g；对初始浓度为 50mg/L 的 Cr(Ⅵ)和 Mo(Ⅵ)模拟液，最佳 CTAC 和(C16MIm)Cl 改性剂用量均为 20mmol/100g。CTAC 改性沸石和(C16MIm)Cl 改性沸石对重金属离子的吸附量与沸石表面的电势密切相关，改性沸石对 Cr(Ⅵ)和 Mo(Ⅵ)离子的吸附主要通过静电作用。

3. 有机改性蒙脱石的制备及其对水体中雌激素的吸附

雌二醇被认为是雌激素作用最强且在水中存在最普遍的一种环境雌激素，广泛存在于城市污水中，因浓度低，很难去除。雌二醇可通过食物链或环境接触的方式进入人体，即使是极其微量的摄入也能够干扰生物体正常的代谢过程，导致幼儿过早发育、生殖器官异常、雄性雌性化，甚至引发癌变等严重后果。而目前对于如何吸附、提取、降解雌二醇的研究报道则相对较少。因此，本书作者期望应用蒙脱石良好的吸附性能对雌二醇进行吸附，并探索蒙脱石在应对环境雌激素危害方面的应用。

以江苏省南京市甲山膨润土为原料提纯获得蒙脱石，测定蒙脱石的成分以及阳离子交换容量。把提纯的蒙脱石直接用碳链长度为 $C_6 \sim C_{18}$(1，12-二氨基十二烷、溴化十六烷基三甲铵和十八烷基三甲基氯化铵等)的表面改性剂进行有机化处理，对比研究了几种表面活性剂的改性效果以及有机改性蒙脱石吸附雌二醇的效果。

1) 实验方法

(1) 蒙脱石提纯

将钙基蒙脱石在颚式破碎机中粗碎两遍，再在 MZ-150 型微细振动粉碎机中粉碎 30s。将其放入塑料桶中用蒸馏水浸泡。需注意悬浮液的浓度不宜太高，最好不超过 1g/100mL。另外，为了使黏土颗粒彻底"拆碎"，用搅拌器搅拌 20min。在室温状态下继续静置 8h，用虹吸管取出桶中液体上部 <10cm 的部分，离心取沉淀物。

取出部分进行离心，剩下部分重新加入蒸馏水，将容积恢复到原样，再搅拌 20min，使"未拆开"的 2μm 以上的颗粒发生分散，8h 后再取出离心，取沉淀物。如此反复几次，直到剩余部分重新加入蒸馏水后悬浮液比较澄清为止。将得到的沉淀物在 60℃ 温度下烘干，得到提纯蒙脱石，备用。

(2) 有机改性蒙脱石制备

蒙脱石有机改性技术已经非常成熟，故有机改性蒙脱石制备参考有关文献报道的方法，具体如下：把提纯蒙脱石配制成 10% 的悬浮液，在 80℃ 和 170r/min 的搅拌条件下，加入不同用量的有机改性剂[改性剂用量分别为 1~3 倍阳离子交换容量，有机改性剂分别为十二烷基三甲溴化铵(C_{12})、十六烷基三甲溴化铵(C_{16})、十八烷基三甲溴化铵(C_{18})]反应 0.5~2h，待反应结束后过滤、105℃烘干、粉碎，制得有机改性蒙脱石。

(3) 蒙脱石吸附雌二醇

配制一定浓度的雌二醇(E2)溶液于三角瓶中，加入一定量的改性蒙脱石，置于可控温摇床中，在一定温度、pH 值和振荡速度下，吸附一定时间(此处浓度、加入蒙脱石量、温度、吸附时间、pH 值均为考察条件)，离心取上清液，经 0.22 μm 滤膜过滤，用高效液相色谱仪(HPLC)测试上清液浓度，按公式(2.1)计算吸附量。

（4）解吸实验

将 1 倍 CEC 的 C_{16} 改性的蒙脱石以 20mg/25mL 的比例投放到 E2 初始浓度为 20μg/mL 的溶液中，在 20℃ 下进行吸附（搅拌 1.5h，静置 1h，吸附平衡后取上清液离心，过 0.22 μm 滤膜），然后利用高效液相色谱测定吸附后上层清液的 E2 浓度，计算改性蒙脱石吸附的 E2 量。取吸附 E2 后的改性蒙脱石，加入无水乙醇、水、色谱甲醇中进行解吸，隔一定时间取样，用 HPLC 测试溶液中 E2 浓度，计算解吸量、解吸率。

2）材料表征

首先对提纯后的蒙脱石进行化学成分分析，如表 2.9 所示。本实验中采用的蒙脱石为钙基蒙脱石（Ca/Mt）（含少量 K、Na），结构八面体层主要由 Al^{3+}、Fe^{3+}、Mg^{2+} 占据。

表 2.9　提纯蒙脱石的化学成分（wt%）

样品	SiO_2	Al_2O_3	Fe_2O_3	FeO	MgO	CaO	Na_2O	K_2O	H_2O^+	H_2O^-	TiO_2	P_2O_5	MnO	总和
蒙脱石	51.75	11.90	2.98	0.10	3.60	2.08	0.10	0.21	5.61	13.89	0.20	0.078	0.016	99.71

对改性蒙脱石（未改性蒙脱石及分别用 1~3 倍阳离子交换容量 C_{12}、C_{16}、C_{18} 改性的改性蒙脱石，共 10 种样品）进行 XRD 分析，各样品的 $d_{(001)}$ 值见表 2.10。

表 2.10　各种改性蒙脱石的层间距 [$d_{(001)}$]（Å）

改性剂 ＼ 改性剂用量	0 * CEC	1 * CEC	2 * CEC	3 * CEC
C12	13.72	17.82	17.99	18.44
C16	13.72	18.41	18.46	19.72
C18	13.72	19.49	20.64	21.00

表 2.10 中 0 * CEC 表示未改性的提纯蒙脱石。从数据可以看出，随着改性剂碳链长度和改性剂用量（1 * CEC 表示改性剂用量为蒙脱石阳离子交换容量的 1 倍，以此类推）的增加，改性蒙脱石层间距增大。根据层间距及改性剂碳链长度计算，改性剂应倾斜排列于蒙脱石层间，且与蒙脱石上下晶片层的夹角约为 $39.5° ~ 37.8°$。

图 2.19（a）为 2 * CEC 阳离子表面活性剂改性的蒙脱石的 XRD 图，从中可以看出，提纯蒙脱石及改性蒙脱石的主衍射峰强而明锐，表明提纯效果及改性效果良好。

为确定改性蒙脱石中确实存在阳离子表面活性剂，对改性样品进行红外光谱测试,所取样品为 C_{12}、C_{16}、C_{18} 改性蒙脱石(改性剂用量为 2 * CEC)。从图 2.19 (b)可以看出,在 3438cm^{-1} 和 3610cm^{-1} 处有羟基—OH 的伸缩振动峰,属于蒙脱石层间的吸附水;在 1640cm^{-1} 处有羟基—OH 的振动吸收峰,属蒙脱石晶格中的结晶水。以上三种有机蒙脱石均在 2850cm^{-1} ~ 2950cm^{-1} 出现烷烃链的 C—H 伸缩振动特征峰,在 1450cm^{-1} ~ 1500cm^{-1} 出现 C—H 的变形振动特征峰,清楚地表明含有长烷烃链的季铵盐正离子进入了蒙脱石层间。

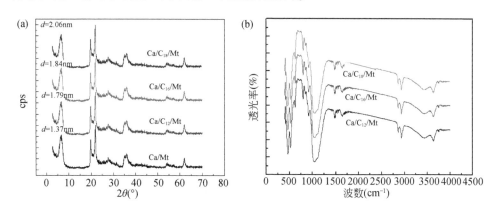

图 2.19　(a)几种有机改性 Mt(2 * CEC)的 XRD 图;
(b)几种有机改性 Mt 的红外光谱图

3)吸附性能研究

(1)对高浓度雌二醇的吸附

研究了有机改性蒙脱石对高浓度(>1μg/mL)雌二醇的吸附行为。为了确定吸附平衡的时间,首先考察了不同雌二醇(E2)初始浓度下有机蒙脱石的吸附效果。从图 2.20(a)可以看出,对于 3 种初始浓度,0.5h 后雌二醇浓度都达到较低点,并且此后随着吸附时间延长,上层清液雌二醇浓度变化不大,说明 0.5h 后基本能达到吸附平衡。

为了优选吸附性能最佳的有机改性蒙脱石,对提纯蒙脱石和 9 种有机改性蒙脱石进行了相同条件下的吸附实验。各种蒙脱石对 E2 的吸附率见表 2.11 及图 2.20(b)。可以看出,1 * CEC 改性蒙脱石 Ca/C_{16}/Mt 的吸附能力最强,吸附率约为 85.73%。原因可能是随着 C 链长度增加或者改性剂用量增加,蒙脱石层间距也随着增加,这在一定程度上有助于提高蒙脱石的吸附性能,然而过多的改性剂或 C 链过长反而阻塞蒙脱石层间空隙,导致吸附能力下降。

不同的 E2 初始浓度 C_0 下,蒙脱石用量与吸附容量的关系见图 2.20(c),横坐标为蒙脱石用量 M,纵坐标为吸附容量 Q。可以看出,随着蒙脱石用量的增加,吸附容量随着减少。原因显然是因为固定 E2 的初始浓度,蒙脱石用量增加,单位质量蒙脱石吸附 E2 的量减少。为了表示蒙脱石吸附的有效程度，这里引入分配系数概念(分配系数=蒙脱石中的分配浓度/剩余水中的分配浓度)。图 2.20 (d)列出了吸附容量、分配系数和溶液剩余 E2 量的关系，可以看出，吸附容量随着蒙脱石用量增加而降低，并且当蒙脱石用量多于 10mg 后，分配系数趋于不变，说明蒙脱石的有效程度不再增加。从 E2 剩余量曲线可以看出，如需最大程度除去 E2，蒙脱石用量越多越好。

表 2.11　各种有机改性蒙脱石对雌二醇的吸附率(%)

	1 * CEC	2 * CEC	3 * CEC
C_{12}	80.80	80.54	82.71
C_{16}	85.73	84.64	84.80
C_{18}	85.00	75.05	66.80

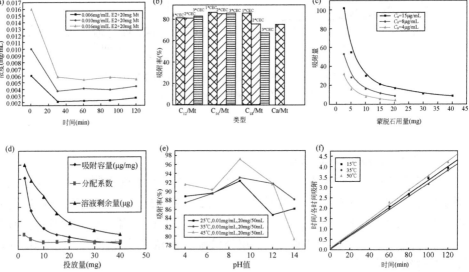

图 2.20　(a)溶液中雌二醇浓度与吸附时间的关系图；(b)各种有机蒙脱石对雌二醇的吸附效果对比；(c)不同初始浓度下吸附容量和蒙脱石用量的关系；(d)雌二醇初始浓度为 $15\mu g/mL$ 时的有机蒙脱石吸附容量、分配系数和溶液中雌二醇剩余量；(e)pH 值对吸附效果的影响；(f)吸附动力学拟合图(t/Qt-t 关系)

图 2.20(e)是不同温度下 pH 值对吸附效果的影响。在不同温度下，改性蒙脱石对 E2 的吸附量均先随着 pH 值升高而升高，pH=9.0 时达最高值，之后降低。原因可能是蒙脱石表面带负电荷，当 pH 值小于 9 时，H^+ 与 E2 存在竞争吸

附，导致雌二醇吸附量低；而当 pH 值大于 9，E2 在水中溶解度增大(E2 溶于碱
性溶液)，吸附量降低。因此，pH=9.0 是有机改性蒙脱石吸附 E2 的最佳 pH 值
条件。用二级速率方程对不同温度下的吸附数据行了拟合，结果见图 2.20(f)，
从拟合结果可以看出，实验结果能很好地用二级速率方程表示，且 $k_2(50℃) <$
$k_2(35℃) < k_2(15℃)$，温度越低达到吸附平衡越快。

　　(2)对低浓度雌二醇的吸附

　　研究了有机改性蒙脱石对低浓度(<1μg/mL)雌二醇的吸附行为。采取固定
雌二醇初始浓度，在 15℃、35℃和 50℃下分别测试到达吸附平衡所需的时间。
从图 2.21(a)可以看出在不同温度下，吸附 0.5h 后雌二醇浓度都达到较低点，
并且此后随着吸附时间延长，上层清液雌二醇浓度变化不大，说明吸附 0.5h 后
基本达到吸附平衡，到达吸附平衡所需时间和高浓度下的实验接近。

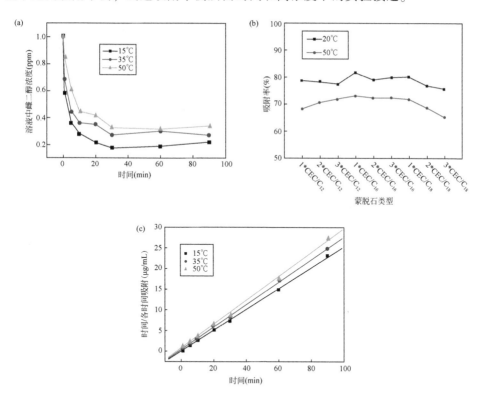

图 2.21　(a)溶液中雌二醇浓度随吸附时间的变化；(b)各种有机蒙脱石的
　　　　　吸附效果对比；(c)吸附动力学拟合图(t/Qt-t 关系)

　　同时考察了不同改性条件制备的有机改性蒙脱石在低雌二醇浓度条件下的吸
附效果。从图 2.21(b)可以看出，不管在 20℃还是在 50℃下进行的实验，吸附

效果最佳的都为 1 * CEC 改性的样品 Ca/C_{16}/Mt，因此接下来的实验以 1 * CEC 改性的 Ca/C_{16}/Mt 作为吸附剂。

在低雌二醇浓度条件下进行了等温吸附实验，具体数据见表 2.12。对等温吸附数据分别用 Freundlich 和 Langmuir 模型进行拟合。拟合结果显示，Freundlich 常数 K_F 和 Langmuir 常数 b 都随着温度降低而升高，即 $K_F(50℃) < K_F(35℃) < K_F(15℃)$、$b(50℃) < b(35℃) < b(15℃)$，说明有机蒙脱石吸附雌二醇是放热过程，温度越高吸附量越低。并且从线性相关系数 R^2 可以看出，吸附过程更符合 Langmuir 模型，此结果与高雌二醇浓度的结果一致。同时，吸附动力学的拟合结果显示[图 2.21(c)]，在低雌二醇初始浓度条件下，动力学实验结果能很好地用二级速率方程表示，且 $k_2(50℃) < k_2(35℃) < k_2(15℃)$，即温度越低达到吸附平衡越快。此结果也和高雌二醇浓度类似。

表 2.12　等温吸附实验结果

温度(℃)	E2 初始浓度(μg/mL)	Ca/C_{16}/Mt 投放量(mg)	吸附后浓度(μg/mL)
15	0.1	0.0150	85.03
	0.3	—	—
	0.6	0.1119	81.35
	0.9	0.1877	79.14
	1.2	0.2963	75.31
	1.5	0.4144	72.37
35	0.1	—	—
	0.3	0.0832	72.27
	0.6	0.1599	73.36
	0.9	0.2541	71.77
	1.2	0.3453	71.22
	1.5	0.4839	67.74
50	0.1	—	—
	0.3	0.0784	73.88
	0.6	0.1619	73.02
	0.9	0.2581	71.32
	1.2	0.3857	67.86
	1.5	0.4416	70.56

4) 解吸实验

对吸附雌二醇后的有机改性蒙脱石进行了解吸实验，研究了各种解吸剂的解吸效果。图 2.22(a)显示了吸附雌二醇的改性蒙脱石在水中的解吸情况,可以看出,吸附完成时(即 0min 时)改性蒙脱石中的雌二醇约为 437.5μg。在 20~120min 解吸时间内,各个时间点上层清液的雌二醇量最高仅 8.685μg,解吸率<2%。图 2.22(b)为改性蒙脱石在甲醇中的解吸情况,吸附完成时(即 0min 时)改性蒙脱石中的雌二醇约为 439.5μg,在 20~120min 解吸时间内,各个时间点上层清液的雌二醇量在 314.72~426.36μg,因此解吸率在 72%~97%。

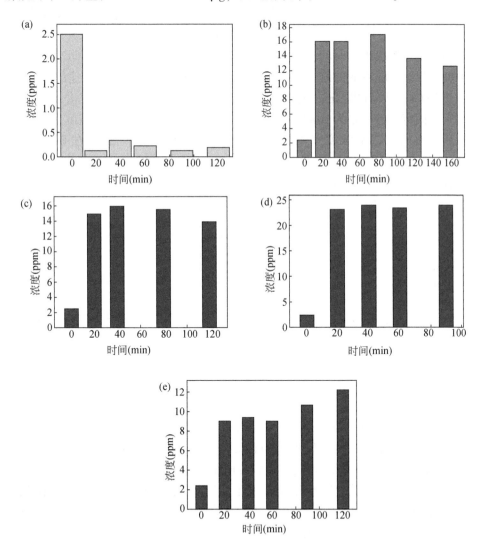

图 2.22 (a)有机蒙脱石吸附雌二醇后在 25mL 水中的解吸效果;(b)有机蒙脱石吸附雌二醇后在 25mL 甲醇中的解吸效果;有机蒙脱石吸附雌二醇后在 25mL 乙醇(c)、15mL 乙醇(d)和 40mL 乙醇(e)中的解吸效果

　　图 2.22(c)~(e)分别显示了改性蒙脱石在 25mL、15mL 和 40mL 乙醇中的解吸情况。不同体积乙醇中解吸出的雌二醇量分别约为 346.34~397.81μg、347.81~359.85μg 和 360.4~488.93μg,即解吸率分别为 79%~90.7%、79%~81.7% 和 82%~111%。出现解吸率大于 100% 的情况是误差造成。

　　不同解吸剂的解吸效果为水<乙醇<甲醇。水中几乎不能解吸雌二醇,在 25mL 溶液中解吸 20~160min,水中的解吸率<2%;乙醇中的解吸率为 79%~90.7%,甲醇中解吸率为 72%~97%。同一种解吸剂用量越多,解吸出的雌二醇越多,如 40mL 乙醇中解吸率高于 15mL 和 25mL 乙醇中的解吸率。

　　为了确定解吸平衡时间,在 25mL 乙醇中进行解吸,每隔一定时间取一次样,用 HPLC 测试上层清液的雌二醇浓度,当雌二醇浓度不再变化时即达解吸平衡。由图 2.23(a)可以看出,3min 之后上层清液的雌二醇浓度不再发生变化,即解吸达到平衡。固定乙醇用量为 10mL,解吸时间 3min,增加改性蒙脱石的用量,可以看出解吸后溶液的雌二醇浓度基本呈线性增加,但解吸率基本相同,在 82.05%~83.32%[2.23(b)]。

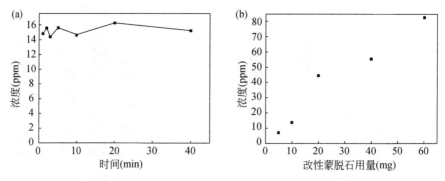

图 2.23　(a)溶液中雌二醇浓度与解吸时间的关系;(b)解吸的雌二醇浓度
与改性蒙脱石用量的关系

5)小结

　　有机改性蒙脱石对溶液中的雌二醇有很好的吸附去除效果,其中 1 * CEC 十六烷基三甲基溴化铵改性的有机蒙脱石 $Ca/C_{16}/Mt$ 的吸附效果最好。随着有机蒙脱石用量的增加,吸附容量减小;在蒙脱石用量超过 10mg/25mL 后分配系数不变,说明有机蒙脱石的有效程度不再增加;在不同温度下,蒙脱石对雌二醇的吸附量均先随着 pH 值升高而升高,pH=9.0 时达最高值,之后降低。吸附雌二醇的有机蒙脱石在乙醇中容易解吸,非常有利于材料的循环利用。

4. 水滑石与改性水滑石的制备及其对水中有机物的吸附去除

　　制备了层间分别为 CO_3^{2-} 和 Cl^- 的镁铝水滑石,并通过焙烧–重构法制备了锰改性水滑石,系统研究了制备条件对水滑石结构的影响。研究了不同层间阴离子型水滑石对有机污染物的吸附效果,探究不同有机污染物的吸附机制。进一步研究了微波辅助对水滑石、改性水滑石吸附/去除有机污染物和重金属离子效果的影响,结合计算机分子动力学模拟,探讨微波辅助吸附/去除有机污染物和重金属离子的机理。

1）实验方法

（1）镁铝水滑石的制备

采用共沉淀法制备 Mg-Al-CO_3^{2-} 水滑石:将一定量化学计量比的Mg(NO_3)$_2$·6H_2O和 Al(NO_3)$_3$·9H_2O 溶于去离子水,记为溶液 A;将一定量的 NaOH 和 Na_2CO_3 溶解于去离子水中,记为溶液 B。将溶液 A 和溶液 B 同时滴加到烧杯中,将该悬浊液在 70℃搅拌 12h 并维持 pH 值为 10,离心、干燥后研磨,获得具有不同 Mg/Al 比的 Mg-Al-CO_3^{2-} 水滑石。

Mg-Al-Cl^- 水滑石制备:将化学计量比的 $MgCl_2$·6H_2O 和 $AlCl_3$·9H_2O 在氮气保护气氛中溶于煮沸的去离子水,记为溶液 C;将一定量的 NaOH 和 NaCl 在相同氮气气氛中溶解于煮沸的去离子水中,记为溶液 D。将溶液 C 和溶液 D 同时滴加入三孔烧瓶中,将该悬浊液在 70℃搅拌 12h 并维持 pH 值为 10,离心、干燥后研磨,获得具有不同 Mg/Al 比的 Mg-Al-Cl^- 水滑石。

（2）锰改性水滑石的制备

锰改性水滑石通过焙烧–重构法制备:将具有不同 Mg/Al 比的水滑石在 500℃条件下分别焙烧 2h、7h、11h 和 15h。接着将焙烧产物在氮气气氛保护中浸入 $KMnO_4$ 溶液,30min 超声振荡处理,将混合物在 70℃条件下搅拌反应 12h,离心干燥后得到锰改性水滑石。焙烧 2h 且无超声处理的锰改性水滑石样品记为 Mn-HT-2h,而相同条件下有超声处理的样品记为 Mn-HT-2h-u,其他焙烧时间制备的样品以相似方式标记。

（3）水滑石去除抗生素的实验

配制抗生素的标准溶液,将标准溶液稀释为不同浓度的抗生素溶液。在研究离子强度对水滑石去除抗生素的影响时,将标准抗生素溶液与标准盐溶液混合后,稀释至所需浓度,取 25mL 目标溶液加入 0.1g 水滑石样品,放入恒温振荡器中进行反应。反应完成后将悬浊液离心后过滤,得到待测液,取一定量待测液至 50mL 比色管中,稀释定容至 50mL,用比色皿于 278nm（氯霉素）、357nm（四环素）或 278nm（双氯芬酸钠）波长下测定溶液的吸光度,通过标准曲线公式计算抗生素的剩余浓度和吸附量。

2）材料表征

实验合成了镁铝比为 2、3 和 4 的水滑石,XRD 谱如图 2.24(A)所示,对于镁铝比为 2 和 3 的水滑石,$d_{(003)}$ 值在 MnO_4^- 插层后仅分别增加了 0.3Å 和 0.2Å,表明只

有较少的 MnO_4^- 进入水滑石层间。而对于镁铝比为 4 的水滑石,$d_{(003)}$ 值在 MnO_4^- 插层后扩大了 1.5Å,表明 MnO_4^- 成功地进入了层间。因此,本研究采用镁铝比为 4 的水滑石来探究煅烧时间和超声处理对插层的影响。图 2.24(B)的 XRD 谱图显示了延长焙烧时间和超声处理共同促进了插层。随着焙烧时间的延长以及超声处理,MnO_4^- 插层 Mg/Al 水滑石的(003)衍射峰逐渐向低角度移动,说明插层水滑石的层间距增大。

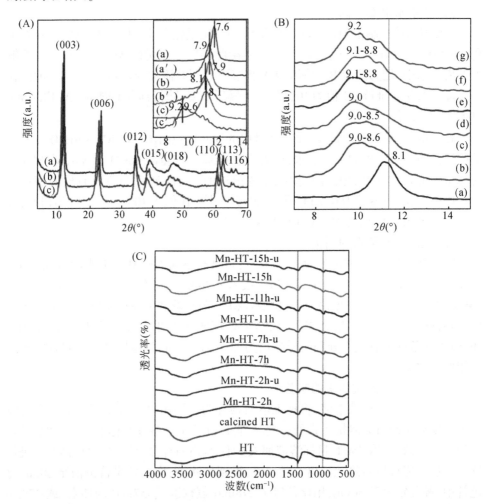

图 2.24 (A)水滑石和 MnO_4^- 插层的不同镁铝比水滑石的 XRD 谱图(a:Mg/Al=2,a':Mg/Al=2,Mn-插层,b:Mg/Al=3,b':Mg/Al=3,Mn-插层,c:Mg/Al=4,c':Mg/Al=4,Mn-插层);(B)不同条件制备的 MnO_4^- 插层水滑石的 XRD 谱图(a:Mg/Al=4,b:Mn-HT-2h,c:Mn-HT-2h-u,d:Mn-HT-7h,e:Mn-HT-7h-u,f:Mn-HT-11h,g:Mn-HT-11h-u);(C)水滑石、焙烧水滑石和不同条件制备的 MnO_4^- 插层水滑石的 FTIR 曲线

图 2.24（C）为水滑石、水滑石的焙烧产物和不同 MnO_4^- 插层水滑石的 FTIR 谱图。其中,在水滑石和焙烧产物中的 $1390cm^{-1}$ 处碳酸根离子的非对称振动是由于在测试中样品吸收了空气中的 CO_2。MnO_4^- 插层水滑石中碳酸根的振动带明显减弱,说明碳酸根离子在 MnO_4^- 插层后显著减少。

XPS 谱图用于分析 Mn 元素在 MnO_4^- 插层水滑石样品中的价态和含量（图 2.25）。如表 2.13 所示,对于没有超声振荡辅助插层的样品,随着焙烧时间延长,Mn^{2+} 的含量逐渐增多,而 Mn^{4+} 和 Mn^{7+} 的含量有所减少,Mn^{3+} 和 Mn^{6+} 的含量无明显变化。而对于有超声振荡辅助插层的样品,随着焙烧时间的延长 Mn^{2+} 和 Mn^{4+} 的含量增多而 Mn^{3+} 的含量逐渐减少,Mn^{6+} 和 Mn^{7+} 含量无明显变化。对比焙烧时间相同的样品可以发现超声辅助提高了 Mn^{2+} 和 Mn^{7+} 含量,而降低了 Mn^{3+} 和 Mn^{4+} 的含量,对于 Mn^{6+} 的含量并无明显影响。焙烧时间稍促进 Mn^{2+} 和 Mn^{3+} 对 Mg^{2+} 和 Al^{3+} 的取代,尤其是 Mn^{2+} 对 Mg^{2+} 或 Al^{3+} 的取代,同时在某种程度上降低了 Mn^{6+} 和 Mn^{7+} 的插层量。然而,对于焙烧时间相同的样品,超声振荡处理明显促进了 Mn 以高锰酸根的形式进入水滑石的层间,以及 Mn^{2+} 对 Mg^{2+} 或 Al^{3+} 的取代。XRD 分析结果表明,延长焙烧时间和超声处理共同促进了水滑石层间距的增大,晶格间距增大的主要原因是 Mn^{2+} 对 Mg^{2+} 或 Al^{3+} 的取代,导致了层电荷减少。

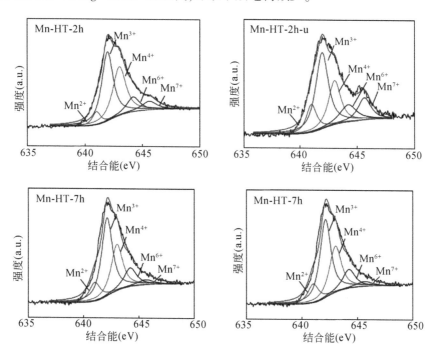

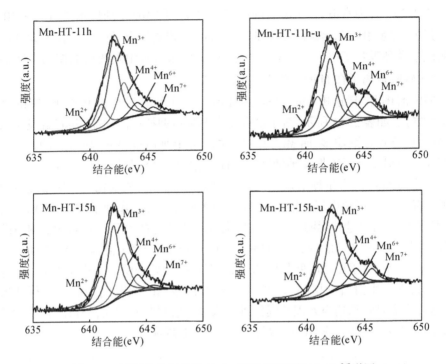

图 2.25　不同条件制备的 MnO_4^- 插层水滑石的 Mn $2p^{3/2}$ 谱图

表 2.13　MnO_4^- 插层水滑石中 Mg、Mn 和 Al 的摩尔含量(%)

	Mg	Mn	Al	Mn^{2+}	Mn^{3+}	$Mg+Mn^{2+}/Al+Mn^{3+}$
Mn-HT-2h	66.09	19.62	14.29	1.68	8.89	2.924
Mn-HT-2h-u	65.83	18.81	15.36	3.44	7.71	3.003
Mn-HT-7h	65.30	20.25	14.45	2.20	9.13	2.863
Mn-HT-7h-u	66.14	19.06	14.80	3.88	7.46	3.146
Mn-HT-11h	65.21	19.94	14.85	2.95	9.14	2.841
Mn-HT-11h-u	64.95	20.35	14.70	4.57	7.38	3.149
Mn-HT-15h	65.66	19.66	14.68	3.23	9.13	2.893
Mn-HT-15h-u	65.70	19.32	14.98	4.32	7.23	3.153

　　综上所述,通过焙烧-重构法制备了 MnO_4^- 插层水滑石。焙烧时间的延长和超声振荡处理促进了 Mn 进入水滑石层间域。MnO_4^- 插层后,Mn 以不同价态存在。Mn^{6+} 和 Mn^{7+} 以锰酸根和高锰酸根的形式存在,进入水滑石层间,而 Mn^{2+} 和 Mn^{3+} 则进入水滑石的晶格结构中,取代了 Mg^{2+} 和 Al^{3+};Mn^{4+} 以 MnO_2 形式存在于样品表面。

煅烧促进了 Mn^{2+} 和 Mn^{3+} 对 Mg^{2+} 和 Al^{3+} 的类质同象替代,尤其是 Mn^{2+} 对 Mg^{2+} 或 Al^{3+} 的替代,而在某种程度上,减少了 MnO_4^-(Mn^{6+} 和 Mn^{7+})的插层。对于焙烧时间相同的样品,超声处理显著增加了 Mn 以高锰酸根形式插层,同时促进了 Mn^{2+} 取代 Mg^{2+} 或 Al^{3+}。煅烧时间的延长和超声处理,导致层电荷减少,层间距增加。对所有的 MnO_4^- 插层样品,层板正电荷不能被层间的高锰酸根和锰酸根的负电荷平衡。因此一部分 CO_3^{2-} 被重吸收至层间域,以平衡层板剩余正电荷。不同电荷量、不同 Mn 含量的 MnO_4^- 插层水滑石有望在吸附、降解和催化研究中发挥作用。

由于 MnO_4^- 插层水滑石中,Mn 不仅以 MnO_4^- 形式插入水滑石层间,还以 Mn^{2+} 和 Mn^{3+} 的形式进入水滑石的晶格结构中,取代了 Mg^{2+} 和 Al^{3+},或以 MnO_2 形式存在于样品表面,因此将此水滑石称为锰改性水滑石或 Mn-LDH。

3)吸附去除抗生素的研究

(1)不同水滑石对抗生素的吸附

用层间为 CO_3^{2-} 和 Cl^- 的 MgAl-LDH(CO_3^{2-}-LDH 和 Cl^--LDH)进行不同浓度 $C_{14}H_{10}Cl_2NNaO_2$(双氯芬酸钠)、$C_{22}H_{25}ClN_2O_8$(四环素)、$C_{11}H_{12}Cl_2N_2O_5$(氯霉素)和个人护理品(PCCPs)的平衡吸附实验,研究了两种水滑石对三种抗生素及个人护理品(PCCPs)的最大吸附量。

图 2.26 为 CO_3^{2-}-LDH 对不同初始浓度抗生素的平衡吸附曲线。结果表明,随着初始浓度的增加,四环素的吸附量持续快速增加,当初始浓度为 5000mg/L 时(平衡浓度 678mg/L),吸附量达到 1080mg/g;而当平衡浓度为 3090mg/L 时(初始浓度 5000mg/L)双氯芬酸钠的最大吸附量为 197mg/g;CO_3^{2-}-LDH 对氯霉素的吸附量随着初始浓度的升高变化不明显,且吸附量很小,最高为 19mg/g。

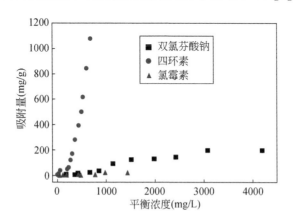

图 2.26　CO_3^{2-}-LDH 对四环素、双氯芬酸钠和氯霉素的吸附平衡曲线

　　从图2.27(a)、(c)、(e)可以看出,吸附了四环素之后CO_3^{2-}-LDH的(003)衍射峰强度都有所减弱,吸附初始浓度为5000mg/L的四环素,衍射峰明显减弱,推测水滑石的结构受到一定程度影响;而吸附了双氯芬酸钠之后CO_3^{2-}-LDH的(003)衍射峰强度略有减弱,衍射峰位置基本没有偏移,说明被吸附的双氯芬酸钠并未进入水滑石层间,可能是由于层板结构表面带有一定的正电荷,通过静电引力吸附了双氯芬酸钠。相似地,CO_3^{2-}-LDH吸附氯霉素后(003)衍射峰位置也基本没有偏移,结合平衡吸附实验结果,说明CO_3^{2-}-LDH几乎不吸附氯霉素。

　　图2.27(b)、(d)、(f)为CO_3^{2-}-LDH吸附四环素、双氯芬酸钠和氯霉素前后的FTIR谱图。吸附四环素后的水滑石主要的红外吸收峰并未受到影响,但在1070~935cm^{-1}位置出现了对应四环素的振动吸收峰,说明有一定量四环素附着在水滑石表面。对于双氯芬酸钠,吸附后出现了水滑石很多原本不具有的吸收带:1579cm^{-1}对应C=O伸缩振动峰,1448cm^{-1}是CH_2的弯曲振动峰,1301cm^{-1}是C—N键的伸

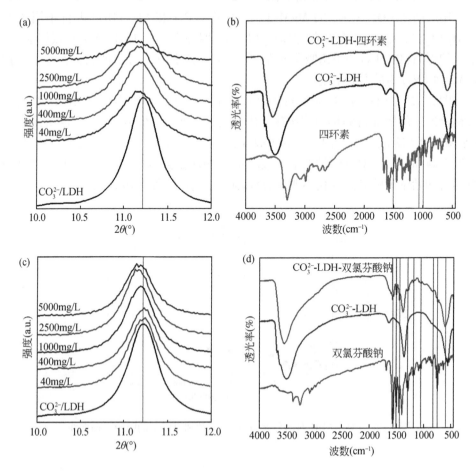

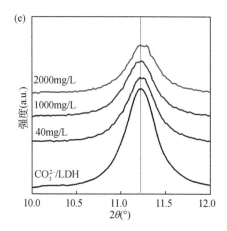
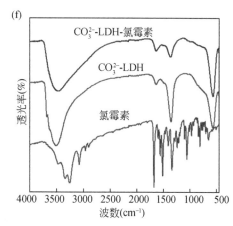

图 2.27 （a）CO_3^{2-}-LDH 吸附四环素后的 XRD（003）衍射峰；（b）CO_3^{2-}-LDH 吸附四环素后的
FTIR 谱图；（c）CO_3^{2-}-LDH 吸附双氯芬酸钠后的 XRD（003）衍射峰；（d）CO_3^{2-}-LDH 吸附双氯芬酸
钠后的 FTIR 谱图；（e）CO_3^{2-}-LDH 吸附氯霉素后的 XRD（003）衍射峰；（f）CO_3^{2-}-LDH 吸附氯霉素
后的 FTIR 谱图

缩振动峰，738cm^{-1} 对应 C—Cl 的伸缩振动，1500cm^{-1}、1049cm^{-1}、835cm^{-1} 和 609cm^{-1}
等波数与双氯芬酸钠对应，说明 CO_3^{2-}-LDH 吸附了双氯芬酸钠并与之紧密结
合[55-57]。CO_3^{2-}-LDH 吸附氯霉素前后的红外光谱并未出现明显的氯霉素特有的吸
收峰，说明氯霉素未被 CO_3^{2-}-LDH 大量吸附。红外分析与吸附实验和 XRD 分析结
果吻合。

图 2.28 为不同污染物初始浓度下 Cl$^-$-LDH 的平衡吸附曲线。实验结果表明，
层间为 Cl$^-$ 的水滑石对四环素的最大吸附量与 CO_3^{2-}-LDH 无明显差异，吸附量随着
四环素初始浓度升高快速增加，当初始浓度为 5000mg/L 时（平衡浓度为 894mg/L），
吸附量达到 1026mg/g；同样，对氯霉素的吸附量随着初始浓度的提高无明显变化，
当平衡浓度为 1898mg/L（初始浓度为 2000mg/L）时最大吸附量为 20mg/g；然而，
Cl$^-$-LDH 对双氯芬酸钠的最大吸附量显著提升，当平衡浓度为 2796mg/L（初始浓
度为 4000mg/L），吸附饱和，最大吸附量达到 300mg/g。

图 2.29（a）、（c）、（e）为 Cl$^-$-LDH 吸附四环素、双氯芬酸钠和氯霉素后 XRD 的
（003）衍射峰。观察可知，层间为 Cl$^-$ 的水滑石吸附四环素后，（003）衍射峰强度减
弱，可能是由于四环素的络合吸附对水滑石结构稳定性产生了一定影响。衍射峰
的位置向大角度偏移，层间距减小，推测是由于吸附实验的振荡过程中，部分层间
Cl$^-$ 被水中溶解的少量 CO_3^{2-} 离子交换导致。吸附双氯芬酸钠后，Cl$^-$-LDH 的（003）
衍射峰峰型基本不变，峰高略有降低，衍射峰略微向低角度偏移，说明层间距略有

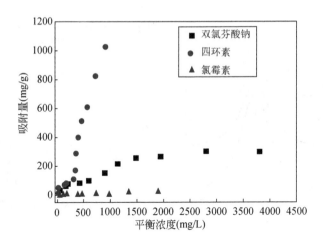

图 2.28　Cl⁻-LDH 对四环素、双氯芬酸钠和氯霉素的吸附平衡曲线

增加。吸附氯霉素后(003)衍射峰的位置与形状基本不变,峰强略有降低,这与吸附实验结果(初始浓度为 2000mg/g 时吸附量为 20mg/g)吻合。

　　图 2.29(b)、(d)、(f)为 Cl⁻-LDH 吸附四环素、双氯芬酸钠和氯霉素前后的 FTIR 谱图。当吸附了一定四环素后,在 2935cm⁻¹、1498cm⁻¹、1257cm⁻¹ 和 733cm⁻¹ 位置出现了不同于水滑石样品的谱峰,为四环素的振动峰,分别对应 C—H 键的非对称伸缩振动、C—C 键的非对称振动、C—O 基团的振动和 O—H 键的伸缩振动。并且吸附后 1365cm⁻¹ 位置的峰明显增强,该峰对应 CO_3^{2-} 的伸缩振动,也可能是 C—H 的对称伸缩振动峰。吸附双氯芬酸钠后,水滑石样品在 2925cm⁻¹、1530～1450cm⁻¹ 及 750cm⁻¹ 处均出现了明显的双氯芬酸钠的吸收峰,与吸附实验和 XRD 结果一致。吸附氯霉素后水滑石的 FTIR 谱图无明显变化。

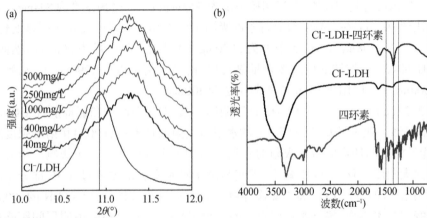

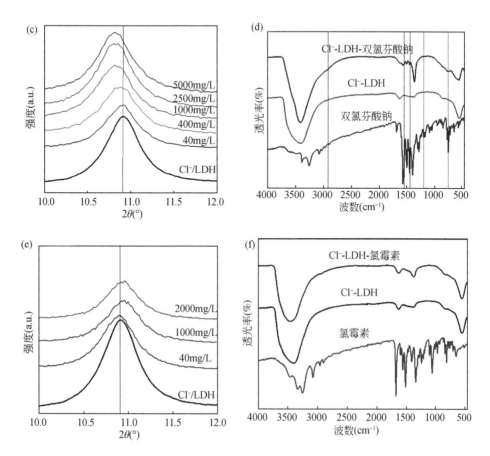

图 2.29　(a)Cl⁻-LDH 吸附四环素后的 XRD(003)衍射峰;(b)Cl⁻-LDH 吸附四环素后的 FTIR 谱图;(c)Cl⁻-LDH 吸附双氯芬酸钠后的 XRD(003)衍射峰;(d)Cl⁻-LDH 吸附双氯芬酸钠后的 FTIR 谱图;(e)Cl⁻-LDH 吸附氯霉素后的 XRD(003)衍射峰;(f)Cl⁻-LDH 吸附氯霉素后的 FTIR 谱图

图 2.30(a)为 CO_3^{2-}-LDH 分别对初始浓度为 400mg/L 的双氯芬酸钠、四环素和氯霉素的吸附动力学曲线。由图可知,四环素和双氯芬酸钠在 CO_3^{2-}-LDH 上的吸附量随吸附时间的增加而逐渐升高并趋于平衡。吸附的初始阶段,四环素和双氯芬酸钠的吸附量快速增加,5min 内即达到 66mg/g 和 12mg/g。随后,吸附量随着吸附时间的延长继续上升,300min 和 90min 后趋于稳定并轻微波动。CO_3^{2-}-LDH 对四环素和双氯芬酸钠的最大吸附量分别为 81mg/g 与 18mg/g,去除率分别为 81% 和 18%。而 CO_3^{2-}-LDH 对氯霉素的吸附量非常小,随着吸附时间的增加无明显变化,最大吸附为 2mg/g。

图 2.30(b)为 Cl⁻-LDH 分别对初始浓度为 400mg/L 的双氯芬酸钠、四环素和氯霉素的吸附动力学曲线。由图可知,四环素和双氯芬酸钠的吸附量随吸附时间的增加而逐渐升高并趋于稳定,45min 内吸附量分别达到 62mg/g 和 81mg/g,300min 后逐渐趋于稳定,最大吸附量达到 77m/g 和 91mg/g,去除率达到 77% 和 91%。相比于 CO_3^{2-}-LDH,四环素在 Cl⁻-LDH 上的吸附量略有下降,而双氯芬酸钠的吸附量则大大提高。与 CO_3^{2-}-LDH 相似,氯霉素在 Cl⁻-LDH 上的吸附量很小且随吸附时间延长无明显变化,最大吸附量为 2mg/g。在后续的实验中,为确保有机污染物的吸附平衡,四环素、双氯芬酸钠和氯霉素与吸附剂 CO_3^{2-}-LDH 和 Cl⁻-LDH 的接触时间均选择为 5h。

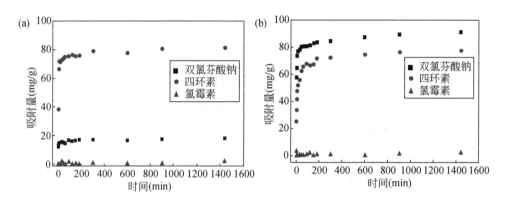

图 2.30 (a)CO_3^{2-}-LDH 对四环素、双氯芬酸钠和氯霉素的吸附动力学曲线;
(b)Cl⁻-LDH 对四环素、双氯芬酸钠和氯霉素的吸附动力学曲线

(2)Mn-改性水滑石对抗生素的去除

首先考察了 500℃煅烧 2h 后 Mn-改性水滑石(Mn-HT-2h)对双氯芬酸钠、四环素和氯霉素的吸附动力学。由图 2.31 可知,Mn-HT-2h 对四环素的去除量迅速增加,15min 后达到 87mg/g,达到平衡后的最大吸附量为 90mg/g;对双氯芬酸钠的去除量随吸附时间逐渐增加,300min 达到 33mg/g,后逐渐达到平衡,最大吸附量为 40mg/g;而对氯霉素的去除量极少,最大去除量为 7mg/g。Mn-HT-2h 对四环素、双氯芬酸钠和氯霉素的最大去除率分别为 90%、33% 和 7%。

由吸附去除双氯芬酸钠不同时间的 Mn-HT-2h 的 XRD 图[2.32(c)]可以观察到,(003)衍射峰向高角度偏移,$d_{(003)}$ 值减小,但是在反应时间 1min ~ 2h 内,(003)衍射峰逐渐对称并增强,说明层间阴离子分布趋于均匀;Mn-HT-2h 与四环素反应不同时间后,(003)衍射峰向高角度偏移,$d_{(003)}$ 减小,衍射峰变得对称。但是(003)衍射峰强度不高,推测是四环素与层间一部分高锰酸根反应使层间阴离子减少,另一部分四环素与改性水滑石结构中的阳离子络合,影响晶体结构;Mn-HT-2h 与氯

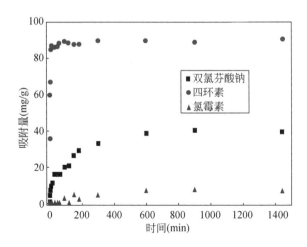

图 2.31 Mn-HT-2h 对四环素、双氯芬酸钠和氯霉素的吸附动力学曲线

霉素反应后，$d_{(003)}$ 值降低，但衍射峰逐渐增强，说明一部分层间阴离子与氯霉素反应，使层间距减小。由于氯霉素在弱碱性溶液中为中性分子或阳离子，与水滑石带正电荷的片层相互作用较弱或互斥，因此氯霉素基本不被水滑石吸附，也不与层间的 MnO_4^- 发生氧化还原反应，因此去除量极低。

图 2.32(b)、(d)、(f) 为 Mn-HT-2h 去除四环素、双氯芬酸钠和氯霉素前后的 FTIR 谱。去除双氯芬酸钠后的样品在 $1581 \sim 1446cm^{-1}$、$1041cm^{-1}$ 和 $775cm^{-1}$ 处出现了非水滑石的吸收峰，对应 C=O 伸缩振动、N—O 非对称振动、C—Cl 伸缩振动。Mn-HT-2h 对双氯芬酸钠的去除量相对于四环素少，可能是由于双氯芬酸钠在水溶液中电离为 Na^+ 和阴离子基团，通过离子交换进入改性水滑石层间并与层间高锰酸根等阴离子发生反应被氧化，而并非与金属阳离子络合而减少。因此，去除双氯芬酸钠的反应更易保持改性水滑石的层状结构，FTIR 谱线中位于 $1600cm^{-1}$ 和 $1367cm^{-1}$ 处的吸收峰在去除有机物的前后基本一致也可证明。而去除氯霉素后，Mn-HT-2h 样品并未出现明显的有机物基团吸收峰，但位于 $910cm^{-1}$ 的高锰酸根的吸收峰明显减弱，推测为极少量的 MnO_4^- 氧化了氯霉素，但氯霉素并未与水滑石产生相互作用。

研究了 500℃煅烧水滑石 15h 后超声辅助 $KMnO_4$ 改性水滑石(Mn-HT-15h-u)对双氯芬酸钠、四环素和氯霉素的去除效果及机理。吸附动力学曲线如图 2.33 所示，Mn-HT-15h-u 对四环素、双氯芬酸钠和氯霉素的最大去除率分别为 95%、54% 和 5%。

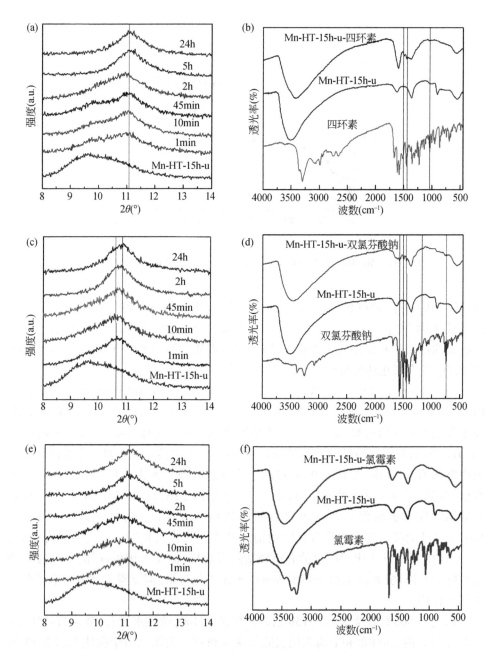

图 2.32　(a)降解去除四环素不同时间后 Mn-HT-2h 的 XRD(003)衍射峰;(b)Mn-HT-2h 去除四环素前后的 FTIR 曲线;(c)去除双氯芬酸钠不同时间后 Mn-HT-2h 的 XRD(003)衍射峰;(d)Mn-HT-2h去除双氯芬酸钠前后的 FTIR 曲线;(e)去除氯霉素不同时间后 Mn-HT-2h 的 XRD(003)衍射峰;(f)Mn-HT-2h 去除氯霉素前后的 FTIR 曲线

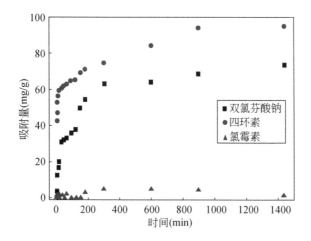

图 2.33 Mn-HT-15h-u 对四环素、双氯芬酸钠和氯霉素的吸附动力学曲线

由去除/降解四环素后的 Mn-HT-15h-u 的 XRD 谱图[2.34(a)]可知,随着反应时间的延长,改性水滑石低角度的(003)不对称衍射峰向高角度偏移,峰型逐渐对称,5h 后衍射峰变得完全对称,表明 Mn-HT-15h-u 对四环素的去除平衡时间在 5h 以上,符合吸附动力学实验的结果。与 Mn-HT-2h 相似,Mn-HT-15h-u 与双氯芬酸钠反应后[图 2.34(c)],层间 MnO_4^- 被消耗,但层间阴离子并未全部被溶于水中的 CO_3^{2-} 取代,而是有其他阴离子进入,导致样品的层间距增大。Mn-HT-15h-u 对氯霉素的去除量很小[图 2.34(e)],因此衍射峰的偏移应是由于反应振荡过程中溶于水的 CO_2 行成 CO_3^{2-} 并置换了层间的高锰酸根离子,使层间距减小。

对比改性水滑石 Mn-HT-15h-u 去除四环素前后的 FTIR 谱[图 2.34(b)]可以发现,与四环素反应后,改性水滑石样品在 1496cm^{-1}、1446cm^{-1} 和 1280 ~ 819cm^{-1} 出

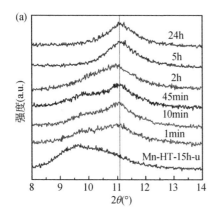

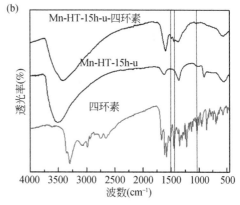

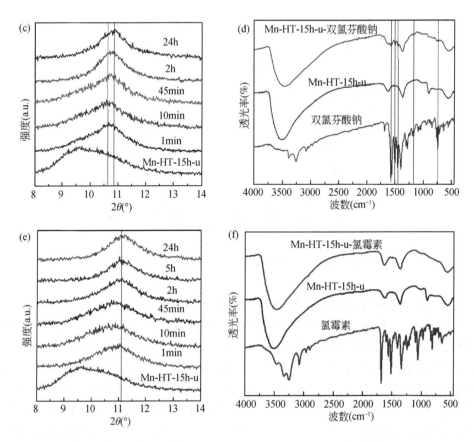

图 2.34　（a）降解去除四环素不同时间后 Mn-HT-15h-u 的 XRD（003）衍射峰；（b）Mn-HT-15h-u
去除四环素前后的 FTIR 曲线；（c）去除双氯芬酸钠不同时间后 Mn-HT-15h-u 的 XRD（003）衍射
峰；（d）Mn-HT-15h-u 去除双氯芬酸钠前后的 FTIR 曲线；（e）去除氯霉素不同时间后 Mn-HT-
15h-u 的 XRD（003）衍射峰；（f）Mn-HT-15h-u 去除氯霉素前后的 FTIR 曲线

现四环素的吸收峰,而910cm^{-1}处 MnO$_4^-$ 的吸收峰消失,四环素通过络合反应与改
性水滑石结合,而层间高锰酸根离子通过一定方式氧化了部分四环素而被消耗掉。
位于1590cm^{-1}的羟基振动吸收峰变强,推测与跟四环素产生络合反应的改性水滑
石的亲水性增强有关。降解四环素后 Mn-HT-15h-u 的红外光谱中,四环素的吸收
峰不明显,说明四环素含量不多,四环素可能被降解而非吸附。Mn-HT-15h-u 吸
附/降解溶液中的双氯芬酸钠后,在 1571cm^{-1}、1493cm^{-1}、1448cm^{-1}、1169cm^{-1} 和
738cm^{-1}等位置出现了双氯芬酸钠的特征吸收峰[图 2.34（d）],且相比于 Mn-HT-
2h 样品更多、更明显,与 Mn-HT-15h-u 对双氯芬酸钠的最大吸附量（73mg/g）大于
Mn-HT-2h 相一致。同样 MnO$_4^-$ 的吸收峰消失,说明 MnO$_4^-$ 参与了降解。与 Mn-

HT-2h 相似,Mn-HT-15h-u 与氯霉素发生吸附/降解反应后,FTIR 吸收峰无明显变化[图 2.34(f)],但位于 910cm^{-1} 的 MnO_4^- 吸收峰消失,推测是由于部分 MnO_4^- 降解了少量的氯霉素,部分 MnO_4^- 被振荡反应过程中溶解在水中的 CO_3^{2-} 交换出层间域。

由 Mn-HT-2h 样品对三种有机污染物的吸附/去除平衡曲线[图 2.35(a)]可知,Mn-HT-2h 对四环素的去除效果很好,随着四环素初始浓度上升,去除量迅速提高,当平衡浓度为 202mg/L(初始浓度为 2000mg/L),去除量继续缓慢上升,平衡浓度为 2064mg/L 时(初始浓度为 5000mg/L),去除量达到 733mg/g;Mn-HT-2h 对双氯芬酸钠的去除效果随溶液初始浓度缓慢上升,平衡浓度为 3540mg/L(初始浓度为 4000mg/L),去除量达到饱和,为 115mg/g;而样品对氯霉素的去除较弱,在平衡浓度为 1823mg/L(初始浓度为 2000mg/L)时,最大去除量为 44mg/g。

相比于 Mn-HT-2h 样品,Mn-HT-15h-u 对三种有机污染物的去除能力略有减弱,由图 2.35(b)可知,四环素初始浓度低时去除量迅速增加,在初始浓度为 1500mg/L 时,平衡浓度为 173mg/L,去除量达到 331mg/g,随后去除量逐渐减速上升,平衡浓度为 2756mg/L 时,去除量达到 560mg/g;同样对双氯芬酸钠的去除效果也略有降低,在平衡浓度为 3608mg/L,去除达到饱和,最大去除量为 98mg/g;氯霉素的去除量较小,最大去除量为 28mg/g。

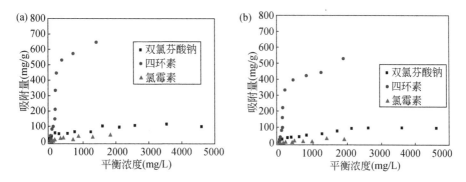

图 2.35　(a)Mn-HT-2h 对四环素、双氯芬酸钠和氯霉素的吸附平衡曲线;
(b)Mn-HT-15h-u 对四环素、双氯芬酸钠和氯霉素的吸附平衡曲线

(3)水滑石及 Mn-改性水滑石微波降解有机污染物

由 CO_3^{2-}-LDH、Mn-HT-2h、Mn-HT-15-u 对四环素微波降解不同时间的实验结果(图 2.36)可知,随着反应时间的延长,水滑石和 Mn-改性水滑石对四环素的去除量都逐渐升高。50min 内,水滑石对四环素的去除量始终略高于两种 Mn-改性水滑石,随着反应时间延长,三种样品的去除量逐渐趋于一致。60min 时 CO_3^{2-}-LDH、Mn-HT-2h、Mn-HT-15-u 对四环素的去除量分别为 96mg/g、94mg/g 和 94mg/g,略高于 CO_3^{2-}-LDH 在振荡条件下对四环素的最大吸附量(81mg/g),而与振荡条件下

Mn-HT-2h 和 Mn-HT-15-u 的最大吸附量基本一致(90mg/g 和 95mg/g)。四环素的
去除机制为水滑石层板中的二价金属阳离子与四环素产生络合,降低溶液中的四
环素浓度,并非由于离子交换四环素进入层间,因此水滑石和 Mn-改性水滑石对四
环素的络合吸附能力基本一致。然而,微波作用提高了水滑石和改性水滑石对四
环素的去除速率。振荡条件下,需要 300~600min 水滑石和 Mn-改性水滑石对四
环素的去除量才到达最大。

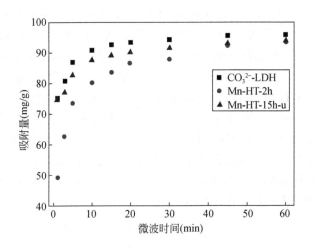

图 2.36　CO_3^{2-}-LDH、Mn-HT-2h、Mn-HT-15-u 微波辅助去除四环素的动力学曲线

　　图 2.37(a)为水滑石和 Mn 改性水滑石微波辅助去除四环素后的 XRD 谱图,
由图可知,微波辅助降解四环素后,水滑石的(003)衍射峰都基本回归到未改性水
滑石的衍射峰位置,层间的高锰酸根离子被消耗,其中 Mn-HT-15h-u 的(003)衍射
峰强度最低。四环素是与水滑石层板金属阳离子络合而被去除。从 FTIR 结果
[图 2.37(b)]也可看出,四环素并未进入水滑石层间。
　　由 CO_3^{2-}-LDH、Mn-HT-2h、Mn-HT-15-u 对双氯芬酸钠微波降解不同时间的实
验结果(图 2.38)可知,在微波作用下,水滑石和 Mn-改性水滑石对双氯芬酸钠的
去除量随着微波作用时间的延长逐渐增加。60min 时,去除量分别达到了 20mg/g、
54mg/g 和 64mg/g,超过 Mn-HT-15-u 振荡 600min 的去除量(63mg/g),并且超过
CO_3^{2-}-LDH 和 Mn-HT-2h 吸附24h 的去除量(18mg/g 和 40mg/g)。该结果说明微波
作用明显促进了水滑石和改性水滑石对双氯芬酸钠的去除,其中对 Mn-HT-2h 去
除效果的提升最为明显,60min 内最大去除量提高了 35%。
　　水滑石及 Mn-改性水滑石微波降解双氯芬酸钠后的 XRD(003)衍射峰如
图 2.39(a),从图中可以看出,Mn-改性水滑石在微波降解后(003)衍射峰向高角
度偏移,但均低于未改性水滑石微波降解后(003)衍射峰的角度 11.2°,表明改性

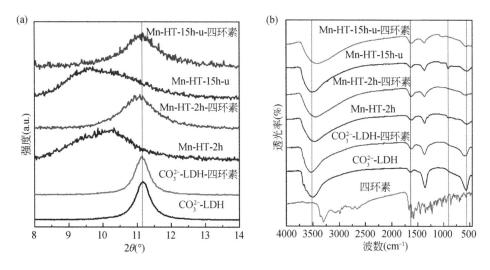

图 2.37　CO_3^{2-}-LDH、Mn-HT-2h、Mn-HT-15-u 微波降解四环素后的 XRD
谱图(a)和 FTIR 曲线(b)

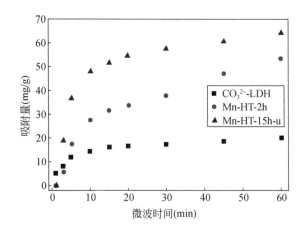

图 2.38　CO_3^{2-}-LDH、Mn-HT-2h、Mn-HT-15-u 微波降解双氯芬酸钠的动力学曲线

水滑石降解反应后的层间距仍大于未改性水滑石,双氯芬酸钠在降解过程中与层板有相互作用,影响了改性水滑石的层间距。CO_3^{2-}-水滑石也吸附了一定量的双氯芬酸钠,但层间距并未变化,推测吸附作用仅限于层板表面的静电吸附。

从微波降解双氯芬酸钠的水滑石和 Mn-改性水滑石的 FTIR 谱[图 2.39(b)]可以看出,微波降解前后水滑石的 FTIR 谱基本一致,仅位于 3498cm^{-1} 的羟基伸缩振动吸收峰向高频偏移,而改性水滑石位于910cm⁻¹的高锰酸根吸收峰消失,表明高锰酸根被消耗,与XRD结果一致。

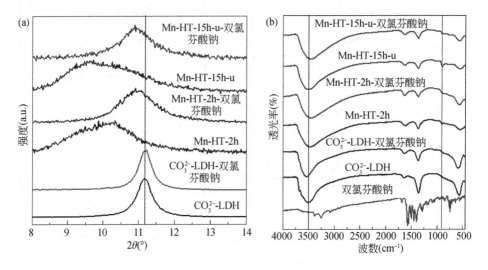

图2.39　对双氯芬酸钠微波降解后 CO_3^{2-}-LDH、Mn-HT-2h、Mn-HT-15-u 的(a)
XRD(003)衍射峰和(b)FTIR曲线

图2.40 为 CO_3^{2-}-LDH、Mn-HT-2h、Mn-HT-15-u 对氯霉素的微波降解曲线。可以看出,微波作用时间的延长逐渐提高了水滑石和 Mn-改性水滑石对氯霉素的去除量,60min 时去除量分别达到2mg/g、10mg/g 和11mg/g,其中改性水滑石对氯霉素的去除量高于振荡条件下的最大去除量(7mg/g 和5mg/g),分别提高了30%和120%。

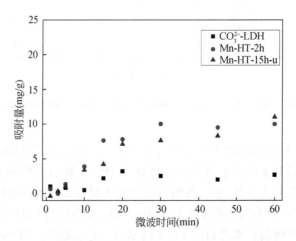

图2.40　CO_3^{2-}-LDH、Mn-HT-2h、Mn-HT-15-u 对氯霉素的微波降解动力学曲线

如图 2.41(a),微波辅助降解/去除氯霉素反应后,水滑石和改性水滑石的(003)衍射峰均位于 11.2°,表明层间应该均为 CO_3^{2-},是反应过程中溶于水的 CO_2 导致。水滑石和 Mn-改性水滑石对氯霉素的微波辅助去除/降解量较小,但相比于振荡吸附略有提高,层间距不变,推测微波作用对 Mn-改性水滑石降解氯霉素有一定促进作用。

水滑石和 Mn-改性水滑石微波降解氯霉素后的 FTIR 谱如图 2.41(b),从图中可知,微波降解氯霉素后,样品中未出现明显的氯霉素特征吸收峰,说明水滑石和 Mn-改性水滑石对氯霉素的吸附量极少,由动力学曲线可知,氯霉素的去除量很小,两种测试结果相符。改性水滑石微波降解氯霉素后,高锰酸根的 910cm^{-1} 特征吸收峰消失,与 XRD 结果吻合。

微波辅助条件提高了水滑石和 Mn-改性水滑石去除有机污染物的速率,在较短的时间内(60min)可达到振荡条件下 CO_3^{2-}-LDH、Mn-HT-2h 和 Mn-HT-15h-u 需要 300~600min 才能达到的去除效果。改性水滑石的降解仍主要源于高锰酸根的氧化作用。

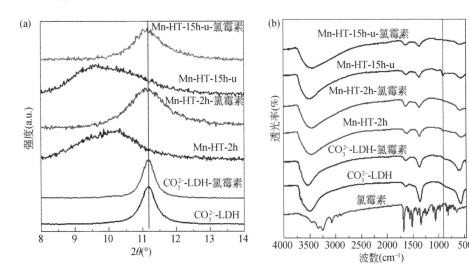

图 2.41　CO_3^{2-}-LDH、Mn-HT-2h、Mn-HT-15-u 微波降解氯霉素后的(a)
XRD(003)衍射峰和(b)FTIR 谱

(4)CO_3^{2-}-LDH 吸附三种有机物的分子动力学模拟

首先 Materials Studio 6.1 分子模拟软件中的模块建立水滑石的结构模型。模型研究的晶胞由 $4a \times 2b \times 1c$ 的 8 个单位晶胞组成,空间群 R-$3m$,水平尺寸 nm×nm。水滑石的晶体结构模型建好后构建有机分子的模型。建好的模型组合成一个二元体系,即一个水滑石片层和表面活性剂分子层。水滑石及有机分子的初始模型如图 2.42 所示。

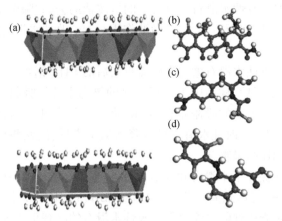

图 2.42　水滑石及有机分子的初始模型
(a)水滑石;(b)TC;(c)DS;(d)CAP

　　为了考察不同有机物与水滑石的相互作用,及其在水滑石层间及周围的排列形态和构型,本实验模拟了在水分子存在的体系中三种有机物与水滑石的作用情况。这里截取了三个体系的平衡构型。

　　图 2.43(a)为四环素在水分子存在体系中与水滑石作用的平衡构型。可以看到四环素分子在水滑石的端面有一定的吸附,且四环素分子之间相互团聚,聚集在水滑石片层周围。这在一定程度上说明了四环素并未能通过吸附进入水滑石层间域,故可能是络合作用导致的较高的吸附量。图 2.43(b)为双氯芬酸钠在水分子存在体系中与水滑石作用的平衡构型。可以看到双氯芬酸钠分子的排布方式很多,双氯芬酸钠与水滑石的端面以及层间相结合,与水滑石片层的金属离子距离很近,说明双氯芬酸钠与水滑石层间有一定作用,但并未进入层间,吸附量不大。图 2.43(c)为氯霉素在水分子存在体系中与水滑石作用的平衡构型。水滑石片层带正电,而氯霉素有机分子本身不带电,在水体系中,水滑石的片层对氯霉素没有静电作用,模拟结果也显示出氯霉素分子全部存在于水溶液中,其与水滑石片层并没有相互作用,这也能解释水滑石对氯霉素没有吸附去除作用。

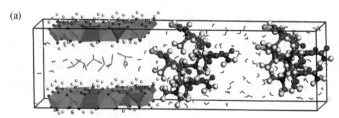

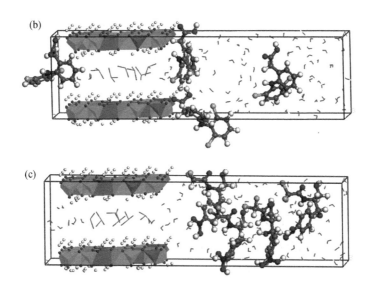

图 2.43　(a)CO_3^{2-}-LDH 吸附四环素的分子动力学模拟;(b)CO_3^{2-}-LDH 吸附
双氯芬酸钠的分子动力学模拟;(c)CO_3^{2-}-LDH 吸附氯霉素的分子动力学模拟(见彩图)

4) 小结

通过焙烧-重构法制备了 Mn-改性水滑石。研究发现,焙烧时间的延长和超声
振荡处理促进 MnO_4^- 进入水滑石层间域。煅烧时间的延长和超声处理导致层电荷
减少,也促进了水滑石层间距的增加。对所有的 Mn-改性水滑石样品,层板正电荷
不能被层间的高锰酸根和锰酸根的负电荷平衡,因此一部分 CO_3^{2-} 被重吸收至层间
域,以平衡层板剩余正电荷。

相较于 CO_3^{2-}-水滑石,Mn-改性水滑石 Mn-HT-2h 和 Mn-HT-15h-u 对四环素的
去除略有提高,双氯芬酸钠的去除量显著提高(2.2~4.0 倍),且 Mn-HT-15h-u 提
高更明显,对氯霉素的降解变化不明显。微波辅助条件促进了水滑石和 Mn-改性
水滑石的去除速率,在较短的时间内(60min)达到了振荡条件下 CO_3^{2-}-水滑石、Mn-
HT-2h 和 Mn-HT-15h-u 需要 300~600min 才能达到的去除和降解效果。Mn-改性
水滑石的降解效果仍主要来源于高锰酸根的氧化作用。

分子动力学模拟发现双氯芬酸钠与水滑石层板的作用力最强,一定程度解释
了当层间阴离子和层板相互作用力较弱的时候,双氯芬酸钠的吸附量显著提高的
现象。而四环素与水滑石层间的作用并未在模拟中有明显表现,说明四环素的去
除并非来自于分子间作用力,佐证了四环素的去除可能源于络合,层间阴离子对其
去除量不产生明显影响。氯霉素与水滑石层板及层间域没有相互作用,游离在外
围,证明氯霉素在各种情况下吸附量都较小。

5. Fe 掺杂水钠锰矿的制备及其对四环素的微波降解

水钠锰矿属于层状结构锰矿物,在多相催化、吸附及电化学等领域得到广泛应用。本书作者制备了 Fe 掺杂的水钠锰矿,利用 XRD、XPS 和 BET 等表征手段,研究了掺杂对其微波吸收、降解四环素及电化学性能的影响,揭示了水钠锰矿材料的成分–结构–性能关系。

1) 实验方法

(1) 水钠锰矿合成

向 50mL 浓度为 0.50mol/L 的 $MnCl_2$ 溶液中加入 50mL 浓度为 5.0mol/L 的 NaOH 溶液,剧烈搅拌生成 $Mn(OH)_2$ 沉淀。然后,滴加浓度为 0.20mol/L 的 $KMnO_4$ 溶液 50mL,产物老化 24h。将老化后的沉淀转移至 100mL 高压反应釜中,150℃水热处理 24h。将反应后的溶液倒入 100mL 离心管,离心 10 次。最后,将沉淀物取出,干燥 12h,研磨得到水钠锰矿,标记为 MB。

(2) Fe 掺杂水钠锰矿合成

向 50mL 浓度为 5.0mol/L 的 NaOH 溶液中加入不同 Fe/(Fe+Mn) 比的 $MnCl_2$ 与 $FeCl_3$ 混合溶液 50mL,Fe/(Fe+Mn) 分别为 0.01、0.05 及 0.10,其他实验步骤与水钠锰矿的制备相同,将 Fe/(Fe+Mn) 比为 0.01、0.05 及 0.10 的 Fe 掺杂水钠锰矿分别标记为 FeB1、FeB5 及 FeB10。

(3) 微波辅助水钠锰矿降解四环素的实验方法

首先制备 50mg/L 的四环素(TC)储备液,定容、摇匀,静置过夜。用移液管取储备液 20mL 倒入 100mL 锥形瓶中,添加 0.1g 水钠锰矿或者 Fe 掺杂水钠锰矿。再将锥形瓶放入微波反应器中,在一定微波功率下反应一定时间。随后,将反应后的溶液倒入 100mL 离心管中离心 10min,离心速度为 7000r/min。再将离心后的上层清液用针孔过滤器(孔径为 0.22μm)进行过滤。最后,用紫外可见–分光光度计测量溶液于 365nm 处的吸光度值。根据四环素标准曲线计算反应后四环素溶液的浓度,得出四环素的去除量。

(4) 水钠锰矿微波吸收性能测试方法

将水钠锰矿或者 Fe 掺杂水钠锰矿与石蜡按 7∶3 质量比混合,加入少量乙醚,超声处理 0.5h。待混合均匀后,放入烘箱中,60℃干燥 24h。取出干燥后的混合溶液,再放置 24h,使石蜡充分凝固。然后,将块状固体放入模具中,10MPa 压力下压片 2min,获得厚度为 3.00mm、内外径分别为 3.04mm 与 7.00mm 的测试样品。最后,将样品放在安捷伦 N5244A 网络分析仪上进行测试,频率范围为 2~18GHz。

2) Fe 掺杂水钠锰矿的表征

Fe 掺杂水钠锰矿样品的 XRD 谱如图 2.44(a)所示,与水钠锰矿标准卡片 JCPDS 43-1456(单斜晶系,空间群 $C2/m$,分子式为 $Na_{0.55}Mn_2O_4 \cdot 1.5H_2O$,晶胞参

数 $a_0 = 0.517\text{nm}$，$b_0 = 0.285\text{nm}$，$c_0 = 0.734\text{nm}$，$Z = 1$）基本吻合，无其他杂相，表明合成的水钠锰矿（MB）为纯相。水钠锰矿的特征衍射峰为 0.714nm、0.357nm、0.238nm 及 0.215nm，分别对应（001）、（002）、（003）及（$1\bar{1}2$）面网。Fe 掺入后，主要衍射峰位置与水钠锰矿基本一致，表明 Fe 的掺入并未破坏水钠锰矿的层状结构。但随着 Fe 掺入量的增加，衍射峰强度减弱、半高宽（FWHM）增加，说明掺杂样品的结晶度降低、颗粒粒径减小。

为了进一步研究 Fe 掺杂对衍射峰强度、半高宽及颗粒粒径的影响，测量了（001）面网衍射峰的半高宽。根据谢乐公式，计算了样品平均颗粒粒径（表 2.14）。结果表明，随着 Fe 掺入量的增加，（001）面网衍射峰半高宽增大，颗粒粒径减小，说明 Fe 掺杂使水钠锰矿的结晶度降低。

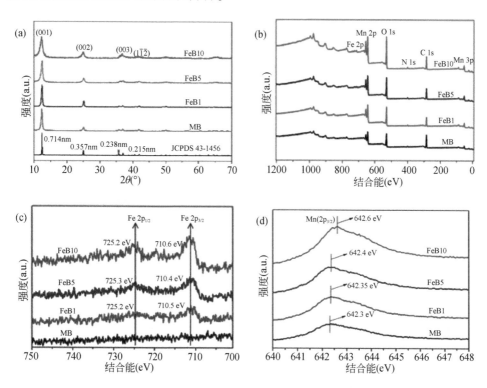

图 2.44　水钠锰矿与 Fe 掺杂水钠锰矿的（a）XRD 图；（b）XPS 全谱；（c）Fe 2p 窄谱图；（d）Mn $2p_{3/2}$ 窄谱图

表 2.14　Fe 掺杂水钠锰矿的（001）衍射峰半高宽与平均粒径

样品	（001）面网衍射峰半高宽（rad）	平均粒径（nm）
MB	0.271	37.6

样品	(001)面网衍射峰半高宽(rad)	平均粒径(nm)
FeB1	0.292	29.8
FeB5	0.358	24.0
FeB10	1.022	8.1

水钠锰矿比表面积与表面特性对氧化能力和电容性能有重要影响。表 2.15 列出了水钠锰矿与 Fe 掺杂水钠锰矿的比表面积分析结果。可以看出,未掺杂水钠锰矿的比表面积仅有 22.7m²/g,随着 Fe 掺入量的增加,比表面积显著增加。结合 XRD 分析结果,说明 Fe 掺杂使水钠锰矿的结晶度降低,颗粒径减小,比表面积增大。

表 2.15　水钠锰矿与 Fe 掺杂水钠锰矿的 BET 分析结果

样品	比表面积(m²/g)	平均粒径(nm)
MB	22.7	20.9
FeB1	2.1	8.8
FeB5	44.4	7.3
FeB10	87.5	6.9

水钠锰矿及 Fe 掺杂水钠锰矿的 XPS 全谱如图 2.44(b)所示。结果表明,未掺杂的水钠锰矿含有 Mn 峰;掺入 Fe 后,出现了明显的 Fe 的峰,并随着掺入量增加,峰强度增大。为了获得掺入 Fe 的价态信息,对 Fe 2p 的窄谱图做了进一步分析。

Fe 2p 窄谱如图 2.44(c)所示,各掺杂样品图谱类似,Fe $2p_{1/2}$ 和 Fe $2p_{3/2}$ 结合能值分别为 725.0eV($\pm0.5eV$)与 710.0eV($\pm0.5eV$),这与文献报道的 FeOOH 的分析结果一致,表明掺入的 Fe 是以 Fe(III)的形式存在于水钠锰矿结构中[58]。除此之外,Fe 2p 峰逐渐增强,表明掺杂样品 Fe 含量增加,说明 Fe 成功掺入水钠锰矿结构中。

Mn $2p_{3/2}$ 的窄谱图如图 2.44(d)所示。未掺杂水钠锰矿的 Mn $2p_{3/2}$ 的结合能为 642.3eV,随着 Fe 掺入量增加,结合能增加至 642.6eV,说明 Fe 的掺入使 Mn $2p_{3/2}$ 的电子结合能升高。由于 Mn(II)、Mn(III)和 Mn(IV)对应的电子结合能分别为 640.9、642.0 与 643.4eV[59],电子结合能升高表明掺入的 Fe 可能替代了低价态的 Mn[Mn(II)或 Mn(III)],使 Mn(IV)的比例增大。

从图 2.45 可以看出,未掺杂水钠锰矿的 Mn(II)、Mn(III)和 Mn(IV)含量分别为 5.4%、52.3% 及 42.3%。随着 Fe 掺入量增加,Mn(II)和 Mn(IV)含量略有增加,Mn(III)含量降低。由于 Fe 掺杂使电子结合能升高,掺入的 Fe(III)可能替代低价态的 Mn,又因为 Mn(Ⅱ)的含量并未降低(略有升高),而 Mn(Ⅲ)含量变化与 Fe(Ⅲ)呈负相关关系,所以推测掺入的 Fe(Ⅲ)替代了 Mn(Ⅲ)。这与元素分析中提到的 Fe 对结构中 Mn 的替代很可能发生在同价离子之间的预期一致,即 Fe 替代了同价态的 Mn。

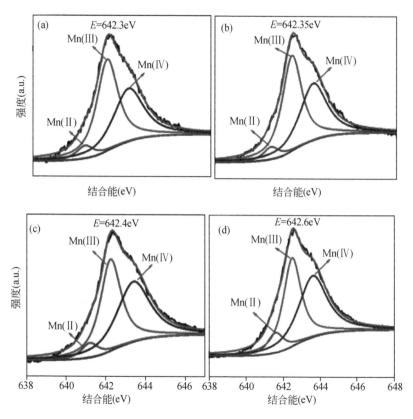

图 2.45　水钠锰矿与 Fe 掺杂水钠锰矿的 Mn $2p_{3/2}$ 拟合图谱

(a)MB;(b)FeB1;(c)FeB5;(d)FeB10

　　为进一步获得 Fe 掺杂水钠锰矿的结构信息,尤其掺杂的 Fe 对水钠锰矿晶体结构的影响,对 Fe 掺杂水钠锰矿进行了结构精修。未掺杂水钠锰矿的晶胞参数和原子占位率作为精修的初始参数,运用 TCH Pseudo-Voigt 模型进行峰形拟合,March-Dollase 模型进行择优取向校正,精修的拟合谱如图 2.46 所示。对 FeB1 样品来说,理论曲线与实验结果基本吻合,两者误差较小,表明掺杂少量 Fe 未对其层状结构产生较大影响,Fe 成功掺杂到水钠锰矿的晶体结构中。但随着 Fe 掺入量增加,两者误差增大,主要原因是 Fe 掺杂使水钠锰矿的结晶度降低。

　　精修后各样品的晶胞参数和原子占位率如表 2.16、表 2.17 所示。结果表明,

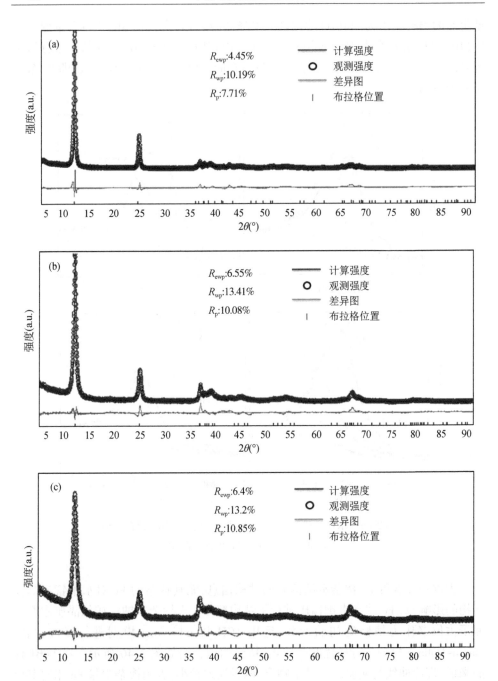

图 2.46　Fe 掺杂水钠锰矿的结构精修
（a）FeB1；（b）FeB5；（c）FeB10（见彩图）

晶胞参数 a 和 c 有减小的趋势, b 稳定在一定范围内, 说明 Fe 掺杂对 a 和 c 轴影响较大, 对 b 轴基本没有影响。除此之外, a 和 c 之间的夹角 β 从 103.18° 降低至 97.49°。原子占位率的结果表明, Fe(III) 从 0.020 增加至 0.197, Mn(III) 从 0.983 减小至 0.784, 变化趋势与 XPS 分析及晶体结构式的计算结果一致, 即随着 Fe 掺入量的增加, 结构中 Fe(III) 的含量升高, Mn(III) 的含量降低, 再次证明 Fe(III) 占据了 Mn(III) 的晶格位置。

表 2.16　Fe 掺杂水钠锰矿的晶胞参数

晶胞参数	MB	FeB1	FeB5	FeB10
$a(\text{Å})$	5.174	5.106	5.056	5.024
$b(\text{Å})$	2.850	2.848	2.881	2.905
$c(\text{Å})$	7.336	7.279	7.286	7.225
$\beta(°)$	103.18	103.11	101.90	97.57

表 2.17　Fe 掺杂水钠锰矿的原子占位率

原子	占位率		
	FeB1	FeB5	FeB10
Fe(III)	0.020	0.107	0.197
Mn(III)	0.983	0.900	0.784
Mn(IV)	0.997	0.993	1.091

掺杂离子对基质中晶体格位占位可能性大小可用 D_r 表示, 用以下公式计算[60]:

$$D_r = 100 \times [R_n(CN) - R_d(CN)] / R_n(CN) \qquad (2.2)$$

式中, R_d 代表掺杂离子的有效离子半径; R_n 为基质中被占位离子的有效离子半径; CN 为配位数。D_r 值越小 (小于 30%), 说明掺杂离子越易占据基质离子的晶格位置。水钠锰矿掺入的 Fe(III) 占据 Mn(III) 与 Mn(IV) 位置的 D_r 值如表 2.18 所示。

表 2.18　Fe(III) 占据 Mn(III) 与 Mn(IV) 的 D_r 值

离子	配位数	半径(Å)	D_r(%)
Fe(III)	6	0.645	
Mn(III)	6	0.645	0.0
Mn(IV)	6	0.530	21.7

　　理论上讲,当 Fe(Ⅲ)和 Mn(Ⅲ)以高自旋态存在于锰矿物结构中时,两者具有相似的离子半径,并且化合价相同[61],Fe(Ⅲ)更容易与 Mn(Ⅲ)发生同晶替代。从 D_r 的计算结果来看,Fe(Ⅲ)占据 Mn(Ⅲ)的 D_r 值要远小于 Mn(Ⅳ),结合之前的分析结果,进一步证明 Mn(Ⅲ)的晶格位置被 Fe(Ⅲ)所替代。水钠锰矿和 Fe 掺杂水钠锰矿的晶体结构示意图如图 2.47 所示。

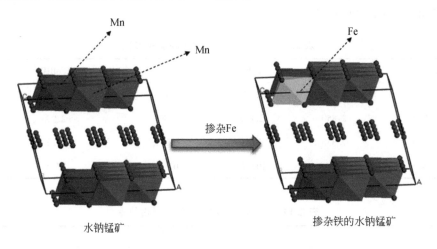

图 2.47　水钠锰矿与 Fe 掺杂水钠锰矿的晶体结构示意图

3)材料性能测试

(1)Fe 掺杂水钠锰矿的微波吸收性能

　　采用网络分析测试方法,研究了水钠锰矿与 Fe 掺杂水钠锰矿的微波吸收性能(图 2.48)。结果表明,随着样品厚度的增加,水钠锰矿的反射损耗增大,说明吸收微波的能力增强。当样品厚度为 10mm 时,反射损耗为-16.95dB。除此之外,水钠锰矿的吸收频带也发生变化,从 18GHz 移动到了 12GHz。为了探究 Fe 掺杂对水钠锰矿微波吸收性能的影响,测试了不同 Fe 掺杂水钠锰矿的反射损耗[图 2.48(b)]。可以发现,图谱中有两个吸收频带,分别为 4GHz 和 12GHz,在这两个频段中,随着 Fe 掺杂量的增加,反射损耗均增大,最大反射损耗为 FeB10 的-15dB,表明 Fe 的掺入使水钠锰矿的微波吸收性能增强。

　　为了进一步探究 Fe 掺杂对水钠锰矿微波吸收性能的影响与机理,分别计算了 Fe 掺杂水钠锰矿的介电损耗($\tan\delta_g$)与磁损耗($\tan\delta_\mu$)(图 2.49)。结果表明,相对于未掺杂的水钠锰矿,随着 Fe 掺入量的增加,Fe 掺杂水钠锰矿的介电损耗与磁损耗有所增加。其中,介电损耗由 0.05 提高到 0.30,磁损耗由 0.02 提高到 0.18,介电损耗提高的幅度大于磁损耗。掺杂 Fe 后,水钠锰矿的微波介电损耗和磁损耗均增大,所以其吸收微波的能力增强,但介电损耗增加的更多,所以微波介电损耗的

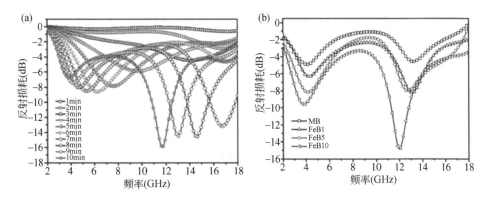

图 2.48　水钠锰矿(a)与 Fe 掺杂水钠锰矿(b)的微波吸收性能

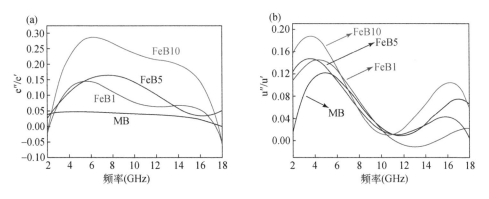

图 2.49　Fe 掺杂水钠锰矿的介电损耗(a)与磁损耗(b)

贡献大于微波磁损耗。

(2)Fe 掺杂水钠锰矿降解 TC 的性能与机理研究

水钠锰矿在相同功率条件下(500W),随着微波反应时间的延长,对 TC 的降解量增加,最大降解量为 30min 时的 15.55mg/g[图 2.50(a)]。在相同微波反应时间下(20min),随着微波功率的提高,水钠锰矿对 TC 的降解量增加,最大降解量为700W 时的 15.45mg/g[图 2.50(b)]。因此,延长微波反应时间和提高微波反应功率均有助于水钠锰矿对 TC 的降解。

Fe 掺杂和微波条件对降解 TC 的影响如图 2.50(c)所示。无微波条件下,随着 Fe 掺杂量的增加,TC 的降解量从 10.90mg/g 提高至 12.43mg/g;微波辅助条件下,TC 的降解量从 15.14mg/g 提高至 16.22mg/g。不存在微波时,水钠锰矿对 TC 的去除主要是吸附作用,在微波条件下,TC 降解量增加,说明微波有助于水钠锰矿

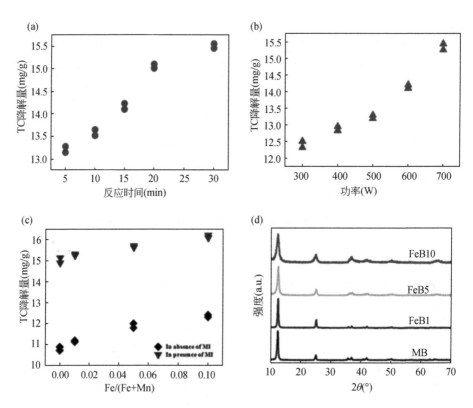

图 2.50　（a）反应时间对降解 TC 的影响；（b）功率对降解 TC 的影响；
（c）Fe 掺杂和微波条件对降解 TC 性能的影响；（d）降解后水钠锰矿的 XRD 图

对 TC 的去除。除此之外，随着 Fe 掺杂量的增加，水钠锰矿对 TC 的降解量增加，说明掺杂 Fe 增强了水钠锰矿对 TC 的降解能力。对反应后的 Fe 掺杂水钠锰矿进行了 XRD 分析［图 2.50（d）］，与水钠锰矿原样对比，反应后的水钠锰矿物相并未发生变化，表明水钠锰矿起到微波催化作用，是一种微波催化剂。

为了进一步探究微波条件下 TC 的降解途径，采用 LC-MS 联用的方法对原样 TC 以及与水钠锰矿作用 5min、20min 及 60min 的降解产物进行分析，结果如图 2.51 所示。原样 TC 的分子量为 445.1610mg/mol，与其分子式 $C_{22}H_{25}N_2O_8$（M = 445.4426mg/mol）对应较好［图 2.51（a）］。水钠锰矿与 TC 反应 5min、20min 及 60min［图 2.51（b）～（d）］，出现了中间产物，对应的分子量分别为 428.1393g/mol、402.1545g/mol、348.1833g/mol、302.1576g/mol 及 261.1316g/mol，与之相对应的分子式为 $C_{22}H_{22}NO_8$（M = 428.4120mg/mol）、$C_{20}H_{20}NO_8$（M = 402.3747mg/mol）、$C_{17}H_{16}O_8$（M = 348.3041mg/mol）、$C_{13}H_{18}O_8$（M = 302.2772mg/mol）及 $C_{10}H_{13}O_8$（M = 261.2054mg/mol）。从降解产物对应峰的强度来看，随着反应时间的增加，TC 的峰

减弱,中间产物峰增强,说明 TC 的量减少,中间产物量增多,表明 TC 可被水钠锰矿降解为小分子有机物,也证明了水钠锰矿对 TC 的降解是氧化还原反应。这是由于水钠锰矿结构中含有大量的 Mn(III) 和 Mn(IV),具有很强的氧化性,可对 TC 产生氧化作用,自身被还原为 Mn(II)。但在微波和 O_2 的共同作用下,Mn(II) 又被氧化为高价态的 Mn(III) 或 Mn(IV),再次对 TC 进行氧化,以此来维持氧化还原反应的过程,水钠锰矿起到微波催化作用[6]。

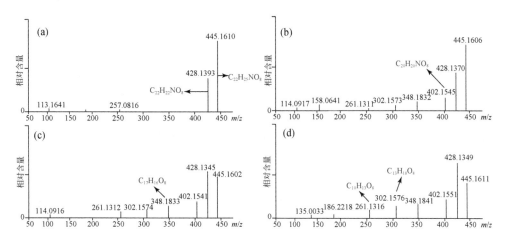

图 2.51　水钠锰矿降解 TC 的产物分析
(a)TC;(b)反应 5min 产物;(c)反应 20min 产物;(d)反应 60min 产物

　　水钠锰矿对四环素的降解受微波反应时间和功率的影响,微波作用时间越长,越有助于对有机物的降解,这是因为延长微波作用时间可提高体系温度及微波的热致损耗。微波功率越高,对水钠锰矿降解有机物的效果越明显,这是因为提高微波功率可增加反应体系单位时间内发出的热量,使水钠锰矿在相同时间内对微波的吸收和损耗提高[62]。因此,随着反应时间的增加和微波功率的提高,水钠锰矿对 TC 的降解效果增强,最大降解量分别为 15.55mg/g 和 14.55mg/g。

　　水钠锰矿的微波吸收性能受介电损耗与磁损耗的影响,提高介电损耗或磁损耗均能增强水钠锰矿对微波的吸收能力,达到高效去除有机污染物的目的。由于水钠锰矿掺杂 Fe 后,它的电导损耗、缺陷损耗增大,微波介电损耗增加;由于自旋磁矩的增大,Fe 掺杂水钠锰矿的微波磁损耗也增加。在两者共同作用下,Fe 掺杂水钠锰矿的微波吸收性能随着 Fe 掺杂量的增加而增强。因此,水钠锰矿对 TC 的降解量增加,最大降解量为 16.22mg/g。

　　4) 小结

　　采用水热法制备了纯相 Fe 掺杂水钠锰矿。通过元素分析、XPS 分析及结构精修等,证明 Fe 在水钠锰矿结构中以 Fe(Ⅲ)的形式存在,替代了[MnO$_6$]八面体中的 Mn(Ⅲ)。随着 Fe 掺杂量的增加,介电损耗和磁损耗均有所增加,前者对水钠锰矿的微波吸收性能起主要贡献,最大反射损耗为−16.95dB,表明铁掺杂水钠锰矿是良好的微波吸收材料。延长微波作用时间和提高微波功率能提高四环素的降解量。Fe 掺杂水钠锰矿对四环素降解量的提高,主要原因是微波介电损耗和磁损耗的增加,使水钠锰矿的微波吸收性能提高,同时也说明 Fe 掺杂水钠锰矿是性能优良的微波催化降解材料。

6. 氧化锰矿物的微波吸收性能及其对抗生素的微波降解

本书作者对天然水钠锰矿进行结构、性能分析,发现天然氧化锰矿物具有良好的微波吸收性能。为了进一步研究氧化锰矿物与微波的作用机制,尝试合成了两种代表性的氧化锰矿物:(1×∞)层状结构水钠锰矿和(2×2)孔道结构的锰钾矿。进一步对水钠锰矿的酸碱性、平均氧化度等进行调控,研究了成分、形貌等对水钠锰矿微波吸收性能的影响,并探究了微波吸收机制对微波诱导降解四环素(TC)的影响。此外,采用过渡金属元素 Fe 对(2×2)孔道结构锰钾矿进行掺杂,通过调控固有电偶极矩、晶体对称性、晶体形貌等探究其对微波吸收性能的变化和对微波诱导降解四环素的影响。

1)实验方法

(1)酸性水钠锰矿合成

将 50mL 浓度为 0.4mol/L 的 KMnO$_4$ 溶液在恒温油浴条件下加热煮沸,强力搅拌,逐滴加入 1.5mL 浓度为 6mol/L 的浓盐酸,滴加完毕后继续反应 30min,产物在 60℃下老化处理 l2h,反应结束后,悬浮液自然冷却至室温,用去离子水清洗沉淀物,在 60℃真空干燥箱内烘干得到酸性水钠锰矿(Birnessite,Birn)。

(2)碱性水钠锰矿合成

用分析天平称取 3.9582g 的 MnCl$_2$·4H$_2$O、10g 的 NaOH、1.9521g 的 KMnO$_4$,分别溶于盛有 25mL、25mL 和 50mL 蒸馏水的锥形瓶中。待试剂完全溶解后,将配置好的 NaOH 溶液倒入 MnCl$_2$·4H$_2$O 溶液中,先用磁力搅拌器剧烈搅拌 1min,然后在磁力搅拌的条件下缓慢滴加 KMnO$_4$ 溶液至全部滴加完毕,继续搅拌 30min,使其完全反应,将所得产物在室温下陈化 48h,将产物转移到 100mL 水热反应釜中,150℃下反应 10h 后自然冷却 10h,最后离心水洗,沉淀物在 60℃真空干燥箱内烘干得到碱性水钠锰矿。

(3)不同平均氧化度水钠锰矿合成

依次称量 1.9521g(1-Birn)、1.8298g(2-Birn)、1.7308g(3-Birn)、1.6490g(4-Birn)、1.5803g(5-Birn)、1.5218g(6-Birn)KMnO$_4$,六份 3.9582g MnCl$_2$·4H$_2$O,六份 10g NaOH。KMnO$_4$、MnCl$_2$·4H$_2$O 和 NaOH 分别用 50mL、25mL 和 25mL 蒸馏水

溶解。磁力搅拌条件下先将 NaOH 溶液分别倒入六份 $MnCl_2 \cdot 4H_2O$ 溶液中磁力搅拌 1min,再分别滴加 $KMnO_4$ 溶液,滴加完后磁力搅拌 30min,室温陈化 2 天,将产物分别转移到 100mL 水热反应釜中于 150℃下反应 10h 后自然冷却 10h,最后将水热反应产物分别倒入离心管用蒸馏水清洗,离心并将沉淀物倒入蒸发皿中 60℃干燥 48h,将烘干产物研磨成粉,即获得不同平均氧化度的水钠锰矿。

(4)锰钾矿合成

分别称量 2.5353g 的 $MnSO_4 \cdot 6H_2O$ 和 1.5803g 的 $KMnO_4$ 溶于 50mL 蒸馏水,磁力搅拌条件下将 $KMnO_4$ 溶液滴加到 $MnSO_4 \cdot 6H_2O$ 溶液中,搅拌反应 60min,逐渐生成棕褐色沉淀。取棕黑色沉淀于 100mL 的水热反应釜中,在 150℃下反应 24h 后取出,自然冷却后过滤取棕褐色沉淀,用蒸馏水洗涤 3 次,在 80℃下烘干制得纯相锰钾矿(cryptomelane,Cryp)。

(5)Fe 掺杂锰钾矿合成

分别称量 2.5353g 的 $MnSO_4 \cdot 6H_2O$ 和 1.5803g 的 $KMnO_4$ 溶解到 50mL 蒸馏水中,共 5 组。另称量 0.0405g、0.1215g、0.2027g、0.4054g 以及 0.6081g 的 $FeCl_3 \cdot 6H_2O$ 加入溶解好的 5 组 $MnSO_4 \cdot 6H_2O$ 溶液中。以原料所含金属离子 Fe^{3+} 和 Mn^{2+} 的总物质的量为 100% 计,$FeCl_3 \cdot 6H_2O$ 原料的 5 组添加量的摩尔百分含量分别为 1%(1-Fe-Cryp)、3%(2-Fe-Cryp)、5%(3-Fe-Cryp)和 10%(4-Fe-Cryp)。待溶解完后在磁力搅拌条件下将 $KMnO_4$ 溶液滴加到 $MnSO_4 \cdot 6H_2O$ 和 $FeCl_3 \cdot 6H_2O$ 的混合溶液中,然后继续搅拌反应 60min,逐渐生成棕褐色沉淀。取棕黑色沉淀置于 100mL 的水热反应釜,在 150℃下反应 24h 后取出,自然冷却后过滤取棕褐色沉淀,用蒸馏水洗涤 3 次,在 80℃下烘干制得一系列 Fe 掺杂锰钾矿(Fe-Cryp)。

(6)微波诱导氧化锰矿物降解四环素的实验

称量上述不同的氧化锰矿物各 0.05g 于 100mL 的锥形瓶中,分别加入 50mL、100mg/L 的四环素溶液,振荡吸附平衡后,分别对不同氧化锰矿物+TC 的体系进行微波诱导反应 1min 到 60min,然后将反应体系移入 50mL 离心管中,在 7000r/min 下离心 1min,取上层清液过滤并对过滤后的上清液进行分光光度测量,根据 365nm 处强度计算得到氧化锰矿物微波诱导降解 TC 的量。

2)材料表征

(1)天然水钠锰矿以及碱性水钠锰矿的表征

由图 2.52(a)的 XRD 谱图可以看出,天然水钠锰矿的衍射峰不强、结晶度较弱。由于其结晶度较弱,当外界温度超过 50℃时[图 2.52(b)],样品开始出现失重现象,表示层间水开始脱除,随着温度的升高其结构水也逐渐消失,当温度升到 150℃时,天然水钠锰矿的水消失殆尽,结构层塌陷。换言之,较低的失重温度表明天然水钠锰矿的稳定性很差,结构很容易破坏。本书作者所合成的酸性水钠锰矿和碱性水钠锰矿结晶性较天然水钠锰矿有所增强。图 2.52(c) 比较了两种合成水钠锰矿的 XRD 图,很明显酸性水钠锰矿的结晶相对较弱,碱性水钠锰矿(001)衍射峰强度远高于酸性水钠锰矿。而且,碱性水钠锰矿的制备工艺更为简单、更易操作。

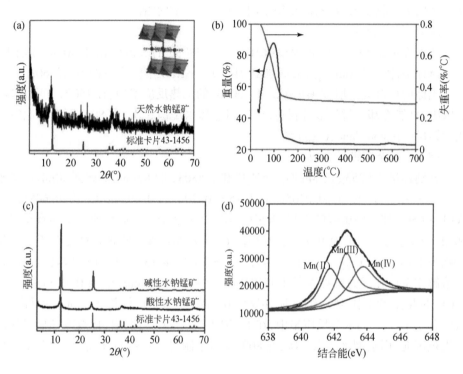

图 2.52　(a)天然水钠锰矿的粉晶 XRD 图及其标准卡片谱;(b)天然水钠锰矿的热重曲线;
(c)水钠锰矿的粉晶 XRD 图及其标准卡片谱;(d)碱性水钠锰矿的 XPS 分析

对制备的碱性水钠锰矿样品进行 XPS 测试[图 2.52(d)]。通过对 Mn $2p_{3/2}$ 峰进行拟合可分别得到 Mn(II)、Mn(III) 和 Mn(IV) 的含量(表 2.19)。碱性水钠锰矿中 Mn(III) 的比例最高,大约为 36.76%;其次为 Mn(II),占比约为 32.63%;Mn(IV) 最少,占比为 30.61%。

表 2.19　碱性水钠锰矿不同价态 Mn 含量

催化剂	价态分布		
	Mn(II)	Mn(III)	Mn(IV)
碱性水钠锰矿	32.63%	36.76%	30.61%

采用 SEM 和 TEM 观察了天然水钠锰矿和合成水钠锰矿的形貌。图 2.53(a)~(d)显示天然水钠锰矿由半透明絮状物堆叠而成。对其进行 EDS 分析,发现矿物中除了 Mn 元素外,还有大量的 Fe 和 Ca,成分较为复杂。合成的酸性水钠锰矿为球状,长短不一的针状颗粒包覆在表面,尺寸大约 200nm;合成的碱性水钠锰矿为片状,层层堆砌而成。

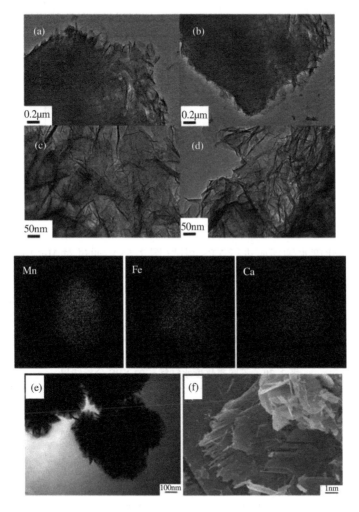

图 2.53　(a)~(d)天然水钠锰矿的 TEM 和 EDS 图;(e)酸性水钠锰矿的 SEM 图;(f)碱性水钠锰矿的 SEM 图

(2)不同氧化度水钠锰矿的表征
对不同氧化度水钠锰矿进行 XRD 测试(图 2.54),结果表明调控 KMnO₄ 含量制备的水钠锰矿均为纯相,没有杂峰,其 XRD 衍射图谱与标准卡片 JCPDS 43-1456 完全匹配。

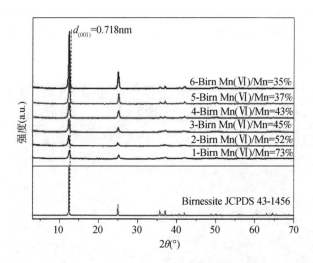

图 2.54　不同氧化度水钠锰矿的 XRD

对不同氧化度水钠锰矿进行 XPS 测试(图 2.55),通过对 Mn $2p_{3/2}$ 峰进行拟合得到 Mn(Ⅱ)、Mn(Ⅲ)和 Mn(Ⅳ)的含量(表 2.20),其中 Mn(Ⅱ)的电子结合能是 641.1eV,Mn(Ⅲ)的电子结合能是 642.1eV,Mn(Ⅳ)的电子结合能是 643.15eV。随着 $KMnO_4$ 用量的减少,Birn 中 Mn(Ⅱ)和 Mn(Ⅲ)呈现逐渐增多的趋势,而 Mn(Ⅳ)的含量逐渐变少。

表 2.20　不同氧化度水钠锰矿的 XPS 分析结果

催化剂	锰的价态分布(%)		
	Mn(Ⅱ)	Mn(Ⅲ)	Mn(Ⅳ)
1-Birn	2.06	24.75	73.19
2-Birn	5.96	42.29	51.75
3-Birn	11.05	43.71	45.24
4-Birn	13.46	43.66	42.88
5-Birn	19.63	43.54	36.83
6-Birn	20.49	44.03	35.48

对 1~6-Birn 样品进行扫描电镜分析(图 2.56),结果表明 Birn 的形貌并不相同,且差异较为明显。1-Birn 是纳米颗粒状,随着平均氧化度降低,2-Birn、3-Birn

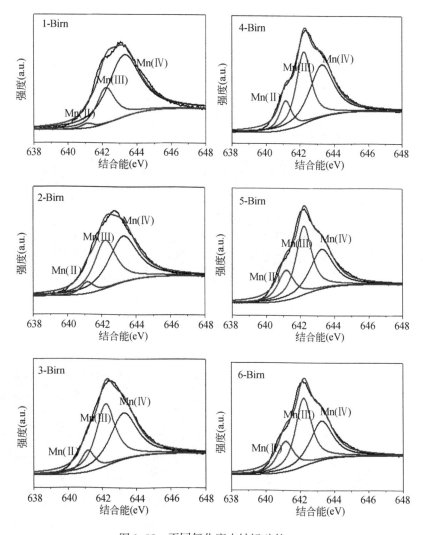

图 2.55　不同氧化度水钠锰矿的 XPS

和 4-Birn 仍是颗粒状,但是颗粒逐渐变大变多、棱角更为分明,而 5-Birn 和 6-Birn 逐渐出现了层状形貌。

为了更深入地探究 Birn 的微观结构,对 6-Birn 进行高分辨透射电镜 (HRTEM)分析,并通过傅里叶变换计算得到晶面间距和衍射图谱(图 2.57)。可以看出,6-Birn 很明显是由规则的六边形纳米片堆垛而成,且六边形纳米片尺寸约为 50nm 左右,通过 Digital Micrograph 软件对图 2.57(a)中 6-Birn 形貌进行傅里叶变换,得到 6-Birn 中 $d_{(002)}$ 为 0.36nm,与 XRD 衍射数据能够很好匹配。

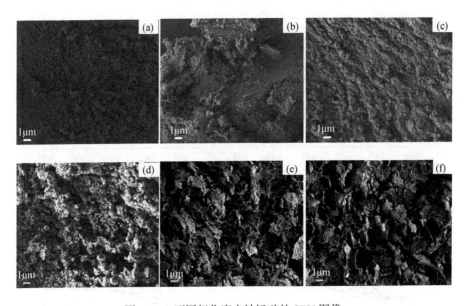

图 2.56　不同氧化度水钠锰矿的 SEM 图像

(a)1-Birn;(b)2-Birn;(c)3-Birn;(d)4-Birn;(e)5-Birn;(f)6-Birn

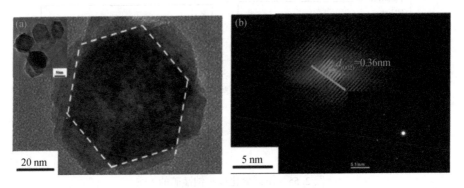

图 2.57　6-Birn 的 HRTEM 图(a)及其傅里叶变换(b)

　　对 1~6-Birn 进行了同步辐射 XAFS 测试,并对 XAFS 特征峰进行傅里叶变换(图 2.58)。样品的 Mn-K 边特征峰与层状水钠锰矿能够很好匹配,分别位于 6.8Å⁻¹、8.0Å⁻¹ 和 9.3Å⁻¹,而 8.0Å⁻¹ 处特征峰的形状则反映了水钠锰矿层结构中 Mn^{3+} 的排列和水钠锰矿的对称性,尖锐的单峰表明水钠锰矿的六方对称性和高氧化度,而分裂以后的双峰则表明样品为三斜水钠锰矿,氧化度较低[63]。

　　(3)Fe 掺杂锰钾矿(Fe-Cryp)的表征

　　制备了 Fe 掺杂量分别为 1%(1-Fe-Cryp)、3%(2-Fe-Cryp)、5%(3-Fe-Cryp)、

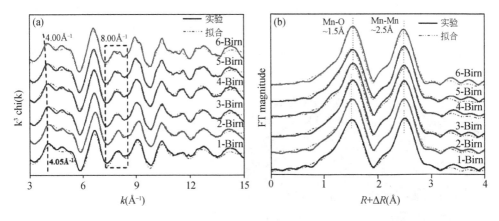

图 2.58　不同氧化度水钠锰矿的 XAFS(a) 以及特征峰的傅里叶变换(b)

10% (4-Fe-Cryp) 的锰钾矿以及锰钾矿原样 Cryp 共五组样品, 其 XRD 衍射图谱及与标准卡片的比对如图 2.59(a) 所示。XRD 结果表明, Cryp、1-Fe-Cryp 和 2-Fe-Cryp 能够很好地与标准卡片 JCPDS 42-1348 匹配, 属于四方晶系(Cryp-T); 随着 Fe 掺杂量增加, (001) 和 (002) 衍射峰发生明显改变, 3-Fe-Cry、4-Fe-Cry 的衍射图谱与 JCPDS 44-1386 更匹配, 属于单斜晶系(Cryp-M)。与 Co 掺杂 Cryp 规律类似, 随着 Fe 在 Cryp 中掺杂量增大, Cryp 逐渐从四方晶系向单斜晶系转变。

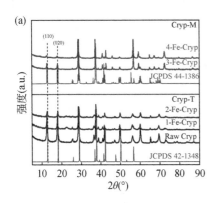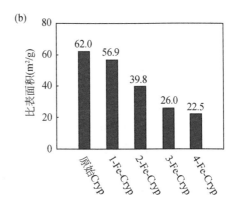

图 2.59　(a) Fe-Cryp 的 XRD 分析; (b) Fe-Cryp 的比表面积(BET)测试

对 Fe-Cryp 进行 BET 测试 [图 2.59(b)], 发现 Cryp 的比表面积约为 62.004 m^2/g, 随着 Fe 掺杂量的增大, 材料的比表面积越来越小(1-Fe-Cryp 的比表面积约为 56.9 m^2/g, 2-Fe-Cryp 的比表面积约为 39.8 m^2/g, 3-Fe-Cryp 的比表面积约为 26.0 m^2/g, 4-Fe-Cryp 的比表面积约为 22.5 m^2/g), 说明材料的晶粒尺寸随着

Fe 掺杂量的增大而增大。利用 SEM 和 TEM 观测 Fe-Cryp 的形貌,结果表明随着 Fe 掺杂量增加,Fe-Cryp 不仅晶型发生改变,形貌也逐渐变化,均匀分布的纳米纤维逐渐变粗变短,最后变成纳米颗粒(图 2.60)。BET 测试结果进一步验证了随着 Fe 掺杂量增加,Fe-Cryp 的晶粒尺寸逐渐变大。

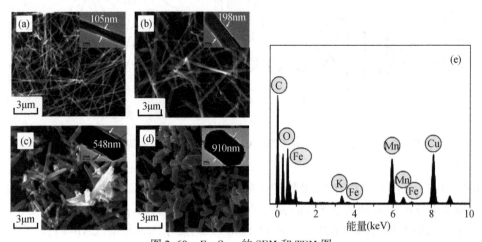

图 2.60　Fe-Cryp 的 SEM 和 TEM 图

(a)1-Fe-Cryp;(b)2-Fe-Cryp;(c)3-Fe-Cryp;(d)4-Fe-Cryp;(e)Fe-Cryp 的能谱

对 Fe-Cryp 进行了 XPS 测试(图 2.61),对 Mn $2p_{3/2}$ 峰进行拟合得到 Mn(Ⅱ)、Mn(Ⅲ)和 Mn(Ⅳ)的含量,其中 Mn(Ⅱ)的电子结合能是 641.1eV,Mn(Ⅲ)的电子结合能是 642.1eV,Mn(Ⅳ)的电子结合能是 643.15eV。Fe $2p_{3/2}$ 的电子结合能约为 711.02eV,Fe $2p_{1/2}$ 的电子结合能约为 724.60eV,随着 Fe 掺杂量增大,Fe $2p_{3/2}$ 和 Fe $2p_{1/2}$ 特征峰强度增强,表明结构中 Fe 含量增多。

对 XPS 结果进行拟合发现(表 2.21),随着 Fe 掺杂量增大,Mn(Ⅱ)含量从 11.06% 减少到 3.85%,Mn(Ⅲ)含量从 44.62% 减少到 31.81%,而 Mn(Ⅳ)含量从 44.31% 增加到 64.33%,即 Fe 在 Cryp 结构中主要占据 Mn(Ⅱ)和 Mn(Ⅲ)的位点。

表 2.21　6-Birn 的 XPS 分析结果

样品	不同价态锰的分布(%)		
	Mn(Ⅱ)	Mn(Ⅲ)	Mn(Ⅳ)
RawCryp	11.06	44.62	44.31
2-Fe-Cryp	10.57	40.90	48.53
3-Fe-Cryp	3.85	31.81	64.33

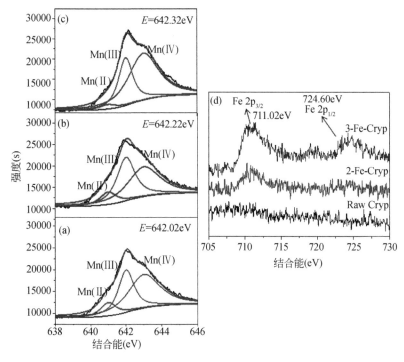

图 2.61　Fe-Cryp 的 XPS 测试结果

(a)Cryp；(b)1-Fe-Cryp；(c)2-Fe-Cryp；(d)Fe 的特征峰

3)材料性能

(1)水钠锰矿对四环素的降解

用 0.1g 天然水钠锰矿在微波条件下作用于 50mL 浓度为 50mg/L 的四环素，探究微波时间对去除四环素效果的影响。从图 2.62(a)可知，在微波–天然水钠锰矿体系中，四环素的降解率随着微波时间的延长逐渐稳定，40min 后体系达到平衡，最大去除率为 85.8%。天然水钠锰矿对四环素的物理吸附率随吸附时间延长而提高，40min 后的吸附去除率达到约 69.3%。图 2.62(c)表明，天然水钠锰矿对四环素的单纯微波降解效果随着时间的延长逐渐变弱，可能是因为天然水钠锰矿成分复杂、伴生矿物较多，影响因素复杂。

同样，将 0.1g 碱性水钠锰矿在微波条件下作用于 50mL 浓度为 50mg/L 的四环素，探究微波时间对去除率的影响。由图 2.62(b)可知，随着微波时间延长，四环素的降解率增大，40min 后体系达到平衡，最大去除率为 69.3%。碱性水钠锰矿对四环素的物理吸附效果并不理想，40min 后的吸附去除率仅有 1.63%。

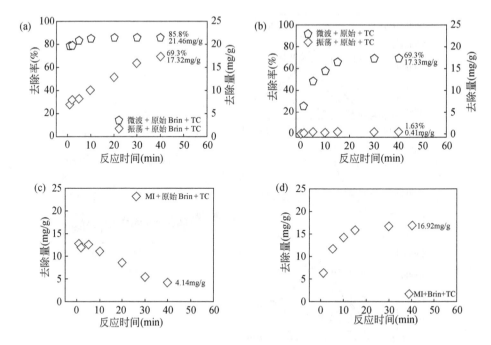

图 2.62　（a）天然水钠锰矿对四环素的去除效果；（b）碱性水钠锰矿对四环素的去除效果；
（c）天然水钠锰矿对四环素的微波降解效果；（d）碱性水钠锰矿对四环素的微波降解效果

（2）不同氧化度水钠锰矿对四环素的降解

不同氧化度水钠锰矿对四环素的微波降解和物理吸附结果见图 2.63，Birn 的物理吸附量逐渐减少，这归咎于 Birn 样品氧化度变低，其层间可交换阳离子变少。Birn 样品的微波降解量逐渐增大，这是因为氧化度越低，Birn 的微波吸收能力越强。所有 Birn 样品对四环素的物理吸附量均非常小，基本都可以忽略，即 Birn 对四环素的去除主要是微波降解作用。

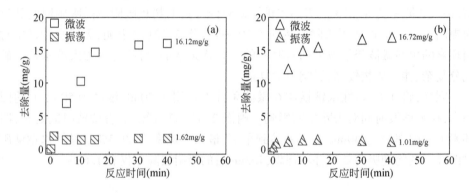

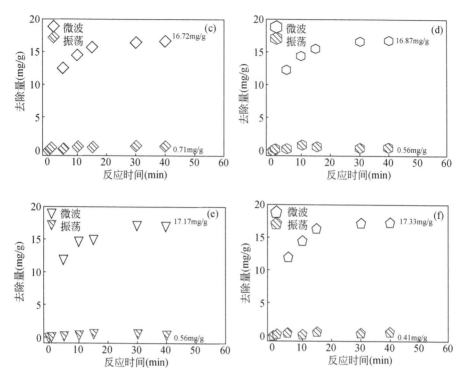

图 2.63　不同氧化度水钠锰矿对四环素的去除效果：
（a）～（f）分别代表 1～6-Birn 样品

　　为了分析 Birn 对四环素的微波降解机理，选取 6-Birn 作为代表样品进行微波降解实验，并对微波作用后的四环素溶液进行紫外可见全谱扫描（图 2.64）。

　　图 2.64（d）显示，四环素原液在 365nm 和 276nm 处存在吸收峰，随着降解时间延长，365nm 处吸收峰强度降低，当降解时间达到 2min 时该吸收峰完全消失，与此同时 273nm 处出现新的吸收峰。随着微波作用时间继续延长，276nm 和 273nm 处的吸收峰强度逐渐降低至消失，表明四环素的分子发生断裂、官能团发生改变。对微波降解反应后的 6-Birn 进行了 XPS 测试（图 2.65），分析 6-Birn 样品中 Mn 的价态在反应过程中的变化（表 2.22），探究 Birn 样品降解四环素的作用机制。

　　表 2.22 表明，微波辐射导致 Birn 样品的平均氧化度升高，而与四环素作用后其平均氧化度降低，然后微波作用使氧化度再升高，因此微波+6-Birn+四环素形成一个循环体系，使 6-Birn 微波降解四环素能够循环进行，不会造成样品的浪费和二次污染。

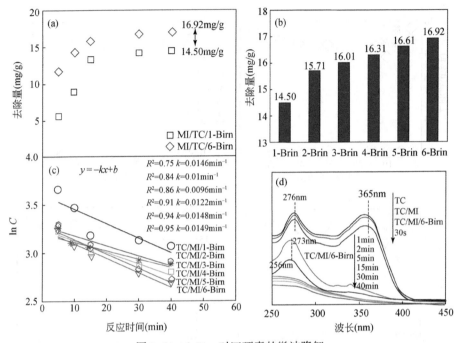

图 2.64　6-Birn 对四环素的微波降解

（a）去除量随微波时间的变化；（b）不同样品对四环素的降解量；（c）动力学行为；
（d）6 号样品不同微波时间降解产物的紫外可见分光光谱

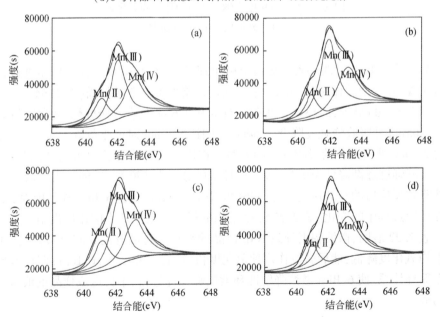

图 2.65　（a）6-Birn 的 XPS；（b）微波辐射后 6-Birn 的 XPS；（c）作用于
四环素后 6-Birn 的 XPS；（d）第二次微波辐射后 6-Birn 的 XPS

表 2.22　6-Birn 的 XPS 分析结果

样品	不同价态锰的分布(%)		
	Mn(Ⅱ)	Mn(Ⅲ)	Mn(Ⅳ)
Birn	20.49	44.03	35.48
Birn+MI	14.51	41.17	44.32
Birn-MI+TC	22.09	43.00	34.91
Birn-MI-TC+MI	13.74	39.76	46.50

对降解后的四环素溶液进行液相色谱-质谱联用(LC-MS)测试,结果进一步表明四环素结构被破坏。图 2.66(a)是四环素原液的质谱图,其分子量为 445;图 2.66(b)是微波辐射四环素原液 30min 后的质谱图,大部分有机分子的分子量仍为 445,仅产生了少量分子量为 402 的有机物;图 2.66(c)是微波辐射 6-Birn 同时作用于四环素原液 30min 后的质谱图,出现了很多较小的有机分子,分子量最小仅有 217,经过软件比对其分子式可能为 $C_8H_9O_7$;图 2.66(d)是整个体系的降解示意图,表明 Birn 在微波辐射下产生微波损耗,进而对四环素发生降解作用,同时由于微波对变价 Mn 的氧化性,使被还原的 Birn 又被氧化为原来的状态,促进了降解效果的提升。

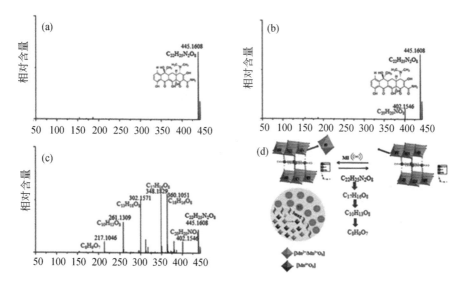

图 2.66　(a)四环素原样的 LC-MS;(b)四环素原样微波辐射后的 LC-MS;(c)四环素原样在微波辐射下与 6-Birn 作用后的 LC-MS;(d)微波条件下 6-Birn 对四环素的降解过程

（3）Fe-Cryp 对四环素的微波降解

Fe-Cryp 对四环素的微波降解和物理吸附结果见图 2.67。Fe-Cryp 对四环素的物理吸附量非常小，几乎可以忽略不计。Fe-Cryp 对于四环素的微波降解效果非常好。

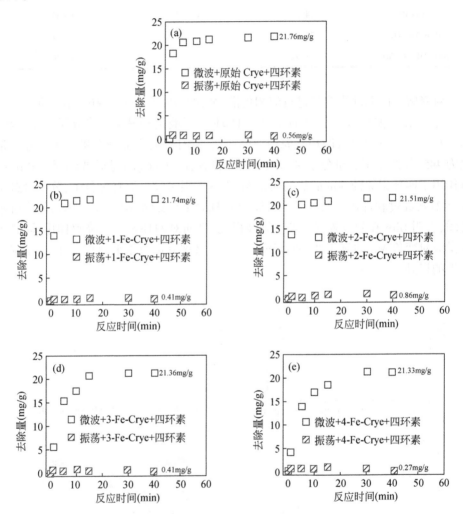

图 2.67　Fe-Cryp 对四环素的微波去除效果

（a）Cryp；（b）1-Fe-Cryp；（c）2-Fe-Cryp；（d）3-Fe-Cryp；（e）4-Fe-Cryp

图 2.68 是 Fe-Cryp 对四环素的微波去除效果对比，结果表明，虽然 Cryp、1-Fe-Cryp、2-Fe-Cryp、3-Fe-Cryp 和 4-Fe-Cryp 对四环素的微波降解率都能达到 85%，但是 Cryp 反应时间最短，5min 左右就能达到降解平衡，降解量约为 21.76mg/g，因为

Cryp 的微波吸收性能最强,约为-35dB。

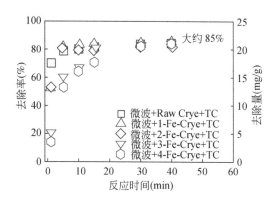

图 2.68　Fe-Cryp 对 TC 的去除效果对比

对降解后的四环素溶液进行液相色谱-质谱联用(LC-MS)测试(图 2.69)。图 2.69(a)是四环素原液的质谱图,其分子量约为 445;图 2.69(b)是微波辐射四环素溶液 30min 后的质谱图,大部分有机分子的分子量仍为 445,仅产生了少量分子量为 402 的有机物,其分子式为 $C_{20}H_{20}NO_8$;图 2.69(c)是微波辐射 Cryp 同时作用于四环素溶液 30min 后的质谱图,出现了很多较小分子量的有机分子,分子量最小只有 165,经过软件比对其分子式可能为 $C_6H_{12}O_5$。LC-MS 结果表明四环素分子结构被破坏,结构链发生断裂。Fe-Cryp 对四环素的去除是通过破坏四环素的分子结构和改变其官能团,即降解作用。微波+Fe-Cryp+四环素形成循环体系,Fe-Cryp 微波降解四环素能够循环进行,不会造成样品的浪费和二次污染。

图 2.70 是 Cryp 对四环素微波降解的示意图,表明氧化态的 Cryp 在微波辐射下产生微波损耗,进而对四环素发生降解作用,同时由于微波对变价 Mn 的氧化性,使还原状态的 Mn 在微波作用下被氧化回到原来状态,使降解效果得到显著提升。

4)小结

天然水钠锰矿结晶度较差、结构不稳定、成分较复杂,不利于进行微波吸收性能的深入探究。水钠锰矿在微波辐射下既产生介电损耗又产生磁损耗。Mn 的自旋磁矩是影响 Birn 以介电损耗为主还是磁损耗为主的关键因素。通过对比水钠锰矿和锰钾矿两种典型结构氧化锰矿物的微波吸收和微波降解性能,研究了氧化锰矿物结构、成分等对其微波吸收和微波降解的影响,不仅有助于揭示锰矿物的微波响应机理,而且对构建新型微波吸收和微波诱导氧化催化材料具有重要理论意义。

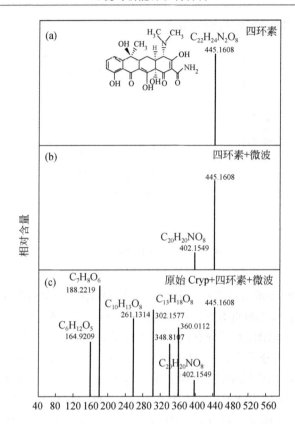

图 2.69　(a)四环素原样的 LC-MS;(b)微波辐射后四环素的 LC-MS;(c)四环素在微波辐射下与 Cryp 作用后的 LC-MS

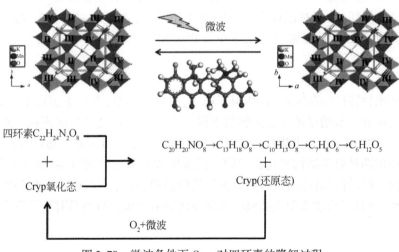

图 2.70　微波条件下 Cryp 对四环素的降解过程

2.2.2　PRB 介质矿物材料

渗透反应格栅(permeable reactive barrier,PRB)技术是一种有效、实用的地下水原位修复技术,反应介质材料是 PRB 技术的核心。本书作者借助一系列先进表征手段,结合理论/数值模拟技术,详细研究了蛭石、凹凸棒石、改性沸石、蛭石/凹凸棒石、赤铁矿以及牛骨羟基磷灰石等作为 PRB 反应介质去除多种污染物的性能和机理,并通过中试评价材料的应用前景。

1. 蛭石、凹凸棒石对模拟地下水中氨氮和腐殖酸的去除

本书作者以河北省灵寿蛭石和安徽明光凹凸棒石为原料,在对原料进行物相分析表征基础上,将原料筛分为不同粒径,测定其渗透系数,研究了蛭石对氨氮、腐殖酸的吸附效果,凹凸棒石对腐殖酸、氨氮的吸附效果以及两种污染物在吸附过程中的相互影响。在柱实验(模拟 PRB 介质)中探讨了柱体高度、污染物初始浓度、两种污染物质之间的相互作用对吸附效果的影响,并研究了蛭石、凹凸棒石混合介质(分层堆积与混合堆积)对氨氮、腐殖酸复合污染物的吸附去除效果,获得最优柱结构及介质矿物配比。利用 FTIR、SEM 等手段探讨了蛭石吸附氨氮、凹凸棒石吸附腐殖酸的机理。

1)实验方法

(1)原料

蛭石由河北省灵寿县旭阳矿业有限公司提供,原矿粒径为 9 目左右,先将该蛭石在打散机中破碎,过筛后得到粒径介于 18 ~ 35 目的蛭石备用。用氯化铵/无水乙醇法测得其阳离子交换容量为 91.61mmol/100g。凹凸棒石由安徽明美矿物有限公司提供,平均粒径为 10 ~ 65 目,经筛分得到粒径介于 14 ~ 18 目、18 ~ 35 目的样品备用,凹凸棒石含量 95% 以上。

(2)蛭石对氨氮、腐殖酸及混合液的静态吸附实验

称取蛭石 1g 于 150mL 的具塞三角瓶中,加入设计好的不同浓度、不同组成的混合污染液 100mL,将锥形瓶置于恒温振荡器中,以 200r/min 的速度匀速振荡 5h,取出静置 2h。然后从各三角瓶中取出 75mL 左右溶液于离心管中,6000r/min 转速下离心 10min,并用中速滤纸过滤得上清液,分别测定上清液的氨氮和腐殖酸浓度。

(3)凹凸棒石对氨氮、腐殖酸及混合液的静态吸附实验

称取凹凸棒石 1g 于 150mL 的具塞三角瓶中,加入设计好的不同浓度、不同组成的混合污染液 100mL,将锥形瓶置于恒温振荡器中,以 120r/min 的速度匀速振荡 5h,取出静置 2h。然后从各三角瓶中取出 75mL 左右溶液于离心管中,9000r/min 转速下离心 10min,并用中速滤纸过滤得上清液,分别测定该上清液的氨

氮和腐殖酸浓度。

(4)蛭石、凹凸棒石动态吸附去除水中低浓度氨氮和腐殖酸的实验

将反应介质材料(蛭石和凹凸棒石)以一定堆积密度装填在直径4cm、高50cm的玻璃柱中,将柱体垂直放置,用蠕动泵从柱体底部通入模拟污染液,使污染液与柱体中的反应介质充分接触、反应。将液体流量控制在$0.9 \sim 1.0 \mathrm{cm^3/min}$,此时,液体在柱体中的流动速度约为2m/d,约为典型地下水流速的2倍。定期从柱体的顶部取流出的液体检测其中各污染物的浓度,通过对比流出液体与通入液体中污染物含量的变化考察柱体对污染物的吸附去除效果。反应装置如图2.71所示。

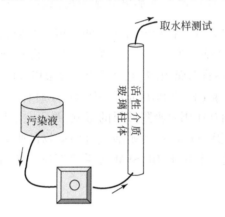

图2.71　动态实验反应装置图

2)材料表征

采用XRD分析蛭石及凹凸棒石原矿的物相[图2.72(a)、(b)],结果表明蛭石原矿主要矿物组分为镁型蛭石[$d_{(001)} = 14.6823\text{Å}$]和钠型蛭石[$d_{(001)} = 12.6557\text{Å}$],此外还含有水黑云母及少量角闪石、方解石和石英。其中方解石的衍射峰明显宽化,说明方解石颗粒细小,结晶度差。定量相分析结果如表2.23所示。凹凸棒石的XRD结果表明,主要物相为凹凸棒石,含量达95%。

表2.23　蛭石原矿的定量相分析

物相	蛭石	水黑云母	角闪石	方解石	石英
百分含量(%)	64	28	4	2	2

图2.72的SEM照片显示,凹凸棒石为棒状单晶聚集成的束状体,这些束状体呈鸟巢状或柴垛状聚集。

3)材料性能

在本研究中,蛭石主要被用于吸附去除溶液中的氨氮,首先研究静态吸附条件

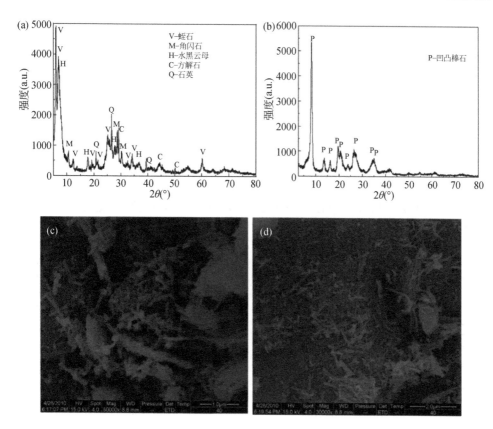

图 2.72　(a)蛭石的 XRD 图谱;(b)凹凸棒石的 XRD 图;(c)、(d)凹凸棒石原样的 SEM 图

对蛭石吸附氨氮的影响。图 2.73(a)为不同浓度腐殖酸共存条件下,蛭石对初始浓度分别为 5mg/L、10mg/L 的氨氮的去除率。无腐殖酸存在时,蛭石对氨氮表现出较好的吸附去除能力,去除率都在 50% 以上(5mg/L 时为 53.6% ,10mg/L 时为 55.3%)。当氨氮的初始浓度为 5mg/L 时,随着腐殖酸含量的增加,蛭石对氨氮的去除率虽略有增大,但总体上维持在一个相对平稳的水平,说明腐殖酸的影响很小,基本可以忽略。而当氨氮初始浓度为 10mg/L 时,蛭石对氨氮的去除率随溶液中腐殖酸浓度的增加明显增大,并且增大趋势主要体现在起始阶段(从 0～10mg/L),之后趋于平稳。表明氨氮浓度越高,腐殖酸对蛭石吸附氨氮的影响越明显,并且无论氨氮浓度高还是低,腐殖酸的存在都促进了蛭石对氨氮的吸附。造成此现象的原因可能有两个:一是氨氮和腐殖酸未在蛭石表面形成竞争吸附,如此形成的多分散体系间接增大了溶液中氨氮的浓度,促进了氨氮进入蛭石的层间,氨氮浓度较低时吸附动力不足,这种影响会较小,与实验结果相符;二是蛭石表面吸附了少量腐殖酸[图 2.73(b)],而腐殖酸带有负电荷,它可能通过静电引力或分子间

作用力吸附少量的氨氮。此外,从图中还可看出,当其他条件都一致时,蛭石对10mg/L 氨氮的去除率均高于其对 5mg/L 氨氮的去除率,即氨氮浓度高有利于蛭石对其的吸附去除。

从图 2.73(b)还可以看出,当溶液中无氨氮存在时,蛭石对腐殖酸具有一定的吸附去除效果:当腐殖酸初始浓度为 10mg/L 时去除率约为 2.3%,而当腐殖酸初始浓度为 20mg/L 时去除率约为 1.1%,可见蛭石对腐殖酸的吸附能力较差。腐殖酸的初始浓度对吸附效果有一定影响,表现在当溶液中共存的氨氮浓度相同时,蛭石对 10mg/L 腐殖酸的去除率始终高于其对 20mg/L 腐殖酸的去除率。这与蛭石吸附氨氮时的情况刚好相反,推测此现象的发生可能与蛭石对氨氮的吸附机理和其对腐殖酸的吸附机理不同有关,另外,蛭石对这两种污染物吸附能力差别较大也可能与之有关。

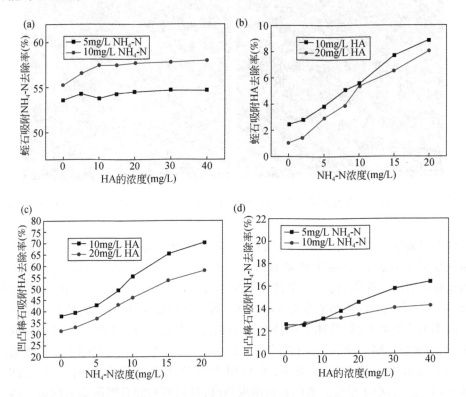

图 2.73　(a)腐殖酸对蛭石吸附氨氮的影响;(b)氨氮对蛭石吸附腐殖酸的影响;
(c)氨氮对凹凸棒石吸附腐殖酸的影响;(d)腐殖酸对凹凸棒石吸附氨氮的影响

从两条曲线的走势看,随着溶液中氨氮浓度的不断增加,蛭石对腐殖酸的吸附能力逐渐增强,表现为去除率持续而显著地增大。当氨氮浓度从 0 增至 20mg/L

时,低初始浓度腐殖酸(10mg/L)的去除率从 2.3% 增至 8.6%,高初始浓度腐殖酸(20mg/L)的去除率从 1.1% 增至 7.8%,增幅均比较明显。这可能是因为氨氮的存在增大了溶液的离子强度,而离子强度的增加一方面可以缩小腐殖酸分子的流体直径,另外还可以降低已吸附在矿物表面的腐殖酸分子之间的静电斥力,从而增大吸附量。另外,两条曲线的走势都趋向于直线,说明氨氮浓度位于 0 ~ 20mg/L 时,其与蛭石对腐殖酸的去除率之间有很好的线性关系。

凹凸棒石主要被用于吸附去除溶液中的腐殖酸,溶液环境中氨氮的存在可能会对凹凸棒石吸附腐殖酸的过程产生影响。图 2.73(c)为不同浓度氨氮对凹凸棒石吸附去除腐殖酸效果的影响,从中可看出,无氨氮存在时凹凸棒石吸附腐殖酸表现出较蛭石更好的效果,其对 10mg/L 与 20mg/L 腐殖酸的去除率分别达到 38.1% 和 31.2%。随着氨氮浓度的增加,凹凸棒石对不同初始浓度腐殖酸的去除率均明显增加。当氨氮浓度较低时(0 ~ 5mg/L),去除率增加相对缓慢,而当氨氮浓度较高时(5 ~ 20mg/L)去除率的增大趋势先是比较迅速而后又转为缓慢,说明氨氮浓度较低时影响较小,较高时影响较大。

凹凸棒石虽主要被用于吸附去除腐殖酸,但是由于其也具有一定的离子交换能力(阳离子交换容量一般为 5 ~ 13mmol/100g),因此也可吸附一部分氨氮。故研究凹凸棒石对氨氮的吸附效果以及腐殖酸的存在对该吸附过程的影响对动态吸附实验具有重要指导意义。图 2.73(d)给出了凹凸棒石对氨氮的去除率随溶液中腐殖酸浓度增加而变化的关系曲线,可以看出当溶液中无腐殖酸存在时,凹凸棒石对初始浓度为 5mg/L 与 10mg/L 的氨氮去除率分别为 12.7% 和 12.3%。凹凸棒石对氨氮的去除能力不如蛭石强,仅为后者的 1/5 左右,这与凹凸棒石的阳离子交换容量较小有关。随着溶液中腐殖酸浓度的增加,凹凸棒石对两种不同浓度氨氮的去除率都逐渐增大,这与蛭石吸附腐殖酸的结果一致,表明腐殖酸的存在对氨氮的去除有影响,能促进矿物对氨氮的吸附。从影响的程度上看,腐殖酸对凹凸棒石吸附氨氮的促进作用较之对蛭石吸附氨氮更明显,表现在前者单位吸附量的增幅为 0.04mg/g,高于后者的 0.02mg/g。这是由于凹凸棒石对腐殖酸的吸附能力更强,可以将更多腐殖酸分子吸附在表面,从而使更多的氨氮因受到腐殖酸的吸引而被去除。

在静态吸附实验基础上进行了动态吸附的柱实验,考察了柱体高度、污染物初始浓度以及腐殖酸和氨氮之间互相作用对两种材料动态去除氨氮和腐殖酸的影响,评估两种矿物作为 PRB 介质材料应用于实际地下水污染物去除的潜力。

首先是单一蛭石实验,图 2.74(a)为不同高度蛭石柱动态吸附氨氮时出口处氨氮浓度随运行时间的变化曲线。对于 10cm 高蛭石柱,其水力驻留时间为 1.2h,在最初的前三天内其出口处氨氮浓度均达标,且处于相对平稳的状态,从第三天开始到第四天,氨氮浓度明显增加并在第四天至第五天之间某一时段超标。表明即使柱高仅有 10cm,水力驻留时间为 1.2h,也可保证在最初的一段时间内出口处氨氮浓度达标,即蛭石对氨氮的吸附是一个快速的反应过程,其反应时间在 1.2h 内,这与前期静态实验条件下测得的结果 1h 一致。跟踪监测结果显示,10cm、20cm、30cm 高蛭石柱处理氨氮时的柱体寿命分别为 4d、10d、13d,柱体高度之间的比例关系与对应柱体寿命之间的比例关系呈明显的正相关性,表明各蛭石柱对氨氮吸附去除的方式是统一并且稳定的,在模拟氨氮溶液初始浓度、液体流动速度相等且外部环境相同的条件下,柱体的寿命与柱体的高度呈正比关系。

进一步考察了氨氮初始浓度对高度为 20cm 的蛭石柱去除效率的影响。由图 2.74(b) 可知,20cm 高蛭石柱分别通入三种不同初始浓度的氨氮溶液时,初始阶段均表现出较好的氨氮吸附去除效果。运行时间在 0~6 天内,通 20mg/L 氨氮的蛭石柱出口处氨氮浓度高于其他两柱,这与蛭石吸附氨氮存在动态吸附平衡有关,初始浓度较大,达到吸附平衡时,溶液中残留的氨氮较多。三个柱的柱体寿命随通入氨氮浓度的降低而延长,依次为 6 天、10 天、23 天,可见柱体寿命与通入氨氮浓度基本呈反比关系。截止寿命终点,各柱的单位吸附量分别为 0.59mg/g、0.54mg/g 与 0.56mg/g,非常接近,表明柱体的寿命与蛭石对氨氮的单位吸附量有关,当柱体中蛭石的平均单位吸附量达到约 0.56mg/g 时,出口处氨氮浓度便开始超标。综上,当氨氮初始浓度处在较低范围时(约 0~30mg/L),20cm 高蛭石柱的寿命与蛭石的吸附容量有关,初始浓度越高,柱体寿命越短,两者呈反比关系。

在动态吸附实验条件下,考察了氨氮、腐殖酸之间的相互影响。图 2.74(c) 和 (d) 分别展示了腐殖酸对蛭石吸附氨氮的影响以及氨氮对蛭石吸附腐殖酸的影响。结果表明,腐殖酸的存在促进了蛭石柱对氨氮的吸附去除,与静态实验的结果基本一致。而蛭石对腐殖酸的去除效果较之溶液中无氨氮存在时有所改善,表现在同时期出口处腐殖酸浓度较低。分析认为,氨氮的存在增大了溶液的离子强度,使得腐殖酸的流体半径缩小,从而在蛭石表面有限的吸附点位上可以容纳更多的腐殖酸分子。

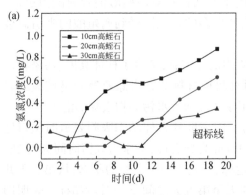
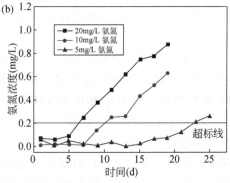

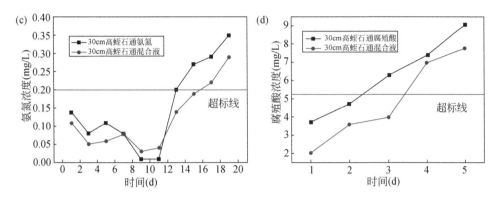

图 2.74　（a）不同高度蛭石柱对氨氮的动态吸附；（b）同高度蛭石柱对不同初始浓度氨氮的动态吸附；（c）同高度蛭石柱对氨氮与混合液的动态吸附；（d）同高度蛭石柱对腐殖酸与混合液的动态吸附

　　与蛭石相同,进行了单一凹凸棒石的动态吸附实验。图 2.75（a）为不同高度凹凸棒石柱吸附腐殖酸时出口处腐殖酸浓度随时间的变化。由图可知,凹凸棒石对腐殖酸的吸附是一个相对缓慢的过程,1.6h 不足以完成吸附。这主要是因为腐殖酸的分子量较大,使得它通过凹凸棒石表层水膜到达凹凸棒石表面的时间较长。通过对比不同高度凹凸棒石柱对腐殖酸吸附的效果发现,柱体高度与柱体寿命之间虽呈正相关,但不具有线性关系。这与在"不同高度蛭石柱吸附氨氮"时所观察到的现象差别明显。这主要是凹凸棒石吸附腐殖酸与蛭石吸附氨氮的机制和过程不同所致。腐殖酸属大分子量有机物,且结构成分十分复杂,它与凹凸棒石之间的结合、相互作用也十分复杂。可以确定的是柱体中吸附介质（凹凸棒石）的高度是一个重要参数,只有当其高度值高于某个特定值时,凹凸棒石柱才能对腐殖酸表现出良好的吸附去除效果。

　　从图 2.75（b）可看出,3 种不同初始浓度的腐殖酸溶液穿过 30cm 凹凸棒石柱后,浓度的变化曲线形态各异。当腐殖酸初始浓度为 40mg/L 时,凹凸棒石柱对腐殖酸的去除效果较差,柱体的寿命仅为 4 天左右,且 4 天之后出口处腐殖酸浓度迅速增大,第 9 天时达到初始浓度的一半以上。当腐殖酸初始浓度为 20mg/L 时,去除效果有大幅提升,柱体寿命延长至 20 天左右,且在整个运行时间段内出口处浓度都以相对平稳、缓慢的方式增大。而当腐殖酸初始浓度为 10mg/L 时,凹凸棒石柱体的吸附去除效果达到最佳,柱体寿命为 29 天。凹凸棒石吸附腐殖酸的过程较为复杂,柱体高度、初始浓度对吸附效果的影响没有明显的规律可循,据此推测凹凸棒石对腐殖酸的吸附并非简单的单分子层吸附,可能还存在腐殖酸在凹凸棒石表面的絮凝、沉淀机制。吸附后可以在凹凸棒石柱体中观察到明显的棕黑色絮凝物析出有力地支持了这种推测。而在运行至 31~33 天时初始浓度为 10mg/L 的柱体出口处腐殖酸浓度反超初始浓度为 20mg/L 的柱体出口处腐殖酸浓度,可能是由于浓度较低时,腐殖酸絮凝、沉淀析出不明显的原因。

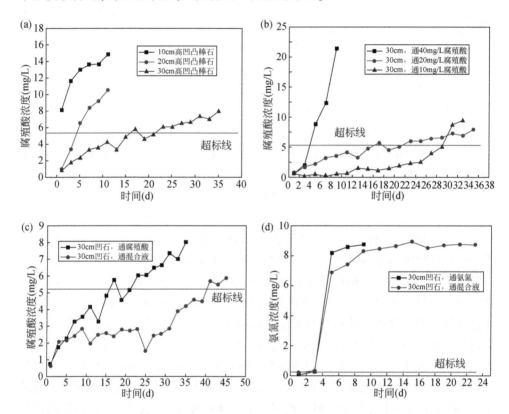

图 2.75　(a)不同高度凹凸棒石柱对腐殖酸的动态吸附;(b)同高度凹凸棒石柱对不同初始浓度腐殖酸的动态吸附;(c)同高度凹凸棒石柱对腐殖酸与混合液的动态吸附;(d)同高度凹凸棒石柱对氨氮与混合液的动态吸附

　　通过研究凹凸棒石吸附过程中氨氮、腐殖酸的相互影响,发现凹凸棒石对腐殖酸具有较好的吸附去除效果。通腐殖酸溶液时柱体寿命为 20 天左右,而通混合液时柱体的寿命增加至 41 天左右,为原来的 2 倍。表明氨氮的存在能大幅促进凹凸棒石对腐殖酸的吸附,增大其饱和吸附量。分析认为这是由于氨氮的存在增大了溶液中的离子强度,而在较高的离子强度下腐殖酸分子会因含氧官能团之间的静电斥力减小,由舒展的线状、网状向球状转变,使得其表观流体半径显著降低,导致腐殖酸分子与凹凸棒石表面的接触面积减小,从而在有限的表面上产生更多的附着[64]。由图 2.75(d)可以看出,当通入的溶液为混合液时得到的穿透曲线与前者几乎一致,这表明腐殖酸的存在并未对凹凸棒石吸附去除氨氮产生明显影响。本研究中所使用的氨氮溶液浓度为 10mg/L,远高于 2mg/L,推测可知此时腐殖酸对凹凸棒石吸附氨氮的影响基本可忽略,这与实验结果一致。

接着以蛭石、凹凸棒石两种矿物为原料,按照不同配比、不同结构设计柱体,然后对各柱体通以氨氮和腐殖酸的复合污染液,并监测各柱出口处液体中氨氮和腐殖酸的浓度随柱体运行时间的变化,以此考察不同柱体结构去除复合污染物的效果,筛选出具有最佳配比、结构的柱体。

以蛭石与凹凸棒石的高度比为 1∶1(均为 20cm)的配比设计安装了三种不同结构的柱体,分别为蛭石在上凹凸棒石在下、凹凸棒石在上蛭石在下以及蛭石与凹凸棒石均匀混合,柱体结构如图 2.76 所示。对各柱体均通入氨氮和腐殖酸的混合液,每两天从各柱出口处收集水样检测,观察其中氨氮与腐殖酸的浓度随运行时间的变化。

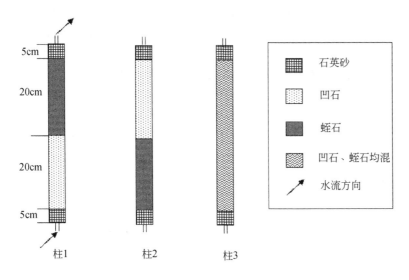

图 2.76　混合介质柱体结构图

图 2.77(a)为三种不同结构柱体通入混合液时各柱出口处水样中腐殖酸的浓度随运行时间的变化曲线。在 0～20 天内三个柱对腐殖酸的去除效果略有差别,均匀混合柱效果最好,蛭石在下的柱次之,凹凸棒石在下的柱最差。在 20～30 天内情况略有变化,蛭石在下的柱变为最差,其他两个柱次序不变。而在 30～55 天内各柱之间的优劣不再明显,出口水样腐殖酸浓度基本按照同样的趋势缓慢上升。各柱在运行至 55 天时出口处腐殖酸浓度均未出现超标现象,柱体寿命均大于 55 天,若按曲线走势估计柱体实际寿命应在 90～100 天。经计算,运行至 55 天时各柱介质对腐殖酸的平均单位吸附量分别约为 2.89mg/g、2.89mg/g 和 2.91mg/g,若

把凹凸棒石作为吸附腐殖酸的主体,单位吸附量还会更高,远大于静态实验中所得的理论饱和吸附量(蛭石为0.1mg/g,凹凸棒石为0.9mg/g)。这主要是由于各柱中均出现了明显的腐殖酸絮凝和沉淀现象,黑色胶状物质成团地聚集在介质颗粒表面及周围空隙中。

图2.77(b)为三种不同结构柱体通入混合污染液时各柱出口处水样中氨氮的浓度随运行时间的变化曲线。在0~13天内三个柱对氨氮的吸附去除效果均较好且无明显差别。从第13天开始,蛭石上凹凸棒石下柱(以下简称柱1)出水中氨氮浓度开始超标,其增长趋势与单一蛭石介质吸附氨氮溶液时的趋势一致,且柱体寿命13天基本等于单一20cm高蛭石柱与单一20cm高凹凸棒石柱寿命之和(11+2=13),可见柱1的吸附效果与"单一介质动态实验"结果一致。而凹凸棒石上蛭石下柱(以下简称柱2)出水的氨氮浓度一直到第25天才超标,明显优于柱1,柱体寿命约为柱1的2倍。分析认为是蛭石与凹凸棒石吸附次序的改变造成。蛭石在下时(柱2),溶液中的氨氮首先被蛭石吸附,由于此时氨氮初始浓度较高,故吸附量较大,到达凹凸棒石时残留的氨氮又可被再次吸附,故整体吸附效果较好。而对于凹凸棒石在下的柱1,凹凸棒石先吸附了一部分氨氮致使到达蛭石时氨氮浓度有所下降,吸附量也随之降低,待凹凸棒石吸附氨氮饱和后,到达蛭石时氨氮浓度又回升至原浓度,由于之前蛭石已经吸附了一部分氨氮,此时其对氨氮的去除能力因吸附容量而受限,故整体吸附去除效果欠佳。均匀混合柱(以下简称柱3)0~27天的去除效果与柱2基本一致,可能有两方面原因:一是与柱2优于柱1的机制一样;二是蛭石分散于整个柱体中,增加了与氨氮的吸附作用时间,提高了去除效果。

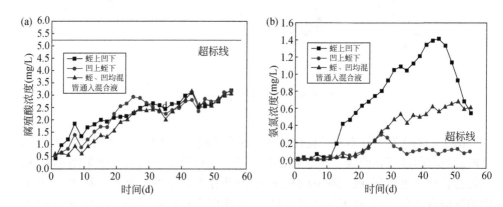

图2.77 (a)3种不同结构柱体对腐殖酸的动态吸附;(b)3种不同结构柱体对氨氮的动态吸附

柱2出水氨氮浓度超标以后,在超标线以上维持了5天左右(25~30天)后又转入超标线以下,并且之后一直维持在相对平稳的水平,没有超标的迹象。这可能与柱体内部形成了硝化细菌菌落有关,硝化细菌可将溶液中的氨态氮先氧化成亚硝态氮再氧化成硝态氮。硝化细菌广泛存在于自然界当中,如土壤、空气等,因此其有可能在柱体中出现。柱 1 在运行至第 45 天时出水氨氮浓度达到最大,之后也呈现出明显的下降趋势,这极有可能也与柱体内形成硝化细菌菌落有关。另外,硝化细菌较一般细菌繁殖周期长,人工培养硝化细菌菌落一般需要 20 ~ 25 天左右,它的形成受氮源、碳源、溶解氧、pH 值、温度等多种因素影响,这可以解释为何柱 1 与柱 2 形成菌落的时间不同。柱 3 在运行时间内没有出现硝化细菌菌落的迹象,但不代表运行时间更长后不会出现。

综上可知,三个柱对腐殖酸的吸附去除能力差别不大,而对于氨氮的去除是蛭石层在下的分层柱体效果最好。

4) 小结

研究了静态实验条件下蛭石对氨氮、凹凸棒石对腐殖酸的吸附效果,以及两种污染物共存时的相互影响。结果表明,蛭石对氨氮的单位吸附量为 0.55mg/g,腐殖酸存在时略升至 0.58mg/g,凹凸棒石对腐殖酸的单位吸附量为 0.62mg/g,氨氮存在时可升至 1.1mg/g;蛭石对腐殖酸吸附能力较差,单位吸附量仅为 0.02mg/g,氨氮存在时可升至 0.14mg/g,凹凸棒石对氨氮吸附能力也较弱,单位吸附量为 0.12mg/g,腐殖酸存在时可升至 0.13mg/g。

在动态实验条件下(液体流量为 0.9 ~ 1.0mL/min),研究了单一介质(蛭石或凹凸棒石)、混合介质分别对氨氮和腐殖酸的吸附效果,分析了柱体高度、污染物初始浓度及两种污染物共存对动态吸附效果的影响。结果表明,蛭石在下、凹凸棒石在上的分层柱体去除效果最好。在静态条件下蛭石主要通过离子交换作用吸附氨氮,在动态条件下则是吸附与微生物协同作用;在静态条件下凹凸棒石主要通过静电作用和疏水作用吸附腐殖酸,在动态条件下则以腐殖酸的絮凝和沉淀为主。

2. 改性沸石对地下水中重金属铬的吸附

本书作者用季铵盐类阳离子表面活性剂和离子液体类表面活性剂对不同粒径沸石进行表面改性,以铬酸根离子为目标污染物,通过静态吸附实验研究了改性剂用量、改性时间、固液比等因素对改性沸石吸附铬酸根离子的影响,确定了最佳的改性工艺和方案。设计小型反应柱,用最佳改性方案制备的改性沸石填充实验柱,进行动态吸附实验。研究了改性沸石粒径、铬初始浓度、季铵盐类阳离子表面活性剂和离子液体类表面活性剂配比等因素对动态吸附效果的影响,确定动态吸附参数。针对云南阳宗海砷污染情况,根据动态吸附实验结果并结合阳宗海地形地貌特征,设计了 PRB 结构,建设示范工程并进行了中试。

1) 实验方法

(1) 改性沸石制备及对 Cr(VI)的静态吸附实验

沸石原料选自河北承德围场,该沸石纯度较高,具有较高的阳离子交换容量,经 XRD 定性和定量分析(全谱拟合法),该沸石样品主要由斜发沸石(64.7%),其次是辉沸石(26.8%),另外含有 6.7% 的正长石和 1.7% 的石英组成,物相分析和全谱拟合结果如图 2.78 所示。该沸石结晶性好,强度较高,作为 PRB 介质能保持强度,防止破碎造成 PRB 堵塞。

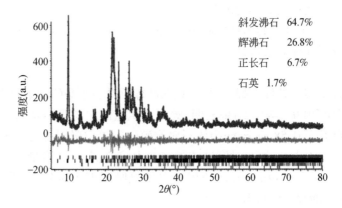

图 2.78　沸石原料的 XRD 衍射谱和全谱拟合定量分析(见彩图)

称取不同质量的改性剂十六烷基三甲基氯化铵(CTAC)或十六烷基三甲基咪唑氯化物(HMCM)溶于蒸馏水中,配制成不同浓度的改性剂溶液。取 1mL 不同浓度改性剂分别加入 2g 粒径为 1~1.5mm 的沸石颗粒中,机械搅拌一段时间。再加入 50mL 浓度为 20mg/L 的重铬酸钾溶液震荡吸附 12h。离心过滤后取上清液测量剩余铬离子溶度,根据公式(2.1)计算吸附量。

(2) 动态吸附实验装置及实验方法

动态吸附实验装置同图 2.71。模拟污水用蠕动泵传送,经导管由下至上穿过装载吸附介质的玻璃管,在玻璃管中污水与沸石颗粒表面的表面活性剂反应而被固定下来。收集从玻璃管上方流出的液体进行污染物浓度检测,计算得到该吸附剂的吸附量。

本实验装置的玻璃柱直径为 5cm,高为 15cm。选用内径为 2mm,外径为 4mm,长 60cm 的蠕动泵软管。

将改性好的填充介质填入玻璃柱中,设置好蠕动泵流速,将一定初始浓度的模拟含铬溶液倒入烧杯里,开始动态吸附实验。从实验柱上方流出的液体由蠕动泵管导出,泵管连接在编好取样程序的机器臂上进行自动取样(5~15mL),每隔 20min 取样一次,每次取样 10min。当玻璃管上方流出的溶液的铬离子浓度接近原液浓度且稳定时,吸附过程接近饱和。吸附过程结束后,将进液软管从模拟含铬溶液中移至蒸馏水中进行脱附实验,脱附实验方法同动态吸附过程。

2)静态及动态吸附实验结果

图 2.79(a)显示,随着 CTAC 用量增加,沸石颗粒对 Cr(Ⅵ)的吸附量先急剧增加后逐渐下降。在吸附量达到最大前,随改性剂用量增加,其在沸石颗粒表面逐渐形成双分子层结构,沸石表面由负电性转为正电性,可通过静电作用吸附 Cr(Ⅵ)(铬酸根离子);当表面活性剂用量增加到形成双分子层结构时,改性沸石对 Cr(Ⅵ)的吸附量达到最大,达 0.21mg/10g,此时改性剂用量为 0.0477g/g。当表面活性剂用量超过双分子层所需量时,多余的改性剂分子对吸附产生一定影响,使吸附量逐渐下降。

铬离子吸附量随改性时间延长逐渐增加,前 2h 改性剂未能与沸石充分接触混合,改性效果不佳,2h 吸附量为最大吸附量的 50% 左右。2h 后吸附量增幅变大,3h 吸附量达到最大吸附量的 90% 左右,之后吸附量增幅变小,说明改性过程基本完成。

改性剂溶液体积与沸石颗粒质量比(固液比)对改性沸石的吸附效果也有一定的影响。从图 2.79(c)可以看出,随着溶液体积的增加,铬吸附量先急剧增加后逐渐减小,当固液比为 0.5mL/g 时,铬吸附量达到最大,为 0.12g/10g。液体过少时,改性剂溶液不能均匀地黏附在颗粒表面,负载改性剂的沸石表面积较小,从而影响铬吸附效果。而液体过多时,改性剂溶液较稀,改性剂分子不能全部附着在沸石颗粒表面而残留在液体中并随剩余液体流失,改性效果受到严重影响。适当的固液比既可以使改性剂溶液在搅拌的过程中与沸石充分混合,覆盖于颗粒表面上,又可以避免改性剂流失,影响改性效果,并增加成本。在本实验中,最佳改性固液比为 0.3~1mL/g。

综合以上实验结果,季铵盐类表面活性剂改性沸石的最佳改性工艺条件为:改性剂用量为 0.0235g/g,改性时间为 2~4h,固液比为 0.3~1mL/g。

HMCM 的改性机理与 CTAC 相似,改性剂分子在沸石表面形成双分子层,利用静电作用力吸附 Cr(Ⅵ)。由图 2.80(a)可以看出,三种粒径的沸石经不同浓度 HMCM 溶液改性后,随着改性剂浓度的增加,Cr(Ⅵ)吸附量急剧增长后达到峰值。随着沸石粒径的减小,所需的改性剂用量增加,最佳改性剂用量下的 Cr(Ⅵ)吸附量也增加。

改性沸石的 Cr(Ⅵ)吸附量与沸石表面所构成的双分子层面积有关,所以随着沸石粒径的减小,沸石的比表面积增大,构成的双分子层面积增大,能够吸附 Cr(Ⅵ)的量也增大。但由于不同粒径沸石表面积差异不大,所以不同粒径沸石的 Cr(Ⅵ)吸附量差异不明显。改性剂用量超过最佳用量后,多余的改性剂因为包裹在双分子层表面,使改性沸石的 Cr(Ⅵ)吸附量反而下降。由于小粒径沸石比表面

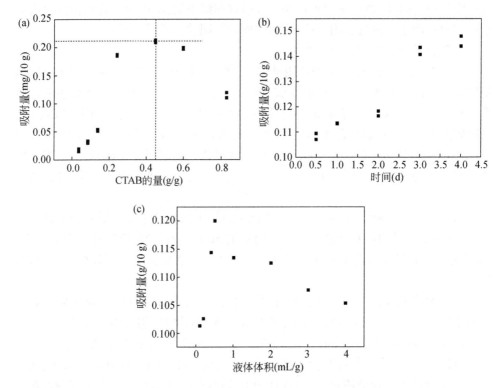

图 2.79　（a）CTAC 改性剂用量对改性沸石吸附 Cr(Ⅵ)的影响；（b）CTAC 改性时间
对改性沸石吸附 Cr(Ⅵ)的影响；（c）固液比对改性沸石吸附 Cr(Ⅵ)的影响

积较大,剩余的改性剂量相对较少,而大粒径沸石比表面积较小,剩余的改性剂量
较大,所以在改性剂过量的情况下,不同粒径沸石的 Cr(Ⅵ)吸附量差异较为显著。

　　由图 2.80(b)看出,随着铬溶液浓度增加,不同粒径改性沸石的 Cr(Ⅵ)吸附
量均呈现先增加后平缓,最后逐渐降低的趋势。在较低的铬浓度条件下,Cr(Ⅵ)吸
附量基本呈直线增长,而且不同粒径改性沸石的 Cr(Ⅵ)吸附量随铬浓度的变化基
本相同。在较高铬浓度条件下,粒径越小的改性沸石,Cr(Ⅵ)吸附量随 Cr(Ⅵ)浓
度增加的速度越慢,从而使不同粒径改性沸石的 Cr(Ⅵ)吸附量差异明显。

　　图 2.80(c)显示,当改性时间小于 0.5h 时,Cr(Ⅵ)吸附量较低。一方面原因
是改性过程需要一定时间来构建双分子层结构,另一方面原因是时间过短使部分
沸石颗粒未充分改性。从改性时间 0.5h 增加到 2h,Cr(Ⅵ)吸附量随改性时间线
性增加,说明改性剂与沸石颗粒混合均匀,改性效果迅速提升。改性 2h 时的
Cr(Ⅵ)吸附量达最大吸附量的 65%,改性 4h 时的 Cr(Ⅵ)吸附量达最大吸附量的
90% 以上,改性 5h 之后,沸石颗粒的 Cr(Ⅵ)吸附量随改性时间的变化趋于稳定,

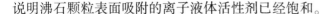

说明沸石颗粒表面吸附的离子液体活性剂已经饱和。

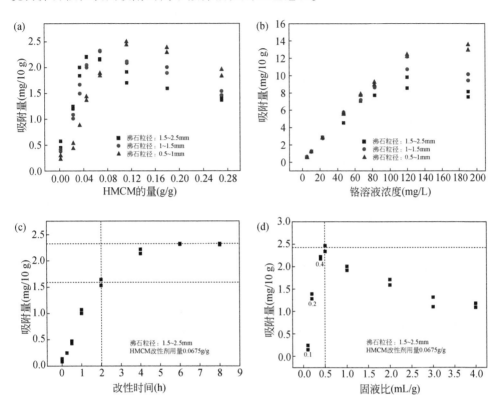

图 2.80 (a) HMCM 改性剂用量对改性沸石吸附 Cr(Ⅵ) 的影响；(b) 不同粒径改性沸石的 Cr(Ⅵ) 饱和吸附量(HMCM)；(c) 改性时间对 HMCM 改性沸石吸附 Cr(Ⅵ) 的影响；(d) 固液比对 HMCM 改性沸石吸附 Cr(Ⅵ) 的影响

图 2.80(d) 显示，固液比为 0.5 之前，改性沸石的 Cr(Ⅵ) 吸附量随着固液比增加而急剧增加，固液比为 0.5 时，改性沸石的 Cr(Ⅵ) 吸附量达到最大，之后随固液比增加而减小。

根据以上静态吸附实验结果，用最佳改性条件制备了三种粒径的 CTAC 改性沸石，进行动态吸附实验。1~1.5mm 粒径改性沸石与相同粒径的未改性沸石的动态吸附结果对比如图 2.81(a) 所示。沸石颗粒经过改性后，Cr(Ⅵ) 吸附能力显著提升。未改性沸石的 Cr(Ⅵ) 吸附容量非常小，吸附 4h 后即达到饱和，而改性沸石的吸附饱时间延长到 55h，增加了 10 倍以上。

不同粒径的 CTAC 改性沸石动态吸附 Cr(Ⅵ) 的性能有明显差异。图 2.81(b) 显示，不同粒径的 CTAC 改性沸石柱流出液体铬离子浓度为零的时间差异明显，1.5~2.5mm 改性沸石柱为 5h，1~1.5mm 改性沸石柱为 25~30h；0.5~1mm 改性沸石柱为43h左右。随着粒径减小,改性沸石的Cr(Ⅵ)吸附能力提高。

从使用寿命看,1.5~2.5mm改性沸石柱寿命为11个PV左右(PV为柱空隙体积),性能较差。1~1.5mm和0.5~1mm改性沸石柱的寿命分别达到26个PV和32个PV。

综合动态吸附实验结果可以得出,改性沸石的Cr(Ⅵ)吸附能力随着粒径的减小而提高,但随着粒径减小,所填充的实验柱的孔隙体积减小,渗透率减小,容易造成PRB介质堵塞。但是粒径较小的改性沸石柱的动态吸附曲线斜率较小,便于研究不同因素对改性沸石动态吸附Cr(Ⅵ)的影响,所以在研究不同因素影响改性沸石动态吸附Cr(Ⅵ)的实验中,选取粒径为1~1.5mm的改性沸石。

由图2.81(c)可以看出,铬初始浓度对改性沸石动态吸附Cr(Ⅵ)的速率有一定影响。不同铬初始浓度下的吸附曲线呈现相同的变化趋势。当初始浓度为0.3mg/L时,32h内流出实验柱的液体中铬离子浓度为零[Cr(Ⅵ)被完全吸附],32h开始,流出液体中铬离子浓度迅速增加,53h后铬离子浓度基本稳定,实验柱达到饱和。当初始浓度为0.6mg/L时,Cr(Ⅵ)被完全吸附的时间降低到22h左右,22~55h流出液体的铬浓度随吸附时间延长逐渐升高,55h后达到吸附饱和。当初始浓度为1mg/L时,Cr(Ⅵ)被完全吸附的时间降低到20h左右,20~60h流出液体的铬浓度随吸附时间逐渐升高,60h左右达到吸附饱和。

如果用可处理溶液所相当的柱空隙体积(PV)来衡量实验柱的吸附性能,初始浓度为0.3mg/L时,实验柱经过60多个PV的模拟液后,流出液体中污染物的浓度才达到初始浓度的一半。当初始浓度为1mg/L时,该体积减少到40个PV左右。但是3种铬初始浓度下的寿命均远远超过了20个PV,说明实验柱的Cr(Ⅵ)吸附性能都达到了优良。

由图2.81(d)可以看出,不同铬初始浓度下,铬浓度随时间的变化速度相同,即吸附曲线的斜率相同。

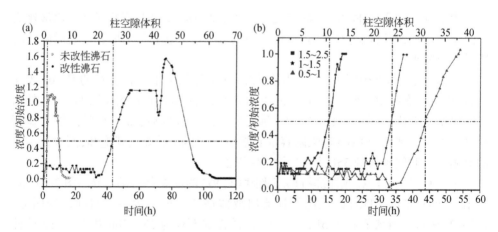

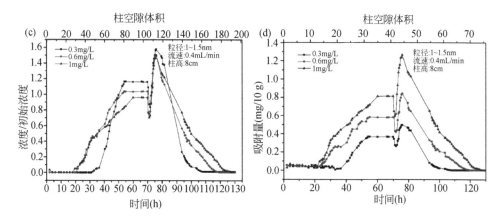

图 2.81　(a) CTAC 改性沸石与未改性沸石的动态吸附曲线对比;(b) 不同粒径 CTAC 改性沸石动态吸附 Cr(VI) 的实验结果对比;(c)、(d) 不同铬初始浓度对 CTAC 改性沸石动态吸附 Cr(VI) 的影响

　　HMCM 改性沸石动态吸附 Cr(VI) 的结果见图 2.82。图 2.82(a) 显示,沸石颗粒经过 HMCM 改性后,Cr(VI) 吸附性能显著提升。未改性沸石 4h 后吸附达到饱和,而 HMCM 改性沸石填充的实验柱在 12h 前基本将模拟污染液体中的 Cr(VI) 完全吸附,流出液体的铬离子浓度为零。12h 后流出液体中铬离子浓度随吸附时间延长而增加,24h 时吸附饱和。改性沸石实验柱吸附饱和时间比未改性沸石延长了 6 倍之多。以孔隙体积为衡量单位,HMCM 改性沸石柱寿命从 1.2 个 PV 升至 40 个 PV 左右,是未改性沸石柱的 33 倍,性能达到优良。

　　根据静态实验结果,HMCM 和 CTAC 改性沸石都有很好的 Cr(VI) 吸附能力,因此用 HMCM 和 CTAC 混合改性沸石并充填实验柱,进行动态吸附实验。分别使用 20%、40% 的 HMCM 与 80%、60% 的 CTAC 在最佳改性条件下改性沸石(粒径为 1~1.5mm)。

　　从图 2.82(b) 可以看出,离子液体用量为 40% 时,突破点为 9h,即前 9h 能够完全吸附污染液中的 Cr(VI),突破点后流出液体中铬离子浓度随时间迅速升高,吸附曲线斜率很大,22h 左右达到饱和。降低离子液体改性剂用量(20%),突破点延长至 11h 左右,突破点后流出液体所含铬离子浓度随时间匀速升高,吸附曲线斜率与离子液体用量为 40% 相比小很多,22h 左右达到吸附饱和。

　　以空隙体积来衡量实验柱的 Cr(VI) 吸附性能(寿命),离子液体用量为 20% 和 40% 的改性沸石柱流出液体的铬离子浓度为初始浓度的 50% 时,分别流过了 24 个 PV 和 30 个 PV 模拟含铬溶液,相差 6 个 PV,但均大于 20 个 PV 的标准,说明实验柱的 Cr(VI) 吸附性能优良。与 CTAC 改性沸石的动态吸附实验对比,改性剂中

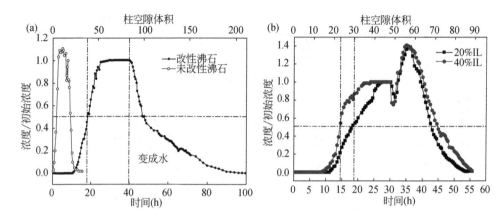

图 2.82　（a）HMCM 改性沸石与未改性沸石实验柱的吸附曲线对比图；
（b）HMCM 和 CTAC 配比对改性沸石动态吸附 Cr(Ⅵ)的影响

少量添加 HMCM 可延长实验柱的寿命。

由此可以得出，CTAC 改性剂中适量添加 HMCM 可以减缓改性沸石吸附 Cr(Ⅵ)的饱和速度，延长改性沸石柱的使用寿命。

3）工程示范

阳宗海位于云南省昆明市东 36km 处的阳宗镇地区，是我国九大高原湖泊之一，因地质构造塌陷而形成了湖泊。阳宗海面积广阔，整个湖可容纳 604 亿 m³ 湖水，湖面面积达 319km²。阳宗海湖泊周边区域分布着各式各样的工业和第三产业，经有关部门调研，在汇集水流区域建有大型的阳宗海发电厂、云南铝厂、锦业磷肥厂等大型企业。自 2001 年以来，在岸边上的锦业公司长期排放含有砷元素的生产废水，通过地面沟渠和暗藏的管道，不做任何后期处理直接排放入工厂内部的一个未做防渗处理的天然坑塘里，同时把含砷的磷石膏固体废弃物露天堆放在厂区内的三个地点。雨季期间降水多时，会将所存生产废水泵送至厂区外排掉。工厂自己开掘了 3 个用于洗矿的废水收集池，也没有铺设任何防渗设施，直接将含砷的废水用于洗矿。恰巧该地域地质构造较为脆弱[65]，工厂违规排放的含砷、含磷污水通过地下岩溶通道流入阳宗海中，造成阳宗海水体的严重污染。

针对云南阳宗海的砷污染情况以及砷与铬的化学性质相似性，本书作者以上述研究为基础，在云南阳宗海地区进行了可渗透反应格栅（PRB）结构设计和示范工程建设。该地区属于喀斯特地貌，地表土壤下发育溶洞，其中一处溶洞具有漏斗形状，整个地区汇集而成的含砷地表径流最终大多会从漏斗形溶洞下渗至阳宗海湖中。产生砷污染的磷肥厂废渣坑至阳宗海湖的中部地带为狭长的 V 字和 U 字形地形，而废渣坑前部地势较高的广阔平地，废渣坑后部为面积较小、地势较低且呈漏斗地形的区域。当雨季降水时,前部地区因为面积较大,收集雨水量较大,当雨水汇集达到一定量时便会依地势向中后部流动形成地表径流。而在中部后半段地势趋于平缓,水流速度减慢。据此选择废渣坑至阳宗海湖的中部后半段宽度最小的 V 字形地区设计修筑可渗透反应格栅。设计图如图 2.83 所示。

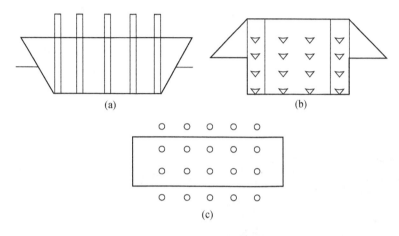

图 2.83　可渗透反应格栅设计图
(a)正视图;(b)侧视图;(c)俯视图

　　该可渗透反应格栅结构按照水流方向可分为坝前、坝中和坝后三部分,按照高度可分为地下、地上和封顶三部分。整个可渗透反应格栅结构建筑在隔水层上,防止经过反应格栅的水流下渗,不能被反应格栅处理。从主视图可以看出,根据实际地形和尺寸,该可渗透反应格栅结构整体为倒梯形,其中两边与山体接触部分很少接触到地表径流,所以选择混凝土结构,一方面可以降低造价,另一方面可以通过浇筑混凝土将可渗透反应格栅结构固定于山体之间。中间填充吸附介质材料的部分截水面呈正方形。整个结构下方宽 5m,吸附介质部分宽 3m,坝体上方宽 7m,坝高 2.5m 左右。从侧视图可以清楚看到坝前、坝中、坝后以及地下、地上和封顶三部分的结构。反应格栅整体结构呈梯形,坝前和坝后呈斜梯形,中间部分呈长方形。坝前和坝后使用石灰石支撑内部填充的吸附介质材料,保持一定形状和填充密度,同时坝前的石灰石还起到缓冲水流、过滤泥沙、防止水流过快冲垮填充介质和防止泥沙堵塞填充介质的作用。内部宽 0.5m 的长方形区域填充直径为 1～2cm 的“公分石”,且深入地下 0.5m,外部三角形区域堆放直径为 10cm 左右的“狗头石”,且在地面上。因坝前结构除支撑外还要起缓冲水流作用,遂下方厚度大于坝后的厚度,坝前为 2m,坝后为 1.5m。坝中填充介质宽 2m,介质为 HMCM 和 CTAC 混合改性沸石,现场改性。

　　为方便检测可渗透反应格栅的水处理效果,在结构内部设计搭建 20 口井,每口井在不同高度设置 3~4 个取水点。从俯视图中可见 20 口井集中分布在坝体中部,其中坝前、坝后各 5 口井,建在公分石中,测量进入反应格栅和流出反应格栅的液体污染物浓度,其余 10 个建在填充的 PRB 介质中,测量不同部位和深度的介质对污染水体的处理效果。从侧面图中可见坝前、坝后的井从下至上设置了 3 个深度的取水点,而填充反应介质部分设置了 4 个高度。当降水量较小,径流水位较低时,上方的取水点不能积蓄水样,而当降水量较大时,地表径流可能会在坝前积蓄,此时坝前水位会上升从而在较高位置能够收集到水样,因此结合不同位置和高度取水点的水样分析结果,可判断不同流量下可渗透反应格栅的重金属处理性能。可渗透反应格栅的建造及完工成型的现场如图 2.84 所示。

图 2.84　(a)填充石灰石和改性沸石的现场照片;
(b)建成的可渗透反应格栅的现场照片

动态吸附实验结果表明,现场改性沸石保持了较好的铬吸附性能(图 2.85),在前 20h 内吸附完全,从 20h 开始吸附量减小,35h 左右吸附饱和。在脱附过程中,前 4h 脱附较快,之后脱附速度逐渐减慢。以孔隙体积为单位衡量,现场改性沸石实验柱寿命为 53 个 PV,可见现场改性沸石的 Cr(VI)吸附能力较强。

实地示范工程的初步结果表明,在 6 个月的采样期内,地表水流经压水堆后,砷含量降低了 80% 以上,证实了离子液体改性沸石材料在环境应用中的有效性,并且结果与批量和柱实验的预测一致(对砷的吸收能力约为 15mmol/kg,延迟因子为 30~50)。证明该示范工程可达到砷污染原位修复目标,有能力处理季节性地表水。

4)小结

用季铵盐类阳离子表面活性剂 CTAC 和离子液体类表面活性剂 HMCM 对沸石颗粒进行改性,制备了改性沸石颗粒,通过吸附 Cr(VI)的静态实验对改性工艺进行优化,获得最佳改性工艺条件。在此基础上进行了改性沸石颗粒动态吸附

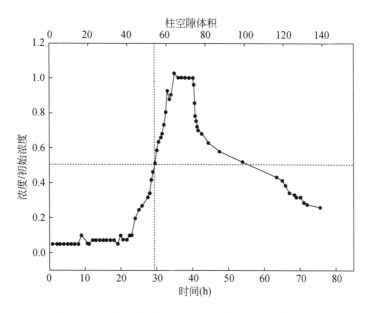

图 2.85　现场改性沸石对 Cr(VI) 的动态吸附曲线图

Cr(VI) 的实验研究,探讨了不同因素对改性沸石颗粒动态吸附 Cr(VI) 的影响。针对云南阳宗海砷污染,以 CTAC 和 HMCM 混合改性沸石为吸附介质,在云南阳宗海地区修建了 PRB 示范工程,监测结果表明示范工程运行情况良好。

　　3. 暴露特定晶面赤铁矿的制备及对矿山尾矿渗滤液中 Cr(VI) 的去除

　　以天然针铁矿为前驱体,通过煅烧制备了内部孔洞大、(110) 晶面暴露程度高的赤铁矿。采用 XRD、HRTEM、FTIR、BET 等方法对原始针铁矿和煅烧产物进行表征,研究煅烧温度对产物相变和形貌的影响及规律。通过静、动态吸附实验,研究了赤铁矿对多种重金属离子的吸附效果,评估其作为 PRB 介质原位修复矿山尾矿渗滤液中多金属污染物的性能。

　　1) 实验方法

　　(1) 暴露特定晶面赤铁矿的制备

　　以湖南郴州雷平县天然针铁矿为原料,粉碎筛分得到高纯度针铁矿。在 25℃、150℃、250℃、350℃、450℃ 和 550℃ 条件下煅烧 1h,得到暴露特定晶面的赤铁矿材料。

　　(2) 去除 Cr(VI) 的静态吸附实验

　　首先,将 2.8287g $K_2Cr_2O_7$ 溶于 1L 去离子水中,制得 Cr(VI) 母液。后续实验通过稀释母液得到所需浓度的铬污染液。在吸附剂投加量为 5g/L 的条件下,通过改变铬初始浓度和接触时间,考察针铁矿及其焙烧产物去除 Cr(VI) 的能力。配置 5mg/L、10mg/L、20mg/L、50mg/L、75mg/L、100mg/L、150mg/L 和 200mg/L 的铬标准溶液[所有实验均使用 20mL Cr(VI) 母液],加入 0.1g 吸附剂。将溶液的 pH 值调整到接近中性(6.8~7.2),与尾矿库环境水的 pH 值一致。将吸附剂与溶液的混合物在振动筛上以 150r/min 速度振荡 24h 后离心分离,通过分析悬浮液中 Cr(VI) 的浓度测定样品的平衡 Cr(VI) 浓度。在初始浓度为 200mg/L 的 Cr(VI) 溶液中加入 0.1g 吸附剂,以 150r/min 的转速振荡 0.1h、0.25h、0.5h、1h、2h、4h、8h、12h 和 16h,测定平衡 Cr(VI) 浓度。用公式(2.1)计算吸附量。

(3)去除 Cr(VI) 的动态吸附实验

动态实验装置见图 2.71。玻璃柱直径 3.6cm,高 15cm,自下而上充填石英砂、煅烧赤铁矿(20~50 目)和石英砂(2~3 目)。每种介质材料的填充高度为 5cm,赤铁矿总重量为 102g。向柱中注入去离子水,直到它们完全饱和,根据浸泡前后的重量差计算出赤铁矿的体积及其孔体积,得到赤铁矿在柱中的堆积密度为 2.01g/cm³。饱和条件下的水体积与赤铁矿体积的比值为填料柱的孔隙度,为 0.59。根据赤铁矿孔隙度模拟地下水流速,设定流速为 0.42mL/min。模拟污染物为浓度 5mg/L 和 20mg/L 的 Cr(VI) 水溶液,采用双头蠕动泵由下向上方向注入实验柱,达西通量为 4.17cm/h。每隔 8h 测定出水 Cr(VI) 浓度,当实验柱穿透时,切换去离子水进行脱附。

(4)分子动力学模拟

在 Materials Studio 7.1 的 Forcite 模块中进行分子动力学模拟,研究了 Cr(VI) 在针铁矿和赤铁矿表面的吸附位点。以针铁矿 $a=4.598Å$,$b=9.951Å$,$c=3.018Å$,$\alpha=\beta=\gamma=90°$;赤铁矿 $a=5.028Å$,$b=5.028Å$,$c=13.736Å$,$\alpha=\beta=90°$,$\gamma=120°$ 作为原始单元格的描述,利用广义梯度近似(GGA)对两种矿物的原始单胞进行了交换关联势(PW91)的优化,该方法适用于所建立模型中存在的相对较弱的相互作用关系。CASTEP 采用周期性边界条件、k 点和平面波基进行处理,并采用超软赝势。平面波膨胀的能量截止为 300eV,在布里渊区只允许一个特殊的 k 点位于(0.00,0.00,0.00)。随后的分析基于 298K 温度下,时间为 1ns,时间步长设置为 1fs 的最后 200ps 收集的数据。采用密度泛函理论-色散(DFT-D2)校正来获得所有 GGA-PW91 计算。

2)材料表征

针铁矿及其煅烧产物的 XRD 谱如图 2.86 所示。与标准卡片(JCPDS No.8-97)比较,原始针铁矿的谱图中无明显杂峰,说明针铁矿的纯度较高,与 XRF 结果一致(表 2.24),铁氧化物以针铁矿的形式存在,含量高达 95.95%。当煅烧温度为 350~550℃时,针铁矿的衍射峰消失,出现新的衍射峰,确定为赤铁矿。赤铁矿衍射峰强度随煅烧温度的升高而增大。根据标准卡片 JCPDS No.1-1053 的衍射峰强度,在350℃以上煅烧得到的赤铁矿优先发育(110)晶面(择优取向面),如图2.86粉色区域所示,与文献报导一致。根据 Scherer 公式计算出不同煅烧温度得到的赤铁矿的晶粒尺寸(表2.25)。此外,随着煅烧时间的延长,(110)晶面的衍射峰强度逐渐提高,说明赤铁矿晶体沿 c 轴生长[图2.86(b)]。

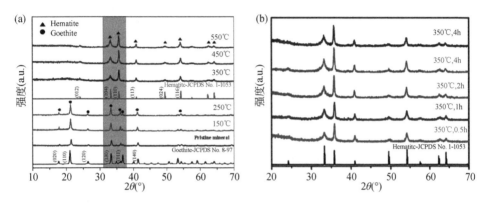

图 2.86　(a)针铁矿及不同温度煅烧得到的赤铁矿的 XRD 图;
(b)350℃焙烧不同时间制备的赤铁矿的 XRD 图

表 2.24　原始针铁矿的 XRF 分析结果

成分	Fe_2O_3	SiO_2	MnO	Al_2O_3	CaO	MgO	P_2O_5	SO_3	K_2O
含量(%)	95.95	2.608	0.769	0.299	0.161	0.151	0.024	0.021	0.019

　　为了探究官能团随煅烧温度的变化,用傅里叶变换红外光谱进行分析。从 FTIR 谱图中可以看出(图2.87),25℃煅烧的针铁矿,在3112cm^{-1}处有—OH 的宽频带[66],而在1650cm^{-1}处有一个明显的 H_2O 吸收带[67]。894cm^{-1} 和799cm^{-1}处的谱带是由于针铁矿中 Fe—O—H 的弯曲振动产生[68],460cm^{-1}处的吸收带由 Fe—O 对称伸缩振动引起。当针铁矿被煅烧时,在3380cm^{-1}处形成了一个新带,这是 OH$^-$ 的拉伸振动,H_2O 的吸收带移到1630cm^{-1}[69],而在519.0cm^{-1} 和431.6cm^{-1}出现了一组新谱带,归属于赤铁矿[70]。

表 2.25　350℃、450℃和550℃煅烧得到的针铁矿的晶粒度

350℃		450℃		550℃	
$(h\,k\,l)$	XS(nm)	$(h\,k\,l)$	XS(nm)	$(h\,k\,l)$	XS(nm)
104	19.66	104	15.76	104	20.71
110	39.29	110	60.74	110	59.00
116	26.91	116	29.23	116	26.83

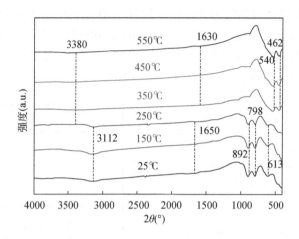

图 2.87　针铁矿以及不同温度下煅烧 1h 产物的 FTIR 谱图

　　图 2.88 的透射电镜图像分别显示了原始针铁矿(a) ~ (c)及其 350℃ 煅烧产物的(e) ~ (f)的针状形貌。天然针铁矿可以棒状、针状和块状的形式存在[71]。图 2.88(c)中 0.421nm 的晶格条纹间距与针铁矿(110)面网间距一致,而图 2.88(f)中煅烧针铁矿的晶格条纹间距(0.252nm)与赤铁矿(110)面网间距一致。从图 2.88(d)中可以清楚地观察到煅烧后的样品依然保留有天然针铁矿的外观形貌,这也支持了煅烧针铁矿形成的赤铁矿暴露特定晶面(110)的结论。此外,赤铁矿微晶的伸长方向存在大量的裂隙状微孔,这是由针铁矿脱羟基作用引起。

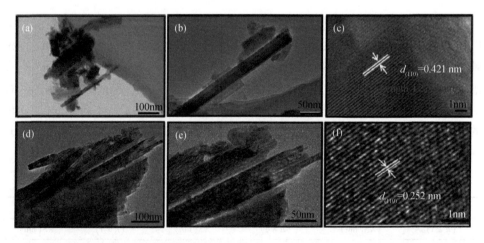

图 2.88　(a) ~ (c)原始针铁矿的 HRTEM 图像;(d) ~ (f)350℃下煅烧
1h 得到的赤铁矿的 HRTEM 图像

为了确定样品的 BET 比表面积,测试了 N_2 吸附/脱附等温线,结果如图 2.89 所示。针铁矿和赤铁矿的吸附/解吸等温线根据 IUPAC 分类属于 II 类,即存在介孔[72]。针铁矿的滞后回线为 H_2 型,解吸线在介质相对压力下急剧下降。这种类型的滞后环对应的孔是由靠近的平行板组成的狭缝。在高 p/p_0 时,焙烧针铁矿的滞后环属于 H_3 型。这种类型的等温线是由片状颗粒聚集形成的裂缝孔导致的[73]。这与 TEM 图像中显示的形貌和裂隙相对应,表明大块针铁矿在煅烧后产生了长而窄的孔洞。

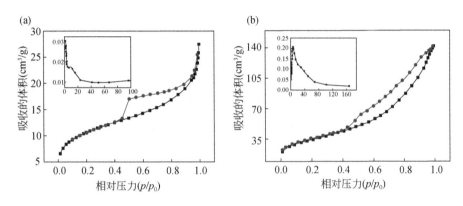

图 2.89 针铁矿(a)和赤铁矿(b)的 N_2 吸附–脱附等温线及孔径分布曲线

通过计算得到针铁矿的比表面积为 36.6 m^2/g,350℃焙烧后其比表面积最大达到 124.4 m^2/g,当焙烧温度超过 350℃时,其比表面积迅速减小。针铁矿孔隙体积在 25℃时为 0.033 cm^3/g,在 350℃时增大到最大值 0.216 cm^3/g。Liu 等[71]指出,随着煅烧温度的升高,针铁矿的羟基逐渐被去除,导致煅烧样品在 350℃时比表面积显著增加。当加热到 350℃以上时,由于晶粒粗化,针铁矿比表面积有所降低。从比表面积和孔体积的结果也可以看出,350℃煅烧的针铁矿具有最大的表面活性位数量(表 2.26)。在 350℃时,其孔径达到 8.3nm,当温度达到 450℃时,其孔径急剧减小至 1.8nm,随着温度的继续升高,其孔径变化不明显,孔径范围表明煅烧针铁矿是介孔材料。以上结果表明,当煅烧温度达到 350℃时,针铁矿相转变为赤铁矿并保留针铁矿的针状形貌,使(110)晶面暴露,并且内部产生大量纳米尺度裂缝,有利于吸附性能的提高。

表 2.26 针铁矿及不同温度下煅烧产物的比表面积和孔特征

样品煅烧温度(℃)	25	150	250	350	450	550
比表面积(m^2/g)	36.6	81.2	92.6	124.4	115.0	114.0

续表

样品煅烧温度(℃)	25	150	250	350	450	550
孔体积(cm³/g)	0.033	0.086	0.129	0.216	0.060	0.060
孔尺寸(nm)	1.8	2.4	5.0	8.3	1.8	1.8

3) 材料的吸附性能

使用 Langmuir 和 Freundlich 等温模型分析了批量吸附实验的数据。由表 2.27 可知,Cr(VI)在赤铁矿上的吸附行为不属于多分子层吸附过程。在 pH 值为 7 的条件下,针铁矿煅烧得到的赤铁矿对 Cr(VI)的吸附量为 2.95mg/g,约为针铁矿的 6 倍(图 2.90)。pH 值对 Cr(VI)吸附有很大影响,酸性条件下 Cr(VI)的形态为 $HCrO_4^-$,中性条件下 Cr(VI)的形态为 CrO_4^{2-},$HCrO_4^-$ 在赤铁矿上的吸附强于 CrO_4^{2-}。结果表明,作者制备的赤铁矿比其他吸附剂具有更好的 Cr(VI)吸附性能。

表 2.27　赤铁矿吸附 Cr(VI)的不同等温模型拟合结果比较

T/K	Langmuir			Freundlich		
	q_{max}	b	R^2	$\ln K_f$	n	R^2
293	3.368	0.0273	0.9890	−1.593	1.87	0.9806

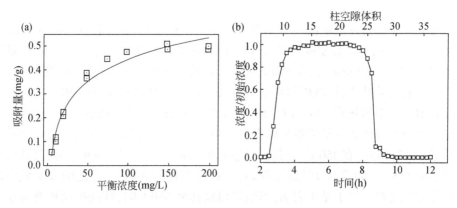

图 2.90　(a)针铁矿对 Cr(VI)的吸附曲线(吸附量约为 0.49mg/g);
(b)针铁矿填充柱吸附 Cr(VI)的穿透曲线

应用较为广泛的动力学吸附模型有准一级动力学模型和准二级动力学模型。作者用这两种动力学模型拟合了 350℃ 煅烧赤铁矿的吸附数据(图 2.91)。两种动力学模型计算的平衡容量相比,准二级模型(3.0mg/g)更接近实验数据。此外,根据表 2.28 给出的两种动力学模型的拟合参数,Cr(VI)在赤铁矿上的化学吸附过程符合准二级动力学模型。

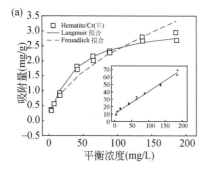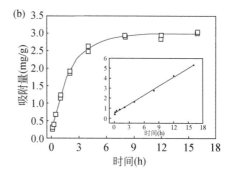

图 2.91 （a）赤铁矿对 Cr(Ⅵ) 的吸附等温线模型拟合（内插图为 Langmuir 吸附等温线）；
（b）赤铁矿吸附 Cr(Ⅵ) 的准二级动力学模型拟合（内插图为准二级反应的线性图）

表 2.28　赤铁矿吸附 Cr(Ⅵ) 的动力学参数比较

C_0 (mg/L)	$q_{e(exp)}$ (mg/g)	准一级动力学模型			准二级动力学模型		
		$q_{e(cal)}$ (mg/g)	K_1 (1/h)	R^2	$q_{e(cal)}$ (mg/g)	K_1 (1/h)	R^2
200	2.95	2.83	0.4294	0.8980	3.0	0.2408	0.9969

采用 Cr K 边 EXAFS 光谱测定了 Cr(Ⅵ)/赤铁矿的配位情况。通过对 $\chi(k)$ 函数进行傅里叶变换得到径向结构函数，从相应的峰位可以得到材料内部原子间距信息。由于没有进行校正，与实际原子间距有轻微偏差［图 2.92(a)］。在优化拟合的基础上对光谱进行反变换，将实验光谱和参数（R、CN 和 σ^2）拟合到理论模型

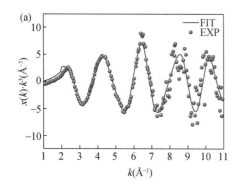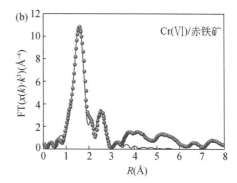

图 2.92 （a）赤铁矿上 Cr(Ⅵ) 的 k^3-weighted K 边 EXAFS 光谱；
（b）EXAFS 光谱的傅里叶变换

中(表2.29)。在傅里叶变换曲线中[图2.92(b)],第一个峰反映的是四个氧原子到中心 Cr 原子的平均距离(1.65Å)。与报道的 $HCrO_4^-$ 四面体的 Cr—O 键(R_{Cr-O})长度匹配得非常好[74]。在赤铁矿吸附 Cr(VI)的过程中 Cr 与 Fe 的配位数为0.6,Cr 与 Fe 之间的距离约为3.36Å,与前人关于 Cr(VI)在赤铁矿上吸附的研究结果一致[75]。Cr—Fe 的平均原子间距为3.36Å,这与双齿双核形式的铬酸盐配合物的 Cr—Fe 距离一致,表明赤铁矿(110)晶面上形成了双齿双核铬酸盐络合物。

表2.29　铬酸盐吸附在赤铁矿上的局部配位环境参数

局部配位环境	CN	$R(Å)$	$\sigma^2(Å^2)$	ΔE_0	R
Cr—O	4.0	1.65	0.001	−1.52	0.008
Cr—O—O	12	2.96	0.006	−1.52	0.008
Cr—Fe	0.6	3.36	0.006	−1.52	0.008

对针铁矿和赤铁矿(110)晶面 Cr(VI)的排列进行了分子动力学模拟。图2.93(a)和(b)表明,Cr(VI)在针铁矿(110)面上具有弱相互作用,赤铁矿对 Cr(VI)的吸附优于针铁矿,针铁矿和赤铁矿表面与 Cr(VI)的相互作用不同。Cr、Fe 的径向分布可以通过软件进行模拟。Fe 代表铁(氢)氧化物,Cr($K_2Cr_2O_7$ 的中心阳离子)代表 $K_2Cr_2O_7$,结果如图2.93(c)和(d)所示。初始针铁矿分布在22~37.5Å,Cr 分布在3.5~8Å 和9~10.3Å,赤铁矿分布在21.7~38Å,Cr 分布在11~14.2Å 和15.3~18Å。Cr 与针铁矿的距离大于 Cr 与赤铁矿的距离。煅烧过程中发生的相变对 Cr 的位置影响较大,使 Cr 与赤铁矿的距离缩短,说明 Cr 与赤铁矿的相互作用更强。

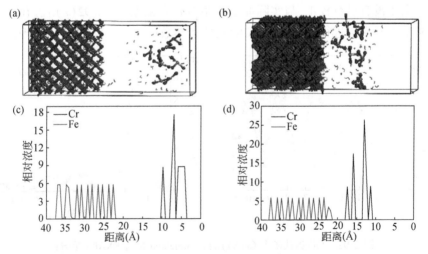

图2.93　(a)Cr 在针铁矿(110)面上吸附的拟合;(b)Cr(VI)在赤铁矿(110)面上吸附的拟合;(c)Fe/Cr 在针铁矿(110)面上的径向分布;(d)Fe/Cr 在赤铁矿(110)面上的径向分布(见彩图)

　　本书作者进行了针铁矿、赤铁矿去除 Cr(Ⅵ)的动态吸附实验。当出水污染物浓度与输入污染物浓度之比为 0.5 时,延迟因子 R 可由此时的 PV 数定义[图 2.94(c)][26]。针铁矿柱的 R 值为 7,表明对 Cr(Ⅵ)的吸附量很小。完全突破时 Cr(Ⅵ)的浓度没有降低,几乎与输入浓度相同。Cr(Ⅵ)通过赤铁矿柱的穿透曲线如图 2.94(a)和(b)所示。Cr(Ⅵ)初始浓度为 5mg/L 和 20mg/L 时,连续运行 552h 和 502h 后达到饱和。初始浓度为 5mg/L 时,$C_t/C_0=0.5$ 的 PV 数约为 871,初始浓度为 20mg/L 时,$C_t/C_0=0.5$ 的 PV 数约为 610。采用 HYDRUS-1D 溶质运移模型拟合不同条件下 Cr(Ⅵ)通过赤铁矿柱的输运结果。Cr(Ⅵ)初始浓度为 5mg/L 时,赤铁矿的分散度为 23cm, Cr(Ⅵ)初始浓度为 20mg/L 时,赤铁矿的分散度为 2.6cm, HYDRUS-1D 拟合的系数 R^2 分别为 0.9472 和 0.9894(表 2.30),不同 Cr(Ⅵ)初始浓度下的柱实验吸附量分别为 2.67mg/g 和 1.3mg/g。赤铁矿柱实验的吸附容量较静态实验小主要有两方面原因:一方面,柱实验中使用了粒度较大的赤铁矿,降低了赤铁矿的比表面积;另一方面,柱实验中水停留时间过短,Cr(Ⅵ)与赤铁矿反应不充分。赤铁矿作为填料的柱实验比静态实验更接近于实际工程应用。

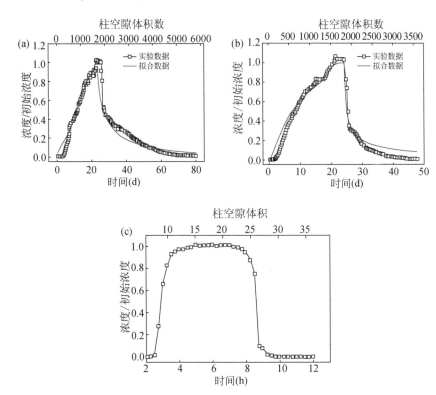

图 2.94　(a)初始浓度为 5mg/L 的 Cr(Ⅵ)溶液在赤铁矿柱中的穿透曲线;(b)初始浓度为 20mg/L 的 Cr(Ⅵ)溶液在赤铁矿柱中的穿透曲线;(c)针铁矿填充柱的 Cr(Ⅵ)穿透曲线

表 2.30　HYDRUS-1D 模拟的参数值

柱	$\alpha_L(cm)$	$K(L/g)$	$\eta(L/g)$	$Sm(mg/g)$	$C_0(mg/L)$	$\mu_L(h^{-1})$	R^2
赤铁矿	23	373	0.151	2.67	5	0.0018	0.9472
赤铁矿	2.6	1622	0.122	1.30	20	0.0020	0.9894
批量			0.2	2.95			

4) 小结

天然针铁矿具有针状形态,并暴露(110)晶面。本研究利用针铁矿的特性,通过简单煅烧得到继承其形貌、暴露(110)晶面的赤铁矿,从而实现对赤铁矿暴露晶面的控制。与针铁矿比较,暴露(110)晶面的赤铁矿的 Cr(Ⅵ)吸附性能显著提高,Cr(Ⅵ)以双齿、双核的形式在赤铁矿表面络合。以赤铁矿作为 PRB 反应介质材料,Cr(Ⅵ)初始浓度为20mg/L 时,赤铁矿柱的 R 值达到610,饱和吸附时间大大延长。暴露(110)晶面的赤铁矿在原位修复含铬废水方面具有很好的应用前景。

4. 牛骨羟基磷灰石的制备及对水中铜的去除

从牛骨中提取的羟基磷灰石具有成本效益高、吸附容量大和使用寿命长的特点,对于铜污染的地下水具有很好的修复效果,是一种具有应用前景的 PRB 介质材料。作者用牛骨制备了羟基磷灰石,设计静态吸附实验和柱实验研究了牛骨羟基磷灰石对铜的吸附性能及机理,为评价牛骨羟基磷灰石作为 PRB 活性介质在地下水修复中的应用前景提供参考。

1) 实验方法

(1) 牛骨羟基磷灰石的制备

将 20g 牛骨置于氧化铝坩埚中,置于马弗炉中分别在 450℃、500℃、600℃、700℃、800℃下保温 2h 制备骨源性羟磷灰石,升温速率为 5℃/min。选择 600℃煅烧的羟基磷灰石进行去除铜的静态、动态吸附(柱)实验。

(2) 静态吸附实验

通过静态吸附实验研究牛骨羟基磷灰石对铜的吸附性能。铜的初始浓度范围为 0~500mg/L,将 0.2g 羟基磷灰石添加到 30mL 铜溶液中振荡 72h 以达到吸附平衡。将平衡的悬浮液以 8000r/min 的速度离心 5min,测定上清液中的铜浓度,计算牛骨羟基磷灰石的吸附容量。对于吸附动力学,将 0.2g 羟基磷灰石添加到 30mL 铜溶液中,反应不同时间后测定上清液中的铜浓度,并利用准二级动力学模型拟合羟基磷灰石的铜吸附实验数据。

(3) 柱实验

柱实验装置见图 2.71。玻璃柱(长度 15.5cm,内径 3.6cm)顶部装有取样口,

在柱中间填充 20g 羟基磷灰石,顶部和底部装填石英。将 20mg/L 铜溶液以
0.612mL/min 的恒定流速(模拟地下水 1m/d 的流速)由下向上注入柱中。使用地
下水模型软件(FEFLOW 6.0)模拟柱状实验的结果。

2)材料表征

煅烧温度是决定羟基磷灰石结晶度、粒度和孔结构的关键因素。热重分析表
明[图 2.95(a)],120℃时 8% 的轻微失重归因于吸附水的脱除。DSC 曲线显示相
应的吸热峰较低。120~540℃有机物的分解导致重量损失 36.7%,DSC 曲线出现
相应的宽吸热峰。540~900℃羟基磷灰石的羟基脱除,导致 2.4% 的轻微失重。

XRD 分析表明[图 2.95(b)],不同煅烧温度制备的样品均为羟基磷灰石
[$Ca_{10}(PO_4)_6(OH)_2$,JCPDS 84-1998],结晶度随温度升高而提高。在热处理过程
中,有机物通过碳化和脱羧作用分解为二氧化碳。羟基磷灰石在不同温度下的氮
吸附等温线属于 V 形,表明羟基磷灰石具有微孔和中孔共存的孔结构[图 2.95

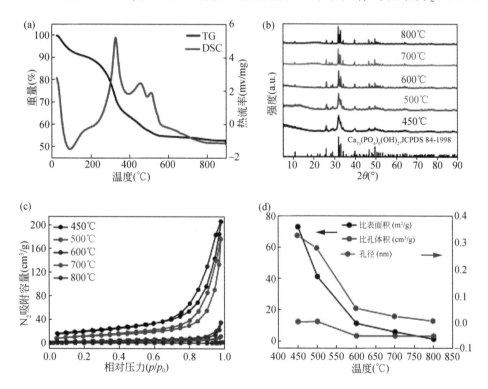

图 2.95　(a)牛骨的 TG-DSC 曲线;(b)不同煅烧温度制备的羟基磷灰石的 XRD 图;(c)不同煅
烧温度制备的羟基磷灰石的 N_2 吸附等温线;(d)不同煅烧温度制备的羟基磷灰石的比表面积、
孔结构参数(见彩图)

(c)]。比表面积、比孔体积和孔径随着煅烧温度的升高而减小[图2.95(d)]。因此,600℃是制备牛骨羟基磷灰石的较适宜温度。600℃下制得的羟基磷灰石的比表面积为11.43m²/g。600℃制备的羟基磷灰石的XRF分析结果见表2.31。

表2.31　羟基磷灰石的组成

组成	质量分数(%)	氧化物组成	质量分数(%)
Ca	36.1	CaO	52.8
O	42.1	P_2O_5	34.0
P	14.5	Na_2O	2.74
C	1.46	CO_2	5.43
Na	1.99	K_2O	0.32
K	0.25	MgO	1.18
Mg	0.69	N	0.84
N	0.80	Cl	1.56
Cl	1.51		

3) 材料性能

羟基磷灰石对铜的吸附量与铜初始浓度的关系如图2.96(a)所示。当铜的初始浓度为500mg/L时,羟基磷灰石的吸附容量可达到25.7mg/g。铜吸附等温线表明该吸附为均匀的单层吸附,符合Langmuir吸附模型,拟合参数见表2.32,吸附等温线模型拟合的R^2值达到0.9993[图2.96(b)]。图2.96(c)表明羟基磷灰石对铜的吸附过程符合准二级动力学模型,铜的吸附容量在前10h迅速增加,10h后略有增加。表明其吸附过程包括两部分:有效表面吸附以及从固液表面到孔中的进一步转移。准二级动力学方程的拟合数据见表2.32,R^2值为0.9868[图2.96(d)]。因此,羟基磷灰石对铜的去除主要是由反应速率控制的化学吸附。

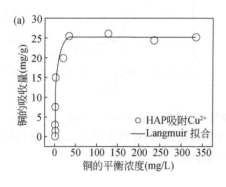

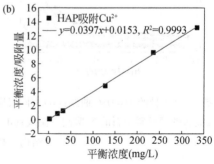

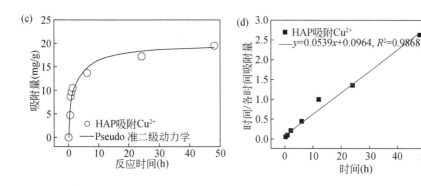

图 2.96 （a）铜在羟基磷灰石上的吸附平衡等温线（Langmuir 模型拟合）；（b）吸附等温线 Langmuir 模型拟合的线性图；（c）铜在羟基磷灰石上吸附的准二级动力学模型拟合（吸附剂用量：0.2g，铜浓度：500mg/L。25℃±2℃，固液比为 6.7g/L）；（d）准二级动力学模型拟合的线性图

表 2.32 羟基磷灰石吸附铜的热力学、动力学拟合参数

	Langmuir 模型		
吸附等温线	K_L(L/mg)	Q_m(mg/g)	拟合曲线
	0.3854	25.7	$y=0.0397x+0.0153, R^2=0.9993$
	准二级动力学模型		
吸附动力学	K_2[g/(mg·h)]	q_e(mg/g)	拟合曲线
	0.0301	19.5	$y=0.0539x+0.0964, R^2=0.9868$

　　通过柱实验进一步评估了羟基磷灰石对铜的去除行为。羟基磷灰石柱的铜穿透曲线如图 2.97（a）所示。当 $C/C_0=0.5$ 时，孔隙体积（PV）的数量为 450，表明柱体具有良好的寿命。羟基磷灰石柱有良好的渗透性，柱内没有发生堵塞现象。通过 FEFLOW 软件模拟进一步预测了不同铜浓度的穿透曲线[图 2.97（b）]。穿透时间随输入铜浓度的增加而缩短。当铜的输入浓度为 15mg/L 时，反应的半衰期达到 43d。上述结果证实牛骨羟基磷灰石在铜污染地下水的原位修复中非常有效。

　　对吸附后的羟基磷灰石进行了 XRD 结构精修，如图 2.98（a）所示，拟合参数 R_p 为 9.61%，R_{wp} 为 13.5%。结果表明，吸附铜后的产物属于羟基磷灰石相 [$Ca_{10}(PO_4)_6(OH)_2$，JCPDS 84-1998]，铜没有占据钙的位置。FTIR 分析结果如图 2.98（b）所示。可以看出，羟基磷灰石吸附铜前后的特征峰大致相同，即存在 3560cm^{-1} 的羟基伸缩振动带，1030cm^{-1}、609cm^{-1} 和 545cm^{-1} 处的 PO_4^{3-} 的不对称伸缩振动带。此外，在 1407cm^{-1} 处观察到碳酸盐基团振动带，可能是羟基磷灰石的部分磷酸根和羟基被碳酸根取代。

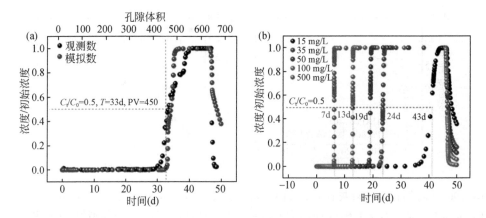

图 2.97　（a）实验和拟合的羟基磷灰石柱的铜穿透曲线（铜的输入浓度为 20mg/L，羟基磷灰石质量为 20g）；（b）模拟的不同浓度下羟基磷灰石柱的铜穿透曲线（见彩图）

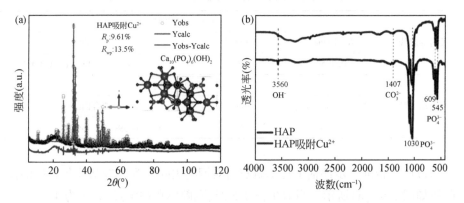

图 2.98　（a）吸附铜的羟基磷灰石的 XRD 结构精修图；（b）羟基磷灰石吸附铜前后的红外光谱（见彩图）

　　XPS 分析与 XRD 结果一致。拟合的 Cu 2p 谱［图 2.99（a）］显示了 Cu $2p_{1/2}$ 和 Cu $2p_{3/2}$ 的两个峰值，结合能分别为 953.23eV 和 933.5eV。19.73ev 的自旋轨道分裂 $E(Cu\ 2p_{1/2})-E(Cu\ 2p_{3/2})$ 归属于吸附在羟基磷灰石表面的 Cu^{2+}。吸附铜前后羟基磷灰石的 Ca 2p、P 2p 和 O 1s 的 XPS 谱基本不变，如图 2.99（b）～（d），133.8eV 和 132.9eV 处的 P 2p 峰属羟基磷灰石［$Ca_{10}(PO_4)_6(OH)_2$］的 P；Ca 2p 谱由 Ca $2p_{1/2}$ 和 Ca $2p_{3/2}$ 两个峰组成，$E(Ca\ 2p_{1/2})-E(Ca\ 2p_{3/2})$ 为 3.57eV；O 1s 的谱由两个峰组成，分别位于 531.58eV 和 530.85eV，归属于羟基磷灰石中 O—P 和 O—H 基团的氧。

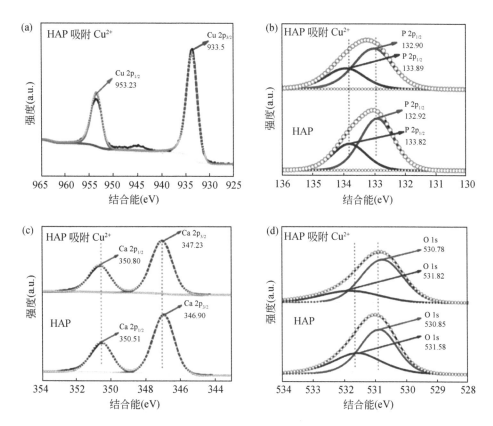

图 2.99　羟基磷灰石吸附铜前后的 XPS 谱

（a）Cu 2p XPS 谱；（b）P 2p XPS 谱；（c）Ca 2p XPS 谱；（d）O 1s XPS 谱

形貌表征进一步证实，铜均匀吸附在羟基磷灰石纳米棒表面（图 2.100）。相应的 EDX 元素映射也显示了核-壳结构的形成，铜主要位于纳米棒的外部区域，钙、氧和磷均匀分布在纳米棒的内部。上述结果证实表面化学吸附是羟基磷灰石吸收铜的机制。

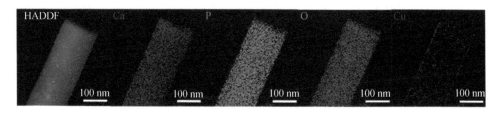

图 2.100　吸附铜后羟基磷灰石的 HADDF-STEM 图像和 EDX 元素分布图

为进一步研究铜的吸附位置，进行了 DFT 计算（图 2.101）。（001）和（100）是羟基磷灰石的典型晶面,其中羟基磷灰石(001)面具有电负性,(100)面具有电正性,二价阳离子更容易通过静电作用吸附在羟基磷灰石(001)表面。因此,(001)面被视为主导晶面。计算结果表明,铜倾向于通过与羟基磷灰石(001)中磷酸基团的三个氧成键稳定地吸附到 Ca(I)位。计算的吸附铜前后的吸附能差值为 $-1.15\mathrm{eV}$,表明铜在(001)面有较强的吸附。因此,提出了一个表面化学吸附模型,铜通过络合作用与磷酸盐的氧结合,Cu—O 距离约为 2.15Å。

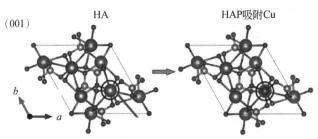

Ca(I)的 Eads=E(Total)−E(HAP)−E(Cu)=−1.15 eV

图 2.101　铜在羟基磷灰石表面吸附能的 DFT 计算:铜在羟基磷灰石(001)上的吸附
(氧、钙、磷、氢和铜分别呈红色、蓝色、粉色、黄色和绿色)(见彩图)

4)小结

煅烧牛骨制备了牛骨羟基磷灰石,煅烧温度对羟基磷灰石结晶度和孔隙率有显著影响,600℃是制备牛骨羟基磷灰石的较适宜温度。吸附实验表明,铜在牛骨羟基磷灰石表面为单层化学吸附,铜未进入羟基磷灰石结构取代钙,而是在(001)面上与磷酸基团的氧结合,Cu—O 距离约为 2.15Å。柱实验证实,牛骨羟基磷灰石柱具有良好的透水性能,作为 PRB 介质在长期运行中无堵塞现象。牛骨羟基磷灰石动态去除铜,当 $C/C_0=0.5$ 时,柱寿命达到 450 个 PV。通过 FEFLOW 软件预测,牛骨羟基磷灰石的穿透时间随着输入铜浓度的增加而缩短。本研究为铜污染地下水的 PRB 原位修复提供了一种有效的介质材料。

本书作者同时采用该煅烧条件下获得的骨源性羟磷灰石进行了去除重金属铅和锰的动态柱实验。研究发现羟磷灰石对水中铅和锰均有良好的去除效果,吸附柱表现出良好的透水性能,无堵塞现象,动态去除效果可达到 175 个 PV。建立了羟磷灰石与重金属在渗透反应格栅内化学反应-溶质迁移耦合模型,发现重金属浓度对穿透时间和吸附剂吸附能力均有影响,进水浓度越高,穿透时间缩短,反应半衰期减小。

2.2.3　污染物检测矿物材料

近年来,人们在利用分子识别原理设计各种光学探针方面取得了极大的成功并广泛应用于化学和环境科学等领域,其中荧光探针技术由于操作简便、检测限低而备受关注。但一些常见的有机发光小分子在有机物器件化中存在稳定性差、使用寿命短等问题,影响实际应用。层状硅酸盐矿物的层电荷具有极佳的可调控性,本书作者尝试将有机荧光分子负载其上,制备了对苯胺以及苯酚有良好响应效果的荧光超分子体系检测材料,有效解决了上述问题。同时,通过精确调控层状硅酸盐矿物的层电荷,揭示了层电荷与客体有机荧光小分子的负载率、排布形态的关系,并进一步探明其对荧光超分子体系发光性能的影响规律,为荧光超分子体系的设计提供了理论指导。

1. 光泽精/层状结构硅酸盐矿物超分子体系发光材料的制备及对污染物检测

本书作者根据有机阳离子插层蒙脱石的机理,构筑了层电荷可调的光泽精(BNMA)/蒙脱石(MMT)超分子体系发光材料,有效抑制了光泽精的荧光淬灭,从而显著提高了光泽精的发光性能。通过实验和分子动力学模拟,揭示了层电荷对体系发光性能的影响规律,获得了提高体系发光性能的优化工艺条件。研究了光泽精在蒙脱石层间的排布形态,探讨了层电荷对荧光淬灭的抑制机制。进行了光泽精/蒙脱石超分子体系发光材料的应用探索,用制备的荧光超分子复合材料实现了对苯胺和苯酚的检测。

1)材料的制备与表征

材料的制备与表征以及发光性能的调控参见第 4 章。

2)污染物检测

大量研究表明,与环境中有机分子作用,有可能改变 BNMA 在 MMT 层间的排列状态,从而影响其发光性能。我们将不同浓度的苯胺分别滴加到 BNMA/MMT 固体粉末上,测得一系列光谱曲线,证明环境中的苯胺分子显著影响 BNMA/MMT 的发光性能。苯胺浓度在 0.01~100mmol/L 变化时,随着苯胺浓度的增大,发光强度逐渐降低,苯胺浓度为 50mmol/L 时,BNMA/MMT 基本失去发光性能,即发生了荧光淬灭[图 2.102(a)]。苯胺浓度为 100mmol/L 时,荧光淬灭更为严重。降低苯胺浓度到 0.01~8 μmol/L[图 2.102(b)],发光强度与在水中的发光强度相似,苯胺浓度为 0.5 μmol/L 时,发光强度与在水中的发光强度相同,因此 BNMA/MMT 对苯胺的响应极限为 0.5 μmol/L。可见,BNMA/MMT 可以用于检测水体中苯胺的含量,检测限为 0.5 μmol/L。

BNMA/MMT 对苯酚的检测也十分有效。我们用不同浓度的苯酚分别滴加到 BNMA/MMT 上,测得的光谱曲线如图 2.103 所示。苯酚浓度在 0.01~100mmol/L 变化时[图 2.103(a)],随着苯酚浓度的增大,发光强度降低,苯酚浓度为 50mmol/L 时,发生了荧光淬灭。苯酚浓度为 100mmol/L 时,荧光淬灭更为严重,已不能检测到发光。苯酚浓度为 0.01~8 μmol/L 时[图 2.103(b)],苯酚对 BNMA/MMT 发光

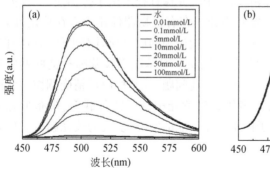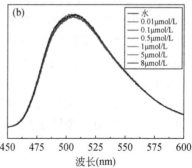

图 2.102　BNMA/MMT 粉末上滴加不同浓度苯胺后的荧光光谱

(a)0.01mmol/L~100mmol/L;(b)0.01 μmol/L~8 μmol/L(见彩图)

性能的影响较苯胺更敏感,一直到苯酚浓度为 0.01 μmol/L 时 BNMA/MMT 的光谱曲线才与其在水中的光谱曲线重合,因此 BNMA/MMT 可用于检测溶液中的苯酚,检测限为 0.01 μmol/L。测定苯酚浓度为 0.1~1.2 μmol/L 时 BNMA/MMT 的光谱,得到了 BNMA/MMT 对苯酚的检测标准曲线[图 2.103(b)内插图],检测标准曲线方程为:$y = -0.0858x + 1.0117$($R^2 = 0.9965$),线性关系很好。为了更好地体现 BNMA/MMT 对苯酚的检测能力,在紫外灯照射下,制作了 BNMA/MMT 对不同浓度苯酚的响应效果图,如图 2.103(c)所示。苯酚浓度为 0.01~100mmol/L 时,用手机的验钞功能即可检测到苯酚,更小浓度的苯酚则需借助光谱仪。

以上结果表明,BNMA/MMT 对苯酚和苯胺都有非常灵敏的响应,可用于环境中苯酚和苯胺的检测,而且检测限比一般的检测方法低,因此具有很好的应用前景。为了扩大 BNMA/MMT 的检测范围,我们考察了 BNMA/MMT 对其他有机污染物的检测能力,包括甲苯和硝基苯。在与上述同样条件下,分别将不同浓度的甲苯

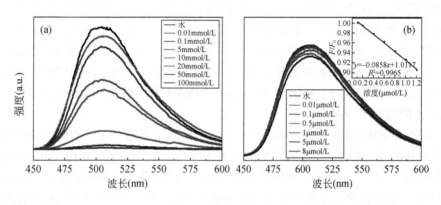

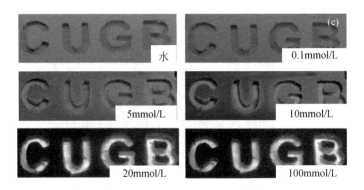

图 2.103　BNMA/MMT 粉末上滴加不同浓度苯酚后的荧光光谱

(a)0.01～100mmol/L;(b)0.01～8 μmol/L,内插图为在 510nm 下的荧光强度之比(F/F_0);

(c)BNMA/MMT 上滴加不同浓度苯酚后在紫外光下的照片(见彩图)

和硝基苯滴加到 BNMA/MMT 固体粉末上,光谱曲线如图 2.104(a)和(b)所示。相较于苯胺和苯酚随着浓度的增大渐渐发生荧光猝灭效应有所不同,滴加甲苯和硝基苯后 BNMA/MMT 的光谱曲线基本无规律可循,发光强度时而增大,时而减小。因此 BNMA/MMT 不能作为对甲苯和硝基苯的检测材料。

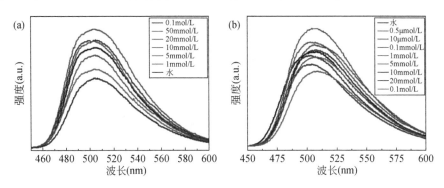

图 2.104　(a)BNMA/MMT 粉末上滴加不同浓度甲苯后的荧光光谱;

(b)BNMA/MMT 粉末上滴加不同浓度硝基苯后的荧光光谱图(见彩图)

在上述研究基础上,为了进一步扩大 BNMA/MMT 的检测范围,用与上述检测苯酚和苯胺的相同方法,对更多阳离子和阴离子进行了检测实验。用相同浓度(100mmol/L)的不同阳离子和阴离子溶液分别滴加到 BNMA/MMT 固体粉末后的发光强度如图 2.105 所示。可以发现,BNMA/MMT 只对苯胺和苯酚具有检测能力,其他污染物不会发生荧光猝灭效应。因此 BNMA/MMT 可作为对苯胺和苯酚的专有检测材料,不仅可以检测水体中的苯胺和苯酚浓度,也可以制成特殊试纸,

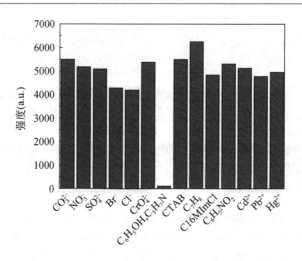

图 2.105　BNMA/MMT 粉末上滴加不同化合物后的荧光强度

检测气体中的苯胺和苯酚浓度,有待继续研究。

　　为了进一步阐述 BNMA/MMT 体系的光物理特性和电子结构,对该体系进行了能带结构计算。BNMA 独立分布于真空中的禁带宽度约为 1.03eV,插入 MMT 层间后,禁带宽度为 3.68eV[图 2.106(a)]。苯酚滴加到 BNMA/MMT 体系后,禁带宽度降低到 0.89eV[图 2.106(b)],禁带宽度较窄时,电子很容易进行能级跃迁,使体系发光强度变弱且在可见光范围内检测不到。价带和导带之间的宽度决定了体系的发光性能,宏观上表现为荧光猝灭[76]。

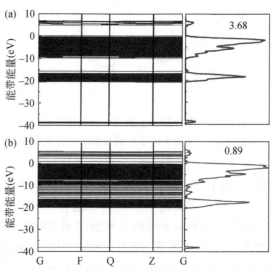

图 2.106　计算的 BNMA/MMT 和苯酚/BNMA/MMT 的能带结构和 DOS 图

(a)BNMA/MMT;(b)苯酚/BNMA/MMT

为了揭示 BNMA/MMT 对苯酚的响应机理,用分子动力学模拟方法计算了 BNMA 和苯酚在蒙脱石层间域中的作用情况。BNMA 中的—N^+基团与苯酚的 OH^- 基团间的距离只有 1.5Å(图 2.107),存在强烈的相互作用,使 BNMA 发生了浓度 猝灭效应。

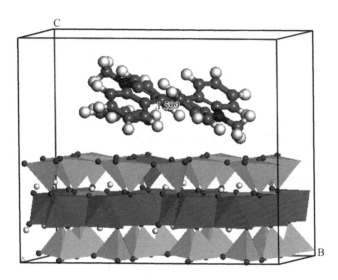

图 2.107　在蒙脱石层间 BNMA 与苯酚间距离的分子动力学模拟

3)小结

制备了发光性能优异的光泽精/蒙脱石超分子荧光材料,该材料的发光强度对 环境中的苯酚、苯胺具有灵敏的响应,从而可用于苯酚、苯胺的检测,检测限分别可 到达 0.01 μmol/L 和 0.5 μmol/L,比其他荧光材料提高了近 10 倍。

2. 发光小分子/链层结构硅酸盐矿物超分子体系发光材料的制备及对污染物的检测

通过表面负载,制备了有机发光分子/海泡石(SEP)复合材料,发现光泽精/海 泡石复合发光材料可以实现对苯酚的检测,检测限可以达到 0.1μmol/L。通过将 光泽精/海泡石和罗丹明 B/海泡石进行复配,制备的试纸可以在 5~500mmol/L 范 围检测苯酚溶液的浓度。

1)材料的制备与表征

材料的制备与表征以及发光性能的调控参见第 4 章。

2)发光小分子/海泡石在污染物检测中的应用

研究表明,苯酚和苯胺类化合物对 BNMA 的发光有抑制作用[77,78],2.2.3 节对此也有证明。因此尝试用 BNMA/SEP 检测苯酚和苯胺。

用不同浓度的苯酚分别滴加到 BNMA/SEP 上,测得的光谱曲线如图 2.108(a)
所示。苯酚浓度在 0.1 ~ 500mmol/L 变化时,随着苯酚浓度的增加,BNMA/SEP 发
光强度降低,苯酚浓度为 50mmol/L 时,发生荧光猝灭。苯酚浓度为 500mmol/L
时,已完全不能检测到发光。苯酚浓度为 0.1μmol/L 时,BNMA/SEP 的发光强度便
已经出现下降的趋势,说明 BNMA/SEP 可用于溶液中苯酚的检测,检测限可以达
到 0.1μmol/L。对苯酚浓度为 0.1 ~ 0.1mmol/L 时 BNMA/SEP 的光谱进行了拟
合,发现在这个浓度范围内 BNMA/SEP 的发光强度和苯酚浓度的 ln 指数呈线性关
系:$y = -0.0259x + 0.8754$[图 2.108(b)内插图],且线性相关因子 $R^2 = 0.9998$。因
此,在苯酚溶液浓度低的情况下,可通过光谱仪进行检测。

用不同浓度的苯胺分别滴加到 BNMA/SEP 上,测得的光谱曲线如图 2.108(c)
所示。苯胺浓度在 1 ~ 500mmol/L 变化时,随着苯胺浓度的增加 BNMA/SEP 发光
强度降低,但 BNMA/SEP 完全猝灭时的苯胺浓度与苯酚浓度不同,且其不能使光
泽精发生猝灭的浓度较高,从而不能达到检测的效果。

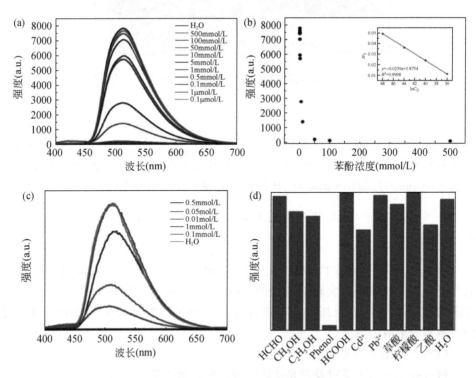

图 2.108　(a)BNMA/SEP 上滴加不同浓度苯酚后的荧光光谱图;(b)荧光强度与苯酚浓度的关
系图(内插图为荧光强度之比与苯酚浓度 ln 指数的线性关系);(c)BNMA/SEP 上滴加不同浓度
　　苯胺后的荧光光谱图;(d)BNMA/SEP 粉末上滴加不同污染物后的荧光强度(见彩图)

为了解其他常见污染物对 BNMA/SEP 是否存在猝灭效应,将相同浓度(100mmol/L)的不同污染物分别加到 BNMA/SEP 粉末上并测试其发光强度,如图 2.108(d)所示,发现只有苯酚对 BNMA/SEP 具有完全猝灭的能力,因此 BNMA/SEP 可以用于检测水体中苯酚的浓度。

苯酚对 BNMA/SEP 的猝灭效应可借助光谱仪进行检测,且在一定的浓度范围荧光强度与苯酚浓度的 ln 指数有很好的线性关系,但这大大降低了检测的便利性。因此,为了直观区分不同浓度苯酚造成的浓度猝灭,我们利用不同颜色荧光染料与 BNMA/SEP 进行复配,寻找可通过变色效果检测苯酚浓度的方法。

罗丹明类荧光染料(RB)是比较常见的荧光探针材料,但与 BNMA 相似,由于浓度猝灭效应,RB 晶体粉末在室温状态下基本不发光,将 RB 负载到介孔无机载体上可提高其发光强度。海泡石的孔道结构使其成为一种天然的多孔材料,故选择海泡石作为无机载体与 RB 复合。海泡石吸附不同初始浓度的 RB 溶液后的荧光光谱图如图 2.109(a)所示。可以看出 RB/SEP 复合材料的荧光强度随着 RB 初始浓度的增加而先增加后减小。表明随着 RB 浓度的增加,发生了浓度猝灭。当RB 溶液的初始浓度为 0.05mmol/L 时,RB/SEP 复合材料的发光强度达到最大值。此外,还发现随着 RB 初始浓度的增加,复合材料的发射峰发生蓝移,这是因为空间限域效应,海泡石的孔道结构限制了染料分子的自由度,从而引起分子的内旋,抑制了共轭效应[79]。

苯酚及苯胺污染物滴加到 RB/SEP 粉末上,发光强度的变化如图 2.109(b)所示。可以发现 RB/SEP 对这几种污染物没有选择性,不存在完全荧光猝灭的情况。因此将 BNMA/SEP 和 RB/SEP 复配,以期得到可变色的荧光粉。BNMA/SEP 和RB/SEP 在荧光光谱图上的发射峰位置不同,BNMA/SEP 的发射峰在 525nm 附近,而 RB/SEP 的发射峰在 625nm 附近。将荧光强度最好的 BNMA/SEP 与 RB/SEP混合复配,荧光光谱图和实物图如图 2.109(c)所示。当 BNMA/SEP 与 RB/SEP 以不同比例混合之后,在紫外灯照射下可呈现从深粉红色到黄色的渐变[图 2.109(c)的插图]。荧光光谱图显示,BNMA 和 RB 的发射峰独立存在,但轻微红移,表明复配并不影响复合材料的发光性能。当 BNMA/SEP 和 RB/SEP 以 4∶1 的质量比混合时,荧光粉的发光强度最大。

由于复配粉末容易混合不匀,色调不一致,因此将复配的粉末与不同比例的纸浆混合,制成试纸,其荧光光谱如图 2.109(d)所示。从图中看出,当粉末与纸浆的质量比为 1∶1 时,发光强度最好,且 BNMA 和 RB 的发射峰均独立存在,发射峰的宽化可能是由于纸纤维的加入造成的。为了检测荧光试纸的变色效果,在试纸上滴加了不同浓度的苯酚溶液,发现当苯酚浓度小于 5mmol/L 时,试纸的颜色变化不能用肉眼区分,如图 2.110(a)所示,因此,荧光试纸可用来检测较高浓度的苯酚,可在高浓度情况下解决用荧光粉末检测的不方便性。在苯酚浓度较高情况下荧光

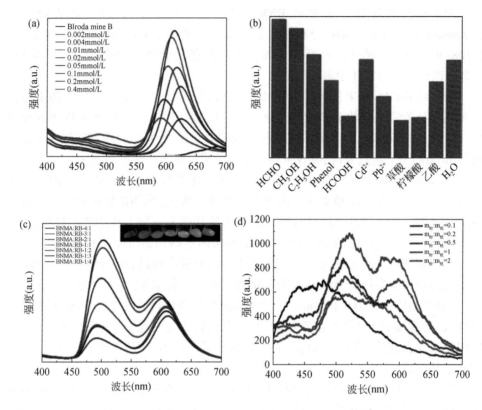

图 2.109　(a)吸附不同浓度 RB 的海泡石的荧光光谱图;(b)RB/SEP 粉末上滴加不同污染物后的荧光强度;(c)BNMA/SEP 和 RB/SEP 不同比例复合粉末的荧光光谱图(内插图为实物在紫外灯下的照片);(d)不同粉/纸比复合制备的荧光试纸的荧光光谱图(见彩图)

试纸在紫外灯下的颜色如图 2.110(b)所示。

　　根据偶极–偶极非辐射能量转移理论,当供能体的荧光发射光谱与受能体的吸收光谱有足够的重叠,并且供能体与受能体之间最大距离不超过 7nm 时,可发生非辐射能量转移现象,导致荧光猝灭[80]。通过对污染物进行紫外–可见分光光度测试,各污染物的吸收波长如表 2.33 所示。

表 2.33　不同种类污染物在 200～800nm 的吸收光谱波长

污染物种类	Cd^{2+}	CH_3OH	C_2H_5OH	C_6H_5OH	HCOOH	C_6H_7N
吸收波长(nm)	无	无	无	215	208	230
污染物种类	Pb^{2+}	$H_2C_2O_4$	HCHO	CH_3COOH	$C_6H_8O_7$	
吸收波长(nm)	224	219	202	225	229	

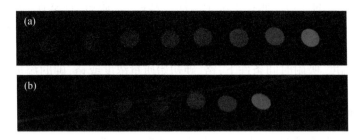

图 2.110　滴加了不同浓度苯酚的 BNMA&RB/SEP 复合荧光试纸在紫外灯下的颜色,苯酚浓度从左到右分别为:(a)500mmol/L、100mmol/L、50mmol/L、10mmol/L、5mmol/L、1mmol/L、0.5mmol/L、0mmol/L;(b)500mmol/L、100mmol/L、50mmol/L、10mmol/L、5mmol/L、0mmol/L

从表 2.33 可知,所选的污染物的吸收峰与 BNMA 和 RB 的发射峰(分别在525nm 和 600~625nm 附近)完全没有重叠。苯酚的吸收峰在 215nm 附近,因此苯酚对 BNMA 的猝灭不属于偶极-偶极非辐射能量转移。

BNMA 的发光主要是由处于激发态的 Luc^{+*}(BNMA 离子)变回基态 Luc^{+} 的过程中释放的能量以光的形式释放出来,从而产生了发光现象。当滴加苯酚溶液时,可能由于苯酚中供电子基团—OH 的存在,并且由于 BNMA 中的—N^{+}基团与苯酚的—OH 基团相互作用,使 Luc^{+*} 的跃迁受到了抑制,故导致 BNMA/SEP 发光强度降低。此推测需要进一步证实。

3)小结

将 BNMA/SEP 制成试纸,可用于检测苯酚,其对苯酚的检测限可以达到0.1 μmol/L。为了提高检测的便捷性,将 RB/SEP 与 BNMA/SEP 混合制备了复合荧光试纸,其在不同苯酚浓度条件下可以呈现不同的颜色,可用于定性检测 5~500mmol/L 的苯酚。

2.2.4　土壤重金属污染治理矿物材料

硅酸盐类矿物是目前研究最多的用于土壤重金属污染修复的环境矿物材料。这类矿物颗粒小、多孔、比表面积大、表面有较多负电荷,具有较强的吸附性能和离子交换能力。得益于这些特点,它们对处理土壤中的重金属污染具有得天独厚的优势,常见的这类矿物有沸石、蒙脱石(膨润土)、蛭石、海泡石等。此外,一些金属氧化物如铁氧化物或氢氧化物由于与重金属之间存在较强的相互作用而备受环境修复领域的关注,尤其是在修复被砷污染的土壤时表现出优异的性能。

蒙脱石、蛭石是土壤的重要组成矿物,铁是土壤溶液的重要组分。在酸性土壤条件下,蒙脱石、蛭石等矿物与土壤溶液中的铁相互作用,可形成羟基铁-蒙脱石、羟基铁-蛭石复合体,这些复合体对重金属离子具有吸附固定作用,从而影响重金属元素在土壤中的迁移。而在土壤中添加羟基铁-蒙脱石、羟基铁-蛭石复合材料则可对重金属污染土壤进行修复。为此,本书作者进行了在酸性土壤条件下铬、砷在羟基铁-蒙脱石、羟基铁-蛭石复合体表面的吸附和竞争吸附实验,研究在一定pH值、环境温度、吸附时间条件下,铬、砷初始质量浓度或铬、砷的添加顺序对羟基铁-蒙脱石、羟基铁-蛭石复合体吸附砷、铬能力的影响并与相同条件下在蒙脱石、蛭石原样表面的吸附、竞争吸附行为进行对比。

1. 低聚合羟基铁离子-蛭石复合体对铬酸根的吸附

在酸性土壤条件下,对比研究了羟基铁-蛭石复合体和蛭石对铬酸根的吸附,重点研究 Cr 的初始质量浓度、溶液 pH 值、环境温度、吸附时间和溶液离子强度对羟基铁-蛭石复合体吸附铬酸根的影响,以及两种样品对 Cr(VI)的最大吸附量,并通过正交实验,考查上述因素对羟基铁-蛭石复合体铬吸附能力的影响程度。

1)实验方法

蛭石原样采自河北承德,经沉降法提纯,选取粒径<5μm 部分,自然干燥,研磨过 200 目筛,得提纯蛭石。

(1)低聚合羟基铁离子溶液的配制

在 Fe/H_2O 体系中三价铁离子可能发生以下水解平衡反应:

$$Fe^{3+}+H_2O \Longrightarrow FeOH_2^+ +H^+ \qquad pK_1 =2.5$$

$$FeOH^{2+}+H_2O \Longrightarrow Fe(OH)_2^+ +H^+ \qquad pK_2 =3.5$$

$$Fe(OH)_2^+ +H_2O \Longrightarrow Fe(OH)_3 +H^+ \qquad pK_3 =6.0$$

$$Fe(OH)_3 +H_2O \Longrightarrow Fe(OH)_4^- +H^+ \qquad pK_4 =10.0$$

$$2Fe^{3+}+2H_2O \Longrightarrow Fe_2(OH)_2^{4+} +2H^+ \qquad pK_5 =2.9$$

$$3Fe^{3+}+4H_2O \Longrightarrow Fe_3(OH)_4^{5+} +4H^+ \qquad pK_6 =6.3$$

结合热带、亚热带地区实际土壤中铁元素的浓度范围和偏酸性条件以及蛭石的阳离子交换容量,拟定本研究中的溶液总铁浓度 $C_{Fe}=0.001mol/L$、pH=5。按上述平衡方程进行理论计算,得出在实际土壤溶液中三价铁的主要存在形式应为 $Fe(OH)_2^+$(占 98.1%),其次为少量的 $FeOH_2^+$。

(2)低聚合羟基铁离子-蛭石复合体的制备

取适量提纯蛭石于烧杯中,加蒸馏水,用搅拌器充分搅拌,调节溶液至所需 pH 值,配置成 4.5g/L 的悬浮液。将此悬浮液缓缓倒入已制备好的铁离子溶液中,用搅拌器充分搅拌均匀,分别静置陈放 1 个月、3 个月和 6 个月后离心,弃去上清液,将所得沉积物用蒸馏水冲洗若干次,并在 55℃下烘干、研磨,得到铁含量不同的低聚合羟基铁离子-蛭石复合体。

(3) 铬吸附实验

将一定量(约 50mg)低聚合羟基铁离子–蛭石复合体或提纯蛭石放入一定体积 (50mL)(吸附实验的水:土为 1mL:1mg)、一定 pH 值(4~7,即实际土壤的 pH 值 范围)、一定温度(20~40℃)和一定离子强度(0.1~1.0mol/L)的某种浓度的铬溶 液中,摇匀后,静置一定时间(6~168h),离心过滤后取上清液,测定上清液中的铬 含量,通过与初始铬含量对比,计算铬的吸附容量。

2) 样品表征

提纯蛭石(以下简称蛭石)和 3 个月的低聚合羟基铁离子–蛭石复合体(以下 简称复合体)的化学成分(化学分析法)如表 2.34 所示。

表 2.34　蛭石和 3 个月复合体的化学成分分析[wt(B)(%)]

样品	SiO_2	Al_2O_3	Fe_2O_3	FeO	MgO	CaO	Na_2O
蛭石	38.59	10.85	7.18	1.58	21.58	2.26	0.19
3 个月复合体	7.40	9.35	12.43	1.49	20.25	1.49	0.17

样品	K_2O	H_2O^+	H_2O^-	TiO_2	P_2O_5	MnO	总和
蛭石	1.08	6.97	6.86	0.61	0.02	0.093	99.72
3 个月复合体	1.08	6.37	9.43	0.67	0.021	0.082	100.23

提纯蛭石化学分析和 XRD 分析结果表明,蛭石为镁型蛭石[图 2.111(a)]。3 个月复合体的化学分析结果与蛭石相比铁的成分明显增多。因复合体中存在少量 无法除尽的铁沉积物单体,因此其成分采用电子探针分析,用多个复合体颗粒探针 分析结果的平均值代表蛭石复合体中铁的总质量分数,其铁质量分数与蛭石原样 中铁质量分数之差代表复合体中蛭石吸附的铁量。表 2.35 表明,随着蛭石在溶液 中静置时间的延长,复合体铁质量分数随之增加。

粉晶 X 射线衍射[图 2.111(a)]显示,复合体和蛭石相比,层间距没有明显变 化(蛭石 1.4553nm;1 个月复合体 1.4566nm;3 个月复合体 1.4435nm;6 个月复合 体 1.4553nm)。铁沉积物结晶程度差,对应的几条宽峰面网间距分别为 0.2596nm、0.2548nm、0.2500nm 和 0.2402nm。

复合体比表面积(表 2.36)均比蛭石明显增大,而且随着羟基铁溶液处理时间 的延长而增加。根据对复合体成分和结构的分析,复合体比表面积增大并非层间 距的增大,而是因为其表面极细粒的铁沉积物增多。

蛭石的热效应主要发生在 2 个温变区间[图 2.111(b)],它们分别与脱水和结 构破坏相对应。实验样品的差热曲线与理想蛭石差热曲线的区别在于:在 200~ 300℃,没有脱去与阳离子直接接触的水分子相对应的吸热谷,约在 800~900℃的 热效应不明显,原因有待进一步研究。复合体与蛭石的差热曲线基本相同,说明复

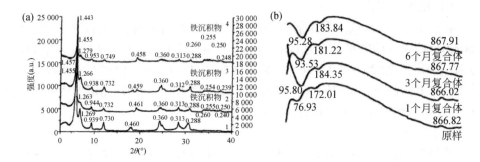

图 2.111 （a）蛭石和复合体的粉晶 X 射线衍射图（1～4 分别代表蛭石原样、1 个月复合体、3 个月复合体、6 个月复合体）；（b）蛭石和复合体的差热曲线

合体结构未发生明显的变化。

表 2.35 复合体铁含量[wt(B)(%)]

样品	测试数据				算术平均值
	点 1	点 2	点 3	点 4	
蛭石	9.16	10.30	8.23	9.37	9.27
1 个月复合体	11.39	12.36	12.67	9.50	11.48
3 个月复合体	11.84	12.63	12.57	10.82	11.97
6 个月复合体	9.33	13.19	14.01	15.46	13.00

表 2.36 比表面积分析结果(m^2/g)

样品	蛭石	1 个月复合体	3 个月复合体	6 个月复合体
比表面积	45.10	56.92	63.07	68.78

3）吸附性能

吸附实验重点研究溶液 pH 值、离子强度（用 NaCl 浓度表示）、吸附时间、吸附温度和铬初始质量浓度等因素对复合体铬吸附能力的影响，并与蛭石进行对比。吸附实验中上述条件的取值则考虑了实际土壤的环境[81]。

探究吸附时间的影响：室温（20℃），pH = 5，铬初始质量浓度 = 2mg/L，离子强度 = 0.2mol/L，用样量 = 50mg。实验结果[图 2.112（a）]表明，随着吸附时间的延长（96h 以内），复合体和蛭石对铬的吸附量均增加，96h 以后复合体和蛭石对铬的吸附均达到平衡。

探究 pH 值的影响:室温(20℃),铬初始质量浓度=2mg/L,离子强度=0.2mol/L,用样量=50mg,吸附时间=96h。实验结果[图 2.112(b)]表明,复合体对铬的吸附量随着溶液 pH 值的增加明显降低,蛭石对铬的吸附量随着 pH 值的增大仅略有降低。

探究离子强度的影响:室温(20℃),pH=5,铬初始质量浓度=2mg/L,用样量=50mg,吸附时间=96h。实验结果反映复合体和蛭石对铬的吸附量基本不随溶液离子强度的变化而变化[图 2.112(c)]。

探究吸附温度的影响:pH=5,铬初始质量浓度=2mg/L,离子强度=0.2mol/L,用样量=50mg,吸附时间=96h。实验结果表明复合体和蛭石对铬的吸附量基本不受温度影响[图 2.112(d)]。

探究铬的初始质量浓度的影响:室温(20℃),pH=5,离子强度=0.2mol/L,用样量=50mg,吸附时间=96h。实验结果表明,复合体和蛭石对铬的吸附量与铬的初始质量浓度成正比[图 2.112(e)]。

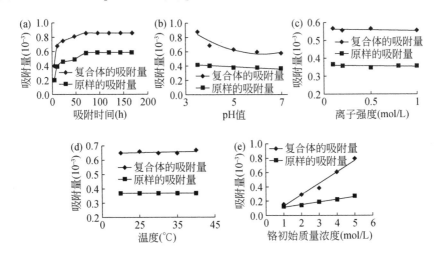

图 2.112 复合体、蛭石的铬吸附量与(a)吸附时间;(b)pH 值;(c)离子强度;
(d)温度及(e)铬初始质量浓度的关系

以上实验结果表明,pH 值、铬初始质量浓度、离子强度、吸附时间、吸附温度对复合体的铬吸附有不同程度的影响。用正交实验方法,进一步研究了上述因素对复合体铬吸附能力的相对影响程度。正交实验因素及水平如表 2.37 所示。正交实验结果(表 2.38)表明,在实验条件范围内,以上各因素对复合体铬吸附量的影响程度依次为:铬初始质量浓度>pH 值>吸附时间>温度>离子强度。

表 2.37　正交实验因素及水平

因素	pH 值	铬初始质量 浓度(mg/L)	离子强度 (mol/L)	吸附时间 (h)	吸附温度 (℃)
	4	1	0.1	1	20
正交表	5	2	0.2	2	30
$L_{16}(4^5)$	6	5	0.5	4	35
	7	10	1.0	6	40

表 2.38　正交实验结果

样号	温度 (℃)	时间 (d)	pH 值	铬浓度 (mg/L)	离子强度 (mol/L)	吸光度	吸附量
1	20	2	6	2	0.5	0.178	0.562
2	35	6	4	2	0.2	0.171	0.585
3	30	6	6	5	1	0.4	0.625
4	40	2	4	5	0.1	0.386	0.648
5	20	4	4	10	1	0.709	0.705
6	35	1	6	10	0.1	0.724	0.691
7	30	1	4	1	0.5	0.094	0.532
8	40	4	6	1	0.2	0.102	0.49
9	20	1	7	5	0.2	0.4	0.625
10	35	4	5	5	0.5	0.464	0.539
11	30	4	7	2	0.1	0.179	0.559
12	40	1	5	2	1	0.174	0.575
13	20	6	5	1	0.1	0.1	0.5
14	35	2	7	1	1	0.102	0.49
15	30	2	5	10	0.2	0.716	0.698
16	40	6	7	10	0.5	0.721	0.693
K(1,J)	2.392	2.4	2.37	2.3	2.33		
K(2,J)	2.305	2.403	2.47	2.4	2.4		
K(3,J)	2.414	2.293	2.37	2.8	2.4		
K(4,J)	2.406	2.423	2.31	2	2.4		
K1 均	0.598	0.6	0.59	0.6	0.58		
K2 均	0.576	0.601	0.62	0.6	0.6		
K3 均	0.6035	0.573	0.59	0.7	0.6		

样号	温度 (℃)	时间 (d)	pH 值	铬浓度 (mg/L)	离子强度 (mol/L)	吸光度	吸附量
K4 均	0.6015	0.608	0.58	0.5	0.6		
极差	0.028	0.035	0.04	0.2	0.02		

4) 吸附机理探讨

根据对复合体、蛭石的表征结果,复合体的铁基本没有进入蛭石结构层间,而是沉积在蛭石的表面,形成铁的含水氧化物相,蛭石表面铁物相的含量随蛭石与羟基铁溶液作用时间的增加而增多,由于复合体表面铁沉积层含量太少,结晶程度差,其物相种类尚难以确定。阴离子在矿物表面的吸附一般分为两个阶段,第一阶段是阴离子在矿物表面容易获得的吸附位上的吸附,这一过程在数分钟到数小时内完成;第二阶段是阴离子向矿物层间或颗粒间空隙扩散吸附的过程,这一过程速度慢、吸附量小。图 2.112(a)显示,复合体、蛭石对铬的吸附过程均符合此规律。第一阶段持续约 12h,铬吸附量随吸附时间的延长快速增加,第二阶段是 12h 以后,铬吸附量随吸附时间的延长缓慢增加,持续约 84h、96h 后,吸附达到平衡,说明矿物层间和颗粒间空隙吸附量很小。

吸附实验在封闭的容量瓶中进行,铬吸附量随吸附时间呈增加趋势。这与在封闭的容量瓶中进行的低聚合羟基铁-蒙脱石复合体对铬的吸附实验结果一致。吸附实验结果表明,复合体对铬的吸附能力显著,而且远高于蛭石。根据对样品的表征,复合体铬吸附能力的提高与其铁含量和比表面积的增加成正比,但并非比例增长,因此复合体有其独特的物化性质。

在碱性或中性条件下,溶液中的 Cr 主要以 CrO_4^{2-} 形式存在,当增加 H^+ 浓度时,首先生成 $HCrO_4^-$,继而转变成 $Cr_2O_7^{2-}$;在 pH≤2 时,以 $Cr_2O_7^{2-}$ 占优势。所以在实验 pH 值范围内溶液中的铬以 $HCrO_4^-$ 和 CrO_4^{2-} 为主。在实验的 pH 值范围内,复合体和蛭石的铬吸附量随 pH 值的变化规律与前人有关实验结果相同,即随 pH 值的增加而降低[82]。因为复合体的铬吸附能力和吸附行为,特别是在 pH<7 条件下保持高的铬吸附能力的行为与铁的含水氧化物更为接近,而且一般认为,内层吸附或专性吸附不受离子强度的影响,这与本实验的结果吻合。因此推测复合体对铬的吸附主要是通过复合体表面的铁物相与铬酸根形成单配位基表面基团(铬酸根与铁共用一个氧),属专性吸附或内层吸附。正交实验结果表明,pH 值和铬初始质量浓度是影响复合体铬吸附量的主要因素。

5) 小结

将提纯的镁型蛭石与羟基铁离子溶液作用,制备低聚合羟基铁-蛭石复合体。在模拟实际土壤酸度(pH=4~7)和温度(20~40℃)条件下,进行低聚合羟基铁-

蛭石复合体吸附有害元素铬的实验,探讨复合体的铬吸附能力与不同反应条件的关系,并与蛭石的铬吸附行为进行对比。在酸性土壤条件下,羟基铁-复合体有强而稳定的铬吸附能力。羟基铁与蛭石间发生作用可以形成羟基铁-蛭石复合体,这种复合体具有不同于蛭石的性能,在实际土壤环境下对有害元素铬具有明显的亲和力,这种亲和力受各种环境因素不同程度的影响。加强羟基铁-蛭石复合体对有害元素的吸附研究具有地球化学、土壤学和环境学的重要意义。

2. 砷、铬在羟基铁-蛭石复合体表面的竞争吸附

1) 实验方法

本研究所用蛭石原样采自河北承德,经沉降法提取粒径<5μm 部分,自然干燥、研磨、过 200 目筛得到提纯蛭石。吸附实验条件参考实际酸性土壤条件[83,84],pH=5,吸附时间为 4d,室温下进行,铬、砷的质量浓度为 0.5 ~ 2.5mg/L,铬、砷的加入量均指所含铬、砷元素的质量。通过与初始砷、铬含量对比,计算砷、铬的吸附量。对砷、铬的吸附实验分为两部分:①同时加入砷和铬;②不同顺序加入砷和铬。

（1）同时加入砷和铬的实验

固定砷或铬的初始质量浓度,改变另一元素的初始质量浓度。取 5mL 浓度为 20mg/L 的砷或铬溶液于 50mL 的容量瓶中,然后分别加入 2.5mL、5mL、7.5mL、10mL、12.5mL 浓度为 20mg/L 的铬或砷溶液,调节 pH 值为 5,稀释至 46mL,加入 50mg 复合体或蛭石后定容至 50mL。摇匀,室温下静置吸附 4d。离心并取上层清液,测定砷、铬含量。

同时改变砷和铬的初始质量浓度。将等量初始浓度为 20mg/L 的砷、铬溶液(2.5mL、5mL、7.5mL、10mL、12.5mL)混合,用稀 NaOH 溶液(0.05mol/L)调 pH 值至 5 并稀释至 46mL,加入 50mg 复合体或蛭石后定容至 50mL。摇匀,室温下静置吸附 4d。离心并取上层清液,测定砷、铬含量。

（2）不同顺序加入砷和铬的实验

固定砷或铬初始质量浓度,改变另一元素的初始质量浓度。取 5mL 浓度为 20mg/L 的砷或铬溶液于 50mL 的容量瓶中,调节 pH 值至 5 并稀释至 46mL,加入 50mg 复合体或蛭石,吸附 4d 后分别加入浓度为 100mg/L 的铬或砷溶液(0.5mL、1.0mL、1.5mL、2.0mL 或 2.5mL),定容至 50mL,摇匀,室温下再吸附 4d。离心、取上层清液,测定砷、铬含量。

同时改变砷和铬的初始质量浓度。取 2.5mL、5mL、7.5mL、10mL、12.5mL 浓度为 20mg/L 的砷或铬溶液于 50mL 的容量瓶中,调节 pH 值至 5,稀释至 46mL 后加入 50mg 复合体或蛭石,吸附 4d 后分别加入等量(0.5mL、1.0mL、1.5mL、2.0mL、2.5mL)的另一元素溶液(浓度为 100mg/L),定容至 50mL,摇匀,室温下再吸附 4d。

离心、取上层清液,测定砷、铬含量。

2)吸附性能

(1)同时加入砷和铬的实验

固定铬的初始质量浓度、改变砷的初始质量浓度的吸附实验结果如图 2.113(a)所示。可以看到,复合体和蛭石对砷的吸附量随砷的初始质量浓度增加而缓慢增加,而且增加速度相近。复合体和蛭石对铬的吸附量基本不变。而且复合体对砷、铬的吸附量始终高于蛭石。

固定砷初始质量浓度、改变铬初始质量浓度的吸附实验结果如图 2.113(b)所示。随铬初始质量浓度的增加,复合体和蛭石对砷的吸附量基本不变,而对铬的吸附量明显增加。而且复合体对砷、铬的吸附量始终高于蛭石。铬初始质量浓度低于 1.0mL 时,蛭石原样对铬的吸附量近于 0,不发生吸附。

同时改变铬和砷初始质量浓度的吸附实验结果如图 2.113(c)所示。随铬、砷初始质量浓度增加,复合体和蛭石对铬、砷的吸附量有明显增加的趋势。复合体对砷、铬的吸附量相对高于蛭石原样对砷、铬的吸附量,而且复合体和蛭石对铬的吸附量之差大于复合体和蛭石对砷的吸附量之差。

(2)不同顺序加入砷和铬的实验

先加入固定量铬,吸附 4d 后,加入不同量砷的吸附实验结果如图 2.113(d)所示。在先吸附铬 4d 后加入不等量砷的情况下,复合体和蛭石对砷的吸附量随砷初始质量浓度增加而缓慢增加,增加速度相近。复合体和蛭石对铬的吸附量基本不变,而且复合体对砷、铬的吸附量相对高于蛭石原样对砷、铬的吸附量。与图 2.113(a)相比可以明显看出复合体和蛭石对铬、砷的吸附量都明显增加。

先加入固定量砷,吸附 4d 后,加入不同量铬的吸附实验结果如图 2.113(e)所示。在先吸附砷 4d 后加入不等量铬的情况下,复合体和蛭石对铬的吸附量随铬初始质量浓度增加而增加,复合体增加速度略大。复合体和蛭石对砷的吸附量基本不变。而且复合体对砷、铬的吸附量始终高于蛭石。与图 2.113(b)相比,复合体和蛭石对铬、砷的吸附量都有明显增加。

先加入不同量铬,吸附 4d 后加入等量砷的吸附实验结果如图 2.113(f)所示。复合体和蛭石对砷和铬的吸附量随砷和铬初始质量浓度增加而增加,增加速度相近。复合体对砷、铬的吸附量始终高于蛭石对砷、铬的吸附量。与图 2.113(c)相比,可以明显看出复合体和蛭石对铬、砷的吸附量都有所增加,尤其是对铬的吸附量。

3)吸附机理探讨

图 2.113(a)显示,羟基铁-蛭石复合体同时吸附砷酸根和铬酸根比单独吸附砷、铬酸根时的吸附量大,即当砷酸根和铬酸根同时存在时,不但不会降低对方的吸附量,对铬酸根和砷酸根的吸附量还略有增加,此现象有待进一步研究。

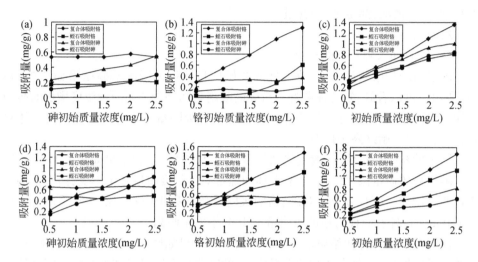

图2.113　（a）同时加入铬和砷,固定铬初始质量浓度而改变砷初始质量浓度时复合体和蛭石对砷、铬的吸附量与砷初始质量浓度的关系;（b）同时加入铬和砷,固定砷初始质量浓度而改变铬初始质量浓度时复合体和蛭石对砷、铬的吸附量与铬初始质量浓度的关系;（c）同时加入铬、砷,并同时改变铬、砷初始质量浓度时,复合体和蛭石的铬、砷吸附量与铬、砷初始质量浓度的关系;（d）先加入固定量铬,吸附4d后加入不同量砷,复合体和蛭石对铬、砷的吸附量与砷初始质量浓度变化的关系;（e）先加入固定量砷,吸附4d后加入不同量铬,复合体和蛭石的砷、铬吸附量与铬初始质量浓度变化的关系;（f）先加入铬,吸附4d后加入砷,同时改变铬和砷初始质量浓度,复合体和蛭石对砷、铬的吸附量与初始质量浓度的关系

　　图2.113(d)～(f)表明,当先加入固定质量浓度的某种离子,吸附4d后,加入不同质量浓度的另一种离子时,促进了第一种离子的吸附。当第一种离子是铬酸根时这种现象更加明显,说明先吸附的砷酸根或铬酸根不会因为后加入的铬酸根或砷酸根的吸附而脱附,即砷酸根和铬酸根在羟基铁–蛭石复合体和蛭石表面不产生竞争吸附。

　　图2.113(a)～(c)与图2.113(d)～(f)比较,铬、砷的加入顺序对吸附量有一定程度的影响,先加入砷酸根时复合体对砷的吸附量大于先加入铬酸根时复合体对砷的吸附量;先加入铬酸根时复合体对铬的吸附量大于先加入砷酸根时复合体对铬的吸附量。说明砷、铬具有相同的吸附位,先加入的离子优先占据这些吸附位,所以吸附量相对较高,而后加入的离子因不能通过竞争吸附而使先加入的离子脱附,吸附量有所下降(即位阻效应)。

　　此外,实验结果表明,羟基铁–蛭石复合体对砷、铬的竞争吸附,以及对铬、砷两种离子的单独吸附行为与蛭石原样的吸附行为不同。砷、铬在羟基铁–蛭石复合体表面的吸附量在任何情况下都高于在蛭石原样表面的吸附量,说明复合体具有与蛭石不同的成分、结构和性质。

4）小结

在模拟的氧化及酸性土壤条件下，通过羟基铁–蛭石复合体和蛭石原样对铬酸根、砷酸根的竞争吸附实验，研究了铬酸根离子和砷酸根离子不同用量及不同添加顺序对竞争吸附的影响。羟基铁–蛭石复合体对铬、砷均有较强的吸附能力，其铬、砷吸附量明显高于蛭石。在酸性土壤环境下，砷酸根和铬酸根离子可共同吸附于羟基铁–蛭石复合体表面，但不产生竞争吸附。羟基铁–蛭石复合体在实际土壤环境下对有害元素铬、砷同时具有明显的亲和力，这种亲和力受各种环境因素不同程度的影响，对铬、砷在酸性土壤中的迁移和聚积有重要影响，因此加强羟基铁–蛭石复合体对有害元素的吸附研究具有地球化学、土壤学和环境学的重要意义。

3. 低聚合羟基铁–蒙脱石复合体对铬酸根的吸附

本节探究了在酸性土壤条件下羟基铁–蒙脱石复合体对铬酸根的吸附，并对比了相同条件下蒙脱石、含水氧化铁对铬酸根的吸附。重点研究 Cr 的初始质量浓度、溶液 pH 值、环境温度、吸附时间和溶液离子强度对 Cr(VI) 在复合体表面吸附的影响以及 3 种样品对 Cr(VI) 的最大吸附量。通过正交实验考查了上述因素对羟基铁–蒙脱石复合体铬吸附能力的影响程度。

1）实验方法

本研究所用蒙脱石原样采自南京市甲山膨润土矿。膨润土原样经破碎后以沉速分离法提纯，得到提纯蒙脱石样品。低聚合羟基铁–蒙脱石复合体的制备方法参见低聚合羟基铁–蛭石复合体部分。

吸附实验方法：根据所需的铬初始质量浓度，取一定量浓度为 20mg/L 的铬溶液于 50mL 的容量瓶中，加入一定量浓度为 5mol/L 的 NaCl 溶液调整溶液离子强度。用去离子水稀释至体积近 50mL 后用稀 HCl 溶液（0.05mol/L）调 pH 值至所需值，然后根据实验需要，分别将 50mg 复合体、蒙脱石或铁沉积物加入溶液中。定容至 50mL，摇匀，室温下静置吸附一定时间后，离心分离，取上层清液，用 ICP-AES 法测定溶液中铬含量。铬吸附量根据吸附前后溶液中铬含量之差求得。吸附条件的取值考虑了实际土壤的环境[81,85]。

2）吸附性能

（1）吸附时间对铬吸附量的影响

铬初始质量浓度为 2mg/L，NaCl 为 0.2mol/L（代表离子强度），pH 值为 5，复合体、蒙脱石和铁沉积物均为 50mg，温度 25℃，吸附时间为 6h、12h、24h、48h、72h、96h、120h。实验结果如图 2.114(a) 所示。复合体、蒙脱石和铁沉积物对铬的吸附量随吸附时间的变化行为相似，12h 内铬的吸附量随吸附时间的延长快速增加，12h 后增加非常缓慢。不同的是，复合体的最大铬吸附量约为 0.76mg/g，铁沉积物的最大铬吸附量高达 1.29mg/g,而蒙脱石的最大铬吸附量仅为 0.16mg/g 左右。

(2)离子强度对铬吸附量的影响

铬初始质量浓度为 2mg/L,NaCl 为 0.1mol/L、0.2mol/L、0.5mol/L、0.8mol/L、1.0mol/L,pH 值为 5,复合体、蒙脱石和铁沉积物均为 50mg,温度 25℃,吸附时间 72h。实验结果见图 2.114(b)。复合体、蒙脱石和铁沉积物对铬的吸附量均随 NaCl 浓度的增加而有所降低,降低的速度和幅度相近。

(3)pH 值对铬吸附量的影响

铬初始质量浓度为 2mg/L,NaCl 为 0.2mol/L,复合体、蒙脱石和铁沉积物各 50mg,温度 25℃,吸附 72h,pH 值为 3.5、4、5、6、7。结果如图 2.114(c)。pH 值小于 5 时,复合体的铬吸附量随 pH 值的升高而略有增加,pH 值大于 5 后略有降低。蒙脱石的铬吸附量在 pH 值小于 5 时基本不变,pH 值大于 5 时开始降低,pH 值为 6~7 时近于零。铁沉积物的铬吸附量始终随 pH 值的升高而降低。

(4)温度对铬吸附量的影响

铬初始质量浓度为 2mg/L,NaCl 为 0.2mol/L,复合体、蒙脱石和铁沉积物均为 50mg,吸附时间为 72h,pH 值为 5,温度 20℃、25℃、30℃、35℃、40℃。结果如图 2.114(d)所示。在实验温度范围内,复合体、蒙脱石和铁沉积物的铬吸附量总体均 呈小幅下降趋势,下降幅度依次为:铁沉积物>复合体>蒙脱石。

(5)铬初始质量浓度对铬吸附量的影响

NaCl 为 0.2mol/L,复合体、蒙脱石和铁沉积物均为 50mg,吸附时间 72h,pH 值 为 5,温度 25℃,铬初始质量浓度为 1mg/L、2mg/L、3mg/L、4mg/L 和 5mg/L。实验 结果如图 2.114(e)所示。结果表明,随铬初始质量浓度的增加,复合体、蒙脱石和 铁沉积物的铬吸附量都明显增加。其中,前二者的铬吸附量增加速度相近,且都比 铁沉积物的铬吸附量增加速度低。

(6)铬的饱和吸附量

NaCl 为 0.2mol/L,复合体、蒙脱石和铁沉积物均为 50mg,吸附时间为 72h,pH 值为 5,温度 25℃,铬初始质量浓度分别为 5mg/L、10mg/L、50mg/L、100mg/L、150mg/L 和 200mg/L。从图 2.114(f)可明显看出复合体、蒙脱石及铁沉积物对铬 的饱和吸附量分别是 3.8mg/g、1.62mg/g 和 18.9mg/g。

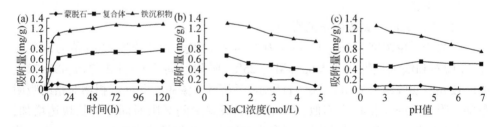

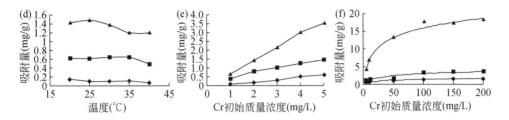

图 2.114　(a)吸附时间、(b)离子强度(用 NaCl 浓度表示)、(c)pH 值、(d)温度及(e)铬初始质量浓度对复合体、蒙脱石和铁沉积物的铬吸附量的影响;(f)3 种矿物对铬的饱和吸附量

为考查吸附条件对复合体铬吸附量的影响程度,进行了正交吸附实验。实验因素及取值见表 2.39。正交实验及方差分析结果如表 2.40。结果显示,在实验条件下,各因素对复合体铬吸附量的影响程度依次为:初始质量浓度>离子强度>温度>时间>pH 值。

表 2.39　正交实验因素及其水平

水平	pH 值	铬初始质量浓度 (mg/L)	NaCl 浓度 (mol/L)	t(h)	T(℃)
	4	1.0	0.1	24	25
正交表	5	2.0	0.2	48	30
$L_{16}(4^5)$	6	4.0	0.5	72	35
	7	5.0	1.0	96	40

表 2.40　正交实验结果

编号	样重 (mg)	pH 值	铬初始质量浓度 (mol/L)	NaCl 浓度 (mol/L)	t(h)	T(℃)	剩余铬含量 (mg/L)	吸附率 (%)	吸附量 (mg/L)
1	50.1	4	2	0.5	48	35	0.79	60.32	1.21
2	50.3	6	5	0.1	48	30	1.93	61.33	3.07
3	50.2	5	5	0.5	72	40	2.19	56.27	2.81
4	50.1	7	2	0.1	72	25	0.58	70.87	1.42
5	50.2	4	4	0.1	96	40	1.6	60.11	2.4
6	50.1	6	1	0.5	96	25	0.27	73.41	0.73
7	50.2	5	1	0.1	24	35	0.18	81.85	0.82
8	50.3	7	4	0.5	24	30	1.64	59.05	2.36

续表

编号	样重（mg）	pH值	铬初始质量浓度（mol/L）	NaCl浓度（mol/L）	t（h）	T（℃）	剩余铬含量（mg/L）	吸附率（%）	吸附量（mg/L）
9	50.1	4	1	1	72	30	0.32	68.34	0.68
10	50.3	6	4	0.2	72	35	1.64	59.05	2.36
11	50.2	5	4	1	48	25	1.7	57.47	2.3
12	50.1	7	1	0.2	48	40	0.29	71.3	0.71
13	50.1	4	5	0.2	24	25	2.02	59.65	2.98
14	50.3	6	2	1	24	40	0.92	53.99	1.08
15	50.1	5	2	0.2	96	30	0.79	60.32	1.21
16	50.2	7	5	1	96	35	2.23	55.42	2.77
K(1,J)		248.42	294.9	274.16	254.54	261.4			
		7.27	2.94	7.71	7.24	7.43			
K(2,J)		255.91	245.5	250.32	250.42	249.04			
		7.14	4.91	7.26	7.28	7.32			
K(3,J)		247.78	235.68	249.05	254.53	256.64			
		7.24	9.43	7.12	7.27	7.16			
K(4,J)		256.64	273.16	235.22	249.26	241.67			
		7.26	11.63	6.83	7.11	7.01			
K1均		62.11	73.73	68.54	63.64	65.35			
		1.818	0.74	1.93	1.81	1.86			
K2均		63.98	61.38	62.58	62.61	62.26			
		1.785	1.23	1.82	1.82	1.83			
K3均		61.95	58.92	62.26	63.63	64.16			
		1.81	2.36	1.78	1.82	1.79			
K4均		64.16	68.29	58.81	62.32	60.42			
		1.815	2.91	1.71	1.778	1.75			
极差		2.21	14.81	9.73	1.32	4.93			
		0.033	2.17	0.22	0.042	0.11			

3）吸附机理探讨

阴离子在矿物表面的吸附过程一般分为两个阶段，首先是阴离子在矿物表面可获得的吸附位上的吸附，这一过程在数分钟到数小时内完成；然后是阴离子向矿物层间或颗粒间空隙的扩散吸附,这一过程速度慢,吸附量小。由图 2.114(a)可见,复合体、蒙脱石和铁沉积物对铬的吸附过程均符合此规律。第一阶段持续约 12h,第二阶段可持续数天,但增加的吸附量很小。

本书作者曾在空气中进行过蒙脱石–铬酸根–羟基铁离子体系的吸附实验[84],结果表明,体系中铬吸附量随吸附时间的延长略有降低,认为与大气中的 CO_2 溶入溶液中形成的碳酸根与铬酸根形成竞争吸附有关。本研究的吸附实验是在封闭的容量瓶中进行,因此大气中的 CO_2 溶入溶液形成的碳酸根与铬酸根形成竞争吸附的影响很小,铬吸附量随吸附时间呈增加趋势。

最近的研究表明,铬在铁的氧化物、氢氧化物表面的吸附具有专性吸附特征[86,87]。一般而言,专性吸附不受溶液离子强度影响。但图 2.114(b)显示,离子强度对铬在复合体、蒙脱石和铁积物表面的吸附均产生一定程度的影响。其他学者也曾发现类似现象[88]。Criscenti[89]认为这与阴离子和溶液中的电解质形成离子对或表面三元络合基团有关。

在碱性或中性条件下,溶液中的 Cr 主要以 CrO_4^{2-} 形式存在,当 H^+ 浓度升高时,先生成 $HCrO_4^-$,继而转变成 $Cr_2O_7^{2-}$;在 pH≤2 时,以 $Cr_2O_7^{2-}$ 占优势。所以在实验 pH 值范围内溶液中的铬以 $HCrO_4^-$ 和 CrO_4^{2-} 为主。pH 值对复合体铬吸附量的影响与对蒙脱石、铁沉积物铬吸附量的影响略有不同。在实验的 pH 值范围内,蒙脱石、铁沉积物的铬吸附量随 pH 值的变化规律与前人有关实验结果相同,即随 pH 值的增加而降低[82]。复合体的铬吸附量则在 pH 值为 5 时具有最大值。这与蒙脱石–铬酸根–羟基铁离子体系对铬的吸附实验结果相似[84];反映出复合体具有特殊的物化性质和阴离子吸附行为。Hiemstra 等[90]曾讨论过针铁矿表面结构对表面吸附离子的影响,认为平行 c 轴延长的针状针铁矿表面以(110)晶面为主,两端为少量的(021)晶面。(110)晶面和(021)晶面有不同的结构、不同的表面基团类型和数量,因此对阴离子有不同的表面络合行为。由此可见,成分、结构不同的含水氧化铁对阴离子的吸附能力自然不同,即使是同种含水氧化铁物相,晶形不同时吸附阴离子的能力也各异。Harsh 和 Doner[91]曾研究过氢氧化铝在蒙脱石表面的沉积,发现蒙脱石不仅阻碍氢氧化铝在其表面的结晶,使氢氧化铝颗粒细小,而且可使其定向沉积。因此,与自由沉积的氢氧化铝相比,沉积于蒙脱石表面的氢氧化铝具有粒径小、某种晶面特别发育的特点。据此,本书作者推测,沉积于蒙脱石表面的含水氧化铁也具有相似的性质,导致羟基铁–蒙脱石复合体性质特殊。

有研究表明,Cr(VI)在蒙脱石表面的吸附是吸热过程[92],因此升高温度应有利于铬的吸附。但图 2.114(d)显示,随温度的升高,铬在复合体、蒙脱石和铁沉积物表面的吸附量均略有下降。这与作者在研究蒙脱石–铬酸根–羟基铁离子体系对铬的吸附结果一致[84]。本书作者认为溶液中其他阴离子(如 Cl^-)与铬酸根的竞争吸附是可能的原因。

图2.114(f)给出了3种矿物对铬的饱和吸附量。Cr(VI)初始质量浓度小于100mg/L时,3种样品的Cr(VI)吸附量均随Cr(VI)初始质量浓度的增加而增加。当Cr(VI)初始质量浓度大于100mg/L时,3种样品的Cr(VI)吸附量均达到饱和。复合体的饱和Cr(VI)吸附量小于铁沉积物,但约为蒙脱石的2倍。

图2.114(e)和正交实验结果均表明,在实验条件下,铬初始质量浓度是影响复合体铬吸附量的最主要因素,在很大的铬初始质量浓度范围内,复合体的铬吸附量均随铬初始质量浓度的增加而线性增加。说明在实际土壤条件下,复合体具有稳定的铬吸附能力。

4) 小结

用制备的低聚合羟基铁-蒙脱石复合体在模拟的酸性土壤条件下进行了对铬酸根的吸附实验,并与在相同条件下蒙脱石及含水氧化铁对铬酸根的吸附进行对比。实验条件下复合体有较强的铬吸附能力,其铬吸附量低于铁沉积物而明显高于蒙脱石。铬主要以专性吸附方式吸附于复合体表面。铬初始质量浓度是影响复合体铬吸附量的最主要因素,离子强度次之,其他条件对复合体铬吸附量的影响很小。酸度对复合体吸附铬酸根的影响不同于对蒙脱石和铁沉积物吸附铬酸根的影响,表明复合体具有不同于蒙脱石和铁沉积物的物化性质和阴离子吸附行为。说明在酸性土壤条件下,复合体有强而稳定的铬吸附能力。

4. 膨润土、海泡石等矿物用于湖南株洲地区 Cd、Pb 污染土壤的修复研究

土壤地球化学调查发现,Cd、Pb 等有害元素在湖南长株潭地区存在严重富集的现象。调查还发现该区域土壤酸化现象非常严重,农耕区土壤几乎是酸性和强酸性土壤。土壤酸化导致重金属活化,对生态系统,特别是农田生态系统和水生生态系统的危害巨大。但对该地区重金属污染土壤进行修复的研究却很少。本书作者以湖南株洲地区 Cd、Pb 污染程度具有代表性的农田土壤为对象,以海泡石、膨润土和生石灰为修复材料,采用化学固定方法,进行了 Cd、Pb 污染土壤的室内修复实验。

1) 实验材料与方法

本研究所用土壤采自株洲冶炼厂西 9km 处农田。用于土壤修复的材料要求Cd、Pb 元素含量尽可能低。经过筛选,采用湖南常德市澧县大堰当镇膨润土、河北海泡石和北京益利精细化学品有限公司提供的生石灰为修复材料。土壤、膨润土、海泡石和生石灰的矿物组成见表 2.41,元素分析结果见表 2.42。海泡石的 Pb、Cd 含量偏高,但这是筛选得出的 Pb、Cd 含量最低的海泡石样品,为考查海泡石的 Pb、Cd 含量对增加土壤中重金属含量,从而对植物吸收重金属的影响,做了空白实验进行对比(表 2.43 中 1 号配方)。

表 2.41　土壤、膨润土、海泡石和生石灰样品的矿物组成 [w_B(%)]

样品	石英	云母	高岭石	水硅石	方解石	海泡石	滑石	蒙脱石	白云石	赤铁矿	闪石	氧化钙	$w(Cd)/10^{-6}$	$w(Pb)/10^{-6}$
土壤	77	18	3					1			1		1.23	136.7
海泡石		6		13	34	23	7		12		2		0.39	44.02
膨润土	13		8		11			68					0.77	20
生石灰												98	0	0

表 2.42　土壤、膨润土、海泡石样品的化学成分 [wt(%)]

样品	SiO_2	Al_2O_3	Fe_2O_3	FeO	MgO	CaO	Na_2O	K_2O	H_2O^-	TiO_2	P_2O_5	MnO	烧失量	含量
土壤	67.25	12.06	2.79	1.79	0.80	1.09	0.46	1.85	1.03	0.90	0.14	0.012	11.03	100.17
膨润土	49.15	14.26	5.75	0.07	1.88	10.34	0.33	0.75	4.08	0.68	0.058	0.010	17.07	100.35
海泡石	56.42	4.84	1.88	0.14	14.37	7.88	0.39	0.45	2.50	0.19	0.14	0.010	13.40	100.11

表 2.43　盆栽小白菜的正交实验因素水平表

水平	m(海泡石)(g)	m(膨润土)(g)	m(石灰)(g)
1	0	0	0
2	20	20	4
3	40	40	6
4	60	60	8

　　设计了 3 因素(膨润土、海泡石和生石灰 3 种修复材料)、4 水平(4 种添加量)的正交实验(表 2.43)(各因素的取值参考了中外相关的实验结果),共获得 16 组配方。每种配方都进行了种植小白菜的盆栽实验。小白菜种植前和收割后,对每组配方土壤进行了 Cd、Pb 含量及 pH 值测定。对种植的小白菜进行了 Cd、Pb 含量测定。本实验只研究修复材料对土壤中 Pb、Cd 的吸收、固定作用及其对植物吸收 Pb、Cd 的影响,未研究修复材料对植物吸收其他元素的影响,因此只分析了土壤、修复材料和小白菜中的 Pb、Cd 含量。为了得到样品内重金属元素的准确含量,分析过程中均涉及溶样、分析两个步骤。

　　2) 实验结果

　　种植实验表明,各配方种植的小白菜长势情况良好,生物量无明显差异。正交实验结果见表 2.44。结果显示,Cd 在小白菜中的含量随海泡石、膨润土加入量的增加而呈波浪状变化,当海泡石、膨润土的加入量为 20g 时,Cd 在小白菜中的含量最低[图 2.115(a)、(b)];随石灰加入量的增加而呈下降趋势[图

2.115(c)]。小白菜中的 Pb 含量随海泡石加入量的增加先降低后增加,当海泡石的加入量为 40g 时最低[图 2.115(a)];随膨润土加入量增加先增加而后降低,当膨润土的加入量为 40g 时最低[图 2.115(b)];随石灰加入量增加先增加后降低,石灰用量为 8g 时最低[图 2.115(c)]。

表 2.44　盆栽小白菜的正交实验结果

编号	海泡石	膨润土	石灰	pH 值		$w(Pb)(10^{-6})$			$w(Cd)(10^{-6})$		
				种前土中	收后土中	种前土中	收后土中	小白菜中	种前土中	收后土中	小白菜中
1	0	0	0	6.03	7.02	129.1	118.7	0.262	1.94	2.12	0.396
2	0	20	4	6.58	7.20	114.6	110.0	0.396	2.47	2.05	0.188
3	0	40	6	7.26	7.38	136.8	103.2	0.206	2.00	1.88	0.191
4	0	60	8	7.79	7.89	132.8	99.6	0.204	2.43	1.87	0.229
5	20	0	4	7.28	6.74	129.7	96.1	0.228	1.70	2.09	0.214
6	20	20	0	7.12	6.80	120.7	76.6	0.268	1.97	1.73	0.237
7	20	40	8	7.93	7.20	111.0	124.7	0.248	2.46	2.37	0.206
8	20	60	6	7.32	6.96	133.2	118.3	0.141	1.97	1.88	0.154
9	40	0	6	8.12	7.61	125.8	96.9	0.277	2.09	1.83	0.292
10	40	20	8	7.78	7.26	126.8	103.0	0.162	3.91	3.38	0.190
11	40	40	0	7.42	7.18	133.3	79.8	0.184	2.13	1.64	0.191
12	40	60	4	7.52	7.10	130.7	106.7	0.176	2.19	1.93	0.200
13	60	0	8	7.87	7.48	122.4	99.4	0.211	2.06	2.01	0.172
14	60	20	6	7.66	7.35	117.6	113.3	0.230	2.26	1.98	0.201
15	60	40	4	7.76	7.56	105.5	98.9	0.282	2.00	1.65	0.309
16	60	60	0	7.64	7.96	124.5	111.1	0.178	1.55	1.72	0.166

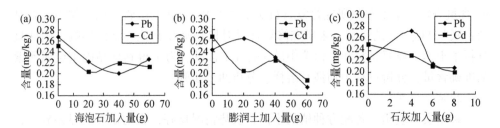

图 2.115　(a)海泡石;(b)膨润土及(c)石灰加入量对小白菜中 Cd、Pb 含量的影响

正交实验结果的极差分析(表 2.45)表明,海泡石、膨润土、石灰对小白菜中 Cd 和 Pb 含量的影响顺序均为:膨润土>海泡石>石灰;在实验条件下,对降低小白菜中 Cd 含量,最优的土壤修复配方为:膨润土 60g,海泡石 20g,石灰 8g;对降低小白菜中 Pb 含量,最优的土壤修复配方为:膨润土 60g,海泡石 40g,石灰 8g。在种植小白菜的正交实验中,有一组实验配方与以上获得的优化配方相近(表 2.44 中 8 号配方),用该配方种植的小白菜中 Cd 含量为 0.154mg/kg,Pb 含量为 0.141mg/kg,植物中 Pb、Zn 的含量低于国家限量(Pb、Cd 含量的国家限量分别为 0.3mg/kg 和 0.2mg/kg)。与空白组实验结果对比(表 2.44 中 1 号配方,小白菜中 Cd 含量为 0.396mg/kg,Pb 含量为 0.262mg/kg),小白菜中 Cd 含量降低了 61%,Pb 含量降低了 46%,效果非常明显。可以推测,在最优配方条件下种植小白菜,Cd、Pb 含量将可进一步降低。

表 2.45 盆栽小白菜正交实验结果的极差分析

因素	水平	种植前后土壤 pH 值差	小白菜中	
			$w(Pb)(10^{-6})$	$w(Cd)(10^{-6})$
海泡石	0	−0.46	0.267	0.251
	20	0.49	0.221	0.203
	40	0.42	0.200	0.218
	60	0.15	0.225	0.212
	极差	0.95	0.067	0.048
膨润土	0	0.11	0.245	0.269
	20	0.13	0.264	0.204
	40	0.26	0.230	0.224
	60	0.09	0.175	0.187
	极差	0.17	0.089	0.081
石灰	0	−0.19	0.223	0.248
	4	0.14	0.271	0.228
	6	0.27	0.214	0.210
	8	0.39	0.206	0.199
	极差	0.57	0.064	0.048

海泡石和膨润土中的蒙脱石为(链)层结构硅酸盐矿物,海泡石具有一维孔道结构,蒙脱石具有层可膨胀性、阳离子交换性等,它们的内外表面都可吸附重金属离子[93]。表 2.44 显示,Cd、Pb 在小白菜中的含量与种植前后土壤中的 Cd、Pb 含量间存在一定对应的反消长关系,说明修复材料海泡石、膨润土对 Cd、Pb

存在吸持、固定作用。此外，海泡石和膨润土中均含有一定量的方解石和白云石，这些碱性矿物与加入的石灰共同作用，可改变土壤的 pH 值。表 2.44 显示，原土壤的 pH 值约为 6，为弱酸性。添加海泡石、膨润土、石灰后，土壤 pH 值增至 7~8，变为弱碱性。种植小白菜后，土壤 pH 值有增有减，但变化幅度一般 < 0.5。可见添加海泡石、膨润土、石灰可提高土壤的 pH 值，使弱酸性土壤改变为弱碱性，有利于土壤中重金属元素的固定。因此，海泡石、膨润土、石灰对 Cd、Pb 污染土壤的修复机理是：①海泡石、蒙脱石通过孔道吸附、表面吸附和层间阳离子的交换作用吸附 Cd、Pb；②石灰、方解石、白云石碱性矿物的加入使土壤 pH 值提高，土壤由弱酸性变为弱碱性，使 Cd、Pb 的形态发生改变，发生沉淀或共沉淀，从而降低其生物有效性和迁移性。

　　3) 小结

以海泡石、膨润土和生石灰为修复材料，对湖南株洲地区重金属元素 Cd、Pb 污染农田土壤进行了室内修复实验。盆栽小白菜的正交实验结果表明，海泡石、膨润土、石灰可用于受 Cd 和 Pb 轻、中度污染土壤的修复。海泡石、膨润土、石灰对小白菜中 Cd 和 Pb 含量的影响顺序均为：膨润土>海泡石>石灰。确定了降低小白菜中不同重金属元素含量的最优土壤修复配方，土壤重金属修复效果非常明显。海泡石、膨润土、石灰通过孔道吸附、表面吸附和层间阳离子的交换作用吸附 Cd、Pb，以及通过提高土壤 pH 值，从而改变 Cd、Pb 的形态，使 Cd、Pb 发生沉淀或共沉淀，降低其生物有效性和迁移性。

参 考 文 献

[1] 彭轶瑶，陶娟，冯靖雯，等. 微波诱导催化氧化六方软锰矿降解四环素[J]. 人工晶体学报，2014，43(7)：1651-1666.

[2] 任大军，周思思，刘剑，等. 微波与 MnO_2 协同处理喹啉模拟废水的研究[J]. 华中科技大学学报：自然科学版，2012，40(10)：4.

[3] Liu M, Lv G, Mei L, et al. Degradation of tetracycline by birnessite under microwave irradiation [J]. Advances in Materials Science and Engineering, 2014：409086.

[4] 张桂欣，闫岩，张旭. α-MnO_2 纳米管的合成及催化降解性能的研究[J]. 化学工程师，2012，26(2)：4-6.

[5] Huang G Y, Zhao L, Dong Y H, et al. Remediation of soils contaminated with polychlorinated biphenyls by microwave-irradiated manganese dioxide[J]. Journal of Hazardous Materials, 2011, 186(1)：128-132.

[6] Wang X, Mei L, Xing X, et al. Mechanism and process of methylene blue degradation by manganese oxides under microwave irradiation[J]. Applied Catalysis B：Environmental, 2014, 160-161：211-216.

[7] Wang X, Lv G, Liao L, et al. Manganese oxide- an excellent microwave absorbent for the

oxidation of methylene blue[J]. RSC Advances, 2015, 5(68)：55595-55601.

[8] 田方圆. 铁酸镍复合天然矿石的制备及微波催化降解水中有机污染物[D], 沈阳：辽宁大学, 2017.

[9] Zhang Z, Jiatieli J, Liu D, et al. Microwave induced degradation of parathion in the presence of supported anatase- and rutile-TiO_2/AC and comparison of their catalytic activity[J]. Chemical Engineering Journal, 2013, 231：84-93.

[10] Rao W, Liu H, Lv G, et al. Effective degradation of Rh 6G using montmorillonite-supported nano zero-valent iron under microwave treatment[J]. Materials 2018, 11(11)：2212.

[11] Rao W, Lv G, Wang D, et al. Enhanced degradation of Rh 6G by zero valent iron loaded on two typical clay minerals with different structures under microwave irradiation[J]. 2018, 6：00463.

[12] 王泓泉. 污染地下水可渗透反应墙(PRB)技术研究进展[J]. 环境工程技术学报, 2020, 10(2)：251-259.

[13] 刘昊, 廖立兵, 吕国诚, 等. 矿物介质材料在渗透反应格栅技术中的应用研究进展[J]. 矿物学报, 2020, 40(3)：274-280.

[14] Song J, Huang G, Han D, et al. A review of reactive media within permeable reactive barriers for the removal of heavy metal(loid)s in groundwater：Current status and future prospects[J]. Journal of Cleaner Production, 2021, 319：128644.

[15] Liang C, Lee P H. Granular activated carbon/pyrite composites for environmental application：Synthesis and characterization[J]. Journal of Hazardous Materials, 2012, 231-232：120-126.

[16] 何叶, 刘永, 房琦, 等. 天然黄铁矿对铀污染地下水中 U(Ⅵ)的吸附探究[J]. 安徽农学通报, 2019, 25(9)：5.

[17] Henderson A D, Demond A H. Permeability of iron sulfide (FeS)-based materials for groundwater remediation[J]. Water Research, 2013, 47(3)：1267-1276.

[18] Estes S L, Powell B A. Enthalpy of uranium adsorption onto hematite[J]. Environmental Science & Technology, 2020, 54(23)：15004-15012.

[19] Dai M, Xia L, Song S, et al. Adsorption of As(V)inside the pores of porous hematite in water[J]. Journal of Hazardous Materials, 2016, 307：312-317.

[20] Yang Y, Deng Q, Yan W, et al. Comparative study of glyphosate removal on goethite and magnetite：Adsorption and photo-degradation[J]. Chemical Engineering Journal, 2018, 352：581-589.

[21] 侯国华. 傍河区地下水氨氮污染修复的 PRB 技术研究及工程有效性分析[D]. 北京：中国地质大学(北京), 2014.

[22] Liao L, Li Z, Lv G, et al. Using ionic liquid modified zeolite as a permeable reactive wall to limit arsenic contamination of a freshwater lake—pilot tests[J]. Water 2018, 10(4)：448.

[23] 张秀丽, 王明珊, 廖立兵. 凹凸棒石吸附地下水中氨氮的实验研究[J]. 非金属矿, 2010, 33(6)：64-66.

[24] Lv G, Wang X, Liao L, et al. Simultaneous removal of low concentrations of ammonium and

humic acid from simulated groundwater by vermiculite/palygorskite columns[J]. Applied Clay Science, 2013, 86: 119-124.

[25] Li Z, Jiang W T, Jean J S, et al. Combination of hydrous iron oxide precipitation with zeolite filtration to remove arsenic from contaminated water[J]. Desalination, 2011, 280 (1): 203-207.

[26] Lv G, Li Z, Jiang W T, et al. Removal of Cr(Ⅵ) from water using Fe(Ⅱ)-modified natural zeolite[J]. Chemical Engineering Research and Design, 2014, 92(2): 384-390.

[27] Sasaki K, Tsuruyama S, Moriyama S, et al. Ion exchange capacity of Sr^{2+} onto calcined biological hydroxyapatite and implications for use in permeable reactive barriers[J]. Materials Transactions, 2012, 53(7): 1267-1272.

[28] Liao D, Zheng W, Li X, et al. Removal of lead(Ⅱ) from aqueous solutions using carbonate hydroxyapatite extracted from eggshell waste[J]. Journal of Hazardous Materials, 2010, 177(1): 126-130.

[29] Anisha N, C B E, A S D. Hydroxyapatite ceramic adsorbents: Effect of pore size, regeneration, and selectivity for fluoride[J]. Journal of Environmental Engineering, 2018, 144(11): 04018117.

[30] Oliva J, De Pablo J, Cortina J-L, et al. Removal of cadmium, copper, nickel, cobalt and mercury from water by Apatite Ⅱ™: Column experiments[J]. Journal of Hazardous Materials, 2011, 194: 312-323.

[31] Shellaiah M, Simon T, Venkatesan P, et al. Cysteamine-modified diamond nanoparticles applied in cellular imaging and Hg^{2+} ions detection[J]. Applied Surface Science, 2019, 465: 340-350.

[32] Nurhayati E, Juang Y, Rajkumar M, et al. Effects of dynamic polarization on boron-doped NCD properties and on its performance for electrochemical-analysis of Pb(Ⅱ), Cu(Ⅱ) and Hg(Ⅱ) in aqueous solution via direct LSV[J]. Separation and Purification Technology, 2015, 156: 1047-1056.

[33] Lz J S, M D L, Ervice Y, et al. Sensitive stripping voltammetry detection of Pb(Ⅱ) at a glassy carbon electrode modified with an amino-functionalized attapulgite[J]. Sensors Actuators B: Chemical, 2017, 242: 1027-1034.

[34] Kokulnathan T, Wang T J, Thangapandian M, et al. Synthesis and characterization of hexagonal boron nitride/halloysite nanotubes nanocomposite for electrochemical detection of furazolidone[J]. Applied Clay Science, 2020, 187: 105483.

[35] Fayazi M, Taher M A, Afzali D, et al. Fe_3O_4 and MnO_2 assembled on halloysite nanotubes: A highly efficient solid-phase extractant for electrochemical detection of mercury(Ⅱ) ions[J]. Sensors and Actuators B: Chemical, 2016, 228: 1-9.

[36] Shellaiah M, Sun K W. Diamond-based electrodes for detection of metal ions and anions[J]. Nanomaterials, 2022, 12(1): 64.

[37] 张跃华, 张其平, 石文艳, 等. 1, 8-萘酰亚胺荧光单体的合成及光谱的量子化学研究

[J]. 发光学报，2011，32(5)：505-513.

[38] Gopika G S, Prasad P M H, Lekshmi A G, et al. Chemistry of cyanine dyes- A review[J]. Materials Today：Proceedings, 2021, 46：3102-3108.

[39] Kolmakov K, Belov V, Bierwagen J, et al. Red- emitting rhodamine dyes for fluorescence microscopy and nanoscopy[J]. Chemistry-A Eurpean Journal, 2010, 16(1)：158-166.

[40] Meng L, Guocheng L, Lefu M, et al. Fabrication of AO- LDH fluorescence composite and its detection of Hg^{2+} in water[J]. Sci Rep, 2017, 7(1)：13414.

[41] Duong H D, Jong Il R. Ratiometric fluorescence sensors for the detection of HPO_4^{2-} and $H_2PO_4^-$ using different responses of the morin- hydrotalcite complex [J]. Sensors and Actuators B：Chemical, 2018, 274：66-77.

[42] Wei Y, Mei L, Li R, et al. Fabrication of an AMC/MMT fluorescence composite for its detection of Cr(VI)in water[J]. Frontiers in Chemistry, 2018, 6：00367.

[43] Wu L, Bao X, Zhong H, et al. Preparation of a novel clay/dye composite and its application in contaminant detection[J]. Clays and Clay Minerals, 2019, 67(3)：244-251.

[44] Wu L, Lv G, Liu M, et al. Adjusting the layer charges of host phyllosilicates to prevent luminescence quenching of fluorescence dyes[J]. The Journal of Physical Chemistry C, 2015, 119(39)：22625-22631.

[45] Marchesi S, Bisio C, Carniato F. Novel light- emitting clays with structural Tb^{3+} and Eu^{3+} for chromate anion detection[J]. RSC Advances, 2020, 10(50)：29765-29771.

[46] Su Z, Zhang H, Gao Y, et al. Coumarin- anchored halloysite nanotubes for highly selective detection and removal of Zn(II)[J]. Chemical Engineering Journal, 2020, 393：124695.

[47] Xu J, Zhang B, Jia L, et al. Metal- enhanced fluorescence detection and degradation of tetracycline by silver nanoparticle- encapsulated halloysite nano-lumen[J]. Journal of Hazardous Materials, 2020, 386：121630.

[48] 霍小旭，王丽娟，廖立兵. 新疆尉犁蛭石的物相组成[J]. 硅酸盐学报，2011，39(9)：1517-1522.

[49] Jiang Y, Li F, Ding G, et al. Synthesis of a novel ionic liquid modified copolymer hydrogel and its rapid removal of Cr(VI) from aqueous solution[J]. Journal of Colloid and Interface Science, 2015, 455：125-133.

[50] Wang S, Wang K, Dai C, et al. Adsorption of Pb^{2+} on amino- functionalized core- shell magnetic mesoporous SBA-15 silica composite[J]. Chemical Engineering Journal, 2015, 262：897-903.

[51] Chang M Y, Juang R S. Adsorption of tannic acid, humic acid, and dyes from water using the composite of chitosan and activated clay[J]. Journal of Colloid and Interface Science, 2004, 278(1)：18-25.

[52] 席建红，何孟常，林春野，等. Sb(V)在高岭土表面的吸附：pH 值、离子强度、竞争性离子与胡敏酸的影响[J]. 北京师范大学学报：自然科学版，2011，47(1)：76-79.

[53] 刘梦，石书柳，吕国诚，等. 离子液体改性沸石吸附水溶液中 Cr(VI)的研究[J]. 中国

粉体技术, 2015, 21(1): 46-51.

[54] Saien J, Kharazi M. A comparative study on the interface behavior of different counter anion long chain imidazolium ionic liquids[J]. Journal of Molecular Liquids, 2016, 220: 136-141.

[55] Aielo P B, Borges F A, Romeira K M, et al. Evaluation of sodium diclofenac release using natural rubber latex as carrier[J]. Materials Research- IBERO- American Journal of Materials 2014, 17: 146-152.

[56] Sun K, Shi Y, Wang X, et al. Sorption and retention of diclofenac on zeolite in the presence of cationic surfactant[J]. Journal of Hazardous Materials, 2017, 323: 584-592.

[57] Baki M H, Shemirani F, Khani R, et al. Applicability of diclofenac- montmorillonite as a selective sorbent for adsorption of palladium (ii); kinetic and thermodynamic studies [J]. Analytical Methods, 2014, 6(6): 1875-1883.

[58] Biesinger M C, Payne B P, Grosvenor A P, et al. Resolving surface chemical states in XPS analysis of first row transition metals, oxides and hydroxides: Cr, Mn, Fe, Co and Ni[J]. Applied Surface Science, 2011, 257(7): 2717-2730.

[59] Zhan W, Zhang X, Guo Y, et al. Synthesis of mesoporous CeO^{2-}/MnO_x binary oxides and their catalytic performances for CO oxidation[J]. Journal of Rare Earths, 2014, 32(2): 146-152.

[60] Xia Z, Zhou J, Mao Z. Near UV- pumped green- emitting $Na_3(Y, Sc)Si_3O_9 : Eu^{2+}$ phosphor for white- emitting diodes[J]. Journal of Materials Chemistry C, 2013, 1(37): 5917-5924.

[61] Yin H, Feng X, Qiu G, et al. Characterization of co- doped birnessites and application for removal of lead and arsenite[J]. Journal of Hazardous Materials, 2011, 188(1): 341-349.

[62] Falciglia P P, Maddalena R, Mancuso G, et al. Lab- scale investigation on remediation of diesel- contaminated aquifer using microwave energy[J]. Journal of Environmental Management, 2016, 167: 196-205.

[63] Yin H, Li H, Wang Y, et al. Effects of Co and Ni co-doping on the structure and reactivity of hexagonal birnessite[J]. Chemical Geology, 2014, 381: 10-20.

[64] Salman M, El- Eswed B, Khalili F. Adsorption of humic acid on bentonite[J]. Applied Clay Science, 2007, 38(1): 51-56.

[65] 任世川, 杨晓艳, 柴金龙. 昆明阳宗海流域岩溶地下水脆弱性评价[J]. 云南地质, 2012, 31(2): 228-232, 07.

[66] Jin X, Liu Y, Tan J, et al. Removal of Cr(VI) from aqueous solutions via reduction and absorption by green synthesized iron nanoparticles[J]. Journal of Cleaner Production, 2018, 176: 929-936.

[67] Luxton T P, Eick M J, Rimstidt D J. The role of silicate in the adsorption/desorption of arsenite on goethite[J]. Chemical Geology, 2008, 252(3): 125-135.

[68] Rahimi S, Moattari R M, Rajabi L, et al. Iron oxide/hydroxide(α, γ- FeOOH) nanoparticles as high potential adsorbents for lead removal from polluted aquatic media [J]. Journal of Industrial and Engineering Chemistry, 2015, 23: 33-43.

[69] Kar S, Equeenuddin S M. Adsorption of chromium (VI) onto natural mesoporous goethite:

Effect of calcination temperature [J]. Groundwater for Sustainable Development, 2019, 9: 100250.

[70] Poudel M B, Awasthi G P, Kim H J. Novel insight into the adsorption of Cr(VI) and Pb(II) ions by MOF derived Co-Al layered double hydroxide @ hematite nanorods on 3D porous carbon nanofiber network[J]. Chemical Engineering Journal, 2021, 417: 129312.

[71] Liu H, Chen T, Zou X, et al. Thermal treatment of natural goethite: Thermal transformation and physical properties[J]. Thermochimica Acta, 2013, 568: 115-121.

[72] Oulego P, Villa-García, M A, Laca A, et al. The effect of the synthetic route on the structural, textural, morphological and catalytic properties of iron(III) oxides and oxyhydroxides [J]. Dalton Transactions, 2016, 45(23): 9446-9459.

[73] Sangwichien C, Aranovich G L, Donohue M D. Density functional theory predictions of adsorption isotherms with hysteresis loops[J]. Colloids and Surfaces A: Physicochemical and Engineering Aspects, 2002, 206(1): 313-320.

[74] Fendorf S, Eick M J, Grossl P, et al. Arsenate and chromate retention mechanisms on goethite. 1. surface structure [J]. Environmental Science & Technology, 1997, 31(2): 315-320.

[75] Noerpel M R, Lee S S, Lenhart J J. X-ray Analyses of Lead Adsorption on the(001), (110), and (012) Hematite Surfaces [J]. Environmental Science & Technology, 2016, 50(22): 12283-12291.

[76] Yan D, Lu J, Ma J, et al. Layered host-guest materials with reversible piezochromic luminescence[J]. Angewandte Chemie, 2011, 50(31): 7037-7040.

[77] 石明娟, A M, 董永平, 等. 苯酚和苯胺类化合物对光泽精化学发光的增强和抑制作用 [J]. 光谱学与光谱分析, 2007, (10): 1945-1950.

[78] 刘博. 金属铂纳米催化的光泽精化学发光新体系及其应用[D]. 合肥: 中国科学技术大学, 2010.

[79] Tu J, Li N, Chi Y, et al. The study of photoluminescence properties of Rhodamine B encapsulated in mesoporous silica [J]. Materials Chemistry and Physics, 2009, 118(2): 273-276.

[80] 迟燕华, 庄稼, 丁飞. 血清白蛋白与巴比妥钠相互作用的光谱研究[J]. 分析测试学报, 2007, (05): 658-661.

[81] 夏增禄. 土壤元素背景值及其研究方法[M]. 北京: 气象出版社, 1987.

[82] Griffin R A, Au A K, Frost R R. Effect of pH on adsorption of chromium from landfill-leachate by clayminerals [J]. Journal of Environmental Science and Health Part A: Environmental Science and Engineering, 1977, 12(8): 431-449.

[83] 姜浩, 廖立兵, 王素萍. 低聚合羟基铁离子-蒙脱石复合体吸附砷的实验研究[J]. 地球化学, 2002, 31(6): 593-601.

[84] 廖立兵, Fraser D G. 铬酸根离子在羟基铁离子-蒙脱石体系中的吸附行为研究[J]. 地球科学-中国地质大学学报, 2002, 27(005): 584-591.

［85］王云. 土壤环境元素化学［M］. 北京：中国研究科学出版社，1995.

［86］Weerasooriya R, Tobschall H J. Mechanistic modeling of chromate adsorption onto goethite［J］. Colloids and Surfaces A: Physicochemical and Engineering Aspects, 2000, 162（1）: 167-175.

［87］Ding M, De Jong, B H W S, et al. XPS studies on the electronic structure of bonding between solid and solutes: adsorption of arsenate, chromate, phosphate, Pb^{2+}, and Zn^{2+} ions on amorphous black ferric oxyhydroxide［J］. Geochimica et Cosmochimica Acta, 2000, 64（7）: 1209-1219.

［88］Gao Y, Mucci A. Acid base reactions, phosphate and arsenate complexation, and their competitive adsorption at the surface of goethite in 0.7mol/L NaCl solution［J］. Geochimica et Cosmochimica Acta, 2001, 65（14）: 2361-2378.

［89］Criscenti J, L Sverjensky. The role of electrolyte anions（ClO^{4-}, NO^{3-}, and Cl^-）in divalent metal（M^{2+}）adsorption on oxide［J］. American Journal of Science, 1999, 299（10）: 828-899.

［90］Hiemstra T, Van Riemsdijk W H. A surface structural approach to ion adsorption: the charge distribution（CD）model［J］. Journal of Colloid and Interface Science, 1996, 179（2）: 488-508.

［91］Harsh J B, Doner H E. The nature and stability of aluminum hydroxide precipitated on wyoming montmorillonite［J］. Geoderma, 1985, 36（1）: 45-56.

［92］Khan S A, Riaz Ur R, Khan M A. Adsorption of chromium（III）, chromium（VI）and silver（I）on bentonite［J］. Waste Management, 1995, 15（4）: 271-282.

［93］谢正苗，俞天明，姜军涛. 膨润土修复矿区污染土壤的初探［J］. 科技通报，2009，25（1）: 109-113.

第3章　电化学储能矿物材料

　　天然矿物具有种类多、成本低和环境友好等优势，但目前矿物资源主要以粗放、低端利用为主，高值化利用的基础及应用研究亟待加强。以锂离子电池为代表的二次电源已广泛应用于移动电子设备、电动汽车、大规模储能等领域。虽然近年来锂离子电池等高能量储能器件已得到长足发展，但还存在成本高、充放电速度慢等缺点。基于一些天然矿物的形貌、结构、成分等特点，将其应用于制造电化学储能器件的电极材料或电解质等关键材料，有望改善电化学储能器件的性能并显著降低电池成本，同时实现矿物资源的高值化利用（图3.1）。本章将先简要介绍典型电化学储能材料与器件的基本特点，然后介绍目前典型天然矿物在二次电池或超级电容器的电极、电解质、隔膜及功能性填料方面的应用研究进展以及作者在该方面的主要研究成果。最后，结合当前研究进展及我们的工作，探讨该领域发展存在的问题、挑战及发展趋势。

图 3.1　矿物材料在电化学储能器件中的应用图示

3.1　电化学储能概述

　　过去30年，能源危机日益凸显，解决环境污染问题迫在眉睫，笔记本电脑、智能手机、数码相机等便携式电子设备加速更新换代，新能源电动车迅猛发展，这些发展和危机相互交织，不断刺激和推动电池等电化学储能技术革命[1]。电化学储能器件是一类可以实现电能与化学能相互转变的装置，主要包括电池与超级电容器(赝电容)两大类[1,2]。由于锂离子电池能量密度较高，无记忆效应，长期以来人们把目光聚焦在锂电技术的创新上，相关产业发展和学术研究的重要进展也主要集中在锂离子电池领域[1,3]，近年来锂硫电池、钠离子电池、高价离子二次电池及超级电容器也快速发展。鉴于锂离子电池对人类能源发展的巨大贡献，2019 年诺贝尔化学奖被授予约翰·古迪纳夫(John B. Goodenough)、斯坦利·威廷汉(M. Stanley Whittingham)和吉野彰三位科学家，以表彰他们对锂离子电池研究的创新贡献。在储能机理方面，锂离子电池等二次电池主要是借助充放电过程中电极材料体相发生氧化/还原反应(法拉第过程)实现能量的存储与释放，而超级电容器主要借助表面的吸附/脱附(非法拉第过程)或表层氧化/还原反应(法拉第过程)实现能量的存储与释放[2]。因此，锂离子电池具有更高的能量密度，而超级电容器具有更快充放电速度及超长的循环寿命[1,4]。在器件构成方面二者类似，主要包括正极、负极、隔膜、电解质、外壳五个关键部分[5]。目前，电化学储能器件正朝着高能量密度、快速充电及低成本等方向发展。下面重点介绍典型二次电池和超级电容器的基本工作原理、类型、器件组成以及主要材料。

3.1.1　典型二次电池

1. 锂离子电池

1)基本原理和发展历史概述

锂离子电池的工作原理如图 3.2 所示。电池充电时，通过外加电场的作用，锂离子从正极脱嵌进入电解液中，并向负极的方向运动，最后嵌入层状的负极材料中。与此同时，与正电荷等量的电子通过外部电路向负极运动，正极逐渐趋于贫锂状态，负极则逐渐趋向富锂状态。放电过程则与之相反，锂离子从负极脱出后经过电解质嵌入正极材料中，同时带等量电荷的电子经外部电路补偿到正极。理论上，锂离子的嵌入和脱出不会破坏正、负极材料的晶体结构，锂离子电池反应是一种理想的可逆反应。在充放电过程中，锂离子在两个电极之间往返嵌入与脱嵌，因此锂离子电池也被形象地称为"摇椅式电池"。

化学电源的发展可以最早追溯到 18 世纪。1780 年，意大利解剖学家在做生物解剖实验时观察到"生物电"现象。受此启发，意大利科学家伏特发现原电池的电动势等于两个电极电势之差，即伏特定律。据此，伏特将不同金属堆叠发明了伏特电堆(1800 年)，也就是最初的电池。之后，铅酸电池、锌锰干电池、镍镉电池、镍氢电池以及碱性电池等陆续被发明。20 世纪的两次国际石油危机极大地推动了人们对新型高能化学电源的研究，锂电池的研究也随之开启。锂电池经历了锂一次电池、锂二次电池和锂离子电池 3 个发展阶段。锂一次电池的研究

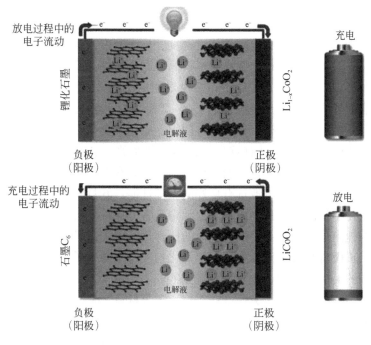

图 3.2　锂离子电池工作原理示意图

起始于 20 世纪 60 年代，20 世纪七八十年代锂一次电池商业化，这些锂一次电池至今仍在广泛使用。同时，20 世纪六七十年代，人们对 PC、EC、DMC、DMF、DMSO 等有机溶剂以及 $LiClO_4$ 电解质盐的电化学行为有了进一步的认识，这些研究成果直接推动了以金属锂为负极的锂二次电池研究。正极材料主要集中在过渡金属硫化物(如 MoS_2、$TiSe_2$、TiS_2、VS_2 等)和氧化物(如 V_2O_5、V_6O_{13} 等)，其中最具代表性的是美国 Exxon 公司发展的 Li-TiS_2 体系和加拿大 Moli 公司研发的 Li-MoS_2 体系。由于金属锂在使用中形成锂枝晶易导致短路甚至爆炸等问题，锂二次电池未能商业化，但取得的一些研究成果直接推动了锂离子电池的发展。1979年，美国加州大学奥斯汀分校 Goodenough 教授首次报道了世界上第一种锂电正极材料钴酸锂($LiCoO_2$)。1980 年，Armand 提出“摇椅式电池”(rocking chair battery)概念。1983 年，日本 Akira Yoshino(吉野彰)发明了基于钴酸锂正极和聚乙炔负极的原型电池，标志着现代锂离子电池诞生。1991 年，日本 SONY 公司将以 $LiCoO_2$ 为正极、石油焦为负极的锂离子电池产业化。从此，锂离子电池迅速占领了 3C 消费电子市场，目前已被广泛应用于储能、电子设备和动力汽车等领域。

2）关键材料

（1）正极材料

为了使锂离子电池具有较高的能量密度、功率密度，较好的循环性能及可靠的安全性能，对于正极材料的选择应尽量满足以下条件：①正极材料不仅要在可逆充放电过程中提供足够的往返于正负极之间的 Li^+，还要提供首次充放电过程中在负极表面形成 SEI 膜时所消耗的 Li^+；②需要有足够高的氧化还原电位，使电池具有高输出电压；③整个充放电过程中，电压平台稳定，以保证电极输出电位的平稳；④Li^+ 在材料中具有较高的化学扩散系数，电极界面稳定，具有高功率密度，使锂电池可适用于较高的充放电倍率；⑤在 Li^+ 嵌入−脱嵌过程中保持结构稳定、可逆性好，保证电池具有良好的循环性能；⑥具有比较高的电子和离子电导率；⑦化学稳定性好且环境友好，无毒无害、储量丰富、成本低廉。

目前的锂离子电池体系，整个电池的比容量受限于正极材料的容量。按照目前的研究，正极材料可大体分为两类：氧化物类及聚阴离子类。氧化物类主要包括层状结构的 $LiCoO_2$、复合层状结构的 $Li(Ni_xCo_yMn_z)O_2$ 三元材料以及富锂相材料、尖晶石结构的 $LiMn_2O_4$ 以及 $LiNi_{0.5}Mn_{1.5}O_4$ 等材料。聚阴离子类主要包括橄榄石结构的 $LiFePO_4$ 等材料。

$LiCoO_2$ 是由 Mizushima 等于 1981 年提出，并由索尼公司最早成功商业化的锂离子电池正极材料，也是目前应用最为广泛的正极材料。$LiCoO_2$ 属于 α-$NaFeO_2$ 层状结构，完全脱出 1mol Li 需要 $LiCoO_2$ 的理论容量为 274mA·h/g，在 2.5 ~ 4.25V $vs.$ Li^+/Li 的电位范围内一般能够可逆地嵌入脱出 0.5 个 Li，对应理论容量为 138mA·h/g。$LiCoO_2$ 作为正极材料，其充放电的比容量和库仑效率、可逆性、工作电压和循环稳定性等电化学性能均十分优良，因此自 20 世纪 90 年代商业化后，在市场中一直处于主导地位。但是，由于自然界中钴资源的缺乏，使得 $LiCoO_2$ 成本较高，因此需开发成本更低的正极材料。

$Li(Ni_xCo_yMn_z)O_2$ 三元材料在结构上类似于 $LiCoO_2$，在过渡金属层中，处于 $3b$ 位置的 Co 元素可以被 Ni、Mn、Li 以及其他元素取代。当 Co 被 Ni、Mn 部分取代时，可称之为三元材料，具有多种组合，只要 $3b$ 位置的平均电荷为+3 即可。$LiNi_{1-x-y}Co_yMn_xO_2$ 与 $LiCoO_2$ 一样，具有 α-$NaFeO_2$ 层状结构（$R\overline{3}m$ 空间群），理论容量约为 275mA·h/g。在三元材料中，Mn 始终保持+4 价，没有电化学活性，Ni 和 Co 有电化学活性，分别为+2 价和+3 价。Mn^{4+} 的存在能稳定结构，Co^{3+} 的存在能提高材料的电子电导率，同时抑制 Li、Ni 互相占位，且在一定范围倍率性能随着 Co 的掺杂量提高而变好。Li/Ni/Co/Mn/O 三元材料相比于 $LiCoO_2$ 有成本上的优势，已经在商品锂离子电池中大量使用。目前市场上常见三元材料的 Ni、Co、Mn 比例为 4∶2∶4、3∶3∶3、5∶2∶3、2∶6∶2、8∶1∶1 等。

当层状结构中 $3a$ 位置的 Li 含量不变，Co 的 $3b$ 位置含有 Li 则称之为富锂相。根据制备条件的不同，富锂相可能存在固溶体和纳米相共存的微观结构。对于富锂相材料，有一个值得关注的现象是材料在循环过程中放电平台持续降低。目前，研究普遍认为这是由于在循环过程中 Mn、Ni 进入 Li 层，导致材料向尖晶石结构转变，使得放电平台下降。富锂相材料在第一周循环中结构有一个较明显的改变，在之后的循环过程中结构仍然持续变化。因此在实际使用中，需要对材料进行各种改性，以保持材料结构稳定，容量、电压稳定，抑制材料与电解液之间的副反应以及提高材料的电子电导率和离子电导率以提高其倍率性能。

尖晶石结构的 $LiMn_2O_4$ 是由 Thackeray 等于 1983 年提出，现已商业化的正极材料。$LiMn_2O_4$ 中 Mn_2O_4 骨架形成一个有利于 Li^+ 传导的三维网络。与 $LiCoO_2$ 相比，$LiMn_2O_4$ 原料资源丰富、易于制备、成本低，作为正极材料具有优良的导电、导锂性能，理论容量为 $148mA \cdot h/g$。同时其氧化性远低于 $LiCoO_2$，因此耐过充性和安全性好。$LiMn_2O_4$ 的最大缺点是循环稳定性差，特别是在较高温度下容量衰减比较严重，限制了 $LiMn_2O_4$ 作为正极材料的广泛应用。因此，克服 $LiMn_2O_4$ 正极材料循环过程中容量衰减严重的问题是 $LiMn_2O_4$ 正极材料的研究焦点。

2001 年，Ohzuku 等首次合成了 $LiNi_{0.5}Mn_{1.5}O_4$ 正极材料，该材料在 2.5 ~ 4.3V 内循环时具有 $150mA \cdot h/g$ 的放电容量。随后 Yang 等通过研究其充放电过程的相变情况，认为该材料可以抑制 $LiNiO_2$ 体系中发生的 H3 相变，提高材料热稳定性。Ohzuku 等指出虽然 $LiNi_{0.5}Mn_{1.5}O_4$ 材料具有很高的可逆容量（$200mA \cdot h/g$）、低的不可逆容量和极化，但其依然拥有 8% ~ 9% 的 Li^+/Ni^{2+} 混排。Ceder 等提出了该材料的结构模型与 Li^+/Ni^{2+} 混排机理并通过离子交换法制备了 Li^+/Ni^{2+} 混排程度很低的 $LiNi_{0.5}Mn_{1.5}O_4$ 材料，其具有优于其他方法制备的相同材料的化学性能与快速充放电性能。

$LiFePO_4$ 是由 Padhi 等于 1997 年提出的具有橄榄石型结构的正极材料，工作电压为 ~3.4V，理论比容量为 $170mA \cdot h/g$，充放电过程中结构变化小，循环性能非常优异。$LiFePO_4$ 的缺点是电子电导性差，锂离子在电极材料中的扩散速度慢，导致材料的倍率性能差。为提高材料的导电性，Ravet 等提出碳包覆 $LiFePO_4$ 颗粒的方法，显著提高了 $LiFePO_4$ 材料的电化学活性。后来 Yamada 等和 Takahashi 等提出将 $LiFePO_4$ 纳米化可以缩短锂离子的扩散路径，改善其电化学性能。目前，经过性能优化的 $LiFePO_4$ 材料已成为一种广泛应用的正极材料。与其他正极材料相比，$LiFePO_4$ 具有杰出的循环性能，可达 2000 次以上，快速充放电的循环次数也可达 1000 次以上，稳定性和安全性也更高，更加环保且成本低廉，因此 $LiFePO_4$ 已大规模应用于各个领域。但是，$LiFePO_4$ 材料存在工作电压低的问题，限制了电池的能量密度，在一定程度上影响了 $LiFePO_4$ 材料在动力电池领域的应用。

　　目前正极材料的主要发展思路是在 $LiCoO_2$、$LiMn_2O_4$、$LiFePO_4$ 等材料的基础上，开发各类相关的衍生材料，通过掺杂、包覆、材料形貌或尺寸控制等方法来综合提高其电化学性能。其中，最关键的是提高正极材料的容量或者电压，进而提高电池的能量密度。正极材料电压的提升要求电解质和相关辅助材料具有更宽的电化学窗口；能量密度的提高往往伴随着安全性问题更加突出。因此下一代高能量和高安全性锂离子电池正极材料的发展与高性能电解质技术的进步分不开。

　　(2) 负极材料

　　负极材料主要包括碳基、钛基、硅基、锡基材料，过渡金属氧(硫)化物以及金属锂等。

　　碳基材料：大体上可分为石墨类和非石墨类两大类。其中，石墨类负极材料综合性能较好，性价比高，已被广泛使用。诸如人造石墨、天然石墨和中间相炭微球等，目前已大规模量产。非石墨类负极碳材料主要包括硬碳和软碳两类。软碳结晶度低，晶粒尺寸小，晶面间距较大，与电解液相容性好，但首次充放电不可逆容量高，输出电压较低，一般用作制备石墨的原料，常见的有石油焦、针状焦等。硬碳，即难石墨化碳，是高分子聚合物的热解碳，常见的有树脂碳(如酚醛树脂、环氧树脂、聚糠醇等)、有机聚合物热解碳(PVA、PVC、PVDF、PAN等)、碳黑(乙炔黑)。硬碳具有很好的充放电循环性能，容量高，倍率性能好，安全性优，但是首次库仑效率低，约为 85%；电压平台 3.6V，低于石墨的3.7V；成本较高。

　　钛基材料：主要包括 $Li_4Ti_5O_{12}$(LTO) 和 TiO_2 两类材料。从安全角度考虑，这两种钛基负极材料的工作电压高于 0.8V $vs.$ Li^+/Li，因此可以避免电解液的还原反应，进而避免在负极表面形成 SEI 层。从这个意义上讲，钛基负极材料与石墨碳负极相比具有很大的优势，同时具有低成本、低毒性、放电–充电过程中体积变化小以及出色的功率和优异的循环寿命等特点。$Li_4Ti_5O_{12}$ 具有尖晶石结构，可描述为具有立方空间群 $Fd3m$ 的 $Li[Li_{1/3}Ti_{5/3}]O_4$。在晶体学上，锂占据所有四面体 $8a$ 位点，原子比为 1∶5(即 $[Li_{1/3}Ti_{5/3}]$ 单元)的锂和钛占据八面体 $16d$ 位点，而氧原子占据 $32e$ 位点。在电压为 1.55V $vs.$ Li^+/Li 时，$8a$ 位的三个锂离子与外部锂离子一起移动到空的 $16c$ 位，伴随着尖晶石结构转变为岩盐结构 $Li_7Ti_5O_{12}$，即两相反应机制。该过程表现出优异的锂嵌入–脱嵌的可逆性，理论容量为 175mA·h/g。与这种相变相关的体积变化非常小(约 0.2%)，因此，$Li_4Ti_5O_{12}$ 是众所周知的锂嵌入零应变材料，由于其结构稳定性，它为锂存储提供了极长的循环寿命。一般来说，TiO_2 的电化学性能在很大程度上取决于其晶体结构、形态和粒径。最近的结果表明，控制 TiO_2 纳米颗粒的形状和尺寸可以带来很多优势。例如，通过简单的水热途径可合成直径为 40~60nm、长度可达几微米的 TiO_2/B 纳米管或纳米线，这类材料显示出显著增强的倍率性能和更高的容量[6]。

硅基材料：硅是地壳中丰度最高的元素之一，来源广泛，价格便宜，是目前发现的理论容量最高的负极材料，应用前景相当广阔。硅的理论容量高达 $4200mA \cdot h/g$，为石墨理论容量的 10 倍以上。硅的电压平台比石墨略高，因此充电时不易析锂，安全性优于石墨。然而，硅负极的开发应用还面临较大的挑战，主要原因是硅锂合金化反应伴随较大的体积变化（>300%），造成材料结构的破坏和机械粉化，导致电极材料间及电极材料与集流体的分离，进而失去电接触，致使容量迅速衰减，循环性能恶化。同时，由于剧烈的体积效应，硅表面的 SEI 膜处于破坏-重构的动态过程中，造成持续的锂离子消耗，进一步影响循环性能。当前，为了改善硅基材料循环性能，主要通过制备纳米硅、多孔硅、硅碳复合材料以及氧化硅等材料实现。

锡基材料：单质锡的理论比容量为 $994mA \cdot h/g$，能与其他金属 Li、Si、Co 等形成金属间化合物。SnO_2 因具有较高的理论比容量（$781mA \cdot h/g$）也备受关注，然而其在应用过程中也存在一些问题，例如：首次不可逆容量大、嵌锂时存在较大的体积效应（体积膨胀 250% ~ 300%）、循环过程中容易团聚等。研究表明，通过制备复合材料可以有效抑制锡基颗粒的团聚，同时还能缓解嵌锂时的体积效应，提高电化学稳定性。SnCoC 是锡基合金负极材料中商业化较成功的一类材料，其将 Sn、Co、C 三种元素在原子水平上均匀混合，能有效抑制充放电过程中电极材料的体积变化，提高循环寿命。例如 2011 年，日本 SONY 公司宣布采用 Sn 基非晶化材料制备出了容量为 $3.5A \cdot h$ 的 18650 圆柱电池的负极。

过渡金属氧(硫)化物：过渡金属氧化物、氟化物、硫化物等负极材料也被称为转化型负极材料，其电化学反应机理包含过渡金属的还原（或氧化），这一过程伴随着锂化合物的生成（或分解），基本的反应方程式如下：

$$M_xN_y + zLi^+ + ze^- \longrightarrow Li_zN_y + xM$$

其中，M 代表 Fe、Co、Ni、Mn 等过渡金属元素；N 代表 O、S、F 等元素。因为这类材料的氧化还原伴随多个电子的转移，所以基于这类材料的负极可逆容量较高，可提供 $700 \sim 1200mA \cdot h/g$ 的高比容量和 $4000 \sim 5500mA \cdot h/cm^3$ 的体积容量[7]。与合金负极材料类似，转化型负极材料也存在单个粒子水平的材料粉碎、SEI 层不稳定以及整个电极水平的形貌和体积变化等问题。而且，基于转化机制的负极材料的另一个挑战是在使用中存在较大的电压滞后（充电-放电电压之间的差异可达 ~1V）[8]，这可能是由于具有不同结构的多个固相的相互转化导致的，这些固相转化涉及强化学键的断裂。此外，在反应过程中不仅需要 Li 离子，还需要 O、S、F 等和 M 离子长距离扩散，形成单粒子域尺寸。当材料的尺寸减小至纳米级时，可减少固体转变的应变和原子扩散的距离，因此设计纳米级材料可促进此类材料的循环转化过程[9-11]。

金属锂：锂是自然界密度最小的金属，标准电极电位-3.04V，理论比容量高达

3860mA·h/g，但是在实际使用中，由于存在锂枝晶、负极沉淀、负极副反应现象，在很大程度上阻碍了锂金属在可充电电池中的使用[12,13]。上述挑战主要源于以下两个方面原因：第一个原因本质上是机械的。在电池充电和放电过程中，锂金属在没有主体材料的情况下嵌入和脱嵌。与石墨和硅等锂离子电池负极的有限体积膨胀相比，锂金属具有几乎无限的相对体积变化。锂金属负极中锂沉积的空间控制不存在，导致各种可能的形态，包括枝晶。这种不受控制的沉积会在电极和 SEI 中产生显著的机械不稳定性和裂纹。第二个原因是化学性质的。锂金属可与几乎所有的气相、液相和固相化学物质发生反应。在液体电解质中，锂金属与溶剂、盐等反应形成 SEI，且厚度、粒度、化学成分或空间分布等很难控制，导致在充放电中锂金属与电解质不断地反应、消耗。构建具有抑制枝晶形成和阻止副化学反应双重功能的稳定界面层可有效缓解上述问题[14-16]。

(3) 电解质材料

电解质材料从形态上主要分为液态和固态两类。

液态电解质：锂离子电池关键材料之一，号称锂离子电池的"血液"，在电池正负极之间起到传导离子的作用，是锂离子电池获得高电压、高比能等优点的保证。锂离子电池采用的电解液是在有机溶剂中溶有电解质锂盐的离子型导体。作为实用锂离子电池的有机电解液一般应该具备以下性能：①离子电导率高，一般应达到 $10^{-3} \sim 2 \times 10^{-3}$ S/cm，锂离子迁移数应接近于1；②电化学稳定的电位范围宽，必须有 0~5V 的电化学稳定窗口；③热稳定性好，使用温度范围宽；④化学性能稳定，与集流体和活性物质不发生化学反应；⑤安全、低毒。

电解液一般由高纯度的有机溶剂、电解质锂盐（六氟磷酸锂，$LiPF_6$）、必要的添加剂等原料在一定条件下，按一定比例配制而成。有机溶剂是电解液的主体部分，电解液的性能与溶剂的性能密切相关。锂离子电池电解液中常用的溶剂有碳酸乙烯酯（EC）、碳酸二乙酯（DEC）、碳酸二甲酯（DMC）、碳酸甲乙酯（EMC）等，一般不使用碳酸丙烯酯（PC）、乙二醇二甲醚（DME）等主要用于锂一次电池的溶剂。通常认为，EC 与链状碳酸酯的混合溶剂是锂离子电池优良的电解液，如 EC+DMC、EC+DEC 等。有机溶剂在使用前必须严格控制质量，如要求纯度在 99.9% 以上，水分含量必须达到 1.0×10^{-5} 以下。严格控制有机溶剂的水分，对于配制合格电解液有着决定性影响。水分降至 1.0×10^{-5} 之下，能降低 $LiPF_6$ 的分解、减缓 SEI 膜的分解、防止胀气等。溶剂的纯度与稳定电压之间有密切联系，纯度达标的有机溶剂的氧化电位在 5V 左右，有机溶剂的氧化电位对于防止电池过充、保证安全性有很大意义。$LiPF_6$ 是最常用的电解质锂盐。尽管实验室也有用 $LiClO_4$、$LiAsF_6$ 等作电解质，但因为使用 $LiClO_4$ 的电池高温性能差，加上 $LiClO_4$ 本身受撞击容易爆炸，又是一种强氧化剂，用于电池中安全性差，不适合锂离子电池的大规模使用。$LiPF_6$ 对负极稳定，放电容量大，电导率高，内阻小，充放电速度快，但对水分和 HF 酸极其敏感，易于发生反应,只能在干燥气氛中操作,且不耐高温,80~100℃发生分解反应,生成五氟化磷和氟化锂,提纯困难,因此配制电解液时应控制 LiPF$_6$ 溶解放热导致的自分解及溶剂的热分解。添加剂的种类繁多,不同的锂离子电池生产厂家对电池的用途、性能要求不一,选择添加剂的侧重点存在差异。一般来说,添加剂主要有三方面作用:①改善 SEI 膜的性能;②降低电解液中的微量水和 HF 酸含量;③改善过充电、过放电性能。

固体电解质:包括聚合物固体电解质、无机固体电解质以及复合固体电解质三类。聚合物电解质采用的常见聚合物基体包括聚氧化乙烯(PEO)、聚丙烯腈(PAN)、聚甲基丙烯酸甲酯(PMMA)、聚偏氟乙烯(PVDF)等。在固态聚合物电解质中,锂盐通过与高分子相互作用,能够在高分子介质中发生一定程度的正负离子解离并与高分子的极性基团络合形成配合物。高分子链段蠕动过程中,正负离子不断地与原有基团解离,并与邻近的基团络合,在外加电场的作用下,可以实现离子的定向移动,从而实现正负离子的传导。然而,大多数聚合物固态电解质的离子电导率较低,导致离子传输效率低,一般可通过抑制聚合物结晶和增加载流子的浓度来改善。抑制聚合物结晶性以提高聚合物链段蠕动性的方法包括:交联、共聚、共混、聚合物合金化、添加无机添加剂等。增加载流子浓度的方法包括:使用低解离能的锂盐、增加锂盐的解离度等。

无机固体电解质是一类具有较高离子传输特性的无机快离子导体材料,具有较高的机械强度,能够阻止锂枝晶穿透电解质造成内短路。相对于聚合物固体电解质,无机固体电解质能够在宽的温度范围内保持化学稳定性,因此基于无机固体电解质的电池具有更高的安全性。无机固体电解质主要包括氧化物无机固体电解质与硫化物无机固体电解质。氧化物无机固体电解质稳定性较好,但兼具高的离子电导率、宽的电化学窗口、较低的成本、易于制造的材料尚未开发成功。硫化物电解质的晶界电阻较低,总的电导率高于一般氧化物电解质。最新开发的硫化物电解质 Li$_{10}$GeP$_2$S$_{12}$ 的室温离子电导率已达到液体电解质的水平,因此相对于氧化物电解质,基于硫化物的全固态电池具有更加优异的电化学性能。目前的正极材料多为氧化物材料,研究发现氧化物正极-硫化物固体电解质的界面电阻较高,对电池容量利用率和高倍率性能有显著影响。改善氧化物正极-硫化物电解质的界面对提高硫基全固态锂离子电池电化学性能具有很重要的作用。例如有研究表明,在电极-电解质界面引入纳米尺度的纯离子导电缓冲层,如 Li$_4$Ti$_5$O$_{12}$、LiNbO$_3$ 和 LiTaO$_3$ 等,可显著降低界面电阻,从而使全固态锂离子电池的高倍率容量和循环性能明显改善。

(4)非活性材料

隔膜:锂离子电池的关键部件之一,具有隔离正负极、阻止电子穿过、允许离子在正负极间自由通过的功能。其性能决定着电池的界面结构、内阻等,直接影响电池的容量、循环性能以及电池的安全性能。隔膜可防止正负极接触短路或是被毛刺、颗粒、锂枝晶等刺穿导致短路。隔膜材料必须具备良好的绝缘性,对电解质的亲和性、耐温性和润湿性好,对电解液的保液性好。隔膜应具有较好的拉伸、穿刺强度,不易撕裂,在高温下热收缩稳定。另外,隔膜须有较高的孔隙率而且微孔分布均匀。根据锂离子电池隔膜的结构特点和生产技术,隔膜可分为微孔聚烯烃膜、改性聚烯烃膜、无纺布隔膜、涂层复合膜、纳米纤维膜和固体电解质膜等。在隔膜的制备上,目前主要的工艺分为干法(熔融拉伸工艺)和湿法(热致相分离工艺)两大类。根据隔膜微孔的成孔机理不同,又包含静电纺丝工艺、湿法抄造工艺、熔喷纺丝工艺和相转化法等。

黏结剂:虽然在电池中的比重较小,本身也不具有容量,但对电极浆料的匀浆过程、电极的最大涂布厚度、电极的柔韧性、电池的能量密度和循环寿命等有重要的影响。理想的锂离子电池电极黏结剂应该具有以下性能:

①良好的溶解性,溶解速度快,溶解度高;

②溶剂安全、环保、无毒,以水为溶剂最佳;

③分子量大,黏结剂用量小;

④黏度适中,便于匀浆和维持浆料稳定;

⑤黏接力强,制备的电极剥离强度大;

⑥电化学性质稳定,在工作电压内不发生氧化还原反应;

⑦耐电解液腐蚀;

⑧具有一定柔韧性,能耐受电极的弯曲和活性物质颗粒的体积变化;

⑨导电性和导锂离子能力好;

⑩来源广泛、成本低廉。

实际上理想黏结剂并不存在,各种特性不可兼得,实际中的黏结剂只能满足部分性能。目前广泛应用的锂离子电池黏结剂主要有三大类:聚偏氟乙烯(PVDF)、丁苯橡胶(SBR)乳液和羧甲基纤维素(CMC)。以聚丙烯酸(PAA)、聚丙烯腈(PAN)和聚丙烯酸酯作为主要成分的水性黏结剂也占有一定市场。

集流体:锂离子电池的正极集流体是铝箔,负极集流体是铜箔。为了保证集流体在电池内部稳定,二者纯度都要求在98%以上。为了提高锂离子电池的能量密度,集流体的厚度和重量不断降低。例如,铝箔厚度由前些年的16μm降到10μm,甚至8μm。铜箔则由12μm降低至6μm或5μm。此外,集流体表面性能对电池的生产及性能也有较大的影响。

3)未来展望

电池研发的最终目的是走向应用,并在应用的过程中不断进化和升级。改善电池电化学性能的关键是开发新的材料、新的材料体系组合、新的可逆储锂机制、新的材料改性方法[17]。未来,在创新性、评价指标、工艺方法、市场需求的驱动下,电化学储能更趋于发展第三代锂离子电池、可充放锂金属电池以及可充放锂空气电池。最近 10 年,锂离子电池基础科学研究仪器水平显著提升,发展原位与非原位的表征方法,提高检测技术的空间分辨率、时间分辨率、能量分辨率(化学信息和电子结构),获得三维空间的组成、结构、物理化学性质在锂离子电池充放电过程中的演化,通过综合分析测试平台系统分析电池特性等成为最前沿的研究。同时,不同空间、时间尺度的理论计算也在不断前进。一方面,针对最基础的固体离子输运的问题,通过局域量子化、多体势、重整化群方法,解决非绝热近似下的涉及离子-电子晶格复杂相互作用的问题;另一方面,引入相场、力场、有限元、连续介质力学等方法,模拟电极纳米尺度、微米尺度的反应、相变、输运、应力分布等问题。此外,受益于新能源汽车产业的不断发展,储能技术也越来越规模化,锂离子电池行业迎来新的发展机遇,动力锂电池市场正进入黄金期。而储能规模化发展将会促进锂离子电池产业链延伸与整合,促使动力锂离子电池产业上、中、下游与资本对接,与市场同步,实现合作共赢。

2. 钠离子电池

1)基本原理

20 世纪 70 年代末期,钠离子电池的研究几乎与锂离子电池同时开展,而直至 2021 年宁德时代公司才正式推出了钠离子电池,宣布第一代钠离子电池能量密度达到 160W·h/kg,计划于 2023 年形成基本产业链。

钠离子电池与锂离子电池的工作原理、材料体系、电池结构均相似,但由于电荷载体的差异(Li^+ vs. Na^+),对钠离子电池的研究无法完全移植锂离子电池的经验[18]。与锂离子电池相同,钠离子电池的结构主要包括正极、负极、隔膜、电解液、集流体部分。放电时,Na^+ 从负极向正极移动嵌入正极材料,充电时则是由正极向负极移动嵌入负极材料中,钠离子在正负极材料间嵌入脱出完成充放电过程[18]。

2)关键材料

(1)正极材料

钠离子电池正极材料主要包括氧化物类、聚阴离子类、普鲁士蓝类和有机类等。

氧化物类:主要包括层状结构氧化物和隧道结构氧化物。层状氧化物具有较高的能量密度,容易制备,结构通式为 Na_xMO_2(M 为过渡金属元素中的一种或多种)。层状氧化物正极材料中最常见的是 O3 和 P2 两种结构,O3 相可以储存钠,但通常相变严重,动力学缓慢;P2 相可使钠离子在其中快速迁移,结构稳定,但储存钠含量低,对全电池的库仑效率有较大影响[19]。隧道型氧化物的结构相比层状氧化物更复杂,隧道型锰氧化物是典型的一类,由于 Jahn-Teller 畸变,典型的钠锰氧化物正极在嵌钠和脱钠过程中并不稳定,但隧道型结构的 Na_2MnO_2 在水系和非水系电解液中,经历长期的嵌钠和脱钠过程后结构依旧可以保持稳定[20]。

聚阴离子类:是一类多阴离子结构单元$(XO_4)^{n-}$及其衍生物$(X_mO_{3m+1})^{n-}$($X=$ P、S、As、Mo 或 W)与MO_x(M 为过渡金属)多面体依靠强共价键结合而成的材料[21],包含磷酸盐、焦磷酸盐、硫酸盐、硅酸盐、碳酸盐等类型。聚阴离子类化合物在嵌钠和脱钠过程中的特性为零应变或低应变,基本不存在体积变化问题,是长寿命、高安全性材料,但较低的容量和电导率限制了其发展,需要使用碳基导电框架、元素置换、优化形貌结构等方式提高其电化学性能[22]。聚阴离子类化合物(vs Na/ Na^+)大多电势较高(>1.9V),理论容量在 82~278mA · h/g[22],是合适的正极材料。

普鲁士蓝类:化合物的结构通式可以写成$A_xM[M'(CN)_6]_{1-\gamma} \cdot \square_\gamma \cdot nH_2O$(0 $\leqslant x \leqslant 2, 0 \leqslant \gamma \leqslant 1$),其中 A 为碱金属;M、M′分别为与氮、碳配位的过渡金属离子,□为被配位水占据的空位[23]。普鲁士蓝类化合物往往含有一定量的晶格缺陷和配位水,导致活性位点大量丢失,循环稳定性差[24]。获得空位少、含水量低的普鲁士蓝类化合物是一个重要目标。

除了上述几种正极材料外,部分有机小分子、导电聚合物、有机二硫化物和共轭羰基化合物等也可用作钠离子电池正极材料。

(2)负极材料

负极材料主要有碳基、钛基、合金类材料(Sn、Sb、P),过渡金属氧(硫)化物及有机物等。

碳基材料:主要有石墨类碳材料、无定形碳材料以及纳米碳材料。石墨作为传统的锂离子电池负极材料,储钠容量却十分有限。从热力学角度分析,钠离子难以在石墨层间可逆插层,但大量的钠离子可以通过溶剂化的钠离子共插层反应可逆地插入石墨中[25]。尽管石墨负极具有较好的循环稳定性,但在共插层过程中也伴随能量密度低和体积膨胀问题,限制了其实际应用[26]。无定形碳材料是钠离子电池负极材料的重点,无定形碳根据其在高温下石墨化的难易程度分为软碳和硬碳。硬碳具有嵌-脱钠电势合适、容量高、合成方法简单等特点,然而其初始库仑效率较低,限制了其发展[27]。软碳材料由缺陷和无序相相对较少的半石墨结构组成,具有更好的结晶性和导电性,通常表现出良好的倍率性能,但容量限制在 200~250 mA · h/g[28]。碳纳米管、石墨烯和纳米碳纤维等碳纳米材料由于其较高的强度和电导率,也是钠离子电池负极材料的研究热点。碳纳米管只能通过吸附存储钠离子,仅在缺陷位点存储,因此容量较低[29]。石墨烯作为钠离子电池负极材料时,在循环过程中容易发生聚集,使得储钠能力减弱,可通过加入碳纳米管等方法减少聚集[30]。

钛基材料:作为钠离子电池负极,Ti^{4+}/Ti^{3+}氧化还原电对有不同的存储电压和性能,有利于设计不同的材料用于不同的应用。如用于水系电池的$NaTi_2(PO_4)_3$,用于长循环电池的$P2-Na_{0.66}Li_{0.22}Ti_{0.78}O_2$等[31]。Ti 的替代破坏了有序结构,扩展了晶格,延长了循环寿命,提升了倍率性能。

合金类材料:具有较高的质量比容量和体积比容量,反应电势相对较低,具有较大的用作钠离子电极负极材料潜力,但体积膨胀严重限制了其实际应用。研究较多的有 Ge、Bi、Sb、Sn、Si、P 等材料。Ge 基与 Bi 基材料的理论体积比容量较大,分别达到 $1974\text{mA} \cdot \text{h/cm}^3$ 与 $3800\text{mA} \cdot \text{h/cm}^3$,但理论质量比容量分别为 $369\text{mA} \cdot \text{h/g}$ 与 $385\text{mA} \cdot \text{h/g}$,相对于 Sb($660\text{mA} \cdot \text{h/g}$)、Sn($847\text{mA} \cdot \text{h/g}$)、Si($960\text{mA} \cdot \text{h/g}$)与 P($2596\text{mA} \cdot \text{h/g}$)等材料较低。体积膨胀情况较其他合金类材料稍好,但依旧达到 305% 与 250%,在钠化过程中体积膨胀会导致其颗粒粉碎,容量迅速下降[32,33]。Sb、Sn、P 基材料的成本较低,资源储量较多,是研究的热点。但严重的体积膨胀限制了它们的实际应用,Sn 嵌钠后体积膨胀为 420%,Sb 嵌钠后体积膨胀为 393%,P 嵌钠后体积膨胀为 408%[32]。开发高熵合金、新的纳米结构/形貌等方法有望减少体积膨胀,提升材料的循环、倍率、电子电导率等性能[34]。

过渡金属氧(硫)化物:主要包括过渡金属氧化物、硫化物、磷化物等。部分过渡金属硫化物和磷化物既可发生转化反应,也可发生合金化反应。这类材料具有较高的理论比容量,但是在钠离子嵌入-脱出时体积膨胀-收缩严重,导致电极结构易破坏,容量快速衰减[35]。由于钠离子迁移缓慢,转化类材料的实际容量低于理论容量。因此,具有纳米结构的过渡金属氧化物材料具有更加优异的性能[36]。另外,相对于过渡金属氧化物,过渡金属硫化物的转化反应更容易发生,因此钠离子嵌入脱出过程的可逆性更强。MoS_2、SnS_2、Sb_2S_3、WS_2 等都可以作为负极材料,通过设计纳米结构、与碳复合等方式,可以获得较好的电化学性能[35]。

有机类材料:共轭羰基有机化合物、席夫碱聚合物、聚酰胺、导电聚合物等均可作为钠离子电池负极材料,具有资源丰富、结构多样等优点。与合金类材料相比,其容量较低,但具有良好的循环性能且环境友好[30]。

(3)电解质材料

钠离子电池电解质需满足以下条件:热稳定性好,不易分解,离子电导率高,化学稳定性好等。目前研究较多的电解质体系包括有机液体电解质、水系电解质、聚合物电解质以及固体电解质等。

有机液体电解质:有机电解液体系电池能量密度较高、循环寿命长,但存在易燃、价格较高、环境友好性差等缺点。常用的电解液溶剂与锂离子电池相同,有碳酸酯类溶剂:碳酸乙烯酯(EC)、碳酸丙烯酯(PC)等;醚类溶剂:四氢呋喃(THF)、1,3-二氧杂环戊烷(DOL)、己二醇二甲醚(DME)等[37]。常用的钠盐可分为有机钠盐与无机钠盐,有机钠盐有三氟甲基磺酸钠($NaSO_3CF_3$)、双(氟代磺酰基)亚胺钠(NaFSI)、双(三氟甲基磺酰)亚胺钠(NaTFSI)等[18],无机钠盐有高氯酸钠($NaClO_4$)、四氟硼酸钠($NaBF_4$)、六氟磷酸钠($NaPF_6$)等[38]。

水系电解质:水系钠离子电池具有安全性高、成本较低、离子电导率高等优点。

常用钠盐有 Na_2SO_4、$NaCl$、$NaNO_3$ 等[18]。目前对钠离子电池水系电解质的研究还比较少,受水分解反应的影响,电压窗口不可高于 1.5V。除此之外,钠离子在水溶液中溶剂化离子半径达到 0.358nm,使得钠离子嵌入反应困难,且容易导致电极材料主体晶格产生较大形变,结构坍塌[39]。

固体及聚合物电解质:固体电解质由于安全性高,可避免有机溶剂导致的安全隐患,受到人们的广泛关注。固体电解质需要满足以下条件:离子电导率高、电子电导率低、不与正负极反应、电化学窗口宽、与正负极有良好的界面、制备简单等。固体电解质可分为无机固体电解质与聚合物电解质。无机固体电解质有 Na-β/β″-Al_2O_3 固体电解质、NASICON 型固体电解质、硫化物钠离子固体电解质、硼氢化合物钠离子固体电解质等。聚合物电解质基体有聚氧化乙烯(PEO)、聚乙烯醇(PVA)、聚乙烯基吡咯烷酮(PVP)、聚丙烯腈(PAN)、聚甲基丙烯酸甲酯(PMMA)等[40]。

(4)非活性材料

钠离子电池的隔膜、黏结剂等非活性材料与锂离子电池的非活性材料要求及种类类似,此处不再赘述。值得一提的是,由于金属铝与钠之间不会发生合金化反应,钠离子电池负极可以使用铝箔作为集流体,负极集流体使用铝箔而非铜箔可以显著降低成本,并且减轻电池重量,提升电池整体的能量密度。

3)未来展望

钠离子电池原材料储量丰富、成本较低、环境友好,可广泛应用于低速电动车与大规模储能等领域,具有较好的应用前景。生产制造方面,制造仪器与设备可以沿用锂离子电池设备,有利于其大规模制造与推广。宁德时代公司已经正式推出了第一代商用钠离子电池,相信在未来几年里,钠离子电池将逐步替代传统的铅酸电池等体系,进入人们的生产生活中并发挥重要作用。

3. 锂硫电池

1)基本原理和发展历史概述

锂硫电池负极为金属锂,正极通常为单质硫。锂硫电池的能量密度很高,理论值可达 2600W·h/Kg,且成本低,无污染。硫正极放电时,反应过程为多步反应,产生多种中间产物:Li_2S_8、Li_2S_6、Li_2S_5、Li_2S_4、Li_2S_2 和 Li_2S[41]。中间产物 Li_2S_x($4 \leqslant x \leqslant 8$)可溶于电解液,$Li_2S_2$ 和 Li_2S 不溶于电解液,因此硫正极的放电过程包括由固态到液态,再由液态转化为固态两个过程。可溶性的 Li_2S_x 可以在正负极之间不断穿梭,造成"穿梭效应",导致活性物质严重损失,性能下降[42]。另外,硫的导电性差,导致倍率性能差。以上因素限制锂硫电池的发展。

20 世纪 60 年代,Herbet 和 Ulam 首次提出硫作为正极材料[43],而后,锂硫电池开始缓慢发展。从醚类溶剂被应用到锂硫电池中后,锂硫电池的性能得到了显著提升[44]。之后,出现了许多提升锂硫电池性能的方法,例如引入介孔碳[45]等,促使锂硫电池蓬勃发展。美国 Sion Power、英国 Oxis 及韩国三星等许多知名公司都在开展锂硫电池工程化的研究[46]。

2)关键材料

(1)正极材料

锂硫电池正极材料的活性物质主要为单质硫,后来拓展到金属硫化物、有机硫等。硫基正极设计的关键在于:①循环过程中硫正极的机械稳定性;②硫正极较低的电子和离子导率;③控制多硫化物的穿梭效应,同时充分利用多硫化物自身的电化学活性[47]。

单质硫:锂硫电池最主要的正极活性材料,但是机械性差、电子和离子导率低、穿梭效应显著。为了提高硫正极的性能,通常需要与导电或对多硫化物有捕获作用的材料进行复合,常用的材料有:①碳材料。石墨烯、碳纳米管、多孔碳、空心碳等。②导电聚合物。聚苯胺(PANI)、聚吡咯(PPy)、聚噻吩、聚乙撑二氧噻吩(PEDOT)等。③金属化合物。金属氧化物、过渡金属硫化物、金属氮化物、金属碳化物等[48]。

金属硫化物:金属硫化物含有 S 元素,可以作为活性物质参与反应并提供容量,如 Li_2S、过渡金属硫化物等。

有机硫:指将链状硫片段与具有活性自由基的聚合物在高温下环合形成的有机硫共聚物,能够有效改善长链多硫化锂产生的"穿梭效应",有望在实现高硫载量的同时获得高循环稳定性[49]。有机硫包括有机二硫化物、聚有机二硫化物、聚有机多硫化物、碳硫聚合物等[46]。

(2)负极材料

锂硫电池负极主要为金属锂,近年来随着含锂硫正极的出现,负极也出现了一些无锂的硅或锡基等材料。

金属锂:具有高理论比容量(3860mA・h/g)和低电化学电位,是一种理想的负极材料[46]。金属锂负极寿命短、库仑效率低、锂枝晶会导致安全问题,具体可参见锂离子电池部分。改进方法主要有:添加电解液添加剂、使用固体-凝胶聚合物电解质、改进隔膜、使用保护涂层、提供锂沉积的基体材料等[50]。

硅-锡基材料:Si 或 Sn 作为锂硫电池负极,反应原理与作为锂离子电池负极相同,具体可参见锂离子电池部分。

(3)电解质材料

锂硫电池的电解质是电池的关键组分,与其他电池不同,除了离子电导率、离子迁移数和电化学窗口外,电解质对单质硫、多硫化物以及硫化锂的溶解度特性也十分重要。电解质对单质硫和多硫化物应有一定的溶解度,可以提高正极活性材料的利用率,但溶解度过高会导致活性材料在电解质中扩散,甚至与金属锂发生反应[46]。电解质根据形态可分为:液态电解质、固态电解质和复合电解质。

液态电解质:锂硫电池中最常用的电解质,具有离子电导率高,易于制备的优点,但多硫化物在其中易溶解。根据不同的正极材料,醚类、砜类和碳酸脂类溶剂已经应用到 Li/S 电池中[51]。大多数碳酸脂类溶剂可与多硫化物发生反应,导致溶剂分解[52];砜基溶剂常用于高压二次电池中,但黏度高、熔点高,限制了其应用[53];醚类溶剂综合稳定性较好,但在高压下易分解,适合在低电压下应用[53]。常用锂盐有:六氟磷酸锂($LiPF_6$)、双(三氟甲烷磺酰基)亚胺锂(LiFSI)和双(三氟甲烷磺酰基)亚胺锂(LiTFSI)等,使用最多的锂盐为 $LiPF_6$ 和 LiTFSI[51]。

固态电解质:固态电解质的使用可有效抑制多硫化锂的溶解,完全消除穿梭效应。此外,固态电解质还可以抑制锂枝晶的穿透和液体电解质漏液问题。但是,室温下固态电解质的离子电导率较低,界面电阻较高,导致电池的倍率和循环性能较差[46]。固态电解质包括凝胶聚合物、固体聚合物、固态陶瓷电解质、石榴石型、钙钛矿型、钠超导体型(NASICON)、锂超导体型(LISICON)及硫化物等[54,55]。

(4)非活性材料

锂硫电池中存在严重的多硫化物"穿梭效应",在整个多硫化物的溶解扩散过程中,隔膜是影响多硫化物扩散的关键位置。通过对隔膜进行改性,可以抑制多硫化物的扩散过程,提升电池性能。因此隔膜可以使用商用隔膜如聚丙烯(PP)或聚乙烯(PE)膜为基体,在表面涂覆一层改性剂以抑制多硫化物的扩散,同时可以保持良好的绝缘和机械性能;也可以不使用商用隔膜为基体,但是在考虑抑制多硫化物扩散的同时,还需考虑隔膜的基本性能如绝缘、机械强度等。限制多硫化物扩散的过程可简单分为物理过程和化学过程两类。物理过程可分为:静电斥力、控制隔膜孔径、使多硫化物小分子结合成大分子三种;化学方法中最常见的是化学吸附和催化两种[56]。

锂硫电池中大多采用铝箔作为正极集流体,但铝箔表面较为光滑,对活性材料的黏附力有限,反应动力学缓慢,研究人员进行了多种尝试,如泡沫镍、多孔炭纸、碳纳米管等,以增强导电性,提升反应动力学,减缓电池容量衰减。锂硫电池所使用的黏结剂与锂离子电池中黏结剂类似,此处不再赘述。

3)未来展望

锂硫电池作为高比能锂离子二次电池,相对于当前商用的锂离子电池,具有能量密度高、硫储量丰富、价格低廉等优势,具有较好的应用前景。锂硫电池的未来应用领域可能涉及多方面,如新能源汽车、无人机、电子产品、航空航天、规模储能等[47]。

4. 其他类型二次电池

随着电化学储能器件的快速发展,各种类型的二次电池被研发和改进。本部分简要介绍镁离子电池、锌离子电池和铝离子电池。

镁离子电池由金属镁负极、可脱嵌镁离子的正极和电解液构成,与锂离子电池的插层化学工作原理相类似[57]。镁离子电池具有以下优点:①地壳中的镁储量丰富,可大大降低电池成本;②镁比锂的电子转移数量更多,其理论比容量为 2205 mA·h/g,体积容量是锂金属的两倍,因此在小型移动电子设备上具有发展潜力;③金属镁在沉积过程中不产生枝晶,使用安全性能较高。但是镁离子为正二价,与主体材料的相互作用较强,使得镁离子电池的可逆性较差,因此对于镁离子电池体系中正极材料的要求十分苛刻,目前已发展了包含过渡金属氧化物、硫化物、聚阴离子型磷酸盐和硅酸盐正极材料。并且,镁与多数还原化合物包括水、烃类、醇类、酚类等发生反应,在电解液中使用这种溶剂会在金属电极表面形成绝缘钝化层。虽然镁离子电池具有高性能、低成本、安全环保等优点,但是从实际应用的角度来看,其放电容量低、能量密度有限、不适合高倍率放电等特点阻碍了其发展。镁离子电池的主要研究方向是寻找可逆性好的正极材料,以及开发具有高电导率、宽电化学窗口的电解液。

同为第二主族元素的金属锌也具有储量丰富、理论容量高(820mA·h/g)、氧化还原电位低(-0.76V)、对环境友好等诸多优势。目前锌离子电池正极材料主要包括锰基氧化物、钒基氧化物等无机材料,一些有机材料例如聚苯胺、醌等凭借自身结构的多样性和分子量的可控性等优势也可被用作锌离子电池正极材料[58]。当前的锌离子电池中所用的电解液主要为含锌离子的水系电解液(如 $ZnSO_4$ 或三氟甲基磺酸锌等)。然而,现有的水系电解液受到水分解电位限制,电化学窗口较窄、成本高,且凝固点较高,电导率受温度影响大。因此,开发能够实现锌离子电池整体性能提升的新型电解液势在必行[59]。近期研究表明,采用极高浓度盐的水溶液作为电解质,可有效抑制水的分解,使水系电解液的电化学稳定窗口提高到 3V 以上,为解决水系电解液的分解问题提供了一种有效的策略。

第三主族元素 Al 是含量丰富的金属元素,目前较常见的铝离子电池是基于离子液体电解液而设计的室温电池,其发展过程中仍存在一些亟待解决的问题。首先,有限的正极材料种类限制了电池容量的进一步提升;其次,难以寻找到合适的电解液以实现金属铝的溶解沉积过程;最后,离子液体电解液对不锈钢电池壳等金属器皿存在较强的腐蚀作用。为实现铝离子电池性能的进一步提升,研究者聚焦于正极设计、负极保护以及电解液开发等方面[60]。

3.1.2　超级电容器

1. 基本原理

超级电容器,也称为电化学电容器,是一种介于离子电池和传统的平板电容器之间的新型储能器件,它具有比传统电容器更高的能量密度,比离子电池更高的功率密度、更快的充放电速率和更优异的循环稳定性等优点,因此超级电容器是目前除离子二次电池以外的另一类备受关注的电化学储能器件,在混合动力汽车、便携式电子产品以及消费类电子通信设备等领域有广泛的研究、应用前景[61,62]。超级电容器的结构与离子电池相似,由正极、负极、电解质和隔膜组成,其储能机理基于快速静电吸附或法拉第可逆电化学过程,根据储能机理的不同,超级电容器可以分为双电层超级电容器、赝电容超级电容器和混合型电容器[63]。下面结合具体电极材料分别介绍。

2. 关键材料

1) 电极材料

电极材料是影响超级电容器电化学性能的决定性因素之一,目前对超级电容器电极材料的研究主要集中于制备具有高比电容、高能量密度和功率密度、可进行大电流充放电以及绿色环保的活性材料。根据电极材料的储能机理,可以将超级电容器分为双电层电容(EDLC)、赝电容和混合型电容三种类型。

双电层电容型超级电容器是最早研究的一类超级电容器,靠电极和电解液表面对电荷快速的物理吸附过程来储存和释放能量。根据其储能机理可知,双电层电容型电极材料的电荷存储能力与其比表面积密切相关,比表面积越大,电极材料与电解质之间的接触面越大,可吸附的离子和电子越多。多孔碳类材料由于具有比表面积大、成本低、环保等优点,是目前最常用的双电层电容型电极材料,包括活性炭、碳纳米管和石墨烯等。其中具有分层多孔结构的活性炭已经商业化应用,可由多种有机前驱体碳化后再活化处理获得,如化石燃料和焦炭等。碳纳米管和石墨烯具有电导率高和耐高温的优点,也被认为是极具潜力的双电层电容型电极材料。然而,由于依靠表面吸附来进行储能,双电层电容型电极的电容量较小,对碳材料的比表面积和孔隙率优化调控是改善其电化学性能的重要途径[64]。

不同于双电层电容型电极,赝电容型电极通过材料表面或近表面快速可逆的法拉第(Faradic)氧化还原过程储能,元素价态在充放电过程中发生变化。因此,赝电容型电容器的电容量大于双电层电容器,一般可以达到数百 F/g。此外,由于氧化还原过程只发生于材料的表面部分,在充放电过程中不涉及到材料内部的扩散过程,因此赝电容型材料不仅电流响应很快,还具有十分优异的循环稳定性。目前广泛研究的赝电容型电极材料主要为过渡金属化合物和导电聚合物。过渡金属(Mo、Ni、Co、Fe等)的氧/硫/氮化物中的金属元素存在多种氧化态,因此可通过表面快速的法拉第氧化还原反应来有效提高储能器件的能量密度,并且作为赝电容电极材料具有电子电导率高、理论比电容高、易于制备和比表面积大等优点。但是过渡金属化合物的本征导电性差,并且在充放电过程中易发生结构坍塌致使循环稳定性较差。目前对过渡金属化合物电化学行为的优化主要采取掺杂改性、与高导电性材料复合等方法。导电聚合物(CP)的电荷存储机制主要是通过充放电过程中主链上掺杂剂离子的电化学掺杂和脱掺杂反应。导电聚合物具有电导率高、比电容大和可设计为柔性等优点,但是离子在体相中的扩散速率较慢使其功率密度较低,另外,充放电过程中聚合物的反复膨胀收缩引起的结构破坏导致其循环寿命较短。因此,基于导电聚合物的高性能柔性超级电容器的设计关键在于优化电极材料的多孔结构与机械性能。

根据最新定义,在充放电过程中发生相变的电极材料被归为"电池型"电极材料,典型的电池型电极材料主要有 Mn、Co、Ni、Cu 基过渡金属氢氧化物及其衍生物等[65]。电池型材料的电化学反应动力学受离子扩散过程控制,材料在储能过程中会发生结构相变,CV 曲线具有明显的氧化还原峰,GCD 曲线具有充放电平台。将电池型电极材料与双电层电容型电极材料相结合,可组装成混合型超级电容器,具备快速的电荷存储能力。虽然电池型材料具有较高的电荷存储能力,但是由于在充放电过程中材料发生相变,相关电化学反应动力学缓慢,倍率性能较差。具有纳米结构的电池型电极材料可以表现出非本征的赝电容行为。

2)电解质材料

电解质是超级电容器中必不可少的组成部分,主要作用是提供电荷载体。根据所使用电解质种类的不同,电化学储能器件可以分成水系、有机系、离子液体和固态电解质型。水系电解质具有廉价、安全、环保和离子导电率高的优点,有利于储能器件同时保持较高的充放电效率和功率密度,但是由于水的热力学分解电压为 1.23V,严重制约了水系超级电容器的工作电压窗口。有机系电解质的化学和热稳定性好,可使电容器在较高工作电压(2.5 ~ 4V)下稳定工作,是目前综合性能最好的电解质材料体系。尽管有机电解质可以在更高的电压下运行,但其较高的串联电阻和较低的离子传导率会导致电容器的库仑效率和功率密度降低,并且使用易燃和有毒的有机物存在造价高和安全隐患问题。高浓度的离子液体本身具有较好的热稳定性和化学稳定性,但是高黏度、低电导率和低温盐沉淀问题不可避免地影响电容器的性能。固体电解质的优势是可将器件制作成各种形状以充分利用空间,具有质量轻、易成薄膜、弹性好的特点,但在低温环境下存在导电性能较差、离子饱和率低的问题,目前主要应用于低电压微型超级电容器器件。

3)非活性材料

隔膜是超级电容器的重要组成部分之一,主要起到分隔正负板防止短路以及维持两电极电解质溶液的作用。超级电容器中电解质的离子交换速率主要受隔膜材料的影响,而离子交换速率影响超级电容器比功率性能的提升,隔膜的其他性质如化学组成、厚度、孔隙率等,对超级电容器的比电容、能量密度、功率密度以及安全性也都有显著影响。目前常应用于超级电容器中的隔膜材料有无纺布、玻璃纤维和聚合物等。超级电容器中集流体的作用和离子电池相类似也是负载电化学活性材料并传递电荷,根据集流体不能和电解质发生反应的原则,在超级电容器中,廉价的铝材料常被用于有机电解质中,在酸性和碱性电解质中,需要使用碳、钛和镍材料作为集流体以防止电解质对集流体的腐蚀。在使用集流体时一般要配合使用导电剂和黏结剂使活性材料附着在集流体上,但导电剂和黏结剂的使用往往会在长时间的电化学充放电过程中发生脱落现象,致使电容器寿命减短。因此,基于无黏结剂和导电剂的自支撑电极策略目前得到了广泛的研究。

3. 未来展望

超级电容器作为一种充放电速率快、容量大、循环寿命长、安全性能好的新兴储能器件,填补了具有高功率密度的传统电容器和高能量密度的离子电池之间的空白。现阶段商用超级电容器的产品主要以双电层超级电容器为主,赝电容型以及混合型超级电容器仍处于基础研发阶段。目前发展高性能超级电容器的相关研究工作越来越多,在保持高功率、长寿命、高安全性能优势的前提下提升能量密度已经成为重中之重,因此需要开发高性能电极材料、高稳定性电解液以及新型非对称性结构超级电容器,这将是今后超级电容器领域发展的主要方向。超级电容器已广泛应用于备用电源、储存再生能量、替代电源等不同的场景,并且在风/光发电、电动汽车、军事装备等领域有十分广阔的应用前景。随着传统化石能源开采带来的能源短缺问题加重和人类环保意识的提升,超级电容器的应用范围将会越来越广泛,并有望成为未来的理想储能器件[66-68]。

3.2　电化学储能用矿物材料研究进展

本部分结合典型天然矿物的成分、结构等特点,介绍矿物在二次电池和超级电容器方面的应用现状。

3.2.1　二次电池用矿物材料研究进展

目前,天然矿物主要用于二次电池的电极材料(以负极材料为主)、隔膜或固态电解质等电池关键部件,用作电极或电解液的添加剂也有一些报道。

1. 负极材料

1)天然石墨

石墨是由单一碳元素组成的物质,晶体结构属六方晶系,层状结构。层面上碳原子以 sp^2 杂化轨道形成的 σ 键和 P_z 轨道形成的离域 π 键相结合,形成牢固的六角形网格状平面,碳-碳原子间距为 1.42Å,碳原子间具有极强的键能(345kJ/mol),

而碳原子平面之间则以较弱的范德瓦耳斯力结合(键能为 16.7kJ/mol),层面间距为 3.354Å。

天然石墨化学成分为 C,主要为煤层或含沥青质的沉积岩或碳质沉积岩受区域变质而形成[69]。有三种主要成因,即区域变质型石墨、接触变质型隐晶质石墨和岩浆热液型晶质石墨。不同的成因使得天然石墨的结构、性能等存在差异。石墨通常可分为晶质和隐晶质,晶质石墨又称为鳞片状石墨,具有定向排列的特征。晶质石墨矿的石墨含量一般为 3%~10%,最高 20% 左右。隐晶质石墨又称微晶石墨,晶体直径一般小于 1.0μm,导电、导热、润滑、抗氧化性能均低于晶质石墨[70]。我国石墨矿产资源储量居世界第一。截止到 2016 年,我国晶质石墨查明资源储量为 29981.74 万 t,主要分布在黑龙江、内蒙古、四川、山西、山东等省(区),查明的资源储量均在 1000 万 t 以上,总量占全国的 61.89%[71]。

石墨是一种良好的电极材料,当石墨作为锂离子电池负极材料时,锂离子嵌入后形成锂碳层间化合物,即 LiC_6,其理论容量为 372mA·h/g,是目前主流的锂离子电池负极材料。天然石墨负极材料一般采用天然鳞片晶质石墨为原料。相对于人造石墨,天然石墨的容量高,压实密度高,价格也比较便宜。但由于在充电过程中溶剂分子随锂离子的嵌入会引起石墨层"剥落",造成首次循环较大的不可逆容量损失和较差的循环性能[72]。因此,需通过对天然石墨进行改性来提升电池性能。宋文生等[73]利用热固性酚醛树脂在惰性气氛下包覆天然鳞片石墨,通过对酚醛树脂包覆量的控制(0%、7.83%、10.23%、11.70%、13.79%、16.91%),发现其首圈放电容量高于 318mA·h/g,首圈充放电效率均大于 75.5%,最高可达 79.6%,经过 5 圈循环后,比容量均在 300mA·h/g 以上。潘钦敏等[74]将甲基丙烯酸己磺酸锂、丙烯腈与天然石墨混合,得到表面覆有离子聚合物的石墨。发现经过包覆的石墨可有效防止溶剂化锂离子嵌入后对石墨片层结构的破坏,经过 30 圈的充放电循环后,其比容量约为 325mA·h/g,而未包覆的天然石墨的比容量出现了较大程度的衰减。杨瑞枝等[75]采用"液相浸渍法"将酚醛树脂包裹在天然鳞片石墨表面,并通过热处理获得表面介孔碳层,其小于 0.3nm 的孔径保证了锂离子的进出,同时又可防止电解液分子的进入,因此可以有效抑制充放电过程中石墨片层的剥落。邓凌峰等[76]采用"喷雾干燥+高温煅烧"的方法制备 CNTs/天然石墨负极复合材料,其中 CNTs 均匀分散到石墨的表面,构成网状结构,可为 Li^+ 的扩散提供通道并阻止溶剂分子进入。该复合材料在 0.1C 下的首圈放电比容量为 417mA·h/g;循环 100 圈后,容量保持率为 93.2%,具有良好的循环稳定性。郭德超等[77]以高纯片状鳞片石墨或球形鳞片石墨为原料,对二者进行微膨胀处理得到微膨石墨,再利用化学气相沉积在微膨石墨表面原位生长 CNTs,制备了 CNTs/微膨石墨复合负极材料。这两种复合材料的初始容量分别为 443mA·h/g 和 477mA·h/g,在 0.2C 下循环充放电 30 圈后容量均能保持 95% 以上。Sang-Min 等[78]在天然石墨表面生长

CNTs,通过控制电极尺寸获得性能优良的复合材料。在 1.0C 倍率下,初始放电容量为 359mA·h/g;经过 300 圈循环后,可保持 90% 的初始放电容量。

天然石墨也可作为钠离子电池负极材料,可逆容量可达到 150mA·h/g[79]。由于钠离子半径(r=0.102nm)较大,石墨层间距(d_{002}=0.334nm)与钠离子半径不匹配,因此在脱钠–嵌钠过程中会使石墨层发生膨胀或皱缩,不利于提升其稳定性[80]。对天然石墨进行球磨,可以增加石墨的表面缺陷,为钠离子嵌入提供更多的活性位点[81]。

相比于人工合成的石墨与热解石墨,天然石墨在铝离子电池中具有更好的电化学性能[82],可有效存储 $AlCl_4^-$。Kravchyk 等[83]以天然石墨为铝离子电池的正极材料,经优化后,当电池功率密度为 489W/kg 时,比容量达到 63W·h/kg,显示出了良好的发展前景。

2) 硫化物矿物

硫化物矿物及其类似矿物是指金属或半金属元素与硫等阴离子化合而成的天然化合物,其中阴离子除硫之外,还有硒、碲、砷、锑、铋,而阳离子主要是位于周期表右方的铜型离子和过渡型离子,它们相结合形成硫化物、硒化物、碲化物、砷化物、锑化物和铋化物等。现已发现硫化物及其类似化合物的矿物种数超过 370 种,而其中硫化物占 2/3 以上。这些矿物占地壳总重量的 0.15%,其中铁的硫化物占绝大部分,其余元素的硫化物及类似化合物只相当于地壳总重量的 0.001%。虽然它们的分布量有限,但却可以富集成具有工业意义的有色金属和稀有分散元素矿床。几种常见天然硫化物矿物如图 3.3 所示。

图 3.3　几种常见天然硫化物矿物

依据成分中硫离子价态的不同和络阴离子的存在与否,硫化物矿物分为三类:单硫化物,硫以 S^{2-} 形式与阳离子结合而成;双硫化物,硫以哑铃状对阴离子 $[S_2]^{2-}$ 形式与阳离子结合而成;硫盐矿物,硫与半金属元素砷、锑或铋组成锥状络阴离子 $[AsS_3]^{3-}$、$[BiS_3]^{3-}$,以及由这些锥状络阴离子相互连接组成复杂形式的络阴离子与阳离子结合而成。硫化物矿物的主要结构类型包括岛状、环状、链状、层状、架状和配位型等,如表 3.1 所示。

表 3.1 硫化物矿物的主要结构类型

结构型		主要矿物举例
岛状		黄铁矿、白铁矿、毒砂
环状(分子型)		雄黄
链状		辉锑矿、辉铋矿、辰砂
层状		辉钼矿、铜蓝、雌黄
架状		辉银矿、黝铜矿
配位型	四面体配位型	闪锌矿、斑铜矿、黄铜矿、纤锌矿、方黄铜矿、硫砷铜矿
	八面体配位型	方铅矿、磁黄铁矿、红砷镍矿
	混合配位型	镍黄铁矿、辉铜矿

硫化物矿物具有种类多、储量丰富、成本低等优点,可直接利用其物理、化学性能制备电极材料。例如,辉钼矿(MoS_2)、黄铁矿(FeS_2)、黄铜矿($CuFeS_2$)等大部分硫化物的化学成分具有电化学活性,可用于制备储能电极材料。

(1)辉钼矿

辉钼矿化学成分为 MoS_2,六方晶系,层状结构。两层由 S^{2-} 组成的面网夹一层由 Mo^{4+} 组成的面网,构成一个平行[84]的三方柱 $[MoS_6]$ 配位结构层,层内 Mo、S 离子以共价键–金属键联系,Mo—S 间距 0.235nm,层间以分子键联系,层间距 0.315nm[85],如图 3.4 所示。由于结构层不同的堆垛方式,形成不同的多型,主要有六方晶系的 2H 型以及三方晶系的 1T 型和 3R 型。在自然界中,2H 型为最常见的多型[86]。

辉钼矿形成于矽卡岩或高、中温热液矿床中,常与辉铋矿、石英等共生[88]。辉钼矿在自然界中储量丰富,世界著名辉钼矿产地有美国科罗拉多州的克来马克斯和尤拉德–亨德森,澳大利亚新南威尔士州,加拿大魁北克、安大略省等,我国的辽宁、河南、山西、陕西等省也是辉钼矿主产区[89]。

MoS_2 可作为锂离子电池负极材料,但天然辉钼矿含有较多杂质,需要提纯后才能用作负极材料。Jiang 等[90]以辉钼矿原矿为原料,采用破碎–磨矿、浮选、机械剥离和分级工艺相结合的技术路线(图 3.5),制得平均粒径分别为 $5\mu m$、$2\mu m$、$1\mu m$

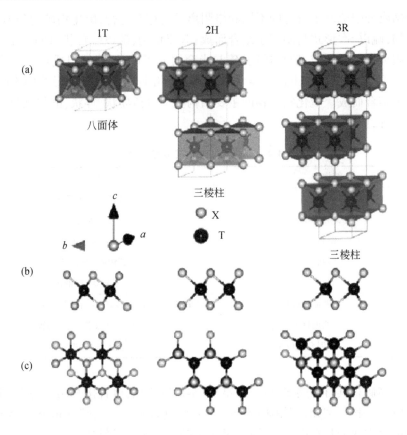

图 3.4　辉钼矿的 1T、2H 和 3R 多型晶体(a)层堆垛、(b)侧面及(c)俯视结构示意图(引自[87])

和 90nm 的片状 MoS_2,并探讨了该材料作为锂离子电池负极时,粒径对其电化学性
能的影响。在 0.1A/g 电流密度下,MoS_2-1μm 的初始放电比容量为 904mA·h/g,
循环 125 圈后达到 1337mA·h/g。即使在 5.0A/g 大电流下,仍保持 682mA·h/g
的较大比容量。详细的动力学分析表明,该尺寸电极具有较低电荷转移电阻和较
高的锂离子扩散系数。另外,该课题组[91]还发现黏结剂的种类和用量对辉钼矿负
极微观结构的稳定性有重要影响。采用天然辉钼矿为活性材料,对比了羧甲基纤
维素(CMC)和聚偏氟乙烯(PVDF)作为黏合剂时电池的容量。结果表明,使用
CMC 为黏合剂的天然辉钼矿电极在 2A/g 的大电流密度下,显示出 1199mA·h/g
的初始容量,经过 1000 次循环后容量保持率为 72%(876mA·h/g),远高于 PVDF
作为黏合剂的样品(288mA·h/g)。上述工作为天然矿物高容量负极的工业化生
产提供了一个新的思路。

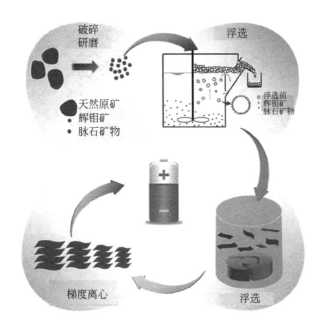

图 3.5　天然辉钼矿加氢精制流程示意图

（2）辉锑矿

辉锑矿化学成分为 Sb_2S_3，斜方晶系，$[SbS_3]$ 三方锥以锯齿状链沿 c 轴延伸，两个链平行(010)连接成链带。链内的硫和锑间距为 0.25nm，以离子键–金属键联系，链带间硫和锑间距为 0.32nm，以分子键联系[85]，如图 3.6 所示。

辉锑矿形成于低温热液矿床中并与辰砂、雄黄、雌黄共生[88]，伴生一些方解石和石英。辉锑矿在世界分布较为广泛，位于俄罗斯的 Sarylakh 矿，辉锑矿含量在 20%～40%。玻利维亚的 Chilcobija 矿，南非的 Muichison 矿与土耳其的屈塔希亚省等都是辉锑矿的主要产区。我国"世界锑都"湖南冷水江市锡矿山以辉锑矿为主，广西、贵州和云南等省（区）也有大量的辉锑矿。

Sb_2S_3 是一种优秀的钠离子电池负极材料，其理论容量可以达到 946mA·h/g[92]。Deng 等[93]采用一种高效、简便的湿化学方法成功制备了天然辉锑矿和硫掺杂碳层的复合材料，作为负极材料应用于钠离子电池，结果表明该电极在 0.1A/g 条件下循环 100 次后还具有较高的可逆容量 455.8mA·h/g，比纯天然辉锑矿具有更好的倍率性能和更优异的循环稳定性。Ge 等[94]将天然辉锑矿石精选后得到纯度较高的 Sb_2S_3，经碳包覆后作为锂离子电池负极，电流密度为 5.0A/g 时容量可保持在 674mA·h/g 左右；作为钠离子电池负极时，在电流密度为 3.0A/g 条件下，容量可保持在 366mA·h/g。该电极拥有较高比容量的原因在于碳层包覆在 Sb_2S_3 上，抑

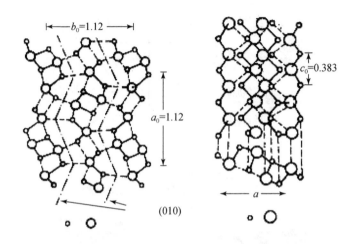

图 3.6　辉锑矿晶体结构图

制了 Sb_2S_3 循环过程中的体积膨胀及电解液的侵蚀,同时促进了离子的输运[94]。该课题组[95]还构建了具有分层结构的 $Sb_2S_3/Sb/S$ 掺杂碳层复合材料,将其作为钠离子电池负极材料时,其分层界面的作用促进了电子与钠离子的快速转移,改善了可逆转化反应,显著提高了电化学性能。在电流密度为 0.5A/g、1.0A/g 和 2.0A/g 条件下各循环 150 次后,比容量分别为 422.6mA·h/g、367mA·h/g 和 311.1mA·h/g。

（3）黄铜矿

黄铜矿化学式为 $CuFeS_2$,属四方晶系,为闪锌矿结构的衍生结构,其单位晶胞类似于将两个闪锌矿晶胞叠置而成。每一金属离子（Cu^{2+} 和 Fe^{2+}）的占位均相当于闪锌矿中 Zn^{2+} 的占位,但由于 Zn^{2+} 占位被 Cu^{2+} 和 Fe^{2+} 两种离子替代并有序分布,使其对称由原闪锌矿结构的等轴晶系下降为四方晶系[96],如图 3.7 所示。

黄铜矿主要形成于气液及火山成因矿床,常与各种硫化物矿物共生,产地遍布世界各地,著名黄铜矿产地有西班牙的里奥廷托、德国的曼斯菲尔德、瑞典的法赫伦、美国的亚利桑那和田纳西州等。我国的黄铜矿分布较广,著名产地有甘肃白银厂、山西中条山和湖北、安徽等地。

黄铜矿因具有更多的金属离子,丰富了原子间的结合,使其晶型多样化,从而使其具有比单金属硫化物更好的导电性和更高的充放电容量,有望成为性能优良的锂离子电池负极材料。作为锂离子电池负极材料,黄铜矿的理论容量为 584mA·h/g,但在脱锂过程中,因为 Fe 和 Cu 单质还可与 Li_2S 进一步反应,导致黄铜矿电极容量常常超出理论容量,反应过程也往往更加复杂。经过第一次充放电

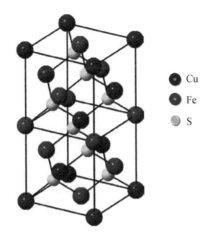

图 3.7　黄铜矿晶体结构图

循环后,电池体系中已不存在黄铜矿,可将电池视为 Li-Cu$_2$S 电池、Li-FeS 电池与 Li-S 电池的复合电池[97]。而 Cu、Fe 均为亲硫元素,因此硫可以固定在正极上,从而保持高循环稳定性[98]。Zhou 等[99]以天然黄铜矿为原料,通过简单的浮选和酸浸工艺制得产率高、纯度高(98.6%)的微米级 CuFeS$_2$(设计流程如图 3.8 所示)。用作锂离子电池负极材料具有优良的倍率性能和循环性能。在 0.1C、0.2C、0.3C、0.5C、1C 和 2C 电流密度下,放电容量分别为 870mA·h/g、850mA·h/g、830 mA·h/g、800mA·h/g、750mA·h/g 和 680mA·h/g。在高电流密度 2C 下,初始容量可达到 700mA·h/g,经过 1000 次循环后保持 660mA·h/g,容量保持率高达 94%。Zhang 等[100]采用闭路磨矿工艺与物理分离的方法(重力分离,磁分离和电分离)分离天然黄铜矿,得到不同粒径的 CuFeS$_2$(平均粒径分别为 48.89μm、13.25μm 和 16.83μm)并制成锂离子电池负极。当电流密度为 1A/g 时,经过 500 圈循环后,尺寸最小且均匀的样品仍有 1009.7mA·h/g 的比容量。

3) 天然矿物衍生物

作为锂离子电极负极材料,硅的储锂理论比容量可高达 4200mA·h/g,且脱-嵌锂电位较低、元素储量丰富[101]。因此,硅是一种非常有前景的电极材料。很多天然矿物岩石中均含有大量硅元素,因此研究人员以含硅矿物岩石为原料制备硅基材料,并将其用作锂离子电池负极材料。

(1) 硅藻土、沸石等多孔矿物岩石

硅藻土由硅藻死后沉积在海洋或湖泊中形成,其化学成分以 SiO$_2$ 为主(以 SiO$_2$·nH$_2$O 的形式存在),约占硅藻土的 80% 以上,并含有少量 Al、Fe、Ca、Mg、Na、K、P 等杂质[102]。全球共有硅藻土 9.2 亿 t,远景储量 35.73 亿 t,2018 年全球

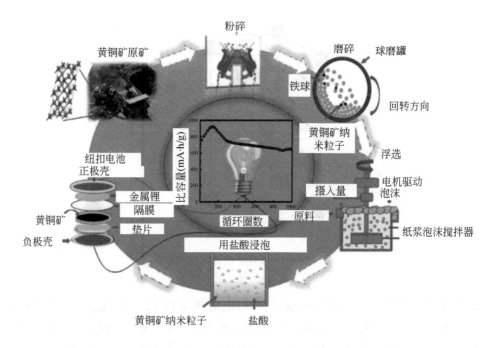

图 3.8 天然黄铜矿电极材料设计思路[99]

生产总量为 270 万 t。截止 2017 年,我国共有硅藻土矿区 71 个,查明资源储量约为 5.13 亿 t,吉林省约占全国总查明资产储量的 73.68%[103]。

　　研究人员采用"镁热还原法",从硅藻土中直接制备出多孔硅材料,反应方程如下[104]:

$$Mg(g)+SiO_2(s) \longrightarrow MgO(s)+Si(s)$$

　　林伟国等[105]通过镁热还原硅藻土制备了多孔硅材料,并将其与石墨、碳(沥青碳化)复合得到纳米多孔硅–石墨–碳复合微球(Si/G/C)负极材料。电流密度为 0.2A/g 时,首圈循环的可逆容量为 817mA·h/g,经过 100 圈循环后容量保持率 96.7%。当电流密度为 2.4A/g 时,其比容量可保持在 623mA·h/g。Wang 等[106]同样采用镁热还原法制备多孔硅颗粒,并引入碳化葡萄糖与石墨,制备了(Si/G/C)负极材料(图 3.9)。由于非晶碳可作为"黏合剂",将多孔硅和石墨连接起来,构成三维导电网络,有利于提高电极的比容量。因此,在电流密度 0.1A/g 条件下,经过 300 圈循环时容量仍可保持 938mA·h/g,在 5A/g 的超高电流密度下拥有 470mA·h/g 的高比容量。Zhang 等[107]将石墨烯与硅藻土制备的多孔硅结合构成(Si/G)负极材料,其在电流密度为 100mA·h/g 时,经过 50 圈循环后具有 652.6mA·h/g 的稳定可逆比容量。综上,利用镁热还原法可从硅藻土中制备出多孔硅颗粒,将其与多种形式的碳材料结合形成三维导电网络构成复合电极,展现出了优异的电化学性能。

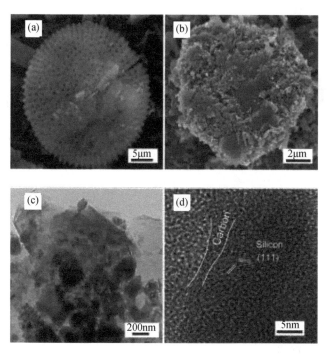

图 3.9　(a)纯化的 SiO_2 和(b)Si/C/G 复合材料的 SEM 图像;
(c)Si/C/G 复合材料的 TEM 和(d)HRTEM 图像

　　沸石也可以作为制备硅基材料的矿物原料。沸石是由 TO_4(T 代表 Al 或 Si)四面体构成的水合晶体,硅氧四面体和铝氧四面体通过共用氧原子相连[108]。在微观结构上,沸石内部有很多大小均一的孔穴和通道,其体积占到沸石晶体体积的50%以上,因而沸石具有很大的比表面积($500 \sim 1000 m^2/g$)[109]。我国沸石资源丰富,已发现了近 400 处沸石矿床(点),总储量约为 30 亿 t 左右,其中浙江缙云、河北独石口、黑龙江海林是我国较大型的三个沸石矿床,储量均在亿吨以上[109,110]。

　　Lin 等[111]采用低温熔融盐工艺,在不锈钢高压釜中通过熔融 $AlCl_3$ 中的金属Al 或 Mg 还原高硅沸石,制备出晶体 Si 纳米颗粒(图 3.10);该反应在 200℃以下时,产率约为 40%;当温度升高至 250℃,产率升高到约 75%。将制备的 Si 纳米颗粒用作锂离子电池负极时,表现出了高充放电比容量和良好的倍率性能。电流密度为 0.5A/g 时,其可逆比容量约为 2663mA·h/g;电流密度为 20A/g 时,其可逆比容量仍高达 1613mA·h/g。在电流密度为 3A/g 条件下循环 1000 圈后,比容量仍可保持在 870mA·h/g，表明具有良好的循环性能。

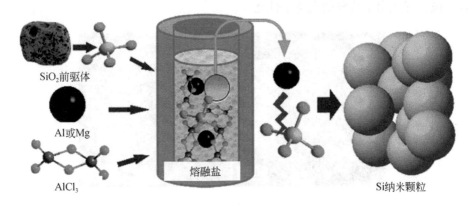

SiO₂前驱体

Al或Mg

AlCl₃

熔融盐

Si纳米颗粒

图 3.10　不锈钢高压釜中还原晶体 Si 纳米颗粒的示意图

（2）黏土矿物

黏土矿物是构成岩石和土壤细粒部分（<2μm）的主要矿物，其资源丰富且廉价易得[112]。我国黏土矿床种类多，分布广，可归纳为两大类：沉积黏土矿床与变质黏土矿床，前者主要分布于华北、东北、西北以及西南地区；后者主要分布在岩浆活动比较频繁的地区，如福建、广东、广西、湖南、江西、湖北、江苏、浙江以及辽宁等省（区）[113]。

黏土矿物是典型的硅酸盐矿物，可用作制备硅基材料的原材料。同时，黏土矿物具有丰富的结构，其结构特点也决定了所制备的硅材料的微形貌，从而影响电极的电化学性能。Soojin Park 等[114]利用蒙脱石、滑石等层状黏土矿物，采用熔盐镁热的方法制备了二维硅纳米片（图 3.11）。在镁热反应中，加入的 NaCl 可以熔融状态插入到蒙脱石层间，一方面起到蒙脱石的结构支撑作用，另一方面可吸收 Mg 还原产生的热量，防止层状结构解体。经碳包覆后，该复合材料在电流密度为 1.0A/g 条件下的可逆比容量为 865mA·h/g，循环 500 圈后容量保持率为 92.3%；电流密度为 20A/g 条件下的容量为 2.0A/g 的 60%。此外，该课题组还利用滑石制备了三维多孔硅纳米片[115]，这些孔隙可缩短充放电中锂离子的扩散距离，有利于锂离子的脱嵌，提高了电极的比容量及倍率性能。在电流密度 0.5C 条件下循环 200 圈后可逆比容量为 1619mA·h/g，容量保持率为 95.2%；而在高电流密度 10C 条件下，比容量仍可达 580mA·h/g。

何宏平研究团队利用凹凸棒石、蒙脱石和埃洛石为原材料，采用镁热还原法分别制备了零维、二维和三维硅纳米材料（图 3.12）。对比发现，作为锂离子电池负极材料，采用蒙脱石制备的二维纳米结构硅电极在充放电过程中体积变化率较小，具有最好的电化学性能。在电流密度 1A/g 条件下，循环 200 圈后的比容

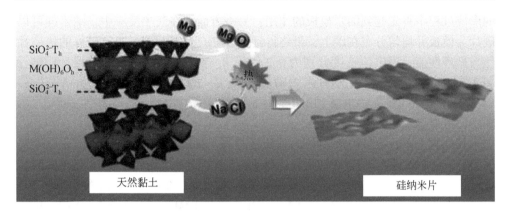

图 3.11　利用蒙脱石制备硅纳米片示意图

量可达 1369mA·h/g，容量保持率为 78%[116]。另外，以天然海泡石为原料制备的硅纳米棒（SNRs）[117]具有较大的比表面积（122m²/g）和多孔结构，也可缓解充放电过程中硅材料的体积膨胀，表现出优良的电化学性能。在电流密度 1.0A/g 条件下，循环 100 圈后的可逆容量为 1350mA·h/g；在电流密度 5.0A/g 条件下，循环 500 圈后的可逆容量为 816mA·h/g。

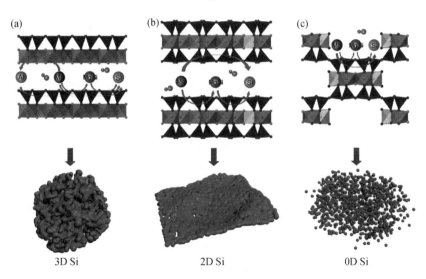

图 3.12　金属 Mg 与黏土矿物埃洛石（a）、蒙脱石（b）和凹凸棒石（c）之间不同反应过程示意图

此外，该团队还以蒙脱石-结晶紫为原料，采用炭化原位合成法制备硅-氮掺杂石墨烯类碳复合材料（Si/NG）[118]。一方面，蒙脱石可在氮掺杂石墨烯类碳

的形成过程中首先起到纳米模板的作用；另一方面，在镁热反应中，纳米硅可以碳片为模板并均匀分布在碳上，最终得到了 Si/NG 负极材料，具有较好的倍率性能与循环性能。当电流密度分别为 0.2A/g、0.5A/g、1.0A/g、2.0A/g、4.0A/g 和 8.0A/g 时，可逆容量分别为 2187mA·h/g、2002mA·h/g、1773mA·h/g、1475mA·h/g、892mA·h/g 和 434mA·h/g；在电流密度 1.0A/g 条件下循环 240 圈后，可逆容量仍为 1138mA·h/g。

　　其他黏土矿物也被用来制备硅基负极材料。Huang 等[119]在熔盐中还原碳包覆的蛭石，制备了多孔硅/碳纳米片，在 4A/g 高倍率下可逆容量达 1837mA·h/g。Liu 等[120]用埃洛石通过静电纺丝工艺制备硅碳纤维，在 0.5A/g 倍率下循环 300 圈的可逆比容量为 1238mA·h/g；5A/g 倍率下循环 1000 圈后比容量为 528mA·h/g。Wan 等[121]也以埃洛石为原料，通过熔盐还原制备出具有 3D 框架的纳米硅负极材料，在 0.1A/g 倍率下循环 50 圈后的比容量为 2540mA·h/g；在 2A/g 倍率下循环 500 圈后为 970mA·h/g。Sun 等[122]将凹凸棒石镁热还原合成硅纳米晶，并包覆聚吡咯形成聚吡咯/硅复合材料，在 0.6A/g 倍率下循环 200 圈后的比容量为 954mA·h/g。综上，黏土矿物种类丰富、成本较低，通过选择不同结构矿物可制备不同构型的硅材料，是一种较为理想的原料。

　　(3)石英砂(沙)

　　石英砂或沙是生活中常见的物质，呈颗粒状，主要由石英岩等岩石经过侵蚀、风化、破碎形成，主要化学组分为 SiO_2。由于成本低、分布广，研究人员将其作为制备硅的原材料。

　　Kim 等[123]以沙为原料，采用镁热还原法制备出了 Si 纳米片。为了提高电化学性能，本书作者利用还原氧化石墨烯(RGO)包覆硅纳米片，在电流密度 500mA/g 条件下初始比容量大于 3500mA·h/g。经过 50 圈循环后，其比容量为 1762mA·h/g，远优于未包覆的硅纳米片或商用纳米硅材料的电化学性能。Favors 等[124]采用熔盐镁热还原法制备纳米硅材料，经碳包覆后在 2A/g 倍率下循环 1000 圈后，比容量为 1024mA·h/g。Furquan 等[125]利用微波辅助加热的方式制备了多孔硅纳米片(图 3.13)。微波可以提高镁热还原的速度，将反应时间缩短到 5min。经碳包覆后在 6A/g 倍率下循环 200 圈后的比容量稳定在 1500mA·h/g 左右。Yoo 等[126]则通过降低镁热反应中的压力，使镁蒸气平均自由程更低，从而可以更快、更均匀地包围沙，提高了二者反应速率与转化率(>98%)。纳米硅材料经碳包覆后，在电流密度 1000mA/g 条件下循环 100 圈的可逆比容量约为 1500mA·h/g。综上，由于石英砂(沙)的成本低且分布广，具有良好的应用前景。

　　2. 正极材料

　　当前利用矿物材料作为电池电极主要集中在负极材料，仅有少部分文献报道

图 3.13 微波加热镁热还原法从沙中制取硅示意图(见彩图)

用于正极材料。但电池的正极和负极是相对的,同一种材料既可能作为正极,也可能作为负极,取决于全电池中电极电势的相对高低。

1) 黄铁矿

黄铁矿化学式为 FeS_2,等轴晶系,$NaCl$ 结构的衍生结构。哑铃状对硫离子与铁离子在立方晶胞中交替出现,呈面心立方排列;对硫离子的轴向在结构中交错配置,使各方向键力相近[85],如图 3.14 所示。

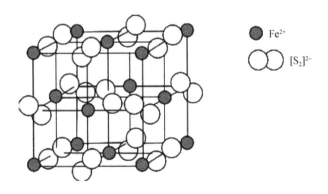

图 3.14 黄铁矿晶体结构图

黄铁矿是地壳中分布最广泛的硫化物矿物。截至 2018 年,我国已探明的硫铁矿储量达 63 亿 t[127],其中黄铁矿占绝大部分,储量位居世界前列。黄铁矿主要由内生作用和外生作用相互配合沉积而成,著名产地有广东英德和云浮、安徽马鞍山、甘肃白银等[128,129]。

以黄铁矿为正极材料制备的锂离子电池具有比容量大、价格低廉等优点，其电池电压在 1.5V 左右，初次放电容量大，可作为一次或二次电池使用[130]。而且，不同来源的黄铁矿电化学性能差别不大[131]，因此有利于工业生产。黄铁矿在高温下循环稳定性较好，常温下循环稳定性较差[130,132]。另外，在放电过程中，正极材料有较强的氧化性，易与电解液发生反应导致容量急剧衰减[133]。阻止副反应产生可提升电池的循环稳定性。使用固体电解质可减少黄铁矿副反应的发生，从而可以大幅提升电池的循环稳定性[133]。此外，还可对黄铁矿进行改性，保护黄铁矿不与电解液进行反应，提高其循环稳定性[134]。Strauss 等[135]在黄铁矿表面生成 SEI 膜，膜的成分包含 Li_2CO_3 和 Li_2O，可在不影响其电化学性能的情况下保护黄铁矿电极，从而提升了电池的循环稳定性。Montoro 等[136]使用明胶/DMSO 溶液对黄铁矿进行改性包覆，避免了黄铁矿与电解质反应，大大提升了黄铁矿的可逆比容量。高级脂肪酸盐也被用于黄铁矿改性[137,138]，用高级脂肪酸盐对黄铁矿改性后，在常温下测试得黄铁矿的放电比容量高达 850mA·h/g，接近理论容量 890mA·h/g。

另外，黄铁矿也可作为正极材料应用于钠离子电池，首次放电比容量高达 758mA·h/g，但循环性能较差[139]，还有很大的提升空间。

2）黄铜矿

Zhou 等[98]将黄铜矿经过浮选与酸处理后，用作锂离子电池正极材料。在电流密度为 100mA/g 条件下，可逆比容量达 1300mA·h/g，并且拥有良好的倍率性能和循环稳定性。在高电流密度 1000mA/g 条件下，可逆比容量为 875mA·h/g；经过 100 次循环后，容量仍保持在 767mA·h/g，远优于单质 S 电极的循环稳定性。Gao 等[140]以黄铜矿为原料合成了层状 Na_xMO_2(M=Cu、Fe、Mn)，可作为钠离子电池正极，而且可根据杂质含量的高低合成具有不同结构的电极。P2 型 Na_xMnO_2 具有自掺杂的 Ca 元素，有良好的倍率性能和循环稳定性（5C 下比电容为 56mA·h/g，1C 下进行 100 次循环容量保持率为 90%）；杂质较少的黄铜矿适合制备 O3 型 Na_xMO_2，在 0.1C 下比电容为 107mA·h/g，2C 下进行 200 次循环后容量保持率为 84%，具有较好的工业生产前景。

3. 固态电解质与隔膜

1）固态电解质

自锂电池问世以来，人们对其安全性和能量密度的追求从未停下脚步[141]，国务院发布的《中国制造 2025》中明确提出，2020 年中国动力电池单体比能量达到 300W·h/kg，2025 年达到 400W·h/kg，2030 年达到 500W·h/kg。基于液态电解质的锂离子电池能量密度已逐步趋于其理论极限，同时存在易燃、易渗漏、易氧化等严重安全问题,已不能满足当前社会发展的需求。凝胶电解质或固态电解质兼具隔膜和离子传导的功能,可降低或消除液态电解液渗漏、易燃等问题,大大提高电池的安全性能,成为当前锂电学界研究的一个重点[142,143,144-148]。固态电解质一般分为三类,即聚合物固态电解质、无机固态电解质以及有机-无机复合固态电解质[147]。相对于聚合物固态电解质,聚合物凝胶电解质含有大量的有机溶剂,但不具有流动性,可看成一种准固态电解质[149]。聚合物固态电解质灵活性好、与电极界面能很好兼容,但室温下离子电导率相对较低;无机固态电解质机械强度大,但相界面阻抗大、无韧性。一般认为,有机-无机复合固态电解质可取长补短,综合性能较好,是当前研究的热点[147,148]。

层状结构黏土矿物经过一定改性可为锂离子传输提供通道,可用作电池的固态电解质。另外,黏土矿物作为聚合物固态电解质的无机骨架或填料,可提升隔膜的机械强度及阻燃性能,增加安全性。因此,黏土矿物在固态电解质中有广阔的应用前景。下面根据黏土矿物结构特点进行分类,着重论述其在复合固态电解质中的应用。

(1)2:1 型层状结构黏土矿物

主要涉及蒙脱石、蛭石,二者同属 2:1 型膨胀性层状结构硅酸盐黏土矿物,结构上较为相似。以蒙脱石为例,属单斜晶系,为 TOT 型二八面体层状结构[85],层间充填有可交换性阳离子(~80meq/100g)[150]。得益于该类黏土矿物层间可交换的阳离子、较大的层间域以及层间水或有机分子对层骨架势垒的屏蔽作用,Li^+、Na^+、Mg^{2+}、Zn^{2+} 等多种阳离子均可在层间迁移并具有较强的扩散能力[151-158],部分黏土矿物的室温离子电导率甚至可达 10^{-3} S/cm,显示出快离子导体特性[157,159]。因此,早在 20 世纪八九十年代,蒙脱石等层状结构黏土矿物的快离子导体特性就吸引了国内外部分研究者的注意,初步开展了基于黏土矿物的固态电解质研究[157,160-165]。朱斌等[166,167]以碳酸丙烯脂(PC)、γ-丁内酯、N,N 二甲基甲酰胺(DMF)、N,N 二甲基乙酰胺(DMA)和二甲亚砜(DMSO)有机改性 Mg 或 Li 型蒙脱石,得到了室温离子电导率在 10^{-5} ~ 10^{-4} S/cm 的有机蒙脱石固态电解质。黄振辉等[160]以天然钠基蒙脱石和 PC 或 DMF 制备了有机改性蒙脱石,其室温离子电导率可达 1.31 ~ 1.85×10^{-3} S/cm。最近,Lee 等[168]受珠贝母层状结构启发,采用简单工艺将蒙脱石剥离后与 DMSO 混合,利用 DMSO 与蒙脱石晶层间羟基成氢键作用,将其混合液充分搅拌后通过抽滤技术组装出具有层状结构的复合固态膜,其机械强度和弹性模量分别达到(55.3±4.8)MPa 和(210.2±32.6)kJ/m,室温离子电导率达 2×10^{-4} S/cm,耐热温度区间为-100 ~ 120℃。由于该复合膜的蒙脱石含量较高,整体上毒性较低,可被蠕虫降解。

另一方面,黏土矿物常被用作聚合物固态电解质的无机骨架或填料[169-171]。因为在黏土矿物、聚合物、锂盐复合体系中,黏土矿物表面负电荷可通过库仑力与锂离子相互作用(相当于 Lewis 碱的角色),可降低锂离子与聚合物官能团、锂盐阴离子基团的相互作用,提高可迁移的锂离子数目及迁移率,从而增强离子电导率[171]。另外,添加黏土矿物可降低聚合物的结晶度[172],也有利于其离子电导的增强。同时,添加黏土矿物对复合电解质的机械强度和热稳定性均有一定程度的提升。对于聚合物凝胶电解质,Nunes-Pereira 等[173]将蒙脱石作为填料与聚(偏氟乙烯–三氟乙烯)[P(VDF-TrFE)]混合,通过溶液浇铸法制备出了不同填料比例的凝胶复合膜。通过对比发现,当蒙脱石添加量为 16wt% 时,复合膜的孔径、孔隙率、吸液率分别达到 16μm、85% 和 325%;而当填料量为 4wt% 时,各项综合性能最优,电压窗口达到 5V。Fang 等[174]通过静电纺丝技术,将蒙脱石与聚偏氟乙烯(PVDF)复合,制备出不同蒙脱石添加量的凝胶复合膜。研究发现,当蒙脱石含量为 5% 时复合膜各项性能最优,锂离子电导率达 4.2×10^{-3} S/cm,界面电阻减小到 97Ω。组成电池后,放电容量和循环稳定性均优于商业 Celgard 聚丙烯膜+液态电解液的电池性能。Dyartanti 等[175]以蒙脱石为无机填料,聚乙烯基吡咯烷酮(PVP)为成孔剂,用相转变法制成了基于 PVDF 的复合膜。复合膜中蒙脱石与 PVP 添加量分别为 8wt% 和 7wt% 时,孔隙率达 87%,吸液率达801.69%,离子电导率达 5.61×10^{-3} S/cm,高于文献报道的典型值。对于聚合物固态电解质,Wang 等[176]利用蛭石的离子交换性,将蛭石与 LiCl 反应,制成锂化蛭石,并将其与 PVDF、聚乙二醇(PEG)复合制成复合聚合物膜。由于复合膜内锂化蛭石可为锂离子传输增加锂源,带负电的蛭石片可促进锂离子迁移,因此其离子电导率较高,确保了较高的锂电池容量。Tang 等[177]将单层蛭石与聚环氧乙烷(PEO)和双三氟甲烷磺酰亚胺锂(LiTFSI)按一定配比均匀混合后,通过抽滤得到了具有层状堆积结构的复合固态电解质膜,其热稳定性、机械强度和电化学稳定性均得到提升。Chen 等[178]对蒙脱石锂化后与 LiFSI、PTEF、FEC 等原料通过溶液浇铸、热压工艺制备出了一种插层型复合固态电解质膜,并将其用于锂金属电池。PEC、LiMNT 和 LiFSI 之间的静电交互作用促使锂离子进入蒙脱石片层通道,缩短了迁移路径,提高了锂离子迁移数(图 3.15)。25℃下,该复合固态电解质的离子迁移数、离子电导率和电化学窗口分别达到 0.83、3.5×10^{-4} S/cm和 4.6V($vs.$ Li$^+$/Li)。

需要指出的是,层状黏土矿物的离子输运特性具有明显的各向异性,即沿着层方向迁移能力远远优于沿垂直层方向的迁移能力[179]。因此,具有定向排列的层状黏土矿物复合膜在沿其层方向有望获得更好的离子传输特性。基于此思路,Tang 等[180]将膨胀蛭石剥离,采用垂直温度梯度冷冻技术,并结合 PEO 浇铸工艺,制备出具有定向离子传输通道的复合固态电解质,离子电导率达 1.89×10^{-4} S/cm(室温),离子迁移数为 0.5。组成 Li/LiFePO$_4$ 电池,充放电比容量为167mA·h/g(0.1C,35℃),容量保持率为 82%(循环 200 圈,0.5C)。

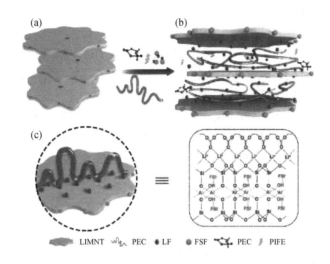

图 3.15　插层型复合固态电解质锂离子迁移机理示意图[178]（见彩图）

（2）1∶1 型层状结构黏土矿物

高岭石、埃洛石为 1∶1 型非膨胀性层状结构硅酸盐黏土矿物。其中，高岭石属三斜晶系，为 TO 型二八面体型层状结构，层间没有阳离子或水分子存在[85]。埃洛石属单斜晶系，为 TO 型二八面体型层状结构，因硅氧四面体片端氧间距与铝氧八面体片中 OH 层原子间距存在差异，同时结构单元层之间被水分子层形成的弱键所联系，导致结合层结合时卷曲成管状[85]。高岭石、埃洛石结构层间域有限且层间无可交换离子，锂离子很难在层间移动。但是，基于其表面特性及良好的机械性能，该类黏土矿物可用作聚合物凝胶或固态电解质的无机填料。对于聚合物凝胶电解质，Xu 等[181]以 PVDF 作为基膜，埃洛石为无机填料，通过相转变法制备出了一系列不同埃洛石添加量的复合膜，并用于锂电池。该复合膜孔隙率高、与电极和电解质兼容性好、界面阻抗小、吸液率高。当埃洛石添加量为 4wt% 时，复合膜吸液率达 430.2%，电化学稳定窗口达 4.5V，离子电导率达 2.4×10^{-3} S/cm，界面阻抗降低至 63Ω。将复合膜用于 Li/LiFePO$_4$ 电池，其放电容量分别为 164.72mA·h/g（0.1C）和 134.88mA·h/g（2C），分别为 LiFePO$_4$ 理论容量的 96.89% 和 79.34%，容量保持率为 89.12%（循环 100 次，0.5C）。Wang 等[182]以聚醚酰亚胺（PEI）为基材、埃洛石为填料，通过静电纺丝技术制备出具有优异电化学性能的纳米纤维复合膜，当埃洛石添加量为 1% 时，复合膜离子电导率达 5.30×10^{-3} S/cm，界面阻抗低至 180Ω。将该复合膜用于 Li/LiCoO$_2$ 纽扣电池，其初始放电容量、循环性能和倍率性能均优于传统 Celgard 2500 商业隔膜+液态电解液的电池性能。对于聚合物固态电解质，Lin 等[172]将天然埃洛石纳米管与 PEO 和 LiTFSI 混合，通过溶液浇铸法制备复合固态电解质。由于埃洛石纳米管内外表面载有异性电荷，可促进锂盐的有序解离，因此其独特的管状结构可在复合电解质中充当锂离子三维传输通道(图 3.16)，提升传输速率，增加离子电导率。该复合固态电解质用于锂硫电池可实现在 $25 \sim 100℃$ 保持高倍率稳定循环，这一探索为构建低成本、宽温域、高能量密度、高安全性的固态电池体系提供了新思路。Zhu 等[183]做了类似工作，将埃洛石纳米管、PEO 及少量 LiFePO$_4$(用作添加剂)复合制备固态电解质，其室温离子电导率达 $9.23×10^{-5}S/cm$，电化学稳定窗口达到 5.14V，锂离子迁移数为 0.46。Chi 等[184]将高岭石作为 PEO 基质填料，使 PEO 机械强度提升 15 倍以上，并增强其耐热性。

图 3.16　埃洛石填料提高离子电导率的作用机理

(3)纤维状黏土矿物

海泡石、凹凸棒石是非膨胀性纤维状硅酸盐黏土矿物，其比表面积分别为 $300m^2/g$ 和 $200m^2/g$，远小于蒙脱石等层状结构硅酸盐矿物的比表面积[185]，与聚合物复合可显著增强其机械强度[186]。Mejía 等[187]将天然海泡石经有机涂覆后用作填料与 PEO、乙烯纤维素(EC)复合，制成一种理化性能优异的复合固态电解质。由于该电解质机械强度大，可抑制锂枝晶生长，经过多次锂沉积后仍没有明显的锂枝晶生成。电化学稳定窗口达 4.5V(70℃)，Li/LiFePO$_4$ 电池放电容量为 $142mA·h/g$，循环 25 次后容量保持率为 96%。González 等[188]将海泡石有机改性后，用作 PEO 基聚合物电解质填料，使其各项综合性能得到不同程度的提升，与磷酸铁锂匹配后可实现在 0.2C 和 0.5C，60℃条件下稳定充放电循环。Tian 等[189]将凹凸棒石有机改性后作为填料与甲基丙烯酸甲酯复合，制备了一种新型复合凝胶聚合物固态电解质，其室温离子电导率高达 $2.94×10^{-3}S/cm(30℃)$，用于 Li/LiFePO$_4$ 电池后电压窗口达 4.7V，放电容量达 $146.36mA·h/g$。Song 等[190]将凹凸棒石作为无机填料与海藻酸钠混合，利用溶液浇铸法制备了一种热稳定性、循环稳定性和界面润湿性均优异的复合膜，吸液率可达 420%。用于 Li/LiFePO$_4$ 电池在 5C 倍率下，比容量为 $115mA·h/g$；经 700 次循环后，容量保持率为 82%。由于凹凸棒石和海藻酸钠对土壤无毒害，且海藻酸钠可生物降解，避免了传统隔膜带来的"白色污染"问题。

2) 隔膜及涂层材料

隔膜作为锂离子电池的重要组件，是影响锂电技术发展的重要材料之一[191,192]，其主要功能为避免正负极直接接触短路，并允许电解液中锂离子通过[191,193-195]。通过隔膜的改性或修饰可以得到多功能型隔膜。例如，锂硫电池具有很高的比容量，前景十分广阔，但由于充放电过程中多硫产物的穿梭效应，导致其循环稳定性较差。Xu 等[196]将蛭石膨胀剥离、改性，结合抽滤手段制备出了固态蛭石隔膜。由于蛭石片层带负电荷，可通过静电作用排斥带负电的多硫化物，进而阻止锂硫电池中的多硫化物通过隔膜，抑制穿梭效应。同时，蛭石紧密的二维片层结构具有较大的机械强度和杨氏模量，可有效抑制锂枝晶的生长。Raja 等[197]以聚(偏氟乙烯-六氟乙烯)[P(VDF-HFP)]作为黏结剂与蒙脱石黏土混合均匀，通过热压工艺制备出了不同蒙脱石比例的无机隔膜。对比分析发现，当蒙脱石/P(VDF-HFP)比例为 85∶15 时制备的陶瓷膜不易脆裂，相比商业 PP 膜具有良好的耐热性、浸湿性和循环稳定性。

黏土矿物除了用作复合电解质或隔膜外，亦可涂覆在传统隔膜表层，增强隔膜的耐热性、机械性能及电池的循环稳定性。Yang 等[198]将蒙脱石用十八烷基二甲基氯化铵改性后与 PVDF 混合，涂覆在 PP 膜两端，制成了具有多层网格结构的复合膜。经有机蒙脱石涂覆后，隔膜吸液率、离子电导、热稳定性和机械性能均提高。同时，电极 $LiPF_6$ 热分解或水解形成的 F^- 可与有机蒙脱石中 Si—O 键通过亲核取代形成 Si—F 强共价键，这一反应可有效阻止 HF、POF_3 和 LiF 的形成，进而抑制 $LiNi_{1/3}Co_{1/3}Mn_{1/3}O_2$ 材料中 Mn^{3+} 发生歧化反应，从而降低电池的界面阻抗。Wook Ahn 等[84]以 PVDF-HFP 共聚物作为黏结剂与蒙脱石混合，并均匀涂布在商业 PP 膜两端，制成具有蒙脱石无机涂层的复合隔膜。将其用于锂硫电池，由于涂覆的蒙脱石可阻止多硫化物通过，从而抑制穿梭效应(图 3.17)。此外，地开石、凹凸棒石也可经改性处理而用作复合隔膜涂层材料。Liu 等[199]通过对地开石进行插层反应和强酸处理后得到膨胀地开石，并将其与聚丙烯酸酯胶乳混合制浆，涂覆于无纺布隔膜两端制得地开石涂层的复合隔膜。由于复合膜表层孔道形貌可通过控制地开石的添加量来调控，复合隔膜的孔隙率、电解液吸入量和离子电导率均随着地开石添加量的增多而增大。Tian 等[200]通过将凹凸棒石与甲基丙烯酸甲酯交联络合制备有机凹凸棒石，并将其作为涂层材料涂覆于商业 PP/PE/PP 隔膜两边，极大提升了其热稳定性。

4. 其他功能性填料

1) 锂硫电池中硫的载体

锂硫电池发展前景广阔，但由于硫电极导电性差、充放电过程中体积变化大

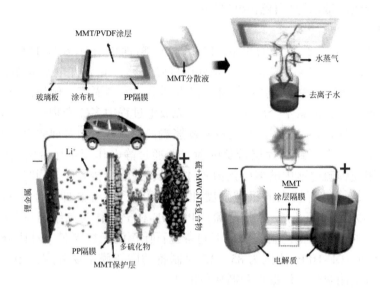

图 3.17　蒙脱石涂覆复合隔膜制备过程及其在锂硫电池和电化学电池中的
作用机理[84]

以及多硫化合物的穿梭效应等导致其倍率性能和循环性能差，限制了其实际应
用。研究表明，使用蒙脱石[201]、埃洛石[202,203]、蛭石[204]、海泡石[205]等黏土矿
物作为硫的载体，可吸附多硫化物，抑制电极膨胀，进而提升电极循环稳定性；
如对矿物进一步进行碳包覆[206]，可提升导电性，从而改善硫电极的倍率性能。
张勇[202]使用一锅法合成了 RGO@ HNTs/S 复合电极，在 0.1C 放电速率下，首次
放电比容量为 1134mA·h/g，经过 100 次循环后比容量为 655mA·h/g，性能优
于 RGO/S、HNTs/S 复合材料。Wang 等[202]将盐酸多巴胺负载到埃洛石纳米管
上，并通过热处理得到碳包覆埃洛石，显著提升了埃洛石的导电性。以此为基质
制备 HNTs@ C/S 复合正极，制备流程如图 3.18 所示。制备的正极材料在倍率为
0.1C 时，初始容量为 922.7mA·h/g；倍率为 1C 时，经过 500 次循环，容量仍
保持 82%，是一种有前景的锂硫电池电极材料。

　　Xie 等[205]通过向凹凸棒石表面负载少量石墨烯，在凹凸棒石表面生成了高
效的导电网络，以此为基体制备的复合硫电极具有良好的循环稳定性。在 0.1C
的倍率下初始放电容量为 1143.9mA·h/g，经过 100 次循环后，容量为 512.0
mA·h/g。Pan 等[204]将硫与海泡石复合制备电极，展现出良好的循环稳定性与
倍率性能。在 0.2C 倍率下，初次放电容量为 1436mA·h/g；经 300 次循环后，
容量仍高达 901mA·h/g。在 1C 倍率下，初次放电容量为 1206mA·h/g；经 500
次循环后容量保持在 601mA·h/g。蛭石对多硫化物也具有良好的吸附能力。Wu

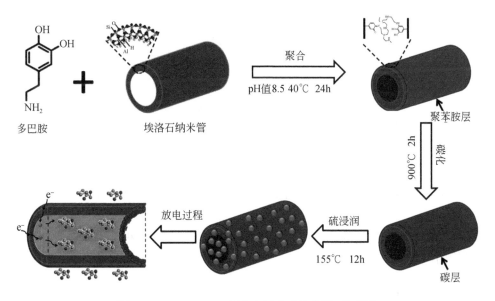

图 3.18　HNTs@ C/S 复合电极合成流程图(见彩图)

等[203]以天然蛭石为载体,制备了复合硫电极。复合电极在 0.2C 倍率下容量为901mA · h/g,进行 1000 次循环,容量保持率为 60%,表现出良好的循环稳定性。此外,多孔硅藻土也可用于硫正极的保护层,Park 等[206]通过往硫正极上涂覆一层多孔硅藻土,从而将多硫化物限制在正极中。在 0.25C 倍率下经 100 次循环后,容量保持在 85%,具有良好的循环稳定性。综上,天然矿物作为硫的载体,在锂硫电池中具有良好的应用前景。

2) 电解液添加剂

随着对二次电池高能量要求的不断提高,具有高容量及低电压的锂金属负极近年来重新成为锂电池研究的重点与热点,而如何抑制充放电中锂金属枝晶的形成与生长是实现锂金属负极实用化的关键。Chen 等[207]最新研究表明,在醚类电解液中添加少量蒙脱石,吸附到蒙脱石表面的锂离子可以起到调节锂负极表面锂离子浓度的作用,实现锂离子的均匀电沉积(图 3.19),从而有效抑制了锂枝晶的形成与生长。该研究为黏土矿物在高比能二次电池中的应用提供了新思路。

3.2.2　超级电容器用矿物材料研究进展

超级电容器是介于传统电容器与电池之间的一种新型储能器件,其电极材料主要分为三种:碳材料、金属氧化物、导电聚合物。矿物材料应用于超级电容器,大体分为三种情况:①作为活性材料用于电极;②作为模板制备电极材料,

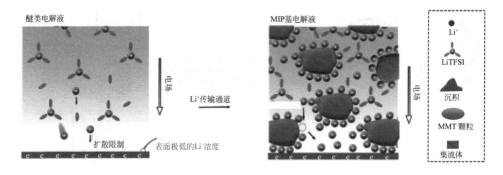

图 3. 19　蒙脱石调控金属锂沉积过程中的锂离子浓度分布示意图

主要涉及具有特殊结构的矿物；③作为载体材料用于复合电极，主要涉及具有特殊结构的矿物。

1. 电极材料

锂离子超级电容器是一种高比能量、高功率的新型电容器，其特点是正极（或负极）材料是具有锂离子脱嵌功能的插层材料，而另一电极则是双电层储能活性材料。与锂离子电池类似，天然石墨可以用作锂离子超级电容器的负极材料。Lim 等[208]通过往天然石墨上负载聚丙烯腈后再热处理得到硬碳涂层，提升了锂离子超级电容器的功率密度和循环性能，在 10000 次循环后容量保持率为 74.6%。此外，天然石墨也可用作锂离子超级电容器正极材料。Wang 等[209]以天然石墨为正极，以锂化石墨为负极，构造了一种新型的锂离子超级电容器。在功率密度为 0. 22~21. 0kW/kg 条件下，能量密度为 167~233W·h/kg，具有十分优异的电化学性能。Gao 等[210]使用 KOH 活化法以天然石墨制备的多孔碳作为正极，以提纯后的天然石墨为负极，组装的锂离子超级电容器在功率密度 150W/kg 下的能量密度为 86W·h/kg，在 7. 4kW/kg 高功率下能量密度保留率为 55. 8%。

除天然石墨外，也有少量关于其他天然矿物用作超级电容器活性材料的报道。例如，铜蓝（CuS）和辉铜矿（Cu_2S）可作为超级电容器电极材料[211,212]。将钛铁矿与金红石球磨成纳米颗粒后，也可作为超级电容器电极材料[213]。对钛铁矿与金红石进行酸处理与热处理后，混合样品的电化学性能得到明显提升[214]。

天然矿物也可用作合成超级电容器电极材料的原料。用天然软锰矿与锰钾矿电解生成 MnO_2，可用作超级电容器电极材料[215]。Pattnaik 等[216]从低品位锰矿中提取锰合成铁锰草酸盐，铁锰比为 0. 67 时，1000 次循环后比电容为 86. 9F/g，容量保持率为 94. 3%。Meng 等[217]对红土镍矿使用常压酸浸法提取钴液，并合成 Co_3O_4 纳米粒子。将其用作超级电容器电极，具有良好的电化学性能，在扫描速率为 100mV/S 时，比电容为 216.3F/g。

2. 模板材料

蒙脱石、埃洛石纳米管、硅藻土、凹凸棒石、沸石等天然矿物具有特定纳米形貌，常用作模板合成具有特定形貌的碳、导电聚合物等电极材料。目前，已有多种矿物材料被用作模板来合成多孔碳材料，具体包括天然沸石[218-220]、凹凸棒石[221-223]、硅藻土[224,225]、纤蛇纹石[226]、埃洛石[227-229]、蒙脱石[230-232]、高岭石[233]及煅烧后的冰洲石[234]等矿物。模板法合成的多孔碳由于具有丰富的孔结构而具有良好的电化学性能。例如，Zhang 等[234]以高岭石为硬模板，可控合成多孔纳米碳材料，比电容可达 286F/g，且在 100A/g 电流密度下，比电容为 85F/g，有良好的倍率性能。Zhang 等[230]在埃洛石上负载树脂后高温碳化，去除模板后，合成了介孔管状碳材料。在 6mol/L 的 KOH 电解液中，电流密度 1A/g 下比电容达到 232F/g；在电流密度 5A/g 下循环 5000 次，容量保留率为 95.3%。

对多孔碳进行改性处理，可进一步提升材料的电化学性能。掺杂元素是常见的改性方法，以苯胺、丙烯腈等材料为碳源可合成 N 掺杂多孔碳。Javed 等[233]在蒙脱石上吸附苯胺后原位聚合，高温碳化后去模板得到 N 掺杂石墨烯纳米片（图 3.20）。作为超级电容器电极，在电压窗口为 0.0~2.0V，功率密度为 425.68W/kg 条件下能量密度达到 82.72W·h/kg，且经历 10000 次循环后，容量保持率为 96.91%，具有良好的应用前景。

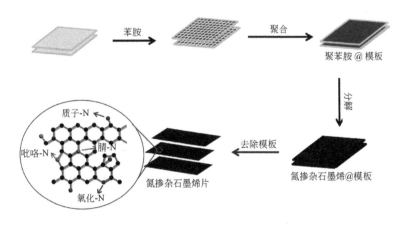

图 3.20　以 MMT 为模板制备 N 掺杂石墨烯流程图

此外，还可使用 KOH 对制备的多孔碳进行活化改性。李爱军等[225]使用硅藻土为模板制备了多孔碳材料，并用 KOH 对碳材料进行活化。活化后的碳材料无序度增加，电化学性能显著提高。在电流密度为 20A/g 时，比电容保持率在

46%以上。Fan 等[231]以蒙脱石为模板，明胶为碳源，制备了二维多孔碳纳米片。用 KOH 活化后，电化学性能得到了极大提升，比电容达 246F/g，且在 100A/g 下容量保持率为 82%，有很好的倍率性能。

导电聚合物是一类常见的超级电容器电极材料，也可利用矿物模板法合成特定形貌的导电聚合物。Zuo 等[235]以埃洛石为模板，合成了管状聚苯胺/聚吡咯（PANI/PPy）复合材料，具有良好的电化学性能与电导率。Xie 等[236]以凹凸棒石为硬模板合成多孔聚苯胺，由于丰富的孔结构和较大的比表面积，复合材料具有较好的电化学性能。

金属氧化物也是重要的超级电容器电极材料，但在常见的酸洗法去除矿物模板过程中，金属氧化物被同时除去。因此，只能使用主要成分为 SiO_2 的矿物作为模板，再用强碱除去模板，合成金属氧化物。Li 等[237]以硅藻土为模板，合成片状 MnO_2 电极，并用 $FeSO_4 \cdot 7H_2O$ 与 MnO_2 反应生成 FeOOH 纳米棒，合成的 MnO_2 或 FeOOH 材料都具有良好的电化学性能。

综上，天然矿物作为模板有资源丰富、价格低廉等优点，但在去模板的过程中经常需要用到大量氢氟酸，是其一大缺点。

3. 电极载体材料

将活性材料负载在蒙脱石、埃洛石、凹凸棒石、硅藻土等矿物岩石表面，不仅可以控制活性材料的特定形貌，还由于矿物结构的稳定性，避免活性材料团聚，从而提升材料的比电容及循环稳定性等性能。负载的活性材料类型主要有碳材料、导电聚合物、金属氧化物、金属硫化物等。

碳材料可与高岭石[239]、埃洛石[240,241]、蒙脱石[242]、凹凸棒石[243]等矿物复合后用于超级电容器电极。刘信东等[243]往凹凸棒石上负载苯胺，原位聚合后进行热处理，得到氮掺杂碳包覆的凹凸棒石，比电容可达 161.9F/g。Zhang 等[241]以葡萄糖为碳源，三聚氰胺为氮源，在蒙脱石上生成了 N 掺杂多孔碳，具有高比表面积（657m²/g）和高氮含量（5.5at%）的优点。在 6mol/L 的 KOH 电解液中，电流密度 1A/g 下比电容为 233F/g，循环 8000 次后比电容大约为初始容量的 90%。Ganganboina 等[240]用柠檬酸制备石墨烯量子点（GQDS），以 APTES 为链接剂，合成了 GQD/HNT 复合材料。复合材料在 0.5 ~ 20A/g 电流密度下比电容为 363 ~ 216F/g，具有高比电容、高倍率性能、高循环稳定性、高能量密度（30 ~ 50 W·h/kg）的特点，是一种优良的超级电容器电极材料。

矿物负载导电聚合物的种类主要有 PANI、聚3，4-乙烯二氧噻吩（PEDOT）与 PPy。导电聚合物本身的比电容较高，但倍率性能与循环稳定性较差，且纯导电聚合物容易团聚导致性能变差。导电聚合物与蒙脱石[244]、海泡石[245]、埃洛石[246-249]、凹凸棒石[250-252]、导电云母[253]等复合后可获得较高的电导率和比电容，性能得到显著提升。Yang 等[246]制备了埃洛石/PPy 复合材料，复合材料具有较好的电导率，且温度对电导率影响较小，复合材料的比电容可达 522F/g。Wang 等[251]往凹凸棒石/PPy 复合材料中引入罗丹明 B，不改变复合材料的形貌，增强了凹凸棒石与 PPy 之间的结合，提升了其电化学性能，复合材料最大比电容达到 587F/g。Wu 等[248]制备 PANI/埃洛石纳米复合材料，与氧化石墨烯纳米片复合后形成复合薄膜，具有较好的柔性、较强的抗拉强度(351.9MPa)与超高的导电率(397.0S/cm)。作为超级电容器电极材料，经 10000 次循环后容量保持率为 85%，具有较长的循环寿命。进一步组成的全固态柔性超级电容器，经过 5000 次弯曲后容量无衰减且能量密度达到了 16.3W · h/kg。

金属氧化物(或硫化物)电极具有很高的理论比电容，但实际中的比电容远低于理论比电容，可通过与矿物材料复合修饰其形貌，从而提升其电化学性能。金属氧化物(硫化物)可直接与凹凸棒石[254]、埃洛石[255-257]、硅藻土[258-261]、蒙脱石[262]等矿物岩石复合，用作超级电容器电极材料。董红等[255,256]采用水热法制备了四硫代钴酸镍-埃洛石纳米复合材料，在电流密度 1A/g 条件下比容量高达 589F/g；循环 1000 圈后，仍保持初始比容量的 83.6%。李娜娜等[262,263]以羧基化埃洛石纳米管为硬模板，首先在埃洛石表面生成镍锰氧化物(Ni/Mn/O)，再在镍锰氧化物上沉积 NiS_2 纳米片，制备了 NiS_2@NiMn/HNT 中空纳米管复合材料，具有高达 2609.98F/g 的比容量，循环 2000 次后容量保持率为 92.6%。以此为正、负极活性物质，构建出的固态对称超级电容器具有优异的倍率性能，在 10A/g 电流密度下具有高比电容(107.5F/g)、高能量密度(38.2W · h/kg)和高功率密度(16kW/kg)。Liang 等[256]将富羟基埃洛石与 NiO 复合后制备的复合材料，具有良好的倍率性能与循环稳定性。在 10A/g 电流密度下 7200 次循环后，比电容高达 1338F/g。

此外，矿物材料可同时与碳材料、导电聚合物及金属氧化物(硫化物)等材料复合，形成多元复合材料，往往具有更加优异的性能[265-268]。李亚男等[268-270]在埃洛石上负载 PEDOT 后，负载镍锰氧化物形成三元复合电极，在 1A/g 的电流密度下比电容可达到 1808F/g，经 2000 次循环后容量保留率为 91.6%。Maiti 等[265]以蒙脱石为基质，制备了蒙脱石/多壁碳纳米管/MnO_2 复合材料，作为超级电容器电极材料，以活性炭作为对电极组装的超级电容器具有良好的性能。在功率密度为 1.98kW/kg 时能量密度为 171W · h/kg，即使在功率密度为 96.4kW/kg 时能量密度仍保持在 91.1W · h/kg，具有优良的倍率性能。Wang 等[267]将碳包覆的凹凸棒石填充于泡沫镍，并水热生长 $NiCo_2O_4$ 纳米棒。碳包覆使得凹凸棒石具有导电性，提升了复合材料的性能。在 $1mA/cm^2$ 电流密度下，电极的面电容量可达到 $3.41F/cm^2$。

3.3　电化学储能矿物新材料研究与应用

由于很多天然矿物的成分、结构、性能特点，以及资源、成本优势，用天然矿物制备电化学储能材料越来越受到国内外关注，本书作者近年来开展了一系列相关研究。

3.3.1　二次电池电极材料

1. 热冲击法制备硫化物矿物基电极及其电化学特性研究[272]

MoS_2在锂离子电池负极材料中的应用已经有很多报道，但以往的研究大多是通过化学方法以钼盐为前驱体合成各种纳米形貌的MoS_2。尽管合成的MoS_2材料表现出较为优异的电化学性能，但因制备工艺复杂、过程中生成有毒害的中间产物等弊端，限制了其工业化大规模生产。MoS_2在自然界中以辉钼矿的形式大量存在，通过选矿、磨矿等方法，可以直接由天然辉钼矿制备MoS_2材料，省去中间复杂的合成过程，减少中间产物的污染。

微波是频率范围在300MHz~300GHz的电磁波，波长范围为1mm~1m，位于红外线与无线电波之间。1945年美国雷声公司的工程师发现微波的热效应后，首次研制出了采用微波加热的"雷达炉"。科研和工业中可用的微波频率有(915±25)MHz、(2450±13)MHz、(5800±75)MHz和(22125±125)MHz四种，为了避免与无线电通信和手机的频率相互干扰，常用的工作频率为2450MHz。微波是非电离辐射能，它的能量不足以破坏化学键，但却足以引发分子转动或离子移动，能够透射到材料内部使偶极分子以极高的频率振荡，增加分子的运动，导致热量的产生。微波自身的特性使其具有加热迅速、均匀，无热传导过程以及安全卫生、节能高效等优势。如今，微波技术在有机合成化学、无机材料制备、分析化学以及环境化学中应用相当广泛。许多研究将微波辐射应用于纳米颗粒的合成，以碳基质和聚合物作为微波吸收剂，使微波能在固态条件下合成纳米材料。

鉴于此，本书作者采用微波热冲击的方法，选取辉钼矿、闪锌矿、辉锑矿等多种天然硫化物矿物，制备了一系列硫化物–碳纳米复合电极材料，并研究了它们的储锂特性。本部分以辉钼矿和闪锌矿为例进行介绍。

1) 辉钼矿–还原氧化石墨烯复合材料

(1) 制备原理

以辉钼矿和还原氧化石墨烯为原料，结合冷冻干燥和微波冲击法制备一系列复合材料。在冷冻干燥过程中，样品中的水先经预冻成冰，并在真空条件下直接升华，从而使干燥后的样品保持蓬松，不易团聚。经适当还原的氧化石墨烯表面产生部分缺陷并残留有一部分官能团,对微波的吸收和响应加剧,且真空冻干样品的三维海绵泡沫状形貌有效增大了样品的比表面积,这些因素导致样品在微波作用下在玻璃瓶内瞬时产生剧烈火花,使瞬时产生高温并骤冷的效果极大提升,产物冷却至室温后得到辉钼矿-还原氧化石墨烯纳米复合材料。

(2)制备过程

将辉钼矿粉(MoS_2)按一定比例分散于5mg/mL的氧化石墨烯(GO)水溶液中。经磁力搅拌和超声处理交替进行的方式充分分散后,采用冷冻干燥方法得到MoS_2/GO三维海绵泡沫状结构。之后,将其在氩气气氛中300℃预还原1h后,采用微波炉(美的,M1-L213B,700W)进行短时间(<1s)微波辐射处理。

(3)复合材料表征及电化学性能

图3.21为辉钼矿-氧化石墨烯初始质量比为1∶1时,辉钼矿原矿(记为Pristine MoS_2)和分别微波1次、3次和5次(记为MoS_2/rGO-MW1、MoS_2/rGO-MW3、MoS_2/rGO-MW5)得到的复合材料的XRD图谱。14.4°、29°、32.7°、39.5°、44.2°、49.8°、60.1°位置的衍射峰分别对应于MoS_2的(002)、(004)、(100)、(103)、(006)、(105)、(008)面网,对应于六方相MoS_2(JCPDS 37-1492)。以上说明微波处理前后,材料的主要物相未发生变化。在12°~14°可以观察到一处微小的"馒头峰",对应rGO的衍射峰。

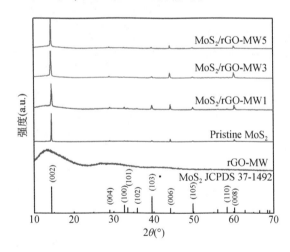

图3.21　Pristine MoS_2、MoS_2/rGO-MW1、MoS_2/rGO-MW3、MoS_2/rGO-MW5
复合材料的XRD图谱

图3.22为三种复合材料MoS_2/rGO-MW1、MoS_2/rGO-MW3、MoS_2/rGO-MW5的SEM图。经过1次微波处理的样品MoS_2/rGO-MW1,在低倍电镜图3.22(a1)中MoS_2呈细小颗粒状均匀散布于石墨烯片层上,相比辉钼矿原矿(2~5μm)粒径

明显减小，但依然存在较大的未反应颗粒，如图中左侧部分的微米级颗粒。从高倍电镜图中可以观察到细小颗粒 MoS_2 的粒径集中在 $300\sim500nm$。经过 3 次微波的样品 MoS_2/rGO-MW3 大颗粒 MoS_2 明显减少，小颗粒 MoS_2 的粒径进一步减小到 $100\sim400nm$。而从图 3.22(c) 可以观察到，5 次微波后，石墨烯片层出现明显的破损和孔洞，而负载在上面的 MoS_2 颗粒也出现了严重的团聚。说明采用冷冻干燥法制备的样品，微波冲击可以更有效地减小负载的 MoS_2 的粒径，短时间内从微米级减小到纳米级，但随着微波次数的增加，石墨烯在高温冲击下会发生破损，其受热不均将导致负载的 MoS_2 颗粒发生团聚。

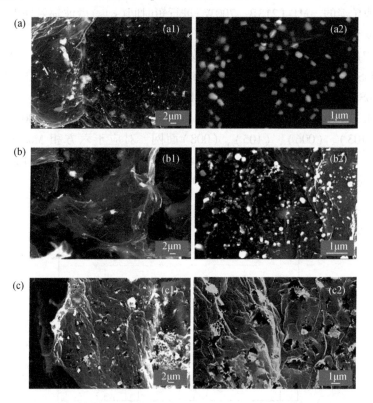

图 3.22 (a) MoS_2/rGO-MW1；(b) MoS_2/rGO-MW3；(c) MoS_2/rGO-MW5 复合材料的 SEM 图。其中 (a1)~(c1) 和 (a2)~(c2) 分别为不同放大倍数下的 SEM 图

图 3.23 为 MoS_2/rGO-MW3 复合材料的 TEM 图及元素分布图。从图 3.23(a) 中可以看出石墨烯片层很薄，没有团聚或破损，负载的 MoS_2 颗粒呈不规则粒状均匀分布。图 3.23(b) 所示的高分辨图像中观察到两处不同的面网间距，一处约为 $0.228nm$，对应 MoS_2 的 (103) 面网，另一处约为 $0.616nm$，对应 MoS_2 的 (002) 面网。图 3.23(c) 元素分布图说明了复合材料中主要含有 C、S、Mo 三种元素，

进一步说明微波前后复合材料的物相、成分基本不变。

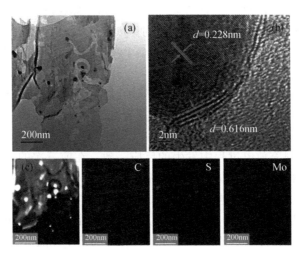

图 3.23　MoS_2/rGO-MW3 复合材料的(a)TEM 图；(b)高分辨 TEM 图；
(c)C、S、Mo 元素的元素分布图

　　从 SEM 结果可知，经过 5 次微波冲击的复合材料样品中石墨烯出现明显的破损，负载的 MoS_2 颗粒也严重团聚，因此后面的电化学测试只将 1 次和 3 次微波的样品与原矿进行对比。Pristine MoS_2 和两种复合材料 MoS_2/rGO-MW1、MoS_2/rGO-MW3 的 TGA 曲线如图 3.24 所示。从图中可以看出，样品的主要失重区间在 $400 \sim 500℃$，是由于 MoS_2 被氧化并生成 SO_2 气体和石墨烯转化为 CO_2 气体所引

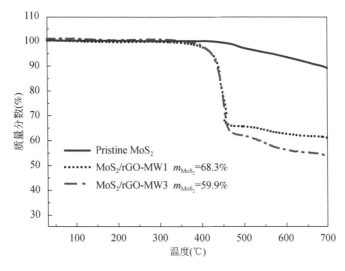

图 3.24　Pristine MoS_2、MoS_2/rGO-MW1、MoS_2/rGO-MW3 复合材料的热重曲线

起。700℃时，MoS₂、MoS₂/rGO-MW1、MoS₂/rGO-MW3 三者剩余质量分别为初始质量的 89.1%、60.8% 和 53.3%。通过计算，MoS₂/rGO-MW1、MoS₂/rGO-MW3 复合材料中二硫化钼的质量分数分别为 68.3%、59.9%，电极制备时活性物质和黏结剂质量比为 9∶1，进一步换算得到电极材料中 MoS₂ 的含量分别为 61.5%、53.9%。

图 3.25 为 Pristine MoS₂ 电极和 MoS₂/rGO-MW3 复合材料电极的循环伏安曲线。从图中可以看出，MoS₂/rGO-MW3 复合材料氧化还原峰的位置与 Pristine MoS₂ 电极以及前文中 MoS₂/NG-MW 样品基本相同，符合 MoS₂ 的充放电曲线特性，说明几种材料充放电过程中发生的反应一致。在前三次的循环伏安曲线中，相较于 Pristine MoS₂ 电极，MoS₂/rGO-MW3 复合材料电极第二圈和第三圈曲线具有更好的重叠性，说明该电极具有更好的可逆性。Pristine MoS₂ 和 MoS₂/rGO-MW3 两种电极材料在 2.35V 附近的氧化峰和 1.9V 附近的还原峰电压差分别为 0.64V 和 0.46V，表明 MoS₂/rGO-MW3 具有更好的倍率性能。

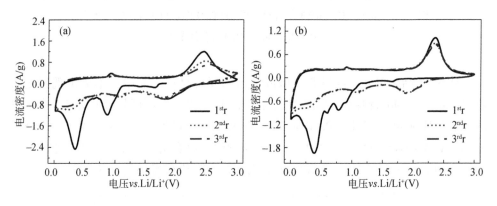

图 3.25　(a) Pristine MoS₂ 和 (b) MoS₂/rGO-MW3 电极的循环伏安曲线

图 3.26(a) 为 Pristine MoS₂、MoS₂/rGO-MW1 和 MoS₂/rGO-MW3 三种材料在 0.01~3.0V 的倍率性能曲线。MoS₂ 和 MoS₂/rGO-MW3 两种电极材料的首次库仑效率分别为 57.7% 和 77.33%。首圈容量损失与固体电解质界面(SEI)膜的形成以及生成的 Li₂S 部分不可逆有关，相比之下，MoS₂/rGO-MW3 样品的第二圈和第三圈的库仑效率明显提高，分别为 95.04% 和 96.71%。从图中可以看出，在 0.1C 条件下，三种材料的初始放电容量分别为 1185.4mA·h/g、1117mA·h/g 和 955.3mA·h/g。其中 Pristine MoS₂ 直接作为电极材料的初始容量最高，但在之后的充放电过程中容量衰减非常严重。复合材料电极 MoS₂/rGO-MW1 在 0.1C、0.2C、0.5C、1C 和 2C 不同倍率下衰减情况明显改善，2C 条件下仍然可以保持 463.9mA·h/g 的放电比容量。当电流再次恢复到 0.1C 时，电极放电容量回升到

837.7mA·h/g。MoS_2/rGO-MW3 样品表现出优异的倍率性能，不同倍率下容量几乎没有衰减，2C 时的容量保持率是 0.1C 时的 90.12%。主要原因是 MoS_2 粒径的大幅度减小，增加了材料的比表面积和活性位点，并缩短了锂离子在电极材料中传输的距离。图 3.26(b)为这三种电极材料在电流密度为 0.1C 时的循环曲线。相比经过 50 圈容量衰减到 100mA·h/g 以下的 MoS_2 电极，MoS_2/rGO-MW1 和 MoS_2/rGO-MW3 复合材料电极循环 135 圈后容量分别为 397.7mA·h/g 和 884.4mA·h/g，容量保持率分别为初始循环的 63.9% 和 98.1%。从图中可以看出，MoS_2/rGO-MW3 样品的循环性能有一个略微下降后又上升的趋势，这是因为电极材料经历了一个活化的过程。

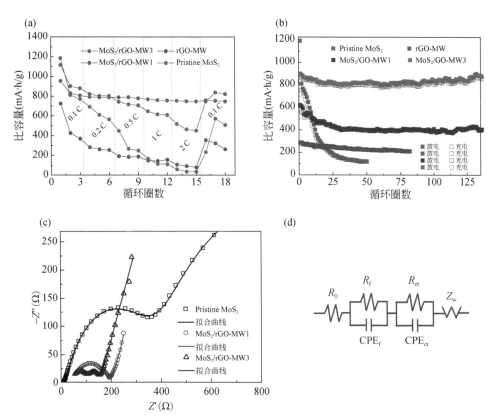

图 3.26　Pristine MoS_2、MoS_2/rGO-MW1、MoS_2/rGO-MW3 复合材料的(a)倍率曲线；
(b)循环特性；(c)交流阻抗谱及(d)等效电路图(见彩图)

图 3.26(c)、(d)为三种样品的电化学阻抗谱图(EIS)和电极材料在锂离子电池中的等效电路图。Pristine MoS_2、MoS_2/rGO-MW1 和 MoS_2/rGO-MW3 样品均由高

频区半圆、中频区半圆以及低频区直线组成。在 Z 轴高频区的截距代表与电解液有关的欧姆电阻 R_0，高频区半圆对应着 SEI 膜的 R_f 和 CPE_f，中频区半圆对应于电极和电解液之间电荷迁移的电阻 R_{ct} 和 CPE_{ct}，锂离子扩散的 Warburg 扩散阻抗 (Z_w) 由低频区直线表示。经过等效电路[图 3.26(d)]拟合出的结果如表 3.2 所示，对比发现，三种电极材料的内阻总值大小顺序为 MoS_2/rGO-MW3 < MoS_2/rGO-MW1 < Pristine MoS_2，说明三种材料中样品 MoS_2/rGO-MW3 的体系内阻最小，导电性最好，这与三种材料的倍率和循环性能测试结果相吻合，进一步说明了导电性能良好是提升材料电化学性能的关键所在。

表 3.2　交流阻抗图谱的拟合值

电极	Pristine MoS_2	MoS_2/rGO-MW1	MoS_2/rGO-MW3
$R_0(\Omega)$	12.87	41.26	40.27
$R_f(\Omega)$	272.3	156.3	66.9
$R_{ct}(\Omega)$	149.4	36.59	32.54

(4)复合电极充放电机理探讨

本节运用非原位 XRD 对辉钼矿–还原氧化石墨烯复合材料作为锂离子电池负极材料的充放电机理进行了研究。

图 3.27(a)显示了电极材料的首次充放电过程。在首次放电过程中有两个平台，分别位于 1.0V 和 0.5V 左右，充电过程有一个平台，大约位于 2.25V。为了解复合材料电极在充放电过程中的变化，在不同的充放电状态下，进行了非原位 XRD 测试。

由图 3.27(b)中的 XRD 图谱可以发现，在初始位置①，14.4°左右为 MoS_2 的特征峰，对应(002)面网。在后续放电过程中，MoS_2 的(002)衍射峰位向左偏移且半高宽增大，说明 MoS_2 层间距变大，有部分锂离子嵌入其中。放电过程中 MoS_2 峰强逐渐降低，至 0.01V 时 MoS_2 衍射峰消失，后面充电过程中未再重新出现。初始位置①并未观察到 Li_2S 和 S 的衍射峰，在放电–充电循环中，Li_2S 的衍射峰出现后又消失，与此同时观察到 S 的衍射峰出现后在充电过程中逐渐变强，两者呈互补的关系。XRD 结果与其他文献报道相符。Xiao 等利用原位表征技术研究了 MoS_2 与 Li 的转化反应，结果表明 MoS_2 在第一次放电过程中不可逆地转化为 Li_2S 和金属 Mo，但电池能够继续不断循环，伴随的反应为 $Li_2S+Mo/Li_x \longleftrightarrow S+Mo+Li_{x+2}$。Chen 等报道了在充电至 3.0V 后，发现两个与 S 和 Mo 有关的宽峰，而没有 MoS_2 的 XRD 衍射峰。这表明当电极充电到 3.0V 过程时，Li_2S 被氧化成 S，而金属 Mo 则保持惰性状态。在图 3.27(b)中最开始可以观察到少量 S 的衍射峰是因为复合材料 MoS_2/rGO-MW3 经过微波热冲击后，样品中产生少量的硫单质。

将实验结果与文献报道结合可以得出锂电池放电-充电过程中 MoS_2 的储锂机理如下:Li 在 MoS_2 中的插层发生在第一次放电过程中,随后 Li_xMoS_2 分解为 Li_2S 和 Mo 进一步放电至 0.01V($vs.$ Li^+/Li)。在充电到 3.0V 过程中, Li_2S 转换为 S,而 Mo 保持惰性。在随后的循环中,S 和 Li_2S 之间发生可逆转化反应。过程如下:

$$MoS_2 + Li_x \longrightarrow Li_xMoS_2 \qquad\qquad 第一次放电到约 1.0V$$

$$Li_xMoS_2 + (4-x)Li \longrightarrow Mo + 2Li_2S \qquad 第一次放电到约 0.01V$$

$$Mo + 2Li_2S \xleftrightarrow{\qquad} Mo + 2S + 4Li \qquad 后续充放电过程$$

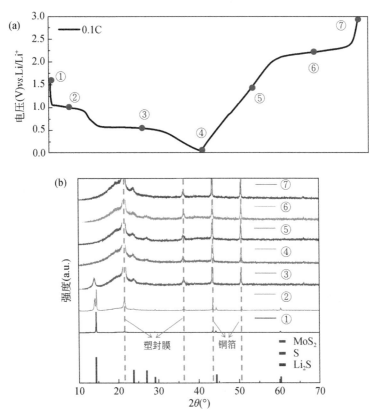

图 3.27　MoS_2/rGO-MW 在充放电过程中的结构演变:(a)0.1C 条件下首次充放电曲线,
标记点为后面测试点;(b)不同电位下 MoS_2/rGO-MW 电极的 X 射线衍射图

对于半导体的 MoS_2 ,首圈放电后形成了 Mo 和 Li_2S ,发生转化反应。在后续充电过程中,Mo 和 Li_2S 没有转化成原始的 MoS_2 ,而是形成了 Mo 和 S,呈不可逆地转化,这也是此类材料循环性能变差的原因之一。转化机制的可逆与否,决定性影响因素是反应动力学,而反应动力学又与材料的导电性和结构稳定性密切相关。弱的反应动力学导致不可逆转化,强的反应动力学导致可逆转化。MoS$_2$本身导电性差,结构稳定性差,反应动力学弱,因此容易发生不可逆转化。但与碳材料复合后,导电性和结构稳定性都有所提高,可能出现部分可逆转化,从而复合电极材料的电化学性能有所提高。

(5)小结

结合冷冻干燥和微波冲击法制备了 MoS$_2$/还原氧化石墨烯复合材料,用作锂离子电池负极材料时表现出优异的电化学性能。该方法中经冷冻干燥后的样品呈三维网络状泡沫结构且 rGO 剩余有部分官能团,导致后续对微波的吸收和响应加剧,能短时间内产生火花并瞬时冷却至室温,可使辉钼矿颗粒瞬时分解后重新结晶为纳米尺寸的 MoS$_2$颗粒,并均匀负载在石墨烯片层上。电化学测试表明,在不破坏石墨烯结构的前提下,随着微波次数的增加,MoS$_2$颗粒粒径减小,这对改善复合材料的电化学性能至关重要。颗粒越小,锂离子嵌入和脱出的通道数量相对越多,传输路径越短。另外纳米颗粒还具有较大的比表面积,其电极与电解质界面接触面积有效增大,可以为电化学反应提供更多的活性位点。结合非原位 XRD 对其充放电机理进行了研究。

2)闪锌矿–还原氧化石墨烯纳米复合材料

闪锌矿化学成分为 ZnS,等轴晶系。成分相同而属于六方晶系的 ZnS 则称纤锌矿。闪锌矿含锌67.1%,是提炼锌的最重要矿物原料。晶体形态呈四面体或菱形十二面体,通常成粒状集合体产出。ZnS 具有不改变配位情况的多晶型现象,有六方硫化锌(α-ZnS,纤锌矿)和立方硫化锌(β-ZnS,闪锌矿)两种结构(图 3.28)。α 变体为无色六方晶体,β 变体为无色立方晶体。α-ZnS 是高温下的稳定形态,在1150℃条件下 β-ZnS 可转化为 α-ZnS。我国锌资源储量丰富,其中绝大部分以闪锌矿的形式存在。

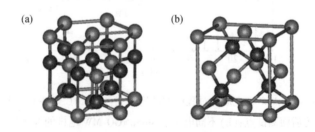

图 3.28　ZnS 的两种结构:(a)六方(纤锌矿)晶体结构;(b)立方(闪锌矿)结构。黄球和蓝球分别代表锌和硫

硫化锌(ZnS)具有较高的理论容量(962.3mA·h/g)和较为合适的锂反应电压,是一种有研究应用前景的负极材料。但在几乎所有的研究中,ZnS 负极材料都

是通过化学方法合成,合成条件相对复杂,耗时长,成本高。电池成本是其实际应用中需要考虑的关键因素。闪锌矿资源丰富,成本低廉(提纯闪锌矿约19 美元/kg,合成硫化锌约 245 美元/kg)。因此,以天然闪锌矿为原料,可以大幅度降低 ZnS 负极材料的成本。然而天然矿物粒径较大,如何从大块闪锌矿中制备纳米 ZnS 基材料是一个关键的挑战。高能球磨是从块体材料中获得纳米材料的一种有效方法,但这种方法往往耗时且成本较高。目前,闪锌矿的主要用途还是提炼锌、铁和一些稀有元素,天然闪锌矿直接用于电极材料的研究鲜见报道。鉴于此,作者采用微波热冲击法制备了纳米 ZnS/还原氧化石墨烯复合材料,研究不同原料配比及不同微波次数对复合材料的形貌、成分以及电化学性能的影响。实验原理和实验过程与前一节类似,不同之处是将辉钼矿换成了 100~150 目的提纯天然闪锌矿。

(1)材料表征

如图 3.29 所示为闪锌矿原矿(标记为 Pristine ZnS)、闪锌矿–氧化石墨烯初始质量比为 2:1 并经 1、3、5 次微波作用获得的复合材料(分别标记为 ZnS/rGO-MW1、ZnS/rGO-MW3、ZnS/rGO-MW5)的 XRD 图谱。从图谱中可以观察到,微波不同次数的复合样品衍射峰位相同,对应于立方结构的 β-ZnS(JCPDS 05-0566)和六方结构的 α-ZnS(JCPDS 79-2204)。复合材料样品中出现 α-ZnS,说明微波作用使闪锌矿(β-ZnS)分解并重结晶成闪锌矿和纤锌矿(α-ZnS),α-ZnS 的转化率约为 40%。

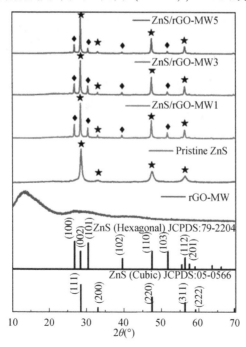

图 3.29　Pristine ZnS、ZnS/rGO-MW1、ZnS/rGO-MW3、ZnS/rGO-MW5 复合材料的 XRD 图谱

图 3.30 是闪锌矿原矿、复合材料 ZnS/rGO-MW1、ZnS/rGO-MW3、ZnS/rGO-MW5 的 SEM 图及 EDS 分析结果。从图 3.30(a)和(b)可以观察到闪锌矿原矿为不规则粒状,粒径范围为 150~300μm。经过 1 次微波冲击的样品 ZnS/rGO-MW1〔图 3.30(c)〕,ZnS 颗粒粒径减小达三个数量级以上,但粒径差异较大,大颗粒集中在 200nm 左右,而小颗粒只有几十纳米,均匀分布在石墨烯片层上。如图 3.30(d)和(e)所示,3 次微波冲击的 ZnS/rGO-MW3 样品中 ZnS 颗粒呈球形,粒径均匀,集中在 50~100nm。经过 5 次微波处理的 ZnS/rGO-MW5 复合材料的粒径进一步减小到 20~50nm,分布均匀,无团聚现象。图 3.30(f)为 ZnS/rGO-MW1 样品中两种不同粒径颗粒的能谱分析结果,其中 Zn 和 S 元素比例接近 1:1,与 ZnS 理论比例相当。

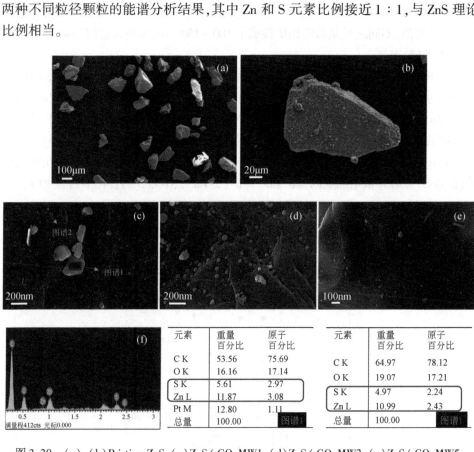

元素	重量百分比	原子百分比
C K	53.56	75.69
O K	16.16	17.14
S K	5.61	2.97
Zn L	11.87	3.08
Pt M	12.80	1.11
总量	100.00	图谱1

元素	重量百分比	原子百分比
C K	64.97	78.12
O K	19.07	17.21
S K	4.97	2.24
Zn L	10.99	2.43
总量	100.00	图谱1

图 3.30　(a)、(b)Pristine ZnS;(c)ZnS/rGO-MW1;(d)ZnS/rGO-MW3;(e)ZnS/rGO-MW5
复合材料的 SEM 图及(f)EDS 分析结果

图 3.31 为 ZnS/rGO-MW3 复合材料的 TEM 图像及元素分布图。从图 3.31(a)可以看出 ZnS 颗粒呈不规则粒状,粒径 40~100nm,与 SEM 结果相吻合。石墨

烯片层平整,未发生团聚。在图 3.31(b)所示的高分辨图像中,观察到面网间距约
为 0.331nm 的晶格条纹,夹角 120°,对应六方晶系 α-ZnS 的(100)面网。元素分布
图说明复合材料中主要含有 C、S、Zn 三种元素,进一步证明纳米 ZnS 颗粒负载在石
墨烯片层上。

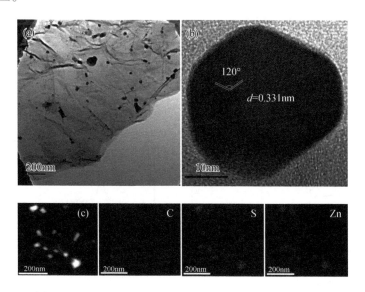

图 3.31　ZnS/rGO-MW3 复合材料的 TEM 图及元素分布图

　　图 3.32 为 Pristine ZnS 和 ZnS/rGO-MW 复合材料的 X 射线光电子能谱分析,
以获得样品中相应元素的表面化学成分和价态信息。从全谱中可以看出,在相应
的结合能下,能清晰地检测到 Zn 2p、S 2p 和 C 1s 的 XPS 峰。在图 3.32(b)的 Zn
2p 谱中,复合材料与纯 ZnS 样品一致,1044.3eV 和 1021.5eV 处的两个峰分别来自
Zn $2p_{1/2}$ 和 Zn $2p_{3/2}$。在图 3.32(c)的 S 2p 谱中,纯 ZnS 样品在 163.1eV 和 161.6eV
处可以观察到对应于 S^{2-} 的 S $2p_{1/2}$ 和 S $2p_{3/2}$ 两个峰,复合材料样品 ZnS/rGO-MW1
的 S $2p_{1/2}$ 和 S $2p_{3/2}$ 峰中心位置与纯 ZnS 样品一致,峰形变宽,样品 ZnS/rGO-MW3
和 ZnS/rGO-MW5 出现以 163.7eV 和 164.8eV 为中心的两个新峰,对应于 S 的 S
$2p_{1/2}$ 和 S $2p_{3/2}$ 态,这表明在微波冲击过程中有一小部分 S^{2-} 在表面被还原。图 3.32
(d)的 C 1s 图谱中,微波前后样品在 284.6eV、285.5eV、286.8eV 和 289.2eV 处均
出现四个峰,分别对应 C=C、C—O、C—O—C 和 C=O。经过微波处理的三个样
品中可以明显观察到 284.6eV 处(C=C)的峰变强,286.8eV 处(C—O—C)峰变
弱。以 ZnS/rGO-MW3 样品为例,与微波处理前的样品相比,C=C 的峰面积比例
由 39.6% 上升为 49.7%,说明微波过程中石墨烯进一步被还原,表面官能团减少。

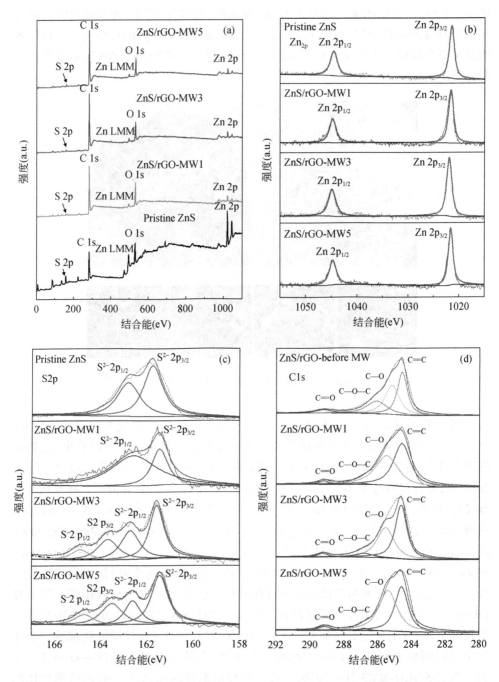

图 3. 32 Pristine ZnS、ZnS/rGO-MW1、ZnS/rGO-MW3、ZnS/rGO-MW5 材料的 XPS 谱图

(a)总谱;(b)Zn 2p;(c)S 2p;(d)C 1s

图 3.33 为未经处理的 ZnS 原矿和三种复合材料 ZnS/rGO-MW1、ZnS/rGO-MW3、ZnS/rGO-MW5 的 TGA 曲线。可以看出,样品的主要失重区间在 450 ~ 650℃,是由 ZnS 氧化产生 SO_2 气体和石墨烯转化为 CO_2 气体所引起。通过计算,ZnS/rGO-MW1、ZnS/rGO-MW3、ZnS/rGO-MW5 三种复合材料中 ZnS 的含量分别为81.1%、84.1%、83.2%,进一步换算得到半电池电极材料中 ZnS 的含量分别为73.0%、75.7%、74.9%,比例略高于纯 ZnS 电极中 ZnS 的含量(70%)。

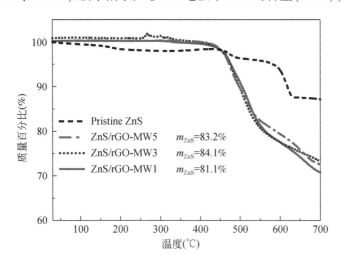

图 3.33　Pristine ZnS、ZnS/rGO-MW1、ZnS/rGO-MW3、ZnS/rGO-MW5
复合材料的热重曲线

(2)电化学特性

图 3.34 为 Pristine ZnS 和 ZnS/rGO-MW3 复合材料电极的循环伏安曲线和0.1C 时前三圈的充放电曲线。在第一次负扫描过程中,观察到 0.7V 到 0.0V 的较宽的还原峰,这归因于 ZnS 分解和 Zn、Li_2S 的形成。0.25 ~ 0.0V 处出现了第二还原峰,是由于后续反应中锂离子与金属 Zn 反应生成合金。在第一次正扫描过程中,观察到一个位于约 1.5V 处的氧化峰,对应于 Zn 和 Li_2S 反应反向转化为 ZnS。在第二圈和第三圈的曲线中,还原峰移至 0.87V 左右,氧化峰保持在1.5V。由图 3.34(c)和(d)可知,两种材料的充放电曲线相似,但复合材料电极第 2 圈和第 3 圈的容量明显高于 Pristine ZnS 电极。ZnS/rGO-MW3 复合材料的首圈放电/充电容量约为 877mA·h/g 和 620mA·h/g,初始库仑效率为 70.7%。首圈的容量损失可能是由于电解质分解而在电极表面形成了固体电解质界面(SEI)膜。在第二次和第三次循环中,库仑效率分别提高到 94.9% 和 92.2%,表明电极逐渐趋于稳定。

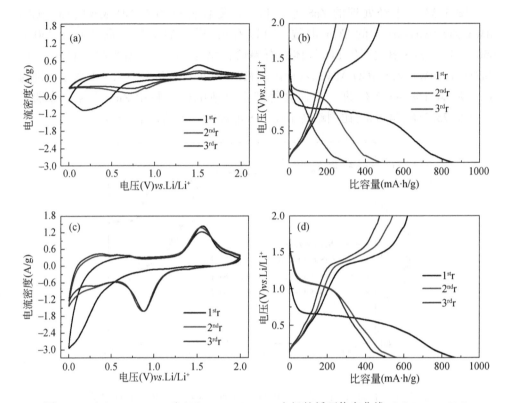

图 3.34　（a）Pristine ZnS 和（b）ZnS/rGO-MW3 电极的循环伏安曲线；（c）Pristine ZnS
　　　　和（d）ZnS/rGO-MW3 电极前三圈的充放电曲线（见彩图）

　　图 3.35（a）为 Pristine ZnS、ZnS/rGO-MW1、ZnS/rGO-MW3、ZnS/rGO-MW5 四种材料在电压 0.05~2.0V 的倍率性能曲线。可以看出,在 0.1C 条件下,四种材料的初始放电容量分别为 870.7mA·h/g、725.1mA·h/g、877.1mA·h/g 和 769.5mA·h/g。闪锌矿直接作为电极材料的首圈放电比容量较高,但从第二圈开始容量出现严重衰减,1C 条件下容量已经不到 10mA·h/g。对于三种复合材料电极 ZnS/rGO-MW1、ZnS/rGO-MW3、ZnS/rGO-MW5,倍率性能明显改善,其中经过三次微波冲击的样品 ZnS/rGO-MW3 性能尤为突出。在 0.1C、0.2C、0.5C、1C 和 2C 不同倍率下,放电比容量分别为 610.9mA·h/g、476.7mA·h/g、381.6mA·h/g、323.3mA·h/g 和 233.6mA·h/g,当电流再次恢复到 0.1C 时,电极容量可达到 494.1mA·h/g,容量保持为 80.9%。复合材料电极倍率性能得到改善有以下原因:①ZnS 粉体颗粒粒径减小,由原来的 150~300μm 减小为 200nm 以内,可大大缩短充放电中电荷传输路径,并减小 ZnS 颗粒由于脱嵌锂的体积变化带来的粉化作用。同时,活性材料比表面积明显增大,提供了更多的活性位点。②与石墨烯的

复合不仅提高了整个材料体系的导电性能,石墨烯的嵌锂容量也为体系的比容量
做出一定的贡献。值得注意的是,由前文 SEM 结果可知,三种复合材料中微波 5
次的样品 ZnS/rGO-MW5 粒径最小,但电化学性能测试中样品 ZnS/rGO-MW3 的性
能最佳。这是因为活性材料粒径的减小一方面可以增加活性位点和缩短锂离子传
输路径,改善电极材料的电化学性能,但另一方面,粒径过小时,其与电解液接触的
比表面积过大,在首次充放电过程中形成的 SEI 膜所消耗的电荷越多,造成的不可
逆容量损失也越大。也就是说材料的粒度过大或过小都会对电极材料的最终性能
产生一定的不良影响。对于本文中的 ZnS 材料而言,ZnS/rGO-MW3 的粒径(50 ~
100nm)为最优区间,继续减小粒径如 ZnS/rGO-MW5(20 ~ 50nm),反而劣化电极材
料的性能。

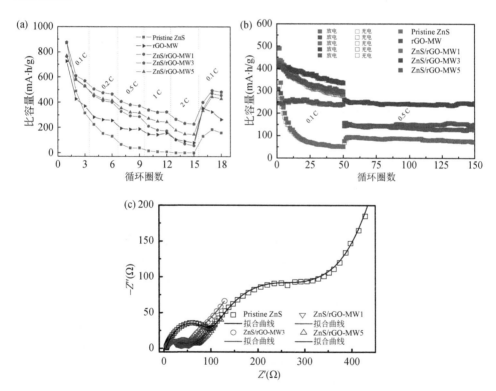

图 3.35　Pristine ZnS、ZnS/rGO-MW1、ZnS/rGO-MW3、ZnS/rGO-MW5 复合材料的
(a)倍率曲线,(b)循环性能,(c)电化学阻抗谱(见彩图)

　　图 3.35(b)为四种电极材料 Pristine ZnS、ZnS/rGO-MW1、ZnS/rGO-MW3、ZnS/
rGO-MW5 的循环曲线。在 0.1C 条件下循环 50 圈后,Pristine ZnS 电极严重衰减,
50 圈后容量为 51.3mA·h/g,仅为初始容量的 10.5%,这与闪锌矿颗粒尺寸较大

和导电性差有关。微波合成的三种复合材料电极 ZnS/rGO-MW1、ZnS/rGO-MW3 和 ZnS/rGO-MW5 也出现容量衰减现象,但相比 Pristine ZnS 电极循环性能明显改善。50 圈后三者容量分别保持在 282.7mA·h/g、336.4mA·h/g 和 294.4mA·h/g。之后将测试条件调整为 0.5C 循环 100 圈,从图中可以看出三种复合材料的容量几乎没有衰减,并且从放电和充电的比容量来看,库仑效率均达到 99% 以上。

四种电极的电化学阻抗测试结果如图 3.35(c) 所示,用等效电路拟合了电解液电阻 R_0、SEI 层电阻 R_f 和界面电荷转移电阻 R_{ct} 的基本数据,拟合结果见表 3.3。将 SEI 薄膜的恒相原件和电荷转移设为 CPE$_f$ 和 CPE$_{ct}$,Z_w 表示锂扩散产生的 Warburg 阻抗。结果表明,四种电极材料的 R_0 都比较小,微波合成的三种复合材料的 R_f 和 R_{ct} 都明显减小,以 ZnS/rGO-MW3 电极为例,其 R_f 值为 30.02Ω,R_{ct} 为 9.22Ω,远低于 Pristine ZnS 电极(R_f 为 84.1Ω,R_{ct} 为 129.8Ω)。在 ZnS/rGO-MW 复合材料电极中,由于 ZnS 颗粒粒径较小以及石墨烯的引入提高了电极材料的电子电导率和脱嵌锂过程中快速迁移离子的能力,很大程度提高了材料的电化学性能。

表 3.3　交流阻抗图谱的拟合值

电极	ZnS	ZnS/rGO-MW1	ZnS/rGO-MW3	ZnS/rGO-MW5
$R_0(\Omega)$	4.01	3.93	3.91	5.03
$R_f(\Omega)$	84.1	33.82	30.02	32.16
$R_{ct}(\Omega)$	129.8	11.56	9.22	11.25

为了进一步探讨材料电化学性能改善的原因,将电池拆开进行了 SEM 分析。图 3.36 显示了经 150 次循环后 Pristine ZnS 电极和 ZnS/rGO-MW3 复合电极的形貌对比。可以观察到,经过多次循环后,Pristine ZnS 电极材料严重团聚,出现粉碎和裂纹[图 3.36(a)]。相比之下,ZnS/rGO-MW3 复合电极表面平整,没有分层或裂纹[图 3.36(b)]。这一结果解释了 ZnS/rGO-MW 复合材料较 Pristine ZnS 电极具有更好的循环稳定性的原因,同时也说明了将天然闪锌矿作为锂离子电池电极材料时,合成纳米级 ZnS 颗粒的必要性。

本部分以天然闪锌矿为原料,通过简单快速的微波冲击法成功制备了不同原料比例的纳米 ZnS/石墨烯复合材料。作为锂离子电池负极材料,其电化学性能显著提升。样品测试表明微波前后 ZnS 的成分没有发生改变,但高温加热并骤冷的条件使得部分闪锌矿向纤锌矿转变。微波冲击后 ZnS 颗粒的粒径减小了三个数量级,纳米颗粒均匀负载在石墨烯片层上,无团聚现象。微波合成方法可以有效减小 ZnS 的粒径,一方面可以缓解充放电过程中体积变化导致的电极粉化,另一方面可以增大材料比表面积,缩短锂离子的传输路径。

图 3.36　经过 150 次循环后 ZnS 和 ZnS/rGO-MW3 电极的形貌比较
(a)纯 ZnS 电极；(b)ZnS/rGO-MW3 电极

2. 从黑滑石中提取碳及其储锂特性研究[273]

碳材料是当前最重要的一类锂离子电池负极材料,石墨类碳是目前综合性能最好、应用最广泛的负极材料,但存在能量密度低的缺点。为进一步提高锂离子电池的能量密度、寿命等性能,人们一直在探索制备高性能的负极材料,探索制备新型碳材料是其中一个重要的方向。

黑滑石是滑石的一种。滑石属于 TOT 型三八面体层状硅酸盐矿物,结构式为 $Mg_3[Si_4O_{10}](OH)_2$,结构单元层剩余电荷为零,层间不含水,如图 3.37(a)所示。一般的滑石为白色或灰色,而黑滑石呈灰黑色或黑色,由于黑滑石白度低,在工业上不能广泛应用,工业上一般采用煅烧的方法提高黑滑石的白度,得到的高白滑石粉可应用于涂料、塑料、陶瓷等领域。研究认为黑滑石致黑的原因是其结构层间存在有机质碳。Li 等进一步对黑滑石中有机质碳的存在形式进行了探究,提出在黑滑石晶体结构层间存在与单层石墨烯相近的单层或多层"类石墨烯碳层",在片状滑石晶体颗粒之间存在堆叠在一起的多层"类石墨烯碳层",如图 3.37(b)~(d)所示。根据黑滑石结构内存在超薄层碳的特点,作者采用酸处理方法提取黑滑石中的碳材料,研究热处理温度对提取碳材料形貌、结构的影响,并探究其作为锂离子电池负极材料的电化学性能,研究材料结构与性能的关系。

1) 实验过程

实验所用黑滑石为江西广丰黑滑石,呈小颗粒或块状,研磨后过 200 目筛。X 射线衍射分析(XRD)结果显示黑滑石原矿中主要物相为滑石,包含石英和白云石等杂质。表 3.4 为 X 射线荧光光谱(XRF)测试的黑滑石原矿的化学组成,组分中 MgO、SiO_2 和 CaO 来自于滑石、石英和白云石,同时含有一些其他微量杂质。由于黑滑石中有机质碳含量较低,而 XRF 只能测试元素周期表中钠以后的元素,因此组分中并无碳元素。

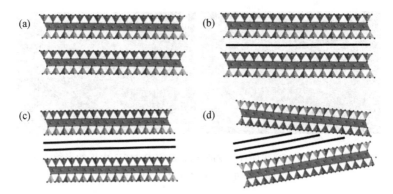

图 3.37　黑滑石中碳的存在形式示意图：(a)普通滑石结构示意图；
(b)单层；(c)、(d)多层存在于滑石颗粒晶间

表 3.4　黑滑石原矿的化学组成

组分	含量(wt %)
SiO_2	63.258
MgO	29.734
CaO	5.336
F	0.587
P_2O_5	0.529
Al_2O_3	0.146
Na_2O	0.131
Fe_2O_3	0.11
SO_3	0.069
ZnO	0.041
MnO	0.033
K_2O	0.024

　　首先将黑滑石原矿研磨成粉末，然后过 200 目筛，取筛下粉末作为原料；取一定质量的原料，用 3mol/L 的盐酸于室温下浸泡、搅拌处理 24h，固液比 1∶30；离心，取出沉淀物，用 1mol/L HCl 和 10mol/L HF(体积比 1∶3)的混合溶液，在 60℃下搅拌处理 48h；离心分离，清洗数次得到 C/MgF_2 的混合物；继续用 10mol/L 的 HNO_3 溶液室温下搅拌处理 24h，除去其中的 MgF_2，离心分离，取沉淀物清洗数次至离心上清液 pH=7，最后取沉淀物冷冻干燥，得到黑色粉末样品，记为 FC。将上述

制备的样品放入管式炉中,在氩气气氛下分别进行 500℃和 800℃热处理 2h。管式炉加热升温速率为 5℃/min,达到设定温度后保持 2h,然后自然冷却至室温。500℃和 800℃热处理后的样品分别命名为 FC500、FC800。图 3.38 为通过酸处理法从黑滑石中提取碳材料的制备过程示意图。

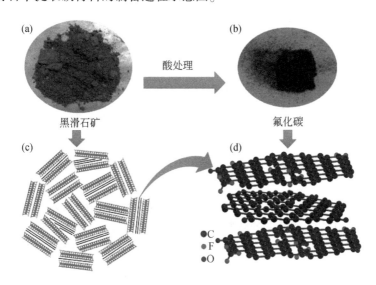

图 3.38　酸处理黑滑石提取(类石墨烯)碳材料的制备过程示意图及其碳材料结构示意图:黑滑石原矿的图片(a);制备的(类石墨烯)碳材料的图片(b);黑滑石(c)和制备的碳材料(d)的结构示意图(见彩图)

2) 材料表征

利用酸处理黑滑石制备得到表面含有氟化和氧化官能团的碳材料,并分别对其进行 500℃和 800℃热处理,对热处理样品成分、形貌和结构进行了表征。

图 3.39 为黑滑石原矿和制备得到的 FC、FC500 及 FC800 样品的 XRD 图谱。XRD 结果显示,b-talc 原矿中含有滑石(talc)、石英(quartz)和白云石(dolomite),滑石是主要物相,石英和白云山是杂质相。酸处理后,原来的衍射峰均消失,仅在 $2\theta=18°$ 处出现一个比较强的衍射峰,说明原矿中的滑石相和杂质相均被除去。该 XRD 结果与文献中报道过的一种氟化碳材料相似,说明黑滑石中的碳材料可能在 HF 处理过程中生成含氟的官能团。经 500℃热处理后,FC500 样品的 XRD 结果显示 ~18° 的衍射峰无明显变化,说明 500℃热处理后,FC 样品的结构未发生变化。经 800℃热处理后,~18° 处的衍射峰消失,在 24.6° 附近出现一个宽的非晶包,类似于无定形碳的衍射图谱,说明 FC800 是无序的结构,同时说明 FC 样品中的氟化官能团已被去除。

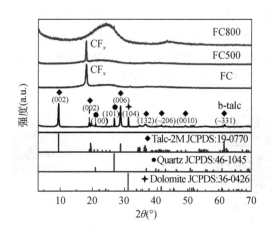

图 3.39　黑滑石原矿和制备得到的 FC、FC500、FC800 样品的 XRD 图谱

图 3.40 为 FC、FC500 及 FC800 样品的 SEM 图及 EDS 结果。可以看到,在低放大倍数下,FC 样品呈大的颗粒状,高倍下可以看到大颗粒由小的颗粒、纳米片或带组成,且在颗粒内有孔结构。FC 样品的形貌与有机质碳在黑滑石内部的存在形式密切相关。参考前人的研究,有机质碳以单分子层或多层类石墨烯碳的形式存在于滑石晶体结构的层间或滑石晶体颗粒间,因此酸处理得到的碳材料由小的颗粒、纳米片或带组成。然而在酸处理过程中,搅拌和强酸作用造成了类石墨烯碳的团聚和相互联结。相应的 EDS 的结果显示,FC 样品由 C、O、F 三种元素组成,原子百分比分别为 63%、12% 和 25%,说明 FC 样品是一种碳材料,同时表面具有氧化和氟化的官能团。热处理后样品的 SEM 图片及相应的 EDS 结果如图 3.40 所示,可以看到 FC500 样品的纳米片层和颗粒的平均粒径减小,FC800 样品减小更加明显,这可能是由于热处理使表面官能团去除后,碳材料之间的交联被破坏,使得颗粒团聚程度降低。EDS 结果显示,相比于 FC 样品,FC500 和 FC800 样品中 C 的原子百分比由 63% 增加到 71% 和 93%,相应地 F 和 O 的原子百分比均不同程度降低,说明热处理后,样品表面的官能团部分被去除。FC800 样品中 F 元素和 O 元素的原子含量百分比分别降低到 1% 和 6%,说明经过 800℃ 热处理,大部分氧化官能团和几乎全部的氟化官能团已经被去除。这个结果与 XRD 结果一致。

为进一步了解样品的形貌和成分信息,采用 TEM 和 EDS-mapping 技术对样品进行了测试,如图 3.41 所示。从 HAADF-STEM 图可以看到 FC 样品由小颗粒、片层状和带状物组成,且交联在一起,内部具有孔结构。EDS-mapping 结果显示 FC 样品由 C、O 和 F 元素组成,F 和 O 元素均匀分布在碳材料中。TEM 及 EDS 结果与 SEM 结果一致。经 500℃ 和 800℃ 热处理后,FC500 和 FC800 的形貌均呈现碎片

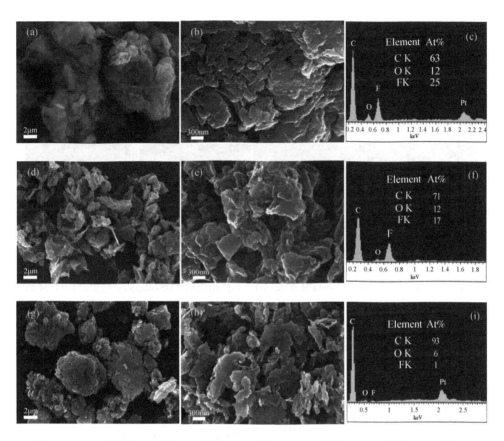

图 3.40　FC 样品的(a)低倍;(b)高倍 SEM 图及(c)EDS 结果;FC500 样品的(d)低倍;
(e)高倍 SEM 图及(f)EDS 结果;FC800 样品的(g)低倍;(h)高倍 SEM 图及(i)EDS 结果

化。EDS-mapping 结果显示,500℃热处理后,FC500 样品中 F 和 O 元素的分布密
度降低,说明部分氟化和氧化官能团被去除。热处理温度升高到 800℃时,FC800
样品基本观察不到 F 元素,说明氟化官能团几乎被完全除去,与 SEM 结果一致。

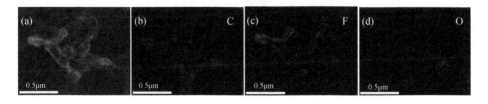

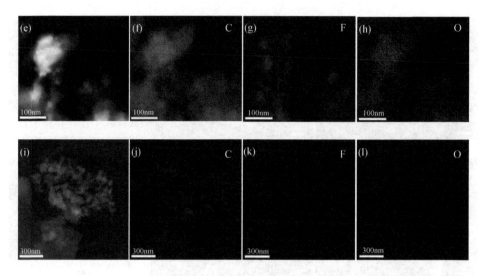

图 3.41　FC 样品的(a) HAADF-STEM 图及(b)～(d)相应的 EDS-mapping 结果;FC500 样品的 (e) HAADF-STEM 图及(f)～(h)相应的 EDS-mapping 结果;FC800 样品的(i) HAADF-STEM 图 及(j)～(1)相应的 EDS-mapping 结果

图 3.42(a)和(b)为 FC、FC500 及 FC800 样品的 C 和 F 元素的 XPS 图谱。C 1s 图谱可以看到～285eV 和～292eV 两个非对称宽峰。两个宽峰可分峰拟合为六 个峰,分别位于 2845eV、286.5eV、287.8eV、288.9eV、292.2eV 和 294.7eV 处,对应 C—C、C—O、C=O、C(O)O、CF$_2$ 和 CF$_3$ 键。通过分峰面积的定量计算,六个键的含 量分别为 34.9%、13.9%、3.1%、1.2%、35.3% 和 11.6%。FC 样品中的 CF$_x$ 氟化 官能团是在酸处理过程中产生,而氧化石墨烯中的含氧基团对氟化石墨烯的形成 起着关键的作用,即在酸处理过程中,氟化发生在氟原子和含氧基团之间。经 500℃热处理后,～692eV 附近对应 CF$_3$ 官能团的峰消失,说明 CF$_3$ 官能团被去除, 同时对应氧化官能团的峰相对于 C—C 键的峰强度减弱,说明有部分氧化官能团 被去除;经 800℃热处理后,氟化官能团基本全部去除。F 1s 图谱与 C 1s 一致, 500℃热处理后,F 1s 图谱只在～689.5eV 有一对称峰,对应 CF$_2$ 官能团;800℃热处 理后,F 1s 图谱上无峰,说明所有氟化官能团均被去除。结合 O 1s 和 C 1s 的 XPS 结果可知,随热处理温度的升高,部分氟化官能团被去除,但仍存在少量氧化官能 团。以上结果表明,在氟化碳样品中,不同 CF$_x$ 官能团的热稳定性不同。

Raman 光谱是表征碳材料结构的有力工具。图 3.42(c)为 FC 样品的 Raman 图谱,可以看到在拉曼位移～1340cm^{-1} 和～1580cm^{-1} 位置有两个峰,这是碳材料的 两个 Raman 特征峰 D 峰和 G 峰。通常,D 峰对应碳材料中 sp^3 杂化碳原子的 A$_{1g}$ 振 动模式,反映碳材料的无序度;G 峰与碳材料中 sp^2 杂化碳原子的 E$_{2g}$ 振动模式相

关,代表碳材料中 sp² 杂化键结构的完整程度。通常用 D 峰和 G 峰的强度比
(I_D/I_G)描述碳材料中缺陷的量,I_D/I_G 越大说明碳材料中缺陷数量越多。FC 样品
中强的 D 峰表明 FC 样品是高度无序的碳材料,其 I_D/I_G 为 0.87,表明 FC 样品结构
中存在一定量的缺陷。经热处理后,FC500 和 FC800 的 I_D/I_G 值从 0.87 升高到
1.015 和 1.03,说明随着热处理温度的升高,氟化碳材料结构中的缺陷数量增加。

　　基于以上结果,我们提出如图 3.42(d)所示的机制,即在热处理过程中,CF$_x$ 基
团附近 C—C 键的断裂导致 CF$_x$ 基团的去除,而不是 C—F 键的断裂。这是由于 F
原子相比 O 原子具有更高的电负性,在所有的共价单键中,C—F 键的键能最大。
例如,在六氟乙烷中,C—C 键和 C—F 键的键长分别为 1.560Å 和 1.320Å,因此破
坏 C—F 键需要更高的能量。此外,这也解释了在热处理过程中,CF$_2$ 比 CF$_3$ 具有更
高热稳定性的原因。去除 CF$_2$ 基团需要破坏两个 C—C 键,而去除 CF$_3$ 基团只需要
破坏一个 C—C 键,所以去除 CF$_2$ 基团需要更多的能量。C—C 键断裂导致材料骨
架碳原子缺陷增加。

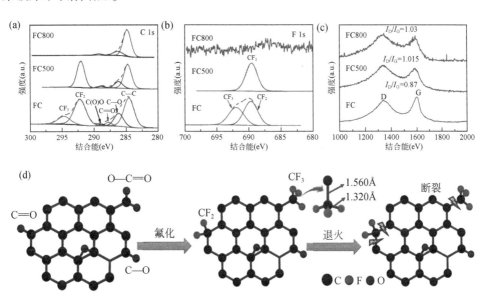

图 3.42　FC、FC500 及 FC800 样品的(a)C 1s XPS 图谱;(b)F 1s XPS 图谱;(c)拉曼图谱;
(d)热处理过程中 CF$_x$ 官能团去除机制示意图(见彩图)

3) 电化学性能

将 FC、FC500 及 FC800 三种样品和商业石墨用传统的涂覆法制成电极,使用
纽扣电池测试了各电极的电化学性能。图 3.43 为制备的 FC、FC500 和 FC800 三
种样品及商业石墨作为锂离子电池负极的 CV 曲线。

　　图 3.43(a)为 FC 电极的 CV 曲线,可以看到首次循环曲线中,在~0.65V 位置有一个宽的还原峰,对应首圈扫描中在 FC 电极表面由于电解液分解生成 SEI 层的过程。在随后的两次循环中,对应 SEI 生成的峰消失,说明这是不可逆的反应。在随后的两次循环过程中,不能观察到明显的氧化还原峰,这与商业石墨的 CV 曲线明显不同,如图 3.43(d)所示,但与文献中报道的氟化碳材料的 CV 曲线相似。如图 3.43(b)所示,FC500 电极的 CV 曲线与 FC 电极相似。图 3.43(c)为 FC800 电极的 CV 曲线,在第一次循环中,0.6V 附近的还原峰代表 SEI 层的生成过程,其在随后的循环过程中消失。三次循环过程中在 0.3V 附近的氧化峰峰形与石墨电极的 CV 曲线相似,但峰比较宽,说明 FC800 电极的电荷存储具有与石墨电极相似的方式。此外,第二次和第三次循环的 CV 曲线高度重合说明 FC800 电极材料具有良好的电化学稳定性。

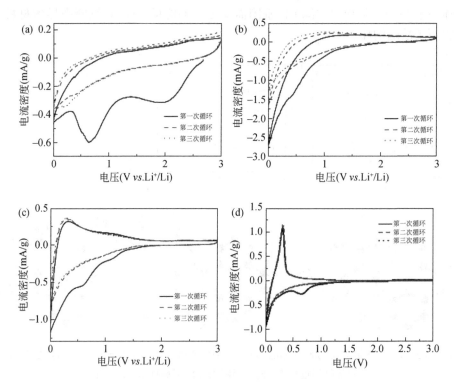

图 3.43　(a)FC;(b)FC500;(c)FC800 及(d)商业石墨电极在电压区间为 0~3V vs. Li⁺/Li,扫描速率为 0.2mV/s 条件下的 CV 曲线

　　图 3.44(a)~(c)为 FC、FC500 和 FC800 电极在 0.1C、0.2C、0.5C、1C(1C 下电流密度为 370mA·h/g)和 2C 倍率下的充放电曲线。0.1C 倍率下的首次充放电

曲线显示,FC、FC500 和 FC800 电极的首次充电–放电容量分别为 796mA·h/g-1878mA·h/g、428mA·h/g-923mA·h/g 和 495mA·h/g-810mA·h/g,首次充放电效率分别为 42%、46% 和 61%,即 FC 和 FC500 电极首次不可逆容量较大,原因可能是表面的官能团在首次充放电过程中产生的不可逆副反应导致。图 3.44(d)为各电极和商业石墨电极在 0.1~2C 的倍率性能,结果显示 FC 电极在 0.1C、0.2C、0.5C、1C 和 2C 充放电倍率下,放电比容量分别为 ~756mA·h/g、~620mA·h/g、~262mA·h/g、~136mA·h/g 和 ~67mA·h/g;FC500 电极在相同倍率条件下的放电比容量降低到 ~428mA·h/g、~261mA·h/g、~168mA·h/g、~58mA·h/g 和 ~26mA·h/g;而各个倍率条件下 FC800 电极的放电比容量则为 ~477mA·h/g、~428mA·h/g、~366mA·h/g、~311mA·h/g 和 ~258mA·h/g。可以看到,FC 电极在 0.1C 和 0.2C 小倍率下表现出较高的比容量,但同一倍率条件下比容量不稳定。说明随着循环的进行,FC 电极持续有不可逆的容量产生。同时可以看到 FC 电极在 0.5C、1C、2C 倍率下,容量衰减很快,倍率性能较差。FC500 电极在各个倍率条件下比容量都低于 FC 和 FC800 电极,同时倍率性能也较差,原因可能是 FC500 电极中的非活性官能团较多。相比之下,FC800 电极显示出高的比容量和好的倍率性能,在 0.1C 倍率下的比容量为 428mA·h/g,是同等条件下商业石墨电极比容量(350mA·h/g)的 1.2 倍。通过图 3.44(e)的归一化后的容量保持率可以明显看出,FC800 电极具有最好的倍率性能,优于 FC、FC500 及商业石墨电极。图 3.44(f)为 FC、FC500 和 FC800 电极在 0.5C 倍率下的循环性能,显示 FC 和 FC500 电极循环性能较差,FC800 电极表现出最好的循环性能,经过 100 次充放电循环后,比容量为 278mA·h/g,容量保持率为 87%(循环起始容量为 318mA·h/g)。另外,FC800 电极的充放电库仑效率保持 ~100%,比 FC 和 FC500 电极的充放电库仑效率更高,更稳定。

FC、FC500 和 FC800 电极电化学性能的显著差异与它们的结构特点密切相关,热处理使其成分、形貌、结构发生较大的变化,导致电化学性能差异显著。原子的掺杂是调控碳材料电化学性能的常用手段。氟原子掺杂在锂离子电池碳基电极材

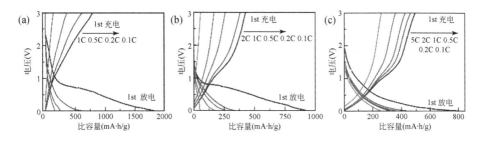

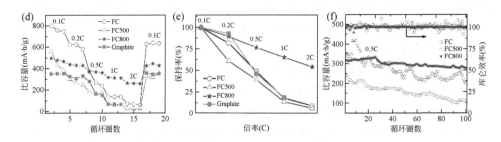

图 3.44　(a)FC、(b)FC500 及(c)FC800 电极不同电流密度下的充放电曲线;(d)FC、FC500、FC800 电极及商业石墨电极的倍率性能;(e)各个倍率条件下归一化的容量保持率以及(f)在 0.5C 倍率下的循环性能

料中已有报道,氟原子掺杂的方式和程度是影响锂离子存储机制和性能的主要因素。一般而言,碳材料氟化过程中表面缺陷和表面无序度的增加会导致电化学活性位点数量增加,从而导致氟化碳材料比容量增加,然而,由于氟原子掺杂引起 sp^3 杂化 C 原子数量增加,会导致材料的电导率降低,电化学性能降低。

　　图 3.45(a)为上述三个电极的 EIS 图谱,采用图 3.45(b)中等效电路定量分析各部分阻抗,其中 R_o 为电极的欧姆电阻,与电极与电解液的界面接触电阻相关,R_{ct} 为电荷转移电阻,通常认为 R_{ct} 反映电极材料自身的电导率,即电极材料高的电子电导会表现出低的电荷转移阻抗。FC、FC500 和 FC800 电极拟合的 R_o 分别为 2.43Ω、4.8Ω 和 6.2Ω,R_o 值逐渐增大,这可能与电极材料与电解液的界面接触有关,随热处理温度的升高,样品的平均粒径减小,电极材料与电解液的界面接触面积增大,导致界面接触电阻逐渐增大。FC、FC500 和 FC800 电极拟合的 R_{ct} 分别为 240.5Ω、181.6Ω 和 67.0Ω,可以看到,随热处理温度升高,样品的 R_{ct} 显著降低,说明电子电导性提高。FC、FC500 和 FC800 电极的电子电导性升高说明在热处理过程中表面官能团的去除可以提高材料的电导率。

　　如前所述,FC 电极表面含有大量氟化和氧化基团,具有更多的锂离子存储活性位点,因此在相对较低的放电-充电电流密度下具有更高的比容量。当充放电电流密度较大时,由于电极材料电导性较差,导致其容量衰减较大,倍率性能下降。此外,较低的首次库仑效率可能是表面丰富的氟化和氧化官能团产生的不可逆容量导致。FC500 电极低的比容量和较差的倍率性能,可能是由于其表面活性官能团数量有限,非活性官能团较多以及电子导电性较低共同导致的。FC800 电极由于表面官能团基本被热处理除去,因此在 0.1C 和 0.2C 倍率下比容量下降,但是导电性升高,使得倍率性能得到较大提高。其在各个倍率条件下均表现出比石墨电极高的比容量可能是由于热处理后,材料内部的缺陷增加导致活性位点增加。基于以上讨论,FC 和 FC800 电极中可能的锂离子存储机制如图 3.45(c)所示。最后,在这三个样品中,FC800 电极具有最好的循环稳定性,一方面可能与氟化官能团导致的不可逆容量衰减较少有关,另一方面,FC800 样品的平均粒径较小,可以缓冲充放电过程中的体积膨胀。

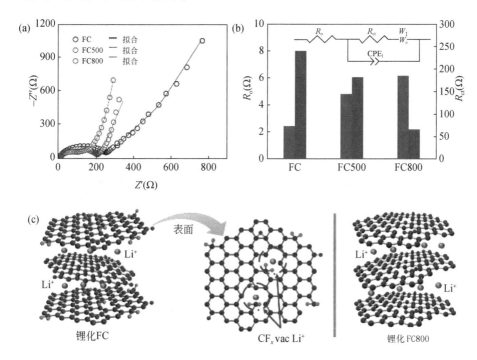

图 3.45 (a)FC、FC500 和 FC800 电极的 EIS 图谱;(b)利用图中等效电路拟合计算得到的阻抗参数,其中 R_o 和 R_{ct} 分别代表电极中的欧姆电阻和电荷转移阻抗,CPE 和 W_o 分别对应恒相位元件和 Warburg 阻抗;(c)FC 和 FC800 电极中可能的锂离子存储机制示意图(见彩图)

4)小结

采用酸处理法从黑滑石中提取制备了一种新型氟化碳材料,研究了不同温度热处理对其成分、形貌和结构的影响。结果表明,黑滑石中碳材料的氟化反应发生在碳材料表面的氧化官能团与氟之间;500℃ 和 800℃ 热处理可以除去表面的 CF_x 官能团并使碳材料结构缺陷增多,CF_x 官能团的去除是由于热处理过程中 C—C 键的断裂导致。作为锂离子电池负极材料,FC 电极在小倍率条件下具有高的比容量,但倍率性能和循环性能较差,而 FC800 电极在 0.1C 倍率下比容量为~477mA·h/g,其在各倍率条件下的比容量均高于商业石墨电极,表现出杰出的倍率性能和良好的循环稳定性。三个电极材料电化学性能的显著差异与其表面氟化和氧化官能团密切相关,表面官能团可以通过提供更多的活性位点有效提高比容量,但降低电极材料的电导率,从而影响倍率性能和循环稳定性。

3.3.2　超级电容器电极材料

1. 纳米矿物模板合成电极材料及其电容特性

蒙脱石和埃洛石是两种典型的黏土矿物,分别具有天然的纳米片状和管状形貌,且在层间和表面具有特定电荷。基于其独特的形貌、结构特点,以蒙脱石和埃洛石为模板,可制备具有片层状或纳米管状的电极材料。本节以埃洛石为模板,通过表面吸附及原位聚合的方法制备纳米管状 PANI 导电聚合物电极材料,并探究其作为超级电容器电极材料的电化学性能。

1) 实验过程

制备流程如图 3.46 所示。本研究所用埃洛石(HNTs)购买于远鑫纳米科技公司,为 7Å 埃洛石,纳米管外径约为 30 ~ 70nm,内径为 15 ~ 20nm,长度为 200 ~ 1500nm。首先将 1g 的 HNTs 加入 100mL 水中,超声搅拌至 HNTs 分散完全后加入 2g 盐酸苯胺,室温下剧烈搅拌 24h;然后倒掉上清液,取下方沉淀物;向沉淀物中加入 25mL 0.4mol/L APS 溶液,然后室温下连续搅拌 10h,直至盐酸苯胺单体在 HNTs 原位聚合完成;最后离心,清洗数次,取沉淀物,干燥后得到 PANI/HNTs 复合材料。取一定量的 PANI/HNTs 粉末,加入 6mol/L HCl 溶液中,在 80℃ 条件下搅拌 24h。然后,离心,取沉淀物,加入 1mol/L HCl 溶液和 10mol/L HF 溶液的混合液(HCl 与

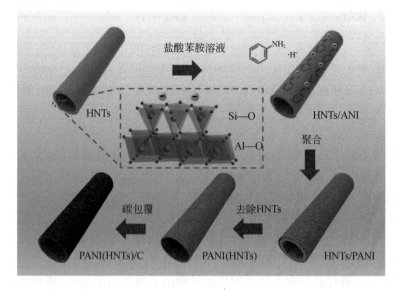

图 3.46　PANI(HNTs) 和 PANI(HNTs)/C 的制备过程示意图

HF 的体积比为 1∶3)于 60℃下搅拌 48h;然后离心分离,用去离子水清洗数次直到离心的上清液 pH=7;最后将离心后的沉淀物冷冻干燥,得到墨绿色的粉末,记为PANI(HNTs)。为了在 PANI 表面包覆碳层,将 180mg 的 PANI(HNTs)粉末加入25mL 0.05mol/L 葡萄糖溶液中,超声搅拌分散;然后将分散好的混合溶液转入30mL 特氟龙内衬的不锈钢反应釜中;放入烘箱中,在 160℃下水热反应 2h 后自然冷却至室温;清洗、干燥得到的粉末样品,记为 PANI(HNTs)/C。

为了对比,不添加埃洛石直接合成了聚苯胺,记为 DS/PANI。按照以上相同的酸处理步骤对 DS/PANI 进行酸处理,样品记为 Acid-DS/PANI。

2)材料表征

图 3.47(a)为 HNTs、HNTs/PANI、PANI(HNTs)和 PANI(HNTs)/C 的 XRD 图谱,可以看到本研究所用埃洛石为 7Å 埃洛石;原位聚合后,HNTs/PANI 的 XRD 结果与 HNTs 相同,说明埃洛石表面生成了非晶结构 PANI;酸处理除去埃洛石模板后,PANI(HNTs)的 XRD 图谱中只在 ~19.5°和 ~24.6°位置出现两个宽的非晶峰,说明埃洛石模板已被完全除去,PANI(HNTs)为无定形结构材料,其 XRD 图谱与无模板条件下直接合成的 PANI 相似,说明制备得到的为纯相 PANI。PANI(HNTs)/C 的 XRD 图谱中只在 ~19.5°位置有一个宽的非晶峰,说明包覆的碳为非晶结构。

图 3.47(b)为上述样品的 FTIR 图谱。HNTs 和 HNTs/PANI 的 FTIR 图谱中,910cm^{-1}、1032cm^{-1} 和 1100cm^{-1} 位置的峰分别对应 HNTs 结构中 Al—OH 的弯曲振动、Si—O—Si 的伸缩振动、外表面 Si—O 的伸缩振动。酸处理后,PANI(HNTs)的FTIR 图谱中 HNTs 的特征峰均消失,而在 1580cm^{-1}、1495cm^{-1}、1302cm^{-1}、1240cm^{-1}、1140cm^{-1}、811cm^{-1} 位置出现新的峰,属于 PANI 的特征峰。FTIR 结果说明,制备的 PANI(HNTs)样品为纯 PANI。经水热包碳样品的特征峰无明显变化。

图 3.47(c)和(d)分别为 PANI(HNTs)和 PANI(HNTs)/C 的 C 1s 和 N 1s 的XPS 图谱,C 1s 图谱可以分峰拟合为五个峰,位于 284.5eV、285eV、287.8eV、285.8eV、286.5eV 和 288.8eV,分别对应 C—C/C—H、C—N/C≡N、C—N$^+$/C≡N$^+$/C—Cl、C—O 和 C≡O 键,其中 C—C/C—H、C—N/C≡N、C—N$^+$/C≡N$^+$/C—Cl 来自于 PANI 结构,而 C—O 和 C≡O 则来自于 PANI 表面的氧化。N 1s 图谱可以分峰拟合为三个峰,位于 398.5eV、399.6eV 和 401.9eV,分别对应于聚苯胺结构中醌环亚胺(—N≡)、苯环亚胺(—N—)和带正电的 N(N$^+$)。XPS 结果与 FTIR 结果一致,说明制备的 PANI(HNTs)同时具有醌式结构和苯式结构,即 PANI(HNTs)是一种同时具有氧化态和还原态的 PANI,表明其具有电化学活性,适合作为电极材料。PANI(HNTs)/C 具有与 PANI(HNTs)相同的结构,值得注意的是 ~284.5eV处的 C—C/C—H 峰相对强度明显增强,这应该是包覆碳引起,但对应氧化官能团的峰相对强度无明显变化,说明包覆碳的含量相对较低。以上结果说明水热碳包覆过程不影响 PANI 的结构。

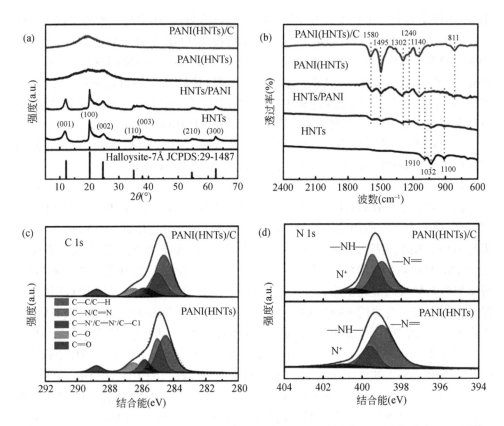

图 3.47　HNTs、HNTs/PANI、PANI(HNTs)和 PANI(HNTs)/C 的(a)XRD 图谱；(b)FTIR 图谱；
PANI(HNTs)和 PANI(HNTs)/C 的(c)C 1s 和(d)N 1s XPS 图谱(见彩图)

　　图 3.48(a)为实验所用 HNTs 的 SEM 图片，HNTs 为典型的管状形貌，管的表面光滑，长度为 ~100nm ~2μm，外径为 ~50nm。图 3.48(b)和(c)为 PANI(HNTs)的 SEM 图片及对应的 EDS 图谱。PANI(HNTs)的形貌与 HNTs 类似，不同的是表面比较粗糙。EDS 结果显示 PANI(HNTs)含有 C、N、O 和 Cl 元素，原子百分比分别约为 65.14%、22.38%、11.98% 和 0.50%。TEM 结果［图 3.48(d)］表明，PANI(HNTs)为中空管状结构，管状形貌的外径为 ~92nm，内径为 ~56nm，厚度为 ~18nm。TEM 的 EDS 结果显示 PANI(HNTs)中含有 C、N、O、Cl 元素［图 3.48(e)~(h)］，原子含量分别为 77%、9%、9% 和 1%，与 SEM 的 EDS 结果基本一致。经 C 包覆后，PANI(HNTs)/C 管壁变厚且更粗糙，C 的原子百分比由 77% 增加到 94.39%［图 3.48(i)~(m)］，说明在 PANI(HNTs)/C 表面成功包覆上了一层碳材料。

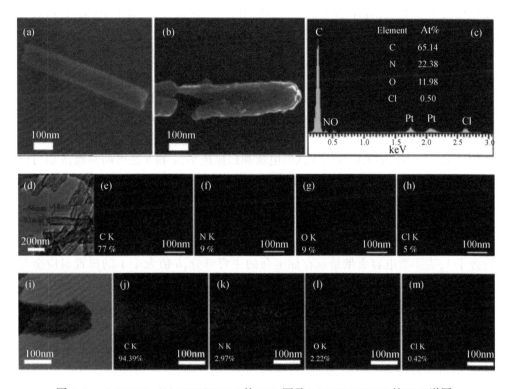

图 3.48　(a)HNTs、(b)PANI(HNTs)的 SEM 图及(c)PANI(HNTs)的 EDS 谱图；
(d)～(h)PANI(HNTs)及(i)～(m)PANI(HNTs)/C 的 TEM 图及成分分布图

3)电化学性能

图 3.49(a)和(b)为 PANI(HNTs)和 PANI(HNTs)/C 电极在不同扫描速率下的 CV 曲线,可以观察到两对氧化还原峰(A,A′和 B,B′),说明两个电极均表现出赝电容特性。A 和 A′氧化还原峰对应 leucoemeraldine 结构和 polaronic emeraldine 结构之间的氧化还原转换,而 B 和 B′氧化还原峰则对应 Emeraldine 和 pernigraniline 结构之间的氧化还原转换。随扫描速率的增大,氧化还原峰宽化且强度增大,同时氧化峰向正极方向移动,还原峰向负极方向移动,这是由电极阻抗引起。对比两个电极的 CV 曲线,在小的扫描速率下可以观察到 PANI(HNTs)电极的 B 和 B′氧化还原峰,如 1mV/s、2mV/s 和 5mV/s,当扫描速率增大,B 和 B′氧化还原峰逐渐消失;而 PANI(HNTs)/C 电极在各扫描速率下均可观察到 B 和 B′氧化还原峰,说明具有更强的赝电容特性。在相同的扫描速率下,PANI(HNTs)/C 的 CV 曲线比 PANI(HNTs)具有更高的背景电流,表明其具有更高的双电层电容。以上两方面表明相同条件下 PANI(HNTs)/C 电极具有更高的比电容。Eftekhari A 等提出 PANI 类电极的电化学行为受电极材料形貌和表面特性的显著影响,这是导致

文献中报道的类 PANI 电极 CV 曲线形状明显差异的原因。对于 PANI(HNTs) 和 PANI(HNTs) /C 电极，水热碳包覆前后其表面形貌和官能团发生变化进一步导致其电极界面电化学行为变化，这也可能是两个电极 CV 曲线表现出明显区别的原因。

通常，赝电容电极材料总电容包含两个部分：电容作用部分和扩散控制部分。电极的电容可以用 CV 动力学分析定量表征，其电化学行为服从下式：

$$i = av^b$$

式中，i 和 v 分别代表 CV 曲线测试的电流和扫描速率，a 和 b 是可调参数，b 值可以通过对 $\lg i$ 和 $\lg v$ 进行线性拟合得到。当 b 值等于或接近 0.5 时，电荷存储行为受扩散过程控制；当 b 值接近 1 或大于 1 时，电化学行为受电容行为主导。基于以上原理对 PANI(HNTs) 和 PANI(HNTs) /C 电极的电化学行为进行分析，计算得到在 0.0 ~ 0.6V 两个电极的 b 值如图 3.49(c) 和(d) 所示。结果显示大部分的 b 值均接近于 1，表明赝电容贡献是总存储电荷的主要部分，b 值大于 1 的位置对应全部的电容贡献。相应地，CV 曲线中各电位下的电流同样包含电容作用贡献和扩散作用贡献，可以用下式描述：

$$i(V) = k_1 v + k_2 v^{1/2}$$

式中，$k_1 v$ 和 $k_2 v^{1/2}$ 分别代表电容作用的电流贡献和扩散控制的电流贡献，各电位下的 k_1 值可以通过 $iv^{1/2}$ 对 $v^{1/2}$ 曲线线性拟合的斜率得到，然后通过一系列的 k_1 值计算 $k_1 v$，即电容作用的电流。计算得到的两个电极在扫描速率 5mV/s 下的电容贡献如图 3.49(e) 和(f) 中的灰色区域所示，PANI(HNTs) 和 PANI(HNTs) /C 电极的电容贡献比例分别为 89.6% 和 84.4%，表明两个电极的电化学性能主要由电容行为决定。

PANI(HNTs) 和 PANI(HNTs) /C 电极在不同电流密度下的充放电曲线分别如图 3.49(g) 和(h) 所示。可以看出，充放电曲线呈近似对称形状，显示出良好的电容性。曲线上的小平台对应于 CV 曲线上的氧化还原峰，进一步说明两个电极的电化学行为主要为赝电容作用。对比两个电极的充放电曲线可以看到，PANI (HNTs) /C 电极在 ~ 0.5V 位置显示一对平台，对应 CV 曲线中 B 和 B′氧化还原峰。此外，PANI(HNTs) /C 电极在各电流密度下的充放电曲线显示出更大的电压降，这可能是由于低温水热条件下包覆的碳导电性差导致。

通过充放电测试得到的 PANI(HNTs) 、PANI(HNTs) /C 和 Acid-DS/PANI 电极材料的比电容如图 3.49(i) 所示，PANI(HNTs) 电极在 1A/g、2A/g、5A/g、10A/g 和 20A/g 下的比电容分别为 504F/g、499F/g、486F/g、470F/g 和 442F/g，20A/g 下的比电容是 1A/g 下比电容的 87.7%，表现出杰出的倍率性能。同时可以看到，在各电流密度下 PANI(HNTs) 电极均比 Acid-DS/PANI 电极具有更高的比电容，有两方面原因：一方面，PANI(HNTs) 比 Acid-DS/PANI 具有更高的比表面积，因此材料利

用率更高;另一方面,PANI(HNTs)具有中空结构,活性材料的内外表面均可发生电
化学反应,有效提高了电极材料的利用率。对比 PANI(HNTs)电极,PANI(HNTs)/
C 电极在各电流密度下具有更高的比电容,如 1A/g、2A/g 和 5A/g 下的比电容分别
为 654F/g、650F/g 和 616F/g。结合 PANI(HNTs)/C 的 CV 曲线分析,PANI
(HNTs)/C 电极电容量的提升主要是由于碳包覆后 PANI 表面形貌的改变导致的
电化学行为变化。然而,PANI(HNTs)/C 电极在高的电流密度下比容量下降明显,
如在 20A/g 下,其比电容仅为 1A/g 下的 67%。导致高电流密度下比电容明显降
低的原因可能包括两个方面:一方面,相对低温下水热反应包覆的碳材料导电性较
差,在高电流密度充放电条件下对电荷转移的影响较大;另一方面,包覆的碳层阻
碍 H^+ 和 PANI 电极的直接反应,该影响在高电流密度充放电时表现突出。从图
3.49(j)可以看到 PANI(HNTs)和 Acid-DS/PANI 电极循环 2000 次后的电容保留

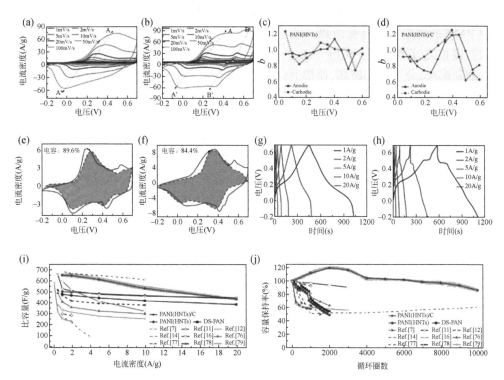

图 3.49　(a)PANI(HNTs)和(b)PANI(HNTs)/C 电极在不同扫描速率下的 CV 曲线;(c)PANI
(HNTs)和(d)PANI(HNTs)/C 电极在 0.0~0.6V,b 值与还原扫描电压和氧化扫描电压的关系;
(e)PANI(HNTs)和(f)PANI(HNTs)/C 电极在 5mV/s 扫描速率下的 CV 曲线及电容对总电荷存
储的贡献;(g)PANI(HNTs)和(h)PANI(HNTs)/C 电极在不同电流密度下的充放电曲线;PANI
(HNTs)、PANI(HNTs)/C 和 Acid-DS-PANI 电极的(i)倍率性能(j)循环性能(见彩图)

量均仅为~50%,电化学稳定性较差,与文献报道的结果一致。经碳包覆后,PANI(HNTs)/C 电极经过 10000 次循环后,容量保持率为~87%,具有优异的循环性能。将 PANI(HNTs)/C 电极与最近报道的纳米结构 PANI 电极材料的倍率性能和循环性能进行了对比,结果如图 3.49(i)和(g)所示。对比的电极包括核壳结构 PANI 纳米管、双层纳米结构 PANI、PANI 纳米纤维、PANI 中空纤维和多孔 PANI 等。可以看到,PANI(HNTs)/C 电极在各充放电电流密度条件下均具有更高的比电容,只略低于双层纳米结构 PANI 电极,而其循环稳定性则均优于以上报道的纳米结构 PANI 类电极材料,显示出良好的电化学性能。

由于 PANI(HNTs)电极经碳包覆后循环性能得到了很大的提高,进一步探究了其性能提升的原因。PANI(HNTs)和 PANI(HNTs)/C 电极不同循环次数的 CV 曲线分别如图 3.50(a)和(b)所示,在第一个循环中可以观察到氧化还原峰,反映出良好的赝电容特性,经过数次循环后,氧化还原峰变弱,这可能是由于循环过程中 PANI 的赝电容性降低所致。通常,PANI 类电极材料的循环稳定性与其分子结构直接相关,在循环过程中 PANI 电极不断发生掺杂和脱掺杂反应,PANI 分子反复收缩和膨胀,分子结构破坏,使得 PANI 电极电化学活性降低或丧失,导致电极容量不断衰减。此外,PANI 电极材料的电化学活性与其电导密切相关,可通过其电导性进行表征,一般 PANI 类电极的内部阻抗可以反映其电极材料的电导率。基于此,采用 EIS 分析了两种电极材料在循环过程中电极阻抗的变化情况。图 3.50(c)和(d)为 PANI(HNTs)和 PANI(HNTs)/C 电极在不同次数循环后的 EIS 图谱,所有 EIS 曲线在高频区都是直径较小的半圆,在低频区呈斜线。利用等效电路定量计算各部分阻抗,可以看到两个电极循环过程中 R_s 的变化很小,说明溶液阻抗在循环过程中对电极性能的影响可以忽略。然而 PANI(HNTs)电极在 2000 次循环后 R_{ct} 值从 0.95Ω 快速增大到 47.01Ω,说明 PANI(HNTs)电极循环过程中电导率下降较快,电化学活性降低较快,因此 PANI(HNTs)表现出差的循环性能。PANI(HNTs)/C 电极在 0、1000、2000、5000 和 10000 次循环后的 R_{ct} 值依次为 1.82Ω、3.76Ω、5.95Ω、6.52Ω 和 9.53Ω,变化远小于 PANI(HNTs)电极,说明电极的内部电阻增长缓慢,导电性保持良好,因此 PANI(HNTs)/C 电极在循环过程中结构稳定性良好。上述结果表明,碳包覆提高了 PANI(HNTs)/C 电极的结构稳定性,因而表现出更好的循环稳定性。

基于以上讨论,图 3.51 给出了 PANI(HNTs)和 PANI(HNTs)/C 在充放电过程中可能发生的变化示意图。对于 PANI(HNTs)电极,循环过程中,掺杂和脱掺杂反应直接在 PANI(HNTs)管表面进行,PANI 分子结构的收缩和膨胀直接在外表面发生,管状结构并不能缓解这种膨胀收缩,因此经过多次循环后,外层 PANI 的分子结构由于反复膨胀和收缩而逐渐破坏并失去电化学活性,导致电容量的快速衰减。而当 PANI(HNTs)表面包覆一层碳材料后,包覆的碳层类似一层保护层,一方面可

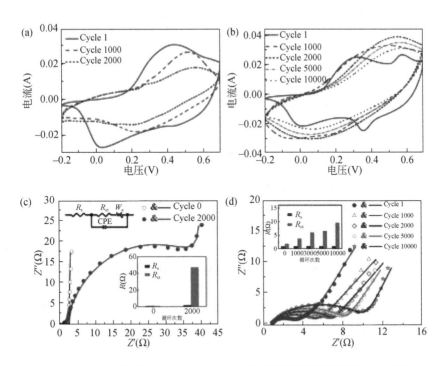

图 3.50　(a) PANI(HNTs) 和 (b) PANI(HNTs)/C 电极在不同循环次数时的 CV 曲线；(c) PANI (HNTs) 电极和 (d) PANI(HNTs)/C 电极在不同循环次数后的 EIS 图谱。图 (c) 中左上角插图为所用的等效电路模型。图 (c) 右下角及图 (d) 中左上角插图为利用等效电路拟合得到的各部分阻抗参数

以防止电化学反应直接在表面发生,更重要的是它可以阻止 PANI 分子向外膨胀和收缩,而是向管的内部方向,这时候管状结构可以起到缓冲循环过程中体积变化的作用,从而提高 PANI 电极材料的结构稳定性,使得电极的循环稳定性明显提升。

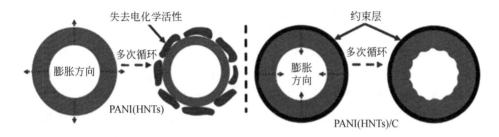

图 3.51　PANI(HNTs) 和 PANI(HNTs)/C 在循环过程中的结构变化示意图

将 PANI(HNTs) 材料与石墨烯复合制备复合电极材料是提高其性能的另一种

方法[273-275]。在传统的超级电容器电极制备过程中,需添加黏结剂将电极材料黏接在一起,黏结剂的加入一方面会降低电极中活性材料的负载量,降低电极的能量密度,另一方面会削弱电极的导电性,使其倍率性能变差。因此开发无黏结剂的电极是提高电极性能的有效方法[275-277]。基于此,将制备的 PANI(HNTs)与 GO 溶液混合,采用水热法制备了 PANI/rGO 水凝胶,进而制备得到无黏结剂的 PANI(HNTs)/rGO 电极[278]。

图 3.52(a)为以不同比例 PANI(HNTs)和 GO 为原料制备得到的 PANI/rGO 水凝胶的照片。PANI(HNTs)/rGO 水凝胶的形成机理是:在水热反应过程中 PANI 和 GO 表面的基团可以通过共价键或氢键作用相互连接和交联,形成三维交联网络结构[279-281]。PANI 与 GO 的质量比分别为 1∶1、3∶1、5∶1 和 7∶1,由图 3.52 可以看到,在各个比例条件下均可以得到复合水凝胶,但当 PANI 与 GO 的比例大于 7∶1 时,水凝胶成形较差。同时可以观察到,3∶1 和 5∶1 条件下水凝胶均成形较好,且强度较高。图 3.52(b)为 PANI(HNTs)和制备的不同比例的 PANI/rGO 水凝胶的 FTIR 图谱,结果显示在各个比例条件下制备的 PANI/rGO 与 PANI(HNTs)具有基本相同的 FTIR 特征吸收带,说明水热反应过程不影响 PANI 主链的结构。综合考虑制备的水凝胶的强度和 PANI(HNTs)的含量,选择 5∶1 比例下制备的样品作为后面研究的对象。图 3.52(c)为 PANI(HNTs)和 PANI(HNTs)与 GO 比例为 5∶1 的 PANI/rGO 水凝胶的拉曼图谱,在 PANI(HNTs)的拉曼谱中,在 $\sim 1567 cm^{-1}$、$\sim 1483 cm^{-1}$、$\sim 1333 cm^{-1}$ 和 $\sim 1160 cm^{-1}$ 等位置出现拉曼峰,分别属于 PANI 主链中的苯环结构内 C—C 键的伸缩振动、醌环结构内 C =N 键的伸缩振动、C—N$^+$ 的伸缩振动和 C—H 的面内弯曲振动[281]。而在 PANI(HNTs)/rGO 的图谱中,上述四个峰均存在,且在 $\sim 1580 cm^{-1}$ 和 $1336 cm^{-1}$ 位置出现两个碳材料的特征拉曼峰,G 峰和 D 峰[282-284],来自于复合材料中的 rGO。以上结果说明成功合成了 PANI(HNTs)/rGO 复合材料。PANI(HNTs)和 PANI(HNTs)/rGO 的 XRD 图谱如图 3.52(d)所示,PANI(HNTs)/rGO 只在 $\sim 20°$ 位置出现一个宽的非晶峰,这是 PANI(HNTs)和 rGO 非晶峰叠加的结果。图 3.52(e)、(f)为 PANI/rGO 样品的 XPS 图谱。对 C 1s 的图谱分峰拟合,在 $\sim 284.6 eV$、$\sim 28 5 eV$、$\sim 285.6 eV$、$\sim 286.5 eV$ 和 $\sim 288.8 eV$ 处的峰分别对应 PANI/rGO 复合材料结构中的 C—C/C—H、C—N/ C =N、C—N$^+$/C =N$^+$、C—O 和 C =O 键;而 N 1s 图谱分峰拟合后,在 $\sim 398.5 eV$、$\sim 399.5 eV$ 和 $\sim 402.05 eV$ 的峰分别对应 PANI 结构中的—N =、—NH—和 N$^+$ 键。FTIR、拉曼和 XPS 测试结果说明 PANI(HNTs)/rGO 中的 PANI 同时具有氧化态和还原态。然而,PANI(HNTs)的 N 1s XPS 谱显示,$\sim 399.5 eV$ 位置对应—NH—键的峰相对较强,说明在 PANI(HNTs)/rGO 复合材料中 PANI(HNTs)的还原态比例较高,这应该是由于水热反应和水合肼还原的过程提高了 PANI(HNTs)的还原度。

图 3.53(a)为埃洛石纳米管在自然状态下的形貌,其管长为 50~400nm,多个

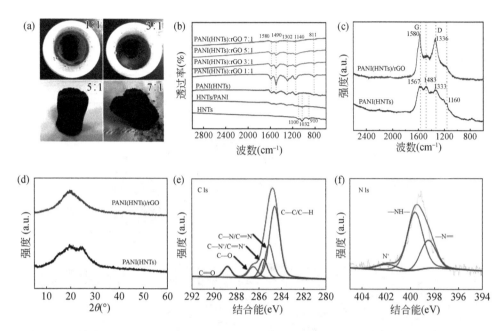

图 3.52 不同质量比(1:1、3:1、5:1 和 7:1)制备 PANI(HNTs)/rGO 水凝胶的照片(a);不同质量比(1:1、3:1、5:1、7:1)制备的 PANI(HNTs)/rGO 水凝胶及 PANI(HNTs)的 FTIR 光谱(b);PANI(HNTs)及 PANI(HNTs)/rGO 的质量比为 5:1 时的拉曼光谱(c)和 XRD 谱(d);PANI(HNTs)/rGO 的 C 1s(e)和 N 1s(f)的高分辨率 XPS 光谱

管呈堆叠、缠绕状。图 3.53(b)为包覆了聚苯胺涂层的埃洛石纳米管的形貌,可以看出,埃洛石的管状形貌基本没有变化,包覆层厚度约为几纳米。图 3.53(c)为 PANI(HNTs)/rGO 水凝胶的 SEM 图像,该水凝胶呈现出 rGO-PANI(HNTs)交联形成的三维多孔网络结构,孔径分布从几微米到几十微米不等。EDS 结果[图 3.53(d)]显示 PANI(HNTs)/rGO 中含有 C、N、O、F、Cl 元素,其中 F 元素为杂质。C、N、O 和 Cl 的原子百分比分别为 79.06%、9.30%、9.16% 和 0.65%,与 PANI(HNTs)的 SEM-EDS 结果相比,C 的原子百分比由 65.14% 提高到 79.06%。图 3.53(e)、(f)为 PANI(HNTs)和 PANI(HNTs)/rGO 的 TEM 图像,可以看到 PANI(HNTs)比较均匀地与石墨烯交联在一起,与 SEM 结果一致。图 3.53(g)为 PANI(HNTs)/rGO 的 STEM 图像和相应的 EDS-mapping 结果[图 3.53(h)~(k)]。通过 STEM 图像,可以清楚地看到管状聚苯胺被石墨烯包裹。EDS 图谱显示 PANI(HNTs)/rGO 含有 C、N、O 和 Cl 4 种元素,含量分别为 93.64%、2.41%、3.46% 和 0.50%。石墨烯的加入增加了 C 元素的原子百分比,四种元素的分布面积相同,与 SEM-EDS 结果一致。

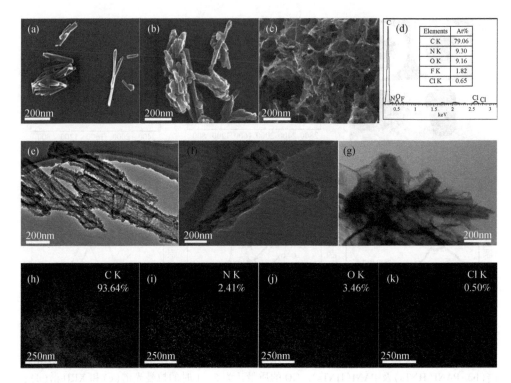

图 3.53　埃洛石原矿(a)、PANI(HNTs)(b)和 PANI(HNTs)/rGO 水凝胶(c)的 SEM 图像;
(d)PANI(HNTs)/rGO 水凝胶的 EDS 结果;PANI(HNTs)(e)和 PANI(HNTs)/rGO(f)的 TEM
图像;PANI(HNTs)/rGO 的 STEM 图像(g)和相应的 EDS-mapping 结果(h)~(k)

　　图 3.54 为三电极体系下测试的 PANI(HNTs)/rGO 作为超级电容器电极的电化学性能,图 3.54(a)为不同扫描速率下的循环伏安曲线,在小的扫描速率下可以看到两对明显的氧化还原峰,对应于复合材料中 PANI(HNTs)成分的掺杂和脱掺杂过程。随扫描速率的增大,氧化还原峰强度变小,但背景电流较大,这应该来自于 PANI/rGO 三维多孔网络结构的双电层电容作用[281]。图 3.54(b)为 PANI(HNTs)/rGO 电极不同电流密度条件下的充放电曲线,可以看到各电流密度条件下的充放电曲线均具有很好的对称性,说明电极具有良好的电容特性。充放电曲线具有非常小的电压降,说明该电极具有良好的导电性,因为复合的 rGO 具有良好的电导性,同时说明 PANI(HNTs)和 rGO 接触良好。图 3.54(c)为 PANI(HNTs)/rGO 电极在各电流密度下充放电的倍率性能。结果显示在 1A/g、2A/g、5A/g、10A/g、20A/g 电流密度下,PANI(HNTs)/rGO 电极的比电容分别是 762F/g、660F/g、595F/g、545F/g 和 493F/g,均高于同等倍率条件下 PANI(HNTs)电极的比电容,尤其在小的倍率条件下,PANI(HNTs)/rGO 电极表现出显著的优势。PANI(HNTs)/

rGO 电极比电容较高的原因可能包括：①PANI(HNTs)/rGO 电极内部为三维多孔网络结构，同时 PANI(HNTs)在 rGO 内部分散良好，而 PANI(HNTs)电极为传统方法制备的电极，内部比较密实，活性材料团聚严重，相比之下 PANI(HNTs)/rGO 电极材料具有较高的比表面积，因此具有更高的材料利用率，表现出更高的电容量；②PANI(rGO)与 rGO 复合，rGO 良好的导电性可以提高 PANI(HNTs)电极材料的赝电容作用，从而使其比电容在小的倍率条件下显著提高；③rGO 的三维多孔网络对总的电容量作出贡献[279,281]。图 3.54(d)为在 100mV/s 条件下测试的 PANI(HNTs)和 PANI(HNTs)/rGO 电极的循环性能，结果显示 PANI/rGO 电极在 2000次循环后容量保持率为 ~60%，容量衰减较快，循环性能较差。PANI(HNTs)/rGO 电极循环性能差的主要原因应该是管状的 PANI 自身的循环性能比较差导致。对于 PANI(HNTs)/rGO 电极，虽然 PANI(HNTs)与 rGO 复合交联在一起，但循环过程中 PANI(HNTs)仍直接暴露在电解液中，参与电化学反应，rGO 并不能起到缓冲其结构变化的作用，循环过程中反复的掺杂和脱掺杂过程仍会导致 PANI 分子结构破坏，使电化学活性丧失，导致容量快速衰减。值得注意的是，1000 次循环后 PANI(HNTs)/rGO 电极表现出相对稳定的容量保持率，原因可能是随着循环的进行，PANI(HNTs)的电容量不断衰减，而 rGO 三维多孔网络的双电层电容贡献比较稳定，在总的电容量中贡献逐渐增大，从而使得整个电极在 1000 次循环后容量衰减变慢。

4) 小结

以天然管状埃洛石为模板，制备了管状形貌的 PANI(HNTs)，并利用简单的水热反应对其进行碳包覆，制备了碳包覆的管状 PANI(HNTs)/C。作为超级电容器电极材料，PANI(HNTs)表现出比无模板合成的 PANI 更高的比电容，但其循环性能较差。经过碳包覆后，PANI(HNTs)/C 电极表现出很高的比电容和优异的循环特性，经 10000 次循环后，其比电容仍保持初始值的 ~85%，优于绝大部分文献报

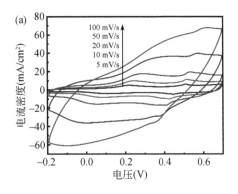

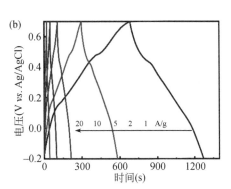

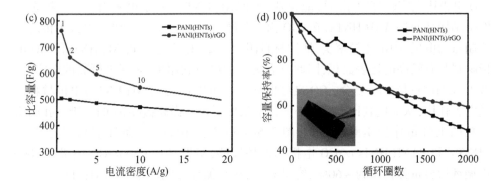

图 3.54　不同扫描速率下 PANI（HNTs）/rGO 电极的 CV 曲线（a）和不同电流密度下 PANI
（HNTs）/rGO 电极的 GCD 曲线（b）；PANI（HNTs）和 PANI（HNTs）/rGO 电极在不同电流密度下
的比电容（c）和 PANI（HNTs）/rGO 电极在扫描速度为 100mV/s 时的循环测试图（插图为柔性聚
苯胺电极的数码照片）（d）

道的类似材料的性能，并指出了循环性能稳定的可能原因。将 PANI（HNTs）与氧
化还原石墨烯（rGO）复合可制成无黏结剂、自支撑的 PANI（HNTs）/rGO 水凝胶电
极，其具有高的比电容和良好的倍率性能，1A/g 电流密度下比电容为 762F/g。由
于这些矿物模板性质丰富且价格低廉，因此该合成制备方法可大规模用于制备储
能器件用纳米结构电极。

2. 客体金属离子插层辉钼矿及其电容特性

作为典型的层状过渡金属二硫化物，MoS_2 因其独特的物理、化学、电子和光学
性质而在催化、光电子和储能器件领域引起极大的关注。MoS_2 基本结构是三明治
状的 S-Mo-S 层。由于 S 和 Mo 原子的层内位置以及相邻层的堆叠方式不同，MoS_2
具有 1T、2H 和 3R 多型，它们的物理和化学性质有很大的不同。例如，1T 多型为金
属，2H 多型为半导体，二者电子电导率可相差 10^7 倍。因此，1TMoS_2 更适用于电池
和超级电容器等器件。通过剥离 2H 多型和离子嵌入方法可以制备 1T 多型 MoS_2，
目前研究主要集中在 Li、Na 和 K 等碱金属的插层上。镁、钙等碱土金属一般具有
与碱金属相似的特性，然而这些客体离子对 MoS_2 多型及电容行为的影响尚不清
楚。本节以 Mg 为例，将其引入 MoS_2 层间，并研究了对 MoS_2 多型及电容行为的
影响。

1）实验过程

首先采用化学嵌锂方法制备 Li_xMoS_2 前驱体，具体制备过程为：在 150mL 的锥
形瓶中加入 0.6g 的纳米级 MoS_2 和 2.2mol/L 的正丁基锂（C_4H_9Li）41mL，保证

MoS_2 与正丁基锂的反应物质量之比为 1∶24。然后将锥形瓶置于手套箱中的恒温磁力搅拌器上,40℃下恒温搅拌反应 7 天。将制备的前驱体(Li_xMoS_2)用正己烷溶液洗涤 5 次以上,以确保无未反应的正丁基锂残留。然后制备 Mg 插层 MoS_2(Mg/MoS_2)和重堆积 MoS_2(r-MoS_2),具体制备过程为:将制备好的前驱体放入大量的去离子水中(1g 前驱体对应 1L 去离子水),并将用水稀释的前驱体超声分散 30min,待分散均匀以后,加入适量的硝酸镁(前驱体与硝酸镁的质量之比为 1∶1)进行超声分散 2h;待溶液完全固液分离后,取出沉淀物进行离心水洗 5 次,经冷冻干燥即可得到 Mg 插层的样品(Mg/MoS_2)。重堆积 MoS_2 的制备流程类似,将在去离子水中的前驱体超生分散均匀,在其中加入 3mol/L 的稀硝酸进行 pH 值调节,当 pH 值为 2 或小于 2 时很快产生固液分离的沉淀现象;待完全固液分离后,取出沉淀物进行离心水洗 5 次,经冷冻干燥得到重堆积 MoS_2(r-MoS_2)。

2)材料表征

图 3.55(a)显示了原始 MoS_2(p-MoS_2)、重堆积 MoS_2(r-MoS_2)和 Mg 插层 MoS_2(Mg/MoS_2)样品的 XRD。p-MoS_2 的特征峰与六方 MoS_2 吻合,其中(002)面网间距为 0.620nm。相比之下,r-MoS_2 的衍射峰变得更弱和更宽,其(002)面网间距为 0.626nm。此外,一些面网的衍射峰消失,如(103)、(006)和(105),表明在重堆叠过程中 MoS_2 层状结构可恢复,但结晶度降低。当在重堆叠过程中引入 Mg 离子(Mg/MoS_2)时,(002)面网间距进一步增加到 1.144nm,表明 Mg 离子嵌入 MoS_2 层中。然而,面网间距增加 0.518nm,明显大于 Mg 离子的直径(0.072nm),接近水合Mg 离子的尺寸(0.428nm),表明镁离子以水合的形式存在。为了证实这一点,将Mg/MoS_2 在 250℃下退火(退火 Mg/MoS_2),(002)面网间距减小到 0.633nm,表明去除了结合水。退火前后样品的 HRTEM[图 3.55(b)、(c)]结果与 XRD 结果一致。另外,采用 TGA 研究加热过程中的质量损失,结果如图 3.55(d)所示。p-MoS_2 在 150℃之前质量几乎没有损失,但 Mg/MoS_2 在 180℃时质量损失约 8%,来自层间水的脱除。当温度升高时,MoS_2 被氧化,导致质量持续损失。基于上述讨论,p-MoS_2、Mg/MoS_2 和退火后的 Mg/MoS_2 的晶体结构如图 3.55(e)所示。

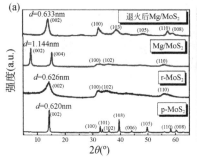

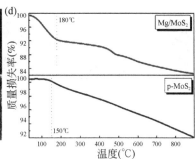

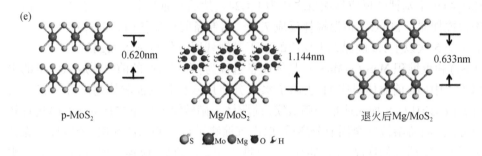

图 3.55　（a）p-MoS₂、r-MoS₂ 和 Mg/MoS₂ 的 XRD 图；（b）Mg/MoS₂ 和（c）退火 Mg/MoS₂
的 HRTEM 图；（d）p-MoS₂ 和 Mg/MoS₂ 的 TGA 图；（e）不同样品的结构示意图（见彩图）

p-MoS$_2$、r-MoS$_2$ 和 Mg/MoS$_2$ 的形貌和成分如图 3.56（a）~（c）所示。可见这三个样品都由许多纳米片组成，Mo/S 的原子比接近 1:2。Mg 嵌入后可以观察到一定量的 Mg 元素，含量约为 2.6wt%（通过电感耦合等离子体技术测量）。而且，Mg/MoS$_2$ 样品由于存在结合水，O 元素的含量大大增加。使用 XPS 进一步分析了上述样品中 Mo、S 和 Mg 元素的化学价。图 3.56（d）~（f）分别显示了 p-MoS$_2$、r-MoS$_2$ 和 Mg/MoS$_2$ 的 Mo 和 S 元素的精细 XPS 光谱。对于 2H 相 MoS$_2$，Mo $3p_{3/2}$ 和 Mo $3p_{5/2}$ 的结合能分别位于 232.5eV 和 229.4eV。对于 1T 相 MoS$_2$，它们的结合能分别为 231.2eV 和 227.9eV。因此，可以通过 XPS 来区分这两种多型及其含量。经计算，p-MoS$_2$、r-MoS$_2$ 和 Mg/MoS$_2$ 样品中 1T 相含量分别为 0%、67% 和 90%，表明将 Mg 离子引入 MoS$_2$ 后，其多型受到很大影响。同时，当 MoS$_2$ 的多型从 2H 转变为 1T 和 2H 混合物时，S 2s 的结合能从 226.6eV 降低到 225.4eV。此外，在 Mg/MoS$_2$ 样品中可以发现明显的 Mg 2p 信号[图 3.56（g）]。

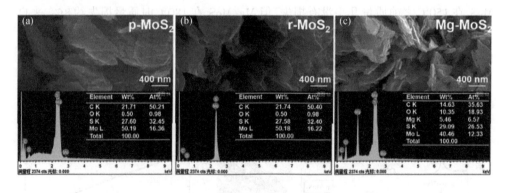

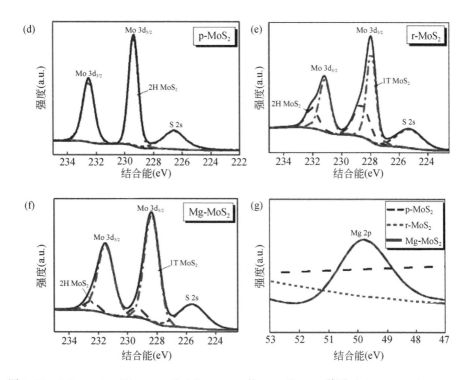

图 3.56 （a）p- MoS$_2$、（b）r- MoS$_2$ 和（c）Mg- MoS$_2$ 的 SEM 和 EDS 谱图；（d）p- MoS$_2$、（e）r- MoS$_2$ 和（f）Mg- MoS$_2$ 的 Mo 3d XPS 精细谱及（g）三种样品中 Mg 2p XPS 精细谱

3）电化学特性

将 p- MoS$_2$、r- MoS$_2$ 和 Mg/MoS$_2$ 样品组成对称型电容器，研究它们的电化学特性。图 3.57（a）为这三种样品在 50mV/s 扫速下的循环伏安曲线，可见形状都近似为矩形。在 2 ~ 200mV/s 扫速下，Mg/MoS$_2$ 的比电容远高于另外两种样品［图 3.57（b）］。例如，在 2mV/s 扫速下，Mg/MoS$_2$ 的比电容为 84.3F/g，而 r- MoS$_2$ 和 p- MoS$_2$ 具有 18.8F/g 和 2.5F/g 的比电容。图 3.57（c）和（d）是这三种样品在电流密度 1A/g 时的恒电流充放电曲线及循环性能，可见 Mg/MoS$_2$ 具有优异的循环性能，能量密度也远优于另外两种电极［图 3.57（e）］。电化学阻抗谱（EIS）表明，Mg/MoS$_2$ 电极的电荷传递阻抗远小于另外两种电极。Mg/MoS$_2$ 电极电化学性能的提升主要来自于两方面，一方面是 Mg/MoS$_2$ 具有最大的（002）层间距（1.144nm），可以容纳更多的阳离子；另一方面是 1T 多型含量高，电极的导电性更佳。

4）小结

本节通过在辉钼矿层间引入水合 Mg 离子，获得了具有较大（002）层间距（1.144nm）且 2T 多型含量高（90%）的样品。相比于原矿及重堆积 MoS$_2$，Mg/MoS$_2$

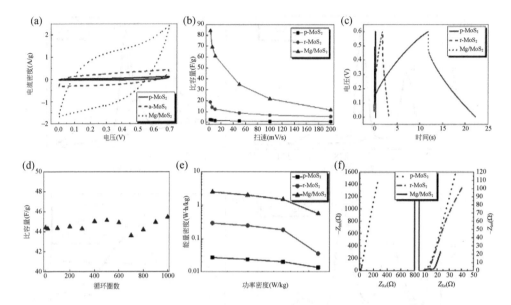

图 3.57 　p-MoS$_2$、r-MoS$_2$ 和 Mg/MoS$_2$ 对称型电容器(a)扫速为 5mV/s 时的 CV 图;
(b)倍率图;(c)在 1A/g 电流密度下的充放电曲线;(d)循环特性;(e)Ragone 图以及(f)EIS 图

对称型电容器的电化学特性显著提升。以上结果对金属客体插层改性过渡金属硫化物用作超级电容器材料具有借鉴意义。

3.4 　总结与展望

综上,在电化学储能领域应用中,天然矿物可在多方面发挥独特的作用。该领域属于相对新兴的领域,上述研究进展主要集中在近十年甚至近五年内,并呈现出蓬勃发展之势,取得了一些重要认识及成果,推动了电化学储能领域的发展。同时,该领域还存在一些问题,相关研究有待加强。

1. 矿物属性的影响及调控研究

矿物的物理、化学性能与矿物成分、结构、表–界面等特性息息相关。因此,矿物本身成分、结构、表–界面等特性可对(复合)电极或电解质的电化学性能产生重要影响。除少数研究外[116-118],现有研究大多是将天然矿物作为一种功能材料来应用,关注的主要是电极的电化学性能,对矿物成分、结构、表–界面等特性及其对(复合)电极或电解质电化学性能影响的研究关注较少。例如,层状黏土矿物应用于(准)固态电解质的研究目前多集中于蒙脱石和蛭石,而蒙脱石族矿物存在丰富的类质同象替代,可产生一系列具有不同性质的矿物,其中蒙脱石的层电荷主要来自八面体内类质同象替代,而贝得石、锂皂石、绿脱石、镁皂石、锌皂石的电荷主要来自于四面体内类质同象替代。一般认为,后者产生的剩余电荷对层间阳离子束缚更强[285],不利于其移动,但蒙脱石族矿物层电荷对层间离子输运特性的具体影响有待深入研究。另外,八面体中阳离子种类及占位(二八面体、三八面体)可能会影响阳离子(特别是有机阳离子基团)的层间分布及形态,从而对金属阳离子输运行为产生重要影响[286,287]。但是,层电荷密度、分布及八面体层内阳离子种类及占位等层结构特征对黏土矿物固体电解质中 Li、Na 等金属阳离子输运特性的影响未见研究报道。在锂离子电池或超级电容器的复合电极中,矿物载体除了具有支撑活性材料、阻止活性材料团聚的作用外,矿物自身的表–界面特性也可能对复合电极的物理、化学性能产生影响。例如,一般认为,在硫电极中添加黏土矿物可通过其表面与多硫化物的强相互作用,减弱锂硫电池的穿梭效应,提升循环性能[201,288]。但是,黏土矿物层电荷密度、不同矿物表面与多硫化物的作用强弱及其对锂硫电池电化学特性的影响还有待深入研究。在复合超级电容器电极中,矿物表–界面性质对电极电化学性能的影响也未见讨论。因此,对于基于天然矿物的电极或电解质,矿物属性及其对(复合)电极或电解质电化学性能的影响及调控研究需要进一步加强。

2. 储能机制研究

前述研究中,相关文献给出了多种电极材料(例如硫化物电极)在充放电过程中可能的电化学反应过程及储能机制。但是,关于储能机制的研究大都以人工合成材料为对象,不考虑材料中可能含有的其他物质或元素的影响。相较于人工合成材料,天然矿物成分、结构更加复杂,即使经过提纯后也往往含有少量伴生矿物或杂质元素。有些伴生矿物或杂质元素不具有电化学活性,如果附着于活性材料表面,将会降低电极的比容量及倍率性能;而对于具有电化学活性或催化特性的元素,可能会改变或促进电极的电化学反应进程。因此,基于天然矿物的电极材料的电化学反应过程及储能机理需要进行深入研究。另外,矿物表–界面特性可能对电极反应过程产生重要影响。例如,在液态电解液中添加蒙脱石可以改变锂金属负极附近的锂离子浓度分布,从而影响锂金属沉积的过程[208]。在电池或电容器复合电极中,添加黏土矿物载体也可能改变活性材料附近的锂离子浓度分布,但其对复合电极的电化学反应过程及机制产生何种影响尚缺乏研究。因此,基于天然矿物的(复合)电极材料的储能机理需要进一步研究。

3. 拓展应用范围

现有研究大都集中在锂离子电池及超级电容器的电极或固态电解质方面。近年来,除锂离子电池及超级电容器外,钠离子电池、镁离子电池、锌离子电池、铝离子电池、钾离子电池、钙离子电池等新型二次电池发展迅速,基于天然矿物的电极或固态电解质是否可应用于这些新型电池需要进一步探索。早年的研究结果表明,蒙脱石、沸石基固态电解质有望用于锌、镁电池[167,289,290],近期也有关于硫化物矿物(如辉锑矿)用作钠离子电池电极的报道[94]。因此,天然矿物在其他新型电池中的应用潜力值得研究和评估。此外,最新研究证实,在液态电解液中添加蒙脱石可以显著影响锂金属沉积的过程[208],这表明在不改变现有电池工艺的基础上,天然矿物可作为新型液体电解液添加剂提高电池的电化学性能,为天然矿物在电化学储能领域的应用提供了新的思路。因此,天然矿物在电化学储能领域的应用可以进一步拓展,并具有广阔的发展空间。

4. 建立矿物分级标准,评估矿物产品稳定性

电池等储能器件对产品的一致性有很高的要求。天然矿物结构、成分复杂,不同产地,甚至同一产地的同种矿物在成分、结构、性能上可存在差别,影响电池产品的稳定性和一致性。因此,需要加强对不同产区、不同加工工艺获得的矿物的差异性及其对电池电化学性能影响的研究与评估。在此基础上,针对不同产区、不同加工工艺获得的矿物建立分级、应用标准,提高最终产品的稳定性和一致性。这是实现天然矿物在电化学储能领域规模化、实用化应用的前提和基础。

总之,该领域已经具备了一定的基础和良好的发展潜力。在未来发展中,需要更加重视矿物学的基础研究,并结合现代显微学、谱学等手段(特别是原位表征及测试手段)及理论模拟方法,系统研究矿物成分、结构等与储能器件电化学性能的构效关系,进一步深化相关储能或离子传导机理研究。同时,急需建立不同产地、不同工艺制备的矿物分级、评价标准,评估其作为电化学储能材料的稳定性和一致性,从而推动该领域向实用化发展。

参 考 文 献

[1] Yoo H D, Markevich E, Salitra G, et al. On the challenge of developing advanced technologies for electrochemical energy storage and conversion[J]. Materials Today, 2014, 17(3):110-121.

[2] Winter M, Brodd R J. What are batteries, fuel cells, and supercapacitors? [J]. Chem Rev, 2004, 104(10):4245-4270.

[3] Li M, Lu J, Chen Z, et al. 30 Years of lithium-ion batteries [J]. Adv Mater, 2018, 30(33):1800561.

[4] Simon P, Gogotsi Y. Materials for electrochemical capacitors[J]. Nat Mater, 2008, 7(11): 845-854.

[5] Choi J W, Aurbach D. Promise and reality of post-lithium-ion batteries with high energy densities [J]. Nature Reviews Materials, 2016, 1(4):16013.

[6] Armstrong A R, Armstrong G, Canales J, et al. Lithium-ion intercalation into TiO_2-B nanowires [J]. Adv Mater, 2005, 17(7): 862-865.

[7] Reddy M V, Rao G V S, Chowdari B V R. Metal oxides and oxysalts as anode materials for Li ion batteries[J]. Chem Rev, 2013, 113(7): 5364-5457.

[8] Cabana J, Monconduit L, Larcher D, et al. Beyond intercalation-based Li-ion batteries: The state of the art and challenges of electrode materials reacting through conversion reactions[J]. Adv Mater, 2010, 22(35): E170-E92.

[9] Arico A S, Bruce P, Scrosati B, et al. Nanostructured materials for advanced energy conversion and storage devices[J]. Nat Mater, 2005, 4(5): 366-377.

[10] Bruce P G, Scrosati B, Tarascon J M. Nanomaterials for rechargeable lithium batteries[J]. Angewandte Chemie-International Edition, 2008, 47(16): 2930-2946.

[11] Ji L, Lin Z, Alcoutlabi M, et al. Recent developments in nanostructured anode materials for rechargeable lithium-ion batteries[J]. Energy & Environmental Science, 2011, 4(8): 2682-2699.

[12] Xu W, Wang J L, Ding F, et al. Lithium metal anodes for rechargeable batteries[J]. Energy & Environmental Science, 2014, 7(2): 513-537.

[13] Aurbach D, Zinigrad E, Cohen Y, et al. A short review of failure mechanisms of lithium metal and lithiated graphite anodes in liquid electrolyte solutions[J]. Solid State Ionics, 2002, 148(3-4): 405-416.

[14] Qian J, Henderson W A, Xu W, et al. High rate and stable cycling of lithium metal anode[J]. Nat Commun, 2015, 6(1): 1-9.

[15] Ding F, Xu W, Graff G L, et al. Dendrite-free lithium deposition via self-healing electrostatic shield mechanism[J]. J Am Chem Soc, 2013, 135(11): 4450-4456.

[16] Li W, Yao H, Yan K, et al. The synergetic effect of lithium polysulfide and lithium nitrate to prevent lithium dendrite growth[J]. Nat Commun, 2015, 6(1): 1-8.

[17] 李泓. 锂离子电池基础科学问题（ⅩⅤ）——总结和展望[J]. 储能科学与技术, 2015, 4(3): 306-317.

[18] 胡勇胜, 陆雅翔, 陈立泉. 储能与动力电池技术及应用 钠离子电池科学与技术[M]. 北京: 科学出版社, 2020.

[19] Wang Q, Chu S, Guo S. Progress on multiphase layered transition metal oxide cathodes of sodium ion batteries[J]. Chinese Chemical Letters, 2020, 31(09): 2167-2176.

[20] Chae M S, Elias Y, Aurbach D. Tunnel-type sodium manganese oxide cathodes for sodium-ion batteries[J]. ChemElectroChem, 2021, 8(5): 798-811.

[21] Gong Z, Yang Y. Recent advances in the research of polyanion-type cathode materials for Li-ion batteries[J]. Energy & Environmental Science, 2011, 4(9): 3223-3242.

[22] Ni Q, Bai Y, Wu F, et al. Polyanion-type electrode materials for sodium-ion batteries[J]. Advanced Science, 2017, 4(3): 1600275.

[23] Liu Q, Hu Z, Chen M, et al. The cathode choice for commercialization of sodium-ion batteries: layered transition metal oxides versus prussian blue analogs[J]. Advanced Functional Materials,

2020,30(14):1909530.

[24] You Y,Wu X L,Yin Y X,et al. High-quality prussian blue crystals as superior cathode materials for room-temperature sodium-ion batteries[J]. Energy & Environmental Science,2014,7(5): 1643-1647.

[25] Park J,Xu Z L,Kang K. Solvated ion intercalation in graphite:sodium and beyond[J]. Frontiers in Chemistry,2020,8:432.

[26] Kim H,Hong J,Yoon G,et al. Sodium intercalation chemistry in graphite[J]. Energy & Environmental Science,2015,8(10):2963-2969.

[27] Zhang M,Li Y,Wu F,et al. Boost sodium-ion batteries to commercialization:strategies to enhance initial coulombic efficiency of hard carbon anode[J]. Nano Energy,2021,82:105738.

[28] Sarkar S,Roy S,Hou Y,et al. Recent progress in amorphous carbon-based materials for anodes of sodium-ion batteries:synthesis strategies, mechanisms, and performance[J]. ChemSusChem, 2021,14(18):3693-3723.

[29] Luo X F,Yang C H,Peng Y Y,et al. Graphene nanosheets, carbon nanotubes, graphite, and activated carbon as anode materials for sodium-ion batteries[J]. Journal of Materials Chemistry A,2015,3(19):10320-10326.

[30] Perveen T,Siddiq M,Shahzad N,et al. Prospects in anode materials for sodium ion batteries - A review[J]. Renewable and Sustainable Energy Reviews,2020,119:109549.

[31] Wang Y,Zhu W,Guerfi A,et al. Roles of Ti in electrode materials for sodium-ion batteries[J]. Frontiers in Energy Research,2019,7:28.

[32] Kim H,Kim H,Ding Z,et al. Recent progress in electrode materials for sodium-ion batteries[J]. Advanced Energy Materials,2016,6(19):1600943.

[33] Ellis L D,Wilkes B N,Hatchard T D,et al. *In situ* XRD study of silicon,lead and bismuth negative electrodes in nonaqueous sodium cells[J]. Journal of The Electrochemical Society, 2014,161(3):A416-A421.

[34] Zheng S M,Tian Y R,Liu Y X,et al. Alloy anodes for sodium-ion batteries[J]. Rare Metals, 2021,40(2):272-289.

[35] Wang W,Li W,Wang S,et al. Structural design of anode materials for sodium-ion batteries[J]. Journal of Materials Chemistry A,2018,6(15):6183-6205.

[36] Li L,Zheng Y,Zhang S,et al. Recent progress on sodium ion batteries:potential high-performance anodes[J]. Energy & Environmental Science,2018,11(9):2310-2340.

[37] 丁玉龙,来小康,陈海生. 储能技术及应用[M]. 北京:化学工业出版社,2018.

[38] 付雪连,李玉超,战艳虎,等. 全固态钠离子电池用聚氧化乙烯基固态聚合物电解质研究进展[J]. 高分子材料科学与工程,2019,35(9):177-184.

[39] 杨汉西,钱江锋. 水溶液钠离子电池及其关键材料的研究进展[J]. 无机材料学报,2013, 28(11):1165-1171.

[40] 解晓华,Mariko M,关苏军,等. 钠离子电池用电解质材料的研究进展[J]. 中国科学:技术科学,2020,50(3):247-260.

[41] Zhao E,Nie K,Yu X,et al. Advanced characterization techniques in promoting mechanism under-standing for lithium-sulfur batteries[J]. Advanced Functional Materials,2018,28(38):1707543.

[42] Zhang S S. Liquid electrolyte lithium/sulfur battery:fundamental chemistry,problems,and solutions[J]. Journal of Power Sources,2013,231:153-162.

[43] Hebert D,Ulam J. Electric dry cells and storage batteries[P]. USA:3043896,1962-07-10.

[44] Wang W,Wang Y,Huang Y,et al. The electrochemical performance of lithium-sulfur batteries with LiClO$_4$ DOL/DME electrolyte[J]. Journal of Applied Electrochemistry,2010,40(2): 321-325.

[45] Wang D W,Zeng Q,Zhou G,et al. Carbon-sulfur composites for Li-S batteries:status and prospects[J]. Journal of Materials Chemistry A,2013,1(33):9382-9394.

[46] 陈人杰. 多电子高比能锂硫二次电池[M]. 北京:科学出版社,2020.

[47] 张强,黄佳琦. 低维材料与锂硫电池[M]. 北京:科学出版社,2020.

[48] Li Y,Shapter J G,Cheng H,et al. Recent progress in sulfur cathodes for application to lithium-sulfur batteries[J]. Particuology,2021,58:1-15.

[49] 陆赟,梁嘉宁,朱用,等. 有机物衍生的锂硫电池正极材料研究进展[J]. 储能科学与技术, 2020,9(5):1454-1466.

[50] Xiong X,Yan W,You C,et al. Methods to improve lithium metal anode for Li-S batteries[J]. Frontiers in Chemistry,2019,7:827.

[51] Lin Y,Huang S,Zhong L,et al. Organic liquid electrolytes in Li-S batteries:actualities and per-spectives[J]. Energy Storage Materials,2021,34:128-147.

[52] Yim T,Park M S,Yu J S,et al. Effect of chemical reactivity of polysulfide toward carbonate-based electrolyte on the electrochemical performance of Li-S batteries[J]. Electrochimica Acta, 2013,107:454-460.

[53] Xu K,Angell C A. Sulfone-based electrolytes for lithium-ion batteries[J]. Journal of the Elec-trochemical Society,2002,149(7):A920-A926.

[54] Tripathi B. Solid state lithium-sulfur(Li-S)batteries based on solid electrolytes—a brief review [J]. Materials Today:Proceedings,2021,42:1689-1691.

[55] Gao Z,Sun H,Fu L,et al. Promises,challenges,and recent progress of inorganic solid-state electrolytes for all-solid-state lithium batteries[J]. Advanced Materials,2018, 30(17):1705702.

[56] Li S,Zhang W,Zheng J,et al. Inhibition of polysulfide shuttles in li-s batteries:modified separators and solid-state electrolytes[J]. Advanced Energy Materials,2021,11(2):2000779.

[57] 马超,李茂龙,丁一鸣,等. 镁离子电池研究进展[J]. 广东化工,2020,47(23):81,6.

[58] 戴宇航,甘志伟,阮雨杉,等. 水系锌离子电池及关键材料研究进展[J]. 硅酸盐学报, 2021,49(7):1323-1336.

[59] 黄美红. 水系锌离子电池扩层二硫化钼正极材料的可控制备及性能研究[D]. 广州:广东工业大学,2021.

[60] Li C, Hou C C, Chen L, et al. Rechargeable Al- ion batteries[J]. EnergyChem, 2021, 3(2):100049.

[61] 王钊,赵智博,关士友. 超级电容器的应用现状及发展趋势[J]. 江苏科技信息,2016, (27):69-71.

[62] 韩亚伟,姜挥,付强,等. 超级电容器国内外应用现状研究[J]. 上海节能,2021,(1): 43-52.

[63] 李笑笑. SiC 基超级电容器电极材料制备及电化学性能[D]. 济南:山东大学,2021.

[64] 张杰. 高电压碳纤维基超级电容器的构筑及其电化学性能研究[D]. 北京:中国科学院大学(中国科学院过程工程研究所),2021.

[65] 李坤振. Cu,Ni 基一体化电极的制备及超级电容器性能研究[D]. 合肥:中国科学技术大学,2021.

[66] 黄晓斌,张熊,韦统振,等. 超级电容器的发展及应用现状[J]. 电工电能新技术, 2017, 36(11):63-70.

[67] 钟彬,雷珽,刘舒,等. 超级电容器在风力发电储能中的应用[J]. 华东电力,2014,42(08): 1515-1519.

[68] 沈威,王思楠,梁雪梅,等. 纳米 MOFs 及其衍生物在超级电容器中的研究进展[J]. 无机盐工业,2021,53(6):79-86.

[69] 张艳飞,安政臻,梁帅,等. 石墨矿床分布特征、成因类型及勘查进展[J]. 中国地质,2022, 49(1):135-150.

[70] 饶娟,张盼,何帅,等. 天然石墨利用现状及石墨制品综述[J]. 中国科学:技术科学,2017, 47(1):13-31.

[71] 安彤,马哲,刘超,等. 中国石墨矿产资源现状与国际贸易格局分析[J]. 中国矿业,2018, 27(7):1-6.

[72] 孙学亮,秦秀娟,卜立敏,等. 锂离子电池碳负极材料研究进展[J]. 有色金属,2011, 63(2):147-151.

[73] 宋文生,胡成秋,尚尔超,等. 酚醛树脂包覆石墨作为锂离子二次电池炭负极材料的研究[J]. 炭素技术,2002,(3):11-15.

[74] 潘钦敏,郭坤琨,王玲治,等. 离子聚合物包覆的锂离子电池炭负极材料[J]. 电池,2002, (S1):38-40.

[75] 杨瑞枝,张东煜,张红波,等. 树脂炭包覆石墨为锂离子电池负电极的研究[J]. 无机材料学报, 2000,(4):711-716.

[76] 邓凌峰,彭辉艳,严忠,等. 碳纳米管–天然石墨复合负极材料的制备与表征[J]. 人工晶体学报, 2016,45(4):1041-1046.

[77] 郭德超,曾燮榕,邓飞,等. 碳纳米管–微膨石墨复合负极材料的制备及电化学性能研究[J]. 无机材料学报,2012,27(10):1135-1141.

[78] Sang-Min J,Jin M,Masaharu T,et al. 炭纳米纤维-天然石墨复合材料的制备及其作为锂离子电池阳极材料的电化学性能(英文)[J]. 新型炭材料,2010,25(2):89-96.

[79] Kim H, Hong J, Park Y U, et al. Sodium storage behavior in natural graphite using ether- based

electrolyte systems[J]. Advanced Functional Materials,2015,25(4):534-541.

[80] 黄剑锋,王彩薇,李嘉胤,等. 钠离子电池碳基负极材料的研究进展[J]. 材料导报,2017,31(21):19-23.

[81] 杨绍斌,董伟,沈丁,等. 球磨时间对天然石墨微观结构和可逆储钠性能的影响[J]. 硅酸盐通报,2016,35(4):1080-1084.

[82] Xu J H,Turney D E,Jadhav A L,et al. Effects of graphite structure and ion transport on the electrochemical properties of rechargeable aluminum-graphite batteries[J]. ACS Applied Energy Materials,2019,2(11):7799-7810.

[83] Kravchyk K V,Wang S,Piveteau L,et al. Efficient aluminum chloride-natural graphite battery[J]. Chemistry of Materials,2017,29(10):4484-4492.

[84] Ahn W,Lim S N,Lee D U,et al. Interaction mechanism between a functionalized protective layer and dissolved polysulfide for extended cycle life of lithium sulfur batteries[J]. Journal of Materials Chemistry A,2015,3(18):9461-9467.

[85] 李胜荣,续虹. 结晶学与矿物学[M]. 北京:地质出版社,2008.

[86] Mcclung C R. Molybdenite polytypism and its implications for processing and recovery:a geometallurgical-based case study from Bingham Canyon Mine,Utah[J]. Minerals & Metallurgical Processing,2016,33(3):149-156.

[87] Kuc A. Low-dimensional transition-metal dichalcogenides[M]. Chemical Modelling:Volume 11. London:The Royal Society of Chemistry,2015:1-29.

[88] 徐九华,谢玉玲,李克庆. 地质学[M].5 版. 北京:冶金工业出版社,2015.

[89] 冯瑞华. 辉钼半导体材料研究进展分析[J]. 新材料产业,2012,(6):28-30.

[90] Jiang F,Li S,Ge P,et al. Size-tunable natural mineral-molybdenite for lithium-ion batteries toward:enhanced storage capacity and quicken ions transferring[J]. Front Chem,2018,6:389.

[91] Li S,Tang H,Ge P,et al. Electrochemical investigation of natural ore molybdenite(MoS_2) as a first-hand anode for lithium storages[J]. ACS Applied Materials & Interfaces,2018,10(7):6378-6389.

[92] Hwang S M,Kim J,Kim Y,et al. Na-ion storage performance of amorphous Sb_2S_3 nanoparticles:anode for Na-ion batteries and seawater flow batteries[J]. Journal of Materials Chemistry,2016,4(46):17946-17951.

[93] Deng M,Li S,Hong W,et al. Natural stibnite ore(Sb_2S_3) embedded in sulfur-doped carbon sheets:enhanced electrochemical properties as anode for sodium ions storage[J]. RSC Advances,2019,9(27):15210-15216.

[94] Ge P,Zhang L,Zhao W,et al. Interfacial bonding of metal-sulfides with double carbon for improving reversibility of advanced alkali-ion batteries[J]. Advanced Functional Materials,2020,30(16):1910599.

[95] Zhao W,Zhang L,Jiang F,et al. Engineering metal sulfides with hierarchical interfaces for advanced sodium-ion storage systems[J]. Journal of Materials Chemistry A,2020,8(10):5284-5297.

［96］ Wen S m,Deng J s,Xian Y j,et al. Theory analysis and vestigial information of surface relaxation of natural chalcopyritemineral crystal［J］. Transactions of Nonferrous Metals Society of China, 2013,23(3):796-803.

［97］ Guo P,Song H,Liu Y,et al. CuFeS₂ quantum dots anchored in carbon frame:superior lithium storage performance and the study of electrochemical mechanism［J］. ACS Applied Materials & Interfaces,2017,9(37):31752-31762.

［98］ Zhou J, Li S, Sun W, et al. Natural chalcopyrite as a sulfur source and its electrochemical performance for lithium- sulfur batteries［J］. Inorganic Chemistry Frontiers, 2019, 6 (5): 1217-1227.

［99］ Zhou J,Jiang F,Li S,et al. CuFeS₂ as an anode material with an enhanced electrochemical performance for lithium-ion batteries fabricated from natural ore chalcopyrite［J］. Journal of Solid State Electrochemistry,2019,23(7):1991-2000.

［100］ Zhang Y,Zhao G,Lv X,et al. Exploration and size engineering from natural chalcopyrite to high- performance electrode materials for lithium-ion batteries［J］. ACS Applied Materials & Interfaces,2019,11(6):6154-6165.

［101］ 潘雨默,牛峥,陈祥祯,等. 锂离子电池硅基负极材料的研究进展［J］. 电池工业,2019, 23(2):92-100.

［102］ 刘洁,赵东风,Dongfeng Z. 硅藻土的研究现状及进展［J］. 环境科学与管理,2009,34(5): 104-106,61.

［103］ 吴照洋,张永兴,张利珍,等. 硅藻土资源特点及在战略新兴产业中的应用［J］. 矿产保护与利用,2019,39(6):134-141.

［104］ Bao Z,Weatherspoon M R,Shian S,et al. Chemical reduction of three-dimensional silica micro-assemblies into microporous silicon replicas［J］. Nature,2007,446(7132):172-175.

［105］ 林伟国,孙伟航,曲宗凯,等. 锂离子电池负极材料纳米多孔硅–石墨–碳复合微球的制备与性能［J］. 高等学校化学学报,2019,40(6):1216-1221.

［106］ Wang J,Liu D H,Wang Y Y,et al. Dual-carbon enhanced silicon-based composite as superior anode material for lithium ion batteries［J］. Journal of Power Sources, 2016,307:738-745.

［107］ Zhang Y J,Hua C,Zhao L W,et al. Si/graphene composite as high-performance anode materials for Li-ion batteries［J］. Journal of Materials Science Materials in Electronics,2017,28(9): 6657-6663.

［108］ Davis M E,Lobo R F. Zeolite and molecular sieve synthesis［J］. Chemistry of Materials,1992, 4(4):756-768.

［109］ 徐邦梁. 沸石［M］. 北京:地质出版社,1979.

［110］ 田煦,周开灿,文化川. 非金属矿产地质学［M］. 武汉:武汉工业大学出版社,1989.

［111］ Lin N,Han Y,Zhou J,et al. A low temperature molten salt process for aluminothermic reduction of silicon oxides to crystalline Si for Li- ion batteries［J］. Energy & Environmental Science, 2015,8(11):3187-3191.

［112］ 严春杰,刘意,李珍,等. 黏土硅酸盐矿物改性技术研究现状［J］. 矿产保护与利用,2018,

（5）:139-142.

［113］张玉容,马祥国,Xiangguo M. 我国黏土矿床的分布特点及其规律［J］. 中国电瓷,1983,
（5）:54-62,41.

［114］Ryu J,Hong D,Choi S,et al. Synthesis of ultrathin si nanosheets from natural clays for lithium-ion battery anodes［J］. ACS Nano, 2016,10（2）:2843-2851.

［115］Ryu J, Hong D, Shin M, et al. Multiscale hyperporous silicon flake anodes for high initial coulombic efficiency and cycle stability［J］. ACS Nano,2016,10（11）:10589-10597.

［116］Chen Q, Liu S, Zhu R, et al. Clayminerals derived nanostructured silicon with various morphology:controlled synthesis, structural evolution, and enhanced lithium storage properties ［J］. Journal of Power Sources,2018,405:61-69.

［117］Chen Q,Zhu R,Liu S,et al. Self-templating synthesis of silicon nanorods from natural sepiolite for high-performance lithium-ion battery anodes［J］. Journal of Materials Chemistry A,2018, 6（15）:6356-6362.

［118］Qingze Chen,R Z Q H. *In-situ* synthesis of silicon flake/nitrogen-doped graphene-like carbon composite from organoclay for high-performance lithium-ion battery anode［J］. Chemical Communications:2019,55（18）:2644-2647.

［119］Huang X,Cen D,Wei R,et al. Synthesis of porous Si/C composite nanosheets from vermiculite with a hierarchical structure as a high-performance anode for lithium-ion battery［J］. ACS Applied Materials & Interfaces,2019,11（30）:26854-26862.

［120］Liu S,Zhang Q,Yang H,et al. Fabrication of Si nanoparticles@ carbon fibers composites from natural nanoclay as an advanced lithium-ion battery flexible anode［J］. Minerals, 2018, 8（5）:180.

［121］Wan H,Xiong H,Liu X,et al. Three-dimensionally interconnected Si frameworks derived from natural halloysite clay:a high-capacity anode material for lithium-ion batteries［J］. Dalton transactions（Cambridge,England :2003）,2018,47（22）:7522-7527.

［122］Sun L,Su T,Xu L,et al. Preparation of uniform Si nanoparticles for high-performance Li-ion battery anodes［J］. Physical chemistry chemical physics :PCCP, 2016,18（3）:1521-1525.

［123］Kim W S,Hwa Y,Shin J H,et al. Scalable synthesis of silicon nanosheets from sand as an anode for Li-ion batteries［J］. Nanoscale, 2014,6（8）:4297.

［124］Favors Z,Wang W,Bay H H,et al. Scalable synthesis of nano-silicon from beach sand for long cycle life Li-ion batteries［J］. Sci Rep,2014,4:5623.

［125］Furquan M,Raj Khatribail A,Vijayalakshmi S,et al. Efficient conversion of sand to nano-silicon and its energetic Si-C composite anode design for high volumetric capacity lithium-ion battery ［J］. Journal of Power Sources,2018,382:56-68.

［126］Yoo J K,Kim J,Choi M J,et al. Extremely high yield conversion from low-cost sand to high-capacity Si electrodes for Li-ion batteries ［J］. Advanced Energy Materials, 2014,4（16）: 1400622.

［127］中华人民共和国自然资源部. 中国矿产资源报告 2019［M］. 2019.

[128] 胡天喜,文书明. 硫铁矿选矿现状与发展[J]. 化工矿物与加工,2007,(8):1-4.

[129] 胡受奚,刘聪. 我国黄铁矿矿床类型、分布规律及前景评估[J]. 化工矿产地质,1997,(3):2-5.

[130] Fong R,Dahn J R. Electrochemistry of pyrite-based cathodes for ambient temperature lithium batteries[J]. Journal of the Electrochemical Society,1989,136(11):3206-3210.

[131] Strauss E,Ardel G,Livshits V. Lithium polymer electrolyte pyrite rechargeable battery: comparative characterization of natural pyrite from different sources as cathode material[J]. Journal of Power Sources,2000,88(2):206-218.

[132] Totir d A,Bae I T,Yinying H,et al. *In situ* Fe K-edge X-ray absorption fine structure of a pyrite electrode in a Li/polyethylene oxide ($LiClO_4$)/FeS_2 battery environment[J]. Journal of Physical Chemistry B,1997,101:9751-9756.

[133] Golodnitsky D,Peled E. Pyrite as cathode insertion material in rechargeable lithium/composite polymer electrolyte batteries[J]. Electrochimica Acta,1999,45(1):335-350.

[134] Strauss E,Golodnitsky D,Freedman K,et al. To the electrochemistry of pyrite in Li/solid composite-polymer-electrolyte battery[J]. Journal of Power Sources,2003,115(2):323-331.

[135] Strauss E,Golodnitsky D,Peled E. Cathode modification for improved performance of rechargeable lithium/composite polymer electrolyte-pyrite battery[J]. Electrochemical and Solid-State Letters,1999,2(3):115-117.

[136] Montoro L A,Rosolen J M. Gelatin/DMSO:a new approach to enhancing the performance of a pyrite electrode in a lithium battery[J]. Solid State Ionics Diffusion & Reactions,2003,159(3-4):233-240.

[137] Zhao H,Wang S,Fan L,et al. The modification of natural pyrite and its electrochemical properties in Li/FeS_2 batteries[J]. Functional Materials Letters,2014,07(1):1350069.

[138] 王大刚,范力仁,王圣平,等. 黄铁矿作为锂电池正极材料的电化学性能[J]. 材料导报B:研究篇,2012,26(9):93-96.

[139] Kitajou A,Yamaguchi J,Hara S,et al. Discharge/charge reaction mechanism of a pyrite-type FeS_2 cathode for sodium secondary batteries[J]. Journal of Power Sources,2014,247:391-395.

[140] Gao X,Jiang F,Yang Y,et al. Chalcopyrite-derived Na_xMO_2(M = Cu,Fe,Mn)cathode:tuning impurities for self-doping[J]. American Chemsitry Society Applied Materials and Interfaces,2020,12(2):2432-2444.

[141] Goodenough J B,Kim Y. Challenges for rechargeable Li batteries[J]. Chem Mater,2010,22(3):587-603.

[142] Zhao Q,Stalin S,Zhao C Z,et al. Designing solid-state electrolytes for safe,energy-dense batteries[J]. Nature Reviews Materials,2020,5(3):229-252.

[143] Tan D H S,Banerjee A,Chen Z,et al. From nanoscale interface characterization to sustainable energy storage using all-solid-state batteries[J]. Nat Nanotechnol,2020,15(3):170-180.

[144] Chen R,Qu W,Guo X,et al. The pursuit of solid-state electrolytes for lithium batteries:from comprehensive insight to emerging horizons[J]. Materials Horizons,2016,3(6):487-516.

[145] Gao Z, Sun H, Fu L, et al. Promises, challenges, and recent progress of inorganic solid-state electrolytes for all-solid-state lithium batteries[J]. Adv Mater,2018,30(17):1705702.

[146] Kim J G, Son B, Mukherjee S, et al. A review of lithium and non-lithium based solid state batteries[J]. Journal of Power Sources,2015,282:299-322.

[147] Guo Y, Li H, Zhai T. Reviving lithium-metal anodes for next-generation high-energy batteries [J]. Adv Mater,2017,29(29):1700007.

[148] Yao P, Yu H, Ding Z, et al. Review on polymer-based composite electrolytes for lithium batteries [J]. Frontiers in Chemistry,2019,7:522.

[149] Arya A, Sharma A L. Polymer electrolytes for lithium ion batteries:a critical study[J]. Ionics, 2017,23(3):497-540.

[150] Deka M, Kumar A. Enhanced electrical and electrochemical properties of PMMA-clay nanocomposite gel polymer electrolytes[J]. Electrochimica Acta,2010,55(5):1836-1842.

[151] Greathouse J A, Cygan R T, Fredrich J T, et al. Molecular dynamics simulation of diffusion and electrical conductivity in montmorillonite interlayers[J]. The Journal of Physical Chemistry C, 2016,120(3):1640-1649.

[152] Churakov S V. Mobility of Na and Cs on montmorillonite surface under partially saturated conditions[J]. Environ Sci Technol ,2013,47(17):9816-9823.

[153] Glaus M A, Baeyens B, Bradbury M H, et al. Diffusion of ^{22}Na and ^{85}Sr in montmorillonite: evidence of interlayer diffusion being the dominant pathway at high compaction [J]. Environmental Science & Technology,2007,41(2):478-485.

[154] Bourg I C, Sposito G, Bourg A C M. Modeling the diffusion of Na$^+$ in compacted water-saturated Na-bentonite as a function of pore water ionic strength[J]. Appl Geochem,2008,23(12):3635-3641.

[155] Salles F, Bildstein O, Douillard J M, et al. On the cation dependence of interlamellar and interparticular water and swelling in smectite clays[J]. Langmuir,2010,26(7):5028-5037.

[156] Kasar S, Kumar S, Bajpai R K, et al. Diffusion of Na(I),Cs(I),Sr(II)and Eu(III)in smectite rich natural clay[J]. J Environ Radioact,2016,151 Pt 1:218-223.

[157] Fan Y, Wu H. A new family of fast ion conductor-montmorillonites[J]. Solid State Ionics, 1997,93(3):347-354.

[158] Maraqah H, Li J, Whittingham M S. Ion transport in single crystals of the clay-like aluminosilicate, vermiculite[J]. MRS Proceedings,1990,210:351.

[159] 朱斌,王大志,俞文海. 蒙脱石固体电解质的高价离子导电性[J]. 物理学报,1988,8:1307-1314.

[160] 黄振辉,苏明迪,陈立泉,等. 锂型蒙脱石的离子导电性[J]. 地质科学,1992,(1):71-77.

[161] 林枫凉. M型固体电解质电池(上)[J]. 电池,1990,06:26-29.

[162] 林枫凉. M型固体电解质电池(下)[J]. 电池,1991,01:22-24.

[163] 范玉琴,王守三,吴浩青. 一种新型快离子导体——锂、钠蒙脱石[J]. 应用化学,1998,06:72-74.

[164] González-Román D,Ruiz-Cruz M D,Pozas-Tormo R,et al. Ionic conduction in sepiolite[J]. Solid State Ionics,1988,61(1):163-172.

[165] Lin Z-X,Tian S-B,Yu H-J,et al. Amineral ionic conductor - saponite[J]. Solid State Ionics, 1991,47(3):223-225.

[166] 朱斌,王文楼,陈茂春,等. 有机蒙脱石基快离子导体[J]. 科学通报,1989,10:744-745.

[167] 朱斌,王文楼,陈茂春,等. 蒙脱石和有机物复合固体电解质[J]. 无机材料学报,1991, 02:213-218.

[168] Lee S,Hwang H S,Cho W,et al. Eco-degradable and flexible solid-state ionic conductors by clay-nanoconfined DMSO composites[J]. Advanced Sustainable Systems:2020,4(5): 1900134.

[169] Thackeray M M, Wolverton C, Isaacs E D. Electrical energy storage for transportation-approaching the limits of,and going beyond,lithium-ion batteries[J]. Energy & Environmental Science,2012,5(7):7854-7863.

[170] Shukla N,Thakur A K. Ion transport model in exfoliated and intercalated polymer-clay nano-composites[J]. Solid State Ionics,2010,181(19-20):921-932.

[171] Lin Y,Wang X,Liu J,et al. Natural halloysite nano-clay electrolyte for advanced all-solid-state lithium-sulfur batteries[J]. Nano Energy,2017,31:478-485.

[172] Nunes-Pereira J,Lopes A C,Costa C M,et al. Porous membranes of montmorillonite/poly (vinylidene fluoride-trifluorethylene) for li-ion battery separators[J]. Electroanalysis,2012, 24(11):2147-2156.

[173] Fang C,Yang S,Zhao X,et al. Electrospun montmorillonite modified poly(vinylidene fluoride) nanocomposite separators for lithium-ion batteries[J]. Materials Research Bulletin,2016,79: 1-7.

[174] Dyartanti E R, Purwanto A, Widiasa I N, et al. Ionic conductivity and cycling stability improvement of PVDF/nano-clay using PVP as polymer electrolyte membranes for LiFePO$_4$ batteries[J]. Membranes,2018,8(3):36.

[175] Wang Y P,Gao X H,Li H K,et al. Effect of active filler addition on the ionic conductivity of PVDF-PEG polymer electrolyte[J]. Journal of Macromolecular Science Part a-Pure and Applied Chemistry,2009,46(4):461-467.

[176] Tang W, Tang S, Zhang C, et al. Simultaneously enhancing the thermal stability, mechanical modulus,and electrochemical performance of solid polymer electrolytes by incorporating 2D sheets[J]. Advanced Energy Materials,2018,8(24):1800866.

[177] Chen L, Li W, Fan L Z, et al. Intercalated electrolyte with high transference number for dendrite-free solid-state lithium batteries [J]. Advanced Functional Materials, 2019, 29(28):1901047.

[178] Hutchison J C, Bissessur R, Shriver D F. Conductivity anisotropy of polyphosphazene-montmorillonite composite electrolytes[J]. Chem Mater,1996,8(8):1597-1599.

[179] Tang W, Tang S, Guan X, et al. High-performance solid polymer electrolytes filled with vertically aligned 2D materials[J]. Advanced Functional Materials,2019,29(16):1900648.

[180] Xu H,Li D N,Liu Y,et al. Preparation of halloysite/polyvinylidene fluoride composite membrane by phase inversion method for lithium ion battery[J]. Journal of Alloys and Compounds,2019,790:305-315.

[181] Wang H,Zhang S,Zhu M,et al. Remarkable heat-resistant halloysite nanotube/polyetherimide composite nanofiber membranes for high performance gel polymer electrolyte in lithium ion batteries[J]. Journal of Electroanalytical Chemistry,2018,808:303-310.

[182] Zhu Q,Wang X,Miller J D. Advanced nanoclay-based nanocomposite solid polymer electrolyte for lithium iron phosphate batteries[J]. Acs Applied Materials & Interfaces,2019,11(9): 8954-8960.

[183] Chi Q,Zhen R,Wang X,et al. The role of exfoliated kaolinite on crystallinity,ion conductivity, thermal and mechanical properties of poly(ethylene oxide)/kaolinite composites[J]. Polymer Bulletin,2017,74(8):3089-3108.

[184] Ruiz-Hitzky E. Molecular access to intracrystalline tunnels of sepiolite[J]. Journal of Materials Chemistry,2001,11(1):86-91.

[185] Ruiz-Hitzky E,Darder M,Alcântara,A C S,et al. Recent advances on fibrous clay-based nano-composites[J]. Organic-Inorganic Hybrid Nanomaterials, 2014:39-86.

[186] Mejia A,Devaraj S,Guzman J,et al. Scalable plasticized polymer electrolytes reinforced with surface-modified sepiolite fillers - A feasibility study in lithium metal polymer batteries[J]. Journal of Power Sources,2016,306:772-778.

[187] González F,Tiemblo P,Garcia N,et al. High performance polymer/ionic liquid thermoplastic solid electrolyte prepared by solvent free processing for solid state lithium metal batteries[J]. Membranes,2018,8(3):55.

[188] Tian L,Xiong L,Chen X,et al. Enhanced electrochemical properties of gel polymer electrolyte with hybrid copolymer of organic palygorskite and methyl methacrylate[J]. Materials,2018, 11(10):1814.

[189] Song Q,Li A,Shi L,et al. Thermally stable,nano-porous and eco-friendly sodium alginate/ attapulgite separator for lithium-ion batteries[J]. Energy Storage Materials,2019,22:48-56.

[190] Arora P,Zhang Z M. Battery separators[J]. Chemical Reviews,2004,104(10):4419-4462.

[191] Lee H,Yanilmaz M,Toprakci O,et al. A review of recent developments in membrane separators for rechargeable lithium-ion batteries[J]. Energy Environ Sci,2014,7(12):3857-3886.

[192] Cao F F,Deng J W,Xin S,et al. Cu-si nanocable arrays as high-rate anode materials for lithium-ion batteries[J]. Adv Mater,2011,23(38):4415-4420.

[193] Liu H,Hu L,Meng Y S,et al. Electrodeposited three-dimensional Ni-Si nanocable arrays as high performance anodes for lithium ion batteries[J]. Nanoscale,2013,5(21):10376-10383.

[194] 王畅. 锂离子电池隔膜及技术进展[J]. 储能科学与技术,2016,5(2):120-128.

[195] Xu R,Sun Y,Wang Y,et al. Two-dimensional vermiculite separator for lithium sulfur batteries [J]. Chin Chem Lett,2017,28(12):2235-2238.

[196] Raja M,Kumar T P,Sanjeev G,et al. Montmorillonite-based ceramic membranes as novel

lithium-ion battery separators[J]. Ionics,2014,20(7):943-948.

[197] Yang S,Qin H,Li X,et al. Enhancement of thermal stability and cycling performance of lithium-ion battery at high temperature by nano-PPy/ommt-coated separator[J]. Journal of Nanomaterials, 2017,(2017):6948183.

[198] Liu Y,Li D,Xu H,et al. An expanded clay-coated separator with unique microporous structure for enhancing electrochemical performance of rechargeable hybrid aqueous batteries[J]. Journal of Solid State Electrochemistry,2019,23(1):215-226.

[199] Tian L,Xiong L,Huang C,et al. Gel hybrid copolymer of organic palygorskite and methyl methacrylate electrolyte coated onto Celgard 2325 applied in lithium ion batteries[J]. Journal of Applied Polymer Science,2019,136(38):47970.

[200] Chen W,Lei T,Lv W,et al. Atomic interlamellar ion path in high sulfur content lithium-montmorillonite host enables high-rate and stable lithium-sulfur battery[J]. Advanced Materials, 2018,30(40):1804084.

[201] 张勇. 埃洛石改性锂硫电池正极材料的研究[D]. 北京:北京化工大学,2017.

[202] Wang Y,Wang X,Ye H,et al. Carbon coated halloysite nanotubes as efficient sulfur host materials for lithium sulfur batteries[J]. Applied Clay Science,2019,179:105172.

[203] Wu F,Lv H,Chen S,et al. Natural vermiculite enables high-performance in lithium-sulfur batteries via electrical double layer effects[J]. Advanced Functional Materials, 2019, 29:1902820.

[204] Pan J,Wu C,Cheng J,et al. Sepiolite-sulfur as a high-capacity,high-rate performance,and low-cost cathode material for lithium-sulfur batteries[J]. Journal of Power Sources, 2015, 293: 527-532.

[205] Xie Q,Zheng A,Xie C,et al. Graphene functionalized attapulgite/sulfur composite as cathode of lithium-sulfur batteries for energy storage[J]. Microporous and Mesoporous Materials,2016, 224:239-244.

[206] Park J W,Yoon E,Kang J H,et al. Facile and low-cost fabrication of cathode protection thin layer for durable Li-S batteries[J]. J Nanosci Nanotechnol,2019,19(8):4643-4646.

[207] Chen W,Hu Y,Lv W,et al. Lithiophilic montmorillonite serves as lithium ion reservoir to facilitate uniform lithium deposition[J]. Nat Commun,2019,10(1):1-9.

[208] Lim Y-G,Park J W,Park M-S,et al. Hard carbon-coated natural graphite electrodes for high-energy and power lithium-ion capacitors[J]. Bulletin of the Korean Chemical Society,2015, 36(1):150-155.

[209] Wang G,Oswald S,Löffler M,et al. Beyond activated carbon:graphite-cathode-derived Li-ion pseudocapacitors with high energy and high power densities[J]. Advanced Materials,2019, 31(14):1807712.

[210] Gao X,Zhan C,Yu X,et al. A high performance lithium-ion capacitor with both electrodes prepared from sri lanka graphite ore[J]. Materials(Basel),2017,10(4):414.

[211] Stević Z,Rajčić-Vujasinović M. Chalcocite as a potential material for supercapacitors[J]. J

Power Sources,2006,160(2):1511-1517.

[212] Rajčić-Vujasinović M,Stević Z,Bugarinović S. Electrochemical characteristics of natural mineral covellite[J]. Open Journal of Metal,2012,02(03):60-67.

[213] Phoohinkong W,Pavasupree S,Wannagon A,et al. Electrochemical properties of nanopowders derived from ilmenite and leucoxene naturalminerals[J]. Ceram Int,2017,43:S717-S722.

[214] Phoohinkong W,Pavasupree S,Mekprasart W,et al. Synthesis of low-cost titanium dioxide-based heterojunction nanocomposite from natural ilmenite and leucoxene for electrochemical energy storage application[J]. Curr Appl Phys,2018,18:S44-S54.

[215] Biswal A,Tripathy B C,Sanjay K,et al. Electrolytic manganese dioxide(EMD):a perspective on worldwide production,reserves and its role in electrochemistry[J]. Rsc Advances,2015, 5(72):58255-58283.

[216] Pattnaik S,Mukherjee P,Barik R,et al. Recovery of Bi-metallic oxalates from low grade Mn ore for energy storage application[J]. Hydrometallurgy,2019,189:8.

[217] Meng L,Guo Z C,Qu J K,et al. Synthesis and characterization of Co_3O_4 prepared from atmospheric pressure acid leach liquors of nickel laterite ores[J]. International Journal of Minerals Metallurgy and Materials,2018,25(1):20-27.

[218] Luo H,Zhang F,Zhao X,et al. Preparation of mesoporous carbon materials used in electrochemical capacitor electrode by using natural zeolite template/maltose system[J]. Journal of Materials Science:Materials in Electronics,2014,25(1):538-545.

[219] 刘贵阳,郭俊明,王宝森. 沸石矿模板制备多孔炭及其电性能研究[J]. 功能材料,2010, 41(12):2134-2136.

[220] Ania C O,Khomenko V,Raymundo-Piñero E,et al. The large electrochemical capacitance of microporous doped carbon obtained by using a zeolite template[J]. Adv Funct Mater,2007, 17(11):1828-1836.

[221] Zhao X,Luo H,Du K,et al. Application of attapulgite/maltose system on mesoporous carbon material preparation for electrochemical capacitors[J]. J Appl Electrochem,2014,44(6): 719-725.

[222] Luo H,Chen Y,Mu B,et al. Preparation and electrochemical performance of attapulgite/citric acid template carbon electrode materials[J]. J Appl Electrochem,2016,46(3):299-307.

[223] Luo H M,Yang Y F,Sun Y X,et al. Preparation of fructose-based attapulgite template carbon materials and their electrochemical performance as supercapacitor electrodes[J]. J Solid State Electrochem,2015,19(5):1491-1500.

[224] 李爱军,传秀云,黄杜斌,等. KOH活化硅藻土模板炭及其电化学性能研究[J]. 材料研究学报,2017,31(5):321-328.

[225] Le Q J,Huang M,Wang T,et al. Biotemplate derived three dimensional nitrogen doped graphene@ MnO_2 as bifunctional material for supercapacitor and oxygen reduction reaction catalyst[J]. J Colloid Interface Sci,2019,544:155-163.

[226] Cao X,Li Aijun,Huang Dubin. Preparation of porous carbons using a chrysotile template and

their electrochemical performance as supercapacitor electrodes[J]. New Carbon Mater,2018,33 (3):229-236.

[227] Liu G,Kang F,Li B,et al. Characterization of the porous carbon prepared by using halloysite as template and its application to EDLC[J]. J Phys Chem Solids,2006,67(5-6):1186-1189.

[228] Zhang W, Mu B, Wang A. Halloysite nanotubes template- induced fabrication of carbon/ manganese dioxide hybrid nanotubes for supercapacitors[J]. Ionics,2015,21(8):2329-2336.

[229] Zhang L, Yu Y, Liu B, et al. Synthesis of mesoporous tubular carbon using natural tubular halloysite as template for supercapacitor [J]. Journal of Materials Science Materials in Electronics,2018,29(14):12187-12194.

[230] Fan X,Yu C,Yang J,et al. A layered-nanospace-confinement strategy for the synthesis of two-dimensional porous carbon nanosheets for high- rate performance supercapacitors[J]. Adv Energy Mater,2015,5(7):1401761.

[231] Yang Y,Li A,Cao X,et al. Use of a diatomite template to prepare a MoS$_2$/amorphous carbon composite and exploration of its electrochemical properties as a supercapacitor [J]. RSC Advances,2018,8(62):35672-35680.

[232] Javed M S, Ahmad Shah S S, Najam T, et al. Synthesis of mesoporous defective graphene-nanosheets in a space- confined self- assembled nanoreactor:highly efficient capacitive energy storage[J]. Electrochimica Acta,2019,305:517-527.

[233] Zhang Y,Lu L,Zhang Z,et al. Natural nanomaterial as hard template for scalable synthesizing holey carbon naonsheet/nanotube with in- plane and out- of- plane pores for electrochemical energy storage[J]. Chin Chem Lett,2018,29(4):641-644.

[234] Zhang M,Chen K,Wang C,et al. Mineral- templated 3D graphene architectures for energy-efficient electrodes[J]. Small,2018,14(22):e1801009.

[235] Zuo S,Liu W,Yao C,et al. Preparation of polyaniline- polypyrrole binary composite nanotube using halloysite as hard-template and its characterization[J]. Chemical Engineering Journal, 2013,228:1092-1097.

[236] Xie A,Tao F,Sun W,et al. Design and synthesis of graphene/porous polyaniline nanocomposite using attapulgite as template for high- performance supercapacitors[J]. J Electrochem Soc, 2016,164(2):H70-H77.

[237] Li K,Liu X,Zheng T,et al. Tuning MnO$_2$ to FeOOH replicas with bio- template 3D morphology as electrodes for high performance asymmetric supercapacitors[J]. Chem Eng J,2019,370: 136-147.

[238] Kanbara T, Yamamoto T, Tokuda K, et al. Porous and electrically conducting clay- carbon composite as electrode of electric double- layer capacitor[J]. Chem Lett, 1987, 16 (11): 2173-2176.

[239] Liu Y, Jiang X, Li B, et al. Halloysite nanotubes @ reduced graphene oxide composite for removal of dyes from water and as supercapacitors[J]. J Mater Chem A, 2014, 2 (12): 4264-4269.

[240] Ganganboina A B, Dutta Chowdhury A, Doong Ra. New avenue for appendage of graphene quantum dots on halloysite nanotubes as anode materials for high performance supercapacitors [J]. ACS Sustainable Chemistry & Engineering,2017,5(6):4930-4940.

[241] Zhang W, Ren Z, Ying Z, et al. Activated nitrogen- doped porous carbon ensemble on montmorillonite for high-performance supercapacitors[J]. J Alloys Compd,2018,743:44-51.

[242] 刘信东,应宗荣,卢建建,等. 氮掺杂碳包覆凹凸棒石的制备及其电化学性能研究[J]. 电子元件与材料,2016,35(1):68-72.

[243] 任振波,应宗荣,刘信东,等. 蒙脱土基氮掺杂多孔碳/MnO₂/PANI 三元复合材料的合成及其电化学电容性能研究[J]. 化工新型材料,2017,45(3):49-51+7.

[244] Chang Y, Liu Z, Fu Z, et al. Preparation and characterization of one- dimensional core- shell sepiolite/polypyrrole nanocomposites and effect of organic modification on the electrochemical properties[J]. Industrial & Engineering Chemistry Research,2013,53(1):38-47.

[245] Wang F, Zhang X, Ma Y, et al. Synthesis of HNTs@ PEDOT composites via *in situ* chemical oxidative polymerization and their application in electrode materials [J]. Applied Surface Science,2018,427:1038-1045.

[246] Yang C, Liu P, Zhao Y. Preparation and characterization of coaxial halloysite/polypyrrole tubular nanocomposites for electrochemical energy storage [J]. Electrochim Acta, 2010, 55(22):6857-6864.

[247] Huang H, Yao J, Chen H, et al. Facile preparation of halloysite/polyaniline nanocomposites via *in situ* polymerization and layer-by-layer assembly with good supercapacitor performance[J]. Journal of Materials Science,2016,51(8):4047-4054.

[248] Wu C, Zhou T, Du Y, et al. Strong bioinspired HPA/rGO nanocomposite films via interfacial interactions for flexible supercapacitors[J]. Nano Energy,2019,58:517-527.

[249] 索陇宁,尚秀丽,吴海霞,等. 聚苯胺–凹凸棒石–聚砜复合膜电极的制备及其电化学性能研究[J]. 非金属矿,2013,36(4):43-45.

[250] Shao L, Qiu J, Lei L, et al. Properties and structural investigation of one- dimensional SAM-ATP/PANI nanofibers and nanotubes[J]. Synth Met,2012,162(24):2322-2328.

[251] Wang Y, Liu P, Yang C, et al. Improving capacitance performance of attapulgite/polypyrrole composites by introducing rhodamine B[J]. Electrochim Acta,2013,89:422-428.

[252] Yang C, Liu P. Polypyrrole/conductive mica composites:preparation, characterization, and application in supercapacitor[J]. Synth Met,2010,160(7-8):768-773.

[253] 单玉玉,翟晨晨,马臻,等. 水热法制备凹凸棒黏土/Mn₃O₄ 及其电化学性能研究[J]. 淮阴师范学院学报(自然科学版),2017,16(2):142-146.

[254] Chai H, Dong H, Wang Y, et al. Porous NiCo₂S₄- halloysite hybrid self- assembled from nanosheets for high- performance asymmetric supercapacitor applications[J]. Applied Surface Science,2017,401:399-407.

[255] 董红. 钴基硫化物电极材料的制备及其电化学性能研究[D]. 乌鲁木齐:新疆大学,2017.

[256] Liang J,Tan H,Xiao C,et al. Hydroxyl-riched halloysite clay nanotubes serving as substrate of NiO nanosheets for high-performance supercapacitor[J]. J Power Sources,2015,285:210-216.

[257] Zhang Y X,Huang M,Li F,et al. One-pot synthesis of hierarchical MnO2-modified diatomites for electrochemical capacitor electrodes[J]. J Power Sources,2014,246:449-456.

[258] Zhang Y X,Li F,Huang M,et al. Hierarchical NiO moss decorated diatomites via facile and templated method for high performance supercapacitors[J]. Mater Lett,2014,120:263-266.

[259] Guo X L,Kuang M,Li F,et al. Engineering of three dimensional (3D) diatom/TiO2/MnO2 composites with enhanced supercapacitor performance [J]. Electrochim Acta, 2016, 190: 159-167.

[260] Le Q J,Wang T,Tran D N H,et al. Morphology-controlled MnO2 modified silicon diatoms for high-performance asymmetric supercapacitors [J]. J Mater Chem A, 2017, 5 (22): 10856-10865.

[261] Badathala V,Ponniah J. MnO2/mont K10 composite for high electrochemical capacitive energy storage[J]. Int J Hydrogen Energy,2016,41(28):12183-12193.

[262] 李娜娜. (Ni,Mn,Co)金属硫(氧)化物的制备及其储能性能研究[D]. 南京:南京理工大学,2017.

[263] Li N,Zhou J,Yu J,et al. Halloysite nanotubes favored facile deposition of nickel disulfide on NiMn oxides nanosheets for high-performance energy storage[J]. Electrochimica Acta,2018, 273:349-357.

[264] Zhang W,Mu B,Wang A. Halloysite nanotubes induced synthesis of carbon/manganese dioxide coaxial tubular nanocomposites as electrode materials for supercapacitors[J]. Journal of Solid State Electrochemistry,2015,19(5):1257-1263.

[265] Maiti S,Pramanik A,Chattopadhyay S,et al. Electrochemical energy storage in montmorillonite K10 clay based composite as supercapacitor using ionic liquid electrolyte[J]. J Colloid Interface Sci,2016,464:73-82.

[266] Ganganboina A B,Chowdhury A D,Doong Ra. Nano assembly of N-doped graphene quantum dots anchored Fe3O4/halloysite nanotubes for high performance supercapacitor[J]. Electrochim Acta,2017,245:912-923.

[267] Wang Q,Liu X,Ju T,et al. Preparation and electrochemical properties of NiCo2O4 nanorods grown on nickel foam filled by carbon-coated attapulgite for supercapacitors[J]. Materials Research Express,2019,DOI:10. 1088/2053-1591/ab5a95.

[268] 李亚男. 埃洛石纳米管复合材料的制备及其储能性能研究[D]. 南京:南京理工大学,2016.

[269] Li Y,Zhou J,Liu Y,et al. Hierarchical nickel sulfide coated halloysite nanotubes for efficient energy storage[J]. Electrochimica Acta,2017,245:51-58.

[270] Zhou J,Dai S,Li Y,et al. Earth-abundant nanotubes with layered assembly for battery-type supercapacitors[J]. Chemical Engineering Journal,2018,350:835-843.

[271] 海韵. 硫化物矿物-石墨烯复合电极材料的微波法制备[D]. 北京:中国地质大学(北

京),2020.

[272] 范朋. 基于层状结构矿物的电化学储能材料制备及其性能研究[D]. 北京:中国地质大学
(北京),2021.

[273] Eftekhari A, Li L, Yang Y. Polyaniline supercapacitors[J]. J Power Sources, 2017, 347:
86-107.

[274] Liu P B, Yan J, Guang Z X, et al. Recent advancements of polyaniline-based nanocomposites for
supercapacitors[J]. J Power Sources, 2019, 424:108-130.

[275] Kim M, Lee C, Jang J. Fabrication of highly flexible, scalable, and high performance
supercapacitors using polyaniline/reduced graphene oxide film with enhanced electrical
conductivity and crystallinity[J]. Adv Funct Mater, 2014, 24(17):2489-2499.

[276] Raza W, Ali F Z, Raza N, et al. Recent advancements in supercapacitor technology[J]. Nano
Energy, 2018, 52:441-473.

[277] Mai L Q, Minhas Khan A, Tian X, et al. Synergistic interaction between redox-active electrolyte
and binder-free functionalized carbon for ultrahigh supercapacitor performance [J]. Nat
Commun, 2013, 4(1):2923.

[278] Wang X, Fan P, Wang S, et al. Nanotubular polyaniline/reduced graphene oxide composite
synthesized from a natural halloysite template for application as a high performance
supercapacitor electrode[J]. Chemistry Select, 2022, 7(5):e202104402.

[279] Wu J F, Zhang Q E, Wang J J, et al. A self-assembly route to porous polyaniline/reduced
graphene oxide composite materials with molecular-level uniformity for high-performance super-
capacitors[J]. Energy & Environmental Science, 2018, 11(5):1280-1286.

[280] Luo J W, Zhong W B, Zou Y B, et al. Preparation of morphology-controllable polyaniline and
polyaniline/graphene hydrogels for high performance binder-free supercapacitor electrodes[J].
J Power Sources, 2016, 319:73-81.

[281] Zou Y B, Zhang Z C, Zhong W B, et al. Hydrothermal direct synthesis of polyaniline, graphene/
polyaniline and N-doped graphene/polyaniline hydrogels for high performance flexible
supercapacitors[J]. Journal of Materials Chemistry A, 2018, 6(19):9245-9256.

[282] Ferrari A C, Robertson J. Interpretation of Raman spectra of disordered and amorphous carbon
[J]. Physical Review B, 2000, 61(20):14095-14107.

[283] Chou N H, Pierce N, Lei Y, et al. Carbon-rich shungite as a natural resource for efficient Li-ion
battery electrodes[J]. Carbon, 2018, 130:105-111.

[284] Hong S M, Etacheri V, Hong C N, et al. Enhanced lithium- and sodium-ion storage in an inter-
connected carbon network comprising electronegative fluorine[J]. ACS Appl Mater Interfaces,
2017, 9(22):18790-18798.

[285] Suter J L, Sprik M, Boek E S. Free energies of absorption of alkali ions onto beidellite and mont-
morillonite surfaces from constrained molecular dynamics simulations[J]. Geochim Cosmochim
Acta, 2012, 91:109-119.

[286] Liu X, Lu X, Wang R, et al. Molecular dynamics insight into the cointercalation of

hexadecyltrimethyl-ammonium and acetate ions into smectites[J]. Am Mineral,2009,94(1):143-150.

[287] Liu X,Lu X,Wang R,et al. Interlayer structure and dynamics of alkylammonium-intercalated smectites with and without water:a molecular dynamics study[J]. Clays Clay Miner,2007,55(6):554-564.

[288] Wu F,Lv H,Chen S,et al. Natural vermiculite enables high-performance in lithium-sulfur batteries via electrical double layer effects[J]. Adv Funct Mater, 2019,29(27):1902820.

[289] 杨文昭,马穗升,麦弓. 锌蒙脱石快离子导体及其固态电池[J]. 广州师院学报(自然科学版),1995,02:69-76.

[290] 袁望治,王大志,朱斌,等. 镁-沸石-氯化亚铜全固态电池[J]. 无机材料学报,1987,01:82-87.

第4章 基于矿物的发光材料

4.1 发光材料简介

4.1.1 发光概念

发光是物体内部以某种方式吸收能量后转化为光辐射的过程。光辐射按其能量的转化过程分为平衡辐射和非平衡辐射。在某种外界能量的激发下物体偏离原来的平衡状态,如果该物体向平衡状态恢复过程中多余的能量以光辐射的方式进行发射称为发光。发光是一种非平衡辐射,反映发光物质的特征。发光与热辐射有根本的区别,热辐射是一种平衡辐射,它基本上只与温度有关而与物质的种类无关。

1. 发光与反射、散射

发光与反射、散射都是非平衡辐射。区别在于发光有一个比较长的延续时间,激发停止后,发光不是马上消失而是逐渐变弱,这个过程也称为余辉,其持续时间可以长达几十小时,短的也有 10^{-10} s 左右,而反射、散射的持续时间和光的振动周期差不多,约为 10^{-14} s。

2. 荧光与磷光

激发时的发光称为荧光,激发停止后的发光称为磷光。无机物发光领域对这两个词没有严格区分,但在有机物的发光中,荧光与磷光是严格区分的,分子从单态跃迁到基态(也是单态)的发光称为荧光,从三重态跃迁到基态的发光称为磷光。

4.1.2 发光材料分类

物质发光多种多样,根据激发方式不同可以将发光材料分为光致发光、热释发光、阴极射线发光、电致发光、辐射发光和应力发光材料等。

1. 光致发光

光致发光是指用紫外光、可见光或红外光激发材料而产生的发光现象。这种发光材料称为光致发光材料或者光致发光粉。光致发光大致经历吸收、能量传递和光发射三个主要阶段。光的吸收和发射都源于能级间跃迁,都经过激发态,然后通过能量传递将能量转移到发光中心(激活剂或者缺陷),也有一部分能量被基质本身吸收。发光中心离子在基质的能带中形成一个局域能级,根据基质的不同,发光中心离子能级处于禁带的不同位置,电子将产生不同的跃迁,从而产生不同颜色的发光。光致发光材料广泛用作荧光灯发光材料、长余辉发光材料、上转换发光材料等。

2. 热释发光

某些发光材料在较低温度下被激发,激发停止后,发光很快消失,当温度升高时,其发光强度又逐渐增强,这种现象称为热释发光(简称热释光)。记录发光强度随温度的变化,得到的曲线就是热释光谱(也称热释光曲线)。材料之所以出现热释发光现象,是因为材料禁带中存在的陷阱能够俘获电子,电子从陷阱中获释的概率 P 正比于 $\exp(-E/kT)$。随温度升高,电子获释概率增大,发光随之增强。另一方面,由于电子的释出,陷阱中的电子数减少,当温度达到某一值后,发光逐渐减弱,这样就在热释光谱上形成一个热释光峰。热释光现象与材料中的电子陷阱密切相关,利用热释光谱可以研究发光材料中的陷阱,因此这种方法被广泛地应用在放射线和 X 射线发光材料的研究中。事实上,陷阱在不含放射性物质的长余辉材料发光中也起着重要的作用,因此可以用热释发光法来研究这些材料。

3. 阴极射线发光

某些半导体或电介质在高能电子束激发下发光的现象称为阴极射线发光。根据电子束能量和样品种类的不同,高能电子束照射到样品后可穿透几十 nm 到十几 μm 的深度,通过与晶格的碰撞使样品的原子极化,产生电子跃迁。高能电子束可以激发出导带电子和价带空穴,这些自由运动的带电粒子——载流子在运动过程中有可能被晶体中某些深能级俘获,形成无辐射跃迁;也有可能通过电子、空穴的复合产生发光跃迁(即 CL),它不仅包含带边跃迁,还包括禁带中由空位、填隙杂质原子或其他缺陷所形成的附加能级之间的跃迁。因而,CL 光谱可以反映产生辐射跃迁的能级结构及电子的跃迁过程和跃迁概率等。同时,高能电子束还能激发样品原子的内壳层电子,产生特征 X 射线谱。

4. 电致发光

电致发光是由电场直接作用在物质上所产生的发光现象,电能转变为光能,且无热辐射产生,是一种主动发光型冷光源。电致发光材料的例子包括掺杂了铜和银的硫化锌和蓝色钻石。电致发光板以电致发光原理工作。电致发光板是一种发光器件,简称冷光片、EL 灯、EL 发光片或 EL 冷光片,它由背面电极层、绝缘层、发光层、透明电极层和表面保护膜组成,利用发光材料在电场作用下发光的特性,将电能转换为光能。

5. 辐射发光

辐射发光是指高能光子(如 X 射线和 γ 射线)和粒子(如 α 粒子、β 粒子、质子、中子)与材料中的原子、分子碰撞,使之发生电离,电离出的电子有很大的动能,可继续引起其他原子的激发和电离,产生二次电子,通过电子、空穴复合或激子的迁移,把激发能传递给激活剂而发光。高能带电粒子入射发光体后,与发光体中的原子(或分子)碰撞,从原子电离出来的电子具有很大的动能,可以继续引起其他原子的激发或电离,因而产生大量次级电子。高能光子流入射发光体时,可能发生光电效应、康普顿效应及形成电子-正电子对(X 射线主要产生光电子),这些效应也都能产生大量次级电子。以上两种激发情况都有共同的特征:在粒子(光子)通过的路程上有大量的原子被激发或电离,并且产生大量的次级电子,因此这种激发具有密度高和空间不均匀性的特点,它们只发生在粒子(光子)经过的轨迹附近。例如,对于 ZnS 材料,α 粒子(能量约 5MeV)引起的激发带直径只有 10cm,β 粒子(能量约为 1MeV)引起的激发带直径只有 1.8×10cm,而 X 射线(能量约 35keV)引起的激发带则较大,为 9×10cm。辐射激发的这些特点使得其发光量子效率大大超过 1。例如对于 X 射线,高量子效率并不难获得。这些都是有别于普通激发和发光的特点。

6. 应力发光

应力发光是将机械应力加在某种固体材料上而导致的发光现象。这种机械应力可以是断裂、摩擦、挤压、撞击等形式。比较激烈的应力发光在地震时可以明显观察到,一些材料在断裂时经常可观察到发光现象。根据发光时材料的形变类型可分为破坏性发光、塑性变形发光、弹性变形发光,前两者都属于破坏性发光,这种发光现象在自然界中普遍存在,如地震、岩石破碎等高能量释放引起的发光。在基质的弹性变形限度内,弹性力致发光由于发光的可重复性以及发光强度与应力大小之间关系的规律性,使得通过检测应力发光的分布而确定应力分布成为可能,引起人们的极大研究兴趣。力致发光有机化合物特别是金属有机配合物也表现出优异的力致发光性质,如一种稀土金属 Eu 的配合物 EuD4TEA,其力致发光强度是 ZnS:Mn 的 2 倍。很多纯有机化合物如四苯乙烯类衍生物、咔唑以及吩噻嗪类衍生物也表现出力致发光性质。

4.1.3 光致发光过程

当光致发光材料受到紫外光、可见光甚至激光照射时会发射出可见光、紫外光等,光致发光材料的发光过程一般由以下部分构成:①基质或发光中心吸收激发能;②基质晶格将吸收的激发能传递给激活剂;③被激活的激活剂发出荧光而返回基态,同时伴随有部分非发光跃迁,能量以热的形式散发。

图4.1给出了发光中心A在基质晶格中的光致发光过程。方框表示基质晶格,A和B表示外来掺杂离子。当基质晶格受到来自外部的刺激时,基质晶格吸收能量并且传递给掺杂离子A和B,使离子处于激发态。激发态离子将会有三种返回途径:①处于激发态的离子把能量释放出来给周围,称为无辐射弛豫或者荧光猝灭;②处于激发态的离子以自身辐射的形式释放能量,并且伴随发光产生;③离子A将能量传递给B,A吸收的全部或者部分能量被B产生发射释放出来,此现象称为敏化发光,B称为激活剂,A称为B的敏化剂。

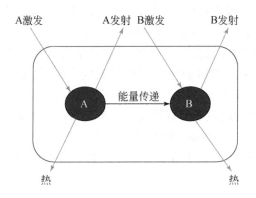

图4.1　固体发光物理示意图

激活剂吸收能量以后经过极短的时间就会自行返回到基态同时释放出光子,这种发光现象称为荧光。激发光源撤去以后,荧光立即消失,不再被激发。如果激发光源移除以后发光仍在进行,这种现象称为磷光,磷光一般持续时间在数小时以上,这种材料称为长余辉材料。

通常来讲,晶体发光性能决定于其化学组成和晶体结构,微小的结构或者成分差异将会引起巨大的性能改变,因此研究材料的性能必须从成分和结构入手。

4.1.4　发光材料的性能表征

发光材料的主要性能通过荧光光谱、寿命和效率等特性体现出来,基于性能表征结果可以评价发光材料的优劣,同时能够了解影响材料性能的因素,从而有助于探讨材料的发光机理。发光材料的性能表征主要包括吸收光谱、激发光谱、发射光谱、发光效率和发光寿命等[1-11]。

1. 吸收光谱与激发光谱

吸收光谱能够反映吸收能量值与激发光波长的关系。当激发光照射发光材料时,一部分光被反射和散射,一部分光被透过,剩下的光将被吸收。并非所有波长的光都会被吸收,不同材料对光的吸收波长具有选择性。

发光材料的吸收光谱主要取决于基质,激活剂和杂质也会产生一定的影响。被吸收的能量一部分以辐射跃迁的方式转化为发光,一部分以非辐射跃迁的方式被消耗掉。大多数发光材料主吸收带在紫外区域,可用紫外-可见分光光度计来测量[1]。发光材料对光的吸收规律可用公式(4.1)表示:

$$I(\lambda) = I_0(\lambda)\mathrm{e}^{-K_\lambda X} \tag{4.1}$$

式中,$I_0(\lambda)$代表波长为λ的光照射到材料时的初始强度;$I(\lambda)$代表光通过厚度为X的发光材料后的强度;K_λ代表吸收系数,该系数随光的波长变化。材料的吸收系数随光的波长(或频率)变化的曲线称为吸收光谱。图4.2为Ce∶YAG单晶荧光材料的吸收光谱。可以看到在200~500nm处有3个明显的吸收峰,这些吸收峰均对应于Ce^{3+}从4f基态到5d激发态的能级跃迁。

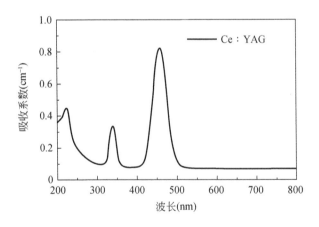

图4.2　Ce∶YAG单晶荧光材料的吸收光谱[2]

激发光谱是指发光材料的发光强度随激发光波长变化的关系图,它反映了材料对光的吸收并转换成发射光的总效率,是一个重要的发光性能表征手段。激发光谱能够确定该发光材料的最佳激发波长以及发光所需的激发波长范围,这个最优波长可以作为测试发射光谱的激发光源。激发光谱一般与吸收光谱相互对比分析,能够得到该材料更多的光学信息。

2. 发射光谱

发射光谱是指发光材料在某一特定波长激发光下,其发光强度按照波长或者频率的分布图谱。根据斯托克斯定则(Stokes' Law),发光材料的发射波长一般总是大于激发波长,激发光波长(或能量)与发射光波长(或能量)的差值称为斯托克斯位移。这是因为发光材料吸收的能量有一部分在晶格中发生散射变为热,即所谓的斯托克斯损失。"反斯托克斯"发光材料则相反地表现为发射光波长短于激发光波长,如上转换发光和多光子发光都属于反斯托克斯效应。

发射光谱的组成主要取决于发光中心的结构,光谱由多个光谱带组成时,不同的发光带来源于不同的发光中心。多数发光材料的图谱呈连续谱带,分布在较广的范围内,由一个或几个峰位共同组成,该类曲线可以利用高斯函数进行拟合分解。如图 4.3 所示[3],利用高斯拟合得知位于 450~800nm 的 5 个发射峰是由于晶格内 5 个不同的 Sr^{2+} 格位所致。也有部分材料的光谱谱带较窄,呈线形。

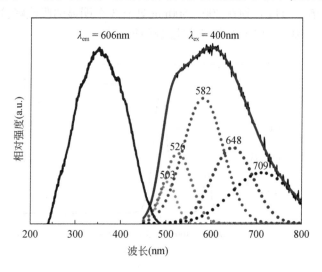

图 4.3　$Sr_8CaBi(PO_4)_7$:Eu^{2+}荧光粉的发射光谱[3]

对于同一种材料,激发光的波长和强度对发射光谱有相应的影响,尤其是具有多发射带的光谱。当改变激发条件时,每个带的发光强度都会有所变化,特别是其中有一个带的强度会很快达到饱和。温度也是重要的影响因素,温度的改变对不同材料的发光强度产生不同的影响。例如,提高温度会使 ZnO 材料的发射峰位置不变,半峰宽增加;使 ZnS:Ag 材料的发光带移向长波方向。

激发光谱和发射光谱通常采用荧光分光光度计测量,传统的激发光谱是固定激发波长扫描发射波长,或者固定发射波长扫描激发波长,但是得到的数据并不能很完整地描述材料的荧光特征,因此为了更准确地描述某些发光材料的特性,出现了更多的荧光分析技术,例如同步扫描、磷光光谱扫描、三维荧光扫描等。

3. 发光效率

发光效率是发光材料把激发时吸收的能量转换为发射能量的能力,发光效率的大小反映发光材料内部能量激发、能量传递、复合发光以及无辐射复合过程的总效果。发光效率值决定于发光材料组成、结构和制备工艺,同时还与激发波长、温度有关,它是发光材料的重要性能指标,有三种表示方法。

量子效率。发光材料发射的光子数 N_o 与激发时吸收的光子数 N_i 的比值称为量子效率 η_q:

$$\eta_q = \frac{N_o}{N_i} \qquad (4.2)$$

量子效率不能反映发光材料在被激发和发光过程中的能量损失,因此引入能量效率。

能量效率(或功率效率) η_p。它是发光材料输出的发射功率 P_o 与输入的激发功率 P_i 之比:

$$\eta_p = \frac{P_o}{P_i} \qquad (4.3)$$

光度效率(或流明效率) η_l。指发光材料的发光通量 Φ (以流明为单位)与激发功率 P_i 的比值,单位为 lm/W。

$$\eta_l = \frac{\Phi}{P_i} \qquad (4.4)$$

功率效率和光度效率可以互相换算。

发光材料所吸收的能量会有一部分转化为热量而散失,因此能量效率能很好反映激发能量和发射能量的转换程度。材料直接由发光中心吸收能量的效率是最高的,如果能量被基质吸收,形成的电子和空穴沿晶格移动时的“无辐射运动”或被“陷阱”捕获都将消耗一部分能量,使能量效率下降。

4. 发光寿命(余辉)

一般把激发停止后的发光称为余辉,光致发光材料都具有余辉特性。可以根据发光寿命也就是余辉时间的长短进行发光类型的归类,余辉时间小于 10^{-8} s 的发光称为荧光,大于 10^{-8} s 的发光称为磷光。

具有长余辉特性的发光材料是因为杂质离子部分取代晶格基质上原有格位的离子,产生晶格缺陷,从而形成合适深度的陷阱,这些陷阱会捕捉电子,当外界激发停止时,陷阱里的电子由于热扰动而释放出来,使其持续放光。余辉曲线的测试能够得知材料的发光寿命,衡量材料品质的好坏。图 4.4 为荧光粉 $Zr_{(1-x)}SiO_4$：Sm_x^{3+} ($x=0\sim0.1$)的余辉曲线图。

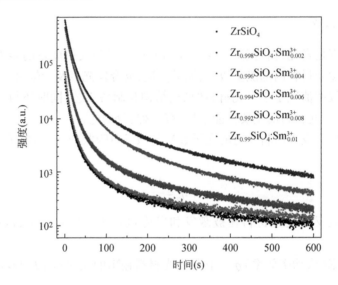

图 4.4　荧光粉 $Zr_{(1-x)}SiO_4$：Sm_x^{3+}($x=0\sim0.1$)的余辉曲线图[4]（见彩图）

余辉时间的长短取决于陷阱的深度,热释光测试可以得知材料中陷阱的信息。通过热释光曲线可以得知发光材料的陷阱类型,每个峰都对应一种陷阱。热释光曲线可以很直接地反映出不同材料陷阱的相对深度,并且可以结合其他测试方法得知更多的发光信息。例如可以用加热速率法和峰形拟合半宽法对陷阱的深度进行测量,但是无论哪一种方法,得到的都只是理论上的近似值。

基质、激活剂及其掺杂量、制备工艺都对发光材料的发光寿命产生很大的影响,发光寿命对于判断是否存在能量传递也有很重要的作用。

5. 其他

CIE 色坐标:色坐标是色度学的重要内容。由于心理和生理方面的不同,每个人对于颜色的判断会有所差异。有时会用发射光谱的主峰波长来描述发光颜色,但是有些发光材料的主峰波长一致时颜色也还是稍有差异。发光材料最重要的特征之一就是发光颜色,为了能够定量描述颜色,需用到色度图。任何颜色都可以用色坐标来表示,即用蓝色(x_0)、绿色(y_0)、红色(z_0)三基色定量表示:

$$H_0 = xx_0 + yy_0 + zz_0 \tag{4.5}$$

而 x、y、z 值与平面方程有关:

$$x + y + z = 1 \tag{4.6}$$

其中有两个值是相互对应的,因此色度图一般以二维平面图 x、y 来表示颜色。现在最常用的是 CIE 1931 色度图(图 4.5)。规定标准蓝色色坐标为(0.14,0.08),标准红色色坐标为(0.67,0.33),标准绿色色坐标为(0.21,0.71),纯正的白光色坐标为(0.33,0.33)。

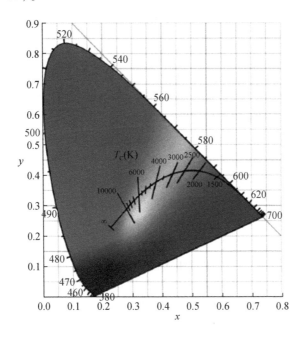

图 4.5 CIE 1931 色度图[5](见彩图)

光通量:光源在单位时间向周围空间辐射并引起视觉的能量称为光通量,它描述的是光源的有效辐射值,国际单位是 lm(流明),用 Φ 表示。光源的辐射强度和波长都与光通量相关。通常采用比较法(光度法)和分光法测试光源的光通量。

发光强度:光源某方向上单位立体角发出的光通量定义为光源在该方向上的发光强度,单位为坎德拉(cd),用 I 表示。通常把发光材料的发光强度与标准件用的发光材料的发光强度(相同激发条件)相比较来表征发光材料的技术特性。

4.1.5 发光材料合成制备方法

1. 高温固相法

高温固相法是将反应原料进行充分混合,经过研磨后置于高温炉中,固体颗粒通过扩散、迁移而接触、反应、成核生长形成产物,最后对产物再进行处理得到粉体材料的一种方法。高温固相法也是一种常用的传统制粉工艺,优点是所制粉体颗粒松散、填充性好、成本低、制备过程简单、产量大,特别适用于工业化生产,是发光材料制备最常用的方法。但其缺点也较为明显,这种制备工艺由于在高温下长时间焙烧,产物容易结成团块,所以必须采用机械粉碎并研磨成粉体,然后进行筛分。因此所得的发光材料形貌多半不太规则,表面结构也会受到破坏,反应物之间离子的互扩散也不一定能充分进行,使得产物内部的化学组成可能产生偏差,这些因素都会导致发光效率降低。

2. 液相法

液相法是将一种或几种可溶性金属盐按照一定的比例配置成溶液,然后选择一种合适的沉淀剂或者采用水解、蒸发等操作使样品沉淀或者结晶出来,最后将沉淀或者结晶物干燥获得目标物质的方法。液相法的优势在于可以精确地控制各个组分的含量,实现分子、原子尺度上的混合,通过该方法制得的样品粒径小、成分均匀且形貌规整,而且通过改变实验条件可以有效地控制样品形貌、粒径,是目前最具有发展前景的材料制备技术。根据制备过程的不同,液相法又可以分为水热法、热分解法、沉淀法、溶胶-凝胶法、电解法、还原法、水解法、冷冻干燥法等,下面介绍其中几种比较常用且具有应用前景的制备方法。

沉淀法是在原料混合液中加入相应的沉淀剂,原料混合液中的阳离子在沉淀剂的作用下发生化学反应形成沉淀物,然后通过离心、洗涤、干燥得到所需产物。此方法可制备含有两种或两种以上金属元素复合物的发光材料。沉淀法与其他发光材料的制备方法相比,具有如下优点:①工艺简单,实验设备较为便宜,特别利于工业化;②能够实现分子/原子水平的均匀混合;③粉体纯度和颗粒大小可控;④煅烧温度较低,产物性能稳定。与此同时,沉淀法也有一些缺点,如粉体团聚现象严重,致使性能下降。只有严格控制制备条件,才有可能改善团聚现象。沉淀法主要包括三类:直接沉淀法、共沉淀法和均匀沉淀法。其中,实验室常用的是共沉淀法。

共沉淀法是指溶液中含有两种或多种阳离子,它们均匀地混合在溶液中,加入沉淀剂后经化学反应得到均一的沉淀物。其优点在于制备工艺简单、制备条件容易控制、制备周期短等;其缺点在于沉淀剂的加入可能会使局部浓度过高,产生团聚现象。

水热法源于19世纪中叶地质学家模拟自然条件下的成矿作用。水热法是指在密闭的压力容器中,以水作为溶剂,依靠体系自身产生的压力来促进混合溶液反应的方法。合成产物的一般步骤如下:首先按一定比例称量反应原料,将原料溶解于水中混合均匀后装入反应釜中,然后将反应釜放入合适温度的烘箱中反应一定时间,最后自然冷却,离心、干燥即可获得产物。

水热法与其他液相法的主要区别在于温度和压力。水热法的反应温度通常在130~250℃,对应的水的蒸气压是0.3~4MPa。与共沉淀和溶胶-凝胶法相比,其最大的优点在于不需要高温烧结即可直接得到所需产物,既避免了可能形成微粒硬团聚,又节省了研磨所耗费的时间。在水热反应的过程中,通过调节反应温度、时间、pH 值及原料比例等条件,可以获得不同晶型、形貌、粒径的产物。水热法的缺点在于控制合成纳米颗粒过程中,所要求的外界实验条件严格,此外由于是在密闭的反应釜中进行,所以无法观察到反应进行的过程,不能直观地控制目标产物的合成,只能通过对最后产物进行分析测试才能决定如何调控实验的反应参数及条件。

溶胶-凝胶法开始于 19 世纪 50 年代,法国著名化学家 Ebelmen 用乙醇与 $SiCl_4$ 混合后生成四乙氧基硅烷(TEOS),发现在湿空气中发生水解并形成了凝胶。该方法是指用含有高化学活性成分的无机盐作为反应前驱体溶液,在液相状态下将这些原料均匀混合,使其进行水解、缩合反应,当溶液中形成稳定的透明溶胶体系时,溶胶经过陈化后胶粒之间缓慢聚合,形成三维网络结构的凝胶,凝胶网络结构间充满了无流动性的溶剂。将所得凝胶经过干燥、烧结固化,制备出分子乃至纳米亚结构的材料。

溶胶-凝胶法合成材料具有许多独特的优点:由于最初所用的原料被分散到溶剂中,处于分子的状态,因此在形成凝胶时,反应物之间可能是在分子水平上被均匀混合,有利于合成均匀的材料;由于需要经过溶液反应步骤,易于微量元素的定量掺杂。与固相反应相比,溶胶凝胶法所需合成温度较低,制备的产品形貌多样。当然,溶胶-凝胶法也存在一些缺点:一般情况下,溶胶-凝胶法所使用的原料价格比较昂贵,所使用的有机溶剂对人体有一定的危害性;所需反应时间较长,一般需要几天或几周;所得产物一般会存在大量微孔,在干燥的过程中会逸出许多气体,并且产生收缩。

发光材料主要分为有机发光材料和无机发光材料。有机发光材料普遍具有共轭结构以及一些生色基团。无机发光材料种类纷繁,如稀土发光材料以及量子点等。发光材料已经在生物成像、显示和诊疗等多方面实现了应用。

4.1.6 发光材料的应用

1. 照明器材

由于稀土发光材料的光效高于白炽灯数倍,光色也好,被长期用于办公室、商店和工厂的照明。典型的荧光灯是在玻璃管内壁涂荧光粉,当通电时,封装在灯两端的电极间放电发出紫外光,荧光粉吸收紫外光,稀土离子受到激发而发出各种颜色的可见光[12]。合理选择不同发光颜色的荧光粉及其比例,可配成冷白色(2700K)、暖白色(4000K)和日光(6000K)等不同色温的荧光灯[13]。

三基色荧光粉常用的稀土激活荧光体:①红粉为三价铕(Eu³⁺)激活的氧化钇,

有时用 Bi^{3+} 共掺杂;②蓝粉为二价铕(Eu^{2+})激活的硅酸盐、铝酸盐、氯磷酸盐和钡镁铝酸盐;③绿粉为三价铽(Tb^{3+})、铋(Bi^{3+})和铈(Ce^{3+})激活的镁铝酸盐及铽(Tb^{3+})和钆(Gd^{3+})激活的镁钡铝酸盐[1]。

稀土发光材料的另一应用是白光发光二极管(LED)。传统的 LED 用蓝光与黄光混合调和出白光,由于这种 LED 光源中缺乏绿色和红色谱线,导致白光亮度较低、显色性差,不能满足当前高品质光源的照明需求。将能够发出(黄)绿色光和红色光的荧光粉用于 LED 光源,配置的白光光效大幅提升,显色指数可达 80 以上,能够满足现代白光 LED 的照明需求[14]。该方案目前主要使用的发光材料如下:

①铝酸盐体系:黄粉 $(Y,Gd)_3Al_5O_{12}$: Ce;绿粉 $(Y,Lu)_3Al_5O_{12}$: Ce、$Y_3(Ga,Al)_5O_{12}$: Ce 等。

②氮化物体系和氮氧化物体系:红粉 $M_2Si_5N_8$: Eu^{2+} ,如 $(Sr,Ca)_2Si_5N_8$: Eu;M_2AlSiN_3 : Eu^{2+} (M 为 Ca,Sr,Ba),如 $(Sr,Ca)_2AlSiN_3$: Eu 等。绿粉 β-塞隆:Eu。

③硅酸盐体系:橙红粉 $(Ba,Sr)_3SiO_5$: Eu;绿粉与黄粉 $(Ba,Sr)_2SiO_4$: Eu 等[4]。

近年来,人们围绕白光 LED 荧光粉开展了大量的研究并取得有益进展。对蓝光(460nm)LED 芯片所用的 $Y_3Al_5O_{12}$: Ce(YAG : Ce)开展了掺杂、改性以提高光效和显色性的研究,包括添加适用的红色荧光粉以提高显色性;在铝酸盐黄粉基础上通过 Lu、Ga 等的取代研发出了高效、稳定的铝酸盐粉;研发出了小粒度和高结晶度铝酸盐黄色荧光粉制备技术及产品[15];利用部分二价元素对 $Y_3Al_5O_{12}$: Ce 中铝及钇进行取代,同时利用 F^- 取代 O^{2-} 补偿产生的负电荷,显著提升了该系列荧光粉的发光效率及稳定性[16]。

第三种应用为基于稀土卤化物的高强气体放电光源(HID)。在 HID 行业中,钪钠系列和镝系列是两大主流产品,其中的稀土发光颗粒,如 ScI_3、DyI_3 等在气化和冷凝的循环过程中可在可见光区辐射出密集的线光谱,近似于连续光谱,具有较高的发光效率和较强的显色能力,从而成为具有一定显色性的节能光源[1]。

2. 新型显示材料

平板显示包括等离子体显示(PDP)、液晶显示(LCD)、有机发光二极管显示(OLED)、发光二极管 LED 微缩化和矩阵化显示(Micro-LED)、场发射显示(FED)等[15]。

PDP 具有分辨率高、响应快、色彩丰富、视角宽、不产生有害辐射、不易受外界磁场影响、结构整体性能好、抗震能力强、可在极端条件下工作等优点。在 PDP 中惰性气体通常采用 Xe 或 Xe-He 混合气体,主要发射波长位于真空紫外(VUV)区,为 147nm、130nm 和 172nm。惰性气体在电压的作用下放电,变为等离子体状态,放射紫外线,紫外线进而激发荧光粉,发出各种颜色的光。

PDP 所用的荧光粉由红、绿、蓝三种荧光粉组成。目前实际应用的 PDP 荧光粉是:红粉为 $(Y,Gd)BO_3:Eu^{3+}$、绿粉为 $ZnSiO_4:Mn^{2+}$ 或 $BaAl_{12}O_{19}:Mn^{2+}$ 及蓝粉为 $BaMgAl_{10}O_{17}:Eu^{2+}$。但目前所使用的 PDP 荧光粉在高能量真空紫外辐射下存在明显不足,如出现红色荧光粉色纯度较差、绿色荧光粉余辉时间偏长、蓝色荧光粉稳定性较差等问题[4]。

3. 稀土闪烁体

闪烁晶体是在高能粒子或射线作用下发出脉冲光的一种单晶发光材料,很多重要的闪烁晶体都富含稀土元素。闪烁晶体在核医学成像、高能物理、安全检测、地质勘探、工业测控等领域有广泛应用[16]。

三价铈离子 (Ce^{3+}) 激活的稀土闪烁晶体因其荧光寿命短、发光效率高而被用于高端核医学影像设备——探测器的核心材料。稀土闪烁晶体 $Lu_2SiO_5:Ce(LSO)$ 用于 PET(正电子发射计算机断层扫描成像)和 SPECT(正电子发射断层扫描成像);CeF_3 和掺 Ce^{3+} 的材料($BaF_2:Ce$, $GSO:Ce$, $LSO:Ce$, $YAG:Ce$, $YAP:Ce$, $LaBr_3:Ce$ 等)在快闪烁体中占有极重要的位置。$Lu_2SiO_5:Ce$ 是用于 PET 的最佳高效闪烁体。目前,美国拥有获得广泛应用的 $LSO(Lu_2SiO_5:Ce)$ 晶体的生长技术,而国内的制备技术尚未过关。$LYSO[(Lu,Y)_2SiO_5:Ce]$、用于中子探测的 $Cs_2LiYCl_6:Ce$ 以及被誉为第四代闪烁晶体的 $LaBr_3:Ce$ 等都是稀土闪烁晶体的典型代表。研究发现 $LuI:Ce$ 达到了近 100000 光子/MeV。$LaBr_3:Ce$ 是最近十几年来无机闪烁晶体领域的最大发现,它具有高光输出、高能量分辨率、快衰减等优异性质,综合性能几乎全面超越传统的 $NaI:Tl$ 和 $CsI:Tl$ 等晶体,因此一经面世便迅速成为闪烁晶体材料及相关应用领域的研究热点[17]。

4. 生物医学

La 系金属离子掺杂的稀土上转换发光纳米材料具有独特的上转换发光性质和稳定的光学性质,对细胞的毒性小且激发波长在近红外区,对生物组织具有良好的穿透性且不会对组织、DNA、蛋白质等造成光伤害,同时还可避免背景自荧光,提高荧光信噪比。因此在生物成像、免疫分析、生物检测和药物输送等方面有广阔的应用前景[18]。

生物标记技术又称为生物示踪,是分子生物学中最常用、最重要的技术之一。将不同颜色的染料分子、能发射强荧光的分子、具有磁性或放射性的分子等,通过化学键或非化学键合的方式与待识别的生物组织连接起来,就可以直观地观察和分析该生物组织的存在和变化[19]。Chatterjee 等[20]比较了量子点和 PEI 包覆的 $NaYF_4:Yb,Er$ 纳米材料在动物深层组织中的成像能力,发现 PEI 包覆的 $NaYF_4:$

Yb,Er 纳米材料在深度为 10mm 的组织内依然可见清晰的荧光;与此相比较,在大鼠足部半透明的皮肤组织下的量子点发出的绿色荧光已经非常微弱。

即时诊断装置可快速检测传染性病原体、肿瘤生物标记物和化学分析物[21]。侧流免疫层析快速检测试纸是最常用的即时诊断装置之一,依靠纳米晶或其他胶体颗粒实现其检测功能。虽然结果可以肉眼观察,但由于缺乏灵敏度,特别是在传染病初期分析物浓度相对较低时,检测试纸条的使用受到了限制。因此,需要进一步改进试纸条的设计,以提高检测灵敏度。凭借快速的检测速度(<10min)和极低的检测极限($1ng/\mu L$),稀土上转换发光纳米粒子在即时诊段器件开发应用中受到广泛关注。Niedbala 等[22]设计了一种侧流免疫层析快速检测试纸,利用多色上转换纳米粒子(Yb/Er),根据荧光的颜色和位置成功地检测到了唾液中的丙胺、甲基来丙胺、苯环己哌啶和阿片制剂。

光动力学疗法(PDT)采用光激活化学物质(光敏剂),从而产生单线态氧,最终导致细胞死亡。用于激活光敏剂的激发光通常在可见-近红外波段,对人体组织的穿透能力有限,故光动力学疗法常常受到组织深度的限制[18]。Zhang 等[23]首次报道了将稀土上转换纳米材料应用于光动力学疗法,他们将光敏剂和肿瘤靶向抗体附着到表面包裹二氧化硅的 $NaYF_4$:Yb,Er 纳米颗粒上,并将该复合颗粒用于光动力学疗法。该纳米颗粒载药系统主要有三种作用:①装载光敏剂;②对肿瘤细胞的靶向作用;③把低能、组织穿透性好的激发光转换成高能光子以激发光敏剂。基于类似的原理,研究者开发了不同的上转换稀土纳米材料载药系统,应用于光动力学疗法。

5. 生物标识技术

荧光量子点简称量子点(quantum dots,QDs)或纳米晶,是纳米尺度原子和分子的集合体,其粒径范围一般为 2~20nm。ⅡB-VIA 族半导体(如 Cdse、Cds、Zns 等)和 IVA-VA 族半导体(如 InP、InAs 等)的纳米晶都是常见的荧光量子点。量子点的粒径较小,其电子和空穴被量子限域,因而表现出许多独特的物理性质,其中以光学性质最为突出。此外,量子点发射荧光的颜色可以通过调整其尺寸来实现,在生物标记尤其是多色标记中具有极大的优势[24]。

目前,量子点在荧光免疫分析、细胞标记与成像、活体成像等方面的应用非常广泛。量子点在荧光免疫分析领域中的应用非常活跃,研究中常借助抗原-抗体、生物素-亲和素等分子之间的特异性识别作用进行选择性标记。量子点标记的免疫球蛋白能特异性地识别细胞表面的膜蛋白、细胞质中的微管及细胞核中的抗原物质[25-27]。Tu 等[28]利用 P338DI 小鼠吞噬细胞进行实验,在吞噬细胞内培养 SiMn 量子点,可以在吞噬细胞内观察到强烈的荧光信号,证明了 SiM 量子点能够运用于细胞成像领域。Wu 等[29]用巯基乙酸修饰 CdSe 量子点表面,对人体肝癌细胞进行检测,在观察其荧光图象后使用细胞电子传感系统追踪,发现 CdSe 量子点很容易和细胞质膜结合进入癌细胞,并且可显著降低癌细胞的代谢速率。该实验表明,将量子点和抗体特异性结合后注入人体内,由于量子点稳定的荧光特性,可将其作为标记物对肿瘤细胞进行标记,使得肿瘤细胞可以被追踪观察,进而为肿瘤的检测和诊断提供了新的思路。

6. 光电领域

量子点发光二极管(quantum dot light-emitting diode,QD-LED)采用有机材料和无机纳米晶相结合的新型结构,结合了有机材料的良好加工性能和纳米晶的高载流子迁移率、高电导率等优点。相比于有机发光二极管(organic light-emitting diode,OLED),QD-LED 的发光光谱窄,色域极限数值可以达到100%[30]。屈少华等[31]在油酸石蜡体系中利用表面活性剂油胺调控 CdSe 量子点尺寸,而后包覆 CdS 壳,进而得到发光波长为630nm 的 CdSe/CdS 核壳结构量子点,对之使用 SiO_2 包裹后与蓝光 LED 芯片及黄光荧光粉封装得到了显色指数为90 的白光 LED。量子点荧光器件发光性能好,使用寿命长,正在逐步取代传统照明材料成为新的“绿色光源”。

2014 年,南京理工大学曾海波等[32]采用热注入技术制备了全无机钙钛矿铯铅卤量子点($CsPbXs$,X=C1、Br、I),该新型量子点具有结晶度高、形貌单一、尺寸分布窄等特性,通过改变反应温度等参数,实现了尺寸与成分的大范围调控,从而能够在整个可见光范围内调控量子点发光颜色(400~800nm),各种颜色发光量子效率均高于70%,绿光高达90%以上。

但该技术仍有许多欠缺:①量子点 LED 器件的发光纯度仍然需要改进,因为量子点的发光纯度直接影响复合色的显色指数;②目前 LED 用量子点大多含有毒的重金属离子,会严重污染环境,因此需要寻找绿色原料制备新型量子点;③目前,LED 用量子点工艺还处于实验室阶段,如何将其应用至产业化仍是研究的难题之一。但总而言之,量子点在发光 LED 领域有极其广阔的前景。

4.2 基于矿物的发光新材料研究

很多天然矿物具有发光性能。矿物种类繁多,成分、结构多样,可为稀土离子提供多种多样的晶体场环境,因此基于矿物的发光材料研究越来越受到国内外学者关注。作者近年来开展了一系列相关研究,制备了多种磷灰石、萤石、白磷钙石、冰晶石等结构的下转换、上转换发光材料,并以各种层状结构硅酸盐矿物为基质,制备了多种有机发光分子–层状结构硅酸盐复合发光材料,深入研究了其发光性能及相关机理。

4.2.1　萤石结构发光材料

1. 萤石简介

萤石(fluorite)又称"氟石",是自然界中较为常见的一种矿物[33-35]。萤石在光学领域有广泛的应用。人工合成萤石晶体可作为多种透镜的原料,因其低色散的性质可用来制造色差小的照相机镜头。部分含有稀土元素的萤石在受到摩擦、加热、紫外线照射、阴极射线照射时可发光。具有明显磷光效应的萤石被称作"夜明珠"[36]。

萤石的主要成分是氟化钙,化学式为 CaF_2,其中常含有钇、铈、硅、铝、铁、镁、铕、钐、氧、氯等杂质[37]。萤石有五个变种,分别为呕吐石(Antozonite)、蓝块萤石(Blue John)、磷绿萤石(Chlorophane)、铈钇矿(Yttrocerite)、钇萤石(Yttrofluorite)[38]。磷绿萤石中含有锰、铝、镁、微量的铁和钠等杂质[39],具有热释光特性,加热后可发出绿色亮光[40]。铈钇矿的化学式为 $(Ca,Ce,Y)F_2$,当萤石结构中的部分钙被铈和钇替代后,就会变成铈钇矿。钇萤石的化学式为 $(Ca,Y)F_2$,当萤石结构中的部分钙被钇替代时,形成钇萤石。

萤石为等轴晶系,O_h^5-$Fm3m$,$a_0=0.545nm$,$Z=4$。结构以阳离子形成的立方面心紧密堆积为基础,全部四面体空隙由 F^- 填充,$CN=4$;Ca 为立方体配位,$CN=8$。Ca^{2+} 位于立方面心格子的角顶和面心,F^- 位于其晶胞所等分的 8 个小立方体体心。结构模型如图4.6所示。

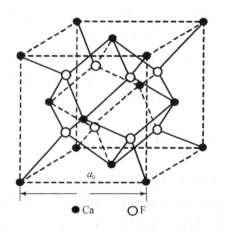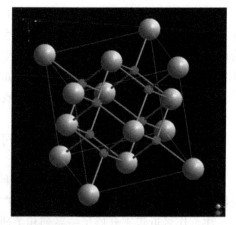

● Ca　　○ F

图4.6　萤石结构模型

萤石型结构的稳定范围为 $r^+/r^- > 0.732$。将 CaF_2 中的正、负离子位置颠倒,即 A_2X,则得到反萤石型结构,A 的配位数 $CN = 4$,X 的 $CN = 8$。

2. 萤石结构发光材料研究进展

萤石结构碱土金属氟化物 MF_2(M = Ca、Sr、Ba、Mg 等)的透光范围宽,对紫外光透明,是很好的紫外固体激光基质材料。早在 20 世纪 50 年代,随着红外和紫外光学仪器和技术的发展,萤石(CaF_2)等天然晶体就被广泛地用作紫外和红外光学仪器元件以及可见光的复消色差镜头等。CaF_2 在光学领域的研究与应用已经有 100 多年历史[41],其中 Burdick 等[42] 采用直接计算法计算了晶体场能级,模拟 Eu^{2+} 掺杂 CaF_2 的双光子吸收光谱,从而解决了双光子吸收(TPA)线强和偏振的相对独立与变化问题。Vartika S. Singth[43] 等通过在 CaF_2:Eu^{2+} 中加入其他阳离子调整样品的发射光谱使其红移并增强其在近紫外区域的激发,实验结果表明 $Ca_{0.49}Sr_{0.50}Eu_{0.01}F_2$ 发光材料发射峰最大值位于 440nm 处。王彩萍等[44] 通过一步析晶法制备 CaF_2 微晶玻璃,通过改变激活剂浓度、析晶温度、析晶时间等条件,探讨其对样品发光性能、物相组成和形貌等的影响,确定了最佳制备工艺。利用 Eu^{3+} 发射谱计算 J-O 理论参数,对比析晶处理前后 J-O 理论参数的变化从而分析微晶玻璃中 Eu^{3+} 周围晶体场的变化。作者分别利用合成萤石和天然萤石直接掺杂稀土离子进行实验,结果显示发射峰峰位相差不大,但合成萤石制备的材料发光强度更高。萤石结构 BaF_2 也是一种很理想的基质材料,Darayas[45] 于 1998 年就详细报道了 Er^{3+} 在 BaF_2 中的上转换发光,Er^{3+} 展现了很好的吸收和发光特性。一直以来,许多学者以萤石结构 MF_2 型碱土金属氟化物作为发光基质,研究了不同稀土离子的发光行为。近年来,随着纳米技术的发展,合成 MF_2 基超细荧光粉成为一个新的研究热点。

3. 萤石结构发光新材料

萤石结构碱土金属氟化物因具有大波长范围透明性以及折射率随掺杂离子改变的特性,长期以来一直是稀土发光离子的首选基质材料。尽管在萤石结构中掺入三价稀土离子会由于电荷补偿而产生晶体缺陷,但以往研究表明三价稀土离子在萤石结构基质中依然可以获得高效的发光。

本书作者以 $M_{1-x}R_xF_{2+x}$(M = Ca、Sr、Ba;R = Y、La、Gd)为研究对象,通过高温固相法、水热/溶剂热法制备了不同成分、不同结构、不同稀土离子掺杂的萤石结构氟化物基发光材料,对其物相、晶体结构、粉体形貌、光谱特性、发光动力学等进行了研究,探讨了稀土离子在各种不同基质中的发光性能及机理。

(1)$Ca_{0.65}La_{0.35}F_{2.35}$ 基稀土离子掺杂发光材料的晶体结构与发光性能

$Ca_{0.65}La_{0.35}F_{2.35}$ 属立方晶系,空间群为 $Fm\bar{3}m$,晶胞参数 $a = 5.64520$Å。如图

4.7 所示,$Ca_{0.65}La_{0.35}F_{2.35}$ 的晶体结构可以看作 Ca^{2+} 和 La^{3+} 均匀分布在同一格位,位于立方晶胞的顶角和面心位置,F^- 填充其中的四面体空隙。

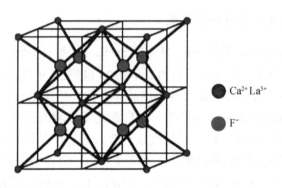

图 4.7　$Ca_{0.65}La_{0.35}F_{2.35}$ 的晶体结构图

　　图 4.8 为不同温度下固相法合成产物的 XRD 图谱以及 $Ca_{0.65}La_{0.35}F_{2.35}$ 的标准 XRD 图(JCPDS No. 87-0975)。通过与 JCPDS 标准卡片对比发现,在 700℃ 和 800℃ 下煅烧,产物的主要物相为立方 CaF_2 和六方 LaF_3,存在少量的 $Ca_{0.65}La_{0.35}F_{2.35}$。当煅烧温度提高到 900℃,样品为立方 $Ca_{0.65}La_{0.35}F_{2.35}$,未发现其他物相。温度继续升高至 1000℃,$Ca_{0.65}La_{0.35}F_{2.35}$ 发生分解,产物由 LaF_2、CaF_2 和少量 $Ca_{0.65}La_{0.35}F_{2.35}$ 组成。立方 $Ca_{0.65}La_{0.35}F_{2.35}$ 掺杂 Eu^{3+} 后,XRD 峰往高角度偏移,如图 4.9 的(111)面网衍射峰所示,晶格常数减小,表明 Eu^{3+} 进入了晶格并取代晶格中的阳离子,由于 Eu^{3+} 半径($R_{Eu^{3+}}=0.95$Å)小于 Ca^{2+}($R_{Ca^{2+}}=0.99$Å)和 La^{3+}($R_{La^{3+}}=1.06$Å)半径,从而使晶格常数减小,衍射峰向高角度偏移。

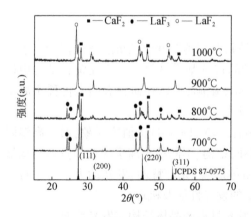

图 4.8　不同温度合成产物的 XRD 图谱

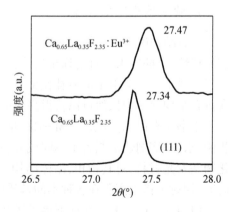

图 4.9　$Ca_{0.65}La_{0.35}F_{2.35}$ 和 $Ca_{0.65}La_{0.35}F_{2.35}$：$Eu^{3+}$ 样品的(111)衍射峰

图 4.10 为不同浓度 Yb^{3+}、Er^{3+} 掺杂的 $Ca_{0.65}La_{0.35}F_{2.35}$：$Yb^{3+}$，$Er^{3+}$ 的 XRD 图谱以及 $Ca_{0.65}La_{0.35}F_{2.35}$ 的标准 XRD 图谱（JCPDS No. 87-0975）。与 JCPDS 标准卡片对比发现，样品均为立方 $Ca_{0.65}La_{0.35}F_{2.35}$ 相。与 $Ca_{0.65}La_{0.35}F_{2.35}$：$Eu^{3+}$ 样品相似，Yb^{3+}、Er^{3+} 的引入未引起 $Ca_{0.65}La_{0.35}F_{2.35}$ 的结构发生显著改变。

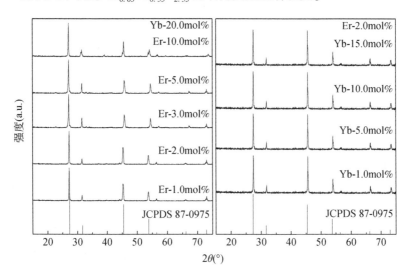

图 4.10 $Ca_{0.65}La_{0.35}F_{2.35}$：$Yb^{3+}$，$Er^{3+}$ 的 XRD 图

图 4.11 为 $Ca_{0.65}La_{0.35}F_{2.35}$：$Eu^{3+}$ 样品的激发光谱，监测波长为 612nm。由图可以看出，在激发光谱中存在一个较宽的激发带和一系列较弱的 Eu^{3+} 的线状吸收峰，对应于 $^7F_0 \rightarrow {}^5D_4$（361nm）、$^7F_0 \rightarrow {}^5G_{2-6}$（379.2nm）、$^7F_0 \rightarrow {}^5L_6$（392.6nm、401.5nm）、$^7F_0 \rightarrow {}^5D_3$（413.4nm）和 $^7F_0 \rightarrow {}^5D_2$（464.2nm）跃迁。$Ca_{0.65}La_{0.35}F_{2.35}$：$Eu^{3+}$ 样品在 240～320nm 的激发带峰值位于 274nm，属于 O^{2-} 与 Eu^{3+} 间的电荷转移跃迁。这是由于固相反应过程中部分 O^{2-} 进入晶格的结果，也是固相反应制备氟化物材料的劣势之一。由于只是极少量 O^{2-} 进入晶格，在 XRD 图上并未观察到杂相的产生。

在 254nm 紫外光激发下，Eu^{3+} 掺杂的 $Ca_{0.65}La_{0.35}F_{2.35}$ 样品产生红色发光。Eu^{3+} 在基质晶格中电子跃迁的一般规则为：当 Eu^{3+} 处于有严格反演中心的格位时，将以允许的磁偶极跃迁 $^5D_0 \rightarrow {}^7F_1$ 发射橙光（约 590nm）为主；当 Eu^{3+} 处于偏离反演中心的格位时，由于在 $4f^6$ 组态中混入了相反宇称的 5d 和 5f 组态及晶场的不均匀性，使晶体中宇称选择定则放宽，禁戒跃迁被部分解禁，将出现 $^5D_0 \rightarrow {}^7F_2$ 电偶极跃迁；当 Eu^{3+} 处于无反演中心的格位时常以 $^5D_0 \rightarrow {}^7F_2$ 电偶极跃迁发射红光（约 610nm）为主；当 Eu^{3+} 处于 C_n、C_s、C_{nv} 等点群对称的格位时，由于晶体势场展开时出现奇次晶场项，将产生 $^5D_0 \rightarrow {}^7F_0$ 的跃迁发射。

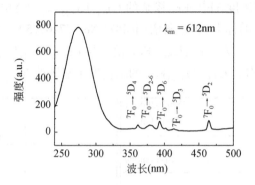

图 4.11　$Ca_{0.65}La_{0.35}F_{2.35}$：$Eu^{3+}$的激发光谱

图 4.12 为 $Ca_{0.65}La_{0.35}F_{2.35}$：$0.02Eu^{3+}$ 样品在 254nm 紫外激发下的发射光谱。由图可见,在 $Ca_{0.65}La_{0.35}F_{2.35}$ 基质中,Eu^{3+} 的发射来自 $^5D_0$ 激发态能级至 ^7F_n($n=0\sim$ 3)基态能级的辐射跃迁,包括 $^5D_0\to{}^7F_0$(577.8nm)、$^5D_0\to{}^7F_1$(586.1,593.1nm)、$^5D_0\to{}^7F_2$(612,625.8nm)、$^5D_0\to{}^7F_3$(653nm),其中 $^5D_0\to{}^7F_2$ 的跃迁强度远大于 $^5D_0$ 到其他基态的跃迁。这说明在 $Ca_{0.65}La_{0.35}F_{2.35}$ 结构中,Eu^{3+} 占据对称性较低的位置,因而 $Ca_{0.65}La_{0.35}F_{2.35}$：$Eu^{3+}$ 样品的发射以 $^5D_0\to{}^7F_2$ 电偶极跃迁为主。

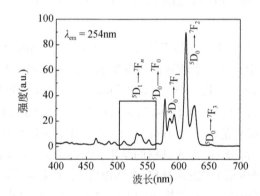

图 4.12　$Ca_{0.65}La_{0.35}F_{2.35}$：$0.02Eu^{3+}$的发射光谱

此外,在图 4.13 所示的发射光谱中还可以比较清楚地观察到 500～570nm 的 $^5D_1\to{}^7F_n$($n=0\sim3$)跃迁峰。这是由于 $Ca_{0.65}La_{0.35}F_{2.35}$ 基质具有较低的声子能量,而 $^5D_0$ 和 $^5D_1$ 能级的能量间隔又较小,导致多声子发射过程效率非常低,不足以猝灭其 $^5D_1$ 能级的发光,样品出现比较明显的 $^5D_1\to{}^7F_n$ 发射峰。

图 4.13、图 4.14 分别为 980nm 红外波长激发下,不同浓度 Yb^{3+}、Er^{3+} 掺杂的

$Ca_{0.65}La_{0.35}F_{2.35}$：$Yb^{3+}$,$Er^{3+}$样品的发射光谱,在 500～700nm 可见光范围有三个强发射峰,分别是位于红光区域的 660nm 发射峰以及位于绿光区域的 523nm 和 545nm 发射峰。它们分别对应 Er^{3+} 4f 电子的 $^4F_{9/2}\rightarrow{}^4I_{15/2}$、$^4S_{3/2}\rightarrow{}^4I_{15/2}$ 和 $^2H_{11/2}\rightarrow{}^4I_{15/2}$ 跃迁。每个发射峰的强度随掺杂稀土离子浓度变化,Yb^{3+} 浓度变化的影响更为显著。从图 4.13 可以看出,固定 Er^{3+} 的浓度为 2mol%,随着 Yb^{3+} 浓度的增加,发射峰强度逐渐增强,直至 Yb^{3+} 的掺杂浓度达到 15mol%,位于绿光区域的发射峰强度骤然减小,红光区域发射峰强度依然增强。继续增加 Yb^{3+} 的掺杂浓度,绿光区域发射峰几乎消失,如图 4.13 所示。当固定 Yb^{3+} 的浓度为 15mol%,变化 Er^{3+} 的掺杂浓度,得到了强烈的红光发射。这表明在较低的掺杂浓度下,Yb^{3+}、Er^{3+} 共掺杂上转换发光以激发态能级 $^4S_{3/2}$ 和 $^2H_{11/2}$ 的电子跃迁到基态的绿光发射为主;在较高的掺杂浓度下,由于交叉弛豫增多,导致电子在 $^4S_{3/2}$ 和 $^2H_{11/2}$ 能级上的布居减少,因此绿光区域的发射减弱。这与文献报道的 Yb^{3+}、Er^{3+} 共掺杂其他体系的上转换发光结论相似。在本节所合成的 $Ca_{0.65}La_{0.35}F_{2.35}$ 晶格中,Er^{3+} 的掺杂浓度范围为 1～10mol%,属于相对高的掺杂浓度,与绿光区域的发射峰相比,位于红光区域的发射峰强度更高,所以肉眼看上去样品产生强烈的红色发光。

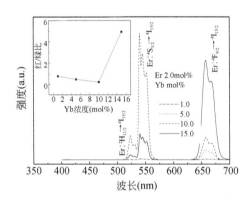

图 4.13　不同 Yb^{3+} 掺杂浓度的　　　　图 4.14　不同 Er^{3+} 掺杂浓度的
$Ca_{0.65}La_{0.35}F_{2.35}$：$Yb^{3+}$,$Er^{3+}$ 上转换发射光谱　　$Ca_{0.65}La_{0.35}F_{2.35}$：$Yb^{3+}$,$Er^{3+}$ 上转换发射光谱

图 4.15 给出各发射峰强度随 Er^{3+} 掺杂浓度变化的关系曲线。从图可以看出,与绿光区域的发射峰相比,红光区域的发射峰强度更依赖于 Er^{3+} 掺杂浓度。当 Er^{3+} 掺杂浓度增加时,660nm 发射峰强度增加,在 Er^{3+} 浓度达到 2mol% 时,发射峰强度达到最大值,继续增加 Er^{3+} 的掺杂浓度,发射峰强度减小。由此可知,在 $Ca_{0.65}La_{0.35}F_{2.35}$ 基质中,Er^{3+} 的最佳掺杂浓度应为 2mol%。与红光区域的发射峰相反,位于绿光区域的发射峰随着 Er^{3+} 掺杂浓度的增加,强度逐渐减小。

对于上转换发光过程,输出的可见光强度与泵浦激光功率之间存在这样的关

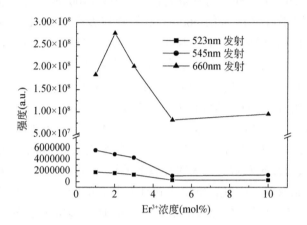

图 4.15　$Ca_{0.65}La_{0.35}F_{2.35}$：$Yb^{3+}$，$Er^{3+}$上转换发射光强度随 Er^{3+} 掺杂浓度的变化

系：$I_{em} \propto P_{pump}^{n}$，$I_{em}$ 表示输出的可见光强度，P_{pump} 表示泵浦激光的功率，n 表示发射一个可见光子所需吸收的红外光子数。图 4.16 为 15mol% Yb^{3+}、5mol% Er^{3+} 共掺杂 $Ca_{0.65}La_{0.35}F_{2.35}$ 上转换发光材料的可见光发射峰强度与泵浦功率之间的双对数曲线，图中给出各发射峰曲线拟合后的斜率即 n 值。从图可以看出，三个发射峰的发射过程均属于双光子过程（$n \approx 2$）。

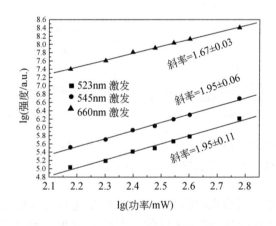

图 4.16　$Ca_{0.65}La_{0.35}F_{2.35}$：$Yb^{3+}$，$Er^{3+}$上转换发射光强度与激发功率的双对数曲线图

$Ca_{0.65}La_{0.35}F_{2.35}$：$Yb^{3+}$，$Er^{3+}$样品的上转换发光涉及多个上转换机制，如基态吸收（GSA）、激发态吸收（ESA）和能量传递（ET）过程，相应的上转换机理示意图如图 4.17 所示。对于绿光发射，一个 Yb^{3+} 的电子吸收一个 980nm 光子之后通过基态

吸收过程从基态能级($^2F_{7/2}$)跃迁到激发态能级上($^2F_{7/2}$);然后将能量传递给 Er^{3+} 的 $^4I_{15/2}$ 能级上的电子并使之跃迁到 $^4I_{11/2}$ 能级上;同时,通过激发态吸收另一个光子将 $^4I_{11/2}$ 能级上的电子进一步激发到 $^4F_{7/2}$ 能级;布居在 $^4F_{7/2}$ 能级上的电子迅速地通过无辐射跃迁到相近的 $^2H_{11/2}$ 和 $^4S_{3/2}$ 能级;$^2H_{11/2}$ 和 $^4S_{3/2}$ 能级上的电子跃迁回基态 $^4I_{15/2}$ 的过程中分别辐射 523nm 和 545nm 的可见光,即实现了绿光发射。这一分析与上述双对数曲线拟合的结果相一致,即绿光发射的过程是双光子过程。由于涉及激发态吸收、能量传递和交叉弛豫等多个过程,红光的发射稍显复杂。Yb^{3+} 通过能量传递过程实现对 Er^{3+} 的 $^4I_{11/2}$ 能级上的电子布居,部分 $^4I_{11/2}$ 能级上的电子无辐射跃迁到 $^4I_{13/2}$ 能级上,通过以下三种方式使电子跃迁到 $^4F_{9/2}$ 能级上:$^4I_{13/2}(Er) + {}^2F_{5/2}(Yb) \rightarrow {}^4F_{9/2}(Er) + {}^2F_{7/2}(Yb)$,ESA:$^4I_{13/2}(Er) + hv \rightarrow {}^4F_{9/2}(Er)$,CR:$^4I_{13/2}(Er) + {}^4I_{11/2}(Er) \rightarrow {}^4F_{9/2}(Er) + {}^4I_{15/2}(Er)$,$^4F_{9/2}(Er) \rightarrow {}^4I_{15/2}(Er) + 660nm$ 红光。$^4F_{9/2}$ 能级上的电子跃迁回基态的过程中辐射出波长为 660nm 的红色发光。这也与双对数曲线拟合的结果相一致。

以上过程是 Yb^{3+}、Er^{3+} 共掺杂发光材料的典型特征,然而在 $Ca_{0.65}La_{0.35}F_{2.35}$ 基质中,本书作者观察到了一个特殊的现象,即强烈的红色发光。因此推测还有其他的上转换机制导致 Er^{3+} 的 $^4F_{9/2}$ 能级上的电子布居。有文献报道认为在相对高的掺杂浓度下,由于稀土离子间的距离缩短,相近的 Er^{3+} 之间也会发生能量传递过程。Er^{3+} 的 $^4I_{11/2}$ 能级上的电子可以辐射跃迁或无辐射跃迁到 $^4I_{13/2}$ 能级上。相邻的两个 Er^{3+} 之间发生能量传递 $^4I_{11/2}(Er) + {}^4I_{13/2}(Er) \rightarrow {}^4I_{15/2}(Er) + {}^4F_{9/2}(Er)$ 和交叉弛豫过程:$^4I_{13/2}(Er) + {}^4I_{11/2}(Er) \rightarrow {}^4I_{15/2}(Er) + {}^4F_{9/2}(Er)$,$^4F_{7/2}(Er) + {}^4I_{11/2}(Er) \rightarrow {}^4F_{9/2}(Er) + {}^4F_{9/2}(Er)$,$^4I_{13/2}(Er) + {}^4S_{3/2}/{}^2H_{11/2}(Er) \rightarrow {}^4F_{9/2}(Er) + {}^4F_{9/2}(Er)$。这些跃迁导致了 Er^{3+} 的 $^4F_{9/2}$ 能级上的大量电子布居,这些电子跃迁回基态的过程中辐射出波长为 660nm 的红色发光。这些相邻 Er^{3+} 之间的能量传递和交叉弛豫过程,不仅增加了 $^4F_{9/2}$ 能级上的电子布居,而且削弱了电子在 $^2H_{11/2}$ 和 $^4S_{3/2}$ 能级上的布居,因此观察到相对强的红光发射。

随着 Er^{3+} 浓度的增加,$Ca_{0.65}La_{0.35}F_{2.35}$:$Yb^{3+}$,$Er^{3+}$ 上转换发光材料的红光发射存在明显的浓度猝灭效应。这是因为在较高的 Er^{3+} 掺杂浓度下,Er^{3+} 间距减小,相邻 Er^{3+} 之间的交换作用和多极作用增强,进而无辐射能量传递的概率也相应增加。对应于猝灭浓度的激活离子间距离可以通过公式(4.7)计算:

$$R_C \approx 2 \left(\frac{3V}{4\pi x_c N} \right)^{\frac{1}{3}} \tag{4.7}$$

式中,V 为基质晶胞体积,N 为单胞中激活离子在晶格中所占据的阳离子的个数,x_c 是激活离子的临界浓度(即猝灭浓度)。根据 $Ca_{0.65}La_{0.35}F_{2.35}$ 的结构数据,晶胞体积 V 为 179.90Å,N 值为 6.902,猝灭浓度为 0.02,计算得到在 $Ca_{0.65}La_{0.35}F_{2.35}$ 中激活离子的临界间距为 13.6Å。

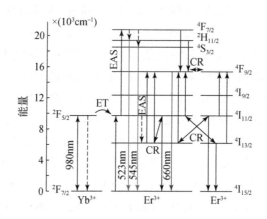

图 4.17　Ca$_{0.65}$La$_{0.35}$F$_{2.35}$：Yb^{3+}，Er^{3+}上转换发光机制示意图

（2）Sr$_{0.69}$La$_{0.31}$F$_{2.31}$基稀土掺杂发光材料的晶体结构与发光性能

Sr$_{0.69}$La$_{0.31}$F$_{2.31}$空间群为 $Fm\bar{3}m$，晶胞参数 $a=5.849$Å。如图 4.18 所示，Sr$_{0.69}$La$_{0.31}$F$_{2.31}$的晶体结构可以看作 Sr^{2+}和 La^{3+}均匀分布在立方晶胞的顶角和面心位置，F$^-$填充其中的四面体空隙。图 4.19 为不同温度下合成产物的 XRD 图。图 4.20 为水热法制备的 Sr$_{0.69}$La$_{0.31}$F$_{2.31}$：Yb^{3+}，Er^{3+} 的 TEM 图、选区电子衍射及 XRD 图。

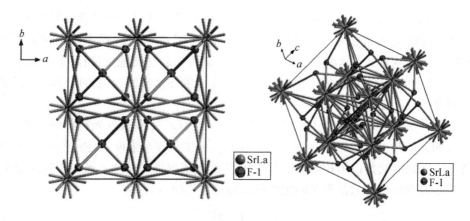

图 4.18　Sr$_{0.69}$La$_{0.31}$F$_{2.31}$的晶体结构图（不同方向）

为了研究 Eu^{3+}的掺杂量对 Sr$_{0.69}$La$_{0.31}$F$_{2.31}$晶体结构的影响，制备了 Eu^{3+}掺杂浓度分别为 0.5mol%、1mol%、2mol%、3mol%、5mol%、8mol%、10mol%、20mol% 和

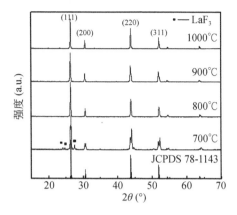

图 4.19 不同温度下合成产物的 XRD 图

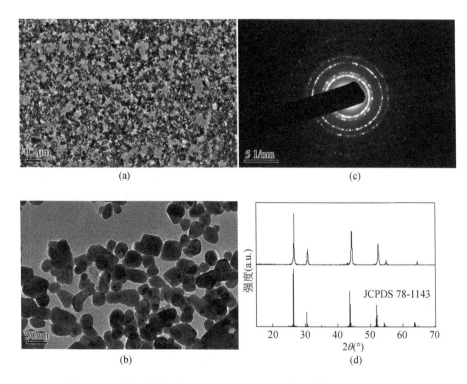

图 4.20 水热法制备的 $Sr_{0.69}La_{0.31}F_{2.31}$：$Yb^{3+}$，$Er^{3+}$ 的 TEM 图(a,b)、
选区电子衍射(c)和 XRD 图(d)

30mol% 的一系列 $Sr_{0.69}La_{0.31}F_{2.31}$：$Eu^{3+}$ 粉体,并用 XRD 研究了它们的相组成,如

图 4.21 所示。XRD 图显示,在所研究的掺杂浓度范围内,产物均为纯相。随着 Eu^{3+} 浓度增加,衍射峰强度逐步降低。这是由于 Eu^{3+} 进入晶格后,除了取代 La^{3+} 外,还部分取代 Sr^{2+},由于电荷不平衡会产生晶体缺陷,随着 Eu^{3+} 掺杂浓度增加,晶体缺陷数也随之增多,从而引起晶体无序程度增大,导致 XRD 衍射峰强度下降和半高宽增大。

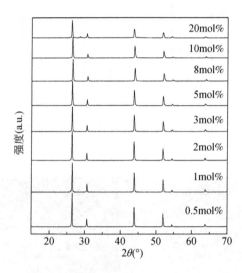

图 4.21　不同 Eu^{3+} 掺杂浓度的 $Sr_{0.69}La_{0.31}F_{2.31}$: Eu^{3+} 的 XRD 图

除了衍射峰强度减小,衍射峰的位置也随着 Eu^{3+} 掺杂浓度增加发生变化,说明 Eu^{3+} 的掺入引起了 $Sr_{0.69}La_{0.31}F_{2.31}$ 晶胞参数的改变。图 4.22 是根据布拉格方程(Bragg's law),由 XRD 数据计算的(111)面网间距值随 Eu^{3+} 掺杂浓度变化的关系曲线。表 4.1 是通过 XRD 数据计算的不同 Eu^{3+} 掺杂浓度样品的晶胞参数和晶胞体积。可以看出,在较低掺杂浓度下(<20mol%),面网间距、晶胞参数和晶胞体积随 Eu^{3+} 掺杂浓度增加线性降低,之后再增加 Eu^{3+} 的掺杂浓度,晶格常数趋于稳定。根据维加德定律(Vegard's law),固溶体的晶胞尺寸随其组成呈线性变化,由此推断,当 Eu^{3+} 的掺杂浓度小于 20mol% 时,它代替 La^{3+} 或 Sr^{2+} 而进入基质晶格,并且由于 Eu^{3+} 半径($R_{Eu^{3+}}=0.95Å$)小于 Sr^{2+} ($R_{Sr^{2+}}=1.13Å$)和 La^{3+} ($R_{La^{3+}}=1.06Å$)半径,从而使晶格常数减小,而当 Eu^{3+} 含量过高时,多余的 Eu^{3+} 将不能进入基质晶格。

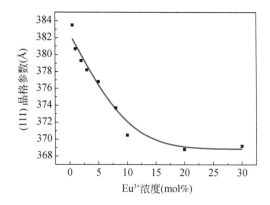

图 4.22　$Sr_{0.69}La_{0.31}F_{2.31}$：$Eu^{3+}$ 的（111）面网间距随 Eu^{3+} 浓度的变化曲线

表 4.1　不同 Eu^{3+} 掺杂浓度的 $Sr_{0.69}La_{0.31}F_{2.31}$：$Eu^{3+}$ 样品的晶格常数和晶胞体积

Eu^{3+} 掺杂浓度（mol%）	晶胞参数 a（Å）	晶胞体积 V（Å³）
0.5	5.9620	211.9217
1	5.9566	211.3808
2	5.9312	207.1498
3	5.9109	206.5206
5	5.9060	206.0025
8	5.8947	204.8309
10	5.8904	204.3757
20	5.8797	203.2647
30	5.8802	203.3145

　　由图 4.23 可以观察到 Eu^{3+} 的特征跃迁峰，其主峰位置位于 393nm，源于 Eu^{3+} 的 $^7F_0 \rightarrow {}^5L_6$ 跃迁。在激发光谱上还观察到位于约 273nm 的 Eu-O 电荷迁移带，说明晶体内部有 O 出现，这是由于采用常规的固相反应法制备氟化物时，样品常常会被部分氧化造成。

　　图 4.24 是样品的发射光谱，可以观察到位于 570~660nm 的一系列尖锐的发射峰，是 Eu^{3+} 的 $^5D_0$ 激发态能级向 ^7F_n（$n=0~3$）能级的跃迁引起（图中标注）。此外，还可以比较清楚地观察到 510~560nm 的 $^5D_1 \rightarrow {}^7F_n$（$n=0~3$）跃迁峰。这是由于 $Sr_{0.69}La_{0.31}F_{2.31}$ 基质具有较低的声子能量，而 $^5D_0$ 和 $^5D_1$ 能级的能量间隔又较小，导致多声子发射过程效率非常低，不足以猝灭 $^5D_1$ 能级的发光，样品出现比较明显的 $^5D_1 \rightarrow {}^7F_n$ 发射峰。

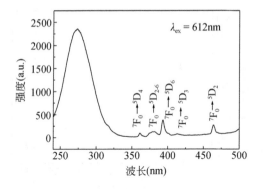

图 4.23　$Sr_{0.69}La_{0.31}F_{2.31}$：0.02 Eu^{3+} 的激发光谱

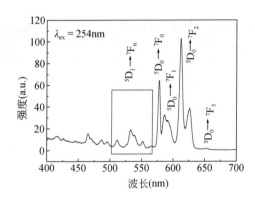

图 4.24　$Sr_{0.69}La_{0.31}F_{2.31}$：0.02 Eu^{3+} 的发射光谱

Eu^{3+} 的 $^5D_0 \rightarrow ^7F_2$ 跃迁是宇称禁戒的电偶极跃迁，其跃迁强度对 Eu^{3+} 所处的晶体场对称性非常敏感，而 $^5D_0 \rightarrow ^7F_1$ 是宇称允许的磁偶极跃迁，受 Eu^{3+} 周围环境的影响不大。当 Eu^{3+} 处于具有反演对称中心的格位时，磁偶极跃迁 $^5D_0 \rightarrow ^7F_1$ 占主导地位，反之电偶极跃迁 $^5D_0 \rightarrow ^7F_2$ 占主导地位，因此通常可以通过所谓反对称比即 Eu^{3+} 的 $^5D_0 \rightarrow ^7F_2$ 与 $^5D_0 \rightarrow ^7F_1$ 发射峰强度的比值来判断其在晶格中所处晶格位置的对称性，从而获得基质内部的局部结构信息。图 4.25 给出了 Eu^{3+} 的 $^5D_0 \rightarrow ^7F_1$ 与 $^5D_0 \rightarrow ^7F_2$ 发射峰积分强度比值与其掺杂浓度的关系。由图看出，在较低的掺杂浓度下（<5mol% Eu^{3+}），$^5D_0 \rightarrow ^7F_1$ 与 $^5D_0 \rightarrow ^7F_2$ 发射峰积分强度的比值较大，表明 Eu^{3+} 所处格位具有比较高的对称性，随着 Eu^{3+} 掺杂量的提高，这两个发射峰积分强度的比值以指数形式迅速衰减，在 Eu^{3+} 浓度达到 10mol% 左右趋于平稳。这是因为随着 Eu^{3+} 浓度的增加，晶体缺陷数目不断增多，导致晶体微观有序度不断下降，从而导

致 Eu^{3+} 格位对称性不断降低。

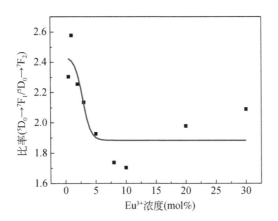

图 4.25　Eu^{3+} 的 $^5D_0 \rightarrow {}^7F_1$ 与 $^5D_0 \rightarrow {}^7F_2$ 发射峰积分强度比值与掺杂浓度的关系曲线

图 4.26 为 $Sr_{0.69}La_{0.31}F_{2.31}$ ：Eu^{3+} 粉体中，Eu^{3+} 的发射峰积分强度与其掺杂浓度的关系曲线。从图可以看出，随着 Eu^{3+} 掺杂浓度的增大，发光强度大幅提高，在 Eu^{3+} 的掺杂浓度为 20mol% 左右时达到最大值，之后再增加 Eu^{3+} 掺杂浓度，发光强度迅速降低。与其他氟化物基质相比，Eu^{3+} 在 $Sr_{0.69}La_{0.31}F_{2.31}$ 基质中具有较高的猝灭浓度。结合之前 XRD 分析结果，发射峰强度的降低也与高浓度下（>20mol%）Eu^{3+} 不能再进入基质晶格有关。

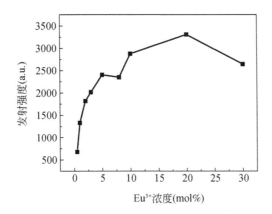

图 4.26　Eu^{3+} 的发射峰积分强度与掺杂浓度的关系曲线

图 4.27 为 $Sr_{0.69}La_{0.31}F_{2.31}$ ：$0.02Yb^{3+}$, $x\,Er^{3+}$ 样品在不同 Er^{3+} 掺杂浓度下 400 ～ 700nm 的上转换发射光谱（泵浦功率为 10mW，狭缝宽为 10nm）。图中存在 3 个比

较明显的发射峰,发光中心分别位于 522nm、539nm 和 650nm。其中 522nm 和 539nm 的绿光发射分别对应于 Er^{3+}从激发态^{2}H$_{11/2}$、^{4}S$_{3/2}$到基态^{4}I$_{15/2}$的跃迁。650nm 的红光发射对应于 Er^{3+}从激发态^{4}F$_{9/2}$到基态^{4}I$_{15/2}$的跃迁。位于 650nm 处的红光发射最强,522nm 处的绿光发射最弱。用激光器照射样品时肉眼观察到很强的橙光,说明 980nm 泵浦源下更有可能获得橙色上转换发光。

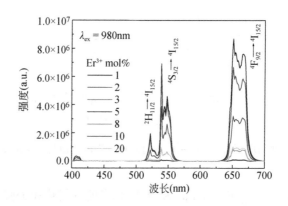

图 4.27　不同 Er^{3+}掺杂浓度的 Sr$_{0.69}$La$_{0.31}$F$_{2.31}$：Yb^{3+},Er^{3+}的上转换发射光谱(见彩图)

图 4.28 显示了红光和绿光区域发射峰强度随样品中 Er^{3+}掺杂浓度变化的曲线。从图可以看出,Sr$_{0.69}$La$_{0.31}$F$_{2.31}$：0.2 Yb^{3+},x Er^{3+}样品的发光强度与 Er^{3+}浓度密切相关,且红光和绿光发射峰强度的变化趋势大致相同,说明 Yb^{3+}对三个发射峰的敏化作用相似。由图看出,红光和绿光的发射峰在 Er^{3+}的掺杂量为 1mol% 时强度最高,随 Er^{3+}含量的增加而降低,当 Er^{3+}的掺杂量达到 3mol% 时,两个发射峰的强度达到最低值,之后趋于平稳,说明在 Sr$_{0.69}$La$_{0.31}$F$_{2.31}$基质中 Er^{3+}的猝灭浓度较低,仅为 1mol%。

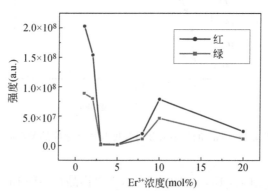

图 4.28　Sr$_{0.69}$La$_{0.31}$F$_{2.31}$：0.2Yb^{3+},xEr^{3+}样品发射峰强度随 Er^{3+}掺杂浓度的变化曲线

图 4.29 为 20mol% Yb^{3+}、5mol% Er^{3+} 共掺杂 $Sr_{0.69}La_{0.31}F_{2.31}$ 上转换发光材料的红光和绿光发射峰强度与泵浦功率之间的双对数曲线,图中给出了各发射峰曲线拟合后的斜率即 n 值。曲线的斜率分别为 1.48014 和 1.53939,可知 522nm、539nm绿光和 650nm 红光发射均属于双光子过程。

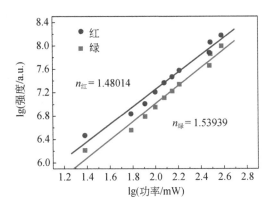

图 4.29 $Sr_{0.69}La_{0.31}F_{2.31}$:$0.2Yb^{3+}$,$0.05Er^{3+}$ 的上转换发光强度与激发功率的双对数拟合曲线

图 4.30 给出了 $Sr_{0.69}La_{0.31}F_{2.31}$:$Yb^{3+}$,$Er^{3+}$ 的上转换能级图。从图可以看出,Yb^{3+} 吸收一个 980nm 光子能量从基态 $^2F_{7/2}$ 跃迁到激发态 $^2F_{5/2}$,与此同时,Er^{3+} 吸收一个光子由基态 $^4I_{15/2}$ 跃迁到中间态 $^4I_{11/2}$,由于 Er^{3+} 和 Yb^{3+} 的能级差别较小,距离较近,可以发生能量传递,Er^{3+} 被激发到更高能级 $^4F_{7/2}$,该能级上的电子处于亚稳态,可通过多声子弛豫跃迁至较低能级($^2H_{11/2}$、$^4S_{3/2}$),$^2H_{11/2}$ 和 $^4S_{3/2}$ 能级上的电子向基态跃迁发射 522nm 和 539nm 的绿光。至于红光则有两种不同机理,第一种是中间态 $^4I_{11/2}$ 无辐射跃迁到 $^4I_{13/2}$ 能级(a_1 过程),然后该能级上的 Er^{3+} 再吸收光子跃迁到 $^4F_{9/2}$ 能级(a_2 过程),由激发态 $^4F_{9/2}$ 跃迁至基态 $^4I_{15/2}$ 产生 650nm 红光发射;第二种是中间态 $^4I_{11/2}$ 的电子和 Yb^{3+} 激发态 $^2F_{5/2}$ 能级上的电子发生能量传递,到达 $^4F_{7/2}$ 能级上,接着无辐射弛豫到较低能级 $^4S_{3/2}$,再无辐射弛豫到较低能级 $^4F_{9/2}$,由激发态 $^4F_{9/2}$ 跃迁至基态 $^4I_{15/2}$ 产生 650nm 红光发射。由于 $^4S_{3/2}$ 和 $^4F_{9/2}$ 能级间隔太大(约 3000nm),弛豫概率小,而且在氟化物基质中离子–晶格间的相互作用很弱,因此认为在 $Sr_{0.69}La_{0.31}F_{2.31}$:$Yb^{3+}$,$Er^{3+}$ 材料中红色发光机理为第一种。具体过程如下:

①绿光发射

522nm 和 539nm 的绿光:Yb^{3+} 吸收一个 980nm 光子后,将 Er^{3+} 基态电子跃迁到 $^4I_{11/2}$ 能级上,这个能级上的电子通过和 Yb^{3+} 激发态 $^2F_{5/2}$ 上的电子发生能量传递到达 $^4F_{7/2}$ 能级上,接着无辐射弛豫到较低能级($^2H_{11/2}$、$^4S_{3/2}$),$^2H_{11/2}$ 和 $^4S_{3/2}$ 能级上的电子跃迁到基态,发射出 522nm 和 539nm 的绿光。发光过程可以描述为:

$$Yb^{3+}(^2F_{7/2}) + 980nm\text{ 光子} \rightarrow Yb^{3+}(^2F_{5/2})$$

$$Yb^{3+}(^2F_{5/2}) + Yb^{3+}(^2F_{5/2}) \rightarrow 2Yb^{3+}(^2F_{5/2})$$

$$Er^{3+}(^4I_{15/2}) + 2Yb^{3+}(^2F_{5/2}) \rightarrow Er^{3+}(^4F_{7/2}) + 2Yb^{3+}(^2F_{5/2})$$

$$Er^{3+}(^4F_{7/2}) \rightarrow Er^{3+}(^2H_{11/2}, {}^4S_{3/2})$$

$$Er^{3+}(^2H_{11/2}) \rightarrow Er^{3+}(^4I_{15/2}) + 522nm\text{ 绿光}$$

$$Er^{3+}(^4S_{3/2}) \rightarrow Er^{3+}(^4I_{15/2}) + 539nm\text{ 绿光}$$

②红光发射

650nm 的红光：Yb^{3+}吸收一个 980nm 光子后将 Er^{3+}基态电子跃迁到$^4I_{11/2}$能级，$^4I_{11/2}$上的电子无辐射弛豫到$^4I_{13/2}$能级，$^4I_{13/2}$能级上的电子进一步和激发态的Yb^{3+}发生能量传递达到$^4F_{9/2}$能级，电子从$^4F_{9/2}$能级跃迁回到基态，发出 650nm 的红光。发光过程可以描述为：

$$Yb^{3+}(^2F_{7/2}) + 980nm\text{ 光子} \rightarrow Yb^{3+}(^2F_{5/2})$$

$$Er^{3+}(^4I_{15/2}) + Yb^{3+}(^2F_{5/2}) \rightarrow Er^{3+}(^4I_{11/2}) + Yb^{3+}(^2F_{7/2})$$

$$Er^{3+}(^4I_{11/2}) \rightarrow Er^{3+}(^4I_{13/2})$$

$$Er^{3+}(^4I_{13/2}) + Yb^{3+}(^2F_{5/2}) \rightarrow Er^{3+}(^4F_{9/2}) + Yb^{3+}(^2F_{7/2})$$

$$Er^{3+}(^4F_{9/2}) \rightarrow Er^{3+}(^4I_{15/2}) + 650nm\text{ 红光}$$

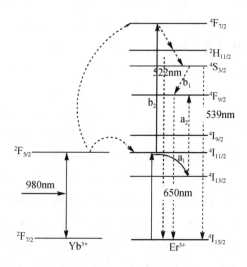

图 4.30　$Sr_{0.69}La_{0.31}F_{2.31}$：$Yb^{3+}$，$Er^{3+}$的上转换发光机理图

4. 萤石结构氟化物基质对稀土离子发光性能的影响

本节通过对比 Eu^{3+} 和 Yb^{3+}、Er^{3+} 在不同萤石结构氟化物 $M_{1-x}La_xF_{2+x}$（M = Ca、

Sr)基质中的发光光谱,研究萤石结构氟化物基质对稀土离子发光性能的影响规律。

基质结构对 $M_{1-x}La_xF_{2+x}$: Eu^{3+} ($M = Ca$ 、Sr)发光性能的影响如下。

Eu^{3+} 具有 $4f^6$ 的电子构型,主要发射红光。

①Eu^{3+} 的发射多由 $^5D_0 \rightarrow {}^7F_J$ 组成,但有时也能发现 $^5D_{1,2,3} \rightarrow {}^7F_J$ 的发射,由于 $\Delta E = ({}^5D_1 - {}^5D_0) = 1750\text{cm}^{-1}$,能否出现 $^5D_{1,2,3} \rightarrow {}^7F_J$ 的发射取决于基质晶格振动频率,基质晶格振动频率较小时(小于 350cm^{-1}),一般可以观察到 $^5D_{1,2,3} \rightarrow {}^7F_J$ 的发射(绿光);而振动频率较高时(如硅酸盐和硼酸盐),由于多声子弛豫很容易发生,则只能观察到从最低的激发态 $^5D_0$ 产生的 $^5D_0 \rightarrow {}^7F_J$ 发射。

②Eu^{3+} 的发射与其所处的环境有很密切的关系。如果 Eu^{3+} 占据具有对称中心的格位,其发射就以 $^5D_0 \rightarrow {}^7F_1$ 的磁偶极跃迁为主(592nm 附近),如果占据无对称中心格位或者偏离中心的格位(晶体场奇次项可以将相反宇称混合到 $4f^6$ 组态中,电偶极跃迁不再严格禁戒),其发射则以受迫电偶极跃迁 $^5D_0 \rightarrow {}^7F_2$ 发射为主(615nm,超灵敏跃迁),$^5D_0 \rightarrow {}^7F_4$ (704nm)也具有一定的强度。所以依据光谱特点,可以推测其所处格位的对称性。

③无论格位如何,Eu^{3+} 的 $^5D_0 \rightarrow {}^7F_3$ 跃迁是由于混效应引起的跃迁,位于 650nm 左右(很弱)。$^5D_0 \rightarrow {}^7F_0$ 跃迁(578~580nm)是禁戒的,仅当 Eu^{3+} 处于 C_n , C_{nv} 和 C_s 三种具有线性项的晶场中时,其发射才能呈现一定的强度。$^5D_0 \rightarrow {}^7F_0$ 是非简并的,只能有一条谱线;如果 Eu^{3+} 的发射光谱存在多条 $^5D_0 \rightarrow {}^7F_0$ 谱线,则表明存在多种发光中心(Eu^{3+} 处在多种环境不同的格位)。通过激光进行选择性激发可以区分这些不同的格位。

④利用点群含有奇次项的情况,以及量子数和不可约表示的选择定则,可计算出在 32 个点群中 $4f^6$ 组态的 Eu^{3+} 的 $^5D_0 \rightarrow {}^7F_J$ ($J = 0,1,2,4,6$)跃迁数目。在不同点群中 $^5D_0 \rightarrow {}^7F_J$ ($J = 0,1,2,4,6$)的跃迁数目是有差别的,并常常利用这个特征将 Eu^{3+} 作为荧光探针离子掺杂到各种化合物中,根据它的荧光结构来判断被取代离子的结构环境。由于荧光具有很高的灵敏度,掺杂量可以很低,光谱测量方法简单方便,因此在化学和材料物理的研究中被广泛应用。

在本研究选取的萤石结构碱土稀土复合氟化物体系中,由于 Eu^{3+} 半径(0.947Å)与 La^{3+} (1.032Å)接近,且价态相同,本书作者认为 Eu^{3+} 在碱土稀土氟化物中优先在三价阳离子位置上掺杂,但 Eu^{3+} 半径(0.947Å)与 Ca^{2+} (1.0Å)、Sr^{2+} (1.18Å)也比较接近,所以不排除通过电荷补尝作用在二价阳离子位置上掺杂的可能。

5. 小结

氟化物发光材料基质具有声子能量低、透光波长范围宽等诸多优势,使得稀土氟化物成为优良的发光基质材料。本书作者制备了一系列形貌可控、发光性能优异的新型 Eu^{3+} 和 Yb^{3+}/Er^{3+} 掺杂萤石结构碱土–稀土复合氟化物荧光材料,探讨了材料的物相组成、晶体结构、显微结构、发光性能及其相互关系,获得以下主要结论:

①通过固相反应法制备了 Eu^{3+} 掺杂和 Yb^{3+}、Er^{3+} 共掺杂的萤石结构碱土稀土复合氟化物基发光材料。对于 Eu^{3+} 掺杂,900℃下煅烧所得产物为纯相,Eu^{3+} 占据晶格中对称性较低的位置,因而样品的发射以 $^5D_0 \rightarrow {}^7F_2$ 电偶极跃迁发射为主。

②系统研究了萤石结构 $M_{1-x}La_xF_{2+x}$($M = Ca$、Sr)的晶体结构和化学成分对 Eu^{3+} 荧光性能和 Yb^{3+}、Er^{3+} 上转换发光性能的影响。基质晶格的对称性越低,Eu^{3+} 的 $^5D_0 \rightarrow {}^7F_2$ 电偶极跃迁发射峰强度越高。空间对称性相同,晶格常数的差异造成晶胞中原子之间的距离不同,晶格常数相对较小的基质中,单位体积所含的发光离子个数较多,相应的荧光辐射也略强。萤石结构 $M_{1-x}La_xF_{2+x}$($M = Ca$、Sr)基质晶格的声子能量较低,适合作为上转换发光基质材料。

4.2.2 冰晶石结构发光材料

1. 冰晶石简介

冰晶石(cryolite)是一种天然矿物,又名六氟合铝酸钠或氟化铝钠,分子式为 Na_3AlF_6,柱状或块状体,比重为 3,硬度 2~3,折射率 1.338~1.339,双折射率为 0.001,正光性[46,47]。20 世纪 80 年代以前,天然冰晶石的主要产地位于格陵兰西海岸。目前工业所用冰晶石多以萤石人工合成[48]。

冰晶石结构化合物的晶体化学通式为 A_3MF_6,式中 A 是以 Na^+ 为代表的一价阳离子,包括 Li^+、K^+、Rb^+、Cs^+ 和 NH_4^+ 等;M 是以 Al^{3+} 为代表的三价阳离子,包括 Ga^{3+}、In^{3+}、Y^{3+} 和 Sc^{3+} 等。冰晶石通常以两种晶型存在[49],一种是单斜晶系,空间群为 $P2_1/n$;另一种是立方晶系,空间群为 $Fm3m$。在单斜和立方晶系中,三价阳离子 M^{3+} 均位于晶胞顶点和一对面的中心,与周围的 6 个 F^- 结合形成八面体,一价阳离子 A^+ 有两种配位环境,一种位于晶胞各棱上,与 6 个 F^- 结合形成 [AF_6] 八面体,另一种位于晶胞内部,与周围的 12 个 F^- 形成 [KF_{12}] 立方八面体。图 4.31 为冰晶石的晶体结构图。通过改变温度和一价或三价阳离子的类质同象替代可以实现冰晶石单斜相和立方相的相互转换。例如在立方晶系冰晶石中如果分布于立方八面体中的一价阳离子 A^+ 半径较小,不能填满立方八面体的空间,故在冷却条件下多面体发生倾斜,容易转变为单斜晶系。此外大半径的三价阳离子 M^{3+} 替代小半径的 M^{3+} 时,M^{3+} 与周围的 F^- 构成的八面体发生扭曲畸变,导致位于晶胞内的一价 A^+ 的

十二配位变成八配位,结构中各原子均发生位置偏移,造成立方相部分阳离子配位
环境改变而重新构建成拥有更小晶胞的单斜相。

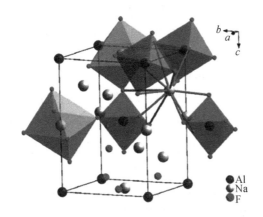

图 4.31　冰晶石晶体结构示意图

此前公认性能最好的氟化物发光基质是 $NaYF_4$[50],而冰晶石与 $NaYF_4$ 的成分
和结构具有相似性,同样具有低的声子能量和好的光学透明性,可为稀土离子掺杂
及能量传递提供良好的结构环境,因此冰晶石结构化合物成为一种新的、性能优异
的发光材料基质。

2. 冰晶石结构发光材料研究进展

1967 年,Pisarenko 等首次通过将碱金属氟化物、铈的氟化物和铝的氟化物混
合在空气中煅烧,合成了 Eu^{3+} 掺杂的 Na_3AlF_6、K_3AlF_6 和 K_3CeF_6 发光材料,用附带
UFS-3 滤光片的 SVD-3120A 谱仪在 365nm 紫外光激发下测得激发光谱,用 ISP-51
光谱仪记录了样品的发射光谱。在 Eu^{3+} 掺杂的 Na_3AlF_6、K_3AlF_6 和 K_3CeF_6 中观察
到 $^5D_0$-$^7F_1$、$^5D_1$-$^7F_3$ 和 $^5D_1$-$^7F_4$ 电子跃迁峰,而 $^5D_0$-$^7F_0$ 和 $^5D_0$-$^7F_2$ 电子跃迁峰相对较
弱,当在样品中引入 Sm^{3+} 时,$^5D_0$-$^7F_0$ 和 $^5D_0$-$^7F_2$ 电子跃迁峰明显增强[51]。

之后一些冰晶石结构发光材料被相继报道。Jia 等通过水热法合成了微米级
Na_3FeF_6：Eu^{3+} 发光材料,并对其结构、形貌、发光性能及磁性能进行了研究。结果
表明,通过改变反应条件和 Eu^{3+} 掺杂浓度可以调控样品的发光性能。196℃条件下
合成的 Na_3FeF_6：$0.05Eu^{3+}$ 样品在 395nm 波长激发下发射出明亮的红色。温度由
5K 增加到 60K,Na_3FeF_6：$0.05Eu^{3+}$ 样品的磁性从 7.85emu/g 减小至 0.4emu/g,而
温度由 60K 增加至 300K 过程中,磁性强度下降的速度减缓。研究证明该材料在
光磁调变方面有潜在应用价值[52]。

Yanagida 等采用提拉法合成了 $LiCaAlF_6$ 和 $LiCaAl_{0.9}Ga_{0.1}F_6$ 晶体,并对其光学

性能、闪烁性能和剂量性能进行了测试。Mn^{2+} 掺杂的 $LiCaAlF_6$ 和 $LiCaAl_{0.9}Ga_{0.1}F_6$ 样品发射波长位于 520nm 处,其发光及闪烁衰减时间均为几十毫秒。在此基础上,首次对 Mn^{2+} 掺杂 $LiCaAl_{0.9}Ga_{0.1}F_6$ 晶体的热释光(TSL)曲线和光释光(OSL)性能进行了测试。一系列测试表明 Mn^{2+} 掺杂的 $LiCaAlGaF_6$ 晶体可以作为剂量材料,与以往报道过的 Ce^{3+} 和 Eu^{3+} 掺杂的 $LiCaAlGaF_6$ 晶体相比,Mn^{2+} 掺杂的 $LiCaAlGaF_6$ 晶体 OSL 敏感性更高、TSL 敏感性更低[53]。

Saro 等以 KF 和 $In(acac)_3$ 为原料,以乙醇为溶剂,通过溶剂热法成功合成了立方相 K_3InF_6,并进行 Eu^{3+}、Tb^{3+}、Er^{3+} 和 Er^{3+}/Yb^{3+} 掺杂,对其结构和发光性能、能量传递过程进行了系统研究。结果表明,K_3InF_6 样品空间群为 $Fd\bar{3}$,$a = 17.718(3)$ Å,室温拉曼光谱中出现明显的 $227cm^{-1}$、$311cm^{-1}$ 和 $496cm^{-1}$ 冰晶石结构特征谱带,采用洛伦兹拟合方式得到 K_3InF_6 样品的声子能量为 $367cm^{-1}$,利用 Judd-Ofelt(J-O)参数对掺杂的稀土离子周围局部对称性及键合性质进行了分析[54]。

Gusowski 等以 KF_3、YF_3 和 TbF_3 为原料,采用高温烧结法在 1050℃ 氩气环境中烧结 24h 制备了 $K_3Y_{1-x}Tb_xF_6$($x = 0.03, 0.1, 0.2, 1$)荧光粉。在 375nm 紫外波长激发下,样品在 545nm 处发射绿光($^5D_4 \rightarrow {}^7F_5$)。探究了样品发射光谱随温度的变化,温度由 8K 增加至 297K,Tb^{3+} 特征峰宽度由 1.7nm 增加至 18nm,该现象归结为晶体结构中 C_i 中心对称位置的 Tb^{3+} 受到禁带跃迁及低电子-声子作用影响。该研究表明利用 Tb^{3+} 在紫外及近紫外光区域较强的 f-d 跃迁,可以有效增强 Tb^{3+} 的荧光发射,这对研究高光谱纯度绿光应用具有重要意义[55]。Gusowski 等还以 KF、GdF_3 和 PrF_3 为原料,氩气保护,在 1050℃ 下反应 24h 制备得到单晶 K_3GdF_6:Pr^{3+},并对其在 10~300K 的发光性能进行了表征。结果表明,温度对 $^3P_0$ 辐射的影响较小,而 $^1D_2$ 辐射由于温度相关的自猝灭效应从 10K 时的 $520\mu s$ 下降到 290K 时的 $219\mu s$。激发光谱证明了能量从 Pr^{3+} 的 5d 能级有效转移至 Gd^{3+} 的 $4f^7$ 能级[56]。此外,还研究了 K_3YF_6:Nd^{3+} 在真空紫外、可见和红外光区的发光情况,详细介绍了室温下的 $^4F_{3/2}$ 发射寿命以及不同浓度 Nd^{3+} 对自猝灭发光寿命的影响。K_3YF_6 中 Nd^{3+} 浓度为 $2.6 \times 10^{19}/cm^3$ 时,测得的 $^4F_{3/2}$ 发射寿命为 5.3ms,是当时报道的掺 Nd^{3+} 晶体的最长寿命值[57]。

Rawat 等采用溶剂法在甲醇溶液中制备了 K_3GaF_6 及 K_3GaF_6:Eu^{3+}、K_3GaF_6:Tb^{3+}、K_3GaF_6:Er^{3+} 和 K_3GaF_6:Er^{3+},Yb^{3+},并对其结构、发光性能和发光机理进行了分析。Rietveld 结构精修结果表明,空间群为 $Fm\bar{3}m$,$a = 8.5285(10)$ Å。在紫外光激发下,观察到 Eu^{3+} 和 Tb^{3+} 在红色、绿色区域的 Stokes 发射。在 980nm 红外光激发下,K_3GaF_6:Er^{3+},Yb^{3+} 样品呈现绿光发射,CIE 坐标为($0.1690, 0.5073$),$CTT = 4630$[58]。

目前对于冰晶石结构发光材料的研究非常有限,研究的基质主要为 Li、Na、K 碱金属离子和 Al、Sc、Ga 三价金属离子与 F 离子结合形成的冰晶石结构化合物,特点是这几种三价阳离子半径均比较小。此外,所研究的发光材料主要是下转换荧光粉,关于上转换发光材料的研究报道极为有限。冰晶石结构化合物具有单斜和立方两种晶型和几种可取代的阳离子格位,同时具有声子能量低、光学透明性好、性能稳定、利于稀土离子能量传递等优点,有望成为新的发光材料,特别是上转换发光材料基质。稀土掺杂的冰晶石结构发光材料在短波长激光器、太阳能电池以及高对比度光学成像和光动力治疗等领域具有巨大的应用潜力。

本书作者在探索冰晶石结构化合物的合成和稀土离子掺杂方法基础上,成功制备了一系列新型冰晶石结构化合物基质及基于这些新基质的上转换、下转换发光材料,实现了对其中一些发光材料晶型、粒径、形貌的可控制备,研究了冰晶石结构发光材料成分、晶型、发光性能关系以及不同稀土离子对在新型冰晶石结构化合物基质中的能量传递机制,探索了核壳结构冰晶石型上转换发光材料的制备及性能优化方法。

3. 冰晶石结构新基质研究

冰晶石是一种矿物,成分为 Na_3AlF_6,以立方相和单斜相两种晶型存在。冰晶石结构化合物可用通式 A_3MF_6 表示,其中 A 为碱金属离子或者铵根离子,M 为三价金属阳离子。因冰晶石结构化合物的组成和结构与目前最受关注的上转换发光材料基质 $NaYF_4$ 比较相似,且二者均可以两种晶型存在,引起了人们的关注。目前对该类化合物基质的报道有限,首先是因为冰晶石结构化合物基质种类不多,适合稀土离子掺杂、制备发光材料的冰晶石结构化合物基质更为有限。因此,作者采用固相法和液相法进行了冰晶石结构化合物基质的制备研究,为冰晶石结构上转换发光材料制备与性能研究提供基础。

(1) Na_3AlF_6 纳米晶的可控制备

以 NaF 和 $AlF_3 \cdot H_2O$ 为原料,采用水热法合成了单斜晶系 Na_3AlF_6,研究了合成条件对其形貌和晶粒径的影响。结果表明,通过调控实验条件可以实现对单斜型 Na_3AlF_6 的可控制备,形貌可以由颗粒状变为枝晶状和块状,平均晶粒径可在 50nm ~ 2μm 调变。其中,提高反应温度(140 ~ 180℃),可使 Na_3AlF_6 平均晶粒径由 150nm 增大到 250nm,形貌保持为不规则粒状;反应时间对 Na_3AlF_6 晶粒形貌和粒径大小无影响;降低 NaF 溶液 pH 值,Na_3AlF_6 的形貌由不规则粒状向枝晶状和块状转变,粒径由 150nm 增大到 2μm。

图 4.32 为不同原料配比在 180℃水热反应 12h 制备的 Na_3AlF_6 的 XRD 图。由图可见,当 NaF 与 $AlCl_3 \cdot 6H_2O$ 摩尔比为 6∶1 时,所得样品的 XRD 衍射谱与 $Na_5Al_3F_{14}$(JCPDS No. 74-187)标准卡片匹配较好;当 NaF 与 $AlCl_3 \cdot 6H_2O$ 摩尔比

为12∶1和24∶1时,样品衍射谱与单斜冰晶石 Na₃AlF₆标准卡片(JCPDS No. 25-772)一致,而且锋形较为尖锐,无杂峰出现,表明合成的样品为 Na₃AlF₆纯相且结晶度较高。

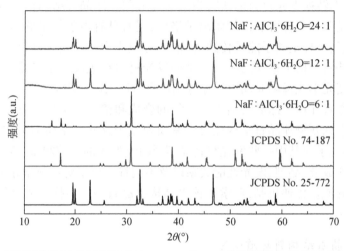

图4.32　不同原料配比条件下制备的 Na₃AlF₆的 XRD 图及相关物相的标准卡数据

图4.33、图4.34 分别为不同原料配比制备的 Na₃AlF₆样品的 SEM 图和粒径分布图。由图 4.33(a)和 4.34(a)可知,当 NaF 与 AlCl₃·6H₂O 摩尔比为 12∶1 时,样品呈不规则粒状,晶粒径集中在 200~300nm,约占总量的 78%。约 6% 的晶粒径分布在 100~200nm,少数晶粒径分布在 300~800nm。由图 4.33(b)和图 4.34(b)可知,当 NaF 与 AlCl₃·6H₂O 摩尔比为 24∶1 时,样品呈不规则粒状,表面更加圆滑,晶粒径增大,分布在 400~700nm,约占总量的 68%。约 8% 的晶粒径分布在300~400nm,剩余的晶粒径分布在 700~1100nm。

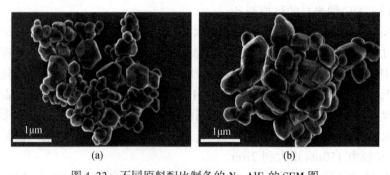

图4.33　不同原料配比制备的 Na₃AlF₆的 SEM 图
(a)NaF∶AlCl₃·6H₂O=12∶1;(b)NaF∶AlCl₃·6H₂O=24∶1

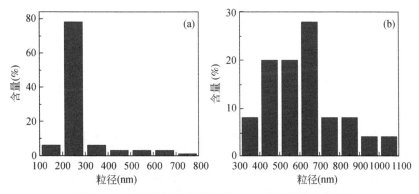

图 4.34　不同原料配比制备的 Na_3AlF_6 的粒径分布图

(a)NaF∶AlCl$_3$·6H$_2$O=12∶1；(b)NaF∶AlCl$_3$·6H$_2$O=24∶1

　　图 4.35 为不同温度下反应 6h 制备的 Na_3AlF_6 样品的 XRD 图,反应温度分别为 140℃、160℃和 180℃。由图可见,在 140℃、160℃和 180℃下反应 6h 所得的样品,其 XRD 衍射谱与单斜冰晶石 Na_3AlF_6 标准卡片(JCPDS No. 25-772)一致,衍射峰较为尖锐,无杂峰出现,说明样品为单斜冰晶石纯相且结晶度较高。由图还可以看到,随着反应温度的升高,衍射峰强度增大,晶体结晶度略有提高。

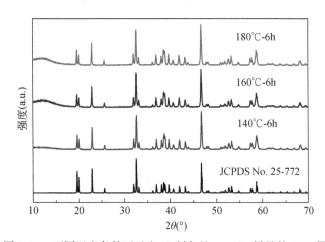

图 4.35　不同温度条件下反应 6h 制备的 Na_3AlF_6 样品的 XRD 图

　　图 4.36、图 4.37 分别为 140℃、160℃和 180℃条件下反应 6h 制备的 Na_3AlF_6 样品的 SEM 图和粒径分布图。由图 4.36(a)和图 4.37(a)可知,当反应温度为 140℃时,样品呈不规则粒状,晶粒边缘比较圆滑,晶粒径集中分布在 100~200nm,约占总量的 72%。约 8%的晶粒径分布在 50~100nm,约 16%的晶粒径分布在 200~250nm,少数晶粒径分布在 300~350nm。由图 4.36(b)和图 4.37(b)可知,

当反应温度为 160℃时,样品呈不规则粒状,晶粒边缘比较圆滑,晶粒径集中在 100~200nm,约占总量的 78%,极少数晶粒径分布在 50~100nm,剩余晶粒径分布在 250~350nm。由图 4.36(c)和图 4.37(c)可知,当反应温度为 180℃时,样品呈不规则粒状,晶粒边缘比较圆滑,晶粒径分布在 150~450nm,其中约 35%的晶粒径分布在 150~200nm,约 25%的晶粒径分布在 250~300nm,少数晶粒径分布在 400~450nm。

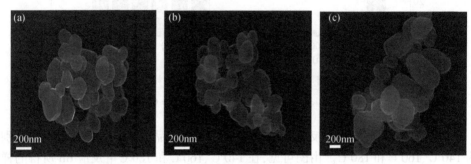

图 4.36　不同温度下反应 6h 制备的 Na_3AlF_6 样品的 SEM 图

(a)140℃;(b)160℃;(c)180℃

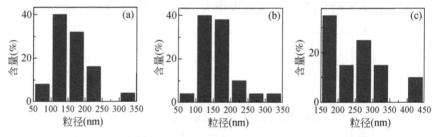

图 4.37　不同温度下反应 6h 制备的 Na_3AlF_6 样品的粒径分布图

(a)140℃;(b)160℃;(c)180℃

　　图 4.38 为 140℃条件下反应不同时间制备的 Na_3AlF_6 样品的 XRD 图,反应时间分别为 3h、6h、9h 和 12h。由图可见,140℃下反应 3h、6h、9h 和 12h 制备的样品,其 XRD 谱与单斜冰晶石 Na_3AlF_6 标准卡片(JCPDS No. 25-772)一致,衍射峰较为尖锐,无杂峰出现,说明合成的样品为单斜 Na_3AlF_6 纯相且结晶性较好。此外,从图中可以看到随着反应时间的增加,衍射峰强度有所提高,晶体结晶度有所提高。

　　图 4.39、图 4.40 分别为 140℃条件下反应 3h、6h、9h 和 12h 制备的 Na_3AlF_6 样品的 SEM 图和粒径分布图。当反应时间为 3h 时[图 4.39(a)、图 4.40(a)],样品呈不规则粒状,晶粒边缘比较圆滑,晶粒径分布在 50~250nm,其中 76% 左右的晶粒径分布在 100~200nm,20% 左右的晶粒径分布在 50~100nm;当反应时间为 6h 时[图 4.39(b)、图 4.40(b)],样品呈不规则粒状,晶粒边缘比较圆滑,晶粒径分布

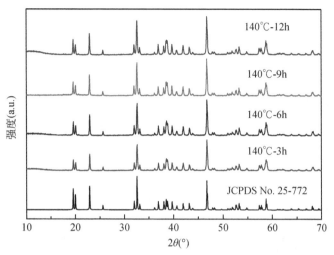

图 4.38　140℃条件下反应不同时间制备的 Na_3AlF_6 样品的 XRD 图

在 50～350nm,其中 72% 左右的晶粒径分布在 100～200nm,16% 左右的晶粒径分布在 200～250nm;当反应时间为 9h 时[图 4.39(c)、图 4.40(c)],样品呈不规则粒状,晶粒边缘比较圆滑,晶粒径分布在 100～300nm,其中 80% 左右的晶粒径分布在 100～200nm;当反应时间为 12h 时[图 4.39(d)、图 4.40(d)],样品呈不规则粒状,晶粒边缘比较圆滑,晶粒径分布在 50～250nm,其中 80% 左右的晶粒径分布在 100～200nm,15% 左右的晶粒径分布在 200～250nm。

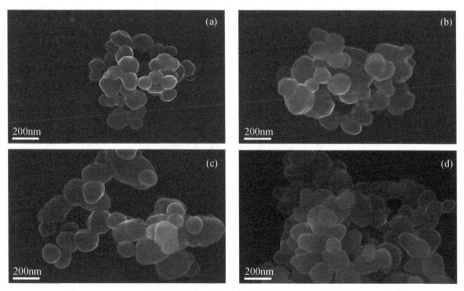

图 4.39　140℃条件下反应不同时间制备的 Na_3AlF_6 样品的 SEM 图
(a)3h;(b)6h;(c)9h;(d)12h

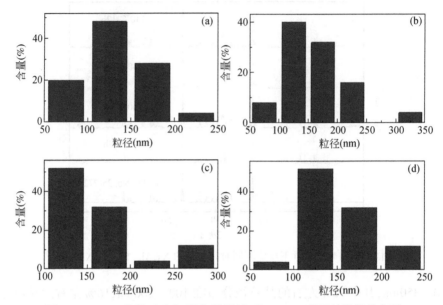

图 4.40　140℃条件下反应不同时间制备的 Na_3AlF_6 样品的粒径分布图

(a)3h;(b)6h;(c)9h;(d)12h

　　图 4.41 为不同 pH 值条件下制备的 Na_3AlF_6 样品的 XRD 图(140℃下反应 6h)。由图可见,当溶液的 pH=3、5 和 7 时,样品的 XRD 谱均与单斜冰晶石 Na_3AlF_6 标准卡片(JCPDS No. 25-772)一致,衍射锋较为尖锐,无杂峰出现,说明合成的样品均为单斜 Na_3AlF_6 纯相且结晶性较好。

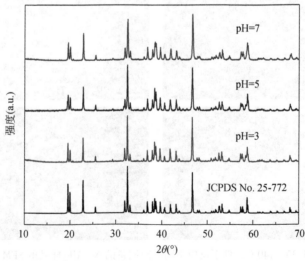

图 4.41　不同 pH 值条件下制备的 Na_3AlF_6 样品的 XRD 图谱

图 4.42 为不同 pH 值条件下制备的 Na_3AlF_6 样品的 SEM 图。当溶液 pH = 7 时 [图 4.42(a)]，样品呈不规则粒状，晶粒径分布在 100 ～ 250nm，分散性较差；当溶液 pH = 5 时 [图 4.42(b)]，样品为 100nm 左右的晶粒组合在一起的枝晶形状，枝晶大小约为 1μm；当溶液 pH = 3 时 [图 4.42(c)]，样品为由小晶粒组合在一起形成有块状，棱角分明，粒径分布于 1 ～ 2μm。

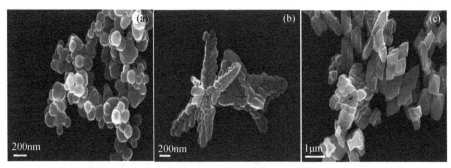

图 4.42　不同 pH 值条件下制备的 Na_3AlF_6 样品的 SEM 图
(a) pH = 7；(b) pH = 5；(c) pH = 3

(2) $(NH_4)_3AlF_6$ 纳米晶的可控制备

以 NH_4HF 和 $AlF_3 \cdot H_2O$ 为原料，水热法合成了立方晶型 $(NH_4)_3AlF_6$，并研究了实验条件对 $(NH_4)_3AlF_6$ 纳米晶的形貌和晶体粒径的影响，实现了对其形貌和粒径的调控。

图 4.43 为不同原料配比、180℃ 反应 12h 条件下制备的 $(NH_4)_3AlF_6$ 样品的 XRD 图。由图可见，当 NH_4HF_2 与 $AlCl_3 \cdot 6H_2O$ 摩尔比为 3 : 1 时，样品的 XRD 图

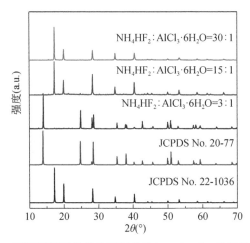

图 4.43　不同原料配比条件下制备的 $(NH_4)_3AlF_6$ 样品的 XRD 图

与NH_4AlF_4标准卡片(JCPDS No. 20-77)匹配较好;当NH_4HF_2与$AlCl_3 \cdot 6H_2O$摩尔比为15∶1时,样品的衍射峰与立方型冰晶石结构化合物$(NH_4)_3AlF_6$标准卡片(JCPDS No. 22-1036)匹配较好,但仍有NH_4AlF_4的微弱衍射峰出现;当NH_4HF_2与$AlCl_3 \cdot 6H_2O$摩尔比为30∶1时,样品的衍射谱与立方型冰晶石结构化合物$(NH_4)_3AlF_6$标准卡片一致,且锋形较为尖锐,无杂峰出现,说明合成的样品为立方型$(NH_4)_3AlF_6$纯相且结晶性较好。

图4.44为H_4HF_2∶$AlCl_3 \cdot 6H_2O=30$∶1条件下制备的$(NH_4)_3AlF_6$样品的SEM图和粒径分布图。由图可知,$(NH_4)_3AlF_6$呈八面体状,晶粒径分布在100~600nm,其中56%的晶粒径分布在200~400nm,约24%晶粒径分布在100~200nm。

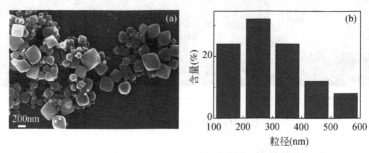

图4.44　H_4HF_2∶$AlCl_3 \cdot 6H_2O=30$∶1条件下制备的$(NH_4)_3AlF_6$

样品的SEM图(a)和粒径分布图(b)

图4.45为140℃、160℃和180℃条件下反应12h制备的样品的XRD图。由图可知,样品的XRD谱与立方型冰晶石结构化合物$(NH_4)_3AlF_6$标准卡片(JCPDS No. 22-1036)一致,无杂峰出现,说明合成的样品均为立方型$(NH_4)_3AlF_6$纯相。此外,随着反应温度的升高,衍射峰强度增大,峰形愈加尖锐,说明$(NH_4)_3AlF_6$样品的结晶度有所提高。

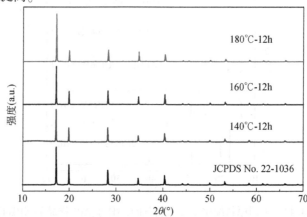

图4.45　不同温度条件下制备的$(NH_4)_3AlF_6$样品的XRD图谱

图 4.46、图 4.47 分别为不同温度条件下反应 12h 制备的 $(NH_4)_3AlF_6$ 样品的 SEM 图和粒径分布图。当反应温度为 140℃ 时[图 4.46(a)、图 4.47(a)]，$(NH_4)_3AlF_6$ 呈八面体状，晶粒径大小不均匀，分布在 50～550nm，其中 66% 左右的晶粒径分布在 50～250nm，18% 左右的晶粒径分布在 250～350nm；当反应温度为 160℃ 时[图 4.46(b)、图 4.47(b)]，$(NH_4)_3AlF_6$ 呈八面体状，比 140℃ 制备的 $(NH_4)_3AlF_6$ 形貌更加规则，晶粒径大小不均匀，分布在 50～350nm，其中 70% 左右的晶粒径分布在 150～350nm。

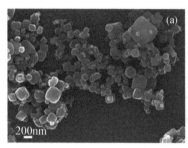

图 4.46　不同温度条件下反应 12h 制备的 $(NH_4)_3AlF_6$ 样品的 SEM 图
(a)140℃；(b)160℃

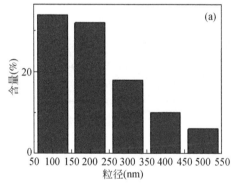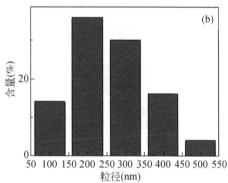

图 4.47　不同温度条件下反应 12h 制备的 $(NH_4)_3AlF_6$ 样品的粒径分布图
(a)140℃；(b)160℃

图 4.48 为 160℃ 反应 3h、6h 和 12h 制备的 $(NH_4)_3AlF_6$ 样品的 XRD 图。由图可见，样品的 XRD 谱与立方型冰晶石结构化合物 $(NH_4)_3AlF_6$ 标准卡片(JCPDS No. 22-1036)一致，无杂峰出现，说明合成的样品均为立方型 $(NH_4)_3AlF_6$ 纯相。此外，随着反应时间的延长，衍射峰强度增大，峰形愈加尖锐，样品的结晶度提高。

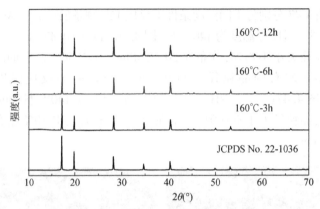

图 4.48　不同反应时间条件下制备的 $(NH_4)_3AlF_6$ 样品的 XRD 图

图 4.49、图 4.50 分别为 160℃反应不同时间制备的 $(NH_4)_3AlF_6$ 的 SEM 图和粒径分布图。当反应时间为 3h 时[图 4.49(a)、图 4.50(a)]，$(NH_4)_3AlF_6$ 大部分呈粒状，少部分呈八面体状，说明 $(NH_4)_3AlF_6$ 晶粒还未生长完全，晶粒径不均匀，分布在 50~350nm，其中 72% 左右的晶粒径分布在 100~200nm；当反应时间为 6h 时[图 4.49(b)、图 4.50(b)]，$(NH_4)_3AlF_6$ 呈八面体状，晶粒径大小不均匀，分布在 50~550nm，其中 60% 左右的晶粒径分布在 150~350nm。

图 4.49　不同反应时间条件下制备的 $(NH_4)_3AlF_6$ 样品的 SEM 图

(a)3h；(b)6h

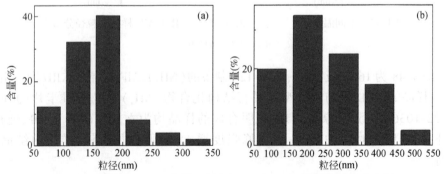

图 4.50　不同反应时间条件下制备的 $(NH_4)_3AlF_6$ 样品的粒径分布图

(a)3h；(b)6h

图 4.51 为不同 pH 值条件下制备的 $(NH_4)_3AlF_6$ 样品的 XRD 图(160℃,反应 6h)。由图可见,当 pH = 3 时,样品中存在 $(NH_4)_3AlF_6$(JCPDS No. 22-1036)和 NH_4AlF_4(JCPDS No. 76-56)两种物相,当 pH = 4.5 和 6 时,样品的 XRD 谱与立方型冰晶石结构化合物 $(NH_4)_3AlF_6$ 标准卡片一致,而且锋形较为尖锐,无杂峰出现,说明合成的样品为立方型 $(NH_4)_3AlF_6$ 纯相且结晶性较好;当 pH = 7.5 时,样品的 XRD 图显示主相为 $(NH_4)_3AlF_6$,有 NH_4AlF_4 的弱衍射峰出现。因此 pH 值对 $(NH_4)_3AlF_6$ 纯相的合成有很大的影响,实验过程中 pH 值的范围应控制在 4.5 ~ 6。

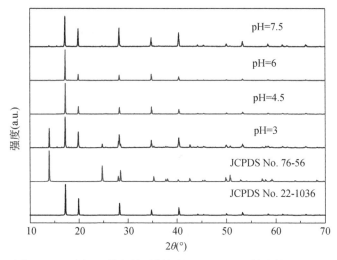

图 4.51　不同 pH 值条件下制备的 $(NH_4)_3AlF_6$ 样品的 XRD 图

图 4.52、图 4.53 分别为不同 pH 值条件下制备的 $(NH_4)_3AlF_6$ 样品的 SEM 图和粒径分布图(160℃,反应 6h)。当 pH = 4.5 时[图 4.52(a)、图 4.53(a)],$(NH_4)_3AlF_6$ 呈八面体状,晶粒径不均匀,分布在 100 ~ 600nm,其中 65% 左右的晶粒径分布在 200 ~ 400nm;当 pH = 6 时[图 4.52(b)、图 4.53(b)],$(NH_4)_3AlF_6$ 呈严重变形的八

图 4.52　不同 pH 值条件下制备的 $(NH_4)_3AlF_6$ 样品的 SEM 图

(a)pH = 4.5;(b)pH = 6

面体状,且部分八面体遭到破坏,出现穿孔现象,晶粒径分布在 50~300nm,其中 84% 左右的晶粒径分布在 50~200nm。

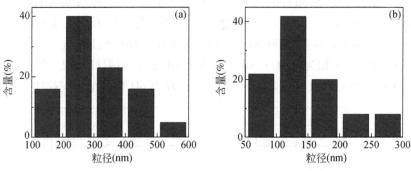

图 4.53 不同 pH 值条件下制备的 $(NH_4)_3AlF_6$ 样品的粒径分布图

(a) pH=4.5;(b) pH=6

(3) K_3LnF_6(Ln= Ga、Sc、In、Lu、Y)冰晶石结构基质的制备

冰晶石 Na_3AlF_6 中三价金属阳离子 Al^{3+} 半径相对较小,很难与离子半径较大的稀土离子进行替代形成固溶体,稀土离子掺杂很容易出现杂相。所以目前的研究主要集中在 Mn^{4+} 和 Cr^{3+} 等与 Al^{3+} 半径相近的过渡金属离子掺杂的下转换发光材料制备。为了能够实现大半径上转换离子 Er^{3+}、Ho^{3+}、Tm^{3+} 或 Yb^{3+} 等的掺杂,需要对 Na_3AlF_6 的成分进行调控,用半径较大的一价阳离子取代 Na^+,用大半径的三价金属阳离子取代 Al^{3+},合成冰晶石结构新物相。本书作者以 K_2CO_3、Ln_2O_3 和 NH_4HF_2 为原料,在 800℃ 条件下保温 3h,进行冰晶石结构化合物 K_3LnF_6(Ln= Ga、Sc、In、Lu、Y)的合成。

图 4.54 是制备的 K_3LnF_6(Ln=Ga、Sc、In、Lu、Y)样品的 XRD 图,选用立方相 K_3MoF_6#70-1888 和单斜相 K_3YF_6#27-467 为标准卡片进行对比。结果表明,制备的 K_3YF_6 和 K_3LuF_6 的衍射峰与 K_3YF_6#27-467 标准卡片相吻合,未见杂峰,样品为纯相 K_3YF_6 和 K_3LuF_6,属于单斜相冰晶石结构化合物。K_3InF_6、K_3ScF_6 和 K_3GaF_6 衍射峰与 K_3MoF_6#70-1888 标准卡片相吻合,表明所制备的样品为立方相冰晶石结构化合物。

4. 冰晶石结构上转换发光新材料

本书作者在探索冰晶石结构化合物的合成和稀土离子掺杂方法基础上,成功制备了一系列新型冰晶石结构化合物基质及基于这些新基质的上转换发光材料,研究了冰晶石结构发光材料成分、晶型、发光性能关系以及不同稀土离子在新型冰晶石结构化合物基质中的能量传递机制,探索了核壳结构冰晶石型上转换发光材料的制备及性能优化方法。

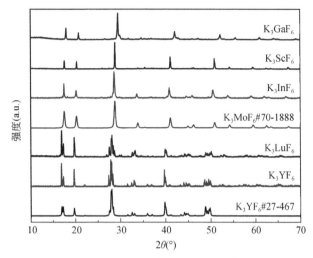

图4.54　K_3LnF_6(Ln = Y、Lu、In、Sc、Ga)的 XRD 图

（1）K_3ScF_6：Ln^{3+}，Yb^{3+}（Ln = Er、Ho、Tm）上转换发光材料

镧系掺杂的上转换发光材料在光电子领域和生物领域有广阔的应用前景。上转换发光性能很大程度上取决于镧系离子激活剂所处的基质材料。目前，关于无氧氟化物发光材料的研究主要集中于钇、钆等稀土元素参与组成的氟化物体系，钪体系基质发光材料的报道很少。Sc^{3+} 在元素周期表中位于 IIIB 组的顶部，没有 4p、4d 和 4f 轨道，其化学性质与其他镧系稀土离子非常相似。Sc^{3+} 的独特电子构型和相对较小的离子半径，使钪的氟化物有可能成为良好的上转换发光材料基质。因此，本书作者合成了 K_3ScF_6 基质，并进行稀土离子对掺杂制备上转换发光材料，系统研究了样品成分、结构与发光性能的关系。

本书作者[59,60]采用高温固相法合成了立方相 K_3ScF_6 基质并进行 Er^{3+}/Yb^{3+}、Tm^{3+}/Yb^{3+} 和 Ho^{3+}/Yb^{3+} 掺杂，制备了一系列上转换发光材料。图 4.55(a)和(b)分别为 K_3ScF_6：$0.2Yb^{3+}$，xEr^{3+}（x = 0.5%、1%、1.5%、2%、3%、5% 和 7%）和 K_3ScF_6：$5\%Er^{3+}$，yYb^{3+}（y = 5%、10%、15%、20%、25% 和 30%）的 XRD 图，因为在粉末衍射数据库中未找到 K_3ScF_6 的衍射数据，因此选择与其组成和结构相似的 K_3MoF_6（ICDD，PDF No. 70-1888）作为标准卡片进行对比，在图中标注了各衍射峰对应的面网指数。由图可知，合成的样品与标准卡片的衍射峰一致，无其他杂相，表明所制备的样品为纯相。

图 4.56(a)是 K_3ScF_6：xEr^{3+}，$0.2Yb^{3+}$ 的上转换发射光谱图，其中 x = 0.5%、1%、1.5%、2%、3%、5% 和 7%，样品的发射谱由以红光和绿光为主的发射峰组成，但峰强度随 Er^{3+} 掺杂量变化。固定 Yb^{3+} 掺杂浓度为 20%，增加 Er^{3+} 的浓度，样品发光强度先增加后降低。当 Er^{3+} 掺杂浓度为 5% 时，样品发射强度达到最大，继续

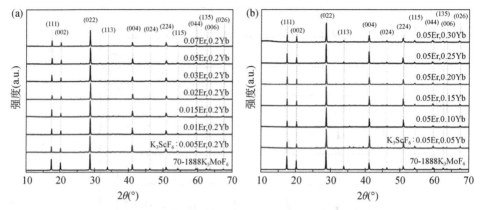

图 4.55　$K_3ScF_6 : 0.2Yb^{3+} , xEr^{3+}$（a）和 $K_3ScF_6 : 5\% Er^{3+} , yYb^{3+}$（b）的 XRD 图

增加 Er^{3+} 掺杂量，样品出现浓度猝灭现象，Er^{3+} 的最佳掺杂浓度为 5% 。图 4.56（b）是 $K_3ScF_6 : 5\% Er^{3+} , yYb^{3+}$ 的上转换发射光谱图，其中 $y = 5\%$ 、10% 、15% 、20% 、25% 和 30% 。在 980nm 波长激发下，固定 Er^{3+} 浓度，增加 Yb^{3+} 浓度，样品的发光强度先增加后降低，如图 4.56（b）插图所示。当 Yb^{3+} 掺杂浓度为 15% 时，样品发射强度达到最大值。因此，K_3ScF_6 中 Er^{3+} 和 Yb^{3+} 最佳掺杂浓度为 5% 和 15% 。

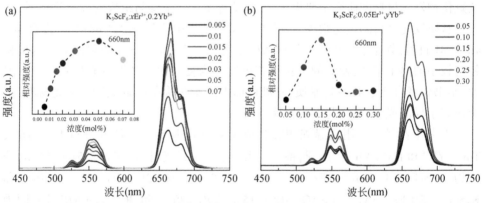

图 4.56　$K_3ScF_6 : Er^{3+} , Yb^{3+}$ 分别随 Er^{3+}（a）和 Yb^{3+}（b）掺杂量变化的上转换发射光谱图（见彩图）

　　图 4.57（a）和（b）分别为 $K_3ScF_6 : 20\% Yb^{3+} , xTm^{3+}$（$x = 0.5\%$ 、1% 、1.5% 、2% 、3% 、5% 、7% ）和 $K_3ScF_6 : 1\% Tm^{3+} , yYb^{3+}$（$y = 5\%$ 、10% 、15% 、20% 、25% 、30% ）的 XRD 图，仍选用与样品组分较为接近的 K_3MoF_6（ICDD #70-1888）标准卡片进行对比。由图可知，样品的衍射谱与标准卡片基本匹配，但峰位明显左移，因为掺杂的稀土离子 Tm^{3+}（$0.88Å , CN = 6$）和 Yb^{3+}（$0.868Å , CN = 6$）半径远大于基质中的 Sc^{3+}（$r = 0.745 , CN = 6$）。

　　在 980nm 波长激发下分别对所制备的 $K_3ScF_6 : 20\% Yb^{3+} , xTm^{3+}$（$x = 0.5\%$ 、

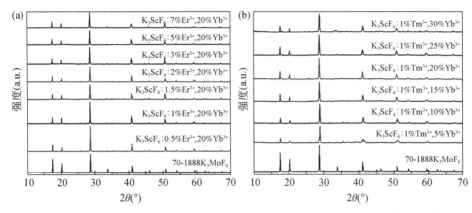

图 4.57　(a)K_3ScF_6：$0.20Yb^{3+}$，xTm^{3+} 和(b)K_3ScF_6：$0.01Tm^{3+}$，yYb^{3+} 的 XRD 图

1%、1.5%、2%、3%、5%、7%)和 K_3ScF_6：$1\%\,Tm^{3+}$，yYb^{3+}($y=5\%$、10%、15%、20%、25%、30%)进行了上转换发射光谱测试(图 4.58)。由图可知，在 980nm 红外光激发下 K_3ScF_6：Tm^{3+}，Yb^{3+} 系列样品的发射光谱主要由两部分组成：一部分位于蓝光区，中心峰分别位于 485nm 和 497nm，属于 Tm^{3+} 的 $^1G_4$ – $^3H_6$ 能级跃迁；另一部分位于近红外区，中心峰位于 810nm，属于 Tm^{3+} 的 $^3H_4$ – $^3H_6$ 跃迁，相较而言近红外光发射强度远高于蓝光发射。图 4.58(b)和(d)是样品在 485nm 和 810nm 处的上转换发光强度分别随 Tm^{3+} 和 Yb^{3+} 掺杂量的变化图。由图可知，固定 Yb^{3+} 掺杂量为 20% 时，增加 Tm^{3+} 掺杂量，样品发光强度逐渐增强，当 Tm^{3+} 掺杂量增加至 1% 时，样品出现浓度猝灭，发光强度逐渐减小。固定 Tm^{3+} 浓度为 1%，增加样品中 Yb^{3+} 掺杂量至 25% 时，样品出现浓度猝灭，485nm 和 810nm 处发光强度开始降低。由于 Yb^{3+} 掺杂量为 2% 时的发光强度与 20% 接近，认为 Yb^{3+} 在 K_3ScF_6：Tm^{3+}，Yb^{3+} 中的最佳掺杂浓度为 20%。

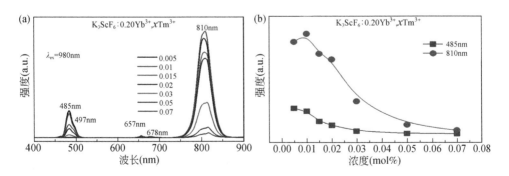

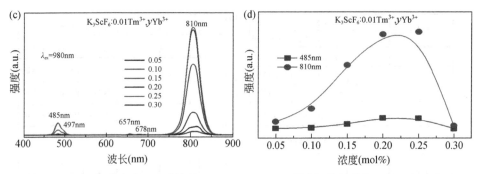

图 4.58　K_3ScF_6：$0.20Yb^{3+}$，xTm^{3+}（a）和 K_3ScF_6：$0.01Tm^{3+}$，yYb^{3+}（c）的光谱图；样品在 485nm 和 810nm 处的上转换发光强度分别随 Tm^{3+}（b）和 Yb^{3+}（d）掺杂量的变化图（见彩图）

图 4.59（a）和（b）分别为 K_3ScF_6：$15\%Yb^{3+}$，xHo^{3+}（$x=0.5\%$、1%、1.5%、2%、3%、5%）和 K_3ScF_6：$0.5\%Ho^{3+}$，yYb^{3+}（$y=5\%$、10%、15%、20%、25%、30%）的 XRD 图，同样选择 K_3MoF_6（ICDD，PDF No. 70-1888）标准卡片进行对比。由图可知，样品衍射谱与标准卡片匹配，无杂峰，所制备的样品均为纯相，Ho^{3+} 和 Yb^{3+} 的引入未造成杂相的产生。

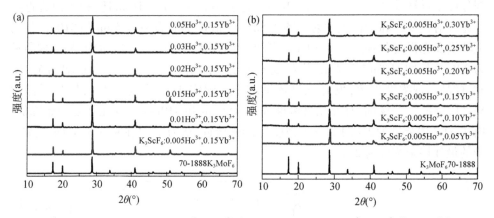

图 4.59　（a）K_3ScF_6：$15\%Yb^{3+}$，xHo^{3+} 和（b）K_3ScF_6：$0.5\%Ho^{3+}$，yYb^{3+} 的 XRD 图

图 4.60（a）和（c）是 K_3ScF_6：xHo^{3+}，$15\%Yb^{3+}$（$x=0.5\%$、1%、1.5%、2%、3%、5%）和 K_3ScF_6：$0.5\%Ho^{3+}$，yYb^{3+}（$y=5\%$、10%、15%、20%、25%、30%）的上转换发射光谱图。由图可知，在 980nm 红外光激发下，K_3ScF_6：Ho^{3+}，Yb^{3+} 系列样品的光谱主要由两部分组成：一部分位于绿光区，发射峰中心位于 538nm、548nm，属于 Ho^{3+} 的 $^5S_2/^5F_4 \rightarrow {}^5I_8$ 跃迁；另一部分位于红光区，发射峰中心位于 648nm、665nm，属于 Ho^{3+} 的 $^5F_5 \rightarrow {}^5I_8$ 跃迁，样品的绿光发射强度远高于红光发射。图 4.60（b）和（d）

是样品在 548nm 和 665nm 处上转换发光强度分别随 Ho³⁺ 和 Yb³⁺ 掺杂量的变化图。如图 4.60(b)所示,固定 Yb³⁺ 掺杂量为 15%,增加 Ho³⁺ 掺杂量,样品发光强度逐渐降低,Ho³⁺ 掺杂量为 0.5% 时,样品开始出现浓度猝灭。低于 0.5% 的掺杂量精度难以控制,且样品用量过少,称量造成的误差相对较大,因此未进行低于 0.5% 的掺杂实验。固定 Ho³⁺ 掺杂量为 0.5%,增加 Yb³⁺ 掺杂量至 25% 时,样品出现浓度猝灭,548nm 和 665nm 处发光强度开始降低,如图 4.60(d)所示。因此认为 Ho³⁺ 和 Yb³⁺ 在 K_3ScF_6:Tm³⁺,Yb³⁺ 样品中的最佳掺杂量分别为 0.5% 和 25%。

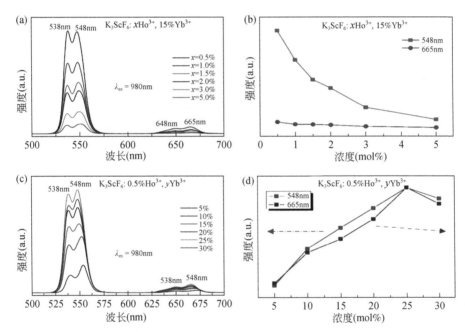

图 4.60　(a)K_3ScF_6:xHo³⁺,15% Yb³⁺ 样品的发射光谱图;(b)548nm 和 665nm 处发射峰强度随 Yb³⁺ 掺杂量的变化趋势图;(c)K_3ScF_6:0.5% Ho³⁺,yYb³⁺ 样品的发射光谱图;(d)548nm 和 665nm 处发射峰强度随 Ho³⁺ 掺杂量变化趋势图(见彩图)

(2)K_3LuF_6:Ln³⁺,Yb³⁺(Ln = Er、Ho、Tm)上转换发光材料

研究表明,镥的化合物如 β-$NaLuF_4$、KLu_2F_7、Lu_2O_3 和 $LuVO_4$ 等相较于其他基质材料显示出良好的性能。根据 Guillot-Noel 等提出的强度借用机制,在镥的化合物中,价带顶部主要由镥的 4f 轨道组成,晶格价带诱导的 4f 与镧系上转换稀土发光离子的 5d 态混合可被进一步增强,从而导致掺杂稀土活化剂和敏化剂的 4f-4f 跃迁概率提高,材料发光性能提高。本书作者合成了冰晶石结构基质 K_3LuF_6 并进行稀土离子对掺杂,制备了一系列上转换发光材料 K_3LuF_6:Ln³⁺,Yb³⁺(Ln = Er、Ho、Tm),并对其组成、结构和发光性能进行了研究。

　　K_3LuF_6：xEr^{3+}（$x = 0.5\%$、1%、1.5%、2%、5%、7%）和 K_3LuF_6：$5\%\ Er^{3+}$，yYb^{3+}（$y = 5\%$、10%、20%、25%、30%）的 XRD 测试结果如图 4.61 所示。因粉晶衍射数据库中无 K_3LuF_6 标准卡片，因此选用成分、结构相近的 K_3YF_6#27-467 作为标准卡片进行对比。由图可知，样品衍射峰位置和相对强度与标准卡片吻合，未见杂相，表明所制备的样品均为纯相。

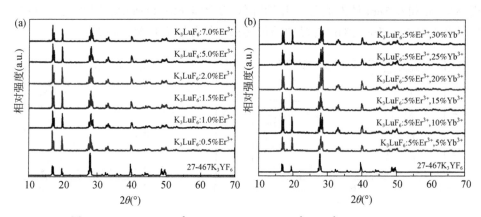

图 4.61　K_3LuF_6：xEr^{3+}（a）和 K_3LuF_6：$5\%\ Er^{3+}$，yYb^{3+}（b）的 XRD 图

　　图 4.62 是在 980nm 波长激发下，K_3LuF_6：xEr^{3+}（$x = 0.5\%$、1%、1.5%、2%、5%、7%）和 K_3LuF_6：$5\%\ Er^{3+}$，yYb^{3+}（$y = 5\%$、10%、20%、25%、30%）的上转换发射光谱。如图 4.62（a）所示，K_3LuF_6：xEr^{3+} 的光谱主要由绿光发射带和红光发射带两部分组成，发射峰位于 526nm、548nm、556nm 和 662nm、672nm，分别对应于 Er^{3+} 的 $^2H_{11/2}$-$^4I_{15/2}$、$^4S_{3/2}$-$^4I_{15/2}$、$^4F_{9/2}$-$^4I_{15/2}$ 电子跃迁。图 4.62（b）是样品的 548nm 和 672nm 发射峰强度随 Er^{3+} 掺杂量的变化图。由图可知，随着 Er^{3+} 掺杂量的增加，样品发光强度增强，当掺杂量达到 5% 时，发生浓度猝灭；当 Er^{3+} 掺杂量不超过 2% 时，样品的绿光发射强度高于红光发射，随着样品中 Er^{3+} 逐渐增加，红光发射强度高于绿光发射，样品发光颜色逐渐由绿色向红色转变。通常认为，随着激活剂离子掺杂量在一定范围内增高，样品发光机理由激发态吸收向能量传递上转换转变，能量传递效率增加。对于 Er^{3+} 的红光和绿光发射，发光强度随 Er^{3+} 掺杂量增加而增大，但二者增强的速率有所不同，红绿比有所上升，原因是由于 Er^{3+} 间交叉弛豫的概率增加，减缓绿光 $^2H_{11/2}$/$^4S_{3/2}$ 布居速率，加快红光 $^4F_{9/2}$ 电子布居。掺杂量超过一定范围后，绿光和红光发射强度开始下降，因为 Er^{3+} 间距减小使能量传递更加容易，交叉弛豫过程中大量的非辐射弛豫导致能量损失和消耗，引起浓度猝灭。

　　图 4.62（c）是 K_3LuF_6：$5\%\ Er^{3+}$，yYb^{3+}（$y = 5\%$、10%、20%、25% 和 30%）的上转换发射光谱图，Er^{3+}、Yb^{3+} 双掺杂样品的发射峰也同样由绿光发射带和红光发射

带两部分组成,但与单掺杂 Er^{3+} 的 K_3LuF_6 样品相比,K_3LuF_6:Er^{3+},Yb^{3+} 样品的红光发射强度远高于绿光发射,样品整体显红色,说明 Yb^{3+} 的引入有利于样品的红光发射。因为 Yb^{3+} 掺杂量增加,Yb-Er 原子间距减小,促进了 Er^{3+} 向 Yb^{3+} 的能量转移,导致绿光发射减弱,红光发射增强。图 4.62(d) 是样品 548nm 和 672nm 发射峰强度随 Yb^{3+} 掺杂量的变化图。由图可知,当 Yb^{3+} 掺杂量增加至 10% 时,样品出现浓度猝灭,随着 Yb^{3+} 掺杂浓度进一步增加,样品发射强度逐渐下降。这是由于随着 Yb^{3+} 的掺杂量增高,增加了 Yb^{3+} 间的能量迁移或者 Er^{3+} 向 Yb^{3+} 的反向能量传递,从而降低 Yb^{3+}-Er^{3+} 能量传递,致使样品发射峰强度降低。因此,K_3LuF_6 的最佳 Er^{3+} 和 Yb^{3+} 掺杂量分别为 5% 和 10%。

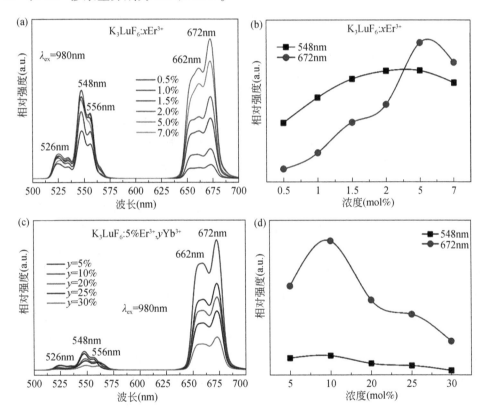

图 4.62　K_3LuF_6:xEr^{3+}(a) 和 K_3LuF_6:$5\%Er^{3+}$,yYb^{3+}(c) 的发射光谱图;样品上转换发光强度分别随 Er^{3+}(b) 和 Yb^{3+}(d) 掺杂量的变化图(见彩图)

采用固相法制备了一系列 Tm^{3+}、Yb^{3+} 掺杂浓度不同的 K_3LuF_6 上转换发光材料[61],对所有样品进行了 XRD 测试,结果如图 4.63 所示,同样选择 K_3YF_6#27-467 为标准卡片进行对比。由图可知,合成样品的衍射谱和标准卡片接近,引入不同浓度的 Tm^{3+} 和 Yb^{3+} 未引起杂峰产生,所制备样品均为纯相。

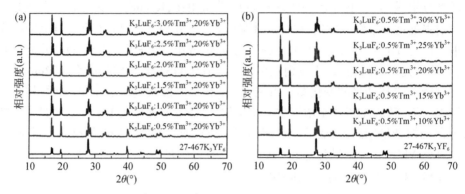

图 4.63　$K_3LuF_6:xTm^{3+},20\%Yb^{3+}$(a)和 $K_3LuF_6:0.5\%Tm^{3+},yYb^{3+}$(b)的 XRD 图

图 4.64 是在 980nm 波长激发下,$K_3LuF_6:xTm^{3+},20\%Yb^{3+}$($x=0.5\%$、$1\%$、$1.5\%$、$2\%$、$3\%$)和 $K_3LuF_6:0.5\%Tm^{3+},yYb^{3+}$($y=10\%$、$15\%$、$20\%$、$25\%$、$30\%$)系列样品的发射光谱图。如图 4.64(a)所示,$K_3LuF_6:Tm^{3+},Yb^{3+}$样品的光谱主要由蓝光、红光和近红外光发射带三部分组成,发射峰位于 485nm、658nm、680nm 和 805nm,分别对应于 Tm^{3+} 的$^1G_4-^3H_6$、$^1G_4-^3F_4$、$^3F_3-^3H_6$ 和$^3H_4-^3H_6$ 电子跃迁。图 4.64(b)是样品 485nm 和 805nm 发射峰强度随 Tm^{3+} 掺杂量的变化图。由图可知,固定 Yb^{3+} 掺杂量为 20%,随着 Tm^{3+} 掺杂量的增加,样品发光强度呈下降趋势,Tm^{3+} 掺杂量大于 0.5% 时样品开始出现浓度猝灭现象,绿光发射峰(485nm)强度由略高于红外光发射峰(805nm)强度变为低于红外光发射强度。图 4.64(c)是 $K_3LuF_6:0.5\%Tm^{3+},yYb^{3+}$($y=10\%$、$15\%$、$20\%$、$25\%$、$30\%$)的发射光谱,同样由绿光、红光和近红外光发射带三部分组成。图 4.64(d)是 $K_3LuF_6:0.5\%Tm^{3+},yYb^{3+}$ 样品在485nm 和 805nm 处的发射峰强度随 Yb^{3+} 掺杂量的变化图,由图可知,Yb^{3+} 掺杂量为 10% 时,805nm 的发射峰强度高于 485nm 发射峰,随着 Yb^{3+} 掺杂量增加,485nm与 805nm 发射峰强度逐渐增加,当 Yb^{3+} 掺杂量达到 15% 时,485nm 与 805nm 峰强度相同,之后绿光强度超过近红外光强度。当 Yb^{3+} 掺杂量达到 25% 时,样品在485nm 和 805nm 的发射峰强度均出现浓度猝灭,这是由于随着 Yb^{3+} 浓度增加,稀土离子间距减小,导致 $Tm^{3+}-Yb^{3+}$ 的$^1G_4(Tm^{3+})+^2F_{7/2}(Yb^{3+})\rightarrow^3H_5(Tm^{3+})+^2F_{5/2}$($Yb^{3+}$)反向能量传递过程增强,对$^1G_4$ 能级产生抑制作用,又由于$^1G_4+^3F_4\rightarrow^3H_4+^3F_2$ 的交叉弛豫过程,造成$^1G_4-^3H_6$ 的跃迁概率降低。因此,K_3LuF_6 样品中 Tm^{3+} 和 Yb^{3+} 的最佳掺杂量为 0.5% 和 25%。

$K_3LuF_6:xHo^{3+},20\%Yb^{3+}$($x=0.5\%$、$1\%$、$1.5\%$、$2\%$、$3\%$、$5\%$、$7\%$)和 $K_3LuF_6:2\%Ho^{3+},yYb^{3+}$($y=10\%$、$15\%$、$20\%$、$25\%$、$30\%$)的 XRD 图如图 4.65 所示,同样以单斜相 $K_3YF_6\#27-467$ 为标准卡片进行对比。与标准卡片相比,Ho^{3+} 和 Yb^{3+} 掺杂量不

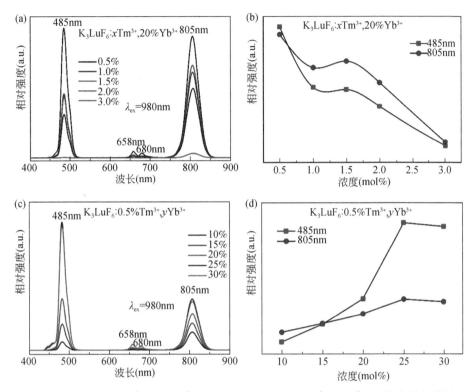

图 4.64　K₃LuF₆：xTm³⁺,20% Yb³⁺(a) 和 K₃LuF₆：0.5% Tm³⁺,y Yb³⁺(c) 的发射光谱图；
样品上转换发光强度分别随 Tm³⁺(b) 和 Yb³⁺(d) 掺杂量的变化图(见彩图)

同样品的衍射峰位置和强度与标准卡片接近,无杂峰,表明制备的样品为单斜相冰晶石结构化合物纯相。

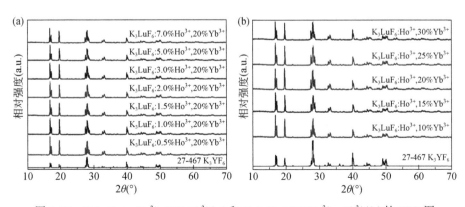

图 4.65　K₃LuF₆：xHo³⁺,20% Yb³⁺(a) 和 K₃LuF₆：2% Ho³⁺,yYb³⁺(b) 的 XRD 图

在 980nm 红外光激发下,对 K_3LuF_6:xHo^{3+},20% Yb^{3+}($x = 0.5\%$、1%、1.5%、2%、3%、5%、7%)和 K_3LuF_6:0.5% Ho^{3+},yYb^{3+}($y = 10\%$、15%、20%、25%、30%)进行了上转换光谱测试。如图 4.66 所示,K_3LuF_6:xHo^{3+},Yb^{3+}系列样品的光谱主要由两部分组成:一部分位于蓝光区,中心峰位于 545nm,属于 Ho^{3+} 的$^5S_2$/$^5F_4$-$^5I_8$ 跃迁;另一部分位于红光区域,中心峰位于 651nm、665nm,属于 Tm^{3+} 的$^5F_5$-$^5I_8$ 跃迁。蓝光区发射峰强度远高于红光区。图 4.66(b)和(d)是样品在 545nm 和 665nm 处上转换发光强度分别随 Ho^{3+} 和 Yb^{3+} 掺杂量的变化图。如图 4.66(b)所示,固定 Yb^{3+} 掺杂量为 20%,增加 Ho^{3+} 的掺杂量,样品发光强度逐渐降低,即 Ho^{3+} 浓度为 0.5% 时,样品开始出现浓度猝灭。固定 Ho^{3+} 掺杂量,Yb^{3+} 掺杂量由 10% 增加至 30%,545nm 和 665nm 处发光峰强度出现先增加后下降的趋势。当掺杂量为 20% 时样品开始出现浓度猝灭。由此可知,K_3LuF_6 中 Ho^{3+} 和 Yb^{3+} 的最佳掺杂量为 0.5% 和 20%。

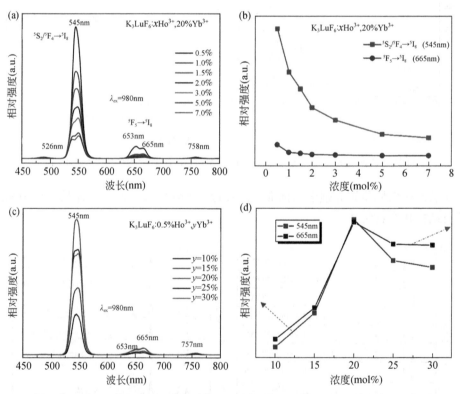

图 4.66　K_3LuF_6:xHo^{3+},20% Yb^{3+}(a)和 K_3LuF_6:0.5% Ho^{3+},yYb^{3+}(c)的发射光谱图;
样品上转换发光强度分别随 Ho^{3+}(b)和 Yb^{3+}(d)掺杂量的变化图(见彩图)

（3）K_3YF_6：Ln^{3+}，Yb^{3+}（Ln=Er，Ho）上转换发光材料

K_3YF_6作为一种重要的冰晶石结构氟化物，不仅具有较低的声子能量，还具有稳定的化学组成，成为氟化物体系中最有潜力的上转换基质材料。本书作者[62]采用高温固相法合成了一系列不同浓度Er^{3+}、Yb^{3+}共掺杂的K_3YF_6上转换发光材料，对其结构、发光性能及Yb^{3+}和Er^{3+}之间的能量传递行为进行了研究。

图 4.67 和图 4.68 分别是K_3YF_6：xEr^{3+}（x=0.005、0.01、0.03、0.05、0.07 和 0.10）和K_3YF_6：$0.03Er^{3+}$，yYb^{3+}（y=0.01、0.03、0.07、0.09、0.12、0.15 和 0.18）的 XRD 图。如图 4.67 和图 4.68 所示，样品的衍射峰位置与标准卡片K_3YF_6（JCPDS No. 27-467）匹配很好，无任何杂峰，表明所有样品均为冰晶石结构化合物纯相，而且Er^{3+}、Yb^{3+}掺杂未引起K_3YF_6结构明显变化。

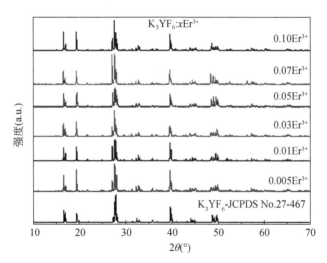

图 4.67　K_3YF_6：xEr^{3+}（x=0.005、0.01、0.03、0.05、0.07 和 0.10）的 XRD
图以及K_3YF_6（JCPDS No. 27-467）标准卡片

由图 4.69 可知，随着Er^{3+}掺杂量从 0.005 增加到 0.10，发射峰强度先增大然后减小，最终稳定，当Er^{3+}掺杂量为 0.03 时，672nm 处的发射峰强度最高，由此确定了Er^{3+}的最佳掺杂量。保持Er^{3+}的最佳掺杂量不变，改变Yb^{3+}的掺杂量，如图 4.70 所示，随着Yb^{3+}从 0.01 增加到 0.18，样品的发射峰强度先增大然后减小，当Yb^{3+}掺杂量为 0.12 时，672nm 处的发射峰强度最大，样品呈深红色，由此可知K_3YF_6：Er^{3+}，Yb^{3+}是一种性能优良的上转换发光材料。

对制备的K_3YF_6：$0.03Ho^{3+}$，yYb^{3+}（y=0.01、0.03、0.05、0.07、0.09、0.12、0.15）和K_3YF_6：xHo^{3+}，$0.09Yb^{3+}$（x=0.005、0.01、0.03、0.05、0.07、0.09、0.10）进行了 XRD 测试[62]，结果如图 4.71 所示，以单斜相K_3YF_6#27-467 为标准卡片进行

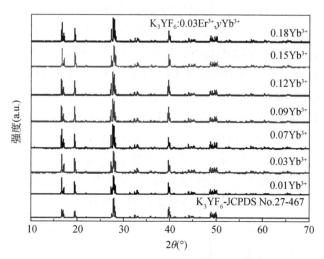

图 4.68　$K_3YF_6 : 0.03Er^{3+}, yYb^{3+}(y = 0.01 \text{、} 0.03 \text{、} 0.07 \text{、} 0.09 \text{、} 0.12 \text{、} 0.15$ 和 $0.18)$
的 XRD 图和 K_3YF_6 标准卡片(JCPDS No. 27-467)

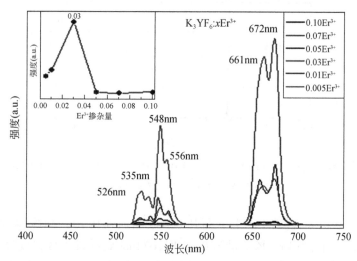

图 4.69　980nm 红外激光激发下 $K_3YF_6 : xEr^{3+}(0.005 \text{、} 0.01 \text{、} 0.03 \text{、} 0.05 \text{、} 0.07$ 和 $0.10)$
的上转换发射光谱,插图中显示了 672nm 处样品发射强度与 Er^{3+} 掺杂量的关系(见彩图)

对比。Ho^{3+} 和 Yb^{3+} 掺杂量不同的样品的衍射峰位置和强度与标准卡片接近,无杂峰,表明制备的样品为单斜相冰晶石结构化合物纯相。

　　在 980nm 红外光激发下,对 $K_3YF_6 : xHo^{3+}, 0.09Yb^{3+}(x = 0.005 \text{、} 0.01 \text{、} 0.03 \text{、}$
$0.05 \text{、} 0.07 \text{、} 0.09 \text{、} 0.10)$ 和 $K_3YF_6 : 0.03Ho^{3+}, yYb^{3+}(y = 0.01 \text{、} 0.03 \text{、} 0.05 \text{、} 0.07 \text{、}$

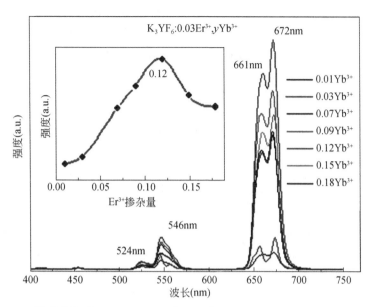

图 4.70　980nm 激光激发下 K$_3$YF$_6$：0.03Er^{3+},yYb^{3+}(y=0.01、0.03、0.07、0.09、0.12、0.15 和 0.18)的上转换发射光谱图,内插图为 672nm 处样品发射强度与 Yb^{3+}掺杂量的关系(见彩图)

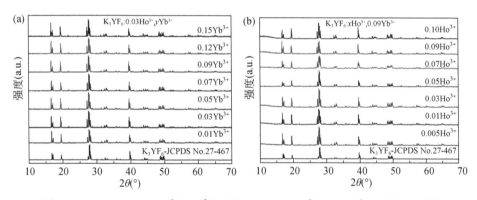

图 4.71　K$_3$YF$_6$：0.03Ho^{3+},yYb^{3+}(a)和 K$_3$YF$_6$：xHo^{3+},0.09Yb^{3+}(b)的 XRD 图

0.09、0.12、0.15)进行了上转换光谱测试。如图 4.72 所示,K$_3$YF$_6$：xHo^{3+},Yb^{3+}系列样品的光谱主要由两部分组成:一部分位于蓝光区,中心峰位于 541nm,属于 Ho^{3+}的^{5}S$_2$/^{5}F$_4$-^{5}I$_8$跃迁;另一部分位于红光区域,中心峰位于 666nm,属于 Tm^{3+}的^{5}F$_5$-^{5}I$_8$跃迁。蓝光区发射峰强度远高于红光区。图 4.72 内插图是样品在 541nm 和 666nm 处上转换发光强度分别随 Ho^{3+}和 Yb^{3+}掺杂量的变化图。如图所示,固定 Ho^{3+}掺杂量为 0.03,增加 Yb^{3+}的掺杂量,样品发光强度逐渐降低,Yb^{3+}掺杂量为

0.09 时,样品开始出现浓度猝灭。固定 Yb^{3+}掺杂量为 0.09,Ho^{3+}掺杂量由 0.005 增加至 0.1,发光强度出现先增加后下降的趋势,当掺杂量为 0.01 时样品开始出现浓度猝灭。由此可知,K$_3$YF$_6$中 Ho^{3+}和 Yb^{3+}的最佳掺杂量为 0.01 和 0.09。

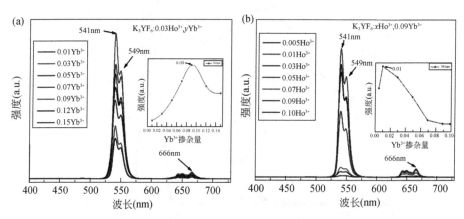

图 4.72　K$_3$YF$_6$:0.03Ho^{3+},yYb^{3+}(a)和 K$_3$YF$_6$:xHo^{3+},0.09Yb^{3+}(b)的发射光谱图(见彩图)

5. 晶型对冰晶石结构上转换发光性能的影响

(1)K$_3$GaF$_6$(立方)/Na$_3$GaF$_6$(单斜)晶型转变对上转换发光性能的影响

人们在发光材料研究中发现,相变引起的结构变化对发光性能有显著影响。本书作者对冰晶石结构上转换发光材料进行了晶型可控制备研究,在此基础上系统研究了晶型对冰晶石结构上转换发光材料发光性能的影响。

首先在水热法合成纯立方相 K$_3$GaF$_6$、单斜相 Na$_3$GaF$_6$的基础上,通过调整 K 和 Na 的比例,确定了晶型转变点的组成 Na$_{2.5}$K$_{0.5}$GaF$_6$。通过改变反应时间和反应温度,实现了同成分冰晶石结构化合物的晶型调控。对不同晶型 Na$_{2.5}$K$_{0.5}$GaF$_6$进行稀土离子掺杂,对比研究不同晶型材料的发光性能。

如图 4.73 所示,在低(140℃)、高温(200℃)条件下水热反应 10h 制备的 Na$_{2.5}$K$_{0.5}$GaF$_6$:xEr^{3+}(x=0.005、0.01、0.015、0.02、0.025、0.03)均近于纯相,140℃ 条件制备的样品为立方相,200℃ 条件制备的样品为单斜相。图 4.74 显示,在 980nm 激发下,立方晶相、单斜相样品发光强度均先增强后减弱再增强,Er^{3+}掺杂 3% 时发光最强。样品中少量杂相的存在一定程度影响了发光强度与 Er^{3+}掺杂量关系的规律性。图 4.74 表明,立方晶相的发光强度较弱,单斜相的发光强度为立方相的 30 倍左右,可见晶型对冰晶石结构发光材料的上转换发光性能有显著影响。

(2)K$_3$ScF$_6$(立方)/K$_3$LuF$_6$(单斜)晶型转变对上转换发光性能的影响

本书作者[63]采用高温固相法合成了一系列 Sc^{3+}、Lu^{3+}比值不同的冰晶石基质,

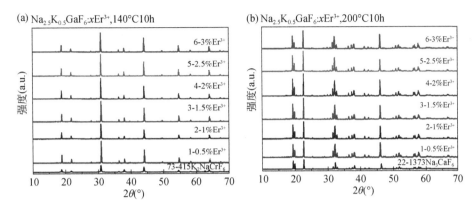

图4.73　140℃(a)、200(b)℃条件下水热反应10h制备的 $Na_{2.5}K_{0.5}GaF_6$：xEr^{3+}的XRD图

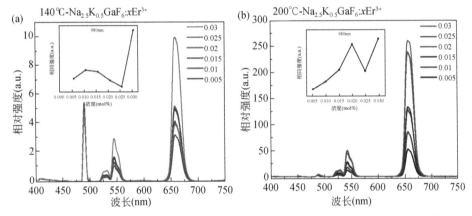

图4.74　140℃(a)和200(b)℃条件下水热反应10h制备的 $Na_{2.5}K_{0.5}GaF_6$：xEr^{3+}
的荧光光谱图(激发波长为980nm)(见彩图)

找到晶型转变的成分点 $K_3Sc_{0.5}Lu_{0.5}F_6$。在此成分点,通过改变合成温度实现了
$K_3Sc_{0.5}Lu_{0.5}F_6$晶型由单斜到立方的可控转变。随后对单斜和立方晶型 $K_3Sc_{0.5}Lu_{0.5}F_6$
进行 Er^{3+}、Yb^{3+}共掺杂,制备上转换发光材料并对其发光性能进行对比研究。

图4.75为 $K_3Sc_{(1-x)}Lu_xF_6$($x=0$、0.1、0.2、0.3、0.4、0.5、0.6、0.7、0.8、0.9 和
1)样品的 XRD 图及与立方相 K_2NaScF_6(JCPDS No. 79-0770)和单斜相 K_3YF_6
(JCPDF No. 27-467)标准卡片数据的对比。根据图4.75,当 Lu^{3+}的含量由 0.5 提
高至 0.6 时,晶体结构由立方相向单斜相转变。选择成分点 $K_3Sc_{0.5}Lu_{0.5}F_6$进行改
变合成温度的实验,结果见图4.76,温度由 850℃升高到 900℃时,$K_3Sc_{0.5}Lu_{0.5}F_6$发
生了由单斜相到立方相的转变。因此分别在 850℃和 900℃条件下对 $K_3Sc_{0.5}Lu_{0.5}F_6$
进行 Er^{3+}、Yb^{3+}双掺,制备不同晶型 $K_3Sc_{0.5}Lu_{0.5}F_6$：Er^{3+},Yb^{3+}上转换发光材料。

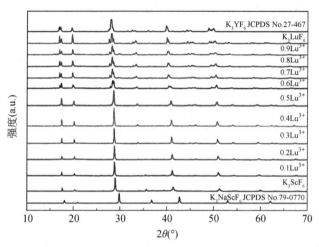

图 4.75　$K_3Sc_{(1-x)}Lu_xF_6(x=0、0.1、0.2、0.3、0.4、0.5、0.6、0.7、0.8、0.9、1)$ 样品的 XRD 图

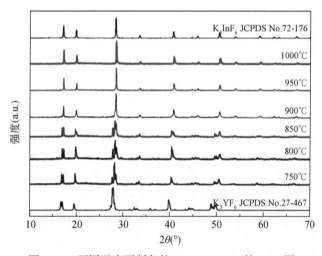

图 4.76　不同温度下制备的 $K_3Sc_{0.5}Lu_{0.5}F_6$ 的 XRD 图

　　为了研究晶型变化对样品上转换发光性能的影响,对上转换发光材料样品进行了光谱测试。根据晶格振动相关理论,声子是表征晶格振动能量的量子。声子能量是表征分子(离子)振动强烈程度的物理量,可以从拉曼光谱获得基质材料的最大声子能量和声子态密度。图 4.77(a) 为 C-$K_3Sc_{0.5}Lu_{0.5}F_6$(立方相)和 M-$K_3Sc_{0.5}Lu_{0.5}F_6$(单斜相)的拉曼光谱图。由拉曼光谱获得的 C-$K_3Sc_{0.5}Lu_{0.5}F_6$(立方相)和 M-$K_3Sc_{0.5}Lu_{0.5}F_6$(单斜相)的最大声子能量分别为 $972cm^{-1}$ 和 $1072cm^{-1}$。此外,振动谱的积分面积可定性表示振动的空间分布情况,振动谱积分面积数值

大,说明振动的空间分布密集,也就是表示声子态密度高。经计算,单斜相的声子态密度(积分面积19726114)高于立方相(积分面积15772912)。如图4.77(b)所示,单斜相 $K_3Sc_{0.5}Lu_{0.5}F_6$:Er^{3+},Yb^{3+}具有更高的声子能量和声子态密度,存在更强的无辐射跃迁,所以立方相发光强度更强。

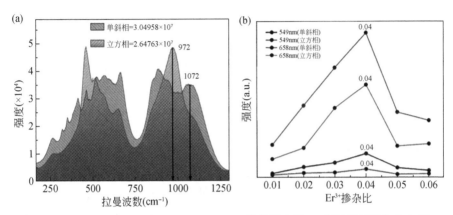

图4.77　C-$K_3Sc_{0.5}Lu_{0.5}F_6$和M-$K_3Sc_{0.5}Lu_{0.5}F_6$的拉曼光谱(a)以及单斜相和立方相在549nm、658nm处发光强度随Er^{3+}掺杂量的变化图(b)(见彩图)

6. 冰晶石结构上转换发光材料的温度传感性能

近年来,将上转换发光材料应用于温度传感受到广泛关注。温度的波动将导致热耦合能级上布居的电子数发生变化,直观的表现为两能级所辐射出的上转换荧光强度比(fluorescence intensity ratio,FIR)的变化,基于FIR对温度的依赖关系可以实现非接触式温度测量。但是,目前报道的上转换光学温度传感材料的测温性能普遍较差,制约了材料的实际应用,改善测温性能成为当前急需解决的问题。目前常选择氟化物作为上转换温度传感材料基质,冰晶石结构上转换发光材料具有稳定的物理化学性质、优异的上转换性能,有可能成为优良的温压传感材料。

本书作者[64]采用高温固相法制备了一系列Er^{3+}、Yb^{3+}掺杂立方相Cs_3YF_6上转换发光材料,并对其成分、结构、上转换发光性能、温度传感性能进行了表征。图4.78(a)和(b)分别为Cs_3YF_6:$0.2Yb^{3+}$,xEr^{3+}(x=0.02、0.04、0.06、0.09、0.12、0.15、0.20)和Cs_3YF_6:$0.06Er^{3+}$,yYb^{3+}(y=0.05、0.10、0.15、0.20、0.25、0.30、0.35)的XRD图,选择Cs_3YF_6(ICDD,JCPDS No. 23-1059)标准卡片进行对比。由图可知,样品衍射谱与标准卡片匹配,无杂峰,所制备的样品均为纯相,Er^{3+}和Yb^{3+}的引入未产生杂相。

如图4.79(a)、(b)所示,在980nm红外光激发下,Cs_3YF_6:Er^{3+},Yb^{3+}系列样品的发射光谱主要由两部分组成:一部分位于绿光区,中心峰位于543nm,属于

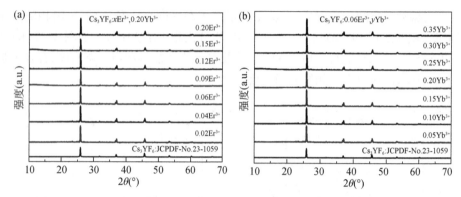

图 4.78　Cs_3YF_6：xEr^{3+}，0.20Yb^{3+}(a)和 Cs_3YF_6：0.06Er^{3+}，yYb^{3+}(b)的 XRD 图

Er^{3+}的$^4S_{2/3}$-$^4I_{2/15}$跃迁；另一部分位于红光区域，中心峰位于 668nm，属于 Er^{3+} 的 $^4F_{2/9}$-$^4I_{2/15}$跃迁，绿光区发射峰强度高于红光区，样品整体显绿色。图 4.79(a)、(b) 内插图是样品在 543nm 处上转换发光强度分别随 Er^{3+} 和 Yb^{3+} 掺杂量的变化图。如图所示，固定 Yb^{3+} 掺杂量为 0.20，增加 Er^{3+} 的掺杂量，样品发光强度先增加后降低，Er^{3+} 掺杂量为 0.06 时，样品开始出现浓度猝灭。固定 Er^{3+} 掺杂量，Yb^{3+} 掺杂量由 0.05 增加至 0.35，543nm 处发光峰强度出现先增加后下降的趋势，当掺杂量为 0.15 时样品开始出现浓度猝灭。由此可知，Cs_3YF_6 中 Er^{3+} 和 Yb^{3+} 的最佳掺杂量为 0.06 和 0.15。

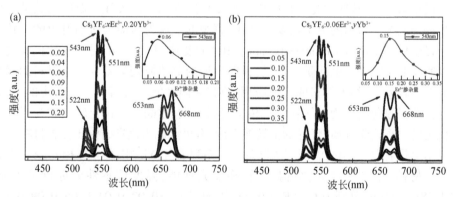

图 4.79　Cs_3YF_6：xEr^{3+}，0.20Yb^{3+}(a)和 Cs_3YF_6：0.06Er^{3+}，yYb^{3+}(b)的发射光谱图；内插图分别为样品上转换发光强度随 Er^{3+} 和 Yb^{3+} 掺杂量的变化图(见彩图)

图 4.80(a)为 Cs_3YF_6：0.06Er^{3+}，0.15Yb^{3+} 在不同温度下的上转换发射光谱图。由图可知，随温度升高，样品各发射带的位置和峰形均未发生变化，在 543nm、551nm、653nm、668nm 处的上转换发光强度随温度升高均呈现下降趋势，而 522nm 处的发光强度则先增后减。为了直观地说明 LPL 转换，制作了 3D-TL 光谱图，如

图 4.80(b)所示,在图中可以直接观察到 LPL 光谱和 TL 光谱。由图 4.80(c)可知,522nm 处的绿色发射强度随温度升高先增大后减小,在 423K 处达到最大值,而 543nm 处的发光强度不断减小。此外,高温下 522nm 处的上转换发光强度明显高于 543nm 处。522nm 和 543nm 的上转换发光归因于 $^2H_{11/2}$ 和 $^4S_{3/2}$ 能级向基态的跃迁,这两个能级的间隙约为 770cm^{-1},因此被认为是热耦合能级,电子数布居服从玻尔兹曼分布定律。根据该定律,随着温度的升高,热耦合能级中处于相对较高能级的电子数量会增加,处于较低能级的电子数量会减少,可以解释高温下 522nm 处的发光强度高于 543nm 处的发光强度。由于两个热耦合能级($^2H_{11/2}$ 和 $^4S_{3/2}$)的电子布居过程满足玻尔兹曼分布规律,所以发光强度比(R)可以用公式(4.8)计算:

$$FIR = \frac{I_H}{I_S} = A\exp\left(-\frac{\Delta E}{K_B T}\right) \tag{4.8}$$

式中,I_H 和 I_S 分别为高热耦合能级($^2H_{11/2}$)和低热耦合能级($^4S_{3/2}$)的发射荧光强度,ΔE 为 $^2H_{11/2}$ 和 $^4S_{3/2}$ 能级间隙,K_B、T 和 A 分别代表玻尔兹曼常数、热力学温度和常数。根据公式(4.9)可拟合两个热耦合能级的 FIR(荧光强度比)与温度的关系,拟合曲线如图 4.80(d)所示。显然,随着温度从 303K 增加到 573K,522nm 和 543nm 的 FIR 逐渐增加。这可以用玻尔兹曼分布定律来解释,随着温度的升高,Er^{3+} 的电子更容易被泵送到更高能量的 $^2H_{11/2}$ 能级,达到热平衡。

$$\ln(FIR) = \ln(C) + \left[-\frac{\Delta E}{K_B T}\right] \tag{4.9}$$

图 4.80(e)给出了 Cs$_3$YF$_6$：0.06Er^{3+},0.15Yb^{3+} 样品 FIR 的对数 $[\ln(I_H/I_S)]$ 与温度的倒数($1/T$)之间的关系,在 303～573K,该曲线可以很好地由方程(4.9)拟合,得到的 $\Delta E/K_B$ 和 $\ln(C)$ 值约为 1030.16 和 2.25,根据这两个参数可以计算出样品的绝对灵敏度和相对灵敏度。计算公式如下:

$$S_a = \frac{d(FIR)}{dT} = C\exp\left(-\frac{\Delta E}{K_B T}\right) \times \left(\frac{\Delta E}{K_B T^2}\right) \tag{4.10}$$

$$S_r = 100\% \times \frac{1}{FIR}\frac{d(FIR)}{dT} = 100\% \times \frac{C\exp\left(\frac{\Delta E}{K_B T}\right)}{B + C\exp\left(-\frac{\Delta E}{K_B T}\right)} \times \frac{\Delta E}{K T^2} \tag{4.11}$$

计算结果如图 4.80(f)所示。可以看出,绝对灵敏度变化曲线先升后降,在温度为 483K 时达到最大值 47×10^{-4} K^{-1}。相对灵敏度最大值为 1.07% K^{-1}。表 4.2 总结了一些典型上转换发光材料的绝对灵敏度值并与 Cs$_3$YF$_6$：Er^{3+},Yb^{3+} 进行比较,可见 Cs$_3$YF$_6$：Er^{3+},Yb^{3+} 的灵敏度值处于较高水平,表明 Cs$_3$YF$_6$：Er^{3+},Yb^{3+} 上转换发光材料在光学测温领域具有非常重要的应用价值。

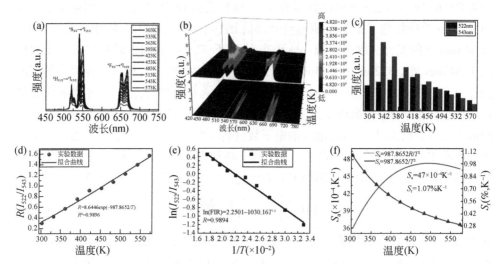

图 4.80 (a)在 303~573K Cs$_3$YF$_6$：0.06Er^{3+},0.15Yb^{3+}的发射光谱;(b)Cs$_3$YF$_6$：Er^{3+},Yb^{3+}的三维(3D)TL 光谱;(c)Cs$_3$YF$_6$：0.06Er^{3+},0.15Yb^{3+}在不同温度下 522nm 和 543nm 的 PL 强度直方图;(d)I_{522}/I_{543} 的 FIR 与温度关系的拟合曲线;(e)FIR 的对数与温度倒数的关系图;(f)Cs$_3$YF$_6$：0.06Er^{3+},0.15Yb^{3+}在 303~573K 的绝对灵敏度和相对灵敏度(见彩图)

表 4.2 不同上转换发光材料的温敏性能

样品	温度范围(K)	ΔE(cm^{-1})	T(K)	$S_{a_{max}}$(10^{-4}K^{-1})
KLu$_2$F$_7$：Er,Yb,Nd	293~573	587	413	41
La$_2$O$_3$：Er,Li	303~573	655	473	46
NaBiF$_4$：Er,Yb	303~483	788	483	57
Gd$_2$MoO$_6$：Er,Yb	303~703	495	35 0	53
ZBLALiP：Er	160~298	681	300	6
Na$_{0.5}$Bi$_{0.5}$TiO$_3$：Er^{3+},Yb^{3+}	173~553	706	493	35
YPO$_4$：Er^{3+}/Yb^{3+}	298~573	765	548	27
NaYF$_4$：Er^{3+}/Yb^{3+}	93~673	519	368	29
BaTiO$_3$：Er^{3+}/Yb^{3+}	120~505	864	410	19
Cs$_3$YF$_6$：Er^{3+}/Yb^{3+}	303~573	736	483	47

7. 核壳结构冰晶石型上转换发光材料

核壳结构上转换发光材料具有很多优点。首先,可以在材料表面形成一层惰性壳,以抑制活性核粒子的表面缺陷,减少颗粒间的团聚,将表面态非辐射跃迁的影响降到最低;其次,表面包覆层可以作为屏障有效避免材料受到环境中水或者其他溶液的侵蚀。此外,核壳结构由于独特的结构特性,整合了内外两种材料的性质,很容易实现材料的多功能集成,从而为各种应用提供新的机遇。因此,近年来核壳结构上转换发光材料研究成为热点。SiO_2 因具有良好的生物相容性、较低的生物毒性以及极易修饰的表面特性,成为常用的上转换发光颗粒表面修饰材料。

本书作者以硝酸钪、硝酸铒、硝酸镱、盐酸和氟化钾等为原料,采用水热法制备了 K_2NaScF_6：Er^{3+}，Yb^{3+} 上转换微米晶,通过水解硅酸乙酯对样品表面进行 SiO_2 包覆,制备了冰晶石型核壳结构上转换发光材料 K_2NaScF_6：Er^{3+}，Yb^{3+}@ SiO_2,并对其进行了 500℃ 加热 2h 处理。如图 4.81 所示,K_2NaScF_6：Er^{3+}，Yb^{3+}、K_2NaGaF_6：Er^{3+}，Yb^{3+}@ SiO_2 以及热处理的 K_2NaGaF_6：Er^{3+}，Yb^{3+}@ SiO_2 样品衍射峰一致,并与 K_2NaScF_6 的(20-429)卡片吻合,表明制备的 K_2NaScF_6：Er^{3+}，Yb^{3+} 样品为纯相,包覆的 SiO_2 为非晶相。经 SiO_2 包覆后的核壳结构样品相较于 K_2NaScF_6：Er^{3+}，Yb^{3+},衍射峰强度有所下降。经过热处理后,K_2NaScF_6：Er^{3+}，Yb^{3+}@ SiO_2 衍射峰强度未发生明显改变。

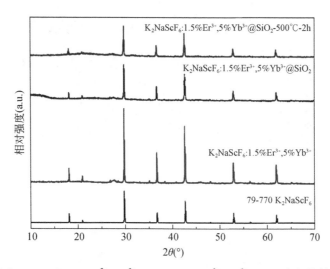

图 4.81　K_2NaScF_6：Er^{3+}，Yb^{3+}、K_2NaScF_6：Er^{3+}，Yb^{3+}@ SiO_2 和经热处理的
K_2NaScF_6：Er^{3+}，Yb^{3+}@ SiO_2 的 XRD 图

图 4.82 是 K_2NaScF_6：Er^{3+}，Yb^{3+}、K_2NaScF_6：Er^{3+}，Yb^{3+}@ SiO_2 及经热处理的 K_2NaScF_6：Er^{3+}，Yb^{3+}@ SiO_2 样品的微观形貌图。图 4.82(a)、(b)显示,K_2NaScF_6：Er^{3+}，Yb^{3+} 由约 3～5μm 的晶粒组成,颗粒表面比较光滑。SiO_2 包覆后样品表面明显不同,可观察到残留的有机物[图 4.82(c)、(d)]。图 4.82(e)、(f)是经热处理

的 K_2NaScF_6 : Er^{3+},Yb^{3+}@SiO_2 样品,因表面部分 SiO_2 脱落变得更加光滑。经估算,
样品表面 SiO_2 厚度不均匀,约为 250nm。图 4.83 是 K_2NaScF_6 : Er^{3+},Yb^{3+}@SiO_2 样
品的 TEM 图,可以明显观察到样品表面包覆的 SiO_2 层。对其中一个颗粒进行了
mapping 测试(图 4.84),样品的组成元素分布较为均匀,因为 Er 和 Yb 掺杂量较
低,因此颜色相对较暗,Si 元素颜色深,且覆盖面大于其他元素,表明 SiO_2 成功包覆
在样品表面。

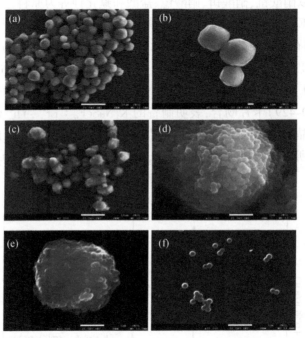

图 4.82　K_2NaScF_6 : Er^{3+},Yb^{3+}(a)和(b);K_2NaScF_6 : Er^{3+},Yb^{3+}@SiO_2(c)和(d);经热处理的
K_2NaScF_6 : Er^{3+},Yb^{3+}@SiO_2(e)和(f)的 SEM 图

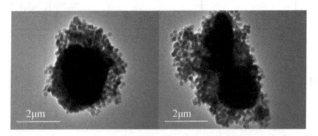

图 4.83　K_2NaScF_6 : Er^{3+},Yb^{3+}@SiO_2 样品的 TEM 图

在 980nm 激发条件下分别对 K_2NaScF_6 : Er^{3+},Yb^{3+},K_2NaScF_6 : Er^{3+},Yb^{3+}@SiO_2
和热处理的 K_2NaScF_6 : Er^{3+},Yb^{3+}@SiO_2 进行了上转换发光性能测试。由图 4.85 可

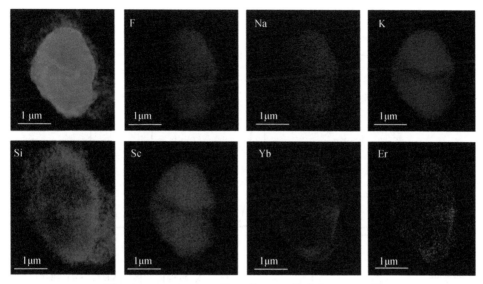

图 4.84　K_2NaScF_6：Er^{3+}，Yb^{3+}@SiO_2 的成分 mapping 图

知,3 个样品的光谱出现典型的 Er^{3+} 特征峰,发光区域由两部分组成,一部分位于绿光区,中心峰位于 525nm 和 548nm、555nm 处,属于 Er^{3+} 的 $^4H_{11/2}$-$^4I_{15/2}$ 和 $^4S_{3/2}$-$^4I_{15/2}$ 跃迁;另一部分位于红光区,中心峰位于 658nm 和 671nm,属于 Er^{3+} 的 $^4F_{9/2}$-$^4I_{15/2}$ 跃迁,红光发射强度高于绿光。发射光谱表明,K_2NaScF_6：Er^{3+}，Yb^{3+} 经过 SiO_2 包覆后发光强度有所下降,而经热处理后发光强度明显增强。未经热处理的 K_2NaScF_6：Er^{3+}，Yb^{3+}@SiO_2 样品中仍残留有未水解完全的硅酸乙酯,经过热处理后 K_2NaScF_6：Er^{3+}，Yb^{3+}@SiO_2 发光强度明显增强的原因可能与残留硅酸乙酯分解以及热处理改善了 K_2NaScF_6：Er^{3+}，Yb^{3+} 表面缺陷有关。

8. 小结

以铝等金属氧化物、稀土氧化物、硝酸盐、醋酸盐或氯化物为主要原料,采用高温固相法和水热法成功合成了单斜相 Na_3AlF_6、Na_3GaF_6、K_3YF_6、K_3LuF_6 和立方相 $(NH_4)_3AlF_6$、K_3GaF_6、K_3ScF_6 等多种冰晶石结构化合物基质,通过改变温度、原料配比、反应时间、pH 值等实验条件实现了对冰晶石结构化合物晶型、形貌和纳米晶粒径的可控制备。

①通过 Eu^{3+}、Tb^{3+}、Ce^{3+}、Er^{3+}、Yb^{3+}、Tm^{3+} 和 Ho^{3+} 等多种稀土离子单掺、双掺,制备了一系列冰晶石结构上转换-下转换发光材料,测试了其物相、结构、形貌及激发、发射光谱,确定了材料中掺杂稀土离子种类、掺杂浓度对发光性能的影响规律及浓度猝灭范围,深入研究了冰晶石结构发光材料的发光机理和能量传递过程。

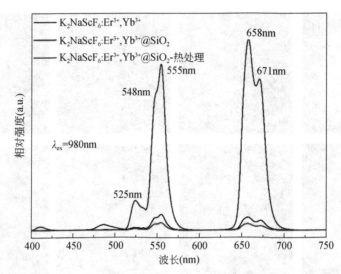

图 4.85　980nm 激发下,样品 K_2NaScF_6 : Er^{3+} , Yb^{3+} , K_2NaScF_6 : Er^{3+} , Yb^{3+} @ SiO_2 和热处理的 K_2NaScF_6 : Er^{3+} , Yb^{3+} @ SiO_2 的上转换发射光谱图(见彩图)

②通过水热合成法制备了 K_2NaScF_6 : Er^{3+} , Yb^{3+} 冰晶石型上转换微米晶发光材料和核壳结构冰晶石型上转换发光材料 K_2NaScF_6 : Er^{3+} , Yb^{3+} @ SiO_2 ,为提高发光性能和稳定性,对 K_2NaScF_6 : Er^{3+} , Yb^{3+} @ SiO_2 进行了热处理,发现 SiO_2 包覆减弱了 K_2NaScF_6 : Er^{3+} , Yb^{3+} 的发光强度,而热处理明显提高 K_2NaScF_6 : Er^{3+} , Yb^{3+} 的发光强度,为其应用奠定了一定的基础。

③采用高温固相法制备了具有温度传感性能的冰晶石结构上转换材料 Cs_3YF_6 : Er^{3+} , Yb^{3+} ,研究了其在不同温度下的发光强度,分析了样品在 303 ~ 573K 的绿色荧光强度比,得出了样品的绝对灵敏度和相对灵敏度。结果表明,所制备的 Cs_3YF_6 : Er^{3+} , Yb^{3+} 上转换发光材料在光学测温和红外显示领域具有良好的性能和潜在的应用价值。

④通过改变温度,采用水热法合成了成分相同、晶型不同的上转换发光材料 $Na_xK_{3-x}GaF_6$: Er^{3+} ,结果表明单斜晶型样品的发光强度约为立方晶型的 30 倍,这是由于单斜相比立方相结构对称性低,部分 f-f 宇称禁戒跃迁变为允许,跃迁概率增加。采用高温固相法分别在 800℃ 和 900℃ 条件下制备了单斜和立方晶型 $K_3Sc_{0.5}Lu_{0.5}F_6$: Er^{3+} , Yb^{3+} 上转换发光材料,结果表明立方晶型的发光强度明显高于单斜晶型,这与水热法结果不一致。研究发现,单斜晶型 $K_3Sc_{0.5}Lu_{0.5}F_6$: Er^{3+} , Yb^{3+} 的声子能量和声子态密度更高、无辐射跃迁概率更高是造成立方晶型 $K_3Sc_{0.5}Lu_{0.5}F_6$: Er^{3+} , Yb^{3+} 的发光强度明显高于单斜晶型的原因。

4.2.3 磷灰石结构发光材料

1. 磷灰石简介

磷灰石是一族钙磷酸盐矿物的总称,包括氟磷石灰、氯磷灰石、黄绿磷灰石、羟基磷灰石等等,其中氟磷灰石最常见[65]。磷灰石的化学成分为 $Ca_5(PO_4)_3(F、Cl、OH)$,其中,CaO 55.38%、P_2O_3 42.06%、F 1.25%、Cl 2.33%、H_2O 0.56%。二价阳离子 Ca^{2+} 常被 Mg^{2+}、Sr^{2+}、Ba^{2+}、Fe^{2+} 及 Mn^{2+} 等取代,一些其他价态离子也可因类质同象作用而占据二价阳离子的位置,如三价稀土离子、一价碱金属离子(Na^+、K^+、Li^+ 及 Ag^+)等。$[PO_4]^{3-}$ 可以被 $[SiO_4]^{4-}$、$[SO_4]^{2-}$、$[VO_4]^{3-}$、$[CO_3]^{2-}$ 等络合阴离子替换。附加阴离子可为 OH、F、Cl、Br、O_2 或空位。根据附加离子种类可以将磷灰石划分为氟磷灰石、氯磷灰石、溴磷灰石和羟基磷灰石等。

磷灰石属于六方晶系,空间群 $P6_3/m$,晶胞参数 $a=0.943\sim0.938nm$,$c=0.688\sim0.686nm$,$Z=2$。[CaO]多面体通过共用棱与角顶的方式相连,形成不规则的链并沿 c 轴方向伸展,链与链之间以[PO_4]四面体相连,形成平行于 c 轴方向的孔道,附加阴离子充填于此孔道中也排列成链[66,67]。

以氟磷灰石 $Ca_{10}(PO_4)_6F_2$ 的晶体结构[68]为例(图4.86),二价阳离子 Ca^{2+} 可占据两种不同配位的晶体学格位:Ca(1)占据 4f 格位,分布在 C_3 点对称位置,与 9 个氧原子相连形成扭曲的三棱柱,配位数为 9,其中 6 个 Ca—O 键较短,3 个 Ca—O 键较长;Ca(2)占据 6h 格位,位于 Cs 点对称位置[69,70],与 6 个氧原子和 1 个 F 原子相连,配位数为 7,3 个 Ca(2)原子和 1 个 F 原子共面。当 F 被 Cl、Br 和 OH 等完全取代时,对称性会降低,这是因为 Cl、Br 和 OH 离子半径较大以至于偏离 3 个 Ca(2)离子所处的平面。两个结晶学不等效的阳离子晶体学位点 Ca(1)和 Ca(2)可以被其他等价或不等价的离子取代,也可以空位的形式存在;阴离子晶体学位置可被阴离子或阴离子基团占据。通过阴、阳离子占位的变化可以使晶体结构具有可调的特性。

2. 磷灰石结构发光材料研究进展

磷灰石结构中含有两种非等效格位阳离子,九次配位的 Ca(1)和七次配位的 Ca(2)。非等效格位的 Ca(1)和 Ca(2)及磷灰石中广泛存在的类质同象替代,使具有磷灰石结构的化合物可为激发剂离子提供复杂多变的晶体场环境,导致激发剂离子多变的能级分裂和发光行为。此外,磷灰石结构化合物具有良好的化学稳定性,因此磷灰石结构发光材料受到国内外学者广泛关注。

磷灰石发光材料的研究主要集中在几个方面:①合成新型磷灰石结构化合物并进行单一稀土离子掺杂,制备单色光荧光粉;②共掺杂激活剂离子,通过激活剂

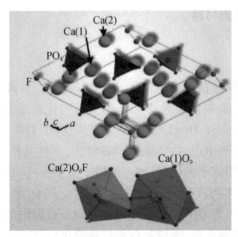

图 4.86　$Ca_{10}(PO_4)_6F_2$ 的晶体结构以及 Ca(1) 和 Ca(2) 的配位环境

离子间能量传递,获得发光颜色可调变的磷灰石结构发光材料;③通过调节磷灰石结构(阳离子调变、络合阴离子调变、附加阴离子调变)调控发光材料的发光颜色。

(1)单掺杂磷灰石结构发光材料的研究

Zhang 等[71]通过传统的固相法制备了一种新型 Sm^{3+} 活化的磷灰石结构荧光粉 $Ca_5(PO_4)_2SiO_4$,该荧光粉可以被近紫外芯片有效激发。对其晶体结构和发光性能进行了表征分析,结果表明,$Ca_5(PO_4)_2SiO_4$: Sm^{3+} 荧光粉在 403nm 的激发下,在 600nm 处检测到橙红色发射峰。Sm^{3+} 的最佳掺杂量为 0.08 mol,临界距离为 1.849nm,浓度猝灭归因于最近邻激活剂之间的能量传递。$Ca_5(PO_4)_2SiO_4$: $0.08Sm^{3+}$ 荧光粉的衰减时间为 1.20 ms。此外,其热稳定性良好,在 250 ℃ 时仍可保留室温发射强度的 72.4%。

Song 等[72]采用水热法制备了磷灰石结构 $Sr_5(PO_4)_3Cl$: Eu^{2+} 纳米束。X 射线衍射及傅里叶红外分析结果表明 $Sr_5(PO_4)_3Cl$ 属于六方晶系;扫描电镜、透射电镜及高分辨电子显微镜结果表明所制备的 $Sr_5(PO_4)_3Cl$: Eu^{2+} 纳米束的直径为 20 ~ 30nm,且纳米棒的生长方向为[002]方向;光致发光谱表明,Eu^{3+} 被还原成 Eu^{2+},$Sr_5(PO_4)_3Cl$: Eu^{2+} 磷光体显示出强烈的蓝色发光。

Zhu 等[73]采用高温固相法合成了磷灰石结构 $Sr_4La_2Ca_4(PO_4)_6O_2$: Ce^{3+} 荧光粉,可被近紫外光激发,发射绿光,发射波长位于 506nm 处,由 Ce^{3+} 的 5d-4f 跃迁引起,当 Ce^{3+} 的掺杂浓度为 0.08mol 时,荧光粉亮度最高。

Mungmode 等[74]使用湿化学合成方法制备了 Eu^{2+} 掺杂的 $(Ca_{5-x}Sr_x)(PO_4)_3Cl$ ($x=0.1$、2.4)新型荧光粉。在 365nm 近紫外光激发下,可以得到 449nm 附近的蓝光发射,源于 Eu^{2+} 从 $4f^6$-5d 到 $4f^7$ 的跃迁。$(Ca_{5-x}Sr_x)(PO_4)_3Cl$: Eu^{2+} 可用作白色

LED 的蓝光荧光粉。

Yan 等[75]采用常规高温固态反应法制备了一系列磷灰石结构荧光粉 $Sr_4Y_6(AlO_4)_x(SiO_4)_{6-x}O_{1-x/2}$ ：0.01Eu^{2+}（$x=0、1、1.5、1.7、2$）和 $Sr_4Y_6(AlO_4)_2(SiO_4)_4O$：$yEu^{2+}$（$y=0.003、0.005、0.01、0.02、0.04、0.05、0.06、0.08、0.09$）。通过光致发光谱和衰减曲线分析了 $Sr_4Y_6(AlO_4)_2(SiO_4)_4O$：$yEu^{2+}$ 样品的两个不同 Eu^{2+} 发光中心以及 Eu(I) 和 Eu(II) 之间的能量转移。Eu(I) 和 Eu(II) 之间是偶极–偶极相互作用。$Sr_4Y_6(AlO_4)_2(SiO_4)_4O$：0.06$Eu^{2+}$ 的发射随着温度的升高发生蓝移。可以通过调整四面体或增加 Eu^{2+} 的浓度将发射颜色从蓝色调整为绿色。$Sr_4Y_6(AlO_4)_x(SiO_4)_{6-x}O_{1-x/2}$：$Eu^{2+}$ 具有作为 UV/LED 磷光体的潜在应用价值。

Ding 等[76]合成了 Eu^{2+} 掺杂新型磷灰石结构荧光粉 $Ba_5(PO_4)_2SiO_4$。荧光粉在 405nm NUV 激发下发出 515nm 的绿光，量子效率为 31.89%。根据结构和光致发光（PL）特性分析，Eu^{2+} 占据两种 Ba^{2+} 格位。Eu^{2+} 的浓度猝灭机理可能是偶极–偶极相互作用。由于高温下产生明显的电子–声子相互作用，其温度稳定性不佳。使用 405nm GaN NUV 芯片和 RGB 荧光粉混合物制造的白光 LED［$CaAlSiN_3$：Eu^{2+}、$Ba_5(PO_4)_2SiO_4$：Eu^{2+} 和 BAM：Eu^{2+}］在 30 mA 电流的驱动下可获得色度坐标为（0.355,0.342）、色温为 4561 K 的暖白光，表明 $Ba_5(PO_4)_2SiO_4$：Eu^{2+} 是能与 UV/LED 芯片匹配获得白光的潜在绿色荧光粉。

Wan 等[77]开发了一种新的 SiC 还原辅助溶胶–凝胶法，成功制备了绿色的 $Y_5(SiO_4)_3N$：Eu^{2+} 荧光粉。通过 XPS 分析了 Eu 离子的价态，发光光谱显示 $Y_5(SiO_4)_3N$：Eu^{2+} 具有典型的绿色发射带。详细研究了在合成过程中 SiC 的还原机理。这种新颖的方法节省了成本，有利于扩展应用到其他基于硅的氮氧化物的合成。

Deressa 等[78]通过改变 Sr/Ba 的组合，实现了磷灰石结构荧光粉（Sr，Ba）$_5$（PO_4）$_3Cl$：Ce^{3+} 的光谱拓宽。蓝色发光主要来自 Ce^{3+} 的 5d-4f 跃迁，激发带的范围为 250 ~ 400nm。$Sr_{2.45}Ba_{2.45}(PO_4)_3Cl$：$Ce^{3+}$ 具有高的无序度，导致光谱展宽，发射谱峰半高宽为 95.5nm。在 100℃左右，发射强度保持率为 80%。

Tong 等[79]通过固相反应法合成了荧光粉 $Ca_3Gd_7(PO_4)(SiO_4)_5O_2$：$Dy^{3+}$（CGPS：$Dy^{3+}$）。CGPS：$Dy^{3+}$ 样品为磷灰石结构纯相。由于 Dy^{3+} 的半径小于 Gd^{3+}，Dy^{3+} 替代 Gd^{3+} 导致主衍射峰向大角度偏移。在 275nm 和 349nm 紫外线激发下，可以检测到 Dy^{3+} 的特征发射，例如 $^4F_{9/2} \rightarrow {}^6H_{15/2}$（480nm）和 $^4F_{9/2} \rightarrow {}^6H_{13/2}$（572nm）的发光。黄色发射与蓝色发射的高比率意味着 Dy^{3+} 更倾向于在 CGPS 基质中占据低对称 6h 位置。Dy^{3+} 之间的浓度猝灭机理是电偶极–偶极相互作用。此外，还可以观察到从 Gd^{3+} 到 Dy^{3+} 的能量转移。这些结果表明，CGPS：Dy^{3+} 荧光粉可作为基于紫外线的白光照明发光材料。

Muresan 等[80]首次在微波条件下用 NaOH 沉淀获得磷灰石结构硅酸盐荧光粉。Y 和 La 前驱体在不同温度下焙烧制备的荧光粉空间群为 $P6_3/m$,晶粒尺寸最大为 105nm。ICP-OES 测试表明,磷灰石晶格中掺入的 Tb^{3+} 量随烧成温度的提高而增加,Tb^{3+} 的量在 La 荧光粉中比 Y 荧光粉中低。Y 荧光粉在绿色光谱区域观察到 $^5D_4\text{-}^7F_5$ 跃迁占主导,而 La 荧光粉在蓝色光谱区域有 3 个跃迁 $^5D_3\text{-}^7F_{6,5,4}$。随焙烧温度提高,色度坐标从绿色变为青绿色,表明这些荧光粉在固态显示屏中的应用潜力。

Huang 等[81]采用溶胶凝胶法制备了磷灰石结构 $Mg_2Gd_8(SiO_4)_6O_2$:Tb^{3+} 纳米荧光粉,采用 X 射线衍射、荧光光谱及扫描电镜对荧光粉性能进行了表征和测试。结果表明,制备的 $Mg_2Gd_8(SiO_4)_6O_2$:Tb^{3+} 纳米荧光粉尺寸为 60 ~ 100nm,$Mg_2Gd_8(SiO_4)_6O_2$:Tb^{3+} 的发射光谱处出现了绿色发射峰,峰值位于 543nm,属于 Tb^{3+} 的 $^5D_4\text{-}^7F_5$ 跃迁发射。

(2)双掺杂或三掺杂磷灰石结构发光材料的研究

Rodriguez-Garcia 等[82]通过在 $Gd_{9.33}(SiO_4)_6O_2$ 基质中掺杂 Dy^{3+}、Tb^{3+} 和 Eu^{3+} 调节其向白光区域发射,发光都非常接近理想的白光点。研究发现 0.5% Tb、0.03% Eu 共掺杂的 $Gd_{9.33}(SiO_4)_6O_2$ 的性能最佳,色坐标为(0.340,0.341)、色温为 5190K,位于标准的白光区域。

Cheng[83]通过高温固相反应合成了一系列具有磷灰石结构的 Ce^{3+} 和 Ce^{3+}、Tb^{3+} 掺杂的 $Ba_{10}(PO_4)_6F_2$ 荧光粉。结果表明,氟磷灰石结构 $Ba_{10}(PO_4)_6F_2$:Ce^{3+},Tb^{3+} 荧光粉颗粒形貌不规则,$Ba_{10-x}(PO_4)_6F_2$:xCe^{3+} 荧光粉的 PL 光谱相对强度随 x 值的增加而增加,$x=0.09$ 时达到最大值。$Ba_{10}(PO_4)_6F_2$:Ce^{3+},Tb^{3+} 荧光粉显示了 240 ~ 330nm 的宽激发带,及以 335nm 和 358nm 为中心的紫色发射带与以 542nm 为中心的绿光发射带,分别源于 Ce^{3+} 的 5d-4f 跃迁和 Tb^{3+} 的 4f-4f 跃迁。Ce^{3+} 与 Tb^{3+} 间存在能量转移,能量转移效率可达 60%,能量转移机理是偶极-偶极相互作用。Ce^{3+} 和 Tb^{3+} 的临界距离为 0.79nm。研究了色坐标与 Tb^{3+} 掺杂浓度的关系,Tb^{3+} 的浓度从 0 到 0.52,$Ba_{10}(PO_4)_6F_2$:Ce^{3+},Tb^{3+} 荧光粉的发光颜色可以从蓝色调整为绿色,色坐标从(0.1494,0.0451)调整为(0.2801,0.5853)。

Kim 等[84]制备了单相氧基磷灰石结构荧光粉 $Sr_{8-x}La_{2+x}(PO_4)_{6-x}(SiO_4)_xO_2$:$Eu^{2+}$(SLPSiO;$x=0$、2、4、6)。使用 Rietveld 精修分析了从发光中心到其配体的平均键长。Eu^{2+} 占据两个不同位点,即 7 位配位的 Sr(1)位和 9 位配位的 Sr(2)位。发光演化的不同行为是由于 Eu^{2+} 更倾向于占据 $Sr_8La_2(PO_4)_6O_2$(对于 $x=0$)中的较高能量位点,$Sr_2La_8(SiO_4)_6O_2$(对于 $x=6$)中的较低能量位点。$x=0$ 荧光粉的内部量子效率接近 90%。

Xu 等[85]通过高温固态反应法制备了一系列 Tb^{3+} 和 Eu^{3+} 单掺和共掺杂 $Ca_4La_6(SiO_4)_4(PO_4)_2O_2$ 的磷灰石结构荧光粉,并对其光致发光性能和能量转移行为进行了详细研究。在 376nm 的紫外光激发下,产生了从绿色到红色的可调发射。Tb^{3+}-Eu^{3+} 的浓度比可达 0.2876。Tb^{3+} 和 Eu^{3+} 之间的能量转移过程属四极-四极相互作用。$Ca_4La_6(SiO_4)_4(PO_4)_2O_2$：$Tb^{3+}$,$Eu^{3+}$ 具有作为白光发光二极管中颜色转换器材料的潜力。

(3)磷灰石结构发光材料的发光性能调控研究

基质晶体的结构影响激活剂周围的晶体场,因此通过基质的结构调控来调节荧光粉的发射光颜色是近年来的研究热点之一。

图 4.87 为一种结构调控的示意模型图,通过在阳离子位点或阴离子位点上的不同取代作用,可以实现从原型 $Ca_{10}(PO_4)_6F_2$ 到新相 $Ca_6Y_2Na_2(PO_4)_6F_2$[86] 和 $Ca_{10}(PO_4)_6O$[87] 的转变,在 $Ca_{10}(PO_4)_6F_2$ 的基础相上可以进行两种不同的类质同象结构调控。左部分是通过将 $[6Ca^{2+}+2Y^{3+}+2Na^+]$ 共取代为 $[10Ca^{2+}]$,最终成为新相 $Ca_6Y_2Na_2(PO_4)_6F_2$。其中 $Ca_{10}(PO_4)_6F_2$ 中 Ca^{2+} 的位置同时被 Ca^{2+}、Y^{3+} 和 Na^+ 占据,具有 C_3 点对称性的 M1(Ca、Y 和 Na)阳离子配位到 9 个 O 原子,而具有 Cs 点对称性的 M2(Ca 和 Y)阳离子具有 7 配位,涉及 1 个 F 原子和 6 个 O 原子。同样,$Ca_{10}(PO_4)_6F_2$ 结构原型通过阳离子取代可形成 $Sr_5(PO_4)_3F$、$Ca_2SrNaLa(PO_4)_3F$[88]、$Ca_6La_2Na_2(PO_4)_6F_2$[89]、$Sr_3NaLa(PO_4)_3F$[90] 和 $Ba_3GdNa(PO_4)_3F$[91] 等结构。

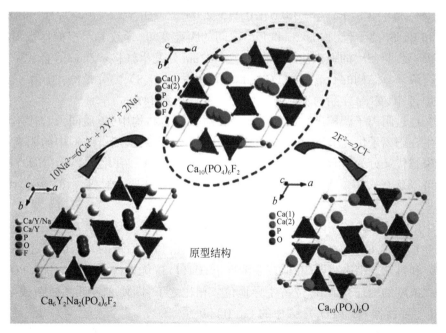

图 4.87　通过在阳离子位点或阴离子位点上的不同取代作用,从典型的磷灰石型基础相 $Ca_{10}(PO_4)_6F_2$ 到新相 $Ca_6Y_2Na_2(PO_4)_6F_2$ 和 $Ca_{10}(PO_4)_6O$ 的结构相变演示图(见彩图)

①通过阳离子调控进行颜色调变。在磷灰石结构中,阳离子类质同象替代是指以 Sr^{2+}、Ba^{2+}、Mg^{2+}、Mn^{2+}、Sc^{3+}、Y^{3+} 和 La^{3+} 等,通过类质同象作用取代占据 Ca^{2+} 为代表的二价阳离子 M 位置,合成新型磷灰石型发光材料。通过阳离子调控,掺杂离子可能会进入不同格位,导致荧光粉发光性能的显著变化。

Yu 等合成了新型磷灰石结构荧光粉 $(Ba,Sr)_{10}(PO_4)_4(SiO_4)_2$：$Eu^{2+}$[92],并通过调变 Ba 和 Sr 的比例,实现了荧光粉的发光颜色调控。Zeng 等合成了 Ce^{3+} 掺杂的氟磷灰石结构发光材料 $M_5(PO_4)_3F$：$Ce^{3+}(M=Ca、Sr、Ba)$[93],发现在 $Ca_5PO_4)_3F$ 基质中,当 Ce^{3+} 的掺杂浓度较低时,Ce^{3+} 主要占据 Ca(II)格位,当掺杂浓度增大时则主要占据 Ca(I)格位;在 $Ba_5(PO_4)_3F$ 和 $Sr_5(PO_4)_3F$ 基质中,当 Ce^{3+} 的掺杂浓度较高时,Ce^{3+} 主要占据 Sr(II)/Ba(II)格位。Li 等合成了 $M_5(PO_4)_3Cl$：$Bi^{3+}(M=Ca、Sr、Ba)$、$Ca_5(PO_4)_3Cl$：Bi^{3+} 和 $Sr_5(PO_4)_3Cl$：Bi^{3+} 的发射光谱出现了 Bi^{3+} 的紫外发射;$Ba_5(PO_4)_3Cl$：Bi^{3+} 的发射光谱还出现了 Bi^+ 的黄、白光与近红外发射,这是因为 Bi^{3+} 在 $Ba_5(PO_4)_3Cl$ 基质中被还原成了 Bi^+。此外,在 $Ba_5(PO_4)_3Cl$ 基质中,Bi^{3+} 主要占据 Ba^{2+}(I)格位。Yu 等合成了一种磷灰石荧光粉 $Ca_{5.95-x}Sr_xLa_4(SiO_4)_2(PO_4)_4O_2$：$0.05Eu^{2+}(x=0\sim5.95)$[94]。当 Ca^{2+} 被更大的 Sr^{2+} 取代时,晶体场分裂增强,导致发射光谱峰红移 50nm,发光颜色由绿色变为黄色。Zhu 合成了磷灰石荧光粉 $Ba_{4.97-x}Sr_x(PO_4)_3Cl$：$Eu^{2+}(x=0、0.5、1.0、1.5、2.0)$[95]。由于 Eu^{2+} 被 O 原子、$[PO_4]$ 四面体和 Ba/Sr 离子包围,Ba/Sr 和 Eu^{2+} 之间的距离变短,导致 Eu^{2+} 多面体变形。晶体场模拟表明,Sr^{2+} 的引入使晶体在 $439\sim462nm$ 处发生红移。Zhou 等合成了一系列具有磷灰石结构的 $Ca_{10-x}Sr_x(PO_4)_6F_2$：$Eu^{2+}(x=4、6、8)$[96]荧光粉。随着 Sr 浓度的增加,带隙变窄,样品的发射光谱从 459nm 蓝移到 447nm。

②通过阴离子调控进行颜色调变。在磷灰石型结构中,类质同象替代不仅可以发生在阳离子位点上,也可以发生在阴离子位点上。磷灰石结构中的阴离子类质同象替代又分为络合阴离子替代和附加阴离子替代。在络阴离子(XO_4)中,X 位置可以是 P^{5+}、Si^{4+}、V^{5+} 等,附加阴离子 Y 位置可以是 OH^-、F^-、Cl^-、Br^-、O^{2-} 或空位。

中山大学苏锵院士团队[97]采用高温固相法制备了一系列磷灰石结构荧光粉 $Ca_{10}(PO_4)_6Y$：$Ce(Y=S、Se)$。对它们的发光光谱和室温下的衰减时间光谱进行了研究和讨论。结果表明,在低掺杂浓度下,Ca(I)位优先占据,随着 $Ca_{10}(PO_4)_6S$ 中 Ce^{3+} 浓度的增加,Ca(II)位占主导地位。相比之下,即使在较低的掺杂浓度下,Ce^{3+} 也主要占据 $Ca_{10}(PO_4)_6Se$ 中的 Ca(II)位。

③通过协同类质同象替代进行颜色调变。磷灰石结构灵活多变,可采用的替代范围也较为广泛。因此,通过结合阳离子共取代和阴离子共取代,可以得到各种多组分磷灰石结构荧光粉。例如,图 4.87 为基于原型结构 $Ca_{10}(PO_4)_6F_2$,通过在阳

离子和阴离子位点上的共取代合成的新化合物的晶体结构,包括 $Lu_5(SiO_4)_3N$[98]、$Ca_4La_6(SiO_4)_2(PO_4)_6O_2$[99]、$Sr_{10}(SiO_4)_3(SO_4)_3F_2$[100]。

近年来,国内外学者通过阳离子、阴离子类质同象取代,逐步开发了各类基于磷灰石结构的荧光粉,其在固态照明和显示行业等不同领域显现出潜在的应用价值。例如,有研究团队合成了一系列颜色可调的磷灰石固溶体荧光粉 $Ca_{2+x}La_{8-x}(SiO_4)_{6-x}(PO_4)_xO_2:Eu^{2+}(x=0、2、4 和 6)$[101],通过改变 Ca 和 La 的比例,其发射颜色可以实现从绿色到蓝色的转变,符合当前开发多色荧光粉的迫切需求。Xia 等制备了一种新型磷灰石结构发光材料 $Ca_6La_4(SiO_4)_2(PO_4)_4O_2:Eu^{2+}$,$Eu^{2+}$ 占据 Ca^{2+} 的位置,$Ca_6La_4(SiO_4)_2(PO_4)_4O_2:Eu^{2+}$ 有两个发光中心。随着 Eu^{2+} 浓度的增加,由于 Eu^{2+} 的晶场分裂的加剧,样品的发射波长从 498nm 红移到 510nm,在其研究中,为了平衡电荷,用 $[SiO_4]^{4-}$ 四面体代替了 $[PO_4]^{3-}$。在这种结构中,Ca^{2+} 和 La^{3+} 均匀地分布在两种类型的阳离子位点中,这说明通过调节原料的比例易于实现 Ca／La 比值的变化[102];Huang 等合成了新型单相磷灰石结构发光材料 $Sr_{4.75-5x}Ca_{5x}(PO_4)_2(SiO_4):0.25Eu^{2+}(0.01≤x≤0.95)$ 和 $Sr_{4.75-5y}Ba_{5y}(PO_4)_2(SiO_4):0.25Eu^{2+}$。通过 Ca^{2+} 或者 Ba^{2+} 取代 Sr^{2+},荧光粉颜色由黄到绿可调,荧光粉的发射峰发生了蓝移现象[103]。Qian 等合成了一种具有磷灰石结构的新型荧光粉 $Ca_{4-y}La_6(AlO_4)_x(SiO_4)_{6-x}O_{1-x/2}:yEu^{2+}$,其具有 450～700nm 的宽带发射,同时,不同比例 $(AlO_4)^{5-}/(SiO_4)^{4-}$ 取代可以提高 Eu^{2+} 的发射强度,并且发射光谱将发生相应的红移[104]。

在对天然磷灰石组成-结构-发光性能研究的基础上,本书作者设计并合成了一系列具有磷灰石结构的 $Ca_{9.97-x}La_x(SiO_4)_x(PO_4)_{6-x}F_2:0.03Eu^{2+}$ 荧光粉。在这一系列荧光粉的结构中,部分 $[PO_4]$ 四面体被 $[SiO_4]$ 取代,La^{3+} 取代 Ca^{2+} 是为了平衡电荷。通过 Eu 掺杂,发现共取代导致不同晶体学位置附近的晶体场发生显著变化。Eu 主要以 Eu^{2+} 的形式存在于 $Ca_{10}(PO_4)_6F_2$ 结构中,产生 450nm 的 f-d 跃迁宽带发射,并发出明显的蓝色荧光。随着 Si 和 La 的共取代,Eu 主要以 Eu^{3+} 的形式存在于结构中,发光颜色发生变化。

(4)密度泛函理论计算在磷灰石型荧光粉研究中的应用

密度泛函理论作为处理多粒子体系的近似方法已经在凝聚态物理、生命科学、量子化学和材料科学等领域有广泛的应用。近年来,稀土发光材料在白光 LED 应用领域受到了越来越广泛的关注。与此同时,理论计算和模拟方法作为一种深入探讨发光机理、开发性能优异的新型发光材料的有力工具已逐渐成为常规的研究方法。

Zhou 等报道了一种利用高温固相法合成的新型磷灰石化合物 $Ca_6Y_4(SiO_4)_2(PO_4)_4O_2(CYSP)$,用 Rietveld 方法和高分辨率透射电子显微镜

(HRTEM)对其结构进行分析。结合密度泛函理论计算详细研究了掺杂 Tb^{3+} 和 Eu^{2+}(CYSP)的光致发光特性。CYSP：Eu^{2+} 的光谱可以很好地分解为两个高斯分量,证明其存在两个发光中心。Eu^{2+} 和 Tb^{3+} 的最优浓度分别为 0.01 和 0.03,CYSP：0.01Eu^{2+} 和 CYSP：0.03 Tb^{3+} 的 CIE 色度坐标分别为(0.161、0.204)和(0.303、0.449)。此外,在低压电子束激发下,CYSP：0.03Tb^{3+} 表现出优异的降解性能和颜色稳定性[105]。

Wang 等通过高温固相法合成了一系列具有磷灰石结构的 Sr 替代固溶体 $Ca_{10-x}Sr_x(PO_4)_6F_2$：Eu^{2+}($x=4$、6、8)荧光粉[106]。结果表明,可通过控制 Sr 对 Ca 的取代量实现荧光粉发光颜色的调控。

Lv 等[107]提出了一种基于光致变色的可逆光致发光转换策略,而引起了广泛关注,可应用于防伪检测和光学数据存储介质。结合密度泛函理论计算的研究结果表明 $Sr_6Ca_4(PO_4)_6F_2$：Eu^{2+} 具有可逆的光致发光转换能力,这种材料的着色和漂白能力分别归因于陷阱捕获和释放电子的有效转换。样品在紫外光交变、可见光照射或加热处理时,会有粉红色和白色的颜色转化,此外,$Sr_6Ca_4(PO_4)_6F_2$：Eu^{2+} 具有优异的光致变色可逆性和极好的抗疲劳性。它提供了一种通过改变 Eu^{2+} 共掺杂离子 La^{3+}、Y^{3+}、Gd^{3+}、Lu^{3+} 的含量来修饰陷阱的方法,从而提高光致变色的整体性能。

Jiao 等[108]首次通过固相反应方法制备出一种 $Sr_3LuNa(PO_4)_3F$：Eu^{2+},Mn^{2+}单组分颜色可调荧光材料,并使用 CASTEP 码的密度泛函理论(DFT)计算完成了基质的电子结构分析和结构优化。经计算,基质的带隙宽度为 5.314eV,证明 $Sr_3LuNa(PO_4)_3F$ 具有较大的带隙宽度。$Sr_3LuNa(PO_4)_3F$ 从 5.314eV 到 7.83eV 的宽导带基本上由 Lu 的 5d 轨道组成,基质的价带也有非常宽的范围。价带的费米能级范围约为 0 ~ -7.06eV,主要由 Lu 的 f 轨道和 F、O、P 的 p 轨道以及 P 的 s 轨道组成。小于-10eV 的价带能量主要来自 P、F 和 O 的 s 轨道以及 Sr、Na、P 和 Lu 的 p 轨道。$Sr_3LuNa(PO_4)_3F$：Eu^{2+}荧光材料在 n-UV 光的激发下可发出色纯度较好的明亮蓝光。通过 $Eu^{2+} \rightarrow Mn^{2+}$能量转移可使 Mn^{2+}离子充分敏化,从而获得纯相可调色的 $Sr_3LuNa(PO_4)_3F$：Eu^{2+},Mn^{2+}发光材料。

Feng 等[109]采用传统高温固相法制备出单相宽带白光荧光粉 $Sr_5(PO_4)_3F$：Eu^{2+},Mn^{2+}。通过 PL 分析、XRD 表征和 DFT 计算对氟磷酸盐的电子结构、晶体结构和发光性能进行了研究。在近紫外光激发下,在 440 和 556nm 附近检测到两个强发射带,分别归因于 Eu^{2+} 和 Mn^{2+} 的电子跃迁。通过调整 Eu^{2+} 和 Mn^{2+} 的相对比例,可以实现发射光颜色从蓝色到白色的转变。由于基质具有良好结晶性,$Eu^{2+} \rightarrow Mn^{2+}$可以进行有效的能量转移,此外,三者具有相似的离子半径,容易发生 Eu^{2+} 和 Mn^{2+} 在 Sr^{2+} 格位上的取代掺杂。能带结构计算表明,六方相的$Sr_5(PO_4)_3F$基质具有宽的带隙(直接带隙能量约为 5.099eV)。

3. 磷灰石结构发光新材料

本书作者在磷灰石结构发光材料方面开展了系统、深入的研究,采用高温固相法制备了 $Sr_{10}(PO_4)_6O$、$La_{5.99}Ce_{0.01}M_4(SiO_4)_6F_2$($M = Ca$、$Sr$、$Ba$)、$La_{5.90-x}Ba_{4+x}(SiO_4)_{6-x}(PO_4)_xF_2$:$0.10Ce^{3+}$($x = 0$、$1$、$2$、$3$)、$Ba_{10}(PO_4)_6O$、$A_9La(PO_4)_5(SiO_4)F_2$:$Dy^{3+}$($A = Ca$、$Sr$、$Ba$)、$Ca_9Ln(PO_4)_5(SiO_4)F_2$:$Dy^{3+}$($Ln = La$、$Y$、$Sc$)、$Ca_9La(PO_4)_5(MO_4)F_2$:$Dy^{3+}$($M = Si$、$Ge$、$Sn$)、$Ca_9La(PO_4)_5(SiO_4)X_2$:$Dy^{3+}$($X = F$、$Cl$、$Br$)等磷灰石结构荧光粉,水热法制备了 $Ca_{10}(PO_4)_6(OH)_2$:Eu^{3+}等磷灰石结构荧光粉,研究了上述磷灰石结构发光材料成分、结构和发光性能关系,特别是通过二价阳离子、三价阳离子、络阴离子、通道阴离子替换,实现对磷灰石结构荧光粉发光性能的调控,结合密度泛函理论计算,研究了结构调控对磷灰石结构荧光粉晶体场环境的影响,对能量传递机制和效率的影响。以下介绍作者在磷灰石结构化合物单掺杂稀土离子、共掺杂稀土离子、稀土离子能量传递调控、温/压传感性能等方面的主要研究成果。

(1)单掺杂、单一色磷灰石结构发光材料

对基质的成分进行调控(阴、阳离子替换)可使晶体结构发生细微变化,从而改变阳离子的晶体场环境。Eu^{2+} 的发光性能极易受晶体场环境影响,因此基质结构变化将对 Eu^{2+} 的发光性能产生影响。本书作者通过 $[SiO_4]^{4-}$ 和 $[SO_4]^{2-}$ 替换 $[PO_4]^{3-}$,对 $Sr_{10}(PO_4)_6O$ 成分和结构进行调控[110],研究 Eu^{2+} 在 $Sr_{10}(PO_4)_{6-2x}(SiO_4)_x(SO_4)_xO$:$Eu^{2+}$ 中的发光行为,进而阐述晶体成分、结构与发光性能间的关系。

固相法制备 $Sr_{10-x}(PO_4)_6O$:xEu^{2+} 的实验原料为氧化铕、碳酸锶、磷酸氢二铵。首先将上述混合物于玛瑙研钵中充分研磨并混合均匀,然后在 600℃ 条件下于马弗炉中预烧样品 3h,待马弗炉自然降温至室温后取出预烧样品,研磨后置于管式炉中,1300℃ 下烧结 5h;待高温管式炉自然降至室温,取出烧结产物,研磨成粉,得到 $Sr_{10}(PO_4)_6O$:Eu^{2+} 样品。收集样品,进行各种分析表征。

图 4.88(a)为 $Sr_{10}(PO_4)_6O$ 基质沿 c 轴方向的晶体结构图,图 4.88(b)为 $Sr_{10}(PO_4)_6O$ 结构中 Sr^{2+} 的配位情况。如图所示,$Sr_{10}(PO_4)_6O$ 结构中有两种格位的 $Sr[Sr(1)$ 和 $Sr(2)]$,其中 $Sr(1)$ 与相邻的 9 个氧原子相连接,$Sr(2)$ 与相邻的 7 个氧原子相连接。

图 4.89 为 $Sr_{10-x}(PO_4)_6O$:xEu^{2+}($x = 0.005$、0.01、0.03、0.07)样品的 XRD 图和 $Sr_{10}(PO_4)_6O$ 的标准卡片数据。如图 4.89(a)所示,所有样品的 XRD 数据均与 $Sr_{10}(PO_4)_6O$(ICSD No. 168209)标准卡片较好吻合,因此制备的 $Sr_{10-x}(PO_4)_6O$:xEu^{2+}荧光粉均为单一纯相,Eu^{2+} 的掺杂未引起 $Sr_{10}(PO_4)_6O$ 结构上的明显变化。9

次和7次配位的 Eu^{2+} 半径分别为 0.130nm 和 0.120nm,9 次和 7 次配位的 Sr^{2+} 半径分别为 0.131nm 和 0.121nm,Eu^{2+} 和 Sr^{2+} 的半径相近,因此推断 Eu^{2+} 可占据两种配位的 Sr^{2+} 位置。

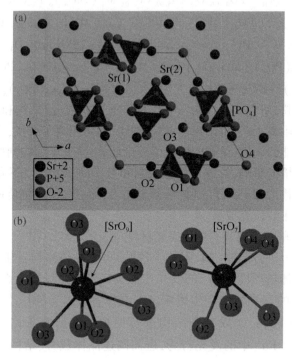

图4.88　(a)$Sr_{10}(PO_4)_6O$ 基质沿 c 轴方向的晶体结构图,(b)$Sr_{10}(PO_4)_6O$
结构中 Sr^{2+} 的配位环境(见彩图)

为了进一步了解 Eu^{2+} 在 $Sr_{10}(PO_4)_6O$ 结构中的占位情况,对 $Sr_{9.97}(PO_4)_6O:0.03Eu^{2+}$ 样品的 XRD 数据进行了结构精修。图4.89(b)给出了 $Sr_{9.97}(PO_4)_6O:0.03Eu^{2+}$ 样品的结构精修图,其中黑色线为拟合的 XRD 数据,红色点为实测的 XRD 数据,灰色线为实测 XRD 数据与拟合 XRD 数据的差值,柱状绿色线为布拉格衍射峰位置。结构精修数据见表4.3。如表4.3所示,$Sr_{9.97}(PO_4)_6O:0.03Eu^{2+}$ 为六方晶系,空间群为 $P6_3/m$,$a=0.97498nm$、$c=0.72757nm$、$\gamma=120°$、$V=0.59896nm^3$;结构精修的品质因子分别为 $R_{wp}=7.90\%$、$R_p=5.25\%$ $\chi^2=2.33$。Eu^{2+} 同时占据两种格位的 Sr^{2+} 位置。

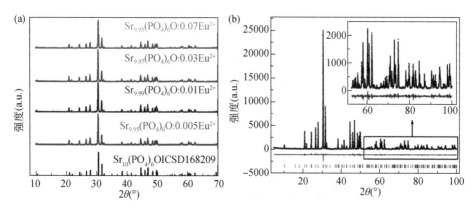

图 4.89　$Sr_{10-x}(PO_4)_6O$：xEu^{2+}（$x=0.005$、0.01、0.03、0.07）样品的 XRD 图谱和 $Sr_{10}(PO_4)_6O$
的标准卡片数据（a）；$Sr_{9.97}(PO_4)_6O$：$0.03Eu^{2+}$ 样品的结构精修图（b）

表 4.3　$Sr_{9.97}(SiO_4)_6O$：$0.03Eu^{2+}$ 结构精修数据

原子	x	y	z	位置	占位率
Sr(1)	0.3330	0.6660	0.0000	6h	0.985
Sr(2)	0.0140	0.2580	0.2500	4f	0.985
Eu(1)	0.3330	0.6660	0.0000	6h	0.015
Eu(2)	0.0140	0.2580	0.2500	4f	0.015
P1	0.3990	0.3660	0.2500	6h	1.00
O1	0.3350	0.4770	0.2500	6h	1.00
O2	0.5810	0.4580	0.2500	6h	1.00
O3	0.3450	0.2630	0.0750	12i	1.00
O4	0.0000	0.0000	0.3260	4e	1.00

空间群：$P6_3/m$-六方晶系；$a=b=0.97498nm$、$c=0.72757nm$；$\alpha=\beta=90°$、$\gamma=120°$、$V=0.59896nm^3$；$2\theta=5°\sim100°$；$R_{wp}=7.90\%$、$R_p=5.25\%$、$\chi^2=2.33$。

　　图 4.90（a）给出了 $Sr_{9.97}(PO_4)_6O$：$0.03Eu^{2+}$ 样品的扫描电镜图，图 4.90（b）为图 4.90（a）图矩形区域的能谱图，能谱测试结果见表 4.4。如图 4.90（a）所示，$Sr_{9.97}(PO_4)_6O$：$0.03Eu^{2+}$ 样品的颗粒表面较为光滑，颗粒尺寸为微米级。如表 4.4 所示，$Sr_{9.97}(PO_4)_6O$：$0.03Eu^{2+}$ 样品中 Sr、P、O 的质量百分含量分别为 59.88%、11.64%、28.48%，与 $Sr_{9.97}(PO_4)_6O$：$0.03Eu^{2+}$ 的 Sr、P、O 理论质量百分含量接近，说明制备的 $Sr_{9.97}(PO_4)_6O$：$0.03Eu^{2+}$ 样品为 $Sr_{10}(PO_4)_6O$ 单相。

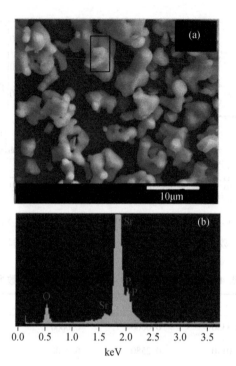

图 4.90　(a)$Sr_{9.97}(PO_4)_6O$：$0.03Eu^{2+}$样品的扫描电镜图；(b)矩形区域对应的能谱图

表 4.4　$Sr_{9.97}(PO_4)_6O$：$0.03Eu^{2+}$样品的能谱分析结果(质量分数)

原子	wt%
O	28.48
P	11.64
Sr	59.88

　　图 4.91 给出了 $Sr_{9.97}(PO_4)_6O$：$0.03Eu^{2+}$样品的激发光谱(PLE)和发射光谱(PL)。如图 4.91 所示,样品的激发光谱是一条较宽的吸收带,分布在 225～425nm,峰值位于 346nm,对应于 Eu^{2+}的 $4f^7(^8S_{7/2})\rightarrow4f^65d$ 跃迁。$Sr_{9.97}(PO_4)_6O$：$0.03Eu^{2+}$样品的发射光谱为一蓝色宽带,最强发射位于 439nm 处,主要为 Eu^{2+}的 $4f^65d^1\rightarrow4f^7$跃迁发射。

　　此外,样品的发射光谱明显不对称,可以分为两个对称的高斯峰,图 4.92 为高斯拟合的 $Sr_{9.97}(PO_4)_6O$：$0.03Eu^{2+}$样品的发射光谱图。如图 4.92 所示,两个高斯峰分别位于 429nm 和 457nm 处,说明 Eu^{2+}在基质中占据两个阳离子格位,此结果与结构精修结果一致。根据 Dorenbos 等报道,晶体场环境对 Eu^{2+}的发射影响较大,Eu^{2+}的占位可由如下公式推测:

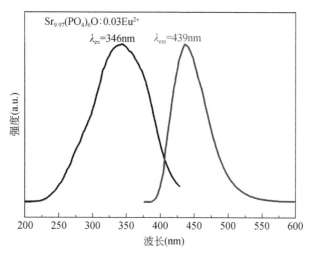

图 4.91　$Sr_{9.97}(PO_4)_6O:0.03Eu^{2+}$ 样品的激发光谱(PLE)和发射光谱(PL)

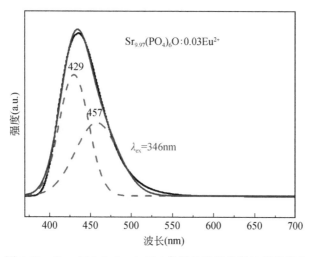

图 4.92　$Sr_{9.97}(PO_4)_6O:0.03Eu^{2+}$ 样品发射光谱的高斯拟合

$$E=Q\left[1-\left(\frac{V}{4}\right)^{\frac{1}{V}}\times10^{-\frac{n\times E_a\times r}{80}}\right] \tag{4.12}$$

式中, E 为 Eu^{2+} 的发射峰位置(cm^{-1}), Q 代表自由离子态能量位置较低的边缘(Eu^{2+} 为 34000cm^{-1}), V 为 Eu^{2+} 的电价($V=2$), n 是单位晶胞内与 Eu^{2+} 形成配位的阴离子数, r 是被取代离子(Sr^{2+})的有效半径, E_a 代表形成阴离子原子的电子亲和能, E_a 值在同基质中恒定。九次配位 Sr^{2+} 的有效半径大于七次配位的 Sr^{2+} 。因此, 429nm 和 457nm 处的发射分别由占据九次配位和七次配位的 Eu^{2+} 引起。

　　图 4.93 为 $Sr_{10-x}(PO_4)_6O：xEu^{2+}(x=0.005、0.01、0.03、0.07)$ 样品的发射光谱图。如图 4.93 所示，$Sr_{10-x}(PO_4)_6O：xEu^{2+}$ 的发射光谱均为 400 ~ 525nm 的宽带，峰值位于 438nm 附近，为宽带蓝色发射，属于 Eu^{2+} 的 $4f^6 5d^1 \rightarrow 4f^7$ 跃迁发射。随着 Eu^{2+} 掺杂比例增大，样品的发光强度出现先增大后降低的变化规律：当 Eu^{2+} 掺杂量小于 0.03（摩尔浓度）时，样品的发光强度随 Eu^{2+} 含量增加而增强；当 Eu^{2+} 掺杂量为 0.03 时，Eu^{2+} 的发光强度达到最大值；当 Eu^{2+} 掺杂量超过 0.03 时，样品发光强度随 Eu^{2+} 含量的增加而降低，这是由于浓度猝灭所引起。图 4.93 中的插图为 Eu^{2+} 的主发射峰强度与掺杂浓度的关系图，同样表明 Eu^{2+} 在 $Sr_{10}(PO_4)_6O$ 基质中的最佳掺杂浓度为 0.03（摩尔浓度）。

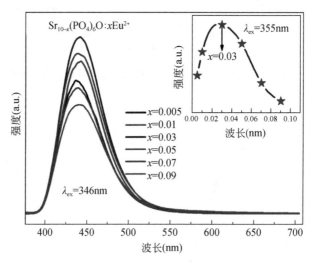

图 4.93　$Sr_{10-x}(PO_4)_6O：xEu^{2+}(x=0.005、0.01、0.03、0.07)$ 的发射光谱（见彩图）

　　Eu^{2+} 的浓度猝灭是由 Eu^{2+} 之间的能量传递引起，其能量传递机制可分为多极相互作用和交换作用。为了确定 Eu^{2+} 之间的能量传递机理，采用 Blasse 提出的浓度猝灭理论，计算了 Eu^{2+} 间的临界距离 R_c，表达式如公式（4.13）：

$$R_c \approx 2\left(\frac{3V}{4\pi x_c N}\right)^{\frac{1}{3}} \tag{4.13}$$

式中，V 代表晶胞体积，x_c 是临界浓度（发生浓度猝灭时的浓度），N 是单个晶胞中所含阳离子的数目。$Sr_{10}(PO_4)_6O$ 基质中，$N=10$，$V=0.59917nm^3$，$x_c=0.03$。根据公式（4.13）计算可得 Eu^{2+} 间的临界距离 R_c 值为 1.563nm，远大于 0.4nm，不可能发生交换作用。因此，Eu^{2+} 间的能量传递属于多极相互作用。此外，多级相互作用的类型可通过公式（4.14）计算：

$$\frac{I}{x}=K\left[1+\beta(x)^{\frac{\beta}{3}}\right]^{-1} \tag{4.14}$$

式中,I 为 Eu^{2+} 的发射峰强度,x 为 Eu^{2+} 的掺杂浓度,$\theta = 6$、8、10 分别代表偶极–偶极、偶极–四极、四极–四极相互作用,κ 和 β 是常量,该值确定多级相互作用的类型。
图 4.94 给出了 $Sr_{10-x}(PO_4)_6O\colon xEu^{2+}$ 中 $\lg(I/x)$ 与 $\lg(x)$ 的关系。如图所示,所得数据点的斜率为-2.1,因此 θ 值为 6.3,Eu^{2+} 间的能量传递属于偶极–偶极相互作用。

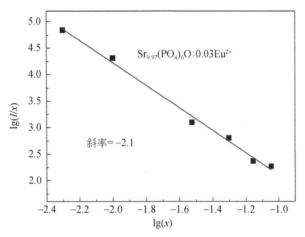

图 4.94　$Sr_{10-x}(PO_4)_6O\colon xEu^{2+}$ 中 $\lg(I/x)$ 与 $\lg(x)$ 的关系图

图 4.95 为 $Sr_{10-x}(PO_4)_6O\colon xEu^{2+}$($x=0.005$、0.03、0.07)荧光粉中 Eu^{2+} 不同发射中心的寿命(429nm 及 457nm),激发光源波长为 346nm。如图 4.95 所示,所有荧光粉中 Eu^{2+} 的荧光衰减曲线均符合二次指数方程,表达式如下:

$$I=I_0+A_1\exp\left(\frac{-t}{\tau_1}\right)+A_2\exp\left(\frac{-t}{\tau_2}\right) \tag{4.15}$$

式中,I_0 和 I 分别为初始时的发射强度和在时间 t 时刻的发射强度,A_1 和 A_2 为拟合后得到的常数,τ_1 和 τ_2 代表指数函数中二次指数的两个不同寿命。因此,平均寿命可通过式(4.16)计算:

$$\tau^*=(A_1\tau_1^2+A_2\tau_2^2)/(A_1\tau_1+A_2\tau_2) \tag{4.16}$$

如图 4.95 所示,$Sr_{10-x}(PO_4)_6O\colon xEu^{2+}$($x=0.005$、0.03、0.07)荧光粉中 Eu^{2+} 在 429nm 的荧光寿命分别为 564.72ns、562.74ns 及 558.64 ns,Eu^{2+} 在 457nm 处的荧光寿命分别为 562.13ns、560.12ns 及 555.86 ns。不同格位 Eu^{2+} 的寿命都随着 Eu^{2+} 掺杂浓度的升高而降低,进一步说明了 Eu^{2+} 间能量传递的存在。

为了表征样品的热稳定性能,对 $Sr_{9.97}(PO_4)_6O\colon 0.03Eu^{2+}$ 样品进行了变温荧光测试。图 4.96 为 346nm 激发下 $Sr_{9.97}(PO_4)_6O\colon 0.03Eu^{2+}$ 荧光粉的变温荧光光谱(25～250℃),插图为不同温度下最强发射峰的相对强度。如图 4.96 所示,随着温度的升高,样品的发光强度逐渐降低。当温度为 150℃时,$Sr_{9.97}(PO_4)_6O\colon 0.03Eu^{2+}$ 样品的发光强度为 25℃时的 88.73%,说明该样品具有较好的热稳定性能。

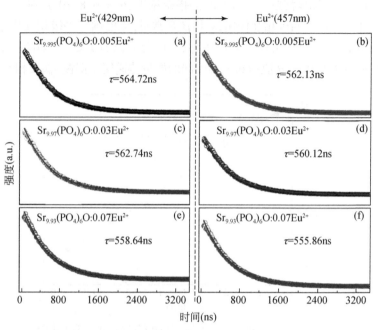

图 4. 95　$Sr_{10-x}(PO_4)_6O：xEu^{2+}(x=0.005、0.03、0.07)$荧光粉中 Eu^{2+} 不同发射中心的寿命
（429nm 及 457nm）（激发光源波长为 346nm）

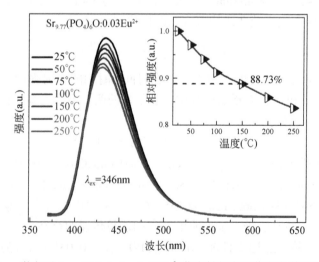

图 4. 96　346nm 激发下 $Sr_{9.97}(PO_4)_6O：0.03Eu^{2+}$荧光粉的变温荧光光谱图（25～250℃），
插图为不同温度下最强发射峰的相对强度（见彩图）

　　为了更好地了解 $Sr_{9.97}(PO_4)_6O：0.03Eu^{2+}$样品中 Eu^{2+} 的荧光热稳定性，采用

阿伦尼乌斯公式(Arrhenius equation)对其活化能进行了计算:

$$\ln(I_0/I) = \ln A - (E/kT) \tag{4.17}$$

式中,I_0 为初始时的发射强度(25℃),I 为温度 T 时的发射强度,T 为温度,A 为常数,E 为温度猝灭活化能,k 为玻尔兹曼常数(8.617×10^{-5} eV)。图 4.97 为 $Sr_{9.97}(PO_4)_6O : 0.03 \, Eu^{2+}$ 样品中 $\ln[(I_0/I_T)-1]$ 与 $1/(kT)$ 的关系图。由图可知,Eu^{2+} 的温度猝灭活化能为 0.127eV,此活化能值与 Eu^{2+} 在 $Ba_{10}(PO_4)_6F_2$ 中的值相近。

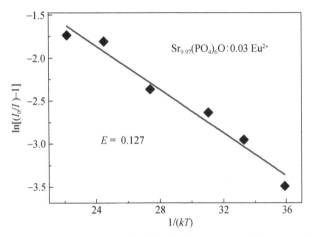

图 4.97　$Sr_{9.97}(PO_4)_6O : 0.03 \, Eu^{2+}$ 样品中 $\ln[(I_0/I_T)-1]$ 与 $1/(kT)$ 的关系图

(2)共掺杂(能量传递)磷灰石结构发光材料

作为下一代光源,具有优异性能的白光 LED 吸引了广泛关注。获得白光 LED 的典型方式是将蓝光芯片与 $Y_3Al_5O_{12} : Ce^{3+}$ 荧光粉结合。然而,这种方式获得的白光 LED 具有猝灭温度高和显色指数低等缺点,这是由于发射光谱中缺乏绿光和红光。紫外芯片与三基色荧光粉(红色、蓝色、绿色荧光粉)组合得到白光 LED 的方法可以解决上述问题。因此,开发新型单色荧光粉和单相多色荧光粉非常重要。众所周知,能量传递和结构调控是得到单相多色荧光粉的两个主要方法。同时掺入不同稀土离子,可通过调控稀土离子间的能量传递,调控材料的发光性能。

本书作者[111] 合成了 $Ba_{10}(PO_4)_6O : Eu^{2+}, Tb^{3+}/Li^+$ 荧光粉,通过改变 Eu^{2+} 和 Tb^{3+} 的相对掺杂量,实现对 $Ba_{10}(PO_4)_6O : Eu^{2+}, Tb^{3+}/Li^+$ 荧光粉的发光从蓝色调变到绿色。通过 Inokuti-Hirayama 模型和 Reisfeld 近似,确定了 Eu^{2+} 和 Tb^{3+} 在 $Ba_{10}(PO_4)_6O$ 基质中的能量传递属于四极-四极相互作用。将 $Ba_{9.83}(PO_4)_6O :$ $0.03Eu^{2+}, 0.07Tb^{3+}, 0.07Li^+$ 和商用红色荧光粉 $CaAlSiN_3 : Eu^{2+}$ 复合,制备了白光 LED 器件,此器件具有较高的显色指数和合适的色温。作者合成的 $Lu_5(SiO_4)_3N :$ $0.03Ce^{3+}$ 荧光粉具有蓝色发射,发射峰位于 462nm 处。随着 Ce^{3+} 掺杂浓度的升高(摩

尔数从 0.00 到 0.09），Ce^{3+} 和 Tb^{3+} 共掺杂的 $Lu_{4.97-y}(SiO_4)_3N : 0.03Ce^{3+}, yTb^{3+}$ 荧光粉发光可从蓝光调变到绿光，这是由 Ce^{3+} 到 Tb^{3+} 的能量传递引起。荧光寿命测试进一步证明了能量传递的存在。通过 Reisfeld 近似确定了 Ce^{3+} 和 Tb^{3+} 在 $Lu_5(SiO_4)_3N$ 基质中的能量传递属于四极-四极相互作用。

（3）磷灰石结构荧光粉发光性能的结构调控

本书作者对磷灰石结构荧光粉发光性能进行了一系列结构调控研究。

在络阴离子调控方面，合成了 $Sr_{10}(PO_4)_{6-2x}(SiO_4)_x(SO_4)_xO(x=0、1.5、3)$ 荧光粉。研究表明，随着 x 值的增大，Eu(1)—O 和 Eu(2)—O 键的平均键长减小，Eu^{2+} 所处晶体场增强，Eu^{2+} 晶体场分裂和质心偏移增大。因此，随着 x 值的增大，$Sr_{10}(PO_4)_{6-2x}(SiO_4)_x(SO_4)_xO(x=0、1.5、3)$ 荧光粉出现了红移，从 439nm 移动到 539nm。$Sr_{10}(PO_4)_6O$ 基质中 $[SiO_4]^{4-}$ 和 $[SO_4]^{2-}$ 对 $[PO_4]^{3-}$ 的取代为固体照明中新型高效单相多色可调谐荧光粉的研发提供了可能。

本书作者还研究了新型磷灰石结构蓝色荧光粉 $La_{5.90-x}Ba_{4+x}(SiO_4)_{6-x}(PO_4)_xF_2 : 0.10Ce^{3+}(x=0、1、2、3)$[112] 的结构和发光性能。$La_{5.90-x}Ba_{4+x}(SiO_4)_{6-x}(PO_4)_xF_2 : 0.10Ce^{3+}$ 荧光粉发射蓝光，且随着 x 值的增大，荧光粉的发射峰出现蓝移，从 417nm 移动到 407nm，这是由于 Ce^{3+} 与其配位阴离子间的键长增大，Ce^{3+} 所处晶体场减弱，Ce^{3+} 的晶体场分裂和质心减小。

$Ca_9La(PO_4)_5(MO_4)F_2 : Dy^{3+}(M=Si、Ge、Sn)$ 荧光粉的研究表明[113]，通过 $[GeO_4]/[SnO_4]$ 取代 $[SiO_4]$，荧光粉的晶胞参数逐渐增大，禁带宽度减小，稀土离子 Ln^{3+} 主要占据 Ca(2) 格位。$[GeO_4]$ 和 $[SnO_4]$ 的 HOMO 电子更接近费米面，同时 La^{3+} 的 5d 能级出现质心偏移，使得取代 La^{3+} 的 Dy^{3+} 的电偶极跃迁强于磁偶极跃迁，发光材料的色温由 4663 K 降低至 4325 K，黄、蓝比由 0.98 增至 1.09，发光颜色偏暖白光。$[GeO_4]$ 取代 $[SiO_4]$ 后，荧光粉的热稳定性从 71% 升高到 95%，使用性能显著提高。

在阳离子调控方面，本书作者采用固相法合成了磷灰石结构 $La_{5.99}Ce_{0.01}M_4(SiO_4)_6F_2(M=Ca、Sr、Ba)$ 荧光粉，对此体系荧光粉的晶体结构和发光性能进行了研究。结果表明，制备的 $La_{5.99}Ce_{0.01}M_4(SiO_4)_6F_2(M=Ca、Sr、Ba)$ 荧光粉发射蓝光，且随着 Ca→Sr→Ba 的替换，荧光粉发射峰出现蓝移（423nm 移动到 410nm）。蓝移的原因是 Ce^{3+} 与其配位阴离子间键长增大，Ce^{3+} 所处晶体场减弱，导致晶体场分裂和质心减小。

本书作者[114]还合成了一系列磷灰石结构荧光粉 $A_9La(PO_4)_5(SiO_4)F_2 : Dy^{3+}$（A=Ca、Sr、Ba），研究了荧光粉的成分变化对其结构和发光性能的影响。研究发现，随着 $Ca^{2+}、Sr^{2+}、Ba^{2+}$ 的取代，荧光粉的晶胞参数逐渐增大，禁带宽度逐渐减小，稀土离子 La^{3+} 主要占据 Ca(2) 格位。由于价带能级（HOMO）主要由 $[PO_4]$ 和

[SiO_4]各元素的 p 轨道电子组成,二价阳离子的替换对其无明显影响,光学带隙的减小源自导带能级(LUMO)的下降。Ba^{2+}、Sr^{2+}对 Ca^{2+} 的取代减弱了基质中 La^{3+} 的 5d 能级劈裂,发光峰位出现蓝移。Ba^{2+}、Sr^{2+}对 Ca^{2+} 的取代增强质心偏移,使得取代 La^{3+} 的 Dy^{3+} 的电偶极跃迁强于磁偶极跃迁,发光材料的色温由 4663 K 降至 4225K,黄、蓝比由 0.98 增至 1.29,发光颜色更偏暖白光。

在三价阳离子调控方面,本书作者合成了一系列磷灰石结构荧光粉 $Ca_9Ln(PO_4)_5$ $(SiO_4)F_2$:Dy^{3+}(Ln=La、Y、Sc)。研究发现,随着 La^{3+}、Y^{3+}、Sc^{3+} 的取代,荧光粉晶胞参数逐渐减小,禁带宽度基本保持不变,稀土离子 Ln^{3+} 主要占据 Ca(2)格位。HOMO 主要由[PO_4]和[SiO_4]四面体各元素的 p 轨道电子组成,LUMO 主要由稀土离子的 d 轨道和 P^{4+} 的 3s 轨道电子组成。Y^{3+}、Sc^{3+}对 La^{3+} 的取代降低了稀土离子周围的晶体场强度,发光峰位出现蓝移。Y^{3+}、Sc^{3+}对 La^{3+} 的取代增强了 Ln^{3+} 的质心偏移,使取代 Ln^{3+} 的 Dy^{3+} 的电偶极跃迁强于磁偶极跃迁,发光材料的色温由 4663 K 降至 4335 K,黄、蓝比由 0.98 增至 1.21,发光颜色更偏暖白光。

在附加阴离子取代方面,制备了一系列 $Ca_9La(PO_4)_5(SiO_4)X_2$:Dy^{3+}(X=F、Cl、Br)荧光粉。用 Br^-、Cl^- 替换 F^-,晶胞参数逐渐增大,光学带隙逐渐减小,稀土离子 Ln^{3+} 由主要占据 Ca(2)格位调变为主要占据 Ca(1)格位。Br^-、Cl^- 替换 F^- 后,La 的 5d 能级劈裂和质心偏移增强,使得取代 La^{3+} 的 Dy^{3+} 的电偶极跃迁强于磁偶极跃迁,发光材料的色温由 4663 K 降低至 4215 K,黄、蓝比由 0.98 增至 1.18,荧光粉发光颜色偏暖白光。

本书作者进行了稀土离子间能量传递的调控研究。通过二价阳离子替换合成了 $Ba_2La_3(SiO_4)_3F$:xTb^{3+},yEu^{3+}、$Sr_2La_3(SiO_4)_3F$:xTb^{3+},yEu^{3+} 与 $Ca_2La_3(SiO_4)_3$ F:xTb^{3+},yEu^{3+} 荧光粉,研究了荧光粉的结构和发光性能以及二价阳离子调控对 Eu^{3+}、Tb^{3+} 间能量传递的影响。结果表明,二价阳离子半径减小,晶胞参数随之减小。通过调节 Eu^{3+}/Tb^{3+} 的掺杂比例,这三种荧光粉的发光颜色可以由绿色调变到黄色、橙色,最后到红色,能量传递机制均为四极-四极作用,具有良好的热稳定性。通过密度泛函理论计算获得 $Ba_2La_3(SiO_4)_3F$、$Sr_2La_3(SiO_4)_3F$ 的能带结构,其导带均由三价阳离子 La-5d 轨道组成。随着二价阳离子半径增大,Eu^{3+}、Tb^{3+} 间能量传递效率提高。因 $Ba_2La_3(SiO_4)_3F$ 荧光粉的能量传递效率较高,可将其作为其他结构调控研究的基质,研究结构调控对 Eu^{3+}、Tb^{3+} 能量传递的影响。

用 Y^{3+} 替换 La^{3+} 进行三价阳离子调控,研究了三价阳离子调控对 Eu^{3+}、Tb^{3+} 间能量传递的影响。结果表明,Y^{3+} 替换 La^{3+},晶胞参数明显变小。$Ba_2Y_3(SiO_4)_3F$: Eu^{3+},Tb^{3+} 系列荧光粉的激发光谱峰值为 370nm,能量传递机制仍为四极-四极作用。$Ba_2Y_3(SiO_4)_3F$:Eu^{3+},Tb^{3+} 系列荧光粉的发光颜色可以从绿色调变到黄色、橙色、红色,$Ba_2Y_3(SiO_4)_3F$:0.15Tb^{3+},0.24Eu^{3+} 发射强度最高,423 K 时发光保持率为71.53%。与$Ba_2La_3(SiO_4)_3F$系列相比，Tb^{3+}发射峰与Eu^{3+}激发峰的光谱重叠面积减小，能量传递效率整体降低，降低幅度大于二价阳离子调控。

然后用$(GeO_4)^{4-}$替换$(SiO_4)^{4-}$，研究了络阴离子调控对Eu^{3+}、Tb^{3+}间能量传递的影响。结果表明，$(GeO_4)^{4-}$替换$(SiO_4)^{4-}$，晶胞参数明显变大。$Ba_2La_3(GeO_4)_3F$：Eu^{3+}，Tb^{3+}系列荧光粉的激发光谱峰值为375nm，能量传递机制仍为四极-四极作用。$Ba_2La_3(GeO_4)_3F$：Eu^{3+}，Tb^{3+}系列荧光粉的发光颜色可以从绿色调变到黄色、橙色、红色，$Ba_2La_3(GeO_4)_3F$：$0.15Tb^{3+}$，$0.24Eu^{3+}$发射强度最高，423 K时发光保持率为66.86%。与$Ba_2La_3(SiO_4)_3F$：Eu^{3+}，Tb^{3+}系列相比，Tb^{3+}发射峰与Eu^{3+}激发峰的光谱重叠面积减小，能量传递效率整体降低，但降低幅度小于三价阳离子调控，大于二价阳离子调控。

最后采用Cl^-替换F^-，研究了通道阴离子调控对Eu^{3+}、Tb^{3+}间能量传递的影响。结果表明，Cl^-替换F^-，晶胞参数变大。$Ba_2La_3(SiO_4)_3Cl$：Eu^{3+}，Tb^{3+}系列荧光粉的激发光谱峰值为376nm，能量传递机制仍为四极-四极作用。$Ba_2La_3(SiO_4)_3Cl$：Eu^{3+}，Tb^{3+}系列荧光粉的发光颜色可以从绿色调变到黄色、橙色、红色，$Ba_2La_3(SiO_4)_3Cl$：$0.15Tb^{3+}$，$0.22Eu^{3+}$发射强度最高，423 K时发光保持率为72.89%。与$Ba_2La_3(SiO_4)_3F$：Eu^{3+}，Tb^{3+}系列相比，Tb^{3+}发射峰与Eu^{3+}激发峰的光谱重叠面积增大，能量传递效率整体降低，但降低幅度小于三价阳离子调控，大于二价阳离子调控，略小于络阴离子调控。

（4）磷灰石结构荧光粉形貌调控

磷灰石是一种天然无机材料，具有优异的生物相容性和良好的生物可降解性，且对大量分子具有亲和力，广泛用于生物医药载体系统。不同结晶形貌的磷灰石晶体具有不同的表面特性和生物活性，通过调控晶粒的尺寸和形貌可以使其应用于不同的领域，所以晶粒尺寸和形貌的调控对其应用非常重要。以羟基磷灰石{hydroxyapatite，HA 或 HAP，分子式为$[Ca_{10}(PO_4)_6(OH)_2]$}为例，作为脊椎动物骨骼和牙齿中无机成分的主要组成物质，具有优异的生物活性和生物相容性，近年来在材料科学和生物医学工程领域受到越来越多的关注，特别是 HAP 纳米材料，适合于替代骨头和牙齿的小型种植体、药物负载及缓释、生物荧光标记及成像等应用。例如，尺寸较小特别是小于 100nm 的 HAP 纳米颗粒，更容易被活细胞摄入和内化；球形 HAP 颗粒由于具有较高的比表面积而成为生物陶瓷和药物传递的首选；HAP 纳米晶须可用于钛基表面的涂层，作为矫形和牙科的补强剂。

基于传统的纳米合成方法，研究者在制备过程中普遍使用十六烷基三甲基溴化铵（CTAB）等表面活性剂、乙二醇、油酸或者十八胺等有机模板来调控 HAP 晶粒的尺寸和形貌。然而，有机模板或者表面活性剂的使用可能会破坏 HAP 的生物活性和生物相容性，而且这种方法合成工艺复杂、样品中的有机成分不易去除。因此,有必要开发在无机环境中可控制备 HAP 纳米晶的方法,控制纳米 HAP 材料的尺寸和形态,同时最大限度地减少或避免任何可能对生物相容性产生不利影响、导致毒性或炎症的污染物。

本书作者通过水热法结合共沉淀法在无机环境中成功实现了 HAP 晶粒的可控制备[115],探讨了 HAP 纳米晶的生长过程以及 OH^- 对 HAP 晶体生长的影响机制。结果表明,碱性试剂和水热处理反应时间可以控制 HAP 颗粒的大小。图 4.98 为经过不同时间水热反应制备的样品的 SEM 照片。水热反应 8h,HAP 颗粒[图 4.98(a)]大多呈长度 150~300nm、宽度 30~50nm 的短棒状,少量长度为 500nm;随着反应时间的延长,纳米棒的长度逐渐增大,当水热反应时间增加到 12h,HAP 晶体呈长 600~1500nm、宽 50~100nm 的带状,如图 4.98(b)所示。

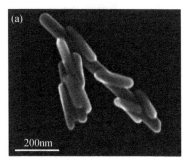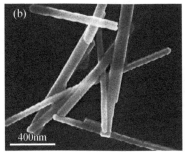

图 4.98 水热反应(200℃)不同时间制备的 HAP 纳米粒子的 SEM 图像
(a)8h;(b)12h

由于 OH^- 对 HAP 的形貌和大小有显著影响,本书作者采用氨水溶液取代 NaOH 溶液调节碱度,并适当提高搅拌速度。图 4.99 为初始溶液 pH 值保持在 11.5 时,温度 200℃、反应不同时间制备的纳米 HAP 粒子的 SEM 图像。水热反应 8h,得到的 HAP 纳米棒[图 4.99(a)]长度在 80~180nm,宽度仅为 40nm 左右[图 4.99(c)]。与用 NaOH 提供 OH^- 制备的样品[图 4.99(a)]相比,氨水辅助制备的 HAP 纳米棒[图 4.99(a)]具有更小的尺寸。当水热反应时间缩短至 2h,进一步提高初始搅拌速率时,大部分颗粒的长度为 60~100nm[图 4.99(b)],宽度为 30~40nm[图 4.99(d)]。

同时,本书作者制备了小于 100nm 的纳米棒 HAP:Tb^{3+} 和 HAP:Eu^{3+} 样品,表征了样品的发光性能。在紫外光的激发下,HAP:Tb^{3+} 样品发射绿光(545nm),HAP:Eu^{3+} 样品发射红橙光(615nm)。由于具有生物相容性和荧光性,稀土掺杂的纳米 HAP 在蓝光光疗和荧光标记方面具有重要的潜在应用价值。

(5)磷灰石结构荧光粉的温度/压力传感性能

$Ln^{2+/3+}$ 掺杂材料的光谱随施加的温度和压力的改变而改变,被广泛用于光学

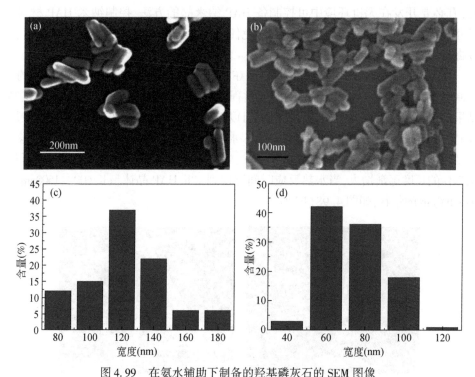

图 4.99　在氨水辅助下制备的羟基磷灰石的 SEM 图像

(a)反应时间为 8h;(b)反应时间为 2h;(c)图(a)中颗粒的粒径分布;(d)图(b)中颗粒的粒径分布

测温、非接触式测温和测压。温度、压力是影响材料物理化学性质的基本物理量,其精确测定对于科学研究和工业应用具有重要的意义。

理想的光学(发光)压力传感器应该具有高灵敏度,例如,发射线相对于其宽度的位移≥1nm/GPa,以提供精确的压力变化检测和高的压力分辨率。此外,其量子产率(QY)应尽可能高(100%);发光强度应随压力的增加仅略有降低,以保证良好的传感精度;测量的效应是单调(线性或符合一个明确定义的简单函数)和可逆的,也就是说材料在压力下不应该发生塑性变形;其激发和发射特性应与市面上常用的光源和探测器相匹配。

本书作者制备了具有压力传感性能的 Ce^{3+} 掺杂氟磷灰石 $Y_6Ba_4(SiO_4)_6F_2$ 荧光粉,并通过简单的方法制作了一种新型非接触式压力光学传感器。制备的材料在紫外光激发下呈现出明亮的蓝色发射,如图 4.100 所示。材料压缩导致 Ce^{3+} 激发光谱和发射光谱中 4f-5d 和 5d-4f 允许跃迁显著红移。压力诱导的发射带单调位移,激发/发射带宽度变化都与压力有关。该材料具有较高的压力灵敏度($d\lambda/dP$ 0.63nm/GPa),在高压条件下具有良好的信号强度(约 20GPa 时,信号强度为初始强度的 90%),并具有最小的压力诱导荧光猝灭。检测压力最高可达 30GPa。

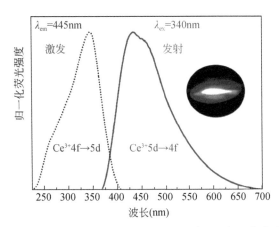

图 4.100　磷灰石结构 $Y_{5.95}Ce_{0.05}Ba_4(SiO_4)_6F_2$（YBSF：$Ce^{3+}$）的归一化激发光谱（紫色虚线）和发射光谱（蓝色实线）；图中的插图显示了样品在紫外光（$\lambda_{ex}=340nm$）下的发光照片

　　因为传统的接触式温度探测器在一些特殊场合无法使用，此外，在一些工业生产、医学研究、工程科研等领域应用中，传统接触式温度探测器的性能指标也不能完全满足需求，所以在现代温度测量技术中，光学温度传感器极具发展潜力。FIR技术是利用稀土离子能隙较小的两个能级（可以通过热声子耦合布居）辐射的荧光强度比值与温度的定量关系来测温，这种测温方法克服了很多传统测温方法的劣势（如激发功率噪声大和信号传输通道传光不稳定等）。

　　本书作者通过高温固相法合成了磷灰石结构 MTPSF：$0.5Mn^{2+}$（M = Ca、Sr、Ba），通过对其热稳定性光谱研究，发现其具有非常优异的温度传感性能。如图 4.101 所示，随着二价阳离子半径的增大，MTPSF：$0.5Mn^{2+}$（M = Ca、Sr、Ba）的最大相对灵敏度 Sr 值逐渐降低。MTPSF：$0.5Mn^{2+}$（M = Ca）的绝对灵敏度 S_a 值随温度的升高而增大，S_r 值随着温度的升高而降低；MTPSF：$0.5Mn^{2+}$（M = Sr）的 S_a 值随温度的升高先增大后减小，S_r 值随温度的升高而降低；MTPSF：$0.5Mn^{2+}$（M = Ba）的 S_a 值随温度的升高而增大后趋于平缓，S_r 值随温度的升高先增大后减小。其中 MTPSF：$0.5Mn^{2+}$（M = Ca）的 S_r 最大值为 $6.46 \times 10^{-3}\% K^{-1}$。

　　4. 小结

　　采用高温固相法合成了一系列新型磷灰石结构发光材料，系统研究了材料成分、结构对稀土离子能级、稀土离子间能量传递，进而对发光性能的影响。获得以下主要创新成果：

　　①新型磷灰石结构荧光粉 $Sr_{10}(PO_4)_6O$：Eu^{2+} 发射蓝光，具有较好的热稳定性，Eu^{2+} 在 $Sr_{10}(PO_4)_6O$ 基质中占据 Sr^{2+} 的两种非等效格位，Eu^{2+} 掺杂浓度为 0.03（摩尔浓度）

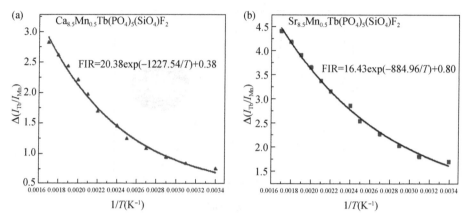

图 4.101　(a) MTPSF：0.5Mn^{2+}(M=Ca) 的 FIR 拟合图；(b) MTPSF：0.5Mn^{2+}(M=Sr) 的 FIR 拟合图

时，荧光粉发光强度最大；(SiO$_4$)$^{4-}$ 和 (SO$_4$)$^{2-}$ 对 (PO$_4$)$^{3-}$ 取代使 Eu^{2+} 与 O^{2-} 的键长减小，导致 Eu^{2+} 能级分裂和质心偏移增大，造成 Sr$_{9.97}$(PO$_4$)$_{6-2x}$(SiO$_4$)$_x$(SO$_4$)$_x$O：0.03Eu^{2+}($x=$ 0、1.5、3) 荧光粉的发光出现红移 (439nm→539nm)。

②La$_{5.99}$Ce$_{0.01}$M$_4$(SiO$_4$)$_6$F$_2$(M=Ca、Sr、Ba) 体系荧光粉发射蓝光，且具有宽带发射。Ca→Sr→Ba 取代使 Ce^{3+} 与周围阴离子的键长增大，导致 Ce^{3+} 的能级分裂和质心偏移减小，发射峰从 423nm 蓝移到 410nm。

③La$_{6-x}$Ba$_{4+x}$(SiO$_4$)$_{6-x}$(PO$_4$)$_x$F$_2$($x=0$、3) 荧光粉中，随 Ba^{2+}+P^{5+}=La^{3+}+Si^{4+} 取代量增加，Ce^{3+} 与周围阴离子的键长增大，导致 Ce^{3+} 的能级分裂和质心偏移减小，发射峰从 414nm 蓝移到 407nm。

④Eu^{2+} 和 Tb^{3+} 在 Ba$_{10}$(PO$_4$)$_6$O 基质中存在能量传递，能量传递机制属于四极-四极相互作用。改变 Eu^{2+} 和 Tb^{3+} 的相对掺杂量，Ba(PO$_4$)$_6$O：Eu^{2+},Tb^{3+}/Li$^+$ 荧光粉的发光颜色可从蓝光调变至绿光。用制备的绿色荧光粉 Ba$_{9.83}$(PO$_4$)$_6$O：0.03Eu^{2+},0.07Tb^{3+},0.07Li$^+$ 和商用红色荧光粉 CaAlSiN$_3$：Eu^{2+} 与 370 LED 芯片封装成一个白光器件，所制备的 LED 器件具有较好的显色指数和较低的色温。

⑤合成了单相磷灰石结构 Lu$_5$(SiO$_4$)$_3$N：Ce^{3+},Tb^{3+} 荧光粉。对荧光粉的结构、发光性能及 Ce^{3+}/Tb^{3+} 的能量传递进行了系统研究。Lu$_5$(SiO$_4$)$_3$N：Ce^{3+},Tb^{3+} 荧光粉具有间接带隙，带隙大小为 4.12eV；Ce^{3+} 在 Lu$_5$(SiO$_4$)$_3$N 基质中存在两个发光中心，Lu$_5$(SiO$_4$)$_3$N：0.03Ce^{3+} 发射蓝光，主发射峰位于 462nm；Ce^{3+} 和 Tb^{3+} 在 Lu$_5$(SiO$_4$)$_3$N 基质中存在能量传递，能量传递机制为四极-四极相互作用。通过控制 Ce^{3+} 和 Tb^{3+} 的相对掺杂量，Lu$_5$(SiO$_4$)$_3$N：Ce^{3+},Tb^{3+} 荧光粉颜色可从蓝光调至绿光。Lu$_5$(SiO$_4$)$_3$N：Ce^{3+},Tb^{3+} 荧光粉具有较好的热稳定性，可用作白光 LED 用蓝绿色荧光粉。

⑥合成了一系列磷灰石结构单相多色荧光粉 $A_2B_3(MO_4)_3C$：Tb^{3+}，Eu^{3+}（$A=$ Ba、Ca、Sr；$B=$La、Y；$M=$Si、Ge；$C=$F、Cl），并通过二价阳离子、三价阳离子、络阴离子、通道阴离子替换进行结构调控。用 Sr^{2+} 或 Ca^{2+} 替换 Ba^{2+}，光谱重叠率降低，能量传递效率整体降低。用 Y^{3+} 替换 La^{3+}，随三价阳离子半径变小，晶胞参数变小，光谱重叠率降低，能量传递效率整体降低且幅度大于二价阳离子调控。用 $(GeO_4)^{4-}$ 替换 $(SiO_4)^{4-}$，光谱重叠率降低，能量传递效率整体降低，降低幅度小于三价阳离子调控、大于二价阳离子调控。用 Cl^- 替换 F^-，晶胞参数变大，光谱重叠率升高，能量传递效率整体降低，降低幅度小于三价阳离子调控，大于二价阳离子调控，略低于络阴离子调控。

⑦水热法可控制备了羟基磷灰石（HAP）及纳米棒 HAP：Tb^{3+} 和 HAP：Eu^{3+} 样品。在紫外光的激发下，HAP：Tb^{3+} 样品发射绿光（545nm），HAP：Eu^{3+} 样品发射红橙光（615nm）。

⑧制备的 $Y_6Ba_4(SiO_4)_6F_2$ 荧光粉具有优异的压力传感性能，在高压条件下具有良好的信号强度（约 20GPa 时，信号强度为初始强度的 90%），以及小的压力诱导荧光猝灭（可达 30GPa）。

⑨高温固相法合成了磷灰石结构荧光粉 MTPSF：$0.5Mn^{2+}$（$M=$Ca、Sr、Ba），具有非常优异的温度传感性能。随着二价阳离子半径的增大，MTPSF：$0.5Mn^{2+}$（$M=$ Ca、Sr、Ba）的最大相对灵敏度 S_r 值逐渐降低。

4.2.4　白磷钙石结构发光材料

稀土离子掺杂的磷酸盐发光材料具有烧结温度低，化学稳定性好，紫外、近紫外光区域吸收强（与 LED 芯片较好匹配）等特点。白磷钙石和磷灰石结构化合物是磷酸盐发光材料的代表，而白磷钙石结构 $[\beta\text{-}Ca_3(PO_4)_2]$ 具有比磷灰石结构更丰富可调的晶体学位点，可以利用这些不等效的位点进行离子替代或稀土离子掺杂，实现发光性能调控，因此在白光发光二极管（WLED）的可调发射方面具有很大的应用潜力。近年的研究主要集中于 Eu^{2+} 在白磷钙石结构基质中特定位置的掺杂及其对发光性能的调控方面。

1. 白磷钙石简介

白磷钙石，$[\beta\text{-}Ca_3(PO_4)_2]$，空间群 $R3c$（$Z=21$）。$\beta\text{-}Ca_3(PO_4)_2$ 具有五种不同的阳离子格位，M(1)、M(2)、M(3)、M(4) 和 M(5)，配位数分别为 7、6、7、3 和 6，其晶体结构见图 4.102。在这些阳离子格位中，M(1)、M(2)、M(3) 和 M(5) 完全被 Ca 离子填充，而 M(4) 是半填充状态。Ca^{2+} 可被其他等价、异价离子或空位取代，使得基于 $\beta\text{-}Ca_3(PO_4)_2$ 结构设计新型发光材料成为可能。

到目前为止，除传统的 $M_3(PO_4)_2$（$M=$Ca、Sr、Ba）化合物外，白磷钙石型化合物

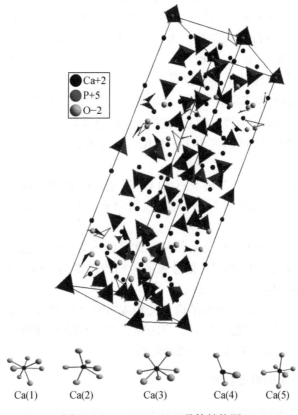

图 4.102　β-$Ca_3(PO_4)_2$ 晶体结构图

有四类:$Ca_8ALn(PO_4)_7$、$Ca_9Ln(PO_4)_7$、$Ca_9AR(PO_4)_7$ 及 $Ca_{10}R(PO_4)_7$(A = Mg、Zn、Mn;Ln = Cr、Y、Sc 和稀土;R = Li、Na、K),四类白磷钙石型化合物晶体结构演变见图 4.103[116]。对于 $Ca_8ALn(PO_4)_7$ 化合物,新相构建源于 Ca(1)、Ca(2)、Ca(3)→A^{2+} 和 0.5Ca(4)+Ca(5)→Ln^{3+}+空位的取代。其中,约 11.1% 的 Ca(1)、Ca(2)、Ca(3)离子被等价离子 A^{2+} 取代,而 Ca(4)和 Ca(5)位点分别被空位和 Ln^{3+} 完全占据;$Ca_9Ln(PO_4)_7$ 可以被认为是 β-$Ca_3(PO_4)_2$ 的衍生结构,Ln^{3+} 取代 Ca^{2+},交换机制为 $3Ca^{2+}→2Ln^{3+}$+空位,其中 Ca(1)、Ca(2)和 Ca(3)位点部分被 Ln^{3+} 取代,Ca(4)位点被空位占据;对于 $Ca_9AR(PO_4)_7$,Ca(4)位点被 R^+ 取代,Ca(5)位点被 A^{2+} 取代。新结构的替代方案可以写为 0.5Ca(4)+Ca(5)→R^++A^{2+}。从 $Ca_3(PO_4)_2$ 到 $Ca_{10}R(PO_4)_7$ 的结构演变是由于两个 R^+ 离子交换了一个 Ca(4)位点,所有阳离子位点均被 100% 占据,替代方案可简化为 0.5Ca(4)→$2R^+$。

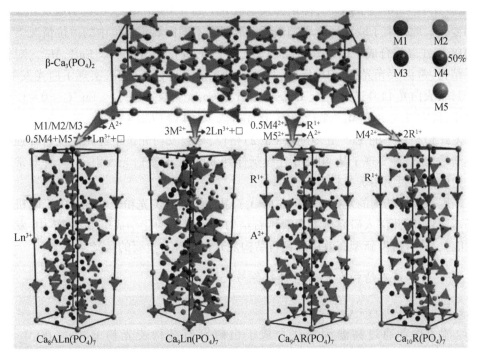

图 4.103　通过不同 Ca 位点的离子取代,从典型的 β-Ca$_3$(PO$_4$)$_2$ 到 Ca$_8$ALn(PO$_4$)$_7$(A = Mg、Zn、Mn,Ln = Bi、Cr、稀土)、Ca$_9$Ln(PO$_4$)$_7$、Ca$_9$AR(PO$_4$)$_7$、Ca$_{10}$R(PO$_4$)$_7$(R = Li、Na、K)新相的结构转变策略[116](见彩图)

2. 白磷钙石结构发光材料研究进展

白磷钙石结构发光材料具有烧结温度低、热稳定性好、物理/化学性质稳定、发光性能好、效率高等优点。早在 1996 年 Lazoryak 课题组就研究了白磷钙石结构化合物 Ca$_9$Fe(PO$_4$)$_7$,通过红外光谱和 XRD 分析研究了其晶体结构[117]。2014 年,Zhang 课题组对白磷钙石的结构进行了详细研究[118]。2016 年,Mi 等合成了白磷钙石结构荧光粉 Ca$_8$ZnLa(PO$_4$)$_7$:Eu^{2+},Mn^{2+},实现了白光发射,通过 Rietveld 精修以及 XPS、TEM、EDS 分析,研究了荧光粉的结构、发光性能以及能量传递机制。然后其在 Ca$_8$MgLu(PO$_4$)$_7$ 基质中分别利用 Ce^{3+}-Tb^{3+} 和 Ce^{3+}-Mn^{2+} 双掺,通过 Ce^{3+}-Tb^{3+} 和 Ce^{3+}-Mn^{2+} 之间能量传递作用,实现发光颜色从蓝光到绿光和红光区域的调控,在此基础上,将 Ce^{3+}-Tb^{3+}-Mn^{2+} 三种离子共掺到 Ca$_8$MgLu(PO$_4$)$_7$ 基质中,合成了光谱覆盖 400~700nm 且色坐标位于白光区域的荧光粉[119]。

除了激活剂离子共掺,针对 β-Ca$_3$(PO$_4$)$_2$ 型基质丰富且灵活的阳离子格位特点,改变基质组分是一种非常有效的调控发光性能的方式。例如,用 Sr^{2+} 取代 β-

$Ca_3(PO_4)_2$：Eu^{2+}中的 Ca^{2+},体系会发生从 $R3c$ 到 $R\bar{3}m$ 的相变,从而引起发光颜色的变化。此外离子取代还会影响激活剂离子在不同阳离子格位中的占位情况[120]。2018 年,Lin 等合成了白磷钙石结构荧光粉$(Ca,Sr)_9Sc(PO_4)_7$：Eu^{2+},Mn^{2+},对样品结构、常温荧光光谱、CIE 坐标、高温变温光谱等进行了研究,实现了白光发射,并封装成白光 LED 芯片[121]。Leng 等设计了 $Ca_{10.5-x}Mg_x(PO_4)_7$：Eu^{2+}($x=0\sim1.5$)体系,研究发现由于 Mg^{2+}半径较小,优先进入 $Ca(4)$ 和 $Ca(5)$格位,使占据 $Ca(1)$和 $Ca(3)$格位中的 Eu^{2+}更多进入 $Ca(2)$格位,导致发射光谱中红光的发射峰强度逐渐增加,最终实现了从 400nm 连续延伸到 800nm 的暖白光发射,是一种非常有潜力的固体照明用荧光粉[122]。

因为晶体结构的复杂性,β-$Ca_3(PO_4)_2$晶体结构对荧光粉光学性能的影响机制仍不清晰,因此深入研究典型白磷钙石结构发光材料的化学成分、晶体结构、发光性能关系,对研发新型高效白磷钙石结构发光材料具有重要的意义。

3. 白磷钙石结构发光新材料制备与表征

(1) $Ca_3(PO_4)_2$：Ce^{3+}

本书作者通过高温固相法合成了白磷钙石结构荧光粉 β-$Ca_3(PO_4)_2$：Ce^{3+}[123],并对其成分、结构及发光性能进行了系统表征。由图 4.104 可知,样品的衍射峰位置和相对强度基本上与 β-$Ca_3(PO_4)_2$匹配,说明 Ce^{3+}的掺杂未引起 β-$Ca_3(PO_4)_2$晶体结构发生明显变化。然而,所有样品在 32°附近均出现一个弱衍射峰,推测为磷灰石相。

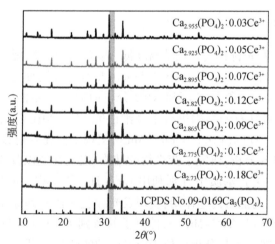

图 4.104　$Ca_{3-1.5x}(PO_4)_2$：xCe^{3+}($x=0.03$、0.05、0.07、0.09、0.12、0.15 和 0.18)的 XRD 图及其与标准卡片的对比

图 4.105 为样品的红外光谱,500cm^{-1} 和 1000cm^{-1} 附近的吸收带是 P—O 键振动引起,以 3436.53cm^{-1} 为中心的不对称吸收带是 O—H 收缩振动引起。表明样品中有 PO$_4^{3-}$ 和 OH$^-$ 官能团,OH$^-$ 官能团代表结构水的存在,因此样品中的杂质可能是羟基磷灰石。少量磷灰石相的存在对 β-Ca$_{3-1.5x}$(PO$_4$)$_2$:xCe^{3+} 的发光性能影响不大。

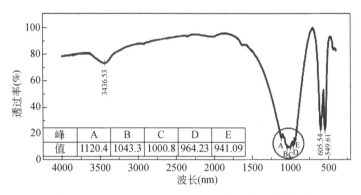

图 4.105　β-Ca$_{2.895}$(PO$_4$)$_2$:0.07Ce^{3+} 的红外光谱图

为了研究 β-Ca$_3$(PO$_4$)$_2$:Ce^{3+} 的浓度猝灭特性,对 β-Ca$_{3-1.5x}$(PO$_4$)$_2$:xCe^{3+}(x = 0.03、0.05、0.07、0.09、0.12、0.15、0.18)荧光粉样品进行光致发光表征。由图 4.106 可知,样品的激发光谱存在以 269nm 和 287nm 为中心的两个激发峰,且 287nm 处的激发峰强度较弱,对应于 Ce^{3+} 从 ^{2}F$_{7/2}$ 到 5d 的能级跃迁;269nm 处的激发峰强度稍高,对应于 Ce^{3+} 从 ^{2}F$_{5/2}$ 至 5d 的能级跃迁。样品的发射光谱显示 370~520nm 的宽带,发射蓝紫色光,这是 Ce^{3+} 的 4f 至 5d 跃迁所产生的特征发射。发射光的强度与 Ce^{3+} 的含量成正比,但当 Ce^{3+} 含量超过 0.07 时,光谱强度开始下降。以上现象说明最强发光强度对应的 Ce^{3+} 含量为 0.07mol。

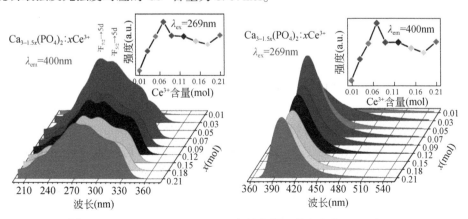

图 4.106　β-Ca$_{3-1.5x}$(PO$_4$)$_2$:xCe^{3+} 的发射和激发光谱图(见彩图)

（2）$Ca_{1.8}Li_{0.6}La_{0.6-x}(PO_4)_2 : xEu^{3+}$

采用高温固相法在 1250℃条件下合成了白磷钙石结构发光材料 $Ca_{1.8}Li_{0.6}$ $La_{0.6-x}(PO_4)_2 : xEu^{3+}(x=0、0.01、0.03、0.06、0.09、0.15)$[124]，采用 X 射线粉末衍射（XRD）和荧光光谱对其结构和发光性能进行系统表征。结果表明，制备的荧光粉均为白磷钙石结构，Eu^{3+}掺杂未明显改变其结构。该体系荧光粉发射红光，发射光谱出现 Eu^{3+}的特征发射，最强发射峰位于 617nm 处，源于 Eu^{3+}的$^5D_0 \rightarrow {}^7F_2$跃迁。随着 Eu^{3+}掺杂浓度增加，样品的荧光寿命逐渐减小，证明 Eu^{3+}间存在能量传递。图 4.107（a）为 $Ca_{1.8}Li_{0.6}La_{0.6-x}(PO_4)_2 : xEu^{3+}$样品的 XRD 图，图 4.107（b）为图 4.107（a）在 $2\theta = 30° \sim 32°$的局部放大图。如图 4.107（a）所示，各样品衍射图与 $Ca_3(PO_4)_2$标准卡片（JCPDS 9-169）匹配良好，无杂峰出现，说明合成的 $Ca_{1.8}Li_{0.6}La_{0.6-x}(PO_4)_2 : xEu^{3+}$为纯相。$Eu^{3+}$的半径比 La^{3+}小，当 Eu^{3+}替换 La^{3+}时，晶胞参数、面网间距减小，衍射峰向 2θ大的方向移动[图 4.107（b）]。

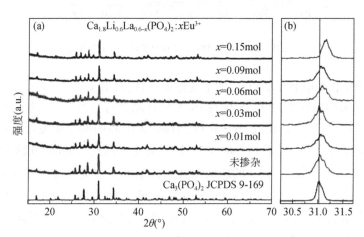

图 4.107　（a）$Ca_{1.8}Li_{0.6}La_{0.6-x}(PO_4)_2 : xEu^{3+}$的 XRD 图；（b）$2\theta = 30° \sim 32°$的局部放大图

图 4.108 是 $Ca_{1.8}Li_{0.6}La_{0.51}(PO_4)_2 : 0.09Eu^{3+}(\lambda_{ex} = 617nm)$的激发光谱和 $Ca_{1.8}Li_{0.6}La_{0.6-x}(PO_4)_2 : xEu^{3+}(x=0、0.01、0.03、0.06、0.09、0.15)$ 的发射光谱（$\lambda_{em} = 393nm$）图，其中的插图是 Eu^{3+}的能级跃迁图。在激发光谱中，以 263nm 为中心的 200～300nm 区段为较宽的激发峰，源于 $O^{2-} \rightarrow Eu^{3+}$的电荷迁移。此外，300～450nm 有一系列尖锐的激发峰，峰值分别位于 319nm、362nm、381nm、395nm 和 415nm 附近，对应于 Eu^{3+}的$^7F_0 \rightarrow {}^5H_3$、$^7F_0 \rightarrow {}^5D_4$、$^7F_0 \rightarrow {}^5L_7$、$^7F_0 \rightarrow {}^5L_6$、$^7F_0 \rightarrow {}^5D_3$跃迁。发射光谱中，位于 617nm 处的最强发射峰源于 Eu^{3+}的$^5D_0 \rightarrow {}^7F_2$电偶极跃迁，位于 594nm 的发射峰源于 Eu^{3+}的$^5D_0 \rightarrow {}^7F_1$磁偶极跃迁，位于 653nm 的弱发射峰源于 Eu^{3+}的$^5D_0 \rightarrow {}^7F_3$跃迁。$^5D_0 \rightarrow {}^7F_4$发射峰分裂成二重尖峰，峰值分别位于 689nm、

700nm 处。由图可看出,随着 Eu^{3+} 浓度增加,617nm 处的发射峰强度逐渐增强。

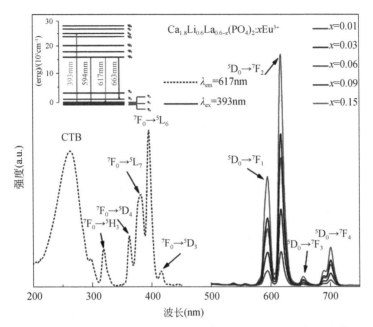

图 4.108　$Ca_{1.8}Li_{0.6}La_{0.51}(PO_4)_2$：$0.09Eu^{3+}$($\lambda_{ex}=617nm$)的激发光谱图和
$Ca_{1.8}Li_{0.6}La_{0.6-x}(PO_4)_2$：$xEu^{3+}$样品的发射光谱($\lambda_{em}=393nm$)及 Eu^{3+} 能级跃迁插图(见彩图)

图 4.109 为 $Ca_{1.8}Li_{0.6}La_{0.6-x}(PO_4)_2$：$xEu^{3+}$($x=0$、0.01、0.03、0.06、0.09、0.15)样品在 393nm 激发下的 CIE 色坐标(x,y)图。由图 4.109 可以看出,所有荧光粉的发光颜色都在红色区域,因此这些荧光粉是潜在的白光 LED 用红色荧光粉。

(3)$Ca_{3-x}Sr_x(PO_4)_2$：Ce^{3+}

用 H_2+N_2 作为还原气氛,固相法制备了纯相白磷钙石结构荧光粉 $Ca_{3-x}Sr_x(PO_4)_2$：Ce^{3+}($x=0.5$、1、1.5、2、2.5)。

图 4.110 为 CSP：Ce^{3+}样品的 XRD 图。由图可知,样品的衍射谱与 $Ca_{3-x}Sr_x(PO_4)_2$ 标准卡片(ICSD #24-1008/ICSD #09-0169)匹配程度极高,无其他杂质相的衍射峰出现。

为了解释制备的荧光粉的稀土离子占位,对单掺杂 Ce^{3+} 的 $Ca_{3-x}Sr_x(PO_4)_2$ 样品进行了 X 射线粉晶结构精修。图 4.111 为 $Ca_{1.5}Sr_{1.5}(PO_4)_2$：$0.07Ce^{3+}$ 的粉晶 X 射线结构精修图,其中红色线为计算的衍射强度,黑色圆圈为实测的衍射强度,黑色实线为两者的差值,较短的垂直线为晶体的布拉格衍射线。随着 Sr 掺杂比的增加,晶胞体积变大,并呈现非常好的线性关系,根据精修所得晶体学数据构建了晶体结构示意图(图 4.112)。

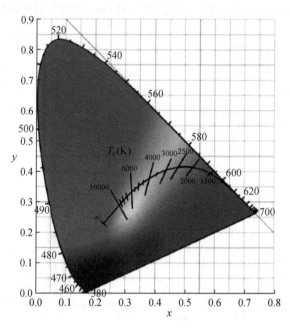

图 4.109 $Ca_{1.8}Li_{0.6}La_{0.6-x}(PO_4)_2$∶$xEu^{3+}(x=0、0.01、0.03、0.06、0.09、0.15)$的 CIE 色坐标图(见彩图)

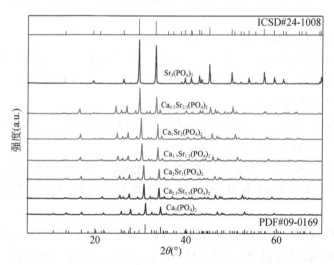

图 4.110 $Ca_{3-x}Sr_x(PO_4)_2$∶$Ce^{3+}(x=0.5、1、1.5、2、2.5)$的 XRD 图

(4) $Ca_{3-2x}K_xLa_x(PO_4)_2$∶$0.03Eu^{2+}$

本书作者合成了白磷钙石结构化合物 $Ca_{3-2x}K_xLa_x(PO_4)_2$,为了确保阳离子取

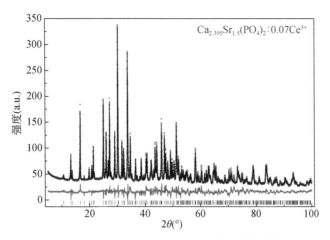

图 4.111　$Ca_{1.5}Sr_{1.5}(PO_4)_2 : 0.07Ce^{3+}$ 的结构精修图

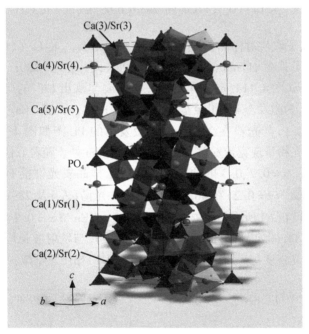

图 4.112　$Ca_{3-x}Sr_x(PO_4)_2$ 的晶体结构示意图

代及 Eu^{2+} 掺杂荧光粉 $CKLP : 0.03Eu^{2+}$ 为纯相,对该系列样品进行了 XRD 分析,结果如图 4.113 所示。由图可知,绝大多数荧光粉的衍射峰位置和强度都与标准卡片基本符合,但 $x=0$、0.05、0.1、0.2 四个样品存在杂峰,杂峰位置及强度与磷灰石标准卡片(JCPDS 卡片号 09-0169)吻合,而 $x=0.3$ 样品除具有白磷钙石和磷灰石相外,还存在其他杂相。

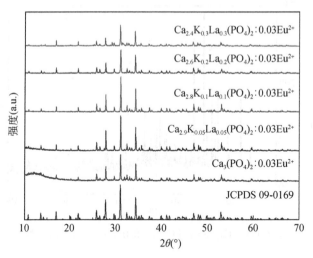

图 4.113　$Ca_{3-2x}K_xLa_x(PO_4)_2$：$0.03Eu^{2+}(x=0、0.05、0.1、0.2、0.3)$样品的 XRD 图

　　为探究阳离子取代对样品发光性能的影响,以 $Ca_{3-2x}K_xLa_x(PO_4)_2$：$Eu^{2+}(x=0.1)$为例,测试了其在 417nm 波长激发下的 PLE 图(左)及 280nm 波长激发下的 PL 图(右),结果如图 4.114(a)所示。图 4.114(a)呈现出 Eu^{2+} 的典型宽带激发峰,中心位于 280nm,为激发态 $4f^65d^1$ 至基态 $4f^7(^8S_{7/2})$ 的允许跃迁。$Ca_{3-2x}K_xLa_x(PO_4)_2$：$Eu^{2+}(x=0、0.05、0.1)$荧光粉在 280nm 波长激发下的 PL 图如图 4.114(b)所示,在 280nm 激发下荧光粉呈现宽带发射,发射峰位于 417nm 处。随着取代量 x 的增加,发光强度逐渐降低。$x=0.2、0.3$ 的两个样品与以上样品发光性能有所不同。$Ca_{3-2x}K_xLa_x(PO_4)_2$：$Eu^{2+}(x=0.2)$在 482nm 下的 PLE 光谱(左)及 289nm 激发下的 PL 图(右)如图 4.114(c)所示,$Ca_{3-2x}K_xLa_x(PO_4)_2$：$Eu^{2+}(x=0.2、0.3)$荧光粉在 289nm 激发下的 PL 图如图 4.114(d)所示。激发波长与发射波长均呈现红移,发射峰宽度增加且发光强度与另三个样品$(x=0、0.05、0.1)$相比急剧减弱(至 1/5 左右)。

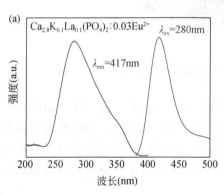

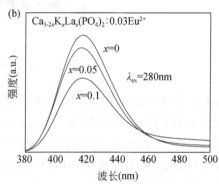

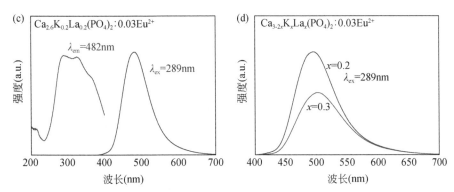

图 4.114　(a) Ca$_{3-2x}$K$_x$La$_x$(PO$_4$)$_2$：Eu^{2+}(x=0.1)的 PLE 图(左)和 PL 图(右)；(b)
280nm 激发光下 Ca$_{3-2x}$K$_x$La$_x$(PO$_4$)$_2$：Eu^{2+}(x=0、0.05、0.1)荧光粉的 PL 图；(c) Ca$_{3-2x}$
K$_x$La$_x$(PO$_4$)$_2$：Eu^{2+}(x=0.2)的 PLE 图(左)和 PL 图(右)；(d) Ca$_{3-2x}$K$_x$La$_x$(PO$_4$)$_2$：
Eu^{2+}(x=0.2、0.3)荧光粉的 PL 图

(5) CaSr$_{2-2x}$(PO$_4$)$_2$：xSm^{3+},xLi$^+$

采用高温固相法制备了单相 CaSr$_2$(PO$_4$)$_2$：Sm^{3+},Li$^+$荧光粉[125]。用粉末 X 射线衍射、扫描电子显微镜、光致发光光谱和发射光谱等测试手段对荧光粉成分、结构及发光性能进行了表征。

当二价离子被三价离子取代时,电价不平衡。为了避免样品中电荷不平衡和空位的形成,用锂离子补偿电荷,并与 Sm^{3+}一起进行不等价类质同象替代,电荷补偿机制是一个 Sm^{3+}和一个 Li$^+$取代两个 Sr^{2+}。CaSr$_2$(PO$_4$)$_2$：Sm^{3+},Li$^+$的结晶度提高是因为 Li$^+$会降低结晶温度。CaSr$_{2-2x}$(PO$_4$)$_2$：xSm^{3+},xLi$^+$(x=0.01、0.06、0.09、0.12、0.15 和 0.18)的 XRD 图如图 4.115 所示。

图 4.116 为不采用电荷补偿剂 Li$^+$的情况下制备的 CaSr$_{2-1.5x}$(PO$_4$)$_2$：xSm^{3+}(x=0.01、0.03、0.05、0.07、0.09、0.12、0.15 和 0.18)样品的 XRD 图。样品的 XRD 图很好地与 Ca$_3$(PO$_4$)$_2$(JCPDS No.09-0169)的标准数据匹配,无杂峰,表明所有样品都是纯相。XRD 图显示衍射峰向 2θ 小方向偏移,这归因于较大的 Sr^{2+}取代了相对小的 Ca^{2+}。然而,不掺杂 Li$^+$时制备的样品结晶度较差。此外,紫外灯下肉眼可见掺杂 Li$^+$的样品发光强度更高。

图 4.117 显示了 CaSr$_2$(PO$_4$)$_2$的晶体结构和 Ca/Sr 的不同配位环境。CaSr$_2$(PO$_4$)$_2$的晶体结构是 Ca$_3$(PO$_4$)$_2$晶格变形的结果,Sr^{2+}部分取代了 Ca^{2+}。CaSr$_2$(PO$_4$)$_2$的晶体结构中,Ca^{2+}/Sr^{2+}分布在五个晶格位置:Sr(1)/Ca(1)、Sr(2)/Ca(2)、Sr(3)/Ca(3)、Sr(4)/Ca(4)和 Sr(5)/Ca(5)。

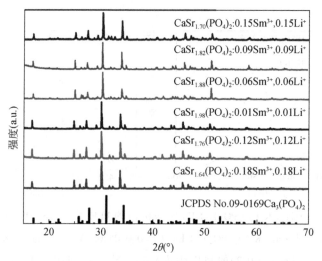

图 4.115 $CaSr_{2-2x}(PO_4)_2 : xSm^{3+}, xLi^+ (x=0.01、0.06、0.09、0.12、0.15$ 和 $0.18)$ 的 XRD 图

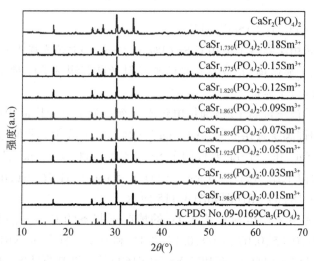

图 4.116 $CaSr_{2-1.5x}(PO_4)_2 : xSm^{3+} (x=0.01、0.03、0.05、0.07、0.09、0.12、0.15$
和 $0.18)$ 和 $CaSr_2(PO_4)_2$ 的 XRD 图

图 4.118 显示了在 601nm 波长和室温下检测的 $CaSr_{2-2x}(PO_4)_2 : xSm^{3+}, xLi^+$ $(x=0.01 \sim 0.3)$ 荧光粉的 PLE 光谱。所有 PLE 光谱在紫外和可见光范围内都有强而窄的吸收带,范围从 $250 \sim 550nm$ 不等,峰位分别约为 305nm、318nm、333nm、345nm、375nm、391nm、403nm、416nm、440nm、466nm 和 477nm,对应 Sm^{3+} 从基态 $^6H_{5/2}$ 到激发态 $^4P_{5/2}$、$^4P_{3/2}$、$^4G_{7/2}$、$^4D_{7/2}$、$^6P_{7/2}$、$^2L_{15/2}$、$^4F_{7/2}$、$^6P_{5/2}$、$^4M_{17/2}$、$^4H_{13/2}$ 和 $^4I_{11/2}$ 的跃迁。最强激发峰位于近紫外区 403nm 处。

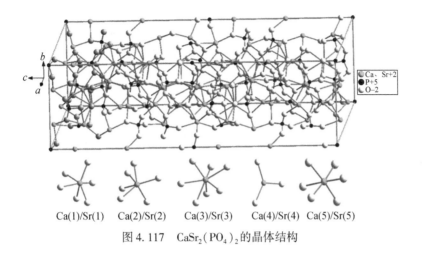

图 4.117　$CaSr_2(PO_4)_2$ 的晶体结构

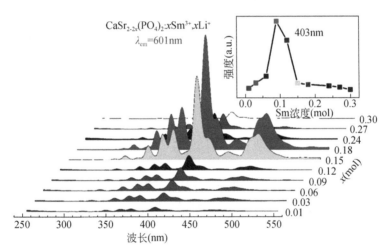

图 4.118　$CaSr_{2-2x}(PO_4)_2 : xSm^{3+}, xLi^+(x=0.01\sim0.3)$ 荧光粉的 PLE 光谱(见彩图)

图 4.119(a)显示了在 403nm 激发下 $CaSr_2(PO_4)_2 : 0.03Sm^{3+}, xLi^+$($x=0.01$、0.02、0.03)荧光粉的发射光谱和 $CaSr_2(PO_4)_2 : 0.03Sm^{3+}, xNa^+$($x=0.01$)的发射光谱。$CaSr_2(PO_4)_2 : 0.03Sm^{3+}, Li^+/Na^+$ 样品的发射光谱包含 565nm、601nm、647nm 和 707nm 峰,这些峰与图 4.119 类似。插图显示了样品在 601nm 处的发射强度与 Li^+/Na^+ 掺杂浓度的关系。结果表明,Li^+ 增强了荧光粉的发光强度,并且比 Na^+ 更有效。图 4.119(b)显示了 $CaSr_{2-1.5x}(PO_4)_2 : xSm^{3+}$($x=0.03\sim0.18$)荧光粉的发射光谱,插图显示了样品在 601nm 处的发射强度与 Sm^{3+} 掺杂浓度的相关性,随着 Li^+ 浓度的增加,发光强度增大,当掺杂量为 3% 时,发光强度达到最大值。因

为用 Sm^{3+} 代替 Sr^{2+} 为不等价替代,电荷不相等,添加 Li^+ 可以解决不等价替代产生缺陷的问题,电荷可按以下公式补偿: $2Sr^{2+} = Sm^{3+} + Li^+$,这增强了发光强度。不等价替代也会改变局域晶体场环境,降低局域环境的对称性,从而提高荧光粉的发射强度。

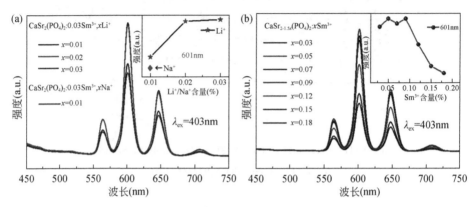

图 4.119　$CaSr_2(PO_4)_2 : 0.03Sm^{3+}, xLi^+(x = 0.01、0.02、0.03)$ 荧光粉的发射光谱和 $CaSr_2(PO_4)_2 : 0.03Sm^{3+}, xNa^+(x = 0.01)$ 的发射光谱(a); $CaSr_{2-1.5x}(PO_4)_2 :$ $xSm^{3+}(x = 0.03 \sim 0.18)$ 荧光粉的发射光谱(b)(见彩图)

（6）$Ca_{3-x}Sr_x(PO_4)_2 : Ce^{3+}$

本书作者[126]在 1250℃ 还原气氛下合成了白磷钙石结构荧光粉 $\beta\text{-}Ca_2(PO_4)_3 :$ Ce^{3+} 。研究表明该荧光粉的发光特性不仅取决于激活剂离子的电子构型,还受到其晶体场环境的显著影响。

本书作者采用 X 射线吸收边精细结构（XAFS）、Rietveld 结构精修和 DFT 模拟计算相结合的方法,深入研究了 Ce^{3+} 的占位,通过激活剂晶格迁移策略来调节晶体场相对强度［场分裂（CFS）和电子云扩展效应（NE）］,从而调控发光波长。与 Eu^{2+} 相比, Ce^{3+} 倾向于占据五个阳离子位点中的 M(3) 和 M(5)。

通过 Sr^{2+} 对 Ca^{2+} 的取代, $\beta\text{-}Ca_2(PO_4)_3$ 晶体结构出现了相变（$R3c$ 变为 $R\bar{3}m$）,使 Ce^{3+} 由 M(3) 格位向配位数更小、键长更短、多面体畸变更大的 M(5) 迁移。随着晶格位置的变化,晶体场分裂和电子云扩展效应的协同作用使 Ce^{3+} 的能带发生变化,发射峰发生位移。而且研究发现 Sr 取代有助于 Ce 还原,这与 Ce 掺杂引起的结构缺陷有明显关系。本书作者提出了一种开发高效荧光粉的逆向缺陷工程策略,即通过构建刚性结构并引入碱金属以去除阳离子空位缺陷,开发了三组白磷钙石结构荧光粉: $Ca_{3-x}Sr_x(PO_4)_2 : Ce^{3+}$ 、 $Ca_3(PO_4)_2 : Ce^{3+}$ 和 $(Ca_{0.5}Sr_{0.5})_3(PO_4)_2 :$ Ce^{3+}, Na^+, Mn^{2+} ,实现了同步显著提高光致发光强度（2.46 倍）、热稳定性（87.92%,150℃）、阴极发光强度（3.34 倍）、量子效率（从 38.90% 到 99.07%）的目标（图 4.120）。

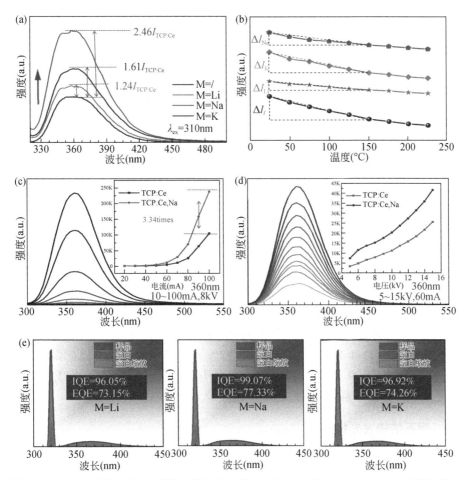

图 4.120　(a)白磷钙石荧光粉的光致发光光谱;(b)发光热稳定性;(c)恒定电压阴极发光
(CL)光谱;(d)恒定电流 CL 光谱;(e)引入不同碱金属离子后的高内外量子效率(见彩图)

4. 小结

①高温固相法合成了白磷钙石结构荧光粉 β-Ca$_3$(PO$_4$)$_2$：Ce^{3+},证实了该体系中 Ce^{3+}之间的能量传递机制为电多极相互作用,揭示了 β-Ca$_3$(PO$_4$)$_2$：Ce^{3+}浓度猝灭的机制以及成分、结构和发光性能之间的关系。

②以 H$_2$+N$_2$作为还原气氛,高温固相法制备了白磷钙石结构荧光粉 Ca$_{3-x}$Sr$_x$(PO$_4$)$_2$：Ce^{3+}($x=0.5$、1、1.5、2、2.5)。研究了不同比例 Ca/Sr 类质同象替代对材料发光性能的影响,深入分析了稀土基质结构、离子价态和占位、键合方式、晶体缺陷等对成分、结构和发光性能的影响。

③通过高温固相法制备了 $Ca_{3-2x}K_xLa_x(PO_4)_2$：$0.03Ce^{3+}$荧光粉,在288nm激发下 Ce^{3+}的 f-d 跃迁宽带激发峰与发射峰强度随着 x 的增加而提高,发射峰出现先轻微蓝移后红移的变化。

④用 Li^+ 和 La^{3+} 取代 Ca^{2+},制备了新型白磷钙石结构发光材料 $Ca_{1.8}Li_{0.6}La_{0.6-x}(PO_4)_2$：$xEu^{3+}$并系统研究了发光材料的结构和发光性能,证明了 Eu^{3+} 之间存在能量传递。

⑤高温固相法制备了白磷钙石结构发光材料 $Ca_{3-2x}K_xLa_x(PO_4)_2$：$0.03Eu^{2+}$（$x=0$、0.05、0.1、0.2、0.3）,测试了 $Ca_{3-2x}K_xLa_x(PO_4)_2$：Eu^{2+}（$x=0.2$）在482nm激发下的 PLE 光谱及289nm激发下的 PL 图,激发波长与发射波长均呈现红移并解释了红移机理。

⑥高温固相法制备了单相 $CaSr_{2-2x}(PO_4)_2$：xSm^{3+},xLi^+荧光粉。Sm^{3+}间的能量转移机理为四极-四极相互作用,制备的荧光粉具有良好的热稳定性并探究了其实际应用于 LED 的可行性。

⑦提出了一种"逆向缺陷工程"策略,制备了三种白磷钙石结构发光材料 $Ca_{3-x}Sr_x(PO_4)_2$：Ce^{3+}、$Ca_3(PO_4)_2$：Ce^{3+}和$(Ca_{0.5}Sr_{0.5})_3(PO_4)_2$：$Ce^{3+}$,$Na^+$,$Mn^{2+}$,将晶体结构调控与光电缺陷调控有机结合,通过构建刚性结构和减少空位缺陷,同时实现了光致发光强度（2.46倍）、热稳定性（87.92%）、阴极发光强度（3.34倍）、内量子效率（从38.90%到99.07%）的显著提高。所开发的荧光粉在暖白光 LED、植物生长照明和信息安全等领域具有广阔的应用前景。

4.2.5 辉石结构发光材料

1. 辉石简介

辉石族矿物在自然界中分布广泛,储量丰富,其中透辉石、锂辉石、顽火辉石等是宝石中常见的品种。辉石化学通式为 $XY(Z_2O_6)$,其中 X 为 Na^+、Ca^{2+}、Mn^{2+}、Fe^{2+}、Mg^{2+}、Li^+等;Y 为 Mn^{2+}、Fe^{2+}、Mg^{2+}、Fe^{3+}、Cr、Al^{3+}、Ti 等,其中 Cr、Ti 一般为 Cr^{3+} 和 Ti^{4+}形式,但在还原条件下呈 Cr^{2+}、Ti^{3+}形式;Z 为 Si^{4+},其次为 Al^{3+},少数情况下有 Fe^{3+}、Cr^{3+}、Ti^{4+}等。

在辉石族矿物的晶体结构中,$[SiO_4]$四面体以两个角顶与相邻的 $[SiO_4]$四面体共用形成沿 c 轴无限延伸的单链,每两个$[SiO_4]$四面体为一个重复周期,在 a 轴和 b 轴方向上$[Si_2O_6]$链以相反的方向交替排列,由此形成平行（100）的相似层,在 a 轴方向上$[SiO_4]$活性氧与活性氧相对形成 M1 八面体空位,惰性氧与惰性氧相对形成 M2 八面体空位,M1 被较小的阳离子 Mg、Fe 等占据,以共棱方式联结成平行 c 轴延伸、与$[Si_2O_6]$链相匹配的八面体折状链;M2 被半径较大的 Ca、Na、Li 等占据。以锂辉石为例,我国锂辉石资源丰富,目前居世界第二位,主要分布在四川、新疆、江西、湖南等地,常见于富锂花岗岩中,由于其内部微量元素的不同,可呈现不同的颜色,如粉色、紫色、黄色、蓝色等,其中含 Cr 的呈翠绿色,称为翠绿锂辉石;含 Mn 者呈紫色,称为紫锂辉石,紫锂辉石在长波紫外灯下发中至强的粉红色至橙色荧光,在短波紫外荧光灯下发弱至中等强度的荧光。黄绿色锂辉石在长波紫外荧光灯下发弱橙黄色荧光。因此,辉石族矿物具有荧光性,是一种天然的发光材料基质。然而,天然辉石中含有发光猝灭剂 Fe^{3+},发光性较弱。合成辉石可以避免猝灭剂离子的存在,因此辉石结构荧光粉制备成为研究热点。

2. 辉石结构发光材料研究进展

通过共掺杂激活剂、敏化剂离子,实现敏化剂到激活剂的能量传递,可调控辉石荧光粉的发光强度和发光颜色。相对于用不同发光颜色荧光粉物理混合得到的多色荧光粉,单一结构多色荧光粉的发光性质更稳定。因此,开发单相多色辉石结构荧光粉具有重要意义。能量传递是一种获得单相多色荧光粉的重要途径,已在包括辉石体系的多种发光体系中得到了应用,如 $CaMgSi_2O_6$: Eu^{2+}, Ln^{3+}[127]、$NaScSi_2O_6$: Eu^{2+}, Mn^{2+}[128]、$Ca_{0.75}Sr_{0.2}Mg_{1.05}(Si_2O_6)$: Eu^{2+}, Mn^{2+}[129]。

对辉石基质的成分进行调控,可使其结构发生细微变化,从而改变稀土离子所处的晶体场环境,进一步调控其发光性能。北京交通大学何大伟教授等探讨了 Eu^{2+} 掺杂的透辉石结构荧光粉 $MMgSi_2O_6$(M = Ca、Sr、Ba)的结构及发光性能,研究发现,随着 Ca→Sr→Ba 类质同象替代,荧光粉发射峰明显向长波长方向移动[130]。Eu^{2+} 外层 5d 电子处于裸露状态,易受晶体场影响。由于 Ca、Sr、Ba 离子半径各异,与 Eu^{2+} 半径大小的匹配性不同,使 Eu^{2+} 在不同辉石结构基质中所处晶格环境差异较大,从而使得 4f5d 轨道分裂后的能级中心位置不同。北京科技大学夏志国教授和美国阿贡国家实验室刘国奎教授合作设计合成了辉石结构荧光粉 $(CaMg)_x(NaSc)_{1-x}Si_2O_6$: Eu^{2+}[131],结果表明随着 Na/Sc 离子对 Ca/Mg 离子的双取代,荧光粉发光可从蓝光(449nm)调至绿光(532nm),Eu^{2+} 在端元 $NaScSi_2O_6$ 和 $CaMgSi_2O_6$ 中的发光中心是独立的,两个发光中心的差别有利于对发光颜色的调节,Eu^{2+} 在 $(CaMg)_x(NaSc)_{1-x}Si_2O_6$ 中的特殊光谱特征表明此体系可作为一种发光可调的基质晶体。兰州大学李扬[132]对 $CaMgSi_2O_6$: Eu^{2+} 中的四面体位置和八面体位置进行 $Al(1)^{3+}$-$Al(2)^{3+}$ 双取代 Mg^{2+}-Si^{4+},得到 $Ca(Mg_{0.8}Al_{0.2})(Si_{1.8}Al_{0.2})O_6$: Eu^{2+},该系列样品 CMAS : xEu^{2+} 在 250~430nm 的宽光谱内可被有效激发,特别是在 365nm 的激发下呈现很强的蓝色发射。双取代方法使 CMAS : Eu^{2+} 的热稳定性较 CMS : Eu^{2+} 有了较大的提升,因此该研究在得到一种发光性能较好的蓝色荧光粉的同时也提供了一种新的提升热稳定性的方法。周丹[130]探索了 $BaMgSi_2O_6$ 荧光粉用于等离子显示 PDP 的性能,在样品 $BaMgSi_2O_6$:Tb^{3+}中掺杂次激活离子 Ce^{3+},发现样品在 VUV 的吸收强度大大降低,并且随着 Ce^{3+} 浓度的增大,降低更显著,发生浓度猝灭,在真空紫外激发下 Ce^{3+} 和 Tb^{3+} 在能量吸收上存在竞争,Ce^{3+} 到 Tb^{3+} 的能量传递效率小于 1,明显低于紫外光激发。所以,作为真空紫外激发的 PDP 用荧光粉,$BaMgSi_2O_6$:Tb^{3+}中应该避免 Ce^{3+} 的存在。

3. 辉石结构发光新材料制备与表征

本书作者通过对辉石结构 $CaMgSi_2O_6$ 进行二价阳离子取代,制备了 $Ca_{0.75}Sr_{0.2}Mg_{1.05}Si_2O_6$,通过稀土离子掺杂制备了辉石结构发光材料,研究了成分、结构对发光性能的影响。通过一价、三价离子取代二价阳离子策略,制备了 $CaScAlSiO_6$ 基质及稀土离子掺杂发光材料,研究了其发光性能及温度传感性能。

（1）$Ca_{0.75}Sr_{0.2}Mg_{1.05}Si_2O_6$:$Eu^{2+}$,$Tb^{3+}$ 荧光粉

本书作者[133]采用高温固相法,在不同温度下合成了 $Ca_{0.75}Sr_{0.2}Mg_{1.05}Si_2O_6$:$Eu^{2+}$,$Tb^{3+}$ 荧光粉。对 1275℃保温 4h 得到的样品进行了 XRD 分析,并且与标准卡片 JCPDS No.80-388 进行对比[图 4.121(b)],无任何杂峰出现,证明所有样品都是纯相。基于图 4.121(a)所示的结构模型对 CSMS：0.03Eu^{2+},0.05Tb^{3+} 进行了 Revited 结构精修,绿色短垂直线代表布拉格衍射峰位置,蓝色实线代表观察值与计算值之间的差异,精修品质因子分别为 $R_p = 4.32\%$、$R_{wp} = 5.803\%$、$R_{exp} = 3.157\%$、$\chi^2 = 1.838$。晶体结构精修的晶胞参数、品质因子列在表 4.5,原子坐标、占有率和各向同性温度因子列于表 4.6。

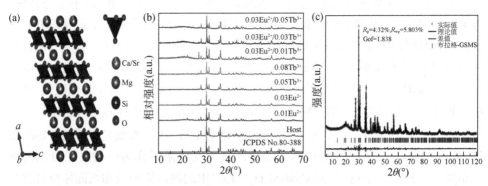

图 4.121 （a）$Ca_{0.75}Sr_{0.2}Mg_{1.05}Si_2O_6$ 基质结构模型,（b）不同掺杂浓度 $Ca_{0.75}Sr_{0.2}Mg_{1.05}Si_2O_6$:$Eu^{2+}$,$Tb^{3+}$ 样品的 XRD 图,（c）$Ca_{0.75}Sr_{0.2}Mg_{1.05}Si_2O_6$:0.03$Eu^{2+}$,0.05$Tb^{3+}$ 样品的结构精修图

（见彩图）

表 4.5　$Ca_{0.75}Sr_{0.2}Mg_{1.05}Si_2O_6$: $0.03Eu^{2+}$, $0.05Tb^{3+}$ 的晶胞参数和精修品质因子

化合物	CSMS : $0.03Eu^{2+}$, $0.05Tb^{3+}$
Sp. Gr.	$C2/c$
a(Å)	9.7536(4)
b(Å)	8.9544(4)
c(Å)	5.2536(2)
β	105.89(1)
V(Å^3)	441.290(29)
2θ(°)	5~120
R_{wp}(%)	5.803
R_p(%)	4.320
R_{exp}(%)	3.157
χ^2	3.37
Gof	1.838

表 4.6　$Ca_{0.75}Sr_{0.2}Mg_{1.05}Si_2O_6$: $0.03Eu^{2+}$, $0.05Tb^{3+}$ 的原子坐标、占有率和各向同性温度因子

原子	x/a	y/b	z/c	B_{iso}	占有率
Ca	0	0.2987	0.2500	1.56	0.751
Sr	0	0.2987	0.2500	1.56	0.199
Mg(1)	0	0.90984	0.2500	0.257	1
Mg(2)	0	0.3070	0.2500	0.860	0.05
Si	0.28888	0.09226	0.23234	0.320	1
O1	0.11517	0.0881	0.13954	0.225	1
O2	0.36297	0.24815	0.31857	0.490	1
O3	0.34986	0.0165	0.0049	0.205	1

　　CSMS : $0.03Eu^{2+}$, $0.03Tb^{3+}$ 的扫描电镜图像如图 4.122(a) 所示。样品为 10μm 左右的不规则颗粒。为了观察 CSMS : $0.03Eu^{2+}$, $0.03Tb^{3+}$ 的元素分布，进行了元素分布映像分析，如图 4.122(b)~(h)。如图所示，颗粒中的 Ca、Mg、Sr、O 、Si 元素及掺杂离子 Tb^{3+}、Eu^{2+} 分布均匀。图 4.122(i)、(j) 为 CSMS : $0.03Eu^{2+}$, $0.03Tb^{3+}$ 的 TEM 图像。图 4.122(j) 中的晶格条纹间距为 6.52Å，对应于(110) 面网。

　　本书作者测试了 CSMS : $0.03Eu^{2+}$, $0.03Tb^{3+}$ 样品的温度传感特性，在 340nm 处监测了 303~423K 的变温光致发光光谱，如图 4.123(a) 所示。随着温度的升高，样品各发射带的位置和峰形没有变化，但是 450nm 和 545nm 处的峰强度呈下

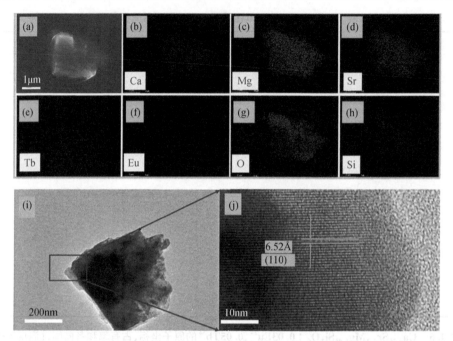

图 4.122　(a)CSMS：0.03Eu²⁺,0.03Tb³⁺的扫描透射电镜照片,(b)~(h)EDS
图谱,(i)、(j)TEM 图像

降趋势,尤其是 Tb³⁺的特征峰强度明显下降,表明 Tb³⁺对温度特别敏感。在 77 ~
280K 测量了变温发射光谱,如图 4.123(b)。在 340nm 波长激发下,在 77 ~ 208K,
随着温度的升高,Eu²⁺的跃迁发射强度(450nm)显著减小,而 Tb³⁺的$^5D_4-^7F_5$跃迁发
射强度(545nm)基本保持不变。图 4.123(c)为 3D-TL 光谱。Tb³⁺在 545nm 处的
发射峰在 77K 处最高,并且随着温度升高而不断降低。同时,Eu²⁺的发射峰强度呈
平稳下降趋势。在低温下 450nm 处的发光强度明显高于 545nm 处的强度,如图
4.123(d)所示。从图 4.123(f)可以看出,随着温度升高,绝对灵敏度的值迅速增
大,温度为 280K 时绝对灵敏度达到最大值 $47×10^{-3}$ K^{-1}。同时,相对灵敏度的值也
在 280K 达到最大值 0.6% K^{-1}。

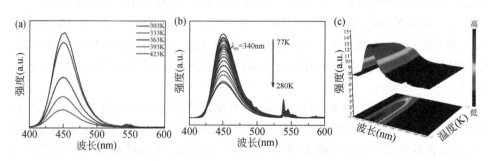

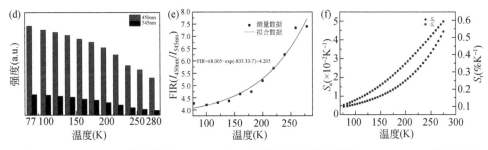

图 4.123　(a)、(b)双掺杂样品 CSMS：Eu^{2+},Tb^{3+} 的热稳定性光谱图,77~423K;(c)热稳定性
3D 图;(d)特征发射峰强度变化图;(e)、(f)绝对灵敏度、相对灵敏度图(见彩图)

表 4.7 总结了一些典型发光材料的绝对灵敏度值和相对灵敏度值并与 CSMS：Eu^{2+},Tb^{3+} 进行对比,表明 CSMS：Eu^{2+},Tb^{3+} 的灵敏度值处于较高水平,可用于极低温度范围的温度测量。

表 4.7　部分温度传感发光材料的绝对灵敏度、相对灵敏度

样品	温度范围(K)	$S_{r_{max}}$ (K^{-1})	$S_{a_{max}}$ (K^{-1})	参考文献
$NaYF_4$：Yb^{3+},Er^{3+}@$NaYF_4$：Yb^{3+},Nd^{3+}	100~450	2.00%	0.021	[134]
YF_3：Er^{3+}/Yb^{3+}	260~490	1.47%	0.0026	[135]
$NaYb_2F_7$：Er^{3+}	300~773	1.36%	0.0032	[136]
ZBLALiP：Er^{3+}	160~298	—	0.006	[137]
$Ba_3(VO_4)_2$：Sm^{3+}	303~463	2.24%	0.039	[138]
$NaYF_4$：Er^{3+}/Yb^{3+}	93~673	—	0.0029	[139]
$BaTiO_3$：Er^{3+}/Yb^{3+}	120~505	—	0.00475	[140]
CSMS：Eu^{2+},Tb^{3+}	77~280	0.6%	0.047	本工作

(2)$CaScAlSiO_6$：Tb^{3+},Sm^{3+} 荧光粉

据报道,辉石结构 $CaScAlSiO_6$ 基质发光材料具有高的发光效率和优异的热稳定性能。本书作者[141] 在 $CaMgSi_2O_6$ 结构中通过 Al^{3+}、Sc^{3+} 取代 Mg^{2+}、Si^{4+} 和 Tb^{3+},Sm^{3+} 掺杂,制备了 $CaScAlSiO_6$：Tb^{3+},Sm^{3+} 荧光粉。在管式炉中 1400℃ 烧结 4h 得到样品。对产物进行了 XRD 分析并与标准卡片对比,如图 4.124(a)所示,所有特征峰都完全匹配。$CaScAlSiO_6$ 结构模型如图 4.124(b),单斜晶系,空间群 $C2/c$。Ca 和 Sc 原子占据相同的 4e 位置,前者连接 8 个氧原子形成[CaO_8]多面体,后者连接 6 个氧原子形成[ScO_6]八面体。Al 和 Si 原子在 8f 位,与四个氧原子连接形成四面体。

图 4.124(c)、(d) 分别显示了 CSAS 基质和 CSAS：0.08Tb^{3+},0.01Sm^{3+} 的 Rietveld 精修结果,红色五角星代表 XRD 测量数据,黑色实线代表计算图案,短橙色垂直线表示布拉格衍射峰位置,蓝色实线表示观察值与计算值间的差值。精修的晶体学数据列于表 4.8,精修的品质因子为 $R_p = 7.247\%$、$\chi^2 = 2.277$ 和 $R_p = 5.073\%$、$\chi^2 = 2.829$。

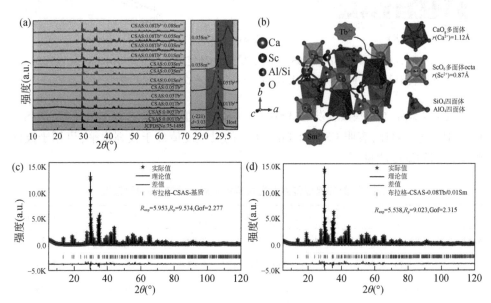

图 4.124　(a) CaScAlSiO$_6$：xTb^{3+},Sm^{3+} 样品的 XRD 图;(b) 晶体结构图;(c) 基质结构精修图;
(d) 双掺样品结构精修图(见彩图)

表 4.8　精修的晶体学数据

	CSAS	CSAS：0.08Tb^{3+},0.01Sm^{3+}
Sp. Gr.	$C2/c$	$C2/c$
$a(\text{Å})$	9.88647	9.89217
$b(\text{Å})$	8.99571	8.99659
$c(\text{Å})$	5.44801	5.45087
β	105.9165	105.8546
$V(\text{Å}^3)$	465.947769	466.650205
$2\theta(°)$	5~120	5~120
$R_{wp}(\%)$	10.546%	7.217%
$R_p(\%)$	7.247%	5.073%
$R_{exp}(\%)$	5.535%	4.292%
χ^2	2.277	2.829
Gof	1.508	1.682

对 CASC：0.05Tb³⁺,0.05Sm³⁺样品进行了扫描电子显微镜（SEM）分析,结果如图 4.125(a)。样品呈不规则形状,大小约为 10μm。元素分布如图 4.125(b)～(h),Ca、Sc、Al、Si、O、Tb 和 Sm 元素分布均匀。选定区域的能谱分析结果如图 4.125(i)。

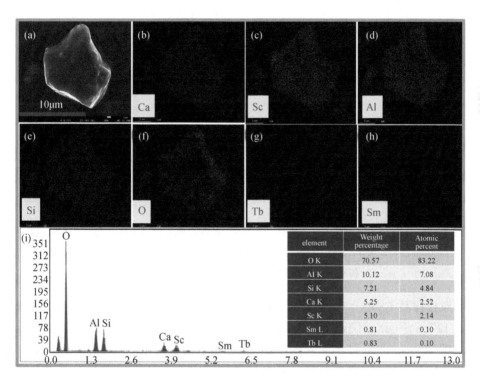

图 4.125　(a)CASC：0.05Tb³⁺,0.05Sm³⁺的扫描电镜照片;(b)～(h)样品的元素分布图;
(i)样品的 EDS 分析

CSAS：xTb³⁺(x = 0.001～0.15)样品的发射(λ_{ex} = 367nm)和激发(λ_{em} = 544nm)光谱如图 4.126(a)所示,3D 图用于说明发光强度随掺杂量变化的趋势。当 Tb³⁺掺杂浓度从 0.01 调整到 0.15 时,544nm 发射峰强度增大,当 Tb³⁺浓度为 0.08mol 时达到最大,然后随 Tb³⁺掺杂量增加而减弱。在 367nm 激发下的发射光谱呈现典型的 Tb 发射峰。CSAS：ySm³⁺(y = 0.01、0.03 和 0.05)样品在 400nm 波长激发下的激发和发射光谱如图 4.126(c)所示。图 4.126(d)显示了 CSAS：0.05Sm³⁺和 CSAS：0.08Tb³⁺样品在相同测试条件下的激发光谱。如红色高亮部分所示,两个样品的吸收区域有很大重叠。选择具有最大重叠的区域来测试两种离子共掺杂的样品,因此在 361nm 激发下对双掺样品进行光谱测试。

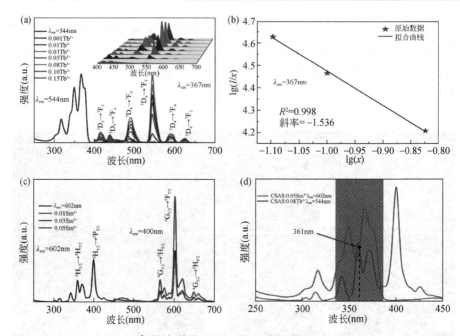

图 4.126　（a）CSAS：xTb^{3+} 的光谱图；（b）367nm 波长激发下 lg(I/x) 与 lg$x$ 关系曲线；（c）400nm 波长激发下 CSAS：ySm^{3+}（y=0.01、0.03 和 0.05）的光谱图；（d）CSAS：0.05Sm^{3+} 和 CSAS：0.08Tb^{3+}样品的激发光谱图（见彩图）

　　双掺样品 CSMS：0.08Tb^{3+}，ySm^{3+}（y=0~0.10）的荧光光谱和 PLE 光谱如图 4.127（a）所示。不仅存在 Tb^{3+} 的特征峰，也存在 Sm^{3+} 的特征峰，并且随着 Sm^{3+} 浓度增加，Sm^{3+} 的发射强度大大增加，同时 Tb^{3+} 的发射强度显著降低，这是由于 Tb^{3+} 和 Sm^{3+} 之间存在能量转移。图 4.127（b）显示了 Tb^{3+}、Sm^{3+}特征峰强度变化趋势。图 4.127（c）为室温、361nm 波长激发下测量的 CSAS：0.08Tb^{3+}，ySm^{3+}（y=0.01、0.03、0.05、0.08 和 0.10）荧光粉的荧光衰减曲线。图 4.127（d）为 CSMS：0.08Tb^{3+}，ySm^{3+}（y=0.01、0.03、0.05、0.08 和 0.10）样品的 CIE 坐标值和 CIE 色度图，样品的发光颜色变化明显，从绿色区域到青色区域。

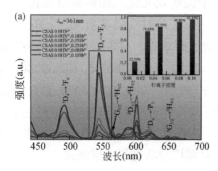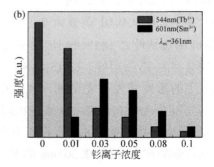

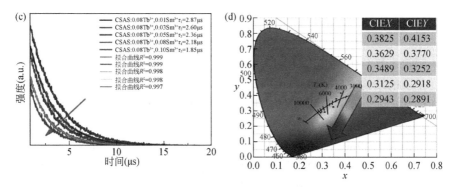

图 4.127　(a)CSMS：Tb^{3+},Sm^{3+} 的光谱图;(b)I_{554} 和 I_{601} 强度变化趋势图;
(c)样品寿命图;(d)CIE 图(见彩图)

图 4.128(a)为 77～280K 低温范围内 CSAS：$0.08Tb^{3+}$,$0.01Sm^{3+}$ 的下转换发射光谱。随着温度升高,样品各发射带的位置和峰形没有变化。图 4.128(a)的插图显示了 544nm 和 602nm 处发光强度变化的趋势。激发强度略有降低,温度对发光强度的影响极小。为了更清楚地显示与温度相关的发光强度变化,绘制了 3D 热释光光谱,如图 4.128(b)所示。图 4.128(c)为利用两个特征荧光强度比所做的函数图。如图 4.128(d)所示,绝对灵敏度随温度升高逐渐下降,77 K 时最大,为 0.1403 K^{-1};相对灵敏度值也随着温度升高而持续降低,最大值为 1.65% K^{-1}。

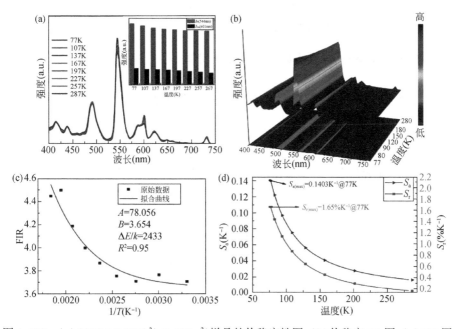

图 4.128　(a)CSAS：$0.08Tb^{3+}$,$0.01Sm^{3+}$ 样品的热稳定性图;(b)热稳定 3D 图;(c)FIR 图;
(d)绝对灵敏度、相对灵敏度图(见彩图)

4. 小结

①制备了辉石结构荧光粉 $Ca_{0.75}Sr_{0.2}Mg_{1.05}Si_2O_6$：$Eu^{2+}$，$Tb^{3+}$。$Tb^{3+}$ 和 Eu^{2+} 掺杂未改变基质的结构。Eu^{2+}（450nm）和 Tb^{3+}（545nm）的发光强度随 Eu^{2+} 和 Tb^{3+} 浓度变化而变化。随着 Tb^{3+} 掺杂量的增加，发射峰强度呈单调下降趋势，存在 $Eu^{2+} \rightarrow Tb^{3+}$ 的能量传递。CSMS：$0.03Eu^{2+}$，xTb^{3+} 衰减寿命随着 Tb^{3+} 浓度的增大而减小，其寿命分别为 1.39ms、1.29ms 和 1.25 ms（$x = 0.05$、0.08 和 0.10）。

②研究了 CSMS：$0.03Eu^{2+}$，$0.03Tb^3$ 荧光粉的发光强度随温度的变化规律。在 340nm 波长激发下，77～208K 随着温度的升高，Eu^{2+} 的 450nm 发射强度显著减小，而 Tb^{3+} 的 545nm 发射强度基本保持不变。Eu^{2+} 的发射强度对温度变化敏感，可以作为温度触点。在测量范围内，Tb^{3+} 的发射强度几乎恒定，可以作为指示信息进行内部修正。随着温度的增加，绝对灵敏度的值迅速增大，温度为 280 K 时达到最大值 47×10^{-3} K^{-1}。同时，相对灵敏度的值在 280 K 增加到最大值 0.6% K^{-1}。与同类荧光粉比较，CSMS：Eu^{2+}，Tb^{3+} 的灵敏度值处于较高水平，可用于极低温度范围内的温度传感器。

③制备了一种新型辉石结构荧光粉 CSAS：Tb^{3+}，Sm^{3+}。随着 Sm^{3+} 浓度的增加，Sm^{3+} 的发射强度显著增加，同时 Tb^{3+} 的发射强度显著降低，这是由于 Tb^{3+} 和 Sm^{3+} 之间存在能量转移。在 77～280K 的低温范围内，随着温度逐渐上升，绝对灵敏度逐渐下降，温度为 77 K 时最大，为 0.1403 K^{-1}。相对灵敏度值也随着温度升高而持续降低，最大值为 1.65% K^{-1}。

4.2.6　有机发光小分子/黏土矿物复合发光材料

1. 有机发光小分子/黏土矿物复合发光材料简介

有机发光材料因为具有种类繁多、可调性好、色彩丰富、色纯度高、分子设计相对比较灵活等优点，在多色显示、照明器件等方面显示出广阔的应用前景，倍受各国科技界和产业界的关注。常见的有机发光材料有罗丹明类、香豆素类、喹吖啶酮类等。然而多数有机发光材料在使用过程中易出现有机分子相互聚集，进而造成发射光谱位移、宽化或荧光猝灭，降低发光效率，限制了其实际应用。近年来，研究人员将无机材料作为主体，有机荧光分子作为客体，利用主客体之间的弱相互作用力（如氢键、范德瓦耳斯力等）构筑无机/有机荧光超分子体系，可以有效地抑制有机分子的荧光猝灭。超分子体系组装方法工艺简单、适应性强，因此具有诱人的应用前景。

（链）层结构硅酸盐矿物主要包括蒙脱石、高岭石、云母、蛭石、海泡石、坡缕石等，它们的成分、结构稳定，结构中存在可容纳有机分子的层间域或孔道，因此非常适合与发光有机小分子结合,构筑发光性能优异的主客体超分子体系。

我国(链)层结构硅酸盐矿物分布广泛,储量丰富,种类繁多,有悠久的开发应用历史。随着科学技术的发展,(链)层结构硅酸盐矿物及其复合材料已成为近年的研究热点。由于(链)层结构硅酸盐矿物特殊的结构和性能,以及资源的廉价易得,其在环境保护和新型矿物材料开发中具有特殊的地位。

本书作者在(链)层结构硅酸盐矿物材料方面进行了长期、大量的研究,包括膨润土的提纯及有机改性;海泡石的提纯及有机改性;(链)层结构硅酸盐矿物环境材料制备与应用等,取得了一系列成果。本书作者近年来在有机发光小分子/黏土矿物复合发光材料方面进行了一些探索,取得了有意义的成果。

2. 有机发光小分子/黏土矿物复合发光材料研究进展

有机发光材料的研究与应用是近年来化学化工、材料科学等领域的重要研究方向之一。相比于传统的无机半导体发光材料,有机发光材料具有原料来源广泛、发光量子效率高、柔韧性好、色泽鲜艳、易于大规模生产等优点,已在多色显示和照明器件等方面显示出广阔的应用前景,因此备受各国科技界和产业界的关注。然而,单纯有机发光材料在使用过程中易出现有机分子相互聚集,进而造成发射光谱位移、宽化或荧光猝灭,从而降低发光器件的发光效率,限制了其进一步实际应用。为了解决上述问题,研究人员首先提出通过共价键作用将有机分子嫁接到无机材料,如氧化硅、氧化钛、碳颗粒的表面来构建无机/有机超分子体系,利用共价键的强束缚作用来抑制有机荧光分子的聚集,从而避免荧光猝灭。但是共价键的形成对无机载体表面的反应性和有机分子的官能团均提出了非常高的要求,因此该方法对解决有机分子的荧光猝灭问题并无普适性。

近年来,研究者尝试以层板带电的无机层状材料(如水滑石类化合物)为载体,利用静电组装作用,成功制备出结构稳定的层状无机/有机超分子体系。目前,用于构筑该类超分子体系的方法主要有两种:剥层组装和插层组装。其中,剥层组装需要预先将无机层状材料充分剥离,然后将无机纳米片分散液和有机荧光分子溶液在基底(如石英片)上交替沉积成膜,最后得到层状无机/有机荧光超分子薄膜。该体系中有机荧光分子被限制在无机层状材料的纳米层间,可有效抑制荧光分子的聚集。最近,Yan 等[142]利用微晶剥离技术获得了带正电的无机 LDHs 纳米片,并通过剥层组装方法将其与阴离子荧光聚合物进行静电组装,制得了发光性能良好的荧光超分子体系。但需指出的是,通过静电引力的剥层组装强烈依赖于客体带电量。有机荧光小分子所带电荷较少,因此与无机层板之间作用力较弱,使得主客体容易脱离。而且,相邻无机层板之间的净斥力较大,导致组装体系的机械强度较差。显然,常规剥层组装方法并不适用于有机荧光小分子体系。而事实上,相比荧光聚合物,有机荧光小分子(如光泽精、罗丹明等)具有更高的量子效率(可达

90%),已成为当前有机发光材料领域的研究焦点。因此,探索制备具有稳定结构的层状无机/有机荧光小分子超分子体系,对于促进有机发光材料的广泛应用无疑具有重要的理论与实际意义。最近,Liu 等[143]提出了一种新的剥层组装方法,他们将已剥离的 LDHs 分散液(带正电)、已剥离的天然蒙脱石(带负电)分散液和有机荧光小分子的聚乙烯醇溶液在基底上进行连续交替沉积成膜,得到一种新颖的层状无机/有机超分子发光体系。但该体系的层板与层板之间靠氢键作用,作用力较弱,而且构建的体系中两种层板的堆积不规则。可见,该剥层组装方法仍难以有效构建结构稳定的有机荧光小分子超分子体系。

插层组装是通过离子交换过程将有机荧光小分子插层至无机层状材料的纳米层间,形成层状无机/有机荧光超分子体系。与剥层组装需要对无机层状材料进行剥离以及交替成膜等步骤相比,插层组装法具有成本低、工艺简单等优点,而且无机层状材料与有机荧光小分子形成的超分子体系结构规则且十分稳定。截至目前,国内外已有少数研究者在这方面开展了一些前瞻性工作。Chakraborty 等[144]通过简单的机械振荡,将苝酰亚胺荧光小分子插入 LDHs 层间,提高了发光效率;Hong 等[145]通过插层组装方法制备出高效的 LDHs/有机荧光超分子体系,该超分子体系在300℃下依然能够很好地保持其结构;Gu 等[146]利用 BTA、BDA、QA 和PDA 四种小分子的协同作用,将它们同时插入 LDHs 层间,发现在无机层板的静电作用下,有机荧光小分子在层间呈现单分子层排列的形态;Liu 等[147]通过层板与有机荧光小分子之间的静电引力,将其插入层状铽氢氧化物层间,并证实有机分子因受到较强的静电引力亦呈单分子层排布。由此可见,在插层组装过程中,静电引力既是客体有机分子进行插层的驱动力,又对插层后有机分子的排列方式起着至关重要的作用。因此,为开发性能优良的无机/有机荧光超分子发光体系,首先应调控无机层状材料的层电荷,使得有机荧光小分子在优化的条件下与无机层状材料进行高效组装。

3. 有机发光小分子/黏土矿物复合发光新材料制备与表征

(1)光泽精/层状结构硅酸盐矿物超分子体系发光材料

基于以上介绍,可以将具有特殊发光性能的有机阳离子插入蒙脱石层间,通过调控蒙脱石晶层电荷,达到调控有机发光分子在蒙脱石层间的插入量和排布,从而调控蒙脱石超分子体系发光材料的性能。

与常见的无机层状材料相比,层状硅酸盐材料的层电荷具有极佳的可调控性。例如,LDHs 的层电荷可通过改变不同价态阳离子的比例调控,但 LDHs 的不同价态阳离子比例只能在2~4 改变,层状硅酸盐的层电荷则可通过改变其 Si/Al 调控,而层状硅酸盐的 Si/Al 可在2~40 连续变化,调控范围更宽。而且,层状硅酸盐因 Si—O 键具有较强的键能而具有稳定的骨架结构。此外,大量研究结果表明,层状硅酸盐材料具有很好的有机或无机阳离子交换容量。例如,蒙脱石对十六烷基三甲基溴化铵的负载量可达 1300mmol/kg。因此,层状硅酸盐非常适合用来构筑层电荷可调的荧光超分子体系。如果以层状硅酸盐材料为主体,精确调控其层电荷,揭示层电荷与客体有机荧光小分子的负载率、排布形态的定量关系,并进一步探明其对荧光超分子体系发光性能的影响规律,将可为类似超分子体系的设计提供有益指导。

本书作者[148]制备了一种新型的光泽精/蒙脱石复合发光材料,即将光泽精分子插入蒙脱石层间,使光泽精分子在层间均匀分散,可有效抑制光泽精因堆积而产生的发光猝灭现象,获得不红移、不宽化的发光特性;同时有利于提高光泽精的物理和化学稳定性,有望解决有机发光小分子在有机物器件化中存在的稳定性差、使用寿命短等影响实际应用的问题。

图 4.129　光泽精(BNMA)的分子结构

光泽精(BNMA)的 pKa_1 值为 3.3, pKa_2 值是 5.1(图 4.129),因为本实验中溶液 pH 值为 3 ~ 5,大部分的 BNMA 将以一价阳离子形式存在。BNMA 可通过阳离子交换作用进入蒙脱石层间,BNMA 溶液浓度和阳离子交换反应时间将影响 BNMA 的插层量。

通过 XRD 图获得 BNMA 插层蒙脱石(BNMA/MMT)的 d_{001} 值,它可间接反映 BNMA 的插层量(图 4.130)。

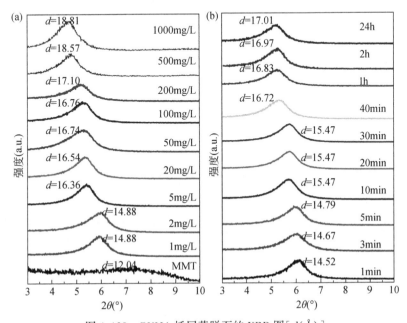

图 4.130　BNMA 插层蒙脱石的 XRD 图[d (Å)]

(a)BNMA 的浓度对 BNMA 插层量的影响;(b)反应时间对 BNMA 插层量的影响

如图 4.130(a)所示,随着 BNMA 溶液初始浓度的变化,蒙脱石层间距随之变化。插层前蒙脱石 d_{001} 值为 12.04Å,BNMA 溶液初始浓度为 50mg/L 时,BNMA/MMT 的 d_{001} 值为 16.74Å;BNMA 溶液初始浓度为 1000mg/L 时,BNMA/MMT 的 d_{001} 值增加到 18.81Å。溶液初始浓度越大,BNMA/MMT 的层间距越大,推测 BNMA 的插层量也越大。BNMA 溶液初始浓度为 1000mg/L 时基本达到插层平衡。除蒙脱石片层的静电作用外,有机阳离子的疏水作用以及烷基链之间的排斥作用可诱导更多有机阳离子插入蒙脱石层间,使有机阳离子的插入量大于蒙脱石的阳离子交换容量(CEC)。阳离子交换反应时间对 BNMA 的插层量及蒙脱石层间距也有较明显的影响。用 100mg/L 的 BNMA 溶液插层反应不同时间后,蒙脱石层间距变化由 XRD(3°~10°)测得[图 4.130(b)]。阳离子交换反应 1min 到 24h,蒙脱石层间距从 14.52Å 增大到 17.01Å,说明随着反应时间的延长,插层量增大。但反应时间为 2~24h 时,蒙脱石层间距无明显差异,说明 BNMA 插层平衡时间为 2h,因此 BNMA 插层蒙脱石是一个比较快速的过程。

光泽精插入蒙脱石层间后的发光光谱如图 4.131(a),激发波长为 375nm。因为浓度猝灭效应,单纯的 BNMA 发光强度极弱,而插入 MMT 层间后,发光性能显著提高。具有不同插层量的 BNMA/MMT 的发射光谱图[图 4.131(a)]表明,BNMA 溶液初始浓度为 50mg/L 时,制得的 BNMA/MMT 的发光强度最强。其他浓度下制备的 BNMA/MMT 发光强度均降低,说明插层量过多或过少,均造成发光强度降低。BNMA 对 MMT 的插层量不仅影响 MMT 层间距,也将影响 BNMA 在 MMT 层间域中的排布形态及与片层的作用力等。BNMA 和 BNMA/MMT 在可见光下和紫外光下的照片(图 4.132)更直观地表现了发光效率的变化情况,其中 BNMA 浓度为 50mg/L 时制备的 BNMA/MMT 的发光效果最好。

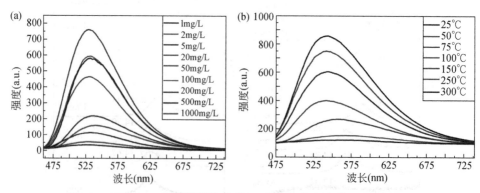

图 4.131　BNMA/MMT 的荧光光谱(a)和变温荧光光谱(b)(见彩图)

发光材料在应用中受到外界环境温度变化的影响,因此发光材料的热稳定性是影响实际应用的重要因素。BNMA 和 BNMA/MMT 的变温光谱图[图 4.131(b)]表

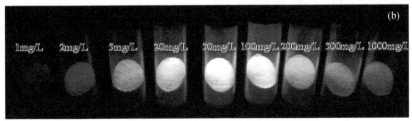

图 4.132 BNMA 和 BNMA/MMT 在可见光(a)和紫外光(b)下的照片

明,BNMA 的发光强度随着温度的升高而降低,75℃时 BNMA 基本失去了发光性能,说明热稳定性很差。虽然 BNMA/MMT 发光强度也随着温度的升高而降低,但是一直到 150℃,BNMA/MMT 都保持着很强的发光强度,说明 BNMA 插入 MMT 层间后热稳定性明显提高,这不仅是因为 MMT 的层间域具有一定的保护作用,MMT 片层对 BNMA 的静电引力、范德瓦耳斯力等也促使它提高了热稳定性。

发光材料的荧光寿命反映材料的稳定性,荧光寿命根据 Yan 等的计算方法进行计算。BNMA 的荧光寿命仅有 0.32 ns,BNMA 插入 MMT 层间后,荧光寿命明显提高(表 4.9、图 4.133)。BNMA 溶液初始浓度为 50mg/L 时制备的 BNMA/MMT 荧光寿命最长,为 12.51 ns,提高了将近 40 倍,这比其他组装技术效果更明显。

表 4.9 BNMA 和 BNMA/MMT 的荧光寿命

q_t(mg/L)	BNMA	1	2	5	20	50	100	200	500	1000
τ(nm)	0.32	6.81	7.02	7.93	9.29	12.51	11.78	10.91	8.09	7.39

BNMA 在 MMT 层间域中的排布形态(图 4.134)不仅影响 MMT 层间距,对理解体系的结构以及相互作用力也十分关键。本书作者定义取向角为 BNMA 阳离子的共轭平面与 MMT 层板之间的二面角,用以描述层间 BNMA 的几何排列。根据插层量和 MMT 层间距的变化结果,利用分子模拟方法计算了 BNMA/MMT 在不同插层量和层间距条件下,BNMA/MMT 的取向角和—N^+基团与片层的垂直距离。当 BNMA 溶液初始浓度分别为 2mg/L、50mg/L 和 1000mg/L 时,插入 MMT 层间的 BNMA 分子个数分别为 1、2 和 4,BNMA 在 MMT 层间域中的排布形态分别为平行

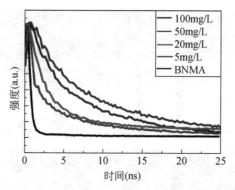

图 4.133　BNMA 和 BNMA/MMT 的荧光寿命(见彩图)

单层、倾斜单层和倾斜双层,取向角分别为 0°、36° 和 20°,—N⁺基团与 MMT 片层的垂直距离分别为 2.2Å、2.4Å 和 1.5Å。此时 BNMA/MMT 的层间距分别为 14.04Å、16.67Å 和 18.58Å,与 XRD 测试结果接近。综上结果,BNMA/MMT 的发光性能不仅与 BNMA 插入 MMT 的量有关,也与它在层间域中的排布形态有关。单纯的 BNMA 发光性能差是因为浓度猝灭效应,当插入 MMT 的 BNMA 量较多时,BNMA 相互靠近,分子之间的作用力增强,也同样会出现浓度猝灭效应。但是,当 BNMA 的插层量很小时,MMT 对 BNMA 形成一定的屏蔽作用,影响发光性能。只有插层量、排布形态、分子之间作用力达到较理想状态时,这种 BNMA/MMT 复合材料的发光性能才得到最大程度的提高。因此,BNMA 插入 MMT 层间域中,MMT 片层使 BNMA 分散,避免 BNMA 分子之间接触和过多的相互作用,加上 MMT 片层对 BNMA 的静电、范德瓦耳斯力等作用,使其发光性能(寿命和热稳定性)得到显著提高。

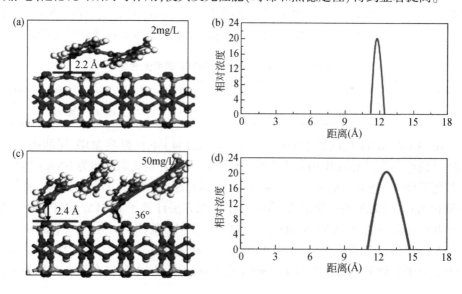

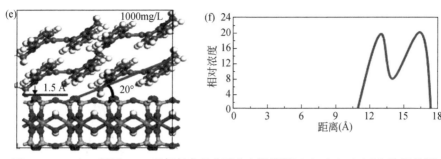

图 4.134　BNMA 插层 MMT 后倾斜角的分子动力学模拟[(a)、(c)、(e)]和片层的距离[(b)、(d)、(f)]。灰色为 C;蓝色为 N;白色为 H;红色为 O;黄色为 Si;粉色为 Al;绿色为 Mg(见彩图)

蒙脱石层电荷量影响片层对层间阳离子的作用力。根据这一结论,尝试通过改变蒙脱石的层电荷来调控 BNMA/MMT 发光性能。用不同浓度的盐酸改性蒙脱石,溶出四面体中和八面体中 Si、Al,形成缺陷,使蒙脱石层电荷增加,电场强度增强。

首先分别用 0.005mol/L、0.01mol/L、0.05mol/L、0.1mol/L、0.2mol/L 五种浓度的盐酸改性天然蒙脱石,对其进行结构调控。不同浓度的盐酸将不同程度地溶出硅氧四面体和铝氧八面体中的 Si 和 Al 等阳离子,得到具有不同层电荷量的蒙脱石。MMT 经不同浓度的盐酸改性后,晶体结构并未被破坏,但杂质相石英的衍射峰消失[图 4.135(a)]。

根据 XRF 测试结果,计算了蒙脱石的晶体结构式(表 4.10),根据孙红娟等[149]的计算方法进行了计算,获得蒙脱石改性后片层所带电荷量。随着盐酸浓度的增加,蒙脱石溶出的 Si 和 Al 量增多,使片层所带电荷量增加。蒙脱石原料和五种浓度盐酸改性的蒙脱石单位晶胞层电荷量分别为 0.45、0.48、0.55、0.61、0.70 和 0.88;CEC 分别为 0.80mmol/g、0.85mmol/g、1.00mmol/g、1.08mmol/g、0.84mmol/g 和 0.52mmol/g。经改性后蒙脱石四面体和八面体中硅和铝的配位环境的变化情况可通过固体核磁共振分析得到。固体核磁共振是研究矿物结构中磁性核局域结构环境的重要表征手段。MMT 的 ^{27}Al 谱主要由两个信号组成[图 4.135(b)],主峰位于 2.0ppm,归属于 MMT 中的六配位铝 Al^{VI},次峰位于 54.0ppm,归属于四配位铝(Al^{IV})。随着酸改性浓度的提高,Al^{VI} 和 Al^{IV} 信号越来越弱,说明 MMT 中 Al 的含量逐渐减少。MMT ^{29}Si 谱主要由两个信号组成[图 4.135(c)],主峰位于 −92.7ppm,归属于 MMT 的 Q^3(0Al),另一个宽的弱峰中心位于−111ppm,归于 Q^4 类型的 α 石英、低温方英石和非晶态 SiO_2 的 ^{29}Si 峰的叠加。随着改性酸浓度的提高,^{29}Si 谱峰强度逐渐降低,说明四面体中 Si 的含量逐渐减小。但是 ^{29}Si 谱峰强度降低的程度不如 ^{27}Al 谱峰明显,说明在酸改性过程中优先溶出 Al,其次才是 Si。另外^{29}Si 谱中−111ppm 处的信号强度减弱程度相对明显,与 XRD[图 4.135(a)]结果对应,方解石等杂质逐渐被溶出。综上所述,酸改性溶出 MMT 的 Si 和 Al,形成缺陷,蒙脱石片层电荷量增加,层间域电场强度增强。

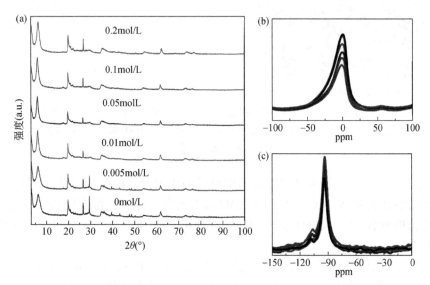

图 4.135　BNMA 插层蒙脱石(BNMA/MMT)的 XRD 图(a)[d(Å)];^{27}Al MASNMR 图(b)和^{29}Si MASNMR 图(c)

表 4.10　六种酸改性蒙脱石的成分和性质

化学成分 (%)	0mol/L	0.005mol/L	0.01mol/L	0.05mol/L	0.1mol/L	0.2mol/L
SiO_2	67.42	63.44	62.51	62.19	62.1	60.95
Al_2O_3	17.34	18.99	20.08	18.79	19.11	15.38
Fe_2O_3	6.34	7.68	7.71	7.46	7.46	9.02
MgO	5.11	2.77	2.06	4.26	4.29	5.34
CaO	2.43	2.74	3.16	3.87	4.64	5.95
Na_2O	1.35	1.00	1.34	0.83	0.67	0.54
晶体结构式	$(Na_{0.15}Ca_{0.15})$ $(Al_{1.23}Fe_{0.28}$ $Mg_{0.45})$ $[Si_4O_{10}]$ $(OH)_2$	$(Na_{0.12}Ca_{0.18})$ $(Al_{1.15}Fe_{0.35}$ $Mg_{0.28})$ $[(Si_{3.8}Al_{0.2})$ $O_{10}](OH)_2$	$(Na_{0.15}Ca_{0.2})$ $(Al_{1.12}Fe_{0.34}$ $Mg_{0.24})$ $(Si_{3.7}Al_{0.3})$ $O_{10}](OH)_2$	$(Na_{0.11}Ca_{0.25})$ $(Al_{1.14}Fe_{0.34}$ $Mg_{0.38})$ $(Si_{3.78}Al_{0.22})$ $O_{10}](OH)_2$	$(Na_{0.1}Ca_{0.30})$ $(Al_{1.04}Fe_{0.34}$ $Mg_{0.40})$ $(Si_{3.7}Al_{0.3})$ $O_{10}](OH)_2$	$(Na_{0.08}Ca_{0.40})$ $(Al_{0.81}Fe_{0.42}$ $Mg_{0.51})$ $[Si_{3.7}Al_{0.3}$ $O_{10}](OH)_2$
层电荷[电荷量/ $(Si,Al)_4O_{10}$]	0.45	0.48	0.55	0.61	0.70	0.88
CEC(mmol/g)	0.80	0.85	1.00	1.08	0.84	0.52

经过酸改性的天然蒙脱石,层电荷量增大,片层对层间阳离子的作用力增强。为了探讨蒙脱石片层电荷量与层间阳离子的作用力对复合材料发光性能的影响,将光泽精插入酸改性蒙脱石层间并进行相应的测试表征。光泽精固体发光强度较弱,在紫外灯照射下发出暗淡的橘黄色光,很少被作为发光材料应用。蒙脱石层电荷量不同,光泽精插入量也不同[图 4.136(a)]。随着蒙脱石片层电荷量的增加,光泽精/蒙脱石 d_{001} 值增加,说明蒙脱石片层电荷量越多,蒙脱石层间可交换阳离子越多,光泽精的插入量就越多。光泽精插层 0.05mol/L 盐酸改性的蒙脱石层间距达到了 18.58Å,比插层未改性蒙脱石层间距增大了 4.16Å。但是随着蒙脱石层电荷量进一步增加,光泽精插层蒙脱石 d_{001} 值却减小,即光泽精的插入量减少。光泽精插层 0.2mol/L 盐酸改性蒙脱石的层间距减小到 14.34Å。这是因为蒙脱石层电荷量越多,它对层间阳离子的静电作用力越强,使层间阳离子很难被交换出来,所以光泽精的插入量减小。

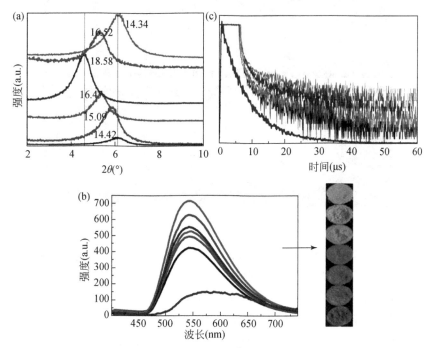

图 4.136　BNMA/MMT 的 XRD 图(a)[$d(Å)$];BNMA/MMT 的荧光寿命曲线
(b)和荧光光谱图(c)(见彩图)

光泽精插入蒙脱石层间后其发光强度明显增强,在 375nm 激发光下测得了发射光谱,发光强度随着蒙脱石层电荷量的增加明显增强[图 4.136(c)],说明蒙脱石片层与光泽精的静电作用力对它的发光性能有明显的促进作用。另外光泽精插入蒙脱石层间后其荧光寿命也有较大程度提高,是原来的 25 倍左右(表 4.11)。

而且随着蒙脱石层电荷量的增加,其荧光寿命延长,稳定性提高。BNMA 插层不同浓度酸改性蒙脱石后,可见光和紫外光下的照片(图 4.137)更直观地反映了层电荷量对发光强度的影响,随着层电量增多,发光强度增强。蒙脱石层间域相当于一个反应场,是纳米级限域的微环境,光泽精在这种微电场环境中,不仅分散均匀,而且片层对它有静电作用力,经过结构调控后这种作用力增强。

表 4.11　BNMA 和 BNMA/AMMT 的荧光寿命

	BNMA	0mol/L	0.005mol/L	0.01mol/L	0.05mol/L	0.1mol/L	0.2mol/L
$\tau(\mu s)$	0.020	0.316	0.332	0.430	0.651	1.249	1.198

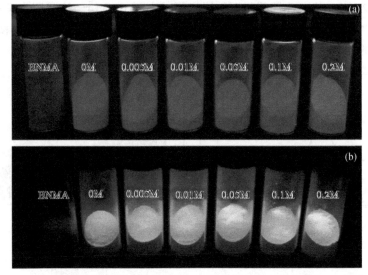

图 4.137　BNMA 和 BNMA/AMMT 在可见光(a)和紫外光(b)下的照片(M 代表 mol/L)

为了进一步阐明 BNMA/MMT 体系的发光物理特性和电子结构,本书作者对该体系进行了能带结构计算。不同层电荷量的蒙脱石片层与层间光泽精的作用力不同。光泽精独立分布于真空中时,禁带宽度约为 1.03eV(图 4.138),禁带宽度很窄,电子容易发生跃迁,发出的光很弱,在可见光范围内无法观测到,宏观上表现为荧光猝灭。光泽精插入 MMT 层间后,禁带宽度为 3.60eV,电子能够跃迁,并且发出的光在可见光范围内可以检测到。MMT 本身没有发光性能,MMT禁带很宽,电子不能发生能级跃迁,而光泽精和 MMT 复合在一起,使其在可见光范围内发光,并且 MMT 层间域的电场作用提高了光泽精的发光性能。综上所述,MMT 层间域起到了稳定 BNMA 价电子的作用,有利于提高发光有机分子的光稳定性和发光效率。

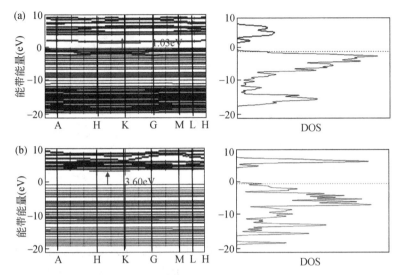

图4.138 计算的 BNMA 和 BNMA/MMT 的能带结构和 DOS 图
(a)BNMA;(b)BNMA/MMT

总之,通过将 BNMA 插入 MMT 层间,并且调控蒙脱石的层电荷,可调控 BNMA 对 MMT 的插层量以及 MMT 层板对它的静电引力,从而调控 BNMA/MMT 的发光性能。与原始的 BNMA 相比,BNMA/MMT 的发光强度和荧光寿命均有明显提高,这使它有应用于发光传感器的潜力。利用 MD 计算证明了 BNMA 插入 MMT 层间后,BNMA 的价电子限于 MMT 层板形成的量子能阱中,避免了 BNMA 发生浓度猝灭。

蒙脱石作为天然层状硅酸盐,含有很多杂质元素,例如 Fe、Ni、Cl 等,这些杂质元素影响 BNMA/MMT 的发光性能。为了排除杂质对 BNMA/MMT 复合材料发光性能的影响,合成了蒙脱石族矿物的另一端元——皂石,并通过控制 Si/Al 调控它的层电荷量,对比研究 BNMA/皂石的发光性能(图4.139)。

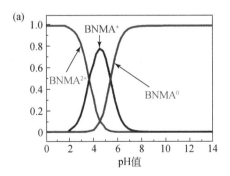

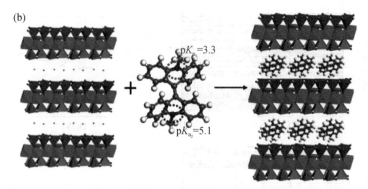

图 4.139　(a)控制 Si/Al 调控它的层电荷量;(b)BNMA 插层皂石层间的
示意图(BNMA/SAP)

在合成皂石(SAP)时,通过对原料 Si/Al 的控制,实现对其层电荷密度的调控。XRF 分析结果表明,随着 Si/Al 比的增大,合成样品的硅含量呈递增趋势,铝含量逐渐减少,与添加比例基本一致(表 4.12)。镁在八面体片中的含量与占位是区别二八面体蒙脱石和三八面体皂石的主要依据。蒙脱石中的八面体片大多被铝占据,而皂石中大多为镁占据。通过 XRF 测试结果计算了不同种类皂石的晶体结构式,得出皂石每 1/2 晶胞电荷量分别为 0.3(A)、0.37(B)、0.41(C)、0.44(D)、0.55(E) 和 0.80(F)。皂石阳离子交换容量分别为 0.92mmol/g、1.04mmol/g、0.96mmol/g、0.88mmol/g、0.82mmol/g 和 0.77mmol/g。说明皂石 F 的层电荷密度最大,层间域电场强度最强,而皂石 A 最弱。

表 4.12　不同 Si/Al 皂石的物理化学性质

	A	B	C	D	E	F
Si/Al	3.74/0.26	3.70/0.30	3.55/0.45	3.38/0.62	3.27/0.73	2.80/1.20
层电荷[电荷量/$(Si,Al)_4O_{10}$]	0.30	0.37	0.41	0.44	0.55	0.80
CEC(mmol/g)	0.92	1.04	0.96	0.88	0.82	0.77
插层量(mmol/g)	0.28	0.35	0.32	0.20	0.16	0.15

合成皂石的 XRD 谱图如图 4.140 所示。特征衍射峰值在 13.3 ~ 14.1Å、4.5 ~ 4.6Å、2.6Å 和 1.53Å 之间,对应的面网为(001)、(02,11)、(13,20)、(060)。图 4.140 中没有任何其他物质的衍射峰出现,因此已成功合成了纯的皂石。

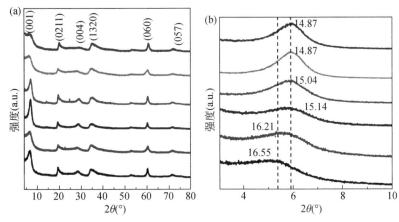

图4.140 不同 Si/Al 皂石的 XRD 图(a),BNMA 插层不同层电荷 SAP 的 XRD 图(b)[d
(Å)]黑色为 A 皂石;红色为 B 皂石;蓝色为 C 皂石;粉色为 D 皂石;黄绿色为 E 皂石;深棕
色为 F 皂石

　　在合成皂石中 Al 的占位信息可以从 ^{27}Al 魔角旋转核磁共振谱图中得到[图
4.141(a)]。对于所有样品,Al^{IV} 的共振峰大约在 65ppm,比 Al^{VI} 的 9ppm 共振峰强
度大。说明 Al 倾向于占据四面体位置,而不是八面体位置。另外,随着 Si/Al 减
少,即皂石中 Al 含量的增加,9ppm 处谱峰强度逐渐增强,说明八面体 Al^{VI} 逐渐增
加,更说明 Al 优先进入四面体。

　　另一方面,Si 的魔角旋转核磁共振图谱也为 Al 的占位提供了证据[图4.141
(b)]。Si 的谱峰大约在 −95ppm、−91ppm 和 −86ppm 处,分别对应 Q^3 Si(0Al)、Q^3
Si(1Al)和 Q^3 Si(2Al)。随着 Si/Al 的减小,Q^3 Si(0Al)信号强度减弱,Q^3 Si(1Al)
信号强度增强,说明四面体铝含量增加。^{29}Si 的 NMR 图谱上,−84ppm 到 −86ppm 处
的谱峰归属 Q^3 Si(2Al),−86ppm 处的谱峰归属 Q^2 Si(OAl),是由于在皂石片层端
面有 Si 的悬键引起。所以,−86ppm 处是 Q^3 Si(2Al)和 Q^2 Si(OAl)共同的信号。
随着 Si/Al 的减小,−86ppm 处的谱峰面积增大,说明 Q^3 Si(2Al)和 Q^2 Si(OAl)的信
号增强。Si/Al 为 3.38/0.62 时此处的信号又突然减小,而后又开始增大。通过对
比 Q^3 Si(0Al)、Q^3 Si(1Al)的信号强度随 Si/Al 变化的情况,可推测出,Si/Al 较大
时 −86ppm 处的信号以 Si(OAl)为主,而随着 Si/Al 的减小逐渐以 Q^3 Si(2Al)信号
为主,这与皂石中 Al 的含量逐渐增加一致。另外,由于 Al 的电负性相对 Si 小,类
质同象替代 Si 后将导致 Q^3 Si(1Al)和 Q^3 Si(2Al)谱峰的化学位移向低场移动。因
此 E 和 F 皂石在 −92.5ppm、−89ppm、−85ppm 处出现谱峰被认为是由于 Al 在四面
体中含量的增多导致 Q^3 Si(0Al)、Q^3 Si(1Al)和 Q^3 Si(2Al)谱峰向低场移动。四面
体中 Al 的含量将决定皂石的层电荷量,Al 含量越多,层电荷量将越多,层间域电场

越强。

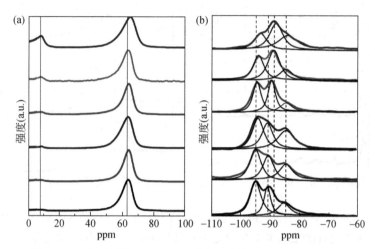

图4.141　皂石的^{27}Al MAS NMR图(a)和^{29}Si MAS NMR图(b)

黑色为 A 皂石;红色为 B 皂石;蓝色为 C 皂石;粉色为 D 皂石;黄绿色为 E 皂石;深棕色为 F 皂石(见彩图)

　　XRD 和 NMR 测试结果表明,合成的皂石结晶度高且是纯相,并且合成原料的 Si/Al 对皂石片层堆积的顺序和皂石的颗粒大小都有很大的影响。八面体片层中 Al^{3+}对 Mg^{2+}的替换和四面体片层中 Al^{3+}对 Si^{4+}的替换程度不仅影响皂石的层电荷量,也影响皂石的结晶度。

　　将光泽精通过离子交换作用插入合成的具有不同层电荷密度的皂石层间,形成 BNMA/皂石复合荧光材料,测试结果表明,A →F 皂石的片层带电量逐渐增加,即层间可交换阳离子逐渐增多,BNMA 对 SAP 的插层量分别为 0.28mmol/g、0.35mmol/g、0.32mmol/g、0.20mmol/g、0.16mmol/g 和 0.15mmol/g。随着 SAP 层电荷量的增加,BNMA 插层量减少,与 CEC 变化规律一致。XRD 表征结果如图 4.141(b),光泽精插层不同层电荷皂石后的层间距随着层电荷的增加而减小,由 A 样品的 16.68Å 减小到了 F 样品的 14.87Å,说明皂石层电荷量越大,插层量反而越小,与蒙脱石有相似的规律,因为层电荷量越大,层间阳离子越不易被交换,所以光泽精的插层难度增加,插层量减小。但是,片层对层间光泽精的作用力随着片层电荷量的增大而增强。另外,皂石层电荷量越大,插层越均匀,XRD 峰形对称且尖锐,说明有序度增加,BNMA/SAP 的稳定性增强。

　　根据 XRD 表征结果可知,光泽精的插层量随着皂石层电荷量的增加而减小,而光谱测试结果[图 4.142(a)]表明 BNMA/SAP 位于550nm 处的荧光强度随着层电荷量的增大呈现递增趋势。BNMA/SAP 的荧光发射光谱没有出现红移和宽化的现象,表明插层过程中无明显的分子聚集体存在。BNMA/SAP 在可见光和紫外光照射下的照片更清晰地表现了发光强度的差异(图 4.143),而且比 BNMA/MMT 的发光强度更高。BNMA/SAP 的荧光寿命随着皂石层电荷量的增加而延长[图 4.142(b)]。光泽精液体的荧光寿命只有 0.02 μs,插入皂石层间后,不仅发光强度显著增强,而且荧光寿命延长到 0.515 μs,提高了 26 倍。

研究了 BNMA/SAP 的热稳定性。BNMA 的发光强度随着温度的升高而减弱[图 4.142(c)],75℃时已基本失去发光性能。BNMA/SAP 的光谱强度虽然也随着温度的升高而减弱[图 4.142(d)],但是一直到 300℃ 才失去发光性能。因此 BNMA/SAP 相较于 BNMA 不仅发光强度和荧光寿命有很大程度的提高,而且热稳定性也提高,这与 BNMA/MMT 的结果一致。另外,皂石层板主体和层间阳离子光泽精客体之间有强烈的主客体相互作用,具有超分子结构特性的皂石还具有良好的光热稳定性和明显的紫外阻隔特性,对光活性分子具有显著的抗老化和延长使用寿命的作用。因此,皂石无机主体层板可以有效抑制光活性分子降解、电离等失活反应的发生,提高其光热稳定性。BNMA/SAP 有望解决有机发光分子器件化中存在的稳定性差、使用寿命短等影响实际应用的问题。

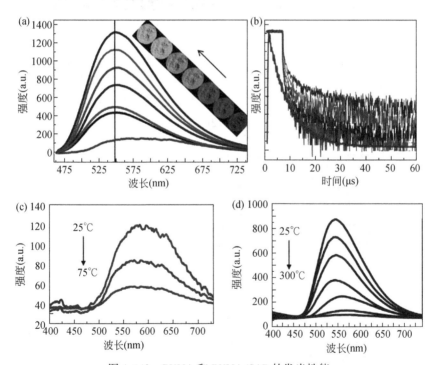

图 4.142 BNMA 和 BNMA/SAP 的发光性能

(a)荧光光谱图;(b)荧光寿命曲线;(c)BNMA 的变温荧光光谱;(d)BNAM/SAP 的变温荧光光谱(见彩图)

BNMA/SAP 与 BNMA/MMT 相比,发光强度和荧光寿命有了很大程度的提高,主要是因为合成的皂石样品纯度高,插层比较均匀。而 MMT 有 Fe、Ni 等元素和其他矿物杂质,BNMA 的插层不均匀且发光性能会受到这些杂质的影响。

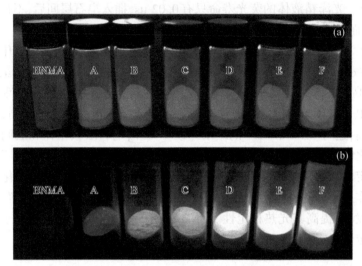

图 4.143　BNMA 和 BNMA/SAP 在可见光(a)和紫外光(b)下的照片

　　为了进一步阐述 BNMA/SAP 体系的光物理特性和电子结构,作者对该体系进行了能带结构计算。不同 Si/Al 的皂石,层电荷量不同,与层间光泽精的作用力不同。光泽精独立分布于真空中时禁带宽度约为 1.03eV(图 4.144),发光强度很低。光泽精插入皂石层间后,禁带宽度为 3.72eV,电子较容易发生能级跃迁而发光。

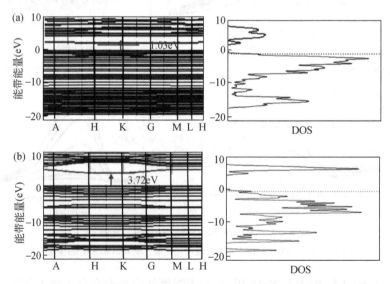

图 4.144　计算的 BNMA 和 BNMA/SAP 的能带结构和 DOS 图
(a)BNMA;(b)BNMA/SAP

价带和导带之间的宽度决定了 BNMA 的电子轨道跃迁时的波长。根据能级跃迁公式$\left(E = h\nu = h\dfrac{c}{\lambda}\right)$计算得到发射光谱波长为 537nm,与实际的发射光谱[图 4.142(a)]波长基本吻合,在绿光波长范围。综上所述,BNMA 插层皂石层间时能级禁带宽度增加,可避免 BNMA 分子发生浓度猝灭效应,显著提高其发光强度。皂石本身并无发光性,电子不发生能级跃迁,所以体系的价带顶和导带底主要还是由光泽精主链上碳原子的 2p(π) 和 2p(π*) 轨道组成。光泽精插入皂石层间后,禁带变宽,发出的光在可见光区域内检测到,并且皂石层间域的电场作用提高了光泽精的发光强度。皂石层间域起到了稳定 BNMA 价电子的作用,有利于提高发光有机分子的光稳定性和发光效率。皂石相比于蒙脱石,禁带宽度只差 0.04eV,因此发光波长也很接近,皂石的层电荷量可调控范围更大,所以 BNMA/SAP 的发光强度大于BNMA/MMT。

BNMA 在皂石层间域主要以静电吸引和范德瓦耳斯相互作用为主。6 种不同层电荷量皂石体系的总能量大小分别为 -284.1eV、-438.6eV、-659.6eV、-684.1eV、-761.8eV、-889.2eV,体系总能量绝对值随着皂石层板电荷量的增加而增大,说明皂石层板对层间域中 BNMA 的静电引力增强。另外,在此体系的总能量中,静电能所占比重远高于范德瓦耳斯相互作用,因此证明 BNMA 插层皂石的驱动力主要是库仑力。

BNMA 在皂石层间域中的排布形态(图 4.145)直接影响皂石的层间距。作者定义取向角为 BNMA 阳离子的共轭平面与 SAP 层板之间的二面角,以其描述层间BNMA 的几何排列。在具有相同插层量的情况下,随着皂石层板电荷量的增加,取向角分别为 42°、35°、30°、25°、20°、0°(基本平行)。BNMA 插入皂石层间,更倾向于倾斜层板排布,但是随着层板电荷量的增加,对它的静电引力增强,倾斜角减小,与皂石层间距的变化结果吻合。对于单层排布的 BNMA 来说,倾斜角度越小,皂石层间距将越小,而对它的作用力将越强。

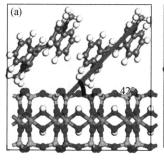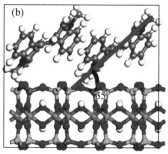

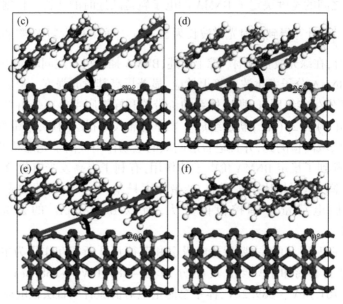

图 4.145　BNMA 插层皂石后在层间的倾斜角度的分子动力学模拟,取向角分别为
42°(a)、35°(b)、30°(c)、25°(d)、20°(e)、0°(f)。灰色为 C;蓝色为 N;白色为 H;红
色为 O;黄色为 Si;粉色为 Al;绿色为为 Mg(见彩图)

　　本书作者[150]用同样方法构建了 BNMA/累托石(REC)超分子发光体系,发光
图谱如图 4.146(a)所示,激发波长为 375nm。图中发射光谱(REC)的轻微左移
(与 BNMA 相比)可能是因为 BNMA 在矿物上的吸附所导致。BNMA/REC 在
550nm 附近的发射峰强度先随着 BNMA 初始浓度(BNMA 吸附量)的增加而增加,
当 BNMA 初始浓度进一步增加的时候,由于浓度猝灭,发光强度下降。

　　当光泽精初始浓度为 0.4mol/L 时[图 4.146(b)],BNMA/REC 复合材料的发
光强度达到最大,相对应的吸附量为 0.098mmol/g。当吸附量>0.03mmol/g 时,
BNMA/REC 的发光强度增加,直至吸附量为 0.098mmol/g 时达到最大值。这可能
是因为 BNMA 在累托石上的吸附符合 Freundlich 等温吸附模型,Langmuir 等温吸
附模型假设该吸附过程为发生在均匀吸附剂表面的单分子层吸附,且吸附分子之
间不存在相互作用。在吸附量较低时,BNMA 在累托石上以表面吸附为主,并且为
双层、无序吸附。此外,由于累托石片层中云母层的屏蔽作用,降低了 BNMA/REC
的发光效率。因此,在吸附量较低的时候,BNMA/REC 发光强度较低。BNMA 在
累托石表面的吸附量达到 0.098mmol/g 时达到饱和,之后发生浓度猝灭,导致
BNMA/REC 发光强度降低。

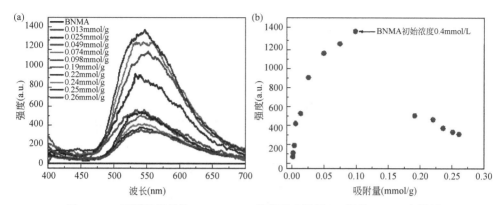

图 4.146　不同吸附量的 BNMA/REC 的荧光光谱图(a)以及 BNMA 在累托
石上吸附量与发光强度的关系图(b)(见彩图)

图 4.147(a)为 BNMA/MMT 和 BNMA/REC 于发生浓度猝灭前相同吸附量下的荧光强度对比。由图可知,BNMA/MMT 很快达到最大发光强度,而 BNMA/REC 达到最大发光强度的过程却比较缓慢,且 BNMA/MMT 的最大发光强度要远远高于 BNMA/REC 的最大发光强度。

发光材料在应用中受到外界环境温度变化的影响,因此发光材料的热稳定性是影响实际应用的重要因素。发光材料的荧光寿命反映材料的稳定性。之前的研究表明,BNMA/层状结构硅酸盐矿物复合材料发光强度越高,热稳定性越好,荧光寿命越长。BNMA 晶体粉末的发光强度随着温度的升高而降低,75℃时基本失去了发光性能,说明热稳定性很差[图 4.147(b)]。虽然 BNMA/可膨胀型层状结构硅酸盐矿物的发光强度也随着温度的升高而降低,但是一直到150℃都保持很强的发光强度[图 4.147(c)、(d)],说明 BNMA 负载到层状结构硅酸盐矿物上后热稳定性明显提高。这不仅是因为蒙脱石和累托石的层间域对 BNMA 有一定的保护作用,同时矿物片层对 BNMA 的静电引力、范德瓦耳斯力等作用力也促使其稳定性得到提高。另外,BNMA 晶体粉末的荧光寿命仅为 0.62ns,当其吸附至蒙脱石和累托石上之后,复合材料的荧光寿命分别提高至 6.5ns 和 7.6ns(图 4.147),均提升了一个数量级。

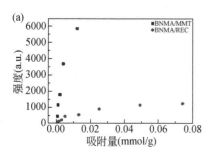

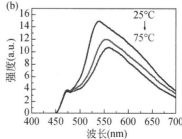

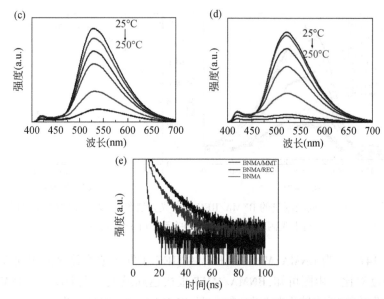

图4.147　（a）BNMA/MMT 和 BNMA/REC 浓度猝灭前相同吸附量下发光强度的对比,(b)、(c)、(d)不同温度下 BNMA、BNMA/MMT 和 BNMA/REC 的光谱;(e)复合材料的荧光寿命

　　图 4.148 为 BNMA/KLN(高岭石)和 BNMA/HAL(埃洛石)的荧光光谱图,在 550nm 附近的发射峰强度均随着 BNMA 吸附量(初始浓度)的增加而呈现先增加后减小的趋势。二者均在 BNMA 初始浓度为 0.02 mmol/L 时发光强度达到最大值,此时 BNMA 在高岭石上的吸附量为 0.00488mmol/g,在埃洛石上的吸附量为 0.00468mmol/g。

　　从图 4.148 可知,当 BNMA 初始浓度为 0.02mmol/L 时,BNMA/HAL 和 BNMA/KLN 的发光强度均达到最大值,其中 BNMA/HAL 的发光强度在 5800 附近,而 BNMA/KLN 的仅为 1200 左右。BNMA 在高岭石和埃洛石上的吸附均符合

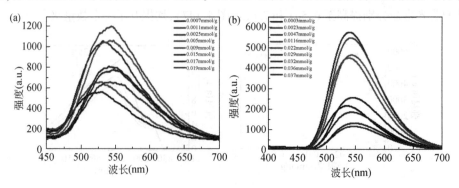

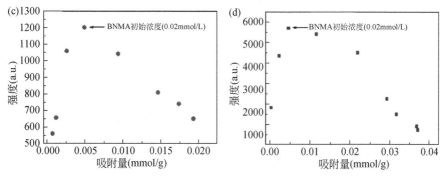

图 4.148 吸附量不同的 BNMA/KLN(a)和 BNMA/HAL(b)的荧光光谱图以及 BNMA
在高岭石(c)和埃洛石(d)上吸附量与发光强度的关系图(见彩图)

Langmuir 等温吸附模型,在矿物表面为单层吸附。当达到最大发光强度时,BNMA 在高岭石上的吸附量为 0.00488mmol/g,其 SSA 仅为 26.6 m^2/g;BNMA 在埃洛石上的吸附量为 0.00468mmol/g,其 SSA 为 70.82 m^2/g。BNMA 在高岭石上的吸附量与 SSA 之比要大于其在埃洛石上的吸附量与 SSA 之比,这说明单位面积上吸附在高岭石上的 BNMA 分子数量多于吸附在埃洛石上的 BNMA 的分子数量,即埃洛石对 BNMA 的分散效果更好于高岭石,因此 BNMA/HAL 的发光效果远好于 BNMA/KLN。当 BNMA 吸附达到饱和后,BNMA/KLN 和 BNMA/HAL 均开始发生浓度猝灭。

图 4.149(a)是在 BNMA 吸附量相同的情况下,这两类复合材料的发光强度的对比,可见 BNMA/HAL 的发光强度远高于 BNMA/KLN 的发光强度。由于 BNMA 在高岭石和埃洛石上均为单层表面吸附,因此比表面积越大,发光效果越好。当 BNMA 吸附至高岭石和埃洛石上之后,荧光寿命分别达到 6.35 ns 和 8.87ns[图 4.149(b)]。BNMA/HAL 的荧光寿命甚至高于 BNMA/REC 的荧光寿命(7.6 ns),说明表面固定作用比层间域对 BNMA 发光性能的影响更为明显。对比 BNMA/KLN 和 BNMA/HAL 的变温光谱可知,BNMA/KLN 的发光强度在温度超过 100℃后快速降低,而随着温度的升高,BNMA/HAL 的发光强度缓慢降低[与 BNMA/MMT 和 BNMA/REC 相似,图 4.149(c)、(d)]。与可膨胀型层状结构硅酸盐矿物 MMT、REC 相比,埃洛石虽然不存在层间域,但其具有独特的管状结构,管壁对管腔内的 BNMA 分子起到了保护作用。因此,硅酸盐矿物的片层对层间域内 BNMA 分子的屏蔽作用虽不利于发光性能的提高,却有利于复合材料热稳定性的提高。

(2)光泽精/链层结构硅酸盐矿物超分子体系发光材料

将光泽精负载到链层结构硅酸盐矿物海泡石、坡缕石上,构建了光泽精/链层结构硅酸盐矿物超分子发光体系。

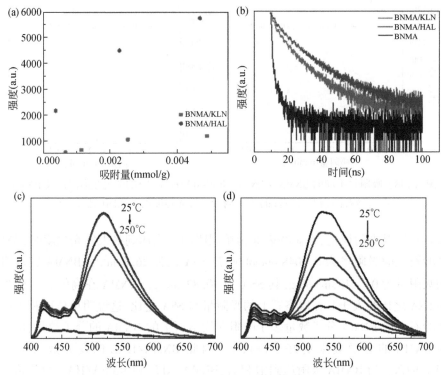

图 4.149　相同吸附量下 BNMA/KLN 和 BNMA/HAL 发光性能的对比(a)及荧光寿命拟合(b),
BNMA/KLN(c)和 BNMA/HAL(d)的变温光谱图

BNMA/SEP(海泡石)和 BNMA/PALY(坡缕石)复合材料的荧光光谱如图4.150 所示。BNMA/SEP 和 BNMA/PALY 在 550nm 附近的发射峰强度均随着BNMA 吸附量的增加而呈现先增加后减小的趋势,未出现红移或者蓝移的现象。二者均在 BNMA 初始浓度为 0.05 mmol/L 时发光强度达到最大值,此时 BNMA 在海泡石上的吸附量为 0.0118mmol/g,在坡缕石上的吸附量为 0.0121mmol/g。

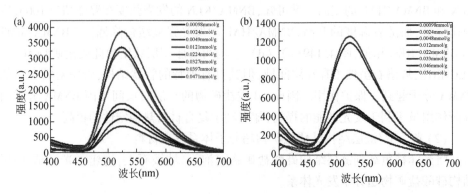

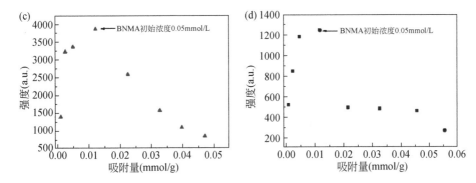

图 4.150 BNMA 吸附量不同的海泡石(a)和坡缕石(b)的荧光光谱图,以及吸附量与发光强度的关系图(c)、(d)(见彩图)

从图 4.150 可知,当 BNMA 初始浓度为 0.05mmol/L 时,BNMA/SEP 和 BNMA/PALY 的发光强度均达到最大,其中 BNMA/SEP 的发光强度在 4000 附近,而BNMA/PALY 仅为 1300 左右。达到最大发光强度时,BNMA 在海泡石上的吸附量为 0.0118mmol/g,在坡缕石上的吸附量为 0.0121mmol/g,而海泡石的 SSA 为210.2m^2/g,坡缕石的 SSA 为 107.36m^2/g,导致海泡石对 BNMA 的分散效果远好于坡缕石,因此 BNMA/SEP 的发光效果远好于 BNMA/PALY。

从图 4.151 可知,当 BNMA 吸附到海泡石后,在吸附量相同的情况下,BNMA/海泡石的发光强度远远高于 BNMA/坡缕石,这是由于矿物比表面积越大,越能有效抑制 BNMA 的浓度猝灭。此外,硅氧四面体结构有利于发光性能的提高,海泡石的链结构中含有三个相邻的硅氧四面体,而坡缕石的链结构中仅含两个硅氧四面体,海泡石中的硅氧面比坡缕石中的硅氧面多,因此更有利于抑制 BNMA 的浓度猝灭。

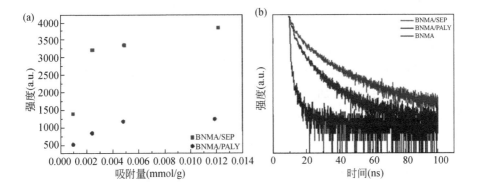

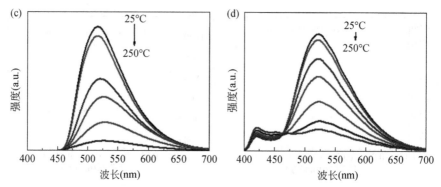

图 4.151　相同吸附量下 BNMA/SEP 和 BNMA/PALY 发光性能的对比(a)及荧光寿命拟合(b),
BNMA/SEP(c)和 BNMA/PALY(d)的变温光谱图

当 BNMA 吸附至海泡石和坡缕石后,荧光寿命分别达到 4.33ns 和 3.57ns[图 4.151(b)]。与 BNMA/层状结构硅酸盐矿物复合材料相比,BNMA/链层结构硅酸盐矿物复合材料的荧光寿命较短,说明层间域和表面固定作用更有助于发光性能的提高。BNMA/SEP 和 BNMA/PALY 复合材料的热稳定性有相应提高,虽然链层结构硅酸盐矿物不存在层间域,但其特殊的孔道结构对 BNMA 也起到了一定的保护作用,提高了 BNMA 的热稳定性。

4. 小结

构建了多种光泽精/层状结构硅酸盐矿物、光泽精/链层结构硅酸盐矿物超分子发光体系,通过对比分析,结合分子动力学模拟,发现层状结构硅酸盐矿物表面对 BNMA 分子的固定作用是抑制其浓度猝灭的主要因素,表面固定位置主要在硅氧四面体片的六元环上方,靠近八面体中 Al 被 Mg 取代的位置,高岭石族矿物的八面体片对 BNMA 不具备吸附能力。BNMA 在层状结构硅酸盐矿物层间的排列方式影响其发光性能,BNMA 的有序排列比无序排列更有助于 BNMA 在固态条件下发光性能的提高。链层结构硅酸盐矿物对 BNMA 的吸附主要发生在表面,部分 BNMA 分子在浓度较高的情况下可以进入海泡石的孔道,驱动力为孔道内外的浓度差。BNMA 吸附量的增加是因为进入孔道的量增加,但不能提高复合材料的发光强度,说明表面吸附是抑制 BNMA 浓度猝灭的主要原因。

参 考 文 献

[1] 杨玉国. 钨酸盐低维材料制备及性能研究[D]. 济南: 山东大学,2008.

[2] 华伟. 白光 LED 用新型 Ce,Pr 掺杂的 YAG 单晶荧光材料的光谱性能研究[J]. 光子学报,
2011,40(06):907-911.

[3] Zhang Q, Wang X, Ding X, et al. A broad band yellow ~ emitting $Sr_8CaBi(PO_4)_7$: Eu^{2+} phosphor for n- UV pumped white light emitting devices[J]. Dyes and Pigments, 2018, 149:268-275.

[4] Wu M, Liu S, Sun Y, et al. Energy transfer of wide band long persistent phosphors of Sm^{3+}- Doped $ZrSiO_4$[J]. Materials Chemistry and Physics, 2020, 251:123086.

[5] 蔡敏. Eu^{2+}, Cr^{3+}掺杂 AlF_3荧光粉的制备及其发光性能研究[D]. 昆明:云南师范大学, 2020.

[6] 张中太, 张俊英. 无机光致发光材料及应用[M]. 北京:化学工业出版社, 2011.

[7] 刘光华. 稀土固体材料学[M]. 北京:机械工业出版社, 1997.

[8] 肖志国, 罗昔贤. 蓄光型发光材料及其制品[M]. 北京:化学工业出版社, 2005.

[9] 孙家跃, 杜海燕, 胡文祥. 固体发光材料[M]. 北京:化学工业出版社, 2003.

[10] 余泉茂. 无机发光材料研究及应用新进展[M]. 合肥:中国科学技术大学出版社, 2010.

[11] 余宪恩. 实用发光材料[M]. 北京:中国轻工业出版社, 2008.

[12] 谢国亚, 张友. 稀土发光材料的发光机理及其应用[J]. 压电与声光, 2012, 34(01):110-113+117.

[13] 蒋大鹏, 赵成久, 侯凤勤, 等. 白光发光二极管的制备技术及主要特性[J]. 发光学报, 2003, (04):387-391+386.

[14] 崔磊, 张彤, 何华强. 稀土发光材料的发光机理及其应用探究[J]. 冶金管理, 2019, (07):25.

[15] 洪广言. 稀土发光材料的研究进展[J]. 人工晶体学报, 2015, 44(10):2641-2651.

[16] 庄卫东, 胡运生, 龙震, 等. 含二价金属元素的铝酸盐荧光粉及制造方法和发光器件[P]. CN101182416, 2008.

[17] 余金秋, 何华强, 刘荣辉, 等. 无机闪烁材料[P]. CN201310733515.8.

[18] 林敏, 赵英, 董宇卿, 等. 稀土上转换发光纳米材料的制备及生物医学应用研究进展[J]. 中国材料进展, 2012, 31(01):36-43.

[19] 王猛. 稀土上转换发光纳米材料的合成及应用[M]. 沈阳:东北大学出版社, 2015.

[20] Chatterjee D K, Rufaihah A J. Zhang Y. Upconversion fluorescence imaging of cells and small animals using lanthanide doped nanocrystals[J]. Biomaterials, 2008, 29(7):937-943.

[21] Wang S Q, Xu F, Demirci U. Advances in developing HIV ~ 1 viral load assays for resource-limited settings[J]. BiotechnolAdu, 2010, 28(6):770-781.

[22] Niedbala R S, Feindt H, Kardos K, et al. Detection of analytes by immunoassay using up-converting phosphor technology [J]. Anal Biochem, 2001, 293(1):22-30.

[23] Zhang P, Steelant W, Kumar M, et al. Versatile photosensitizers for photodynamic therapy at infrared exeitation[J]. J Am Chen Soc, 2007, 129:526-527.

[24] 赵辰, 张哲娟, 郭俊, 等. 量子点材料的制备及应用研究进展[J]. 人工晶体学报, 2018, 47(12):2610-2618.

[25] Jaiswal J K, Mattoussi H, Mauro J M, et al. Long- term multiple color imaging of live cells using quantum dot bio- conjugates [J]. Nature Biotechnology, 2003, 21(1):4751.

[26] Wu X Y, Liu H. Immunofluorescent labeling of cancer market and other celluar targets with semi-

conductor quantum dot[J]. Nature Biotechnology ,2003,21(1):4146.

[27] Gao X H. *In vivo* cancer targeting and Imagining with semiconductor quantum dots [J]. J Am Chem Soc,2004,126(19):6115-6123.

[28] Tu C Q,Ma X C,Periklis P,et al. Paramagnetic,silicon quantum dots for magnetic resonance and two-photon imaging of macrophages [J]. Chem Soc,2010,132:2016.

[29] Wu C,Shi L,Li Q,et al. Probing the dynamic effect of cys-CdTe quantum dots toward cancer cells [J]. Chemical Research in Toxicoiogy,2010,23(1):82-88.

[30] 郝艺,徐征,李赫然,等. 量子点材料应用于发光二极管的研究进展[J]. 材料科学与工程学报,2018,36(01):151-157.

[31] 屈少华,刘培朝,曹万强. 油酸石蜡体系中红光 CdSe 量子点的合成及其高显色指数白光 LED 制备[J]. 湖北大学学报(自然科学版),2018,(01):9195.

[32] Song J Z,Li J H,Li X M,et al. Quantum dot light-emitting diodes based on inorganic perovskite cesium lead halides($CsPbX_3$)[J]. Advanced Materials,2015,27(44):7162.

[33] 刘树臣. 多彩的萤石[M]. 北京:地质出版社,2016.

[34] 戴开明,车长波,王福良. 萤石资源勘查开发利用管理的建议[J]. 中国矿业,2021,30(09):32-35.

[35] 刘曙. 萤石贸易与检验[M]. 上海:东华大学出版社,2019.

[36] 吴胜明. 萤石夜明珠传说[J]. 博物,2009,(06):12-13.

[37] Chesterman C W,Lowe K. The field guide to north American rocks and minerals:The Audubon Society[M]. 1978.

[38] 余晓艳. 有色宝石学教程(第二版)[M]. 北京:地质出版社,2016.

[39] First direct evidence that elemental fluorine occurs in nature. Technical University of Munich.

[40] DeMent J. Handbook of fluorescent gems and minerals- An exposition and catalog of the fluorescent and phosphorescent gems and minerals,including the use of ultraviolet light in the earth sciences[M]. Read Books Ltd,2013.

[41] Stevenson A J ,Serier-Brault H ,Gredin P ,et al. Fluoride materials for optical applications: single crystals,ceramics,glasses,and glass-ceramics[J]. Journal of Fluorine Chemistry,2011,132(12):1165-1173.

[42] Burdick G W ,Burdick A ,Deev V ,et al. Simulation of two- photon absorption spectra of Eu^{2+}: CaF_2 by direct calculation[J]. Journal of Luminescence,2006,118(2):205-219.

[43] Singh V S,Joshi C P,Moharil S V,et al. Modification of luminescence spectra of CaF_2:Eu^{2+} [J]. Luminescence,2015,30:1101-1105. doi:10. 1002/bio. 2865.

[44] 王彩萍. CaF_2 及其微晶玻璃上转换发光材料的制备与研究[D]. 北京:北京化工大学,2016.

[45] Patel D N,Reddy B R,Nash-Stevenson S K. Diode- pumped violet energy upconversion in BaF_2:Er^{3+}[J]. Appl Opt,1998,37:7805-7808.

[46] 刘瑞然. 用工业氟硅酸钠制备冰晶石的研究[D]. 长沙:中南大学,2013.

[47] Böhnisch D,Seidel S,Benndorf C,et al. Na_3GaF_6- A crystal chemical and solid states NMR

spectroscopic study[J]. Z. Kristallogr- New Crystal Structures,2018,233(07):479-487.

[48] Fu H B,Yang G X,Gai S L,et al. Color- tunable and enhanced luminescence of well ~ defined sodium scandium fluoride nanocrystals[J]. Dalton Transactions,2013,42(22):7863-7870.

[49] 周天帅. 冰晶石结构化合物的可控制备[D]. 北京:中国地质大学(北京),2017.

[50] Yi G S, Chow G M. Synthesis of hexagonal- phase NaYF₄：Yb, Er and NaYF₄：Yb, Tm nanocrystals with efficient up- conversion fluorescence [J]. Advanced Functional Materials, 2006,16:2324-2329.

[51] Pisarenko V F, Bergeda I D. Luminescence of rare- earth ions in compound of the cryolite type [J]. Zhurnal Prikladnoi Spektroskopii,1967,6(06):742-745.

[52] Jia H,Zhou Y P,Wang X Y,et al. Luminescent properties of Eu-doped magnetic Na_3FeF_6[J]. RSC Advances,2018,8(67):38410-38415.

[53] Yanagida T,Fukuda K,Okada G,et al. Ionizing radiation induced luminescence properties of Mn-doped LiCa (Al, Ga) F_6 [J]. Journal of Materials Science：Materials in Electronics, 2016, 28(10):6982-6988.

[54] Saroj S K,Rawat P,Gupta M,et al. Double perovskite K_3InF_6 as an upconversion phosphor and its structural transformation through rubidium substitution[J]. European Journal of Inorganic Chemistry,2018,(44):4826-4833.

[55] Gusowski M A, Ryba- Romanowski W. Unusual behavior of Tb^{3+} in K_3YF_6 green- emitting phosphor[J]. Optics Letters,2008,33(16):1786-1788.

[56] Gusowski M A,Dominiak-Dzik G,Solarz P,et al. Luminescence and energy transfer in K_3GdF_6：Pr^{3+}[J]. Journal of Alloys and Compounds,2007,438:72-76.

[57] Gusowski M A, Ryba- Romanowski W. Inter ~ and intraconfigurational transitions of Nd^{3+} in hexafluorocryolite-type K_3YF_6 lattice [J]. The Journal of Physical Chemistry C, 2008, 112: 14196-14201.

[58] Rawat P,Kumar Saroj S,Gupta M,et al. Wet-chemical synthesis,structural characterization and optical properties of rare- earth doped halo perovskite K_3GaF_6 [J]. Journal of Fluorine Chemistry,2017,200:1-7.

[59] Yang D, Liao L B, Guo Q F, et al. Crystal structure and luminescence properties of a novel cryolite- type K_3LuF_6：Ce^{3+}phosphor[J]. Journal of Solid State Chemistry,2019,277:32-36.

[60] Yang D, Liao L B, Guo Q F, et al. Luminescence properties and energy transfer of K_3LuF_6：Tb^{3+},Eu^{3+} multicolor phosphors with a cryolite structure[J]. RSC Advances, 2019, 9 (08): 4295-4302.

[61] Yang D,Liao L B,Zhang Y D,et al. Synthesis and up-conversion luminescence properties of a novel K_3ScF_6：Yb^{3+},Tm^{3+} material with cryolite structure[J]. Journal of Luminescence,2020, 224:117285.

[62] Yang D,Guo Q F,Liao L B,et al. Crystal structure and up-conversion luminescence properties of K_3ScF_6：Er^{3+},Yb^{3+} cryolite[J]. Journal of Alloys and Compounds,2020,848:156336.

[63] Yan Z L,Liao L B,Guo Q F,et al. Controllable crystal form transformation and luminescence

properties of up- conversion luminescent material $K_3 Sc_{0.5} Lu_{0.5} F_6$: Er^{3+}, Yb^{3+} with cryolite structure[J]. RSC Advances,2021,11:30006-30019.

[64] Shuai P F, Yang D, Liao L B, et al. Preparation, structure and up- conversion luminescence properties of novel cryolite $K_3 YF_6$: Er^{3+}, Yb^{3+}[J]. RSC Advances,2020,10(03):1658-1665.

[65] 张蓓莉. 系统宝石学[M]. 北京:地质出版社,2006.

[66] Wachtel A. Sb^{3+} and Mn^{2+} activated calcium halophosphate phosphors from flux - grown apatites [J]. Journal of the Eletrochemical Society,1966,113:128-134.

[67] Czaja M S, Bodył, Lisiecki R, et al. Luminescence properties of Pr^{3+} and Sm^{3+} ions in natural apatites[J]. Physics & Chemistry of Minerals,2010,37(07):425-433.

[68] Zhou J, Liu Q L, Xia Z G. Structural construction and photoluminescence tuning via energy transfer in apatite- type solid- state phosphors[J]. Journal of Materials Chemistry C,2018, 6(16):4371-4383.

[69] 郭庆丰. 几种磷灰石结构荧光粉的制备及其成分–结构–发光性能关系研究[D]. 北京:中国地质大学(北京),2017.

[70] 夏宇飞. $(Ca,Sr)_{(2+x)} La_{(8-x)} (SiO_4)_{(6-x)} (PO_4)_x O_2$: Eu^{2+} 体系荧光粉的结构调控与发光性能研究[D]. 北京:中国地质大学(北京),2018.

[71] Zhang Z, Niu J L, Zhou W, et al. Samarium doped apatite- type orange- red emitting phosphor $Ca_5 (PO_4)_2 SiO_4$ with satisfactory thermal properties for n- UV w- LEDs[J]. Journal of Rare Earth,2019,37(9):949-954.

[72] Song Y H, You Hp, Yang M, et al. Facile synthesis and luminescence of $Sr_5 (PO_4)_3 Cl$: Eu^{2+} nanorod bundles via a hydrothermal route[J]. Inorganic Chemistry,2010,49(4):1674-1678.

[73] Zhu G, Shi Y, Mikami M, et al. Design, synthesis and characterization of a new apatite phosphor $Sr_4 La_2 Ca_4 (PO_4)_6 O_2$: Ce^{3+} with long wavelength Ce^{3+} emission[J]. Optical Materials Express, 2013,3(2):229-236.

[74] Mungmode C D, Gahane D H, Tupte B V. Luminescence in Eu^{2+} activated $(Ca_{5-x} Sr_x)(PO_4)_3 Cl(x =0.1,2.4)$ phosphors[J]. Materials Today:Proceedings,2019,15(3):555-559.

[75] Yan S, Jin Y, Pan D, et al. $Sr_4 Y_6 (AlO_4)_x (SiO_4)_{6-x} O_{1-x/2}$: $0.01Eu^{2+}$:a novel apatite structure blue- green emitting phosphor[J]. Ceramics International,2018,44(16):19900-19906.

[76] Ding X, Wang Y. Structure and photoluminescence properties of a novel apatite green phosphor $Ba_5 (PO_4)_2 SiO_4$: Eu^{2+} excited by NUV light[J]. Physical Chemistry Chemical Physics,2017, 19(3):2449-2458.

[77] Wan J Q, Liu Q, Liu G H, et al. A novel synthesis of green apatite- type $Y_5 (SiO_4)_3 N$: Eu^{2+} phosphor via SiC- assisted sol- gel route[J]. Journal of the American Ceramic Society,2016, 99(3):748-751.

[78] Deressa G, Park K, Kim J. Sr- Ba combinational effect on spectral broadening of blue $(Sr,Ba)_5 (PO_4)_3 Cl$: Ce^{3+} phosphor for a high color- rendering index[J]. Chemical Physics Letters, 2016,645(1):42-47.

[79] Tong M H, Liang Y J, Li G G, et al. Luminescent properties of single Dy^{3+} ions activated

Ca$_3$Gd$_7$(PO$_4$)(SiO$_4$)$_5$O$_2$ phosphor[J]. Optical Materials,2014,36(9):1566-1570.

[80] Muresan L E,Perhaita I,Prodan D,et al. Studies on terbium doped apatite phosphors prepared by precipitation under microwave conditions[J]. Journal of Alloys and Compounds, 2018,755: 135-146.

[81] Huang H H,Yan B. Matrix- inducing synthesis and luminescence of novel unexpected coral- like morphology Mg$_2$Gd$_8$(SiO$_4$)$_6$O$_2$：Tb^{3+} nanophosphor from in situ composing multicomponent hybrid precursors[J]. Inorganic Chemistry Communications,2004,7(7):919-922.

[82] Rodriguez-Garcia M M,Williams J A G,Evans I R. Single- phase white- emitting phosphors based on apatite- type gadolinium silicate,Gd$_{9.33}$(SiO$_4$)$_6$O$_2$ doped with Dy^{3+},Eu^{3+} and Tb^{3+}[J]. Journal of Materials Chemistry C,2019,7(25):7779-7787.

[83] Cheng S W,Zhang N,Zhuo N Z,et al. Synthesis,luminescent properties and energy transfer behavior of apatite phosphor Ba$_{10}$(PO$_4$)$_6$F$_2$：Ce^{3+},Tb^{3+}[J]. Chinese Journal of Inorganic Chemistry,2019,35(2):209-216.

[84] Kim D,Choi B C,Park S H,et al. Full- color tuning by controlling the substitution of cations in europium doped Sr$_{8-x}$La$_{2+x}$(PO$_4$)$_{6-x}$(SiO$_4$)$_x$O$_2$ phosphors[J]. Dyes and Pigments,2019,160: 145-150.

[85] Xu D,Zhou W,Zhang Z,et al. Luminescence property and energy transfer behavior of apatite- type Ca$_4$La$_6$(SiO$_4$)$_4$(PO$_4$)$_2$O$_2$：Tb^{3+},Eu^{3+} phosphor[J]. Materials Research Bulletin,2018, 108:101-105.

[86] Guo N,You H,Jia C,et al. A Eu^{2+} and Mn^{2+}-coactivated fluoro-apatite-structure Ca$_6$Y$_2$Na$_2$(PO$_4$)$_6$F$_2$ as a standard white ~ emitting phosphor via energy transfer[J]. Dalton Transactions,2014,43:12373-12379.

[87] Li G,Zhao Y,Wei Y,et al. Novel yellowish-green light-emitting Ca$_{10}$(PO$_4$)$_6$O：Ce^{3+} phosphor: structural refinement, preferential site occupancy and color tuning [J]. Chemical Communications,2016,52(16):3376-3379.

[88] Hu S S,Tang W J. Luminescence and energy transfer in Eu^{2+},Mn^{2+} co-doped Ca$_2$SrNaLa(PO$_4$)$_3$F [J]. Optical Materials,2013,36(2):238-241.

[89] Xie M B,Pan R K. Photoluminescence and Ce^{3+}→Tb^{3+} energy transfer in fluoro- apatite host Ca$_6$La$_2$Na$_2$(PO$_4$)$_6$F$_2$[J]. Optical Materials,2013,35(6):1162-1166.

[90] Hu S S,Tang W J. Single- phased white-light emitting Sr$_3$NaLa(PO$_4$)$_3$F：Eu^{2+},Mn^{2+} phosphor via energy transfer[J]. Journal of Luminescence,2014,145:100-104.

[91] Li C X,Dai J,Huang J,et al. Crystal structure,luminescent properties and white light emitting diode application of Ba$_3$GdNa(PO$_4$)$_3$F：Eu^{2+} single- phase white light-emitting phosphor[J]. Ceramics International,2016,42(6):6891-6898.

[92] Yu J J,Gong W T,Zhang Y J,et al. White- light- emitting diode using a single- phase full-color (Ba,Sr)$_{10}$(PO$_4$)$_4$(SiO$_4$)$_2$：Eu^{2+} phosphor[J]. Journal of Luminescence,2014,147(13): 250-252.

[93] Zeng Q,Liang H B,Zhang G B,et al. Luminescence of Ce^{3+} activated fluoro ~ apatites M$_5$(PO$_4$)$_3$F

(M = Ca、Sr、Ba) under VUV- UV and X- ray excitation [J]. Journal of Physics: Condensed Matter,2006,18(42):9549-9560.

[94] Yu H J,Xia Y F,Liu Y G,et al. Tunable photoluminescence of apatite phosphor $Ca_{5.95-x}Sr_xLa_4(SiO_4)_2(PO_4)_4O_2$: 0.05Eu^{2+} and its application in light- emitting diodes [J]. Journal of the American Ceramic Society,2019,102(7):4226-4235.

[95] Zhu L,Huang Z H,Molokeev M S,et al. Influence of cation substitution on the crystal structure and luminescent properties in apatite structural $Ba_{4.97-x}Sr_x(PO_4)_3Cl$: 0.03Eu^{2+} phosphors [J]. Chemical Physics Letters,2016,658(4):248-253.

[96] Kim D,Moon B K,Park S H,et al. Full- color tuning in europium doped phosphosilicate phosphors via adjusting crystal field modulation or excitation wavelength [J]. Journal of Alloys and Compounds,2019,770:411-418.

[97] Zhang J H,Liang H B,Yu R J,et al. Luminescence of Ce^{3+}- activated chalcogenide apatites $Ca_{10}(PO_4)_6Y(Y=S、Se)$ [J]. Materials Chemistry and Physics,2009,114(1):242-246.

[98] Guo Q F,Wang Q D,Jiang L W,et al. A novel apatite,$Lu_5(SiO_4)_3N$: (Ce,Tb),phosphor material:synthesis,structure and applications for NUV- LEDs [J]. Physical Chemistry Chemical Physics,2016,18(23):15545-15554.

[99] Zuo F,Cheng J,Ma C L,et al. Synthesis and photoluminescence properties of $Ca_4La_6(PO_4)_2(SiO_4)_4O_2$: Dy^{3+} phosphor with high thermal stability for white light- emitting diodes [J]. Journal of Materials Science:Materials in Electronics,2020,31(10):8015-8021.

[100] Schwarz H. Verbindungen mit Apatitstruktur. III. Apatite des typs $M_{10}^{II}(X^{VI}O_4)_3F_2$($M^{II}$=Sr、Pb;$X^{VI}$=S、Cr;$X^{IV}$=Si、Ge) [J]. Zeitschrift Für Anorganische und Allgemeine Chemie,1967,356(1-2):36-45.

[101] Xia Y F,Chen J,Liu Y G,et al. Crystal structure evolution and luminescence properties of color tunable solid solution phosphors $Ca_{2+x}La_{8-x}(SiO_4)_{6-x}(PO_4)_xO_2$: Eu^{2+} [J]. Dalton Transactions:An International Journal of Inorganic Chemistry,2016,45(3):1007-1015.

[102] Xia Y F,Liu Y G,Huang Z H,et al. $Ca_6La_4(SiO_4)_2(PO_4)_4O_2$: Eu^{2+}:a novel apatite green- emitting phosphor for near- ultraviolet excited w- LEDs [J]. Journal of Materials Chemistry C,2016,4(21):4675-4683.

[103] Yang C,He C,Huang X,et al. Cyan- emitting $Ba_{0.45}Ca_{2.5}La_6(SiO_4)_6$: 0.05 Eu^{2+} and $Ba_{1.45}Ca_{1.5}La_6(SiO_4)_6$: 0.05 Eu^{2+} solid- solution phosphors for white light- emitting diodes [J]. Ceramics International,2021,47(9):12348-12356.

[104] Qian H J,Fan C L,Hussain F Y,et al. Energy transfer between two luminescent centers and photoluminescent properties of $Ca_{4-y}La_6(AlO_4)_x(SiO_4)_{6-x}O_{1-x/2}$: yEu^{2+} apatite structure phosphors [J]. Journal of Luminescence,2021,235:117991.

[105] Zhou X F,Geng W Y,Wang Y H. First- principles calculations, structure research and luminescence properties for a novel apatite blue/green phosphor $Ca_6Y_4(SiO_4)_2(PO_4)_4O_2$: Eu^{2+}/Tb^{3+} [J]. Journal of Luminescence,2019,211:276-283.

[106] Zhou X F,Geng W Y,Ding J Y,et al. Structure,bandgap,photoluminescence evolution and

thermal stability improved of Sr replacement apatite phosphors $Ca_{10-x}Sr_x(PO_4)_6F_2 : Eu^{2+}(x=4$、
6、8)[J]. Dyes and Pigments,2018,152(0):75-84.

[107] Lv Y,Jin Y H,Li Z Z,et al. Reversible photoluminescence switching in photochromic material $Sr_6Ca_4(PO_4)_6F_2 : Eu^{2+}$ and the modified performance by trap engineering via $Ln^{3+}(Ln=La、Y、Gd、Lu)co$- doping for erasable optical data storage[J]. Journal of Materials Chemistry C,2020, 8(19):6403-6412.

[108] Jiao M M,Xu Q F,Yang C L,et al. Electronic structure and photoluminescence properties of single component white emitting $Sr_3LuNa(PO_4)_3F : Eu^{2+},Mn^{2+}$ phosphor for WLEDs[J]. Journal of Materials Chemistry C,2018,6(16):4435-4443.

[109] Feng Y M,Huang J P,Liu L L,et al. Enhancement of white- light- emission from single- phase $Sr_5(PO_4)_3F : Eu^{2+},Mn^{2+}$ phosphors for near- UV white LEDs[J]. Dalton Transactions,2015, 44(33):15006-15013.

[110] Guo Q F,Liao L B,Mei L F,et al. Crystal structure,thermally stability and photoluminescence properties of novel $Sr_{10}(PO_4)_6O : Eu^{2+}$ phosphors[J]. Journal of Solid State Chemistry,2015, 226(15):107-113.

[111] Guo Q F,Zhao C L,Jiang Z Q,et al. Novel emission- tunable oxyapatites- type phosphors: synthesis,luminescent properties and the applications in white light emitting diodes with higher color rendering index[J]. Dyes and Pigments,2017,139:361-371.

[112] 郭庆丰. 几种磷灰石结构荧光粉的制备及其成分–结构–发光性能关系研究[D]. 北京: 中国地质大学(北京),2017.

[113] Liu H K,Liao L B,Molokeev M S,et al. A novel single- phase white light emitting phosphor $Ca_9La(PO_4)_5(SiO_4)F_2:Dy^{3+}$:synthesis,crystal structure and luminescence properties[J]. RSC Advance,2016,6:24577-24583.

[114] 刘海坤. 基于密度泛函理论计算的磷灰石结构发光材料基质调控及其发光性能研究 [D]. 北京:中国地质大学(北京),2019.

[115] Li H S,Mei L F,Liu H K,et al. Growth mechanism of surfactant- free size- controlled luminescent hydroxyapatite nanocrystallites[J]. Crystal Growth & Design,2017,17(5): 2809-2815.

[116] Qiao J W,Zhao J,Xia Z G. (INVITED) A review on the Eu^{2+} doped β- $Ca_3(PO_4)_2$- type phosphors and the sites occupancy for photoluminescence tuning[J]. Optical Materials X, 2019,1:100019.

[117] Lazoryak B I,Morozov V A,Belik A A,et al. Crystal structures and characterization of $Ca_9Fe(PO_4)_7$ and $Ca_9FeH_{0.9}(PO_4)_7$[J]. Journal of Solid State Chemistry,1996,122(1): 15-21.

[118] Zhang X G,Zhou C Y,Song J H,et al. Luminescent properties and energy transfer of thermal stable $Ca_{10}Na(PO_4)_7 : Ce^{3+},Mn^{2+}$ red phosphor under UV excitation[J]. Ceramics International,2014,40(7):9037-9043.

[119] Mi R Y,Liu Y G,Mei L F,et al. Crystal structure and luminescence properties of a single-

component white-light-emitting phosphor $Ca_8ZnLa(PO_4)_7$: Eu^{2+}, Mn^{2+} [J]. Journal of the American Ceramic Society,2017,100(7):3050-3060.

[120] Ji H P, Huang Z H, Xia Z G, et al. Discovery of new solid solution phosphors via cation substitution-dependent phase transition in $M_3(PO_4)_2$: Eu^{2+} (M = Ca/Sr/Ba) quasi-binary sets [J]. Journal of Physical Chemistry C,2015,19(4):2038-2045.

[121] Han J, Zhou W L, Qiu Z X, et al. Redistribution of activator tuning of photoluminescence by isovalent and aliovalent cation substitutions in whitlockite phosphors [J]. Journal of Physical Chemistry C,2015,119(29):16853-16859.

[122] Leng Z H, Li R F, Li L P, et al. Preferential neighboring substitution-triggered full visible spectrum emission in single-phased $Ca_{10.5-x}Mg_x(PO_4)_7$: Eu^{2+} phosphors for high color-rendering white LEDs[J]. ACS Applied Materials & Interfaces,2018,10(39):33322-33334.

[123] Yuan Y L, Lin H R, Cao J A, et al. A novel blue-purple Ce^{3+} doped whitlockite phosphor: synthesis, crystal structure, and photoluminescence properties [J]. Journal of Rare Earths, 2021,39(6):621-626.

[124] 唐菀涓,郭庆丰,苏科,等. 白磷钙石型荧光粉 $Ca_{1.8}Li_{0.6}La_{0.6-x}(PO_4)_2$: xEu^{3+}的合成、结构及发光性能[J]. 人工晶体学报,2021,50(11):2081-2085.

[125] Chen Y Y, Guo Q F, Liao L B, et al. Preparation, crystal structure and luminescence properties of a novel single-phase red emitting phosphor $CaSr_2(PO_4)_2$: Sm^{3+}, Li^+ [J]. RSC Advance, 2019,9(9):4834-4842.

[126] Pan X, Mei L F, Zhuang Y X, et al. Anti-defect engineering toward high luminescent efficiency in whitlockite phosphors[J]. Chemical Engineering Journal,2022,434:134652.

[127] Jiang L, Chang C K, Mao D L, et al. Luminescent properties of $CaMgSi_2O_6$-based phosphors co-doped with different rare earth ions[J]. Journal of Alloys and Compounds,2004,377(1-2): 211-215.

[128] Barzowska J, Xia Z G, Jankowski D, et al. High pressure studies of Eu^{2+} and Mn^{2+} doped $NaScSi_2O_6$ clinopyroxenes[J]. RSC advances,2017,7(1):275-284.

[129] Sun Y S, Li P L, Wang Z J, et al. Tunable emission phosphor $Ca_{0.75}Sr_{0.2}Mg_{1.05}(Si_2O_6)$: Eu^{2+}, Mn^{2+}:luminescence and mechanism of host, energy transfer of $Eu^{2+} \rightarrow Mn^{2+}$, $Eu^{2+} \rightarrow Host$, and host$\rightarrow Mn^{2+}$[J]. Journal of Physical Chemistry C,2016,120(36):20254-20266.

[130] 周丹. $MMgSi_2O_6$: Re(M = Ca, Sr, Ba; Re = Eu, Tb, Ce)真空紫外光谱特性研究[D]. 北京:北京交通大学,2006.

[131] Xia Z G, Liu G K, Wen J G, et al. Tuning of photoluminescence by cation nanosegregation in the $(CaMg)_x(NaSc)_{1-x}Si_2O_6$ solid solution [J]. Journal of the American Chemical Society, 2016. 138(4):1158-1161.

[132] Li Y, Liu W J, Wang X C, et al. A double substitution induced $Ca(Mg_{0.8},Al_{0.2})(Si_{1.8},Al_{0.2})O_6$: Eu^{2+} phosphor for w-LEDs: synthesis, structure, and luminescence properties [J]. Dalton Transactions,2015,44(29):13196-13203.

[133] Su K, Guo Q F, Shuai P F, et al. A novel Eu^{2+}/ Tb^{3+} co-doped phosphor with pyroxene structure

applied for cryogenic thermometric sensing[J]. Journal of the American Ceramic Society,2022, 105(4):2903-2913.

[134] Marciniak L,Prorok K,Francés-Soriano L,et al. A broadening temperature sensitivity range with a core-shell YbEr@ YbNd double ratiometric optical nanothermometer[J]. Nanoscale,2016, 8(9):5037-5042.

[135] Suo H,Zhao X Q,Zhang Z Y,et al. Constructing multiform morphologies of YF_3 : Er^{3+}/ Yb^{3+} up-conversion nano/micro-crystals towards sub-tissue thermometry[J]. Chemical Engineering Journal,2017,313:65-73.

[136] Hu F F,Cao J K,Wei X T,et al. Luminescence properties of Er^{3+}-doped transparent $NaYb_2F_7$ glass-ceramics for optical thermometry and spectral conversion [J]. Journal of Materials Chemistry C,2016,4(42):9976-9985.

[137] Cai Z P,Xu H Y. Point temperature sensor based on green up-conversion emission in an Er : ZBLALiP microsphere[J]. Sensors & Actuators A Physical,2003,108(1-3):187-192.

[138] Du P,Hua Y B,Yu J S. Energy transfer from VO_4^{3-} group to Sm^{3+} ions in $Ba_3(VO_4)_2$: $3xSm^{3+}$ microparticles:a bifunctional platform for simultaneous optical thermometer and safety sign[J]. Chemical Engineering Journal,2018,352:352-359.

[139] Du P, Luo L H, Yu J S. Facile synthesis of Er^{3+}/Yb^{3+}-co doped $NaYF_4$ nanoparticles: a promising multifunctional upconverting luminescent material for versatile applications[J]. RSC Advances,2016,6(97):94539-94546.

[140] Mahata M K,Koppe T,Mondal T,et al. Incorporation of Zn^{2+} ions into $BaTiO_3$: Er^{3+}/Yb^{3+} nanophosphor:an effective way to enhance upconversion, defect luminescence and temperature sensing[J]. Physical Chemistry Chemical Physics,2015,17(32):20741-20753.

[141] Su K,Guo Q F,Shuai P F,et al. High thermal stability pyroxene type $CaScAlSiO_6$: Tb^{3+}/Sm^{3+} ceramics with excellent cryogenic optical thermometry performance[J]. Ceramics International, 2022,48(4):4675-4685.

[142] Yan D P, Lu J, Ma J, et al. Layered host-guest materials with reversible piezochromic luminescence[J]. Angewandte Chemie International Edition in English, 2011, 50 (31): 7037-7040.

[143] Liu M T,Wang T L,Ma H W,et al. Assembly of luminescent ordered multilayer thin-films based on oppositely-charged MMT and magnetic Ni Fe-LDHs nanosheets with ultra-long lifetimes[J]. Scientific Reports,2014,4(1):1-9.

[144] Chakraborty C, Dana K, Malik S. Intercalation of perylenediimide dye into LDH clays: enhancement of photostability [J]. The Journal of Physical Chemistry C, 2010, 115 (5): 1996-2004.

[145] Chen H,Ling Q D,Zhang W G,et al. Luminescent drug-containing hydrotalcite-like compound as a drug carrier[J]. Chemical Engineering Journal,2012,185:358-365.

[146] Gu Q Y,Chu N K,Pan G H,et al. Intercalation of diverse organic guests into layered europium hydroxides-structural tuning and photoluminescence behavior [J]. European Journal of

Inorganic Chemistry,2014,2014(3):559-566.

[147] Liu L L, Wang Q, Xia D, et al. Intercalation assembly of optical hybrid materials based on layered terbium hydroxide hosts and organic sensitizer anions guests[J]. Chinese Chemical Letters,2013,24(2):93-95.

[148] 吴丽梅. 有机阳离子插层蒙脱石机理及蒙脱石功能新材料研究[D]. 北京:中国地质大学(北京),2016.

[149] 孙红娟,彭同江,刘颖. 蒙脱石的晶体化学式计算与分类[J]. 人工晶体学报,2008,37(2),350-355.

[150] 翁建乐. 典型(链)层状结构硅酸盐矿物对有机分子的吸附及功能新材料构建[D]. 北京:中国地质大学(北京),2018.

第5章 新型矿物保温材料

5.1 保温材料及其分类

当前,建筑领域能耗约占全球总能耗的 40%,建筑领域 CO_2 排放量占比超过 1/3。据中国建筑节能协会发布的《中国建筑能耗研究报告 2019》,我国建筑能源消费总量从 2000 年的 2.88 亿 t 标准煤,以每年年均 7.25% 的增长率,增加到 2017 年的 9.47 亿 t 标准煤,增长了约 3.2 倍,已经超过社会总能耗的 21.10%。因此,为了实现我国能源战略的目标,建筑节能是关键的一环。我国已经对建筑业制定了一系列的执行标准,2017 年起,城镇新建建筑已全部执行绿色建筑标准[1,2]。根据有关技术统计,围护结构各部位散热损失比例为:墙体结构的传热损失约占 60%～70%;门窗的传热损失约占 20%～30%;屋面的传热损失约占 10%,墙体传热是能量损耗的最主要途径[3]。因此,墙体保温技术成为提高建筑节能的关键技术之一[4,5]。

应用保温材料是目前降低建筑能耗行之有效的方式之一。保温材料通常是指孔隙率高、质轻且导热系数一般小于 0.14W/(m·K) 的材料。主要是用来阻止热量从热力空间散失,或者屏蔽热量传入需要保持低温状态的空间物体之内[5,6],因此又称绝热材料或保冷材料。保温材料可以显著降低热流的传递效率,在建筑工程、车辆船舶、服装家居、航空航天、石油化工、食品保鲜、农牧生产等领域均具有重要的应用,与人类各种需要保持温度的生产环节和生活过程紧密相关。

保温材料可以按结构和形状特征分为多孔状保温材料、纤维状保温材料、粉末(颗粒)状保温材料、层状保温材料等,也可按成分特征分为有机保温材料、无机保温材料以及复合保温材料等。本节将主要介绍按成分特征的分类情况。

5.1.1 有机保温材料

有机保温材料是指其成分主要为有机质,在功能上具有减缓热流传递作用的材料。如聚苯乙烯泡沫、挤塑聚苯乙烯泡沫、聚氨酯泡沫、聚氯乙烯泡沫、酚醛泡沫塑料以及天然的秸秆、纤维和软木制品等,其通常具有导热系数低、防水性能好、质轻等优点。前人已经对有机保温材料进行了大量的研究工作。图 5.1 为市场上常见的几种有机保温材料图片。

聚苯乙烯(EPS)保温材料全称模塑聚苯乙烯泡沫塑料保温材料,是由含有挥

图 5.1　几种有机保温材料图片
(a)聚苯乙烯；(b)挤塑聚苯乙烯；(c)聚氨酯；(d)酚醛泡沫

发性液体发泡剂的聚苯乙烯珠粒经加热发泡后，在模具中加热成形的白色物体。

挤塑聚苯乙烯(XPS)保温材料是以聚苯乙烯、助剂和胶凝物，经加热混合并加入催化剂，通过特殊工艺连续挤出发泡成形的硬质挤塑聚苯乙烯泡沫塑料。

聚氨酯(PU)保温材料是以聚合物多元醇(聚醚或聚酯)和异氰酸酯等为原材料，在催化剂、发泡剂等试剂共同作用后，经过混合发泡反应而制备的聚氨酯泡沫塑料。

聚氯乙烯(PVC)泡沫保温材料具有良好的力学性能，不易受潮。硬质交联发泡聚氯乙烯板材具有阻燃性能，是一种新型的有机保温材料。

酚醛(PF)泡沫保温材料是由酚醛树脂加入发泡剂、固化剂及其他助剂制成的闭孔硬质泡沫塑料，具有良好的阻燃特性，有望替代聚氨酯泡沫、聚乙烯泡沫、聚苯乙烯泡沫等传统有机泡沫保温板材料。

可再生有机保温材料通常为天然纤维状有机保温材料。利用天然植物废弃物纤维材料及动物毛发制备可再生保温材料，具有绿色环保、环境友好、高效节能等优点。常见植物废弃物材料包括树的茎叶、木粉、木屑、秸秆、草、谷壳、玉米芯、果壳(皮)、甘蔗渣材料等，这类材料往往由天然的植物纤维组成。虽然可再生保温材料具有显著的成本和环保优势，但是离在建筑领域大规模商用仍然有一定的距离。

保温绝热材料一般都会被要求进行燃烧性能及耐火极限试验,而且分为不同等级(表5.1)。虽然有机保温材料在导热系数、密度等方面具有诸多优势,但有机保温材料存在易燃特性(燃烧性能 B 级),且燃烧时会放出大量有毒气体。由有机保温材料引发的火灾事故也频见报道。例如,曾经发生的震惊中外的 2008 年济南奥体中心体育馆两次火灾、2009 年北京央视新址火灾、2009 年南京中环国际广场火灾等重大火灾事故,均与有机保温材料有关,造成了巨大的生命和财产损失。因此,世界各国相继出台了相关政策,规范有机保温材料的使用条件。

表5.1　我国建筑材料的燃烧性能分级标准对应表

燃烧性能等级		保温材料示例
A(不燃)	A1,A2	泡珠玻璃、岩(矿)棉、玻璃棉、膨胀珍珠岩、硅酸钙
B1(难燃)	B,C	改性酚醛、脲醛、橡塑等泡沫塑料制品
B2(可燃)	D,E	氧指数不小于30%的聚苯乙烯泡沫塑料(阻燃 EPS)等
B3(易燃)	F	普通型 EPS、XPS、PU 等

5.1.2　无机保温材料

无机保温材料是指主要由无机质组成的保温材料,主要包括矿物(岩)棉、膨胀矿物岩石(蛭石、珍珠岩等)、发泡水泥和多孔地质聚合物等,具有不燃、成本低廉等优点[7]。图 5.2 为市场上常见的几种无机保温材料。

岩棉保温材料是一种纤维状无机保温材料,是在 1600℃下将多种岩石,如白云岩、玄武岩和辉绿岩融化后制备岩棉纤维,然后再用黏结剂黏合在一起制得的保温材料。岩棉通常被制备成岩棉板、岩棉毡、岩棉管或岩棉卷等形式。其制品的导热系数为 0.033～0.040W/(m・K),密度为 0.04 ～0.20g/m³。岩棉保温材料成本低廉,容易加工,隔热性能稳定。缺点是生产能耗过高,保温性能受湿度影响较大。

玻璃棉也是一种纤维状无机保温材料,其生产方式为在 1300～1450℃的高温下,由天然砂和回收的废弃玻璃混合熔融后,通过离心和吹制工艺制成纤维,再通过树脂黏合纤维制成保温板材。

膨胀蛭石是一种多孔状无机保温材料。蛭石是一种层状硅酸盐矿物,通过 800～1100℃条件下膨胀而形成膨胀蛭石。膨胀蛭石可以直接用作保温材料,也可与黏结剂复合制成砖和轻质混凝土等形式的保温材料。膨胀蛭石的导热系数为 0.062～0.090W/(m・K),堆积密度为 0.085～0.105g/m³。

膨胀珍珠岩是一种多孔状无机保温材料。它的生产过程是将珍珠岩矿砂在 800～1300℃的高温下瞬间膨胀。该材料可以直接用作保温材料,也可与黏合剂混合来制作面板和砖材。膨胀珍珠岩的堆积密度为 80～150kg/m³,导热系数为 0.040～0.052W/(m・K),用膨胀珍珠岩制成的保温板材密度和导热系数稍高。

　　发泡水泥是通过物理或化学发泡的方法在水泥基体中引入气泡制成的一种轻质、高孔隙无机保温材料,具有耐久性好、强度高等优点。

　　泡沫玻璃是由玻璃渣、造孔剂、外加助剂等经过冶炼熔融、成泡、固化制成的一种多孔状无机保温材料。

　　无机保温材料具有不燃(燃烧性能 A 等级)、成本低廉、耐久性好、环保等优势,但仍然存在导热系数普遍偏高、密度较高、生产工艺复杂和能耗较高的问题。

图 5.2　几种无机保温材料图片
(a)岩棉;(b)玻璃棉;(c)膨胀珍珠岩;(d)发泡玻璃

5.1.3　复合保温材料

　　由于有机、无机墙体保温材料各自存在的问题,以及目前在墙体保温中推广应用的保温材料不仅要求保温性能好,而且对于保温材料的阻燃、结构强度等性能均有较高的要求,将有机、无机保温材料复合在一起,可以有效克服无机材料保温性能差以及有机材料易燃等缺点。

　　有机/无机复合保温材料主要包括有机泡沫基复合保温材料和无机胶凝材料基复合保温材料[8]。在有机泡沫基复合保温材料中,以聚氨酯、酚醛泡沫、聚苯乙烯等有机材料为主,添加膨胀蛭石、膨胀石墨、膨胀珍珠岩、气凝胶等无机保温材料可以提高有机保温材料的阻燃性能和力学性能等特性。无机胶凝材料基复合保温材料主要包括水泥基和石膏基复合保温材料。水泥基墙体保温材料价格低廉、抗压强度高、生产工艺简单,应用广泛,但其易吸潮,使得保温性能降低,阻碍了其在建筑保温领域的广泛应用。通过与其他有机保温材料的复合,可以提升水泥基材料的保温性能以及克服易吸潮问题。目前水泥基保温材料主要有水泥基聚氨酯保温材料、水泥基聚丙烯纤维泡沫保温材料、水泥基发泡保温材料等。石膏为单斜晶系矿物，主要化学组成为硫酸钙水合物，是一种广泛应用的建筑材料和工业材料，但石膏及其产品存在耐水性差、强度不高等问题。通过将石膏与 EPS、植物纤维等其他有机原料组分复合的方法，可提高石膏及其产品的强度和耐水性[8,9]。有机–无机复合保温材料将是未来保温材料发展的重要方向。

5.2　矿物保温材料研究进展

5.2.1　膨胀珍珠岩保温材料研究进展

珍珠岩是火山岩浆喷发后急速冷却、浓缩，进而形成的天然硅铝质无机非金属材料，因为具有珍珠裂隙而得名[图 5.3(a)]。其化学成分依产地的不同而各异，组成范围(质量百分数)为 SiO_2:68% ~ 75%，Al_2O_3:9% ~ 14%，Fe_2O_3:0.9% ~ 4.0%，MgO:0.4% ~ 1.0%，K_2O:1.5% ~ 4.5%，Na_2O:2.5% ~ 5.0%，H_2O:3.0% ~ 6.5%，属于高硅、高碱的玻璃质岩石。我国珍珠岩蕴藏量十分丰富，分布于多个省市，主要有河南、河北、内蒙古、辽宁、山西、福建等地。其中以河南信阳市为最，信阳市珍珠岩已探明的储量达 1.27 亿 t，占世界总储量的 18.4%，占亚洲储量的 62.1%，占中国储量的 79.6%，位居世界第二、亚洲第一。

膨胀珍珠岩是珍珠岩被破碎成砂后，在 700 ~ 1200℃[10]下体积剧烈膨胀而成。在高温下珍珠岩内部的吸附水和结晶水由于蒸发而产生大量气泡，这些气泡急速向珍珠岩表面扩散，从而使已软化的珍珠岩体积膨胀 4 ~ 30 倍，冷却之后即形成内部具有蜂窝状结构的轻质膨胀珍珠岩[图 5.3(b)]。膨胀珍珠岩具有轻质、隔热性和吸附性、隔声性、无毒害、耐腐蚀、A 级防火等良好的物理化学特性。膨胀珍珠岩的体积密度通常为 40 ~ 280kg/m³，耐火温度高于 1250℃，常温时导热系数为 0.047 ~ 0.074W/(m·K)。正是由于膨胀珍珠岩具有上述优良特性，故被广泛应用于各个行业领域，如建筑保温、管道保温、吸声工程，其他应用还有土壤改良剂、助滤剂、助磨剂、装饰材料等。

图 5.3　(a)珍珠岩；(b)膨胀珍珠岩照片

尽管膨胀珍珠岩的应用范围很广,但是由于膨胀珍珠岩具有导热系数低、密度较低、防火、无毒、物理化学性质稳定等特性,使其在建筑节能领域的应用更具有优势[11,12]。目前膨胀珍珠岩在国内外主要用于建筑保温行业,约占世界膨胀珍珠岩总用量的60%,其中匈牙利的建筑应用占比最高,甚至达到了80%~90%。美国主要将膨胀珍珠岩应用于高层建筑中的楼板、夹层墙板以及屋面板等建材领域;德国主要将膨胀珍珠岩应用于隔热层、隔音层以及耐火隔热砂浆。在我国,应用于建材领域的膨胀珍珠岩按其形态可以分为四类:①膨胀散料,包括普通膨胀珍珠岩、闭孔膨胀珍珠岩和玻化微珠,主要用作填充材料、粉刷材料等;②珍珠岩类保温砂浆;③膨胀珍珠岩板材,包括外墙保温板、珍珠岩防火门芯板、钢丝网架夹芯板和玻璃纤维增强水泥板,通常用于外墙外保温;④膨胀珍珠岩块材,主要有复合自保温砌块和轻集料小砌块,经常用于管道保温[13]。

传统膨胀珍珠岩保温板制品由于所使用的胶黏剂不同,其性能也会相应有所差异,再者由于厂商的不同,制品的性能也存在较大的差异。很少有综合性能令人满意的制品,因而科研人员多年来进行了很多研究以改善膨胀珍珠岩保温板的性能。

国外关于膨胀珍珠岩保温板的研究报道较少,膨胀珍珠岩更多地被用作轻质混凝土、真空绝热板的填料,以减轻制品的容重、改善制品的隔热性能[14-17]。

斯洛文尼亚的Blaz Skubic等进行了很多相关研究。以膨胀珍珠岩和水玻璃为原料,通过烧结法制备了膨胀珍珠岩保温板。研究中考查了板材的烧结特性,烧结温度为700℃。产品密度为130~160kg/m³,导热系数为0.0503W/(m·℃),且极大提高了其耐久性[18,19]。此外他们还进行了利用微波加热法来干燥制品的细致研究[20]。

中国地质大学在膨胀珍珠岩保温材料方面展开了较多研究。胡素芳等[21]以水玻璃作为胶凝材料,膨胀珍珠岩作为主要轻骨料,高岭土、粉煤灰等作为添加剂,制得一种体积密度为284~340kg/m³,抗压强度为0.55~1.30MPa,导热系数为0.065~0.074 W/(m·℃),吸水率为0.24%~0.36%的性能优异的膨胀珍珠岩制品。冯武威等[22]以膨胀珍珠岩为主要轻骨料,白云质泥岩焙烧熟料、粉煤灰、高岭土等作为胶凝材料,制得了一种密度为320~350kg/m³,抗压强度为0.48~0.62MPa,导热系数为0.076~0.086W/(m·℃)的新型膨胀珍珠岩保温板。

华南理工大学张宪圆等[23]选用主要成分为SiO_2的工业废料为硅质原料,石灰为钙质原料,石膏和水泥为调合剂,制备了蒸压硅钙胶凝材料。优化了膨胀珍珠岩保温板的制备工艺,利用自制胶凝材料与80号(堆积密度80kg/m³)和60号(堆积密度80kg/m³)膨胀珍珠岩轻骨料制备的200号制品抗压强度分别为0.33MPa、0.48MPa,制备的250号制品抗压强度分别为0.53MPa、0.58MPa。

石璞等[24]针对普通膨胀珍珠岩保温板防火能力差、强度低等缺陷,通过添加耐高温粉及聚醋酸乙烯胶黏剂,制得了防火性能优越、强度高的复合膨胀珍珠岩板。通过优化工艺所制备的厚度为 4cm 的板材,高温灼烧 90min 后,其背火温度仅为 102℃。该制品的抗压强度为 0.81MPa,导热系数为 0.05~0.07W/(m·℃),并且可在 1.5m 高度下经受 16 次跌落实验。

沈阳建筑大学张巨松等[25]以环保型有机胶黏剂为胶凝材料,辅以防水剂以及发泡剂等其他添加剂与膨胀珍珠岩混合发泡,制得了复合型膨胀珍珠岩制品。相较于传统膨胀珍珠岩制品,该制品具有较低的吸水率和导热系数,以及较高的强度。

济南大学李淋淋等[26]以膨胀珍珠岩为轻骨料,以脱硫石膏作为胶凝材料,添加适量粉煤灰,且以乳胶粉和硬脂酸乳液为防水剂,采用浇注成形法制备得到膨胀珍珠岩保温板,其各项性能为密度 283.4kg/m³、抗压强度 0.34MPa、体积吸水率 9.3%、导热系数 0.058W/(m·K)。

浙江大学高锦秀等[27]以水泥为胶凝材料,制备了水泥基膨胀珍珠岩保温板。主要研究了原料配方、成形工艺和养护制度对保温板性能的影响,制得了一种导热系数低于 0.06W/(m·K),体积密度为 180kg/m³,抗压强度高于 0.8MPa 的高性能膨胀珍珠岩保温板,并完成了产业化中试。此外还发明了一种新的溶胶体系——Na_2O-B_2O_3-SiO_2 作为胶凝材料来改善膨胀珍珠岩保温板的防水性[28]。

尽管国内外研究者为改善膨胀珍珠岩绝热制品的综合性能已经做了大量的工作,但是大部分研究还处在实验室阶段,投入生产的并不多,市面上的产品性能参差不齐。

5.2.2　膨胀蛭石保温材料研究进展

蛭石是一种天然的含水层状硅酸盐矿物,结构单元层由两层硅氧四面体片夹一层镁氧八面体片组成,结构单元层沿平面二维延伸,沿 c 轴方向堆叠,单元层之间的层间域为可交换的水合阳离子。蛭石经历高温焙烧失去层间水体积会膨胀,沿垂直解理方向膨胀几至几十倍,膨胀后的蛭石称为膨胀蛭石。膨胀蛭石具有层状多孔结构(图 5.4),其特征是容重低(60~160kg/m³)、导热系数低[0.063~0.071W/(m·K)]、耐热性高等,可以作为保温材料的集料,与其他材料混合加工后可制备出性能更优良的保温节能材料[29]。

膨胀蛭石基保温材料是以膨胀蛭石为主要原料,添加适量的黏结剂和固化剂,采用冷压或者热压工艺制备而成。膨胀蛭石为松散颗粒或粉体,在保温材料制品中不能形成坚固的骨架,只能看作松散的轻质集料,且强度极低,因此在成形过程中需要合适的胶结材料和固化剂来保证松散的膨胀蛭石颗粒黏结良好,且具有一定的强度。胶结材料主要有水泥、水玻璃、石膏、合成树脂、磷酸盐和地质聚合物等。固化剂是一类增进或控制固化反应的物质,添加固化剂可以提高材料抗压强

图 5.4　膨胀蛭石照片

度、降低吸水率,主要包括氟硅酸钠、磷酸铵、氧化锌、氧化镁、硅酸钙、锌粉和铝粉等。也可添加其他辅助材料来提高制品相应性能。

习永广等[30]以膨胀蛭石为骨料,熟石膏为胶结材料,采用模压成形的制备工艺和湿热养护的养护制度制备膨胀蛭石保温板。膨胀蛭石分别由微波膨胀和微波化学膨胀制备,所得膨胀蛭石-石膏保温板的密度、导热系数和抗压强度均随石膏-膨胀蛭石质量比的增加而增大;其中微波膨胀蛭石-石膏保温板密度、抗压强度和导热系数分别为 526.32kg/m³、0.26MPa、0.097W/(m·K);而微波化学膨胀蛭石-石膏板的密度、抗压强度和导热系数分别是 301.89kg/m³、0.20MPa、0.082W/(m·K)。

王坚[31]以膨胀蛭石为骨料,水泥为胶结材料,采用模压成形的工艺和自然养护的养护制度制备膨胀蛭石保温材料。复合材料的密度和抗压强度随水泥用量的增加而增大,采用最佳工艺参数制备的保温隔热制品表观密度 346kg/m³、抗压强度 0.45MPa、导热系数 0.086W/(m·K)。

刘文[32]以钠水玻璃为胶结剂,氟硅酸钾作固化剂,并添加硅丙树脂,热压成形制备复合型膨胀蛭石保温板。采用最佳工艺制备的制品密度 670kg/m³、抗压强度 4.58MPa、导热系数 0.084W/(m·K)。

王坚[33]以膨胀蛭石为骨料,水玻璃为胶结材料,氟硅酸钠为固化剂,采用模压成形的制备工艺和温度养护的养护制度,探究了固化剂和水玻璃用量、加料方式、压缩率和养护温度对制品强度的影响。采用最佳工艺所得制品的密度 335kg/m³、抗压强度 1.05MPa、导热系数 0.083W/(m·K)。

综上所述,目前膨胀蛭石作为保温节能材料的研究主要关注以下方面:胶结材料的选择、制备工艺、固化剂的选择等。蛭石基保温材料的成形工艺主要包括模压成形、热压成形、发泡成形等。选择合适的原材料和制备工艺成为膨胀蛭石基保温节能材料首先要解决的问题[29]。

5.2.3　地质聚合物保温材料研究进展

地质聚合物材料,又称碱激发材料,是一种绿色环保的胶凝材料。法国 Joeselph Davidovits 教授首先提出了地质聚合物的概念,即一种具有三维交联结构、长程无序短程有序(长石或沸石网络结构)的聚铝硅酸盐,是一种十分有应用前景、可替代水泥的绿色建材。这类胶凝材料具有传统水泥所不具有的早强快硬优异性能,可以在室温条件下迅速凝固,20℃条件下固化4h强度可达20MPa,28 天强度可达 70 ~ 100MPa。稳定性好,耐久性强,黏结性好,能抵抗酸和高温作用,可自发调节湿度[34]。地质聚合物混凝土生产时总体污染相比水泥可以减少90%,生产能耗只有水泥的30%,若采用活性固体废弃物,能耗只有水泥的10%[35]。它以其独特的结构和物理化学性质在建筑高强材料、吸附净化、核废料处理、催化降解、密封填充和保温隔热等方面显示出广阔的应用前景[36]。地质聚合物由硅铝质原料与碱激发剂的碱激发反应制得。常见的硅铝质原料主要包括高岭石、长石、火山浮石、粉煤灰、矿物废渣等。碱激发剂主要包括碱金属的氢氧化物和硅酸盐、碳酸盐、硫酸盐、磷酸盐、氟化物和铝硅酸盐。碱激发反应可以分为激发阶段和聚合阶段,在激发阶段:氢氧化物或硅酸盐溶液对铝硅酸原料进行活化,形成一系列的[SiO_4]和[AlO_4]单体;在聚合阶段:所生成的[SiO_4]和[AlO_4]四面体通过共享 O 原子连接聚合,先形成低聚物前驱体;低聚物前驱体再通过共用桥氧的形式连接,形成地质聚合物网络结构。Giannopoulou 等报道了碱激发反应过程[37]:

$$SiO_2 + Al_2O_3 + 2OH^- + 5H_2O \longrightarrow Si(OH)_4 + 2Al(OH)_4^- \quad (5.1)$$

$$Si(OH)_4 + Si(OH)_4 \longrightarrow (OH)_3Si\text{-}O\text{-}Si(OH)_3 + H_2O \quad (5.2)$$

$$Si(OH)_4 + Al(OH)_4^- \longrightarrow (OH)_3Si\text{-}O\text{-}Al^{(-)}(OH)_3 + H_2O \quad (5.3)$$

$$2Si(OH)_4 + Al(OH)_4^- \longrightarrow 2H_2O + (OH)_3Si\text{-}O\text{-}Al^{(-)}(OH)_2\text{-}O\text{-}Si(OH)_3 \quad (5.4)$$

$$(OH)_3Si\text{-}O\text{-}Si(OH)_3 + (OH)_3Si\text{-}O\text{-}Al^{(-)}(OH)_3 \longrightarrow (OH)_3Si\text{-}O\text{-}Al^{(-)}(OH)_2$$
$$\text{-}O\text{-}(OH)_2Si\text{-}O\text{-}Si(OH)_3 + H_2O \quad (5.5)$$

Al 代替 Si 后电荷不平衡,带一个负电荷,以 $Al^{(-)}$ 表示。地质聚合物的分子式可表示为:$M_x\{-(SiO_2)_y - AlO_2 - \}_x \cdot zH_2O$[式中,$y = 1$、2 或 3;M 为碱金属离子($Na^+$、$K^+$、$Ca^{2+}$、$Ba^{2+}$、$H_3O^+$等),$x$ 为聚合度,z 为结合水量]。图 5.5 为 Walkley 等和 Rowles 等提出的水化铝硅酸钠凝胶(N-S-A-H)的结构模型,该模型中[SiO_4]和[AlO_4]四面体通过共用桥 O 的形式相互连接,Na^+以水合 Na^+的形式存在于凝胶骨架之中,用以中和[AlO_4]所引起的电荷不平衡。地质聚合物具有环境友好、早强快硬、界面结合能力良好、固定有毒金属离子能力强、力学性能好、耐高温隔热效果好、渗透率低、耐冻融循环等优点[38]。

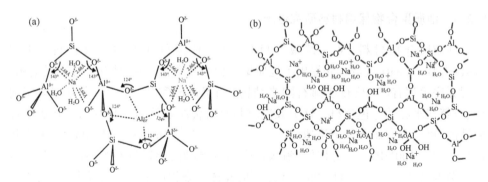

图 5.5　水化铝硅酸钠凝胶结构模型

(a)改编自 Walkley 等[39];(b)改编自 Rowles 等[40]

前人对基于多孔地质聚合物的保温材料进行了广泛的研究。Tsaousi[41]以珍珠岩废弃物为原材料,以碱激发反应为原理,通过发泡制备了一种建筑保温材料,其密度为 0.408 ~ 0.477 g/cm^3,导热系数为 0.076 ~ 0.095 W/(m·K),抗压强度为 0.5 ~ 1MPa。

罗马尼亚的 Badanoiu 等[42]以碎玻璃和赤泥两种废弃物作为地质聚合物原料,NaOH 溶液作为碱激发剂,水玻璃作为发泡剂,在 600 ~ 800℃下烧结 1h,制备了一种泡沫地聚物材料,其表观密度<866kg/m^3,气孔孔径为 1 ~ 100μm,抗压强度为 2.1 ~ 8.6MPa,综合性能优良。

中南大学 Chen 等[43]以粉煤灰和赤泥为原料,水玻璃为发泡剂,硼酸盐为添加剂,在 900℃下烧结 2h 制备得到泡沫陶瓷,其性能优越,气孔率达 64.14% ~ 74.15%,抗压强度达 4.04 ~ 10.63MPa,密度为 510 ~ 640kg/m^3。

林坤圣等[44]以黏土和工业水玻璃为主要原料,采用高温发泡法制备了一种轻质地聚物多孔材料。研究发现,在适当的高温发泡工艺下,该材料的体积密度为 320 ~ 100kg/m^3,抗压强度为 0.46 ~ 2.68MPa;对不同条件下的多孔材料进行显微结构分析可知,气孔率、气孔尺寸、气孔均匀性对制品的体积密度、抗压强度等性能有显著影响。

5.2.4　其他矿物保温材料研究进展

其他非金属矿物材料作为无机保温材料的主要原料也受到关注。

矿物棉是岩(矿)棉和玻璃棉的统称,是一种纤维状非金属矿物材料,具有质轻、热导率低、耐腐蚀、化学性能稳定、难燃等特性。矿物棉是由玄武岩、辉绿岩、高炉矿渣或玻璃高温熔融,离心甩丝而制成,生产成本相对较高。矿物棉在国外建筑保温中应用较多,生产应用技术相对较成熟,在建筑工程上可用于外墙体、屋面、门窗等,也可用于热力设备及管道的保温。为解决矿物棉吸水率高的缺陷,满足使用要求,矿物棉多以复合保温材料的形式应用。陈攻等以岩棉、铝箔、憎水剂为原料,经处理、复合成形、干燥等工艺制备得到岩棉复合保温材料,使保温材料的热辐射损失降低,热效率提高。万桥以岩棉保温板、冷拔低碳钢丝、聚合物砂浆等材料设计制备了热工性能良好的岩棉复合型保温板,能够满足建筑保温工程的要求。从当前矿物棉研究和应用的趋势来看,复合是其发展的必由之路。

海泡石是一种纤维状多孔非金属矿物,具有极大的比表面积(理论值 900 m^2/g),由于海泡石的簇状纤维中存在大量的纳米级微孔和中孔孔道,因此海泡石具有高效的隔热作用。海泡石还具有可塑性强、黏结性能好、不燃、耐久性好、无毒无害等特性。利用海泡石耐高温、隔热、湿时柔软干时坚硬的特点,以磷酸盐型黏结剂为胶结材料,复合其他隔热填充材料,可制备磷酸盐高温黏结型保温涂料,具有优异的保温性能。李美栋等以膨胀珍珠岩、海泡石、纤维、纤维素、丙烯酸等为原料,复合制备出多功能外墙保温涂料,具有较好的保温性能及应用强度。东华大学的杜红波以海泡石、丙烯酸、膨胀蛭石等为原料,研制出一种复合型环保隔热涂料,热阻隔性和热反射性都具有一定优势。由此可以看出,海泡石是一种很好的保温基料,与其他辅料合理配合即可得到性能较佳的保温涂料,因此未来应用前景较为广阔。

硅藻土是一种具有特殊多孔结构的非金属矿,具有多孔、质轻、易吸水、渗透性强的特性,用来制备轻质保温建筑材料具有较好的发展前景。梁兴荣等以硅藻土、水泥为原料,流浆成形后经蒸压养护获得了硅酸钙板,结果表明通过改变硅藻土的加入量可以制备出多类别符合标准的硅酸钙板产品,尤其可以用来制备低容重(密度<0.95g/cm³)、低导热率[导热系数<0.16 W/(m·K)]的产品。李国昌等通过对硅藻土进行酸溶焙烧扩容处理后,硅藻土比表面积增加,孔体积加大,容重减小,制成保温材料后,材料结构中封闭气孔发育,孔隙率大,热阻效应明显,从而降低了制品导热系数,改善了制品的保温性能。姜霆婧以硅藻土、白云石、粉煤灰等为原料,烧结制备了低导热、高强度的硅藻土多孔保温材料。目前,与先进保温材料相比,硅藻土保温材料产品的保温性能还相对较差,未来还需在配方、成形、制备技术方面进一步优化改进。其次,与其他高性能材料复合也是发挥硅藻土特性的有效途径。

5.3　新型矿物保温材料研究与应用

本书作者以珍珠岩、松脂岩、黑曜岩、高岭石等为原料,结合常温发泡的方法制备了新型地质聚合物保温材料,研究了原料比例、添加物、热处理条件等对保温材料主要物理、化学特性的影响,得到了具有较好综合性能的保温材料。结合多种传热模型,探讨了传热机制及该类保温材料的设计指导原则。此外,研究了几种基于膨胀珍珠岩的新型保温材料,探讨了制备工艺等的影响。

5.3.1 发泡珍珠岩保温材料

1. 原料及制备方法

本节所使用的原材料包括珍珠岩尾矿粉、硅酸钠水玻璃(SS)、十六烷基三甲基溴化铵(CTAB)、岩棉(RW)和过氧化氢(H_2O_2)溶液。珍珠岩尾矿由信阳裕盛珍珠岩有限公司提供,主要由无法用于制备膨胀珍珠岩的粒度小于0.125 mm 的珍珠岩粉组成,其主要氧化物成分为 SiO_2 和 Al_2O_3,分别约占70.0% 和13.4%;其次为 K_2O(4.0%)、Na_2O(2.2%)、Fe_2O_3(2.0%)、CaO(1.8%)等。珍珠岩尾矿在使用前需要进一步破碎处理(鹤壁市天冠仪器仪表有限公司生产的密封式粉碎机),其特征粒径分别为 $D_{10}=4.5\mu m$、$D_{50}=69.6\mu m$、$D_{90}=464.6\mu m$。珍珠岩的物相组成如图5.6所示,主要为非晶相,含少量石英和钠长石结晶物相。选择硅酸钠水玻璃溶液作为碱激发剂,硅酸钠遇水后发生如下反应:

$$2Na_2O \cdot nSiO_2+(2+n)H_2O \longrightarrow 4OH^- + 4Na^+ + 2nSi—OH \tag{5.6}$$

硅酸钠水玻璃可以提供碱激发反应所需的大量前驱体,通常为单倍体到十倍体,有利于碱激发反应的进行。SS 购自北京红广科技有限公司,模数(SiO_2/Na_2O)为2.4,波美比为51%。CTAB 产自安徽奔马先锋科技有限公司。RW 本身是一种低热导率的无机纤维材料,常用来提高材料的强度和降低材料的导热系数。RW 由咸阳非金属矿设计研究院有限公司提供,其化学成分主要为 SiO_2(36.67%)、CaO(21.05%)、Al_2O_3(8.74%)、MgO(7.35%)和 Fe_2O_3(5.79%)等,RW 的直径为 2~3μm,长度为20~200μm 不等。所使用的 H_2O_2 溶液浓度为30wt%(产自北京化工厂)。

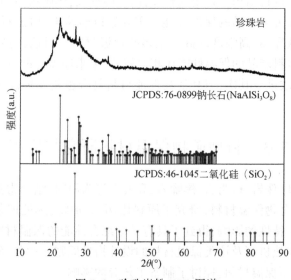

图5.6　珍珠岩粉 XRD 图谱

保温材料制备方法如图 5.7 所示,先将一定比例的珍珠岩粉、水玻璃、岩棉和
CTAB 混合搅拌 9min,加入 H_2O_2 搅拌 1min。然后,将制备的浆料注入一个 5cm×
5cm×2.5cm 的硅胶模具中发泡 24h。实验发现,如果坯体在敞开条件下发泡,样品
会泛霜和过早固化,从而导致发泡不充分,这主要是由于所使用的激发剂为水玻
璃,其在空气中与 CO_2 发生反应形成白色的盐析层(Na_2CO_3),对样品性能造成不
利的影响;同时,由于水分的过快蒸发,样品提前硬化,不利于样品充分发泡和碱激
发反应的发生。在加盖半封闭条件下,既可以阻隔空气、抑制泛霜,同时可维持一
定的湿度,有利于样品充分发泡。发泡 24h 后,样品的高度不再变化时,认为样品
已充分发泡。揭盖后,置于 60℃烘箱中干燥 24h 即得到常温发泡保温材料。烘干
温度不宜过高,时间不宜过久,否则样品出现开裂。表 5.2 为各实验的配比。

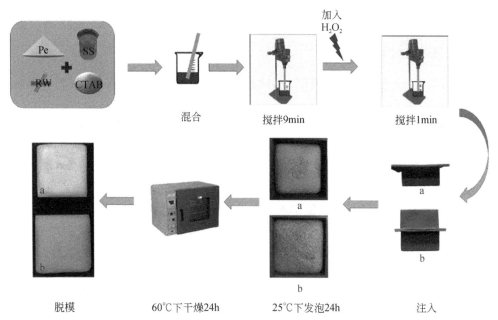

图 5.7　常温发泡珍珠岩基地质聚合物保温材料制备流程(图中:Pe 为珍珠岩粉,SS 为水玻璃,
RW 为岩棉,CTAB 为十六烷基三甲基溴化铵,a 为开放条件下,b 为封闭条件下)

表 5.2　实验原材料配比

序列	Pe/SS	H_2O_2(wt%)	CTAB(wt%)	RW(wt%)
A1	0.6	3	0.2	4
A2	0.8	3	0.2	4
A3	1.0	3	0.2	4
A4	1.2	3	0.2	4

序列	Pe/SS	H_2O_2(wt%)	CTAB(wt%)	RW(wt%)
B1	0.8	3	0.4	4
B2	0.8	3	0.6	4
B3	0.8	3	0.8	4
C1	0.8	4	0.2	4
C2	0.8	5	0.2	4
C3	0.8	6	0.2	4
D1	0.8	3	0.2	2
D2	0.8	3	0.2	6
D3	0.8	3	0.2	8

2. 结果与讨论

(1)固液比(珍珠岩-水玻璃)对珍珠岩基多孔地质聚合物保温材料性能的影响

图5.8(a)~(d)为样品的数码照片和SEM图片。从图中可以看到,样品中的孔近似于球形,不同固液比的样品具有相似的形貌和孔形态,表明Pe/SS对样品的形貌和孔结构几乎无影响。图5.8(e)中,当Pe/SS从0.6增加到1.2时,孔径先增大至0.487 mm而后减小;当Pe/SS从0.6增加到1.0时,孔隙率维持在84%~85%,随Pe/SS增加到1.2,孔隙率迅速降低至80%。这主要是因为Pe/SS极大地影响聚合物浆料的黏度,当Pe/SS低至0.6时,浆料的黏度过低,H_2O_2分解产生的气体难以保存,不利于聚集形成较大的孔。Pe/SS上升至0.8时,黏度增加从而利于气泡的聚集,并且孔径在该比率下达到最大值。当Pe/SS进一步增加至1.0和1.2时,浆料过于黏稠,不适合气泡的生长,导致相应样品的孔径和孔隙率降低。上述结果表明,合适的黏度对于获得具有均匀孔径和高孔隙率的多孔材料至关重要。

样品的密度、导热系数(TC)、弯曲强度(FS)和抗压强度(CS)随固液比的变化如图5.8(f)所示。当Pe/SS从0.8增加到1.0时,样品密度从0.181g/cm³略微增加到0.192g/cm³;当Pe/SS达到1.2时,样品密度迅速增加到0.244g/cm³。导热系数随固液比的变化显示出与密度类似的变化趋势。然而,当Pe/SS从0.6增加至1.2时,抗压强度从0.64MPa降低至0.39MPa,抗折强度首先从0.74MPa减小到0.57MPa,然后增加到0.83MPa。在聚合过程中,水玻璃与Pe反应,分解出大量的[SiO_4]四面体和[AlO_4]四面体,它们通过共用O角顶的方式形成交联的三维网络结构,有利于提高样品的强度。从图5.9的SEM照片中仍然可以看到未反应完全的珍珠岩颗粒的边界和残留轮廓,且随着固液比的增加,这种现象越明显,在固液比为 1.2 时[图 5.9(d)],可以清晰地观察到未反应完全的珍珠岩颗粒。这说明随着固液比的增加,碱激发反应程度逐渐降低。在该反应体系之中,硅酸钠水玻璃的含量对碱激发反应的程度有重要的影响,当 Pe/SS 的比例较低时,碱浓度较高,珍珠岩与水玻璃反应剧烈、彻底,使样品获得较高的强度;随着 Pe/SS 增加,珍珠岩与水玻璃的碱激发反应程度降低,材料的强度也降低。

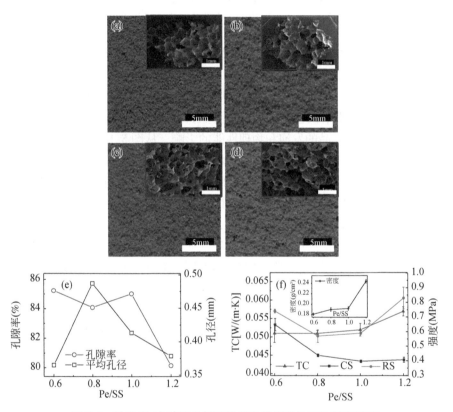

图 5.8　珍珠岩/水玻璃比例对样品孔特征及物理性能的影响
(a)~(d):不同 Pe/SS 比 A1、A2、A3 和 A4 的数码照片和 SEM 图片;(e)孔隙率和孔径随 Pe/SS 的变化;
(f)Pe/SS 对样品导热系数、强度和密度的影响

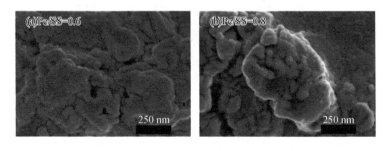

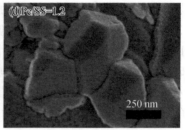

图 5.9　不同珍珠岩-水玻璃比例下多孔珍珠岩地质聚合物的 SEM 图片

（2）CTAB 对珍珠岩基多孔地质聚合物保温材料性能的影响

气液界面的面积越大,液体的表面张力越低,表面活性剂可以降低液体表面张力,从而显著改善溶液的发泡能力。表面活性剂分子吸附的液膜具有很大的弹性,使气泡的自修复能力更强,因此产生的气泡更稳定。本书作者研究了表面活性剂 CTAB 对珍珠岩地质聚合物样品的发泡和物理性能的影响。从图 5.10 可以看出,在发泡过程中,添加和未添加 CTAB 的样品的孔径及其均匀程度具有显著的差异。在没有添加 CTAB 的样品中,气孔的孔径分布非常不均匀,且远大于含有 0.2% CTAB 的样品的孔径。经测量,未添加 CTAB 的样品,其孔隙率为 63.0%,密度为 0.412g/cm³,远不及添加 0.2% CTAB 的样品(孔隙率为 84.5%,密度为 0.190g/cm³)。这表明,少量的 CTAB 对样品的气孔均匀性、孔径和物理性质具有显著的影响。图 5.11 揭示了 CTAB 在发泡过程中的作用机理,CTAB 可以吸附在地质聚合物浆料和气泡表面,一方面降低浆料和气泡的表面能,另一方面可以对地质聚合物浆料进行表面电荷改性,使其带正电荷。CTAB 改性后的地质聚合物浆料中含有 H_2O_2 分解产生的气泡,由于较低的表面能和电荷间相互排斥作用,形成孔径均匀的孔结构,并使孔壁变薄。相反,在不含 CTAB 的地质聚合物浆料中,气泡自由生长,形成不规则且孔壁较厚的孔结构。在相同发泡剂含量的情况下,添加 CTAB 会使地质聚合物的孔隙率显著提高。

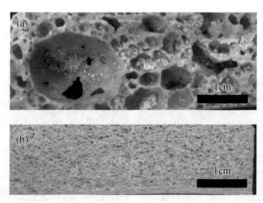

图 5.10　未加入 CTAB(a)和加入 0.2% CTAB(b)样品截面照片

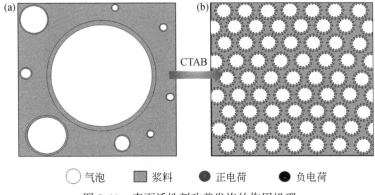

○ 气泡　　■ 浆料　　● 正电荷　　● 负电荷

图 5.11　表面活性剂改善发泡的作用机理
(a)不含 CTAB 的浆料;(b)CTAB 修饰的浆料

　　进一步研究了 CTAB 含量对珍珠岩基多孔地质聚合物保温材料孔隙特征和物理性能的影响,结果如图 5.12 所示。在该对比实验中,固液比同为 0.8,岩棉添加量为 4%,H_2O_2 添加量为 3%,CTAB 的用量从 0.2% 变化至 0.8%。图 5.12(a)~(d)为 CTAB 添加量是 0.2%、0.4%、0.6% 和 0.8% 的样品的数码照片和 SEM 图片。可以看出,CTAB 用量从 0.2% 增加到 0.6% 时,样品的孔形状几乎不变化;当 CTAB 用量达到 0.8% 时,孔壁显著增厚、孔径显著增大。这表明 CTAB 添加量在 0.6% 以内时,对孔径和孔形状几乎没有影响;当超出此范围,孔的形状和孔径发生显著变化。CTAB 对孔隙率和孔径的影响如图 5.12(e)所示,当 CTAB 用量从 0.2% 增加到 0.6% 时,孔隙率约为 84.5%,孔径约为 0.5mm,均保持不变;当 CTAB 用量为 0.8% 时,孔隙率降低至 80.3%,孔径增加至 0.96mm。这可能是因为当表面活性剂用量接近 0.8% 时,浆料和气泡表面过量的电荷对气泡产生副作用,使孔径变大、孔隙率降低。

　　CTAB 用量与样品物理性能的关系如图 5.12(f)所示。当 CTAB 的添加量从 0.2% 增加到 0.8% 时,样品的密度保持在 0.19g/cm³ 附近(内插图)。抗压强度(CS)和抗折强度(FS)基本上保持在约 0.4~0.6MPa,这表明 CTAB 对样品的强度无明显影响。由于孔隙率降低,样品的导热系数从 0.051W/(m·K)增加至 0.056W/(m·K)。

　　(3)发泡剂对珍珠岩基多孔地质聚合物保温材料性能的影响

　　H_2O_2 是一种常见的化学发泡剂,可在室温条件下分解成 O_2 和 H_2O。在研究发泡剂添加量影响的对比实验中,Pe/SS 为 0.8,CTAB 添加量为 0.2%,岩棉添加量为 4%,H_2O_2 的用量为 3% 到 6%,样品编号表示为 A2、C1~C3(表 5.2)。

　　图 5.13(a)~(d)为上述样品的数码照片。显而易见,样品的孔径随着 H_2O_2 用量的增加而增加。SEM 图像进一步表明,孔形状也变得越来越不规则,并且孔的

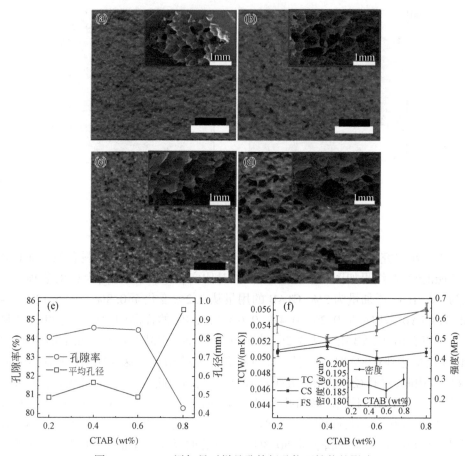

图 5.12　CTAB 添加量对样品孔特征及物理性能的影响

(a) ~ (d):A1、B1、B2 和 B3 的数码照片和 SEM 图片;(e)孔隙率和孔径随 CTAB 用量的变化;
(f)样品的导热系数、机械强度和密度随 CTAB 用量的变化

连通性增加,孔壁厚度减小。孔径随 H_2O_2 用量的变化如图 5.13(e)所示。随着 H_2O_2 用量从 3% 增加到 6%,平均孔径从 0.487mm 增加到 0.692mm,孔隙率从 0.84 线性增加到 0.92。主要原因是随着 H_2O_2 用量的增加,保温材料中 H_2O_2 分解产生的 O_2 气体量增加,这些气体不断汇聚并使孔径增大。当 H_2O_2 的添加量超过 5% 时,H_2O_2 分解的 O_2 过多,导致气泡间相互接触和连通,从而限制了孔径的进一步增加。因此,随着 H_2O_2 用量的增加,孔隙率呈不断增长的趋势。

H_2O_2 添加量与样品物理性能的关系如图 5.13(f)所示。可以发现,随着 H_2O_2 用量增加,样品密度从 0.190g/cm³ 降低到 0.102g/cm³,这主要是由于样品的孔隙率增加,导致样品在同等质量条件下,表观体积增加,密度降低。导热系数、抗压强度和抗折强度变化都表现出类似的趋势。当 H_2O_2 用量从 3% 增加到 6% 时,样品的导热系数从 0.051 W/(m·K)降低到 0.040 W/(m·K),而抗压强度/抗折强度分别从 0.43MPa/0.57MPa 降低到 0.09MPa/0.14MPa。上述结果表明,发泡剂 H_2O_2 的用量是影响样品主要性能的最重要因素。

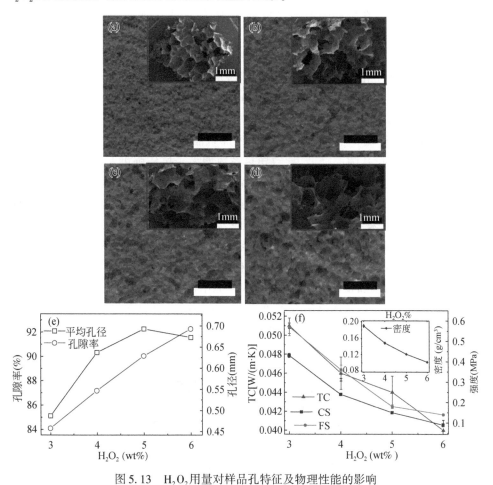

图 5.13　H_2O_2 用量对样品孔特征及物理性能的影响

(a)~(d):A1、C1、C2 和 C3 的数码照片和 SEM 图片;(e)孔隙率和孔径随 H_2O_2 添加量的变化;
(f)导热系数、机械强度和密度随 H_2O_2 添加量的变化

(4)岩棉对珍珠岩基多孔地质聚合物保温材料性能的影响

纤维通常用于提高样品的强度。本实验发现,添加适当的纤维还有利于避免样品开裂和形成贯通孔,特别是当 H_2O_2 含量较高时,效果更为显著。为了进一步研究岩棉对多孔珍珠岩地质聚合物保温材料性能的影响,进行了改变岩棉用量的对比实验。对比实验中,Pe/SS=0.8,CTAB 添加量为 0.2%,H_2O_2 为 3%,岩棉的用量为 2%~8%。

岩棉对微观孔结构和宏观孔结构特征的影响如图 5.14(a) ~ (d)所示。随着岩棉用量的增加,孔的形状几乎不变化。如图 5.14(e)所示,岩棉的用量从 2% 增加到 8% 时,样品的平均孔径从 0.54 mm 减小至 0.36 mm,孔隙率从 84% 轻微降低至 82%。岩棉纤维在浆料中增加浆料黏度,使发泡阻力增加,从而导致孔径和孔隙率减小。

岩棉对样品物理性能的影响如图 5.14(f)所示。可以看出,随着岩棉用量从 2% 增加到 8%,样品的密度从 0.189g/cm³ 缓慢增加到 0.195g/cm³,然后迅速增加到 0.254g/cm³;样品的导热系数先从 0.055W/(m·K) 降低到 0.051W/(m·K)(岩棉的用量为 4%),然后增加到 0.062W/(m·K)。导热系数先降低后增加可能是因为岩棉是一种低导热系数材料,适当添加岩棉可降低样品的导热系数,而当岩棉用量大于 4% 时,孔隙率降低,导致导热系数增大。抗压强度和抗折强度也显示出与导热系数类似的变化趋势,即样品的抗压强度/抗折强度先从 0.43MPa/0.8MPa 降低至 0.34MPa/0.53MPa,然后随着岩棉用量的增加,增加至 0.46MPa/0.63MPa。这一结果与传统的纤维增强理论不相符合。如图 5.15 中 SEM 微观形貌显示,当岩棉的添加量低于 6% 时,只能观察到少量随机分布的纤维,而当岩棉的用量增加到 8% 时,可以观察到纤维呈相互交联的状况。这可能是由于岩棉抗碱腐蚀性较差,当添加量小于 8% 时,在水玻璃溶液中十分容易被腐蚀溶解,导致增强效果丧失。同时,被腐蚀的纤维可能对孔结构产生负面影响,从而降低样品的强度。当纤维含量达到 8% 时,纤维才得以彼此交联,黏度增加,发泡被抑制,孔隙率显著降低,样品的强度得到明显改善。

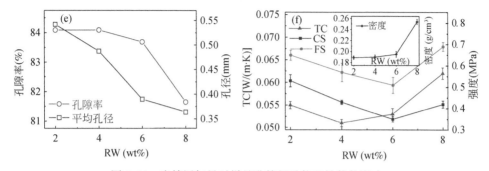

图 5.14　岩棉添加量对样品孔特征及物理性能的影响

（a）~（d）：A1、D1、D2 和 D3 的数码照片和 SEM 图片；（e）孔隙率和孔径随岩棉添加量的变化；
（f）导热系数、机械强度和密度随岩棉的变化

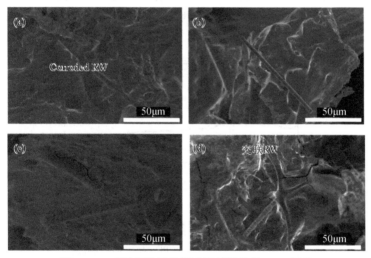

图 5.15　不同岩棉用量保温材料样品的 SEM 图片

（a）2%；（b）4%；（c）6%；（d）8%

（5）珍珠岩基多孔地质聚合物保温材料的化学成分和结构分析

表 5.3 为固液比 =0.8、CTAB 添加量 =0.2%、H_2O_2 用量 =4%、未添加岩棉时制备的多孔珍珠岩基地质聚合物保温材料的化学成分。与珍珠岩的化学成分相比，多孔珍珠岩地质聚合物材料的 SiO_2 含量几乎不变，Na_2O 含量显著提高，增加约 10 倍，Al_2O_3 含量显著降低。经计算，形成的珍珠岩地质聚合物中 Si/Al 摩尔比约为 12.12∶1，（Si+Al）/Na 的摩尔比约为 1.86∶1。

表 5.3　珍珠岩基多孔地质聚合物的化学成分

氧化物成分	含量(wt%)
SiO_2	70.16
Na_2O	21.09
Al_2O_3	4.92
K_2O	2.34
Fe_2O_3	0.474
CaO	0.457
MgO	0.358

　　图 5.16 为固液比=0.8、CTAB 用量=0.2%、H_2O_2 用量=4% 条件下制备的珍珠岩基多孔地质聚合物保温材料的 XRD 图谱。由图可知,样品中的主体为非晶相,此外含有少量石英和钠长石相。结合珍珠岩原矿的物相分析结果,推测结晶相来源于未反应的珍珠岩。

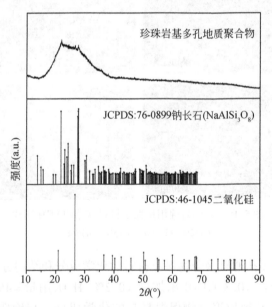

图 5.16　珍珠岩基多孔地质聚合物保温材料的 XRD 图谱[Pe/SS=0.8,CTAB(wt%)=0.2%,
H_2O_2(wt%)=4%]

　　图 5.17 为珍珠岩基多孔地质聚合物保温材料的红外光谱图。3449cm^{-1} 为—OH 的伸缩振动峰,可能来自于 Si—OH、Al—OH 和孔溶液中的水。1656cm^{-1} 为 H—O—H 弯曲振动峰,可能来源于珍珠岩基多孔地质聚合物孔溶液中的水。

1448cm^{-1}为C—O对称振动峰,说明样品在空气中发生了碳化,即样品中的Na$^+$与空气中的CO$_2$反应生成Na$_2$CO$_3$。1031cm^{-1}为Si—O—T(T=Al、Si)非对称伸缩振动峰,774cm^{-1}为Si—O—Al对称伸缩振动峰,456cm^{-1}为Si—O弯曲振动峰,Si—O振动峰强度明显强于Si—O—Al振动峰(与表5.3中结果一致),说明多孔地质聚合物中[SiO$_4$]多于[AlO$_4$],[SiO$_4$]和[AlO$_4$]通过共用桥O的形式相连接。

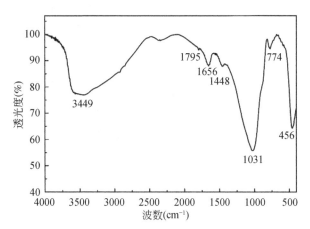

图5.17 珍珠岩基多孔地质聚合物保温材料的红外光谱图[Pe/SS=0.8,CTAB(wt%)=0.2%,H$_2$O$_2$(wt%)=4%]

(6)珍珠岩基多孔地质聚合物的发泡机理分析

珍珠岩颗粒的主要氧化物成分为SiO$_2$和Al$_2$O$_3$,在硅酸钠水玻璃溶液中发生碱激发反应,从而解离出含有[SiO$_4$]四面体和[AlO$_4$]四面体的混合浆料:

$$SiO_2 + Al_2O_3 + 2OH^- + 5H_2O \longrightarrow Si(OH)_4 + 2Al(OH)_4^- \quad (5.7)$$

其中以[SiO$_4$]四面体为主,含有少量的[AlO$_4$]四面体。

在浆料中引入H$_2$O$_2$作为发泡剂,在碱性条件下,H$_2$O$_2$不断发生分解产生O$_2$:

$$H_2O_2 \xrightarrow{\text{碱性条件}} O_2 + H_2O \quad (5.8)$$

由于表面活性剂CTAB的改性作用,气泡均匀地分散于浆料中,形成均匀的多孔结构。在发泡和固化过程中,[SiO$_4$]与[AlO$_4$]四面体通过共用桥O连接方式不断发生聚合反应形成低聚物:

$$Si(OH)_4 + Si(OH)_4 \longrightarrow (OH)_3Si\text{-}O\text{-}Si(OH)_3 + H_2O \quad (5.9)$$

$$2Si(OH)_4 + Al(OH)_4^- \longrightarrow 2H_2O + (OH)_3Si\text{-}O\text{-}Al^{(-)}(OH)_2\text{-}O\text{-}Si(OH)_3 \quad (5.10)$$

$$(OH)_3Si\text{-}O\text{-}Si(OH)_3 + (OH)_3Si\text{-}O\text{-}Al^{(-)}(OH)_3 \longrightarrow (OH)_3Si\text{-}O\text{-}Al^{(-)}(OH)_2$$
$$\text{-}O\text{-}(OH)_2Si\text{-}O\text{-}Si(OH)_3 + H_2O \quad (5.11)$$

气泡不断生长,直至H$_2$O$_2$消耗殆尽,同时低聚物前驱体再通过共用桥氧的形式连接形成分子式为 $Na_x\{-(SiO_2)_y-AlO_2-\}_x \cdot zH_2O$ 和具有一定强度的多孔地质聚合物材料。

(7)热处理影响

图 5.18 是珍珠岩基地质聚合物保温材料的热重曲线,图 5.19 是 CTAB 的热重曲线。分析可知, ~140℃的失重为珍珠岩基地质聚合物保温材料脱水反应所至, ~255℃的失重为 CTAB 热分解的原因, ~320℃失重为内部某些成分的分解或脱去一些羟基,失重量较小。可见,珍珠岩基地质聚合物保温材料有两个主要失重阶段,分别发生在 ~140℃和 ~255℃。

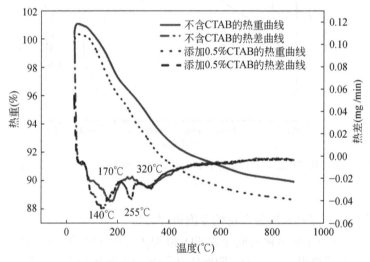

图 5.18　珍珠岩基地质聚合物保温材料热重曲线(红线:未添加 CTAB;
蓝线:添加 0.5% CTAB)

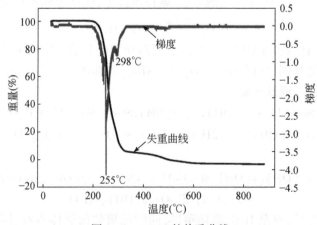

图 5.19　CTAB 的热重曲线

根据珍珠岩基地质聚合物保温材料的热分解、热失重过程,设计制备了珍珠岩基多级孔地质聚合物保温材料。制备步骤和机理如下:① 在室温条件下,浆料通过常温发泡获得珍珠岩基多孔地质聚合物材料,将此种材料中的孔称为初级孔;②对珍珠岩基多孔地质聚合物材料进行快速热处理,当温度达到140℃时,珍珠岩基多孔地质聚合物材料内部的水分开始迅速挥发逸出,使初级孔的孔壁上形成次级孔结构;当样品内部温度达到255℃时,CTAB 开始分解,形成三级孔结构(图 5.20)。

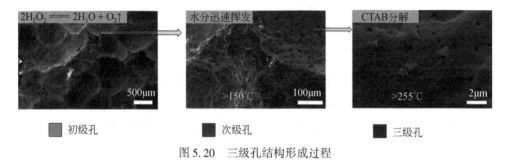

图 5.20　三级孔结构形成过程

为进一步研究不同因素(热处理温度、保温时间和 CTAB 用量)对三级孔结构和样品性能的影响,设计了一系列实验(表 5.4)。

表 5.4　不同因素对三级孔结构和样品性能影响的实验设计

研究因素	成分		
	珍珠岩-水玻璃	CTAB(wt%)	H_2O_2(wt%)
热处理温度	0.8	0.5	4
保温时间	0.8	0.5	4
CTAB 含量(%)	0.8	0	4
	0.8	0.25	4
	0.8	0.5	4
	0.8	0.75	4
	0.8	1	4
	0.8	2	4

图 5.21 为不同温度热处理保温材料的 SEM 图片。可以清楚看到,经过热处理的样品与未经过热处理的样品的孔形状和分布有明显差异。热处理后,孔壁和孔边缘出现了大量不同孔径的新孔,包括次级孔和三级孔,且随着热处理温度提高,次级孔数量增多。

图 5.22 为不同温度热处理保温材料的物理及机械性能变化情况。图 5.22

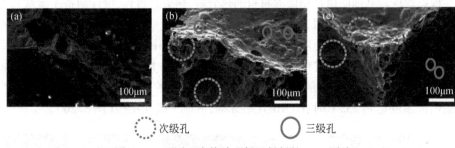

图 5.21　不同温度热处理保温材料的 SEM 图片
(a)未经过热处理;(b)300℃、30min;(c)450℃、30min

(a)为不同温度热处理保温材料的孔径分布情况。可以看出,相比于未热处理样品,热处理样品中 0~100μm 的孔(次级孔)显著增加,且随热处理温度升高,孔径增大。以上结果表明,热处理可以产生多级孔结构,且提高热处理温度,可以增大孔径。

图 5.22(b)~(d)为不同温度热处理保温材料的性能。由图 5.22(b)可知,随着热处理温度从 50℃ 升高到 500℃,样品密度从 0.167g/cm³ 增加到 0.182g/cm³,然后降低到 0.139g/cm³。密度变化率(与热处理之前的密度相比)从 9.5% 减小到 -16.6%,先增大后减小。图 5.22(c)为样品的导热系数变化(与热处理之前的导热系数相比),可以看出,随着热处理温度从 150℃ 升高到 500℃,试样的导热系数从 0.053W/(m·K) 提高到 0.055W/(m·K)(200℃),然后降低到 0.047W/(m·K)(500℃)。图 5.23 显示,当热处理温度低于 400℃ 时,随着热处理温度的增加,样品的质量和体积均减小,当加热温度达到 450℃ 时,样品的体积膨胀了 6%。由此可以推断,热处理过程中由于水蒸气的逸出,在初级孔的孔壁产生次级孔隙,同时样品的表观体积发生微弱收缩,两种因素共同影响了样品性能。当热处理温度低于 300℃ 时,体积收缩对样品物理性质的影响大于水蒸发和 CTAB 分解导致的质量降低对样品物理性能的影响。当温度从 300℃ 升高到 500℃ 时,TC 的降低幅度不断增大,这与孔隙率随热处理温度增加而增加有关。

抗压强度和软化系数(SC)是评价保温材料性能的两个重要指标。如图 5.22(d)所示,随着热处理温度从 150℃ 升高到 500℃,抗压强度从 0.71MPa 下降到 0.30MPa,可能是因为初级孔的孔壁上出现新孔造成。随着热处理温度从 150℃ 增加到 500℃,软化系数从 0.16 增加到 ~1.00。

热处理不同时间的保温材料的 SEM 图如图 5.24 所示。可以看出,所有样品均具有明显的多级孔结构,表明多级孔结构可以在较短的时间内(小于 5 min)形成。此外,样品的次级孔径随热处理时间的延长而增大。

图 5.25(a)为不同热处理时间样品的孔径分布情况,可见热处理 5min 和

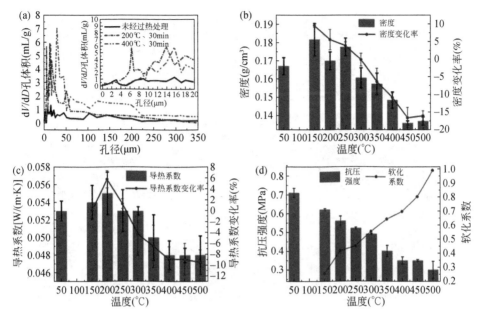

图 5.22　不同温度热处理保温材料的物理及机械性能
(a)孔径分布;(b)密度;(c)导热系数;(d)抗压强度和软化系数

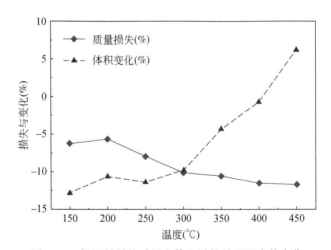

图 5.23　保温材料的质量和体积随热处理温度的变化

15min 的样品孔隙特征无明显差异,次级孔径为 $5 \sim 30\mu m$;随热处理时间的增加, 次级孔的孔径逐渐增大,在热处理时间为 45min 时,次级孔孔径为 $10 \sim 50\mu m$。以 上结果表明,随着热处理时间延长,次级孔孔径增大。

图 5.25(b)为热处理时间对保温材料密度的影响。可以看出,随着热处理时间

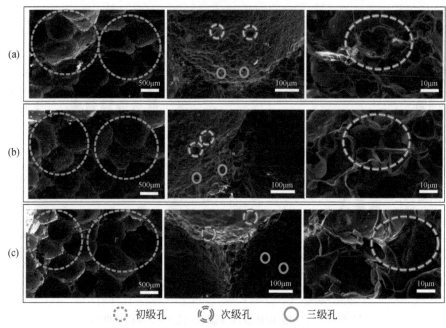

初级孔　　次级孔　　三级孔

图 5.24　热处理不同时间保温材料的 SEM 照片

(a)400℃、5min;(b)400℃、15min;(c)400℃、45min

的延长,保温材料密度由 0.167g/cm³ 减小到约 0.148g/cm³,后增加至 0.158g/cm³。从密度变化率曲线可以看出,在 400℃ 热处理不同时间,样品密度均有所下降。当热处理时间大于 30min 时,密度减小率保持在 10.9%,热处理前后密度变化不大。图 5.25(c)为样品的导热系数随热处理时间的变化。随着热处理时间从 5min 增加到 30min,样品的导热系数从 0.054W/(m·K)降低至 0.048W/(m·K),热处理时间继续增加至 45min 后,样品的导热系数又增大到 0.049W/(m·K)。可以得出,适当延长热处理时间可以增加次级孔数量,从而有利于进一步降低样品的密度和导热系数,实验的最佳热处理时间为 30min。

　　图 5.25(d)为保温材料的抗压强度及软化系数随热处理时间的变化。从图可以看出,热处理时间从 5min 延长到 45min,样品的抗压强度从 0.44MPa 降低到 0.34MPa,而软化系数则先从 0.51 增加到 0.75,然后保持在 0.70~0.80。一般情况下,样品的强度与孔隙率呈负相关,随着热处理时间的延长,样品次级孔不断增加,孔隙率增大,因此抗压强度相应减小。

　　不同 CTAB 用量制备的保温材料的 SEM 图如图 5.26 所示。CTAB 用量分别为 0%、1% 和 2% 时,均可观察到初级孔和次级孔。不同的是,添加 CTAB 的样品热处理后,在固体骨架上发现了新的细孔,孔径范围在几纳米到几微米之间,显然这些孔是由 CTAB 热分解产生,即三级孔。

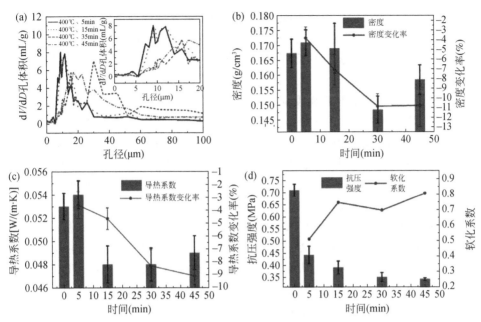

图 5.25　热处理时间对保温材料物理性能的影响

(a)孔分布；(b)密度；(c)导热系数；(d)抗压强度及软化系数

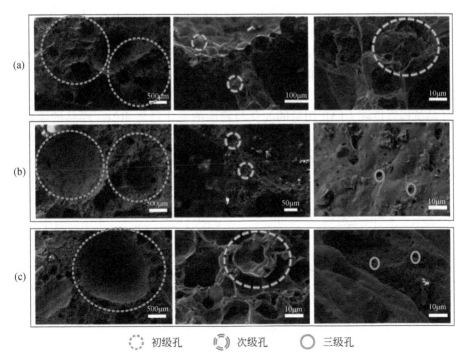

⊙ 初级孔　　　⊚ 次级孔　　　○ 三级孔

图 5.26　不同 CTAB 用量制备的保温材料的 SEM 图片［热处理条件：400℃、30min；CTAB 用量：

(a)0%；(b)1%；(c)2%］

　　图 5.27(a)为 CTAB 用量不同的样品在相同热处理条件下的孔径分布。从图可以看出,CTAB 用量为 0.5%、1% 和 2% 的样品,孔径分布曲线均出现一个小于 5μm 的峰,进一步证实这些小于 5μm 的小孔是由于 CTAB 在热处理过程中发生分解产生的气体逸出后形成。

　　图 5.27(b)为保温材料密度随 CTAB 用量的变化。可以看出,当 CTAB 用量为 0.25% 时,保温材料密度迅速降低,这主要是由于 CTAB 对孔分布和孔径均匀性的改善作用;CTAB 用量在 0.25% ~ 0.75% 时,样品密度保持在 0.145g/cm³ 左右,而当 CTAB 用量超过 1% 时,密度增加到约 0.250g/cm³,这主要是由于在常温发泡过程中产生的初级孔相对于次级孔、三级孔对样品孔隙率和密度的影响更重要,故在材料设计中应优先考虑初级孔的数量。大量的 CTAB(>1%)有助于第三级孔的形成。与热处理前的样品相比,CTAB 含量从 0% 上升到 2% 时,样品密度变化率从 26% 下降到 3% 左右。由此推断,CTAB 用量过多不利于次级孔的产生,因为过量的 CTAB 会降低孔壁的厚度,从而限制次级孔的发育。只有合适的 CTAB 添加量才有利于常温发泡产生良好的初级孔结构,同时为初级孔孔壁上次级孔的发育提供一定的空间,使得样品的密度最小。

　　不同 CTAB 用量制备的保温材料的导热系数及其热处理前后的变化率如图 5.27(c)所示。随 CTAB 用量增加,保温材料的导热系数由 0.077W/(m·K)先显著降低至 0.048W/(m·K),然后急剧升高至 0.064W/(m·K)左右。当 CTAB 用量为 0% 时,由于次级孔隙的大量产生,样品导热系数在热处理后降低了 80% 以上,但由于缺乏足够的初级孔,导热系数高于 CTAB 用量为 0.25% ~ 0.75% 的样品。当 CTAB 用量大于 1% 时,样品导热系数较高且热处理前后变化不明显的原因为缺乏足够的初级孔,且初级孔的孔壁较薄,不利于次级孔的生长。图 5.27(d)中,样品抗压强度随 CTAB 用量的变化与密度的变化趋势相似。样品的软化系数保持在 0.70 ~ 0.80,差异不明显。以上结果表明,第三级孔对样品的导热系数影响较小,只有添加适量 CTAB 才可以获得具有优良性能的珍珠岩基多级孔地质聚合物保温材料。

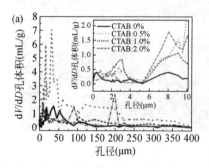
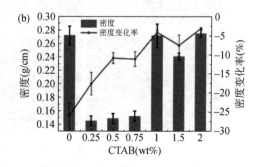

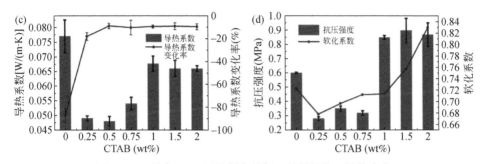

图 5.27 不同 CTAB 用量制备的保温材料的物理性能变化

(a)孔径分布;(b)密度;(c)导热系数;(d)抗压强度及软化系数

通过优化,确立了多级孔珍珠岩地质聚合物保温材料的原材料配比为: Pe/SS=0.8、CTAB%=0.2%、H_2O_2%=4%;优化的热处理工艺为:400℃保温 30min。以此配比和热处理工艺制备的样品为对象,研究了热处理前后样品的化学组成和结构变化。

表 5.5 为热处理前后样品的氧化物成分,考虑测量误差因素,热处理后样品的氧化物相对含量几乎不变,说明热处理对无机氧化物含量几乎没有影响。

表 5.5 热处理前后样品的化学成分

氧化物	热处理前(%)	热处理后(%)
SiO_2	70.31	70.16
Na_2O	19.19	21.09
Al_2O_3	6.32	4.92
K_2O	2.56	2.34
Fe_2O_3	0.502	0.474
CaO	0.478	0.457
MgO	0.371	0.358
TiO_2	0.0497	0.046

图 5.28 为不同热处理条件下制备的保温材料的 XRD 图。可以看出,随着热处理温度升高和热处理时间增加,石英衍射峰的强度增大。材料中含有未反应完全的珍珠岩和水玻璃,而材料具有多孔结构,体积吸水率较高,因此材料在水中不稳定。热处理后,样品中的部分可溶性组分转化为稳定的石英(SiO_2),可提高样品在水中的稳定性。

图 5.29 为热处理前后保温材料的红外光谱图。$3567cm^{-1}$ 和 $3437cm^{-1}$ 吸收带代表—OH 的伸缩振动,可能源于 Si—OH、Al—OH 和 H_2O。$1669cm^{-1}$ 和 $1627cm^{-1}$ 吸收带归因于 H—O—H 弯曲振动,可能来源于孔溶液和吸附水。热处理后羟基的吸收带均发生了显著红移,振动频率降低,说明 Si—OH、Al—OH 和 H_2O 含量降

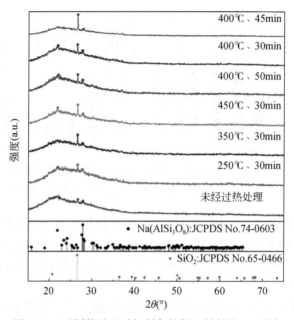

图 5.28　不同热处理时间制备的保温材料的 XRD 图

低。$1445cm^{-1}$ 和 $1450cm^{-1}$ 吸收带为 C—O 对称振动,可能是由于样品与空气中的 CO_2 发生反应生成 Na_2CO_3。$1008 \sim 1028cm^{-1}$ 以及 $988 \sim 1058cm^{-1}$ 的宽带则归因于 Si—O—T(T=Al、Si) 非对称伸缩振动,热处理后红外吸收带变宽说明热处理使四面体的聚合程度提高,$772cm^{-1}$ 吸收带为 Si—O—Al 的对称伸缩振动,$467cm^{-1}$ 吸收带为 Si—O 的弯曲振动,热处理后这两个带明显增强,说明热处理过程中 Si—O—T(T=Al、Si) 聚合程度提高。

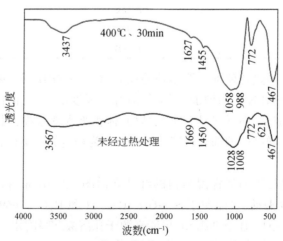

图 5.29　热处理前后保温材料的红外光谱图

在防水性方面,未经热处理的保温材料样品可完全溶解在水中,而经过400℃热处理并保温 30min 的样品在相同条件下保存完好(图 5.30)。从样品的 XRD 与红外光谱结果可以看出,热处理后样品物相中石英峰的强度显著增强,[SiO₄] 和 [AlO₄] 的聚合程度显著提高,二者共同提高了保温材料在水中的稳定性。

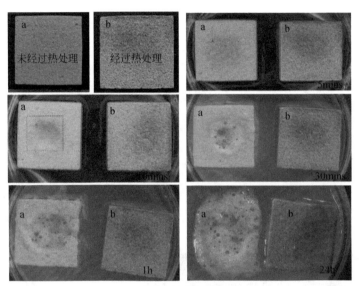

图 5.30　保温材料在自来水中的浸泡实验(a:未经热处理;b:400℃,保温 30min 热处理)

作为一种有应用前景的建筑无机保温材料,对其在实际条件下的保温性能进行评价具有重要意义。温度和湿度对保温性能有重要影响,因此测试了不同温度和湿度条件下上述珍珠岩基地质聚合物保温材料的导热系数。图 5.31 为样品的导热系数随温度的变化图。样品的导热系数随温度的升高而增加,并呈现出良好的线性关系。温度每升高 10℃,样品的导热系数平均增加 $6.5×10^{-4}W/(m·K)$。图 5.32 显示了不同吸水率条件下样品的导热系数。结果表明,样品的体积吸水率由 0% 提高到 35%,导热系数由 $0.043W/(m·K)$ 增加到 $0.250W/(m·K)$,说明珍珠岩基多级孔地质聚合物保温材料吸水后保温性能较差。为了改善在实际应用条件下样品的性能,本书作者对保温材料进行了防水处理,即在有机硅防水剂溶液(有机硅与水的比例为 1:60)中浸泡 10min。图 5.33 为经过防水处理的样品表面上蒸馏水珠的接触角图像,平均接触角达到 127°,防水处理后的样品平均体积吸水率为 2.70%,导热系数为 $0.042W/(m·K)$。

将常温发泡和 400℃热处理 30min 后所制得的保温材料与文献报道的多孔地质聚合物以及建筑用膨胀珍珠岩保温板行业标准(JC/T 2298—2014)的主要物理性能指标进行了对比,结果如表 5.6 和表 5.7 所示。通过比较发现,文献报道的多孔地质聚合物密度普遍偏大,在 0.19 ~ 2.01g/cm³;导热系数偏高,在 0.051 ~ 0.65W/(m·K)。作者研发的珍珠岩基多级孔地质聚合物保温材料导热系数为 0.048W/(m·K),密度为 0.148g/cm³,具有显著的性能优势,综合性能达到建筑用膨胀珍珠岩保温板行业标准中的 I 型指标。

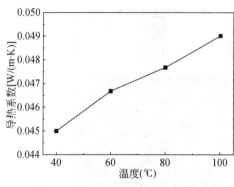

图 5.31　珍珠岩基地质聚合物保温
材料导热系数随温度的变化

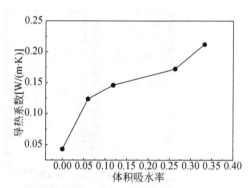

图 5.32　珍珠岩基地质聚合物保温
材料导热系数与体积吸水率的关系

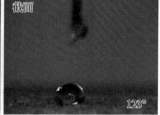

图 5.33　蒸馏水滴在经防水处理的保温材料表面的接触角

表 5.6　珍珠岩基多级孔地质聚合物保温材料与同类材料主要性能比较

硅铝质原料	发泡剂	稳泡剂	TC [W/(m·K)]	密度(g/cm³)	CS(MPa)	参考文献
MK,FA	Al	VMPFs	0.25 ~ 0.65	0.8 ~ 1.1	4.4 ~ 9.5	[46]
MK	H_2O_2	—	0.15 ~ 0.17	0.33 ~ 2.01	1.8 ~ 5.2	[47]
MK+FA	H_2O_2	—	0.10 ~ 0.40	0.56	1.2 ~ 6.6	[48]
MK+FA	H_2O_2	—	0.08 ~ 0.2	0.44	0.3 ~ 21	[49]
MK	H_2O_2	蛋白质	—	0.4 ~ 0.8	~ 4.47	[50]
MK	H_2O_2	Tween 80	0.091 ~ 0.289	0.3 ~ 0.8	0.3 ~ 9.4	[51]
MK	植物表面活性剂	—	0.074 ~ 0.128	0.33 ~ 0.43	—	[52]

续表

硅铝质原料	发泡剂	稳泡剂	TC [W/(m·K)]	密度(g/cm³)	CS(MPa)	参考文献
FA	—	—	0.08～0.09	0.61～1.3	3.0～6.2	[53]
FA+水玻璃	CaCO₃	—	0.36	0.46	>5.0	[54]
FA	SDS	PASS	0.051	0.193～0.357	0.43～1.01	[55]
Pe	H₂O₂	CTAB	0.048	0.148	0.34	常温发泡+400℃热处理30min

FA:粉煤灰;MK:偏高岭土;SDS:十二烷基硫酸钠;PAAS:聚丙烯酸钠。

表5.7　珍珠岩基多级孔地质聚合物保温材料的主要性能参数与建筑用
膨胀珍珠岩保温板行业标准指标

保温材料类型	TC [W/(m·K)]	密度(g/cm³)	CS(MPa)	参考依据
建筑用膨胀珍珠岩保温板	≤0.055	≤0.200	≥0.30	JC/T 2298—2014(Ⅰ型)
	≤0.060	≥201,≤0.230	≥0.40	JC/T 2298—2014(Ⅱ型)
	≤0.068	≥231,≤0.260	≥0.50	JC/T 2298—2014(Ⅲ型)
珍珠岩基多级孔地质聚合物保温材料	0.048	0.148	0.34	常温发泡+400℃热处理30min

（8）耐久性研究

耐久性是评估建筑保温材料在实际服役过程中表现的重要依据。珍珠岩基多级孔地质聚合物保温材料是一种制备成本低廉、工艺简单、绿色环保的无机保温材料,有望在建筑隔热领域发挥重要作用。众多环境因素影响其长期使用性能,如温度、湿度、阳光暴晒、风吹、雨淋、流体环境等,其中温度和湿度是最重要的环境因素。本节以常温发泡和热处理工艺制备的珍珠岩基多级孔地质聚合物无机保温材料为对象,用恒温恒湿箱模拟极限环境温度、湿度条件进行老化实验,研究该材料在热、湿耦合条件下性能和成分的变化,并以此为依据,研究改善材料耐久性的方法。

为了进行对比研究,设计制备了PS8、PS12和PS12R4三种样品,具体配方见表5.8。

表5.8　PS8、PS12和PS12R4样品的原材料配比表

编号	固液比	CTAB(%)	H₂O₂(%)	RW(%)
PS8	0.8	0.2	4	0
PS12	1.2	0.2	4	0
PS12R4	1.2	0.2	4	4

　　图 5. 34 为 PS8、PS12 和 PS12R4 样品在温度为 50℃、相对湿度为 98% 条件下老化不同时间的形貌。可以看出,仅老化 1 天之后 PS8 就萎缩变形,老化 28 天后 PS12 也表现出轻微的变形,PS12R4 则保持良好的形状。该结果表明,增加珍珠岩/水玻璃比值和加入岩棉均有利于提高珍珠岩基多孔地质聚合物在高温、高湿条件下形貌的稳定性。

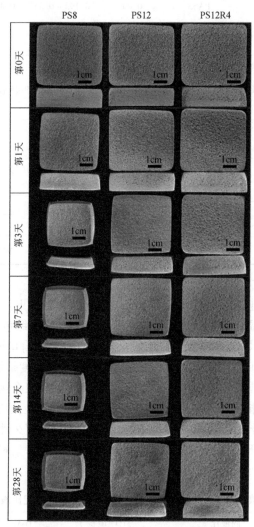

图 5.34　老化不同时间的 PS8、PS12 和 PS12R4 样品的数码照片(上:顶面;底部:侧面)

　　图 5. 35 和 5. 36 分别为 PS8、PS12 和 PS12R4 在温度为 50℃、相对湿度为 98% 条件下老化不同时间的多级孔结构。从图 5. 35 可以发现,老化前 PS8 具有明显的多级孔结构,初级孔的孔径为数百微米左右;在初级孔的孔壁上,可见大量的尺度

为数十微米的次级孔。样品经过老化后,初级孔的孔径减小,次级孔在老化3天后消失。以上变化共同导致珍珠岩基多孔地质聚合物材料发生致密化。从图5.36可以看出 PS12 和 PS12R4 的多级孔结构也表现出与 PS8 类似的变化。然而在老化28 天后,PS12 和 PS12R4 比 PS8 表现出更好的形貌稳定性,说明较高的 Pe/SS 比和RW 的加入有利于珍珠岩基多孔地质聚合物形貌和结构稳定性的提高。

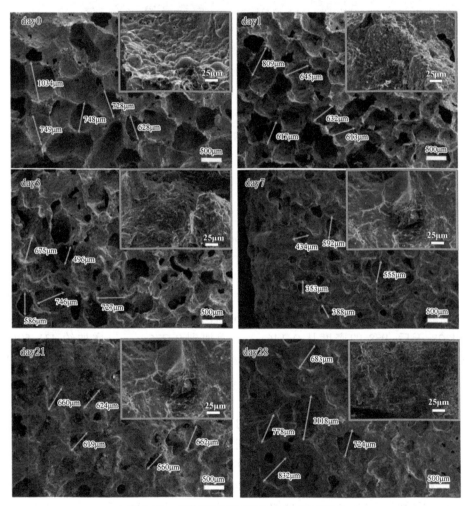

图 5.35　老化不同时间的 PS8 的 SEM 图片

图 5.37 为 PS8、PS12 和 PS12R4 的物理性能随老化时间的变化。从图 5.37
(a)可以看出,随着老化时间的增加,PS8 的孔隙率从 91.33% 下降到 55.39%,
PS12 的孔隙率从 89.8% 下降到 84.58%,PS12R4 的孔隙率从 89.89% 下降到
87.02%,PS8 的孔隙率下降幅度最大。这一结果与孔结构和形貌的变化情况

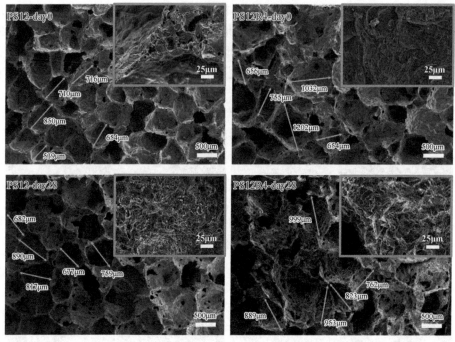

图 5.36　老化不同时间的 PS12 和 PS12R4 的 SEM 图片

一致。

图 5.37(b)为 PS8、PS12 和 PS12R4 的密度随老化时间的变化。老化前,PS8、PS12 和 PS12R4 的密度相近(PS8:0.146g/cm³;PS12:0.164g/cm³;PS12R4:0.161g/cm³)。老化 28 天后,PS8 的密度从 0.146g/cm³ 增加到 0.776g/cm³,增加约 431.50%;PS12 的密度从 0.164g/cm³ 增加到 0.245g/cm³,增加了约 49.39%;PS12R4 的密度从 0.161g/cm³ 增加到 0.215g/cm³,增加了约 33.54%。显然,PS8 的密度增加最明显。

图 5.37(c)为 PS8、PS12 和 PS12R4 的导热系数随老化时间的变化。PS8 老化 1 天后,导热系数从 0.046W/(m·K)增加到 0.061W/(m·K),增幅约 32.61%。从图 5.37(e)和图 5.34 可以看出,由于样品发生了严重的收缩和变形,PS8 老化超过 1 天后的导热系数无法测量。PS12 和 PS12R4 老化 28 天后的导热系数分别从 0.054 W/(m·K)和 0.046W/(m·K)增加到 0.067W/(m·K)和 0.057W/(m·K),其原因主要是在老化过程中体积收缩和孔隙率降低。

图 5.37(d)为 PS8、PS12 和 PS12R4 抗压强度随老化时间的变化。仅老化 1 天后,PS8、PS12 和 PS12R4 的抗压强度分别从 0.24MPa、0.34MPa 和 0.26MPa 增加到 0.7MPa、0.47MPa 和 0.35MPa,分别增加了 191.67%、38.24% 和 34.62%。这主要是因为样品的体积发生收缩(收缩率分别为 29.71%、8.98% 和 6.11%)。同样由

于样品发生了严重的收缩和变形,未能测量到老化1天以上 PS8 的抗压强度。老化 28 天后,PS12 和 PS12R4 的 CS 分别由 0.34MPa、0.26MPa 增加到 0.62MPa、0.35MPa,这也主要是因为样品体积收缩和孔隙率降低。

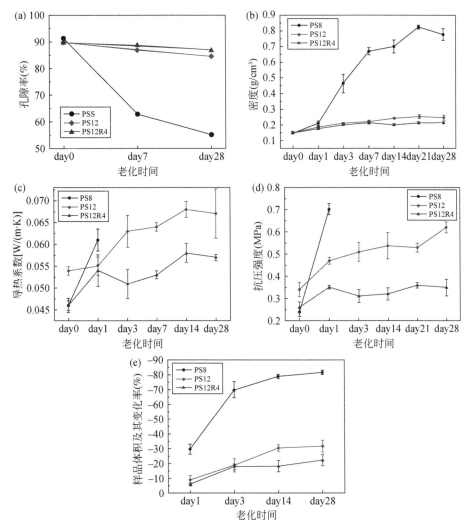

图 5.37　PS8、PS12、PS12R4 的物理性能随老化时间的变化
(a)孔隙率;(b)密度;(c)导热系数;(d)抗压强度;(e)样品体积及其变化率

结合多种表征手段分析了老化过程中样品的结构、成分变化。图 5.38 为老化不同时间的 PS8、PS12 和 PS12R4 的 XRD 图。可以看出,老化前 PS8、PS12 和 PS12R4 基本由无定形相组成,仅能观察到微弱的石英(JCPDS No. 65-0046)和钠长石(JCPDS No. 74-0899)。老化 1 天后开始出现 $Na_2CO_3 \cdot H_2O$(JCPDS No. 76-

0910),而且其衍射峰随着老化时间的增加而增强。

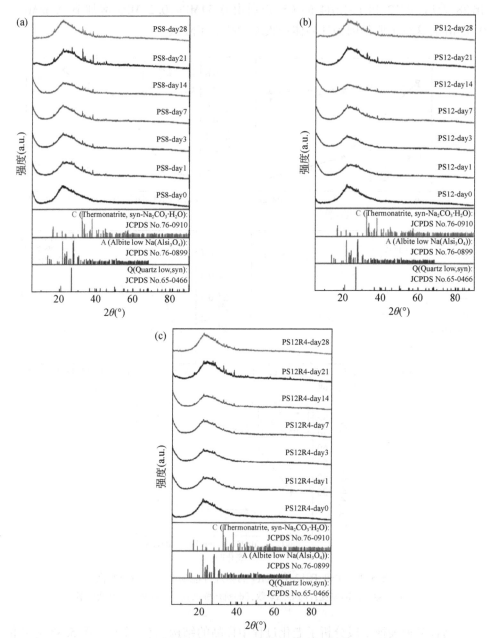

图 5.38　老化前及老化不同时间的保温材料的 XRD 图

(a)PS8;(b)PS12;(c)PS12R4

表 5.9 为 PS8、PS12 和 PS12R4 的化学成分。可以看出,PS8、PS12 和 PS12R4

的 Na、Al 和 Ca 含量有所不同,其中 Na 的含量为 PS>PS12>PS12R4,Al、Ca 和 Mg 则为 PS12R4>PS12>PS8。从样品的形貌和主要物理性能来看,PS12 和 PS12R4 比 PS8 具有更好的长期稳定性。因此该结果表明,较高的 Na 和较低的 Al、Ca、Mg 含量对多孔珍珠岩地质聚合物的长期稳定性不利。表 5.10 反映了 PS8、PS12 和 PS12R4 的化学成分随老化时间的变化,可以看出老化后的 PS8、PS12 和 PS12R4 的化学成分无明显变化。

表 5.9　PS8、PS12 和 PS12R4 的化学成分

序列 氧化物成分	PS8(wt%)	PS12(wt%)	PS12R4(wt%)
SiO_2	70.16	72.38	70.54
Na_2O	21.09	16.06	15.90
Al_2O_3	4.92	6.93	7.33
K_2O	2.34	2.90	2.80
Fe_2O_3	0.474	0.557	0.759
CaO	0.457	0.542	1.68
MgO	0.358	0.392	0.668

表 5.10　老化不同时间的 PS8、PS12 和 PS12R4 的化学成分

	时间 氧化物	day1(wt%)	day7(wt%)	day14(wt%)	day28(wt%)
	SiO_2	70.58	70.23	66.84	68.58
	Na_2O	18.41	18.46	22.82	20.37
	Al_2O_3	6.67	7.00	6.13	6.75
PS8	K_2O	2.75	2.70	2.59	2.70
	Fe_2O_3	0.514	0.494	0.495	0.495
	CaO	0.504	0.519	0.510	0.516
	MgO	0.363	0.361	0.366	0.350
	SiO_2	71.11	71.65	70.22	70.56
	Na_2O	16.63	15.89	17.70	17.10
	Al_2O_3	7.46	7.55	7.32	7.51
PS12	K_2O	3.03	3.08	2.96	3.04
	Fe_2O_3	0.562	0.580	0.558	0.562
	CaO	0.563	0.581	0.563	0.567
	MgO	0.391	0.405	0.407	0.395

续表

氧化物 \ 时间	day1（wt%）	day7（wt%）	day14（wt%）	day28（wt%）
SiO₂	69.51	70.09	68.83	68.88
Na₂O	16.28	15.45	17.07	16.60
Al₂O₃	7.74	7.84	7.59	7.91
PS12R4 K₂O	2.90	2.91	2.85	2.91
Fe₂O₃	0.778	0.787	0.772	0.785
CaO	1.74	1.81	1.79	1.83
MgO	0.719	0.768	0.744	0.747

图 5.39(a) 为老化前的 PS8、PS12 和 PS12R4 的红外光谱。可以看出，3 种多孔地质聚合物的红外光谱无明显差异。3432cm⁻¹ 处的谱带为 Si—OH 和水的 O—H 伸缩振动；1638cm⁻¹ 处的谱带对应于 H—O—H 弯曲振动，表明样品中存在水；968 ~ 1066cm⁻¹ 谱带属于 Si—O—T(T=Al、Si) 不对称伸缩振动；780 cm⁻¹ 处的谱带被认为是 Si—O—Al 对称伸缩振动，470cm⁻¹ 处的谱带属于 Si—O 弯曲振动。图 5.39(b) ~ (d) 为老化不同时间的 PS8、PS12 和 PS12R4 的红外光谱。可以看出，与未老化(day0)的样品相比，OH 伸缩振动在 3619cm⁻¹ 处的吸收带更强，并向高波数方向移动，表明孔隙中存在更多的 H_2O，且 H_2O 与凝胶骨架中的硅醇(Si—OH)和铝醇(Al—OH)之间产生了强的相互作用。868cm⁻¹、1459cm⁻¹ 和 1510cm⁻¹ 的谱带属于 Na_2CO_3 的 C—O 不对称和对称伸缩振动，随老化时间的延长而增强，说明多孔珍珠岩地质聚合物在老化过程中发生了强烈的碳化，即孔隙中的 Na 离子与空气中的 CO_2 和 H_2O 反应生成 $Na_2CO_3 \cdot H_2O$。此外，与 PS12 和 PS12R4 相比，PS8 在 868cm⁻¹、1459cm⁻¹ 和 1510cm⁻¹ 处的谱带相对较强，说明在 Na 含量较高的 PS8 中发生的碳化作用更加强烈。

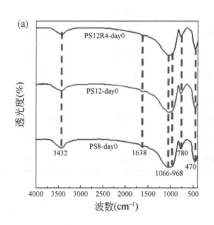
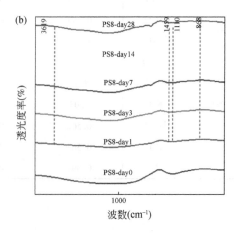

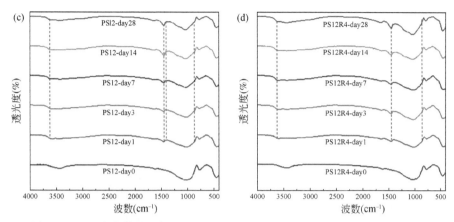

图 5.39　（a）老化前的 PS8、PS12 和 PS12R4 的 FTIR 光谱以及不同老化时间的
（b）PS8、（c）PS12 和（d）PS12R4 的 FTIR 光谱

图 5.40 为老化前的 PS8、PS12 和 PS12R4 的 ^{23}Na、^{27}Al 和 ^{29}Si SS MAS NMR 谱。表 5.11 列出了 ^{1}H、^{23}Na、^{27}Al 和 ^{29}Si 谱的主要化学位移及其对应的归属。图 5.40（a）为老化前的 PS8、PS12 和 PS12R4 的 ^{23}Na SS MAS NMR 谱。可以看出，在 PS8 中，孔表面的固体 Na^{+} 和水化的 Na^{+} 或凝胶网络中的 Na^{+}（峰位约在 ~0ppm）占主要部分，此外还含有少量孔溶液中的 Na^{+}（峰位约在 ~7ppm）和以水合 Na^{+} 形式与 Al 结合且存在于凝胶结构中的 Na^{+}（−11 ~ −2ppm）。与 PS8 相比，PS12 和 PS12R4 中的 Na^{+} 主要为孔溶液中的 Na^{+}（化学位移约为 7ppm）和凝胶中与 Al 相关的 Na^{+}（化学位移范围在 −16 ~ −2ppm），这与它们拥有较高的 Al 含量一致。−15.8 ~ −11.2ppm 处的峰可能与岩棉有关。图 5.40（b）为珍珠岩、PS8、PS12 和 PS12R4 的 ^{27}Al SS MAS NMR 谱。与珍珠岩相比，PS8、PS12 和 PS12R4 的化学位移从 54ppm 增高至 ~59ppm（Al^{IV}，四面体配位 Al），这说明珍珠岩发生了解聚反应。图 5.41 为珍珠岩、PS8、PS12 和 PS12R4 的 ^{29}Si SS MAS NMR 谱及其反卷积结果。为了比较 Si 配位的变化，对不同配位类型 Si 的化学位移进行固定。与珍珠岩相比，PS8、PS12 和 PS12R4 的 Q^{4}（1Al）和 Q^{4} 总含量由 45.3% 下降到 12.1%、21.1% 和 17.3%；PS8、PS12 和 PS12R4 的 Q^{3} 分别从 32.8% 增加至 49.5%、42.2% 和 44.6%；PS8、PS12 和 PS12R4 的 Q^{2} 和 Q^{3}（1Al）分别由 21.9% 增加至 38.4%、36.7% 和 38.1%。这些结果表明，珍珠岩/水玻璃比和岩棉对多孔地质聚合物中 Si 的存在形式和保温材料的耐久性有重要影响。

^{23}Na 和 ^{29}Si 的 SS NMR 谱有显著差异，这再次表明 Na、Si 的含量和形态对珍珠岩基多孔地质聚合物的长期稳定性有重要影响。

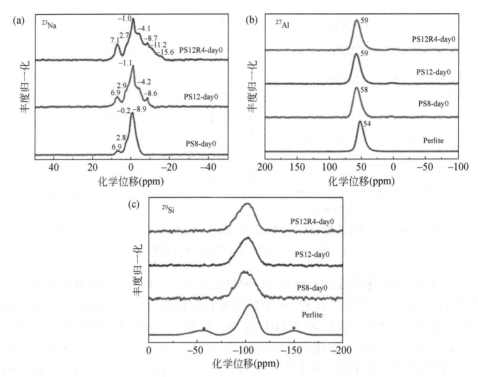

图 5.40 珍珠岩及未老化的 PS8、PS12 和 PS12R4 的^{23}Na、^{27}Al 和^{29}Si SS MAS NMR 谱

(a)^{23}Na;(b)^{27}Al;(c)^{29}Si(*:旋转边带)

表 5.11 ^{1}H、^{23}Na、^{27}Al 和^{29}Si SS MAS NMR 谱的主要化学位移及其归属

原子核	化学位移(ppm)	对应位置	参考文献
^{1}H	13	HCO_3^-	[56-59]
	4 ~ 10	Si—OH	
	1.7	独立分布的 Si—OH	
	0	H_2O	
^{23}Na	5 ~ 10	孔溶液中的 Na^+	[60-63]
	~ 0	孔表面固体 Na^+ 和水合 Na^+ 或凝胶网络中的 Na^+	
	-1.2 到-15	凝胶网络中的水合 $Na^+[Na(H_2O)_x{}^+]$;或凝胶中与 Al 相关的 Na^+(平衡过多的负电荷)	
^{27}Al	80 ~ 50	Al^{IV}	[64,65]
	50 ~ 20	Al^V	
	20 ~ 0	Al^{VI}	

续表

原子核	化学位移(ppm)	对应位置	参考文献
^{29}Si	$-60 \sim -81$	Q^0	[64,65]
	$-68 \sim -84$	Q^1	
	-75	$Q^2(1Al)$	
	$-74 \sim -94$	Q^2	
	-88	$Q^3(2Al)$	
	$-91 \sim 94$	$Q^3(1Al)$	
	$-91 \sim -103$	Q^3	
	$-81 \sim -92$	$Q^4(4Al)$	
	$-85 \sim -94$	$Q^4(3Al)$	
	$-91 \sim -99$	$Q^4(2Al)$	
	$-96 \sim -108$	$Q^4(1Al)$	
	$-102 \sim -117$	Q^4	

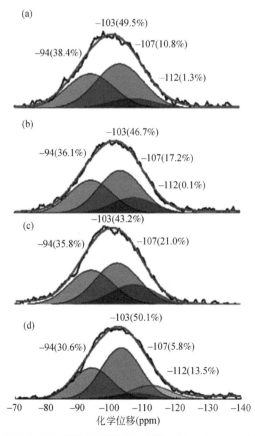

图 5.41　珍珠岩及老化前的多孔地质聚合物的^{29}Si SS MAS NMR 谱及其解卷积结果
(a)珍珠岩;(b)PS8;(c)PS12;(d)PS12R4

　　图 5.42 为老化不同时间的 PS8 的 ^1H、^{23}Na、^{27}Al 和 ^{29}Si SS MAS NMR 谱。图 5.43 为 ^1H 和 ^{29}Si 的反卷积结果。

　　从图 5.42(a) ~ (d) 可以看出,老化 28 天后,^1H 在约 6ppm 处的峰(归因于 Si—OH 和 Al—OH)的比例从约 98% 下降到约 70%。这是由于 Na^+ 从孔隙中迁移到地质聚合物的凝胶骨架中,取代了 Si—OH 和/或 Al—OH 中的 H^+。老化 1 天后,在约 13ppm 和 0.1 ~ 0.8ppm 处出现了新的峰,归因于形成了 $Na_2CO_3 \cdot H_2O$。这与 XRD 和 FTIR 结果一致。

　　图 5.42(b) 为老化不同时间的 PS8 的 ^{23}Na SS MAS NMR 谱。可以看出,老化 1 天后,-0.2ppm(对应孔隙表面和凝胶骨架中的水合 Na^+)的峰所占比例明显下降。同时,化学位移在 -12.0 ~ -1.2ppm 的峰(在凝胶网络中起电荷平衡的水合 Na^+ 或与 Al 相结合的 Na^+)的峰明显增加,表明 Na^+ 在老化过程中从孔隙向凝胶骨架中转移,取代了 Si—OH 或 Al—OH 中的 H^+,从而改变 $[SiO_4]$ 及 $[AlO_4]$ 四面体连接并打破凝胶框架。约 7ppm 处(归属于孔溶液中或固体中的 Na^+)峰的比例基本保持不变,这可以归因于老化的 PS8 中 Na_2CO_3 的形成,XRD 和 FTIR 也证实了这一点。

　　^{27}Al SS MAS NMR 谱显示 Al(化学位移约为 59ppm)的配位在老化过程中几乎保持不变[图 5.42(c)]。

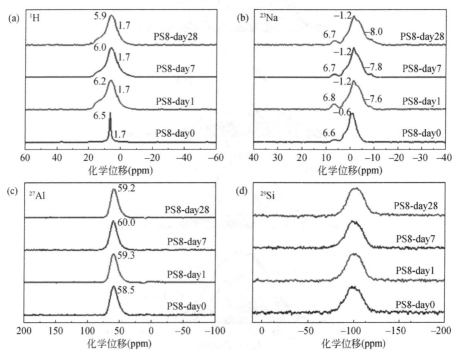

图 5.42　老化不同时间的 PS8 的 SS MAS NMR 谱

(a) ^1H;(b) ^{23}Na;(c) ^{27}Al;(d) ^{29}Si

图 5.43(e) ~ (h)为 PS8 的 ^{29}Si SS MAS NMR 谱和高斯分布反卷积结果。结果表明,老化 28 天后,Q^4 和 Q^4(1Al)总和由 12.1% 增加到 19.3% ,Q^2 和 Q^3(1Al)由 38.4% 减少到 30.6% 。这可能意味着老化过程促进了地质聚合物的进一步聚合或未反应的珍珠岩参与反应。

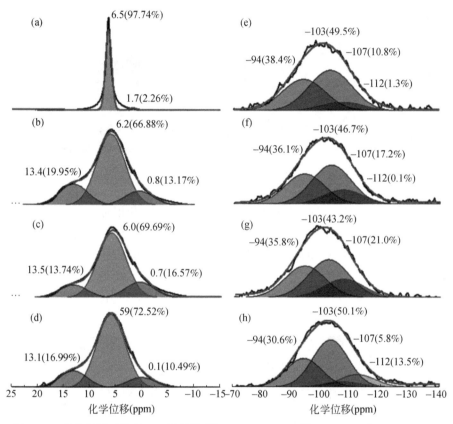

图 5.43　老化不同时间的 PS8 的反卷积 ^{1}H SS MAS NMR 谱(a) ~ (d):^{1}H;(e) ~ (f):
^{29}Si;a,e:day0;b,f:day1;c,g:day7;d,h:day28

以上研究表明,孔隙中的 Na$^+$ 在老化过程中进入并破坏了 N—A—S—H(水化铝硅酸钠)凝胶骨架,从而降低了珍珠岩基多孔地质聚合物性能的长期稳定性。孔隙表面固体 Na$^+$ 和凝胶骨架中的水合 Na$^+$ 显著减少,同时在凝胶网络中起电荷平衡的水合 Na$^+$ 或与 Al 相结合的 Na$^+$ 所占比例在老化 28 天后显著增加,表明 Na$^+$ 在老化过程中从孔隙向凝胶骨架中转移,取代了 Si—OH 或 Al—OH 中的 H$^+$,从而改变 [SiO$_4$] 及 [AlO$_4$] 四面体连接并打破凝胶框架。因此,降低孔隙中 Na$^+$ 的含量和(或)固定 Na$^+$ 的位置,并阻止其进入 N—A—S—H 凝胶骨架,对于提高珍珠岩基多孔地质聚合物的耐久性十分重要。为此,本书作者采用稀释的 HCl 和 CaCl$_2$ 溶液浸泡的方法改性样品,其过程如图 5.44 所示。选择 PS8 进行耐久性改善试验。先将 PS8 样品在 1mol/L 的 HCl 或 CaCl$_2$ 溶液中浸泡 6h;取出浸泡过的样品,用去离子水洗涤 3 次;然后将样品在室温中干燥 12h,再置于 40℃的烘箱中干燥 12h。

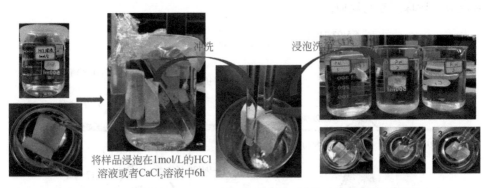

将样品浸泡在1mol/L的HCl溶液或者CaCl$_2$溶液中6h

图 5.44　改善珍珠岩基多孔地质聚合物保温材料耐久性的实验流程

将经过 HCl 或 CaCl$_2$ 处理后的样品放入温度为 50℃和相对湿度为 98%的恒温恒湿实验箱中,老化 28 天后分析其形貌、物理性能、化学成分及结构。

图 5.45 为 PS8、PS8-HCl(在 1mol/L HCl 溶液中浸泡处理 6h 的样品)和 PS8-CaCl$_2$(在 1mol/L CaCl$_2$ 溶液中浸泡 6h 的样品)老化第 0 天和 28 天的形貌。可以看出,经过 HCl 和 CaCl$_2$ 处理的样品,在经历 28 天老化后形状均保持完好。

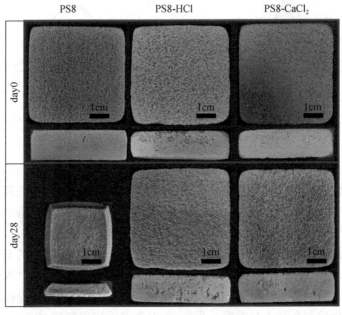

图 5.45　老化 0 天和 28 天的 PS8、PS8-HCl 和 PS8-CaCl$_2$ 的数码照片

图 5.46 为 PS8-HCl、PS8-HCl 老化前后的 SEM 图像。可以看出,经过 28 天的老化处理,所有样品的孔隙形态基本保持不变,多级孔结构保持不变。与未老化的 PS8-HCl(PS8-HCl-Day0)样品相比,老化 28 天后的 PS8-HCl(PS8-HCl-day28)和 PS8-CaCl$_2$(PS8-CaCl$_2$-day28)的孔表面出现许多微米级的颗粒。经 EDS 分析,PS8-HCl-day28 孔表面的颗粒推测为 NaCl,PS8-CaCl$_2$-day28 孔表面的颗粒推测为 CaCO$_3$ 和 NaCl。

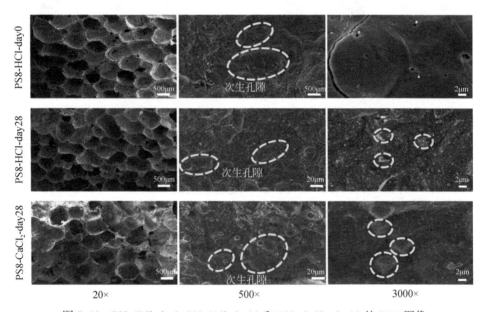

图 5.46　PS8-HCl-day0、PS8-HCl-day28 和 PS8-CaCl$_2$-day28 的 SEM 图像

图 5.47 为 PS8、PS8-HCl 和 PS8-CaCl$_2$ 老化前后的物理性能。与 PS8 相比,PS8-HCl 和 PS8-CaCl$_2$ 的孔隙率、密度和导热系数均表现出更好的稳定性。图 5.47(d)为 PS8-HCl 和 PS8-CaCl$_2$ 在第 0 天和 28 天龄期的抗压强度。研究发现,在 HCl

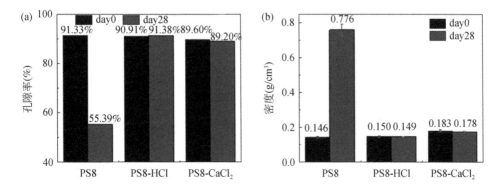

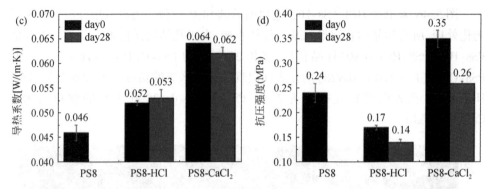

图 5.47　PS8-day0、PS8-HCl-day0、PS8-HCl-day28 和 PS8-CaCl₂-day28 的物理性能

(a)孔隙率；(b)密度；(c)导热系数；(d)抗压强度

溶液处理和老化过程中,珍珠岩基多孔地质聚合物的抗压强度降低,可能与 HCl 溶液处理过程中微裂纹的产生有关。而 CaCl₂ 溶液处理提高了珍珠岩基多孔地质聚合物的抗压强度,可能是由于 Ca²⁺ 在地质聚合物表层的扩散所致。

图 5.48 为 PS8、PS8-HCl 和 PS8-CaCl₂ 老化前后的 XRD 图。与 PS8-day0 相比,PS8-HCl-day0、PS8-CaCl₂-day0、PS8-HCl-day28 和 PS8-CaCl₂-day28 的 XRD 图出现

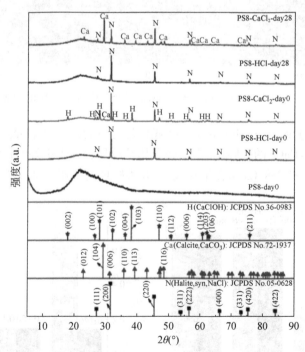

图 5.48　PS8-day0、PS8-HCl-day0、PS8-CaCl₂-day0、PS8-HCl-day28 和
PS8-CaCl₂-day28 的 XRD 图

新的晶相。对于 HCl 处理后的样品,第 0 天(PS8- HCl- day0) 和 28 天(PS8- HCl-day28)的样品出现新的 NaCl 峰。对于 CaCl₂ 处理后的样品,老化前的样品(PS8-CaCl₂- day0)中出现强的 NaCl、CaClOH 和弱的 CaCO₃ 峰,老化 28 天后的样品(PS8-CaCl₂- day28)出现强的 CaCO₃ 和 NaCl 峰,说明 CaCl₂ 处理后的样品发生了强烈的碳化。推测处理及老化过程中发生如下化学反应:

$$HCl + \equiv Si-O^-Na^+ \longrightarrow \equiv Si-OH + NaCl \tag{5.12}$$

$$CaCl_2 + H_2O + \equiv Si-O^-Na^+ \longrightarrow \equiv Si-OH + NaCl + CaClOH \tag{5.13}$$

$$CaClOH + CO_2 + \equiv Si-O^-Na^+ \longrightarrow \equiv Si-OH + CaCO_3 + NaCl \tag{5.14}$$

图 5.49 为 PS8、PS8-HCl 和 PS8-CaCl₂ 老化前后的红外光谱。与 PS8- day0 相比,HCl 处理样品(PS8-HCl-day0 和 PS8-HCl-day28)的 FTIR 光谱显示,—OH 对应的谱带从 $3614cm^{-1}$ 移动到 $3654cm^{-1}$。而 PS8-CaCl₂-day28 的红外光谱中出现 CO_3^{2-}($1422cm^{-1}$、$712cm^{-1}$ 和 $680cm^{-1}$) 的谱带,表明 CaCl₂ 处理后的样品中存在碳酸盐。

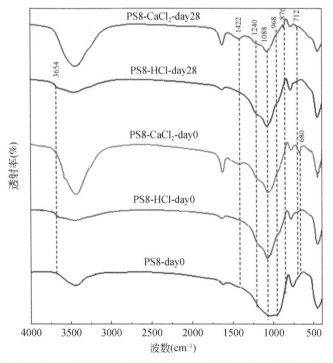

图 5.49　PS8- day0、PS8- HCl- day0、PS8- HCl- day0、PS8- HCl- day28 和 PS8- CaCl₂- day28 的 FTIR 光谱

图 5.50 为 PS8、PS8-HCl 和 PS8-CaCl₂ 老化前后的 ^1H、^{23}Na、^{27}Al 和 ^{29}Si SS MAS NMR 谱。与 PS8-day0 相比,PS8-HCl-day0、PS8-CaCl₂-day0、PS8-HCl-day28 和 PS8-CaCl₂-day28 的 ^1H、^{23}Na、^{27}Al 和 ^{29}Si SS MAS NMR 谱均出现明显变化。从图 5.50

（a）可以看出，PS8-HCl-day0、PS8-CaCl$_2$-day0、PS8-HCl-day28 和 PS8-CaCl$_2$-day28 的 ^{1}H 谱中，约 6.5ppm 处的峰（对应于 Si—OH 或 Al—OH）向 4.0~4.9ppm 处移动，这可能与 Si—OH 和/或 Al—OH 环境的变化有关。PS8-CaCl$_2$-day0 的 ^{1}H 峰出现在约 2.9ppm 处，可能与 CaClOH 的出现有关，而 PS8-CaCl$_2$-day28 的 ^{1}H 峰消失，这是由于 CaClOH 老化 28 天后转化为 CaCO$_3$。图 5.50（b）为 PS8、PS8-HCl 和 PS8-CaCl$_2$ 老化前后的 ^{23}Na 谱。可以看出，PS8-HCl-day0、PS8-CaCl$_2$-day0、PS8-HCl-day28 和 PS8-CaCl$_2$-day28 的 ^{23}Na 谱在 4~7ppm 出现明显的峰，这与 NaCl 的形成有关。化学位移为 −15~2ppm 的峰消失，表明凝胶骨架中的 Na$^+$ 被 H$^+$ 或 Ca^{2+} 所取代。NaCl 的形成阻止了 Na$^+$ 进入和破坏凝胶骨架，从而对多孔地质聚合物的长期稳定性起着至关重要的作用。从图 5.50（c）可以看出，PS8-HCl-day0、PS8-HCl-day28 和 PS8-CaCl$_2$-day28 的 ^{27}Al 峰位由 58.5ppm 变为 54.6ppm，说明 HCl 和 CaCl$_2$ 溶液浸泡处理及老化过程促进了 Al 在凝胶结构中的聚合。图 5.50（d）为 PS8、PS8-HCl 和 PS8-CaCl$_2$ 老化前后的 ^{29}Si SS MAS NMR 谱。可以看出，PS8-day0、PS8-HCl-day0、PS8-CaCl$_2$-day0、PS8-HCl-day28 和 PS8-CaCl$_2$-day28 之间存在明显差异。

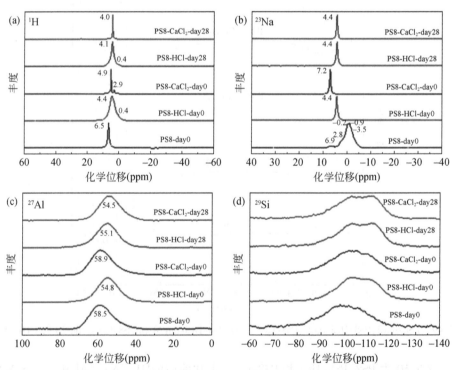

图 5.50　PS8-day0、PS8-HCl-day0、PS8-CaCl$_2$-day0、PS8-HCl-day28 和
PS8-CaCl$_2$-day28 的 SS MAS NMR 谱

（a）^{1}H；（b）^{23}Na；（c）^{27}Al；（d）^{29}Si

高斯分布的反卷积结果如图 5.51 所示。在 PS8- HCl- day0、PS8- CaCl$_2$- day0、PS8-
HCl- day28 和 PS8- CaCl$_2$- day28 中，Q^2 和 Q^3（1Al）分别从 38.4% 减小至 15.0% 、
12.4% 、13.2% 和 15.5%；Q^4 和 Q^4（1Al）从 12.1% 增加至 38.4% 、27.6% 、48.5% 和
48.3% 。Q^3 只在 PS8- CaCl$_2$- day0 中增加。以上结果共同表明，HCl 和 CaCl$_2$ 的浸泡处
理和老化过程促进了地质聚合物聚合度的增加或未反应完全的珍珠岩进一步反应。

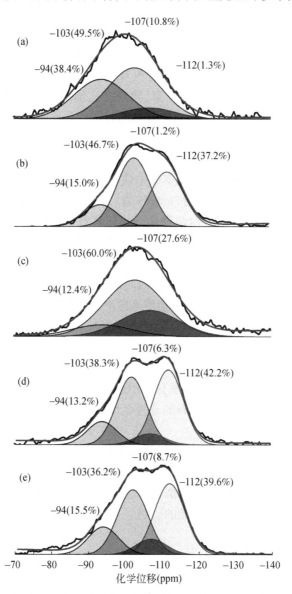

图 5.51　珍珠岩基多孔地质聚合物的^{29}Si SS NMR 谱

（a）PS8- day0；（b）PS8- HCl- day0；（c）PS8- CaCl$_2$- day0；（d）PS8- HCl- day28；（e）PS8- CaCl$_2$- day28

(9) 小结

本节通过常温发泡方法,利用珍珠岩尾砂制备了一种新型轻质多孔珍珠岩基地质聚合物保温材料。研究了珍珠岩-水玻璃、H_2O_2、CTAB 和岩棉等因素对保温材料物理性能的影响,并设计制备了具有三级孔结构的多级孔地质聚合物保温材料。经条件优化,所制备的材料性能指标达到建筑用膨胀珍珠岩保温板 I 类指标,综合性能也更具优势。

通过模拟实际环境的极限温度、湿度条件,研究了多孔珍珠岩地质聚合物的耐久性。结果表明,Na^+ 对多孔地质聚合物的稳定性有重要的影响。在高温和高湿条件下,孔隙中的水合 Na^+ 与空气中的 CO_2 和 H_2O 反应形成 $Na_2CO_3 \cdot H_2O$,同时部分 Na^+ 进入并破坏 N—A—S—H 凝胶骨架,导致多孔珍珠岩地质聚合物变形。采用 HCl 或 $CaCl_2$ 溶液浸泡处理的方法可提高珍珠岩基多孔地质聚合物的长期稳定性。

5.3.2　发泡黑曜岩保温材料

黑曜岩是由火山喷出的岩浆在空气中快速冷却,不完全结晶产生的酸性火山岩,几乎全由玻璃质组成。与松脂岩、珍珠岩、浮岩一起统称酸性火山玻璃岩。与松脂岩、珍珠岩成分相近,与其他两种岩石相比具有更低的含水量(<2%)。黑曜岩在 1000℃以上的高温环境加热时,内部的水逸出,降温后会变成疏松多孔的白色颗粒,但含水量低,高温膨胀效果差。由于黑曜岩具有玻璃特性,断面十分锋利,在远古时代被加工成切削工具使用。不同时间地点的火山喷发形成的黑曜岩具有不同的地球化学特征,黑曜岩还在判定物质来源时具有"示踪作用"。黑曜岩具有耐火度高、化学性质稳定、导热系数低、吸音性好等特点。黑曜岩的岩石性质与玄武岩、珍珠岩相似,可以用作水泥混合材料代替矿渣。同时由于其物化性质可以用作保温、隔音材料等,还可用于工艺品、装饰品的制作。黑曜岩在国内主要分布在河南、内蒙古、辽宁等地,储量丰富但现有应用途径无法充分利用。利用黑曜岩制成保温材料既可以拓展无机保温材料的选择范围,又可以提高黑曜岩矿产的资源利用率,具有重要意义。

作者以黑曜岩为主要原料,开展了发泡黑曜岩保温材料的制备研究。黑曜岩原料为辽宁省朝阳市珍珠岩厂生产,形貌为灰黑色颗粒。常温发泡方法与 5.3.1 节制备发泡珍珠岩保温材料方法类似,研究了发泡剂用量、固液比以及表面活性剂添加量等对保温材料主要物理性能的影响。

1. 发泡剂用量的影响

发泡剂用量对发泡过程以及发泡完成后的材料形貌有最直接的影响。如果添加发泡剂过多,发泡过程中产生的气体体积过大,气孔容易坍塌从而造成样品孔隙率变低。添加发泡剂过少则会使发泡量小,造成样品孔隙率偏低,样品密度偏大,影响样品性能。本研究采用 30% 浓度的 H_2O_2 作为发泡剂。在混合原料,形成均匀浆料后加入发泡剂并短时间搅拌,避免搅拌过程中 H_2O_2 分解气体逸出。

发泡剂用量对保温材料性能影响的实验配方见表 5.12。固液比影响浆料的黏稠度,太过黏稠或者流动性太高都不适宜于发泡,因此选用 0.9 的固液比。添加 0.1% 的 CTAB 以使形成的气泡均匀。

表 5.12　发泡剂用量对样品性能影响的实验配方

编号	固液比	H_2O_2(wt%)	CTAB(wt%)
1	0.9	2	0.1
2	0.9	3	0.1
3	0.9	4	0.1
4	0.9	5	0.1

图 5.52 为发泡剂用量不同时保温材料的宏观照片与 SEM 照片。不同发泡剂用量的样品内部气孔都较为均匀,同一样品内气孔孔径无明显差别。随着发泡剂用量的增加,样品中气孔孔径逐渐增大,孔壁逐渐变薄,气孔分布较为均匀,气孔形状近似椭圆形。图 5.53 是保温材料性能与发泡剂用量的关系。随着发泡剂用量

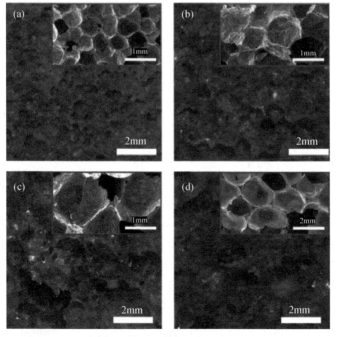

图 5.52　不同发泡剂用量制备的保温材料的 SEM 照片

(a)发泡剂含量 2%;(b)发泡剂含量 3%;(c)发泡剂含量 4%;(d)发泡剂含量 5%

增加,样品导热系数由 0.87 W/(m·K)降至 0.0573 W/(m·K),抗压强度由 1.6MPa 降低至 0.1MPa,密度由 0.24g/cm³ 降低至 0.13g/cm³,孔隙率由 0.84 上升至 0.913。因为发泡剂用量增大,样品孔隙率提高,气孔孔径增大,孔壁变薄,因此抗压强度减小。当发泡剂用量大于 6% 时,发泡过程中发泡剂分解较为迅速且分解气体量大,气泡容易融合随之破裂,造成孔隙率降低,导热系数增加。

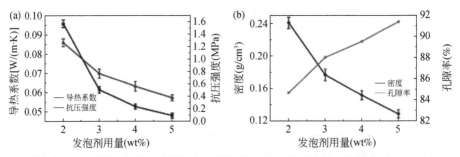

图 5.53　发泡剂用量对导热系数和抗压强度(a);以及对密度和孔隙率的影响(b)

2. 浆料固液比的影响

固液比对保温材料性能影响的实验配方见表 5.13。发泡剂用量影响样品的孔隙率和性能,前面的实验结果表明选用 5% 的双氧水可以获得较高的孔隙率、较低的导热系数和密度。添加少量 CTAB 表面活性剂可使发泡形成的气孔更加均匀,本实验添加 0.1% 的 CTAB。

表 5.13　固液比对保温材料性能影响的实验配方

编号	固液比	H_2O_2(wt%)	CTAB(wt%)
1	0.8	5	0.1
2	0.9	5	0.1
3	1.0	5	0.1
4	1.1	5	0.1

浆料主要由黑曜岩粉末及水玻璃构成,黑曜岩粉末用量(即固液比)对浆料的黏度有重要影响。当黑曜岩用量较低时,有利于气泡的产生,但固液比过低,气泡容易从浆料表面逸出,影响样品孔隙率及气孔分布。固液比过高,浆料黏度过大,发泡困难,产生的气体不易在浆料中均匀分布,材料孔隙率低。

图 5.54 是不同固液比条件制备的保温材料的 SEM 照片。固液比为 0.9~1.0 时,样品孔径变化不大,保持在 1.38mm 左右;固液比为 1.1 时,气孔尺寸增大至 1.5mm。由图 5.55 可知,在固液比增加的过程中,样品导热系数由 0.0527W/(m·K)升至

0.057W/(m·K),抗压强度由 0.08MPa 升至 0.14MPa。样品密度在0.11~0.13g/cm³变动,样品孔隙率由 90.5%上升至 92.3%后又下降至 91%。

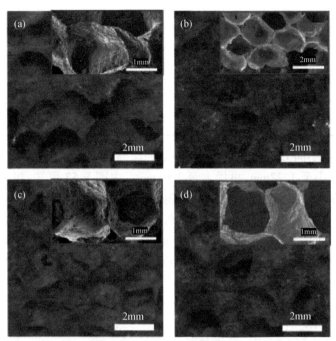

图 5.54　不同固液比条件制备的保温材料的 SEM 照片
(a)固液比为 0.8;(b)固液比为 0.9;(c)固液比为 1.0;(d)固液比为 1.1

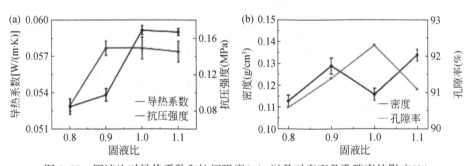

图 5.55　固液比对导热系数和抗压强度(a);以及对密度及孔隙率的影响(b)

3. 表面活性剂的影响

在浆料中添加表面活性剂,可以降低液体的表面张力,从而使溶液具有更好的起泡能力,提升发泡过程的稳定性,使气泡更加均匀。本部分采用十六烷基三甲基溴化铵(CTAB)作为表面活性剂来调整发泡过程中气孔的形态和分布。

　　CTAB 用量对保温材料性能影响的实验配方见表 5. 14。基于前面的实验结果,选用 5% 的双氧水发泡剂,固液比为 0. 9。

表 5.14　CTAB 用量对样品性能影响的实验配方

编号	固液比	H_2O_2(wt%)	CTAB(wt%)
1	0.9	5	0.1
2	0.9	5	0.15
3	0.9	5	0.2
4	0.9	5	0.25

　　图 5.56 是不同 CTAB 用量条件下制备的保温材料的 SEM 照片。样品的孔径从 1.39mm 减小至 1.22mm,再增大至 2.91mm。由图 5.57 可知,当 CTAB 用量为 0.1% ~0.2% 时,样品的密度保持在 0.13g/cm³ 左右;当 CTAB 用量增加到 0.25% 时,样品密度增大至 0.2g/cm³,孔隙率则由 91% 降低至 84%。当 CTAB 用量为 0.1% ~0.15% 时,导热系数为 0.057W/(m·K),抗压强度为 0.1MPa;当 CTAB 用量为 0.25% 时,导热系数增加至 0.075W/(m·K),抗压强度升高至 0.67MPa。

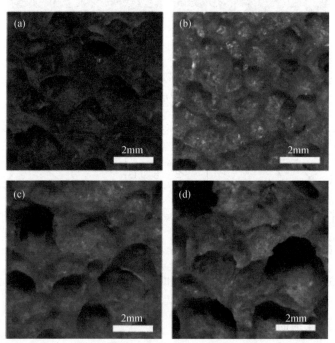

图 5.56　不同 CTAB 用量制备的保温材料的 SEM 照片
(a)CTAB 含量 0.1% ;(b)CTAB 含量 0.15% ;(c)CTAB 含量 0.2% ;(d)CTAB 含量 0.25%

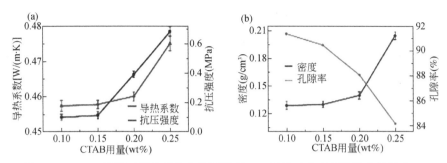

图5.57　CTAB用量对导热系数和抗压强度(a);以及对密度和孔隙率的影响(b)

4. 热处理的影响

保温材料成形后进行热处理,可一定程度提高其物理性能。本实验利用马弗炉对成形后的保温材料进行热处理,实验条件:以5℃/min的升温速度由室温升温至400℃,保温30min后自然降温至室温。利用扫描电镜观察热处理前后样品的微观形貌。由图5.58可知,热处理前的样品孔表面相对平整、致密,热处理后样品孔壁上出现鼓泡,同时骨架内部形成了大量的细小气孔,这些二级孔的直径在10~30μm,远小于一级孔的直径(800~1200μm)。可见热处理可在骨架内部产生细小的二级孔,可以提高样品的孔隙率,降低导热系数。

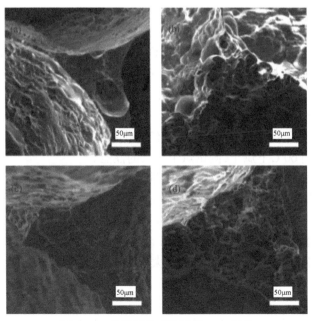

图5.58　热处理前后样品的SEM照片
(a)、(c)热处理前;(b)、(d)热处理后

图 5.59 为热处理前后样品的物理性能对比。H_2O_2 用量较低时,热处理后样品的导热系数和抗压强度明显降低,因为 H_2O_2 用量较低时,浆料发泡不够充分,样品的固体骨架中残留部分未分解的 H_2O_2,热处理使骨架中残留的 H_2O_2 受热发生分解,形成很多微小的二级孔,从而使样品的导热系数明显下降,同时抗压强度也明显下降。H_2O_2 含量较高时,浆料发泡较为充分,热处理对样品的物理性能影响较小。

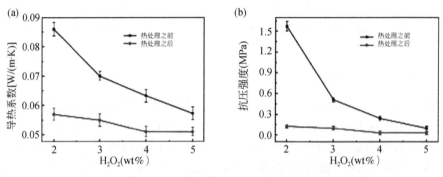

图 5.59　热处理对导热系数(a)和对抗压强度(b)的影响

由于 CTAB 的分解温度为 237~250℃,热处理过程中 CTAB 将分解,产生三级孔,提高样品孔隙率,使样品的导热系数及抗压强度进一步下降。

5. 防水处理的影响

采取水溶性防水剂对保温材料进行了防水处理。将制备的保温材料浸入有机硅防水剂溶液中,有机硅在样品表面和气孔壁上形成均匀的憎水硅树脂网络,使样品表面张力降低,增强样品表面的憎水性。烘干后样品的表面及内部气孔表面均形成一层防水膜。

本实验将样品完全浸入不同浓度的有机硅防水剂中,浸泡 10min,浸泡完成后将样品放入烘箱 60℃下烘干,测试烘干样品的性能。

防水剂浓度对黑曜岩基保温材料质量吸水率的影响如图 5.60 所示。未进行防水处理时,样品的质量吸水率高达 180%。经过防水处理后,其质量吸水率随防水剂浓度增加迅速下降,当防水剂浓度为 1% 时,质量吸水率下降至 32%;防水剂浓度为 1.5% 时,质量吸水率最低为 24%,因此优化的防水剂浓度为 1.5%。防水处理对样品导热系数和抗压强度影响不大,而样品密度稍有增加。

6. 小结

本节以黑曜岩粉末为主要原料,利用常温发泡法制备了黑曜岩多孔保温材料。

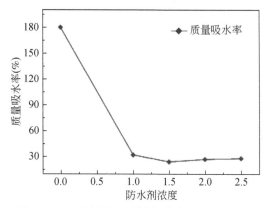

图 5.60　防水剂浓度对样品质量吸水率的影响

研究了发泡剂用量、固液比、表面活性剂以及热处理等因素对材料性能的影响。材料制备优化条件为:发泡剂 H_2O_2 用量为 5%,固液比为 0.9,表面活性剂 CTAB 添加量为 0.1%,在 400℃下热处理 30min。在优化条件下制备的黑曜岩保温材料的性能为:密度 0.13g/cm³,导热系数 0.0573W/(m·K),抗压强度 0.1MPa。利用有机硅水溶性防水剂对样品进行了防水处理,使样品的憎水性得到加强,质量吸水率由 180% 下降至 24%。

5.3.3　发泡松脂岩保温材料

松脂岩为酸性玻璃质火山岩,由黏性的熔岩或岩浆迅速冷凝而成,内含少量斑晶,二氧化硅含量在 70% 左右,通常呈浅绿、灰、黑、黄白、褐色,贝壳状断口,具有松脂光泽,故而得名松脂岩。松脂岩主要产于第三纪较新的火山岩中,一般与珍珠岩、黑曜岩同时形成,且与二者含有极其接近的化学成分,主要物理性质也非常相似。松脂岩含水量为 4% ~ 10%,膨胀性好、耐火度高、化学稳定性强、导热系数低、吸音性好、吸湿性小、抗冻、耐酸、绝缘,广泛用于建筑、制药、保温、隔音材料及土壤改良剂等领域。

本节所用松脂岩为辽宁省朝阳市珍珠岩厂提供,原始粒径为 1mm 左右,经球磨后粒径为 $D_{10}=2.6\mu m$、$D_{50}=22.4\mu m$、$D_{90}=70.92\mu m$。保温材料的制备方法与制备发泡珍珠岩、黑曜岩保温材料方法类似,研究了液固比、发泡剂以及表面活性剂添加量等对保温材料主要物理性能的影响。

1. 液固比的影响

各物料配比如表 5.15 所示。

表 5.15　　不同液固比实验的物料配方

编号	SS/Ps	H₂O₂(wt%)	CTAB(wt%)
A	0.6	1.6	0.1
B	0.7	1.6	0.1
C	0.8	1.6	0.1
D	0.9	1.6	0.1
E	1	1.6	0.1
F	1.1	1.6	0.1
G	1.2	1.6	0.1
H	1.3	1.6	0.1
I	1.4	1.6	0.1
J	1.5	1.6	0.1

　　图 5.61 为不同液固比对样品密度和导热系数的影响。由图看出,在液固比 0.6~1.5,密度与导热系数随液固比的变化趋势基本一致,即随液固比增加而降低。在液固比为 0.6~1.1,密度和导热系数随液固比的下降幅度较大;在液固比为 1.1~1.5,密度和导热系数基本稳定。

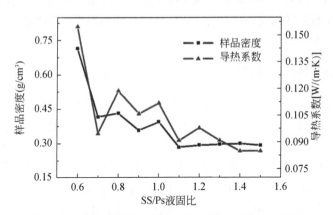

图 5.61　SS/Ps 液固比对样品密度和导热系数的影响

　　为了找到液固比的最优值,把液固比范围缩小至 1.1~1.4 进行实验。图 5.62 为不同液固比(1.1~1.4)样品的 SEM 图。由图看出,所有样品中气孔都近于球形,而且大小相近,但随着液固比从 1.1 增加到 1.4,气孔的完整性和规则性逐渐变差,破损气孔越来越多,破损现象越来越严重。

　　图 5.63 为样品的物理性能随液固比的变化。图 5.63(a)为孔隙率和孔径的变化,说明液固比对样品的孔隙率和孔径无明显影响。图 5.63(b)为密度和导热系数随液固比的变化。可以看出,随着液固比的增加,导热系数先增大后减小,当液固比为 1.2 时,导热系数达最大值 0.0536W/(m·K),液固比为 1.4 时达最小值

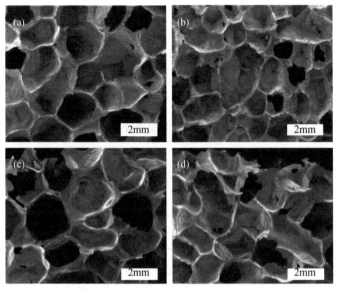

图 5.62　不同液固比样品的 SEM 图

(a)1.1;(b)1.2;(c)1.3;(d)1.4

0.050W/(m·K)。抗压强度出现拐点的液固比值与导热系数一样,液固比为 1.2 时抗压强度达到最大值 0.18MPa[图 5.63(c)]。与导热系数和抗压强度不同,当液固比为 1.3 时,密度出现拐点,达到最大值 0.124g/cm³。

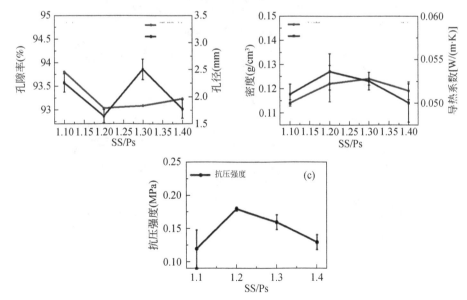

图 5.63　样品的物理性能随 SS/Ps 液固比的变化

(a)孔隙率和孔径;(b)密度和导热系数;(c)抗压强度

2. 双氧水(H_2O_2)用量的影响

为探究 H_2O_2 对保温材料性能的影响,本实验以 5.3.3 节固液比优化的实验结果为基础(液固比 = 1.1、CTAB = 0.1%),进行 H_2O_2 对保温材料性能影响的实验。H_2O_2 浓度为 1% ~ 6%,设置梯度为 1%,各物料配比如表 5.16 所示。

表 5.16 不同 H_2O_2 用量实验的物料配比

编号	SS/Ps	H_2O_2(wt%)	CTAB(wt%)
A	1.1	3%	0.1%
B	1.1	4%	0.1%
C	1.1	5%	0.1%
D	1.1	6%	0.1%

图 5.64 为不同 H_2O_2 用量制备的保温材料的 SEM 图。所有样品的气孔都呈不规则球形,而且气孔的完整性和不规则性无明显变化,说明 H_2O_2 的用量对样品中气孔的形状、结构影响不大。但是,随着 H_2O_2 的用量从 3% 增加到 6%,气孔孔径逐渐变大,平均孔径从 0.74mm 增大到 2.26mm,说明 H_2O_2 用量对平均孔径有很大的影响。

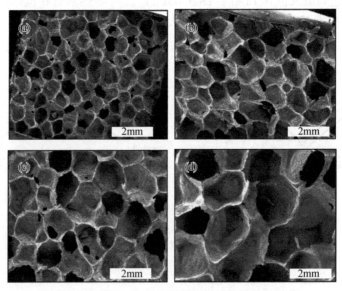

图 5.64 不同 H_2O_2 用量制备的保温材料的 SEM 图

(a)3%;(b)4%;(c)5%;(d)6%

　　图 5.65 为样品的物理性能随 H_2O_2 用量的变化。从图 5.65(a)可以看出,孔隙率和平均孔径的变化趋势一致,在 3% ~ 6% 随着 H_2O_2 浓度的增加,孔隙率从89.0% 增加到93.8%,这是因为随 H_2O_2 用量增加, H_2O_2 的分解速率增大,浆料中产生的气孔增多。大的孔隙率可降低导热系数,有利于提高保温材料的保温隔热性能。

　　从图 5.65(b)可以看出,随 H_2O_2 用量增加,样品的密度、导热系数和抗压强度降低。在 H_2O_2 用量为 3% ~ 6%,导热系数从 0.073W/(m·K)降到 0.051W/(m·K),密度从 0.2g/cm³ 降到 0.114g/cm³,抗压强度从 0.99MPa 降到 0.12MPa。这是由于随着 H_2O_2 的加入,样品中的气孔增多、孔径增大,导致样品的孔隙率增大、孔壁变薄。

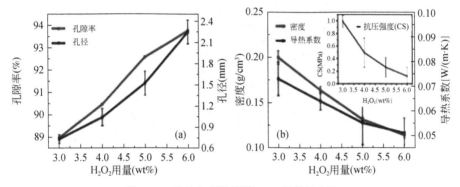

图 5.65　样品物理性能随 H_2O_2 用量的变化

(a)孔隙率和孔径;(b)密度、导热系数和抗压强度

3. CTAB 添加量的影响

实验的物料配比如表 5.17 所示。

表 5.17　不同 CTAB 用量实验的物料配比

编号	SS/Ps	H_2O_2(wt%)	CTAB(wt%)
A	1.1	6	0.10
B	1.1	6	0.15
C	1.1	6	0.20
D	1.1	6	0.30

　　图 5.66 为不同 CTAB 用量制备的保温材料的 SEM 照片。图 5.66(a)、(b)(0.10%、0.15%)中气孔呈不规则球形,气孔大小和分布比较均匀;图 5.66(c)的中间气孔大小一致,分布比较均匀,四周气孔则呈现挤压状态,破损较严重;图 5.66

(d)中气孔大小不一,分布不均匀,内部出现较大的连通孔,孔壁厚实,且孔壁上分布着不均匀的小孔。可见随着 CTAB 的用量从 0.1% 增加到 0.3%,样品气孔逐渐变得不完整和不规则,气泡相互接触挤压,导致部分气泡破裂,说明 CTAB 的用量对样品的孔结构有很大的影响。

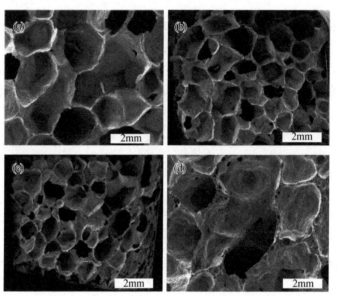

图 5.66　不同 CTAB 用量制备的保温材料的 SEM 图
(a)0.10%;(b)0.15%;(c)0.2%;(d)0.30%

图 5.67 为样品的物理性能随 CTAB 用量的变化。可以看出,CTAB 用量从0.1% 增加到 0.2%,平均孔径从 2.26mm 下降到 1.18mm,CTAB 含量从 0.2% 增加到 0.3%,平均孔径增大到 1.47mm。而随着 CTAB 用量从 0.1% 提高到 0.3%,孔隙率从 93.81% 下降到 82.82%。孔径和孔隙率的变化表明,过量的 CTAB 对保温材料不利,加入适量的 CTAB 才能得到具有良好孔结构的样品。

图 5.67(b)表明,随着 CTAB 用量从 0.1% 增加到 0.3%,样品的密度、导热系数和抗压强度增大,且增大的速度先慢后快。当 CTAB 的用量从 0.1% 增加到0.2% 时,密度从 0.114g/cm³ 增大到 0.144g/cm³;当 CTAB 用量从 0.2% 增加到0.3% 时,导热系数从 0.144g/cm³ 增大到 0.286g/cm³。因此,CTAB 用量的降低会导致孔隙率、密度、导热系数和抗压强度都降低。CTAB 的最佳添加量是 0.1%。

4. 岩棉添加量的影响

由于岩棉(RW)具有质量轻、导热系数小、吸热、不燃的特点,在建筑领域被广泛用作保温、隔燃、吸声材料,但较低的抗压强度与抗拉强度使其广泛使用受到限

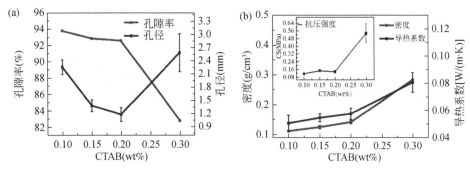

图 5.67　样品的物理性能随 CTAB 用量的变化
(a)孔隙率和孔径；(b)密度、导热系数和抗压强度

制。利用岩棉导热系数低、质量轻的优点，在实验的样品制备过程中加入了少量岩棉，以期降低松脂岩保温材料的导热系数和密度。在前面液固比、H_2O_2 及 CTAB 用量优化实验基础上，进行添加岩棉的实验（添加量为松脂岩和水玻璃质量总和的 4%、6%、8%、10%），实验的物料配比如表 5.18 所示。

表 5.18　添加岩棉实验的物料配比

编号	SS/Ps	H_2O_2(wt%)	CTAB(wt%)
A	1.1	6	4
B	1.1	6	6
C	1.1	6	8
D	1.1	6	10

图 5.68 为不同 RW 用量制备的保温材料的 SEM 图。可以看出，所有样品的孔都呈近似球形，且孔径与分布比较均匀。说明在一定范围内 RW 的添加对孔径大小几乎无影响。但是随着 RW 的不断加入，气孔的完整性下降，主要体现在孔壁的破损越来越严重。

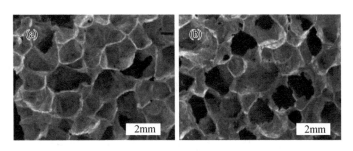

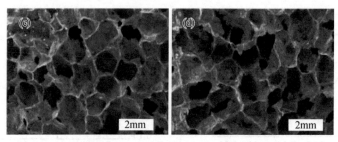

图 5.68　不同 RW 添加量制备的保温材料的 SEM 图
(a)4%；(b)6%；(c)8%；(d)10%

　　图 5.69 为样品物理性能随 RW 用量的变化。从图 5.69(a)看出,随 RW 用量增加,气孔孔径和孔隙率持续下降,孔隙率从 92.15% 降至 92.00%,孔径从 2.1mm 下降到 1.2mm。理论上,孔隙率的下降对导热系数不利,但是由于导热系数较低的岩棉的加入,使得导热系数反而不断降低,从 0.058W/(m·K)降至 0.051W/(m·K)。抗压强度与导热系数变化趋势相似,在岩棉用量为 4%～10%,抗压强度从 0.28MPa 降至 0.16MPa。密度随岩棉添加量增大仅小幅变化。以上说明,适当添加岩棉有利于降低材料导热系数。

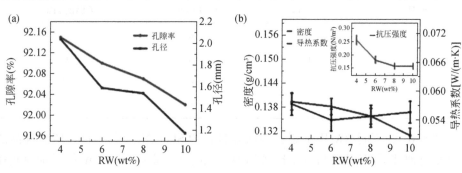

图 5.69　样品物理性能随 RW 用量的变化
(a)孔隙率和孔径;(b)密度、导热系数和抗压强度

5. 热处理的影响

　　在热处理研究中,以 H_2O_2 为变量的实验样品为对象,进行 400℃ 热处理实验。马弗炉程序设计如下:以 8℃/min 的速率由室温升温到 400℃,保温 30min,然后自然冷却到室温。

　　图 5.70 为热处理前后样品的 SEM 照片。可见热处理后孔壁上生成了大量的次级孔,孔径在 10～50μm。热处理样品的密度、抗压强度和导热系数都随 H_2O_2 用量增加而不同程度降低(图 5.71),但密度降低幅度较小。

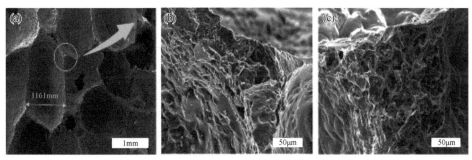

图 5.70　热处理前后保温材料的 SEM 图

(a)热处理后的孔隙;(b)热处理前的孔壁;(c)热处理后的孔壁

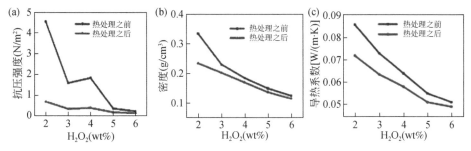

图 5.71　热处理前后保温材料的物理性能随 H_2O_2 用量的变化

(a)抗压强度;(b)密度;(c)导热系数

6. 小结

本节采用常温发泡方法制备了性能优良的松脂岩保温材料,研究了液固比、H_2O_2 和 CTAB 以及岩棉的添加量对样品导热系数、抗压强度、密度等性能的影响。经优化后制备的松脂岩保温材料密度、导热系数和抗压强度分别为 $0.110g/cm^3$、$0.049W/(m \cdot K)$ 和 $0.206MPa$。

5.3.4　发泡高岭石保温材料

高岭石是长石和其他硅酸盐矿物蚀变的产物,是一种含水的铝硅酸盐,理论结构式为 $Al[Si_4O_{10}](OH)_8$,层间不含水。高岭石为致密或疏松的块状,一般为白色,如果含有杂质便呈米色。高岭土除用作陶瓷原料、造纸原料、橡胶和塑料的填料、耐火材料原料等外,还可用于合成沸石分子筛以及日用化工产品的填料等。

本节以高岭石为主要原料,采用常温发泡方法制备了多孔保温材料,研究了固液比、表面活性剂添加量、H_2O_2 添加量(表 5.19)等对保温材料主要物理性能的影响。

表 5.19　实验原料配比表

控制因素	高岭石-水玻璃	CTAB(wt%)	H₂O₂(wt%)
	0.2	0.2	3
	0.25	0.2	3
高岭石-水玻璃	0.3	0.2	3
	0.35	0.2	3
	0.4	0.2	3
	0.5	0.2	3
	0.3	0.05	3
	0.3	0.1	3
	0.3	0.15	3
	0.3	0.2	3
CTAB	0.3	0.25	3
	0.3	0.5	3
	0.3	0.75	3
	0.3	0.1	3
	0.3	0.5	3
	0.3	0.5	2
	0.3	0.5	4
H₂O₂	0.3	0.5	5
	0.3	0.5	6
搅拌	0.3	0.5	6

1. 固液比的影响

图 5.72(a) ~ (c) 为高岭石-水玻璃不同固液比条件制备的保温材料的数码照片和 SEM 照片。可以看出,固液比对孔隙结构有明显影响。随固液比增加,保温材料的孔径增加,且分布更加不均匀。可能原因是随着固液比增加,浆液黏度增加,不利于发泡过程中气泡的分散。同时,随着固液比增加,样品的孔隙率从 89.41% 不断降低到 82.71%,平均孔径从 0.80mm 逐渐增加到 1.31mm[图 5.72(d)],密度则从 0.20g/cm³ 增加到 0.30g/cm³[图 5.72(e)],抗压强度从 0.66MPa 增加到 1.02MPa 左右,导热系数则从 0.074 W/(m·K) 增加到 0.105 W/(m·K)[图 5.72(f)]。

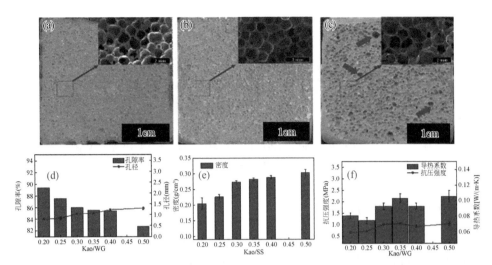

图 5.72 不同固液比制备的保温材料的(a)~(c)数码及 SEM 图;(d)孔隙率及孔径图;
(e)密度及(f)抗压强度和导热系数图

2. CTAB 添加量的影响

图 5.73(a)~(c)为不同 CTAB 添加量条件下制备的保温材料的数码照片和 SEM 照片。可以看出,未添加 CTAB 的保温材料气孔分布极不均匀,添加一定量 CTAB 后样品气孔非常均匀。从平均孔径曲线可见,随着 CTAB 含量从 0.051% 增加到 1%,孔径从 2.48mm 调整到 0.20mm[图 5.83(d)]。但 CTAB 添加量对孔隙率的影响较小,样品的孔隙率平均保持在 ~88%,样品的密度也相对稳定在 0.24g/cm³ 左右;抗压强度从 1.03MPa 增加到 1.72MPa,导热系数则从 0.075W/(m·K) 增加到 0.088W/(m·K)。

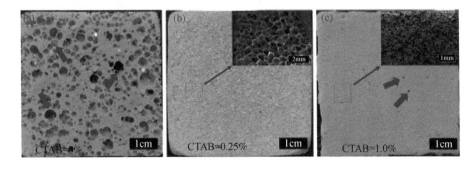

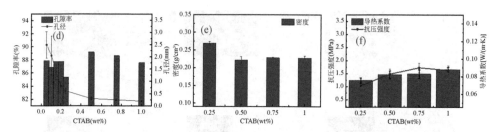

图 5.73　不同 CTAB 添加量制备的保温材料的(a)～(c)数码及 SEM 图;
(d)孔隙率及孔径图;(e)密度及(f)抗压强度和导热系数图

3. H₂O₂ 添加量的影响

图 5.74(a)～(c)为 H₂O₂ 不同添加量条件下制备的保温材料的数码照片和 SEM 照片。可以看出,H₂O₂ 添加量对材料的外观及气孔形貌影响较小。随着 H₂O₂ 用量从 2% 增加到 6%,孔隙率从 82.44% 增加到 93.80%,但孔径保持在 0.475mm 左右;样品的密度从 0.32g/cm³ 降到 0.11g/cm³,抗压强度从 3.39MPa 降到 0.74MPa,导热系数则从 0.131W/(m·K) 增加到 0.056W/(m·K)。可见, H₂O₂ 的添加量对孔隙率、抗压强度、导热系数影响十分明显,且抗压强度和导热系数与孔隙率基本呈负线性关系。

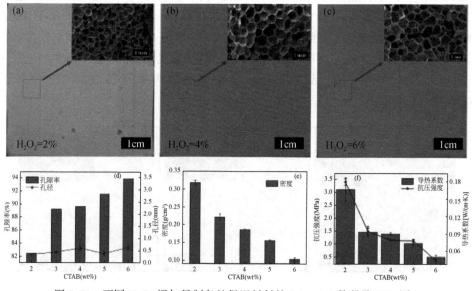

图 5.74　不同 H₂O₂ 添加量制备的保温材料的(a)～(c)数码及 SEM 图;
(d)孔隙率及孔径图;(e)密度及(f)抗压强度和导热系数图

4. 热处理的影响

采用了两种热处理的方法,即以 5℃/min 速率缓慢升温至 400℃和快速升温至 400℃(快速放入温度为 400℃的炉体中),保温时长都为 30min。

图 5.75 为不同热处理条件下样品的 SEM 照片。可见经热处理的样品产生了分层孔隙结构,其中数百微米范围内的初级孔隙主要由 H_2O_2 发泡导致,而几十微米范围内的次级孔隙则是由高温下的水分损失和 CTAB 分解产生。在物理性能方面,两种加热方法都可以减小样品的重量和体积。然而,缓慢加热的方法造成样品的体积收缩更大,密度几乎无变化,但导热系数从 0.053W/(m·K) 下降到 0.043W/(m·K)。快速升温方法制备的样品密度从 0.102g/cm³ 下降到 0.086g/cm³,导热系数从 0.053W/(m·K) 下降到 0.040W/(m·K),下降比缓慢加热方法更明显。同时,热处理后样品的抗压强度也降低。表 5.20 为不同热处理方法制备样品的主要性能参数。

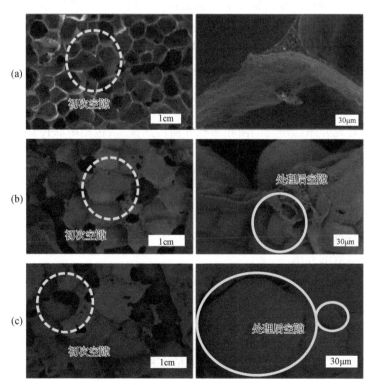

图 5.75　(a)未热处理,(b)以 5℃/min 速率缓慢升温至 400℃和(c)瞬时升温至 400℃
热处理样品的 SEM 照片

表 5.20　不同热处理方法制备样品的主要物理性能参数

属性	不进行热处理	以 5℃/min 的速度加热到 400℃，持续 30min		立即加热到 400℃，持续 30min	
		平均值	平均变化(%)	平均值	平均变化(%)
重量差异	—	—	−19.52	—	−16.39
体积变化	—	—	−17.50	—	−4.64
密度(g/cm³)	0.102	0.101	−0.75	0.086	−12.50
导热系数 [W/(m·K)]	0.053	0.043	−19.29	0.040	−23.34
抗压强度(MPa)	0.35	0.28	−20.00	0.27	−22.86

5. 小结

本节采用常温发泡方法制备了性能优良的高岭石基多孔保温材料,研究了固液比、双氧水和 CTAB 以及热处理方式对样品导热系数、抗压强度、密度等性能的影响。经优化后制备的保温材料密度、导热系数和抗压强度分别为 0.086g/cm³、0.040W/(m·K) 和 0.27MPa。

5.3.5　地质聚合物传热机理研究

本小节首先介绍已建立的两相多孔介质传热模型,包括串联传热模型、并联传热模型、几何平均导热模型、麦克斯韦-奥伊肯方程、球形结构模型、有效介质理论及新型有效介质理论传热模型,然后将上述模型应用于多孔地质聚合物类保温材料以及文献中报道的其他地质聚合物保温材料,评价不同传热模型对描述多孔地质聚合物类保温材料传热机理的适用性。在此基础上,研究了新型有效介质理论中主要变量对有效导热系数的影响,并以此为指导,提出了降低多孔地质聚合物保温材料导热系数的方法。

1. 典型传热模型简介

(1) 并联传热模型(parallel model)

该模型假定固体骨架和流体沿各自独立的方向同步发生热量传递,彼此之间传热是隔绝的,孔隙通道方向与热流流动方向平行[66]。由此得到有效导热系数的解析表达式:

$$k_e = \varepsilon k_a + (1-\varepsilon) k_s \tag{5.15}$$

式中,k_e 为样品的有效导热系数,ε 为孔隙率,k_a 为流体导热系数,k_s 为固体骨架导热系数。

（2）串联传热模型（series model）

在串联模型中，假定热量传递的方向与孔隙中气体通过方向相垂直，固体骨架与孔中气体之间存在不受阻碍的热传递。因此有效导热系数的解析表达式为：

$$\frac{1}{k_e} = \frac{\varepsilon}{k_a} + \frac{1-\varepsilon}{k_s} \tag{5.16}$$

（3）几何平均导热模型（geometric mean model）

孔隙结构通道通常是不规则性和随机分布的，通过对固体骨架和气相导热系数的加权几何平均可得到一个经验公式：

$$k_e = k_a^{\varepsilon} \cdot k_s^{1-\varepsilon} \tag{5.17}$$

（4）麦克斯韦-奥伊肯方程（Maxwell-Eucken）

麦克斯维-奥伊肯方程是用来描述多孔介质传热模型的经典方程。

当孔隙分散且不连通时，公式可修正为 Maxwell-Eucken 1：

$$k_e = k_a \frac{k_a + 2 k_s - 2\varepsilon(k_s - k_a)}{k_a + 2 k_s + \varepsilon(k_s - k_a)} \tag{5.18}$$

当其中孔隙部分连续，公式可修正为 Maxwell-Eucken 2：

$$k_e = k_s \frac{k_s + 2 k_a - 2(1-\varepsilon)(k_a - k_s)}{k_s + 2 k_a + (1-\varepsilon)(k_a - k_s)} \tag{5.19}$$

（5）球形结构模型（Hashin's spherical structure model）

球形结构模型是通过变分原理获得各向均匀多相混合物的电导率的上、下限方程。通过导电和导热现象的相似类比分析，获得多孔介质中的导热过程，方程如下：

$$k_{lower} = k_a + \frac{1-\varepsilon}{\dfrac{1}{k_s - k_a} + \dfrac{\varepsilon}{3 k_a}} \tag{5.20}$$

$$k_{upper} = k_s + \frac{\varepsilon}{\dfrac{1}{k_a - k_s} + \dfrac{1-\varepsilon}{3 k_s}} \tag{5.21}$$

式中，k_{lower} 和 k_{upper} 分别为有效导热系数的下限和上限。事实上，该模型在数学上等价于著名的麦克斯韦-奥伊肯方程的两种形式。

（6）有效介质理论（EMT）

该模型由 Bruggeman 提出并经过后续不断发展而得到。该模型假设在复合体系中，固相和孔隙都处于均匀的有效介质中，该有效介质的导热系数即为多孔介质的有效导热系数。可用如下方程表示：

$$(1-\varepsilon)\frac{k_s - k_e}{k_s + 2 k_e} + \varepsilon \frac{k_a - k_e}{k_a + 2 k_e} = 0 \tag{5.22}$$

(7)新型有效介质理论传热模型(NEMT)

该模型假设不同的相或组分作为小球体分布在导热系数为 k_m 的均匀介质上, k_m 可以反映固体骨架向空气传热的特性。该模型可以用公式(5.23)表示:

$$(1-\varepsilon)\frac{k_s-k_e}{k_s+2\,k_m}+\varepsilon\,\frac{k_a-k_e}{k_a+2\,k_m}=0 \qquad (5.23)$$

式中,k_m 为均匀介质的导热系数。

因此,有效导热系数可以用如下公式计算得到:

$$k_e=\frac{k_s(1-\varepsilon)(k_a+2\,k_m)+k_a\varepsilon(k_s+2\,k_m)}{\varepsilon(k_s+2\,k_m)+(1-\varepsilon)(k_a+2\,k_m)} \qquad (5.24)$$

NEMT 模型可以通过调节 k_m 将并联、串联、Maxwell-Eucken 方程和有效介质理论等基本模型统一起来。可以推断:当 $k_m=k_e$ 时,该模型转变为 EMT 模型;当 $k_m=k_s$ 时,模型变为 Maxwell-Eucken 1;当 $k_m=k_a$ 时,模型转变为 Maxwell-Eucken 2;当 $k_m=0$ 时,模型转变为串联模型;当 $k_m=\infty$ 时,模型转变为并联模型。

2. 多孔地质聚合物的传热机理研究

(1)研究对象和传热模型选择

为了对比研究上述模型的适用性,这里将以上模型用于不同的多孔地质聚合物保温材料,包括文献报道的多孔地质聚合物材料(粉煤灰和偏高岭土)以及作者以珍珠岩、松脂岩、黑曜岩、高岭石为原料制备的一系列多孔地质聚合物保温材料。由于多孔地质聚合物的孔径较小(通常小于 1cm),因此在实际传热过程中,热辐射和对流传热相对于热传导的作用可以忽略。多孔地质聚合物保温材料可看成由地质聚合物骨架和孔隙中的空气两相组成的多孔介质,传热的主要方式是固体骨架与空气两相间的热传导,通常可以用导热系数描述多孔介质的传热机理。

针对多孔地质聚合物材料的组成和结构特征,将上述模型的理论计算值与实测值进行比较,将两者相差最小的模型作为描述多孔地质聚合物的传热模型。孔隙内流体为空气,常温下空气的导热系数取 $0.026W/(m\cdot K)$。将各种模型的理论计算结果与实测值汇总如图 5.76 所示。结果表明,在几种多孔地质聚合物材料之中,新型有效介质理论模型(NEMT)均能很好地描述其导热系数。表 5.21 给出了采用 NEMT 模型计算的一些多孔地质聚合物的导热系数及其实测值。实测值与计算值间的相对误差(R. E.)绝对值分别小于 0.56%(珍珠岩基多孔地质聚合物)、2.63%(松脂岩基多孔地质聚合物)、5.90%(黑曜岩基多孔地质聚合物)和 4.10%(高岭石基多孔地质聚合物)。可以看出在 NEMT 模型下,导热系数的所有计算值都非常接近实测值。

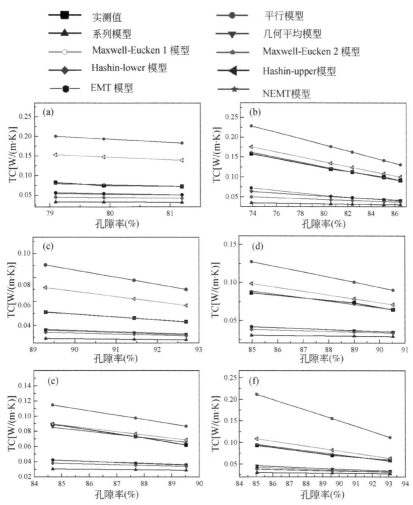

图5.76 不同模型计算的导热系数值与实测值对比

(a)粉煤灰基多孔地质聚合物;(b)偏高岭土基多孔地质聚合物;(c)珍珠岩基多孔地质聚合物;(d)松脂岩基多孔地质聚合物;(e)黑曜岩基多孔地质聚合物;(f)高岭石基多孔地质聚合物)

表5.21 用NEMT模型计算的几种多孔地质聚合物的导热系数及实测值

多孔地质聚合物类型	$\varepsilon(\%)$	$k_t[W/(m\cdot K)]$	$k_c[W/(m\cdot K)]$	R.E.(%)
粉煤灰	79.10	0.082	0.078834	−3.86
	79.90	0.074	0.076456	3.32
	81.20	0.072	0.072662	0.92
偏高岭土	73.90	0.1583	0.161919	2.29
	80.60	0.1203	0.122318	1.68
	82.40	0.1125	0.112449	−0.05

续表

多孔地质聚合物类型	$\varepsilon(\%)$	$k_{\mathrm{t}}[\mathrm{W}/(\mathrm{m}\cdot\mathrm{K})]$	$k_{\mathrm{c}}[\mathrm{W}/(\mathrm{m}\cdot\mathrm{K})]$	R.E.(%)
偏高岭土	85.10	0.0999	0.098315	-1.59
	86.50	0.0913	0.091118	-0.20
珍珠岩	89.30	0.051	0.051405	0.56
	91.44	0.046	0.046033	-0.13
	92.70	0.043	0.042941	-0.32
松脂岩	84.98	0.086	0.088944	2.63
	88.99	0.073	0.070940	-2.65
	90.53	0.064	0.064466	0.89
黑曜岩	84.68	0.089	0.082447	-4.34
	87.69	0.073	0.071654	-0.05
	89.53	0.062	0.064538	5.90
高岭石	85.06	0.093	0.101840	2.19
	89.58	0.071	0.075812	4.10
	93.09	0.059	0.058542	-4.06

粉煤灰：$\overline{k_{\mathrm{m}}}=0.130\mathrm{W}/(\mathrm{m}\cdot\mathrm{K})$，$k_{\mathrm{s}}=\sim0.86\mathrm{W}/(\mathrm{m}\cdot\mathrm{K})$；偏高岭土：$\overline{k_{\mathrm{m}}}=0.537\mathrm{W}/(\mathrm{m}\cdot\mathrm{K})$；$k_{\mathrm{s}}=0.803\mathrm{W}/(\mathrm{m}\cdot\mathrm{K})$；珍珠岩：$\overline{k_{\mathrm{m}}}=0.160\mathrm{W}/(\mathrm{m}\cdot\mathrm{K})$，$k_{\mathrm{s}}=0.630\mathrm{W}/(\mathrm{m}\cdot\mathrm{K})$；松脂岩：$\overline{k_{\mathrm{m}}}=0.636\mathrm{W}/(\mathrm{m}\cdot\mathrm{K})$，$k_{\mathrm{s}}=0.701\mathrm{W}/(\mathrm{m}\cdot\mathrm{K})$；黑曜岩：$\overline{k_{\mathrm{m}}}=0.476\mathrm{W}/(\mathrm{m}\cdot\mathrm{K})$，$k_{\mathrm{s}}=0.606\mathrm{W}/(\mathrm{m}\cdot\mathrm{K})$；高岭石：$\overline{k_{\mathrm{m}}}=0.478\mathrm{W}/(\mathrm{m}\cdot\mathrm{K})$，$k_{\mathrm{s}}=0.803\mathrm{W}/(\mathrm{m}\cdot\mathrm{K})$；$k_{\mathrm{t}}$：测量值；$k_{\mathrm{c}}$：计算值；R.E.：相对误差。

（2）多孔地质聚合物保温材料热传导的影响因素

新型有效介质理论传热模型（NEMT）是描述多孔地质聚合物保温材料传热过程和机理的最优模型。本节基于 NEMT 模型，研究了多孔地质聚合物热传导的主要影响因素。

①导热系数（k_{e}）与孔隙率（ε）的关系

图 5.77 为不同多孔地质聚合物保温材料的导热系数与孔隙率的关系，可以看出，所有材料的导热系数都随着孔隙率的增加而降低。因此，增加 ε 是降低导热系数的重要手段之一。表 5.22 列出了达到预期 k_{e} 理论上所需的 ε 值。

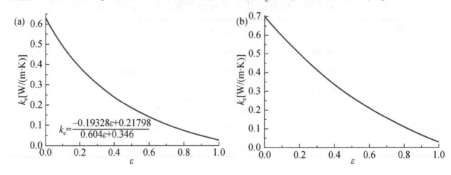

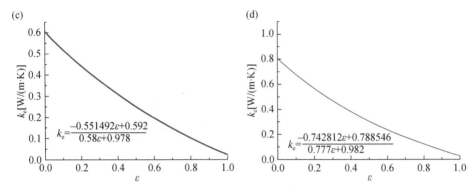

图 5.77 导热系数与孔隙率关系

(a)珍珠岩基多孔地质聚合物;(b)松脂岩基多孔地质聚合物;(c)黑曜岩基多孔地质聚合物;
(d)高岭石基多孔地质聚合物

表 5.22 导热系数为 0.050W/(m·K) 和 0.040W/(m·K) 所需的孔隙率理论值

多孔地质聚合物保温材料类型	$\varepsilon(k_e=0.050)$	$\varepsilon(k_e=0.040)$
珍珠岩	0.8980	0.9388
松脂岩	0.9404	0.9650
黑曜岩	0.9356	0.9650
高岭石	0.9460	0.9682

②有效导热系数 k_e 与固体骨架导热系数 k_s 和均匀介质导热系数 k_m 的关系

k_s 为固体骨架导热系数,k_m 为均匀介质的导热系数。k_m 通常反映了固相和流体相的传热关系,实际上与多孔地质聚合物材料的孔结构紧密相关,k_m 越大,固相和流体间的传热关系阻隔作用越弱,k_m 为 0 时,固相和流体不发生传热,完全阻隔。如图 5.78 所示,k_e 随着 k_m 和 k_s 的增加先增加,后趋于平缓。孔隙率低时,k_s 和 k_m 对常温发泡无机保温材料的热传导影响更大。此外,固体骨架导热系数 k_s 比 k_m 对有效导热系数的影响更大。因此,降低样品的 k_s 和 k_m 可降低多孔地质聚合物保温材料的导热系数。

(3)降低导热系数的实验研究

根据以上结果,进行了降低多孔地质聚合物保温材料导热系数的实验研究。

①提高孔隙率

通过增加发泡剂和加入表面活性剂的方式来提高孔隙率。

图 5.79 展示了孔隙率和 H_2O_2 用量之间的关系及其线性拟合结果。可以看出,ε 随着 H_2O_2 含量的增加而增加,并且呈现出良好的线性关系。表 5.23 为制备

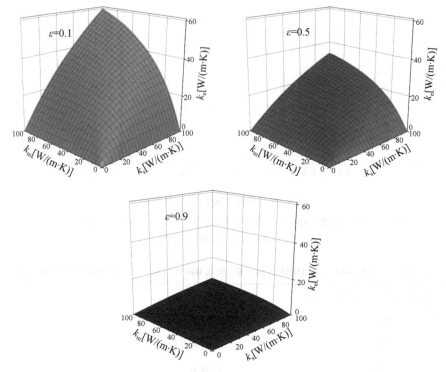

图 5.78 有效导热系数 k_e 与 k_s 和 k_m 的关系

导热系数小于 $0.040W/(m \cdot K)$ 的常温发泡多孔地质聚合物保温材料,理论上所需要的 H_2O_2 添加量。但是 H_2O_2 用量不能无限增加,因为当发泡剂的用量增加到一定程度会导致孔结构崩塌,因此孔隙率不能无限增加。

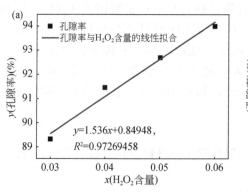
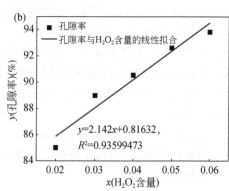

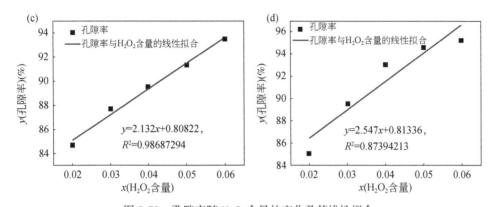

图 5.79　孔隙率随 H_2O_2 含量的变化及其线性拟合

(a)多孔珍珠岩地质聚合物;(b)多孔松脂岩地质聚合物;(c)多孔黑曜岩地质聚合物;
(d)多孔高岭石地质聚合物

表 5.23　导热系数为 0.040W/(m·K)时所需的理论发泡剂用量

多孔地质聚合物保温材料类型	理论 H_2O_2 用量(wt%)
珍珠岩	5.8
松脂岩	6.7
黑曜岩	7.2
高岭石	6.1

　　图 5.80 显示了表面活性剂提高材料孔隙率的机理。CTAB 用作稳泡剂,少量 CTAB(约 0.1% ~0.5%)可以极大地改善孔分布的均匀性并减小孔径,从而有效提高常温发泡无机保温材料的孔隙率。当 CTAB 添加到浆料中时,它被地质聚合物浆料颗粒表面吸附,使得地质聚合物浆料颗粒表面带正电荷。CTAB 改性后的地质聚合物浆料表面能更低,同时使 H_2O_2 分解产生的气泡之间相互排斥,形成均匀的孔分布并使孔壁变薄。相反,不含 CTAB 的地质聚合物浆料中,气泡自由生长,形成孔壁较厚的不规则孔结构。在发泡剂用量相同的情况下,CTAB 可以明显提高材料的 ε 值。当 CTAB 添加量在一定范围内(<1%),ε 和 k_e 几乎不变。因此,CTAB 对 k_m 和 k_s 的影响较小。

　　②降低骨架导热系数

　　热处理可以显著降低固体骨架导热系数。表 5.24、表 5.25 为珍珠岩基多孔地质聚合物和高岭石基多孔地质聚合物保温材料热处理前后的主要性能和 k_m 值对比,可见珍珠岩基多孔地质聚合物保温材料的导热系数明显降低,而孔隙率几乎不变。经测量,热处理后的样品的固体骨架导热系数(k_s)降低,而均匀介质导热系数(k_m)略微升高。固体骨架导热系数的降低远大于 k_m 增加对材料导热系数的影响。

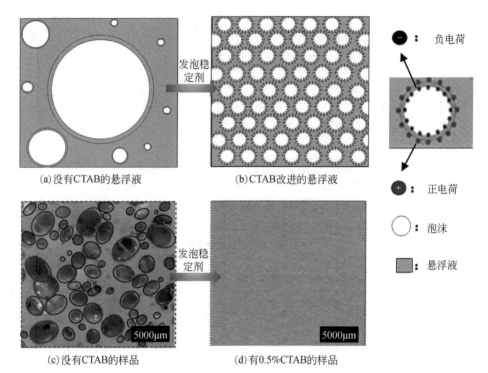

(a) 没有CTAB的悬浮液　　(b) CTAB改进的悬浮液

$-$: 负电荷

$+$: 正电荷

◯ : 泡沫

▢ : 悬浮液

(c) 没有CTAB的样品　　(d) 有0.5%CTAB的样品

图 5.80　表面活性剂稳泡和提高孔隙率的机理(以 CTAB 为例)(见彩图)

表 5.24　珍珠岩基多孔地质聚合物和高岭石基多孔地质聚合物保温材料热处理前后的主要性能对比

类型	烧结前			烧结后		
	k_s/k_t [W/(m·K)]	密度 (g/cm³)	ε	k_s/k_t [W/(m·K)]	密度 (g/cm³)	ε
珍珠岩	0.705/0.057	0.157	90.55%	0.545/0.043	0.150	90.56%
高岭石	0.803/0.054	0.095	94.90%	0.420/0.040	0.083	94.90%

表 5.25　珍珠岩基多孔地质聚合物和高岭石基多孔地质聚合物保温材料热处理前后的 k_m 值对比

多孔地质聚合物类型	烧结前 k_m [W/(m·K)]	烧结后 k_m [W/(m·K)]
珍珠岩	0.220	0.303
高岭石	0.478	1.333

　　根据前面的研究,热处理可以在固体骨架中产生多级孔。图 5.81 为珍珠岩基多孔地质聚合物和高岭石基多孔地质聚合物热处理前后的 SEM 照片。可以看出,热处理后的多孔地质聚合物在初级孔的孔壁上出现了大量的次级孔,然而从表 5.24 可以看出,珍珠岩基多孔地质聚合物和高岭石基多孔地质聚合物热处理后的孔隙率几乎没有发生变化,这主要是因为在常温发泡过程中形成的初级孔构成了多孔地质聚合物的主体孔结构,热处理形成的新孔隙并未提高保温材料的整体孔隙率,而是挤占了初级孔的位置。

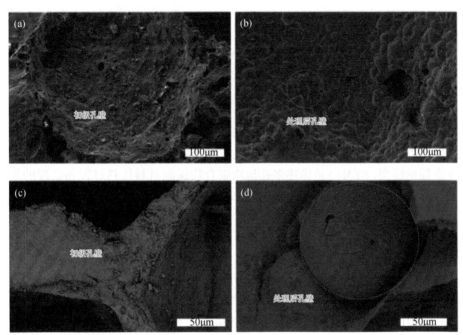

图 5.81　热处理前后多孔地质聚合物的 SEM 图片

(a)热处理前珍珠岩基多孔地质聚合物;(b)热处理后珍珠岩基多孔地质聚合物;(c)热处理前
高岭石基多孔地质聚合物;(d)热处理后高岭石基多孔地质聚合物

　　进一步研究了热处理前后多孔地质聚合物的均匀介质导热系数(k_m)的变化规律。由表 5.25 可以看出,珍珠岩基多孔地质聚合物和高岭石基多孔地质聚合物的 k_m 平均值分别从 0.220W/(m·K)增加到 0.303W/(m·K)和从 0.478W/(m·K)增加到 1.333W/(m·K),但珍珠岩基多孔地质聚合物和高岭石基多孔地质聚合物的有效导热系数均有所降低。为了探究其原因,绘制了 ε 为 0.9045 和 0.9490 的 k_e-k_s-k_m 三维图,如图 5.82 所示。可以发现,k_e 随 k_m 的变化率小于随 k_s 的变化率,k_m 增加引起的 k_e 上升小于 k_s 减少引起的 k_e 下降。因此认为,多孔地质聚合物热处理后导热系数降低的主要原因是固体骨架导热系数的降低。

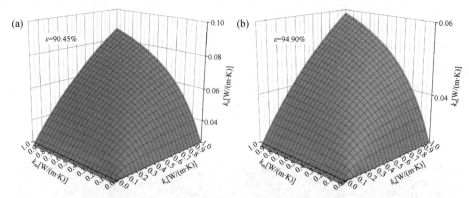

图 5.82　k_e 随 k_s 和 k_m 的变化（ a: $\varepsilon = 90.45\%$; b: $\varepsilon = 94.90\%$ ）

3. 小结

对比研究了多种两相多孔介质传热模型以及影响多孔地质聚合物热传导的主要因素。以此为基础,研究了降低多孔地质聚合物导热系数的方法。发现新型有效介质理论模型(NEMT)是描述多孔地质聚合物保温材料传热过程和机理的最佳模型,研究了影响导热系数的主要因素。以此为指导,提出了提高多孔地质聚合物导热系数的几种可能的途径。

5.3.6　膨胀珍珠岩保温材料研究

本小节以我国河南信阳膨胀珍珠岩为主要轻质骨料,采用水玻璃为胶凝材料,探讨制备工艺对保温材料物理性能的影响,经优化后制备出综合性能达到 GB/T 10303—2001 350 号并且接近 250 号合格品各项指标的膨胀珍珠岩外墙保温板样品。

1. 实验材料与方法

实验主要原料为膨胀珍珠岩(PE)、水玻璃、废旧聚苯颗粒(EPS)、聚氨酯泡沫(PU)等。实验方法及流程见图 5.83。

2. 成形压力、胶珍比的影响

成形压力、胶珍比对制品性能影响实验的制品性能测试结果如表 5.26 所示。

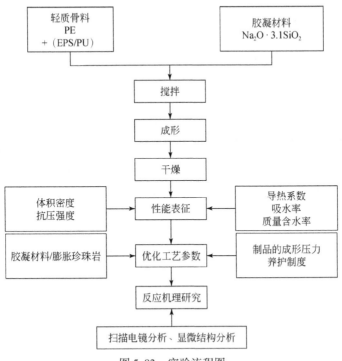

图 5.83　实验流程图

表 5.26　成形压力、胶珍比对制品性能的影响

成形压力(MPa)	胶珍比(%) 25		30		35		40	
	体积密度 (kg/m³)	抗压强度 (MPa)	体积密度 (kg/m³)	抗压强度 (MPa)	体积密度 (kg/m³)	抗压强度 (MPa)	体积密度 (kg/m³)	抗压强度 (MPa)
0.350	266	0.28	271	0.34	274	0.36	285	0.41
0.375	273	0.33	276	0.43	284	0.45	298	0.49
0.400	287	0.37	289	0.47	292	0.47	305	0.53
0.425	303	0.40	310	0.52	308	0.51	318	0.57

注：使用 3.1mol/L 水玻璃为胶凝材料，制品干燥温度 80℃，干燥时间 24h。

由表 5.26 可以看出，当胶珍比为 25%、制品成形压力 ≥0.425MPa 时，制品的体积密度和抗压强度达到 GB/T 10303—2001 350 号标准要求。当胶珍比为 30%～35%、制品成形压力 >0.375MPa 时，制品的体积密度和抗压强度达到 GB/T 10303—2001 350 号标准要求；制品成形压力等于 0.375MPa 时，制品的体积密度和抗压强度达到 GB/T 10303—2001 350 号标准并接近 250 号标准要求。当胶珍比为 40%、制品成形压力 ≥0.350MPa 时，制品的体积密度和抗压强度达到 GB/T 10303—2001 350 号标准要求。

3. 防水处理的影响

PE 及其制品吸水率高、易受潮,受潮后严重影响其保温效果。为此对制品进行了防水处理,选择有机硅类材料作为防水剂。表 5.27 为不同防水剂添加量制备的制品性能、某些 PE 制品的性能及相应的国标。

表 5.27　不同防水剂添加量制备的制品性能、某些 PE 制品的性能及相应的国标

编号	防水剂用量 (%)	体积密度 (kg/m³)	质量含水率 (%)	抗压强度 (MPa)	导热系数 [W/(m·℃)]
1	0	276	22.1	0.44	0.068
2	1.5	281	12.3	0.43	0.069
3	2.0	274	7.0	0.44	0.068
4	2.5	283	4.8	0.45	0.068
K 制品	—	220	0	0.32	0.053
B 制品	—	288	6.0	0.33	0.076
国标	—	≤250	5.0	≥0.40	≤0.072
	—	≤350	10.0	≥0.40	≤0.087

注:以 3.1mol/L 水玻璃为黏结剂,胶珍比为 0.3、成形压力为 0.375MPa。

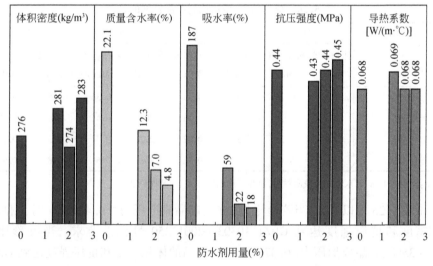

图 5.84　防水剂添加量对制品性能的影响

图 5.84 中,随着防水剂用量从 0 增加至 2.5%,制品的体积密度、导热系数几乎不受影响,质量含水率和吸水率分别急剧下降82%和90%,抗压强度略有增加,

这是由于有机硅防水剂能与基材表层及空气中大量的二氧化碳和水产生化学反应,生成憎水膜,这种网状结构的树脂能够堵塞部分制品内部的毛细孔,增强密实性,进而提高制品的抗压强度。

增加有机硅防水剂用量会影响制品的燃烧性能,并增加生产成本,因此,在达到 GB/T 10303—2001 对质量含水率要求的前提下,选择防水剂使用量为 2.5%。

4. 添加废旧聚苯乙烯泡沫(EPS)颗粒的实验

(1)复合方式对制品性能的影响

PE 与 EPS 两种轻质骨料的复合方式不同,会直接影响复合保温板的力学性能、燃烧性能等。PE 与 EPS 分别采用三种复合方式(均混、夹层、均混夹层)制备,均混复合方式[图 5.85(a)]即两种轻质骨料均匀混合,夹层复合方式[图 5.85(b)]为 EPS 处于被两层 PE 夹层的状态,均混夹层[图 5.85(c)]是部分 PE 与 EPS 均匀混合后处于被两层 PE 夹层的状态。

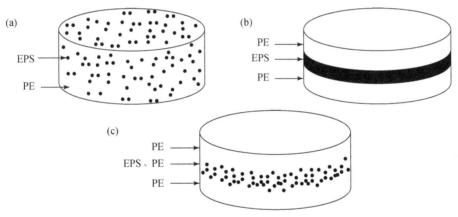

图 5.85　PE 与 EPS 的三种复合方式示意图
(a)均混;(b)夹层;(c)均混夹层

图 5.86、表 5.28 为三种不同复合方式制备的 PE/EPS 复合保温板的形貌图及外观描述。

图 5.86　PE/EPS 复合保温板制品照片
(a)均混复合方式;(b)夹层复合方式;(c)均混夹层复合方式

表 5.28　EPS 与 PE 复合制品的外观描述

复合方式	外观描述
均混	制品外观质量较好,基本没有裂纹[图 5.86(a)]
夹层	制品分层严重,无法测量物理性能[图 5.86(b)]
均混夹层	制品分层严重,无法测量物理性能[图 5.86(c)]

注:三组实验均添加 3% EPS,胶珍比为 0.3,成形压力为 0.375MPa。

由制品的外观可以看出,均混复合方式下 PE 与 EPS 的相容性最好。这是由于 PE、EPS 与水玻璃溶液混和成拌和料,经压力成形制备出的坯体在烘箱中干燥时,两种轻质骨料的热膨胀系数不同,导致受热膨胀、遇冷收缩的体积不同,引起应力集中,最终使样品开裂或变形。

(2)均混复合方式的制备工艺研究

EPS 添加量、成形压力、胶珍比对 PE/EPS 复合保温板的性能有关键性的影响。为了确定优化的工艺参数,设计正交实验如表 5.29 所示。

表 5.29　均混复合方式的正交实验因素及水平

水平	因素		
	EPS 添加量(%)	成形压力(MPa)	胶珍比(%)
1	3.5	0.375	30
2	3.0	0.400	32
3	2.5	0.425	34

注:采用水玻璃为黏结剂,防水剂用量 2.5%。

表 5.30 为 $L_9(3^3)$ 实验结果的极差分析。

表 5.30　$L_9(3^3)$ 实验结果的极差分析表

编号	EPS 添加量 A(%)	成形压力 B(MPa)	胶珍比 C(%)	空列	体积密度 (kg/m³)	抗压强度 (MPa)	导热系数 [W/(m·℃)]	质量含水率 (%)
1	3.5(1)	0.375(1)	30(1)	1	250	0.30	0.056	4.87
2	3.5(1)	0.400(2)	32(2)	2	258	0.35	0.059	4.83
3	3.5(1)	0.425(3)	34(3)	3	269	0.39	0.064	4.75
4	3.0(2)	0.375(1)	32(2)	3	255	0.32	0.058	4.89
5	3.0(2)	0.400(2)	34(3)	1	259	0.40	0.060	4.90
6	3.0(2)	0.425(3)	30(1)	2	271	0.38	0.064	4.81
7	2.5(3)	0.375(1)	34(3)	2	259	0.37	0.061	4.90
8	2.5(3)	0.400(2)	30(1)	3	264	0.36	0.064	4.98

续表

编号	EPS 添加量 A(%)	成形压力 B(MPa)	胶珍比 C(%)	空列	体积密度 (kg/m³)	抗压强度 (MPa)	导热系数 [W/(m·℃)]	质量含水率 (%)
9	2.5(3)	0.425(3)	32(2)	1	274	0.43	0.067	4.88
$\overline{K_1}$	259	255	261	261				
$\overline{K_2}$	262	260	262	262	注:以体积密度为指标			
$\overline{K_3}$	266	271	262	262				
极差 R	7	16	1	1				
$\overline{K_1}$	0.35	0.33	0.34	0.38				
$\overline{K_2}$	0.37	0.37	0.37	0.37	注:以抗压强度为指标			
$\overline{K_3}$	0.39	0.40	0.39	0.36				
极差 R	0.04	0.07	0.05	0.02				
$\overline{K_1}$	0.060	0.058	0.061	0.061				
$\overline{K_2}$	0.061	0.061	0.062	0.062	注:以导热系数为指标			
$\overline{K_3}$	0.064	0.065	0.062	0.062				
极差 R	0.004	0.007	0.001	0.001				

注:由于本次实验中三个影响因素均不是质量含水率的主要影响因素,因此未以其为指标进行极差分析。

指标的平均极差值反映了因素对指标影响程度的大小,极差 R 越大,则因素对指标影响程度越大。表 5.30 中,以制品体积密度为指标,3 个因素的极差大小顺序为:$R_{成形压力} > R_{EPS添加量} > R_{胶珍比}$,故 3 个因素影响制品体积密度的次序为:成形压力→EPS 添加量→胶珍比,较优的实验方案为 $B_1A_1C_1$;以制品抗压强度为指标,3 个因素的极差大小顺序为:$R_{成形压力} > R_{胶珍比} > R_{EPS添加量}$,故影响制品抗压强度的次序为:成形压力→胶珍比→EPS 添加量,较优的实验方案为 $B_3C_3A_3$;以制品导热系数为指标,3 个因素的极差大小顺序为:$R_{成形压力} > R_{EPS添加量} > R_{胶珍比}$,故影响制品导热系数的次序为:成形压力→EPS 添加量→胶珍比,较优的实验方案为 $B_1A_1C_1$。因素 B 对于几种制品性能都是主要因素,故取均值 B_2;因素 A 对于制品体积密度、导热系数为较主要因素,对于抗压强度为次要因素,故取 A_1;因素 C 对于制品体积密度、导热系数为次要因素,对于抗压强度为较主要因素,故取 C_3。经综合平衡得到的较优制备条件为 $B_2A_1C_3$,在该条件下制备的样品的体积密度为 $251kg/m^3$、抗压强度为 $0.40MPa$、导热系数为 $0.058W/(m·℃)$。

空列的极差值作为实验误差的估计值。本实验以制品体积密度、抗压强度、导热系数为指标的空列极差分别为 $1kg/m^3$、$0.02MPa$、$0.001W/(m·℃)$,说明实验的误差较小,实验数据可信。

　　图5.87是试验因素(EPS添加量、成形压力和胶珍比)对制品体积密度、抗压强度、导热系数的影响关系图,可以看出各因素对指标的影响趋势及程度。随着因素水平的提高,体积密度、抗压强度、导热系数均呈增加趋势。

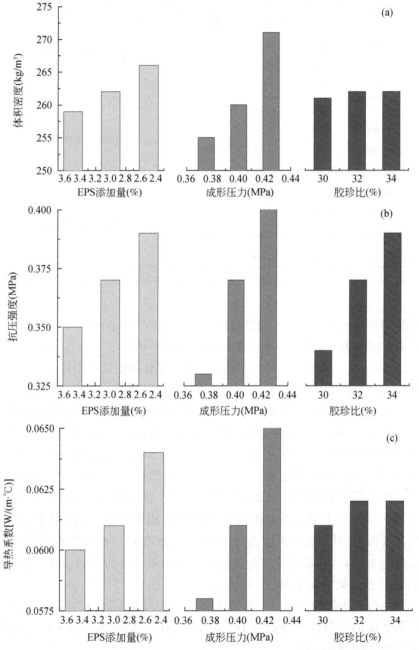

图5.87　EPS添加量、成形压力和胶珍比与制品体积密度(a);抗压强度(b);导热系数(c)的关系

因素的显著性检验是判断因素水平变化时对考察指标的影响是否显著。统计学上把 $F=\dfrac{\overline{S_i}}{\overline{S_e}}$ 的比值与某一临界值 F_a 进行比较,作为判断因素显著性的标准,这种检验称为 F 检验。

比较时有四种情况:

①$F<F_{0.10}$,影响较小;

②$F_{0.10}<F<F_{0.05}$,有一定的影响,记为(*);

③$F_{0.05}<F<F_{0.01}$,影响显著,记为 * ;

④$F>F_{0.01}$,影响特别显著,记为 * * 。

本次实验结果的方差分析如表 5.31 所示,可以看出,三种因素影响制品体积密度的次序为:成形压力→EPS 添加量→胶珍比,影响制品抗压强度的次序为:成形压力→胶珍比→EPS 添加量,影响制品导热系数的次序为:成形压力→EPS 添加量→胶珍比,这与级差分析结果一致。其中,成形压力对制品的体积密度有特别显著的影响,对抗压强度有一定影响。

表 5.31　$L_9(3^3)$ 实验结果的方差分析

指标	因素	方差平方和 S_i	自由度	均方值 $\overline{S_i}$	F	显著性	临界值
体积密度	EPS 添加	74.5	2	37.3	19.6	*	
	成形压力	402.1	2	201.1	105.8	* *	$F_{0.10}=9$
	胶珍比	3.7	2	1.9	1.0		$F_{0.05}=19$
	空列	3.7	2	1.9			$F_{0.01}=99$
抗压强度	EPS 添加量	2.4×10^{-3}	2	1.2×10^{-3}	6.0		
	成形压力	7.5×10^{-3}	2	3.8×10^{-3}	12.7	(*)	$F_{0.10}=9$
	胶珍比	3.9×10^{-3}	2	2.0×10^{-3}	6.7		$F_{0.05}=19$
	空列	0.6×10^{-3}	2	0.3×10^{-3}			$F_{0.01}=99$
导热系数	EPS 添加量	5.1×10^{-5}	2	2.6×10^{-5}	1.9		
	成形压力	9.0×10^{-5}	2	4.5×10^{-5}	3.2		$F_{0.10}=9$
	胶珍比	2.7×10^{-5}	2	1.4×10^{-5}	1.0		$F_{0.05}=19$
	空列	2.7×10^{-5}	2	1.4×10^{-5}			$F_{0.01}=99$

(3)梯度复合方式的制备工艺研究

①梯度试验 I

采用阶梯性增加 EPS 的方法进行实验。

为了确定优化的工艺参数,设计正交实验如表 5.32 所示。

表 5.32　梯度复合方式的正交试验因素及水平

水平	因素		
	EPS 添加量(%)	成形压力(MPa)	胶珍比(%)
1	3.0	0.375	30
2	2.5	0.400	32

注:水玻璃模数为 3.1。

样品制备:按照图 5.88 称取 PE 和 EPS,并分别与计量比的水玻璃溶液混合并搅拌均匀;按照顺序将六份拌和料依次倒入模具中,层与层之间尽量抹平并微加压;将模具固定在压机上,缓慢加压至所需压力。保压一段时间后取下模具,轻轻拿出坯体,置于烘箱中烘干。

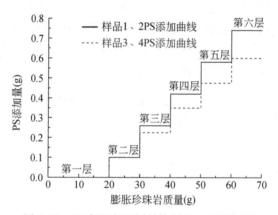

图 5.88　PE 保温板不同结构层的 EPS 添加量

表 5.33 为 $L_4(2^3)$ 实验结果的极差分析。

表 5.33　$L_4(2^3)$ 实验结果的极差分析表

编号	EPS 添加量 A(%)	成形压力 B(MPa)	胶珍比 C(%)	体积密度 (kg/m³)	抗压强度 (MPa)	导热系数 [W/(m·℃)]	质量含水率 (%)
1	3.0(1)	0.375(1)	30(1)	223	0.28	0.053	0.459
2	3.0(1)	0.400(2)	32(2)	231	0.33	0.055	0.464
3	2.5(2)	0.375(1)	32(2)	235	0.35	0.055	0.476
4	2.5(2)	0.400(2)	30(1)	241	0.38	0.058	0.472
$\overline{K_1}$	227	229	232				
$\overline{K_2}$	238	236	233		注:以体积密度为指标		
极差 R	11	7	1				

续表

编号	EPS 添加量 A(%)	成形压力 B(MPa)	胶珍比 C(%)	体积密度 (kg/m³)	抗压强度 (MPa)	导热系数 [W/(m·℃)]	质量含水率 (%)
$\overline{K_1}$	0.305	0.315	0.330				
$\overline{K_2}$	0.365	0.355	0.340	注:以抗压强度为指标			
极差 R	0.060	0.040	0.010				
$\overline{K_1}$	0.054	0.054	0.056				
$\overline{K_2}$	0.057	0.057	0.055	注:以导热系数为指标			
极差 R	0.003	0.003	0.001				

注:由于本次实验中三个影响因素均不是质量含水率的主要影响因素,因此未以其为指标进行极差分析。

从表 5.33 可以看出,分别以制品体积密度、抗压强度为指标,3 个因素的极差大小顺序均为:$R_{EPS添加量} > R_{成形压力} > R_{胶珍比}$,故影响制品密度、抗压强度的因素的次序均为:EPS 添加量→成形压力→胶珍比。以导热系数为指标,三个因素的极差大小顺序为:$R_{EPS添加量} = R_{成形压力} > R_{胶珍比}$,故影响制品导热系数的因素的次序为:EPS 添加量=成形压力→胶珍比。

与均混复合方式的样品相比,本组实验样品的体积密度、抗压强度、导热系数均降低,这是由于 EPS 颗粒是弹性材料,阶梯性增加 EPS 颗粒的方法使 EPS 颗粒集中在样品的一侧,成形过程结束,去掉成形压力后,实验坯体中 EPS 会部分反弹,体积增加,因此影响了样品的性能。实验 2 样品的体积密度为 231kg/m³、抗压强度为 0.33MPa、导热系数为 0.055W/(m·K),接近韩国制品。

②梯度实验Ⅱ

梯度实验Ⅰ制备的 PE/EPS 复合保温板的一侧有 EPS 裸露在外面,会影响制品的阻燃性能。故本实验制备对称梯度结构的 PE/EPS 复合保温板,即 EPS 添加量先增加后减少,使 EPS 完全被 PE 夹在保温板的芯部。实验配料的梯度结构如图 5.89 所示。

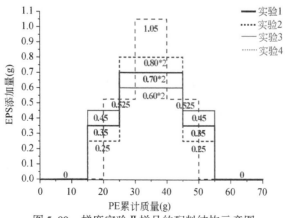

图 5.89　梯度实验Ⅱ样品的配料结构示意图

梯度实验Ⅱ样品的性能测试结果如表 5.34 所示。

表 5.34　梯度实验Ⅱ样品性能测试结果

编号	体积密度(kg/m³)	抗压强度 MPa	导热系数[W/(m·℃)]	质量含水率(%)
1	233	0.34	0.055	4.81
2	226	0.32	0.055	4.85
3	220	0.31	0.054	4.78
4	—	—	—	—

注:实验 4 样品分层。

PE 是脆性材料,不会出现对浆料施加一定成形压力后由于反作用力使坯体体积增大的现象;但 EPS 是韧性材料,若与 PE 复合成形施压后,EPS 颗粒集中的部分反作用力过大,且两种轻质骨料热膨胀系数不同,受热时也会产生应力。若应力集中现象明显,PE 保温板就会膨胀变形,结构被破坏。

实验 1 复合方式中,EPS 颗粒的添加量匀速增加后匀速降低,应力集中现象不明显,在制品中形成的缺陷较少,强度损失较小;实验 2 复合方式中,EPS 的添加量经历了缓慢增加、急剧增加、急剧降低、缓慢降低过程,中间层 EPS 较集中,应力集中现象较明显,在制品中形成部分缺陷,造成强度损失;实验 3 复合方式中,EPS 的添加量经历了急剧增加、缓慢增加、缓慢降低、急剧降低过程,第二层和第四层 EPS 较集中,应力集中现象较明显,在制品中形成部分缺陷,造成强度损失;实验 4 增加第一层与第五层的厚度,导致第二层、第三层和第四层 EPS 集中严重,制品开裂分层。实验 1 制品的体积密度为 233kg/m³、抗压强度为 0.34MPa、导热系数为 0.055W/(m·℃),性能最佳。

5. 添加聚氨酯泡沫(PU)的研究

选择耐火性能较好的 PU(B1 级)为有机轻质骨料,并分别采用粉末和颗粒两种形态进行实验。实验样品的性能测试结果如表 5.35 所示。

表 5.35　PU 为有机轻质骨料制备的保温板的性能

编号	PU 添加量(%)	PU 形态	体积密度(kg/m³)	抗压强度(MPa)	导热系数[W/(m·℃)]	质量含水率(%)
1	5	粉末	275	0.42	0.064	4.57
2	6	粉末	269	0.40	0.063	4.49
3	7	粉末	266	0.40	0.061	4.46
4	5	颗粒	270	0.39	0.064	4.60

续表

编号	PU 添加量（%）	PU 形态	体积密度（kg/m³）	抗压强度（MPa）	导热系数 [W/(m·℃)]	质量含水率（%）
5	6	颗粒	260	0.37	0.060	4.48
6	7	颗粒	263	0.31	0.060	4.22

注:制品成形压力 0.375MPa,使用的水玻璃模数为 3.1,胶珍比 0.32,防水剂添加量 2.5%。

　　PU 的体积密度、抗压强度、导热系数均远低于 PE。但由表 5.35 可以看出,在实验样品中添加 PU 粉末时,随着添加量的增加,制品的体积密度、抗压强度、导热系数仅小幅降低。这可能是由于 PU 粉末在样品制备过程中经过搅拌、成形后,均匀地弥散在 PE 间隙或包覆在 PE 颗粒表面[图 5.90(a)、(b)、(c)],因此并未造成强度的过大损失。而在 PU 粉末的制备过程中,已经将 PU 中的多数封闭气孔打碎,形成开放的气孔,保温性能下降,对提高实验样品的保温性能贡献不大。当 PU 为颗粒形态时,两种轻质骨料很难混均匀,可能是由于 PU 颗粒棱角分明且表面不光滑所致,这就造成实验样品的抗压强度急剧下降。本组实验中,添加 7% PU 粉末时,样品的综合性能较好,体积密度为 266kg/m³、抗压强度为 0.40MPa、导热系数为 0.061W/(m·℃)。

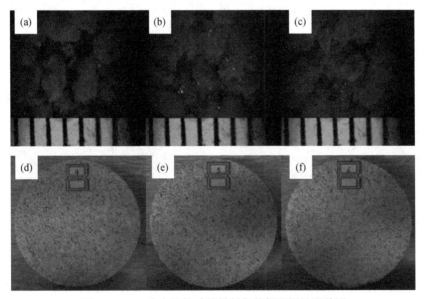

图 5.90　PU 为有机轻质骨料制备的保温板的形貌图

(a)5% PU 粉末(显微镜照片);(b)6% PU 粉末(显微镜照片);(c)7% PU 粉末(显微镜照片);
(d)5% PU 颗粒(照片);(e)6% PU 颗粒(照片);(f)7% PU 颗粒(照片)

　　以河南信阳 PE 为轻质骨料、水玻璃为胶凝材料制备的 PE 保温板的光学显微镜照片和扫描电镜照片分别如图 5.91、图 5.92 所示。

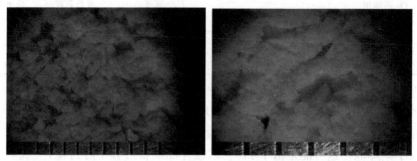

图 5.91　以河南信阳 PE 为轻质骨料、水玻璃为胶凝材料制备的保温材料的
光学显微镜照片

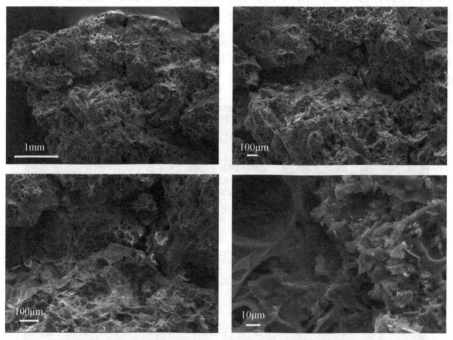

图 5.92　以河南信阳 PE 为轻质骨料、水玻璃为胶凝材料制备的保温材料的扫描电镜图

　　可以看出,PE 颗粒间相互搭接,在水玻璃的黏结作用下已经成为一个整体,使制品具有一定的强度。制品中 PE 颗粒之间存在很多孔隙,这些孔隙与 PE 的多孔结构为保温板低密度、高保温性能提供了保障。

6. 小结

本节以膨胀珍珠岩、聚苯颗粒或聚氨酯颗粒为轻质骨料、水玻璃为胶凝材料制备膨胀珍珠岩保温板,研究了不同复合方式下多种影响因素对保温材料物理性能的影响次序,最终经优化实验条件后获得了综合性能较佳的保温材料制品。

参 考 文 献

[1] 朱长春,吕国会. 中国聚氨酯产业现状及"十三五"发展规划建议 [J]. 聚氨酯工业,2015, 30(03):1-25.

[2] 中国建筑节能协会. 2019 中国建筑能耗研究报告 [J]. 建筑,2020,(07):30-39.

[3] 陈晓桐. 办公楼外墙建筑的节能技术与改造策略 [J]. 产业与科技论坛,2014,13(03): 84-85.

[4] 康永. 保温材料行业面临的机遇及未来发展趋势浅析 [J]. 环球聚氨酯,2016,(4):73-79.

[5] Amasyali K,El-Gohary N M. A review of data-driven building energy consumption prediction studies [J]. Renewable and Sustainable Energy Reviews,2018,81:1192-1205.

[6] Aditya L,Mahlia T M I,Rismanchi B,et al. A review on insulation materials for energy conservation in buildings [J]. Renewable and Sustainable Energy Reviews,2017,73:1352-1365.

[7] Schiavoni S,D'Alessandro F,Bianchi F,et al. Insulation materials for the building sector:a review and comparative analysis [J]. Renewable and Sustainable Energy Reviews,2016,62:988-1011.

[8] 许争,方玉堂,刘白云,等. 面向建筑节能的安全型墙体保温复合材料研究进展 [J]. 广东化工,2017,48(16):102-105.

[9] 尤淑通. 建筑墙体有机–无机复合保温材料研究进展 [J]. 广东化工,2021,44(12): 168-169.

[10] Yilmazer S,Ozdeniz M B. The effect of moisture content on sound absorption of expanded perlite plates [J]. Building and Environment,2005,40(3):311-318.

[11] Goñi S,Guerrero A,Luxán M P,et al. Activation of the fly ash pozzolanic reaction by hydrothermal conditions [J]. Cement and Concrete Research,2003,33(9):1399-1405.

[12] 邹伟斌. 膨胀珍珠岩保温材料及其应用 [J]. 四川水泥,2008,(05):15-16.

[13] 张宪圆,林克辉,谢红波. 国内外珍珠岩概述及其在建筑领域的应用分析 [J]. 广东建材, 2012,2:19-21.

[14] Alam M,Singh H,Brunner S,et al. Experimental characterisation and evaluation of the thermo-physical properties of expanded perlite—fumed silica composite for effective vacuum insulation panel(VIP)core [J]. Energy and Buildings,2014,69:442-450.

[15] Sengul O,Azizi S,Karaosmanoglu F,et al. Effect of expanded perlite on the mechanical properties and thermal conductivity of lightweight concrete [J]. Energy and Buildings,2011, 43(2):671-676.

[16] Ünal O,Uygunoğlu T,Yildiz A. Investigation of properties of low-strength lightweight concrete for thermal insulation [J]. Building and Environment,2007,42(2):584-590.

[17] Capozzoli A,Fantucci S,Favoino F,et al. Vacuum insulation panels:analysis of the thermal performance of both single panel and multilayer boards [J]. Energies,2015,8(4):2528-2547.

[18] Skubic B,Lakner M,Plazl I. Thermal treatment of new inorganic thermal insulation board based on expanded perlite [J]. Advanced Materials Research,2012,560-561:249-253.

[19] Skubic B, Lakner M, Plazl I. Sintering behavior of expanded perlite thermal insulation board: modeling and experiments [J]. Industrial & Engineering Chemistry Research,2013,52(30): 10244-10249.

[20] Skubic B, Lakner M, Plazl I. Microwave drying of expanded perlite insulation board [J]. Industrial & Engineering Chemistry Research,2012,51(8):3314-3321.

[21] 胡素芳,陈代璋. 新型膨胀珍珠岩保温材料的研究 [J]. 中国非金属矿工业导刊,2000, (1):17-18.

[22] 冯武威,马鸿文,王刚,等. 矿物聚合法制备膨胀珍珠岩保温材料的实验研究 [J]. 非金属矿,2003,(05):21-23.

[23] 张宪圆. 硅钙膨胀珍珠岩保温板的开发及性能研究 [D]. 广州:华南理工大学,2011.

[24] 石璞,刘建龙,李福枝,等. 新型防火隔热复合膨胀珍珠岩板材的开发与研究 [J]. 新型建筑材料,2011,38(01):68-70+4.

[25] 张巨松,金建伟. 复合型膨胀珍珠岩绝热制品的研制 [J]. 山西建筑,2007,(07):7-8.

[26] 李淋淋,李国忠. 脱硫石膏生产轻质保温材料的耐水性能研究 [J]. 粉煤灰,2014, 26(04):22-23+30.

[27] 高锦秀. 新型建筑墙体无机保温隔热板材的研究与开发 [D]. 杭州:浙江大学,2013.

[28] Gao J X, Wang X S, Li L B, et al. A new binding agent of Na_2O-B_2O_3-SiO_2 syetem sol for expanded perlite thermal insulation board [J]. Advanced Materials Research,2011,250-253: 502-506.

[29] 李泳杞,陈云霞,韩泽群,等. 蛭石基保温隔热材料的研究进展 [J]. 广东化工,2020, 47(12):85-86.

[30] 习永广,彭同江. 膨胀蛭石-石膏复合保温材料的制备与表征 [J]. 复合材料学报,2011, 28(05):156-161.

[31] 王坚. 水泥膨胀蛭石保温隔热制品性能影响因素研究 [J]. 建筑科学,2012,28(07): 84-86.

[32] 刘文,陈朝阳,闫世友. 耐水性膨胀蛭石板材的研制 [J]. 应用化工,2011,40(06): 993-996.

[33] 王坚,赵健. 水玻璃膨胀蛭石保温绝热制品的研究 [J]. 新型建筑材料,2005,(03): 56-58.

[34] Davidovits J. Geopolymers:inorganic polymeric new materials [J]. Journal of Thermal Analysis and Calorimetry,1991,37:1633-1656.

[35] Adam A. Strength and durability properties of alkali activated slag and fly ash-based geopolymer concrete [D]. Australia,Melbourne:RMIT University,2009.

[36] Singh B,Ishwarya G,Gupta M,et al. Geopolymer concrete:a review of some recent developments

[J]. Construction and Building Materials,2015,85:78-90.

[37] Giannopoulou I,Panias D. Structure,design and applications of geopolymeric materials[A]. proceedings of the 3rd International Conference on Deformation Processing and Structure of Materials [C]. 2007:20-22.

[38] Davidovits J. Geopolymer,green chemistry and sustainable development solutions:proceedings of the world congress geopolymer 2005 [M]. Saint-Quentin,France:Geopolymer Institute,2005.

[39] Walkley B, Rees G J, San Nicolas R, et al. New structural model of hydrous sodium aluminosilicate gels and the role of charge-balancing extra-framework Al [J]. The Journal of Physical Chemistry C,2018,122(10):5673-5685.

[40] Rowles M R,Hanna J V,Pike K J,et al. ^{29}Si, ^{27}Al, ^{1}H and^{23}Na MAS NMR study of the bonding character in aluminosilicate inorganic polymers [J]. Applied Magnetic Resonance, 2007, 32(4):663.

[41] Tsaousi G M,Douni I,Taxiarchou M,et al. Development of foamed inorganic polymeric materials based on perlite [J]. IOP Conference Series: Materials Science and Engineering, 2016, 123:012062.

[42] Badanoiu A I, Al Saadi T H A,Stoleriu S, et al. Preparation and characterization of foamed geopolymers from waste glass and red mud [J]. Construction and Building Materials,2015,84: 284-293.

[43] Chen X,Lu A,Qu G. Preparation and characterization of foam ceramics from red mud and fly ash using sodium silicate as foaming agent [J]. Ceramics International,2013,39(2):1923-1929.

[44] 林坤圣,黄竞霖,刘菁,等. 黏土基地质聚合物多孔材料的制备及性能研究 [J]. 硅酸盐通报,2013,32(06):1072-1076.

[45] 张红林,王翠翠,杨辉,等. 非金属矿物材料在无机保温材料中的应用及进展 [J]. 中国非金属矿工业导刊,2019,(04):7-9+19.

[46] Rickard W D A,Vickers L,Van Riessen A. Performance of fibre reinforced,low density metakaolin geopolymers under simulated fire conditions[J]. Applied Clay Science,2013,73:71-77.

[47] Palmero P,Formia A,Antonaci P,et al. Geopolymer technology for application-oriented dense and lightened materials. Elaboration and characterization[J]. Ceramics International,2015,41 (10):12967-12979.

[48] Novais R M,Buruberri L H,Ascensão G,et al. Porous biomass fly ash-based geopolymers with tailored thermal conductivity[J]. Journal of cleaner production,2016,119:99-107.

[49] Novais R M,Ascensão G,Buruberri L H,et al. Influence of blowing agent on the fresh- and hardened-state properties of lightweight geopolymers [J]. Materials & Design, 2016, 108: 551-559.

[50] Bai C,Colombo P. High-porosity geopolymer membrane supports by peroxide route with the addition of egg white as surfactant[J]. Ceramics International,2017,43(2):2267-2273.

[51] Bai C,Franchin G,Elsayed H,et al. High-porosity geopolymer foams with tailored porosity for thermal insulation and wastewater treatment[J]. J. Mater. Res,2017,32(17):3251-3259.

［52］ GALZERANO B,CAPASSO I,VERDOLOTTI L,et al. Design of sustainable porous materials based on 3D-structured silica exoskeletons,Diatomite: Chemico-physical and functional properties ［J］. Materials & Design,2018,145:196-204.

［53］ Haq E U,Padmanabhan S K,Licciulli A. Microwave synthesis of thermal insulating foams from coal derived bottom ash［J］. Fuel Processing Technology,2015,130:263-267.

［54］Zhu M,Ji R,Li Z,et al. Preparation of glass ceramic foams for thermal insulation applications from coal fly ash and waste glass［J］. Construction and Building Materials,2016,112:398-405.

［55］Zhang R,Feng J,Cheng X,et al. Porous thermal insulation materials derived from fly ash using a foaming and slip casting method［J］. Energy and Buildings,2014,81:262-267.

［56］ ROWLES M,HANNA J V,PIKE K,et al. ^{29}Si,^{27}Al,^{1}H and ^{23}Na MAS NMR study of the bonding character in aluminosilicate inorganic polymers ［J］. Applied Magnetic Resonance, 2007,32(4):663.

［57］ PIEDRA G,FITZGERALD J J,DANDO N,et al. Solid-state ^{1}H NMR studies of aluminum oxide hydroxides and hydroxides ［J］. Inorganic Chemistry,1996,35(12):3474-3478.

［58］ NEBEL H,NEUMANN M,MAYER C,et al. On the structure of amorphous calcium carbonate- A detailed study by solid-state NMR spectroscopy ［J］. Inorganic Chemistry, 2008, 47 (17): 7874-7879.

［59］ GRüNBERG B,EMMLER T,GEDAT E,et al. Hydrogen bonding of water confined in mesoporous silica MCM-41 and SBA-15 studied by ^{1}H solid - state NMR ［J］. Chemistry- A European Journal,2004,10(22):5689-5696.

［60］ FENG J,ZHANG R,GONG L,et al. Development of porous fly ash-based geopolymer with low thermal conductivity ［J］. Materials & Design (1980-2015),2015,65:529-533.

［61］ GARCIA-LODEIRO I,PALOMO A,FERNáNDEZ-JIMéNEZ A. An overview of the chemistry of alkali-activated cement-based binders ［J］. Handbook of alkali-activated cements,mortars and concretes,2015,1:19-47.

［62］ GREISER S,STURM P,GLUTH G J,et al. Differentiation of the solid-state NMR signals of gel, zeolite phases and water species in geopolymer-zeolite composites ［J］. Ceramics International, 2017,43(2):2202-2208.

［63］ ŠKVáRA F,KOPECKý L,ŠMILAUER V,et al. Material and structural characterization of alkali activated low-calcium brown coal fly ash ［J］. Journal of hazardous materials,2009,168(2-3): 711-720.

［64］ B W,J L P. Solid-state nuclear magnetic resonance spectroscopy of cements ［J］. Elsevier, 2019,1:100007.

［65］ Roulia M,Mavromoustakos T,Vassiliadis A A,et al. Distinctive spectral and microscopic features for characterizing the three- dimensional local aluminosilicate structure of perlites ［J］. The Journal of Physical Chemistry C,2014,118(46):26649-26658.

［66］PROGELHOF R,THRONE J,RUETSCH R. Methods for predicting the thermal conductivity of composite systems:a review ［J］. Polymer Engineering & Science,1976,16(9):615-625.

第6章 基于工业固体废弃物的矿物材料

6.1 工业固体废弃物

固体废弃物(固废)是指在生产、生活和其他活动中产生的丧失原有利用价值或者虽未丧失利用价值但被抛弃或者放弃的固态、半固态和置于容器中的气态物品、物质以及法律、行政法规规定纳入固体废物管理的物品、物质。经无害化加工处理,并且符合强制性国家产品质量标准,不会危害公众健康和生态安全,或者根据固体废弃物鉴别标准和鉴别程序认定为不属于固体废弃物的除外[1]。

工业固体废弃物是指在工业生产活动中产生的固体废弃物。

6.1.1 工业固体废弃物处置和利用的重要性

近年来,经济技术的飞速发展和城市工业化的进程不断加快,工业固体废弃物的增长率甚至达到10%。从近几年统计资料来看,工业固体废弃物的组成相对稳定,其中以尾矿和采矿、燃煤产生的工业固体废弃物最多,包括粉煤灰、尾矿、煤矸石、炉渣、赤泥等,占总量的80%左右。这与我国的矿物资源主要靠自我供给、开采和冶炼量大、能源以煤炭为主有密切的关系。表6.1和图6.1显示,我国的工业废弃物产量非常大且保持增加态势。

表6.1 全国工业固体废弃物2007~2019年综合数据(万 t)

年份	工业废弃物		
	产生量	排放量	利用量
2007	175632	110311	41350
2008	190127	123482	48291
2009	203943.4	138185.8	47487.4
2010	240944	161772	57264
2011	322772.34	195214.62	70465.34
2012	329044.06	202461.92	70744.82
2013	327701.94	205916.33	82969.49
2014	325620.02	204330.25	80387.51
2015	327079	198807	73034

年份	工业废弃物		
	产生量	排放量	利用量
2016	309210	184096	65522
2017	386751	206159	94316
2018	407799	216860	103283
2019	440810	232079	110359

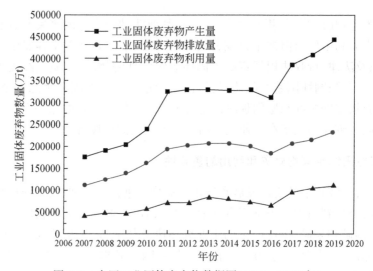

图 6.1　全国工业固体废弃物数据图(2007~2019 年)

　　产生工业固体废弃物最多的 5 个行业分别是电力电气行业、热力行业、黑色金属加工冶炼行业、有色金属采集行业和黑色金属矿石开采加工行业。这五个行业所产生的工业固体废弃物占据所有行业工业固体废弃物产量的 80%。表 6.2 是来自五大行业的固体废弃物年产生量[2]。

表 6.2　我国五大行业的固体废弃物年产生量(万 t) (2015~2019 年)

固体废弃物年产生量 年份	电力电气行业	热力行业	黑色金属加工冶炼行业	有色金属采集行业	黑色金属矿石开采加工行业
2015	59857.2	42733.5	38510.7	39045.4	60707.3
2016	63135.3	46748.7	48580.3	49052	51435.9
2017	68527.5	48865.2	56337.8	48651.9	54716.0
2018	74100.4	52267.8	60314.9	55226.2	50577.8
2019	77307.3	56268.8	65795.2	61729.1	53591.6

我国产生的大量工业固废侵占了土地资源,而且给土壤、水体和大气带来了不同程度的污染。大量的工业固废不仅对环境造成威胁,对其不当处理还造成这种可一定重新利用的资源浪费。因此,对工业固废的处置、贮藏与综合利用具有重要意义。

6.1.2　工业固体废弃物来源分类

工业固体废弃物由建筑废弃物、废渣、废屑、废塑胶、废弃化学品、污泥、尾矿、包装废物、绿化垃圾、特殊废弃物等组成。

按行业类型可以将工业固体废弃物分为以下几种:①冶金废渣,主要有钢渣、高炉渣、赤泥;②矿业废物,主要有煤矸石、尾矿;③能源灰渣,主要有粉煤灰、炉渣、烟道灰;④化工废物,主要有磷石膏、硫铁矿渣以及铬渣;⑤石化废物,主要包含酸碱渣、废溶剂、废催化剂等,此外还包含一些轻工业所排出的下脚料、污泥以及渣糟等废物[3]。

6.1.3　工业固体废弃物处理利用原则

工业固体废弃物作为工业生产或辅助加工过程中产生的副产品、粉尘、边角余料、污泥等废弃物,是对某个工艺过程或某个企业而言,对于其他工序和其他企业却有再次利用的可能。事实上,废弃物是一个相对概念,某一过程产生的废弃物,可以成为另一个过程的"营养物"。目前,很多国家都认识到废弃物的资源价值,积极地追求这些可用废弃物的减量化、再利用和再循环。

工业固体废弃物处理、利用的基本原则如下:

①技术必须可行,坚持技术创新与模式创新相结合,强化创新引领;

②资源化的经济效果比较好,积极拓宽工业固废综合利用渠道,扩大利用规模,提高资源综合利用产品附加值;

③尽可能在固体废弃物排放源附近处理利用,以减少固体废弃物在储放、运输等方面的投资,依法依规、科学有序消纳存量工业固废;因地制宜、综合施策,有效降低工业固废产排强度,加大综合利用力度;

④应符合国家相应的安全标准,加强固废综合利用全过程管理,协同推进产废、利废和规范处置各环节,严守固废综合利用和安全处置的环境底线[4]。

以上原则也可进一步归纳为:

①减量化:减量化是指采取措施,减少固体废弃物的产生量,最大限度地合理开发资源和能源,这是治理固体废弃物污染环境的首先要求和措施。

就我国而言,应当改变粗放经营的发展模式,鼓励和支持开展清洁生产,开发和推广先进的技术和设备。就产生和排放固体废弃物的单位和个人而言,法律要求其合理地选择和利用原材料、能源和其他资源,采用废弃物产生量最少的生产工艺和设备。

②资源化:资源化是指对已产生的固体废弃物进行回收加工、循环利用或其他再利用等,即通常所称的废弃物综合利用,使废弃物经过综合利用后直接变成为产品或转化为可供再利用的二次原料。实现资源化不但减轻了固废的危害,还可以减少浪费,获得经济效益。

③无害化:无害化是指对已产生但又无法或暂时无法进行综合利用的固体废弃物进行对环境无害或低危害的安全处理、处置,还包括尽可能地减少其种类、降低危险废弃物的有害浓度、减轻和消除其危险特征等,以此防止、减少或减轻固体废弃物的危害。

6.2 我国工业固体废弃物综合利用研究现状

《国家发展改革委办公厅和工业信息化部办公厅关于推进大宗固体废弃物综合利用产业集聚发展的通知》(发改办环资〔2019〕44 号)中提出,推动工业生产中废钢铁、废有色金属、废塑料、废轮胎、化工废弃料等工业废弃料资源化利用。积极推动建筑垃圾的精细化分类及分质利用,推动建筑垃圾生产再生骨料等建材制品、筑路材料和回填利用,推广成分复杂的建筑垃圾资源化成套工艺及装备的应用,完善收集、清运、分拣和再利用的一体化回收系统。

6.2.1 工业固体废弃物产生源及特征分析

进入 20 世纪 90 年代之后,我国经济快速发展,工业固体废弃物的产生量大增。由于我国对工业固体废弃物处置、利用的财政投入与技术能力有限,工业固体废弃物的利用率比较低。至 2019 年,我国工业固体废弃物的利用率仅为工业固体废弃物产生总量的 25% 左右。

我国工业固体废弃物产生来源具有以下特征:

①产生地区不均衡。我国工业固体废弃物的产生来源具有北多南少、东多西少的分布格局。目前我国 20% 的城市产生的工业固体废弃物占据全国工业固体废弃物全年产量的 80%。而直辖市,比如上海、北京、天津所产生的工业固体废弃物数量虽然与全国总量相比比较少,但是与这些直辖市的地域面积相比,污染源密度非常大。此外,全国工业固体废弃物的 80% 来自河北、辽宁、山西、山东、四川与江西六个省。

②来源部门比较集中。我国目前将工业部门分为 18 种,而工业固体废弃物产生的 90% 集中在 1/3 的部门中。而在这 1/3 的部门中,仅采掘业、电力煤气、黑色冶炼、压延工业三个部门的固废产生量就占总量的 80%。

③固体废弃物的品种比较集中。根据我国规定,工业固体废弃物构成分为 8

种。各工业部门产生的工业固体废弃物种类相当集中,如采掘业中仅尾矿与煤矸石就占据了其产生的工业固废的90%左右。

对地区与工业部门的工业固体废弃物产生源进行特征分析,有助于对现有资源的保护、控制与再利用。

6.2.2　工业固体废弃物综合利用现状

工业固体废弃物综合利用的水平是以当年工业固体废弃物综合利用量占工业固体废弃物产生量的比率表示,称之为工业固体废弃物综合利用率。其中,工业固体废弃物综合利用量是指在工业生产、消费过程中,所产生的固体废弃物通过回收、加工、循环、交换等方式,从固体废弃物中提取或者使其转换为可以利用的资源、能源和其他原材料的固体废弃物量(包括当年利用往年的工业固体废弃物累计贮存量)[5]。

工业固体废弃物的综合利用,意味着废弃物的减量化、资源化和能源化。根据2007~2017年我国工业固体废弃物的有关数据,我国工业固体废弃物的综合利用率呈上升趋势。

尽管我国工业固体废物资源综合利用已经取得了不错的成绩,但与发达国家相比依然存在较大差距,主要表现在以下方面:

①工业固体废弃物综合利用的区域发展水平失衡。在东部比较发达的地区,工业固体废弃物综合利用的水平比较高,但其工业固体废弃物的产生量较少;而在中西部经济欠发达的地区,工业固体废弃物总量较大,工业固体废弃物的综合利用水平较低。存在区域发展失衡的问题。

②从事工业固体废弃物资源综合利用的企业规模过小。目前,国内从事固体废弃物资源综合利用的企业规模太小,与产生固体废弃物的上游企业关联度不足。上游企业对废弃物资源综合利用的重视程度不够,使得下游从事固体废弃物资源综合利用的企业只能以中小企业的规模进行发展,导致企业在市场中的竞争力不足。目前,国内缺少像国外那种跨区域、市场竞争力强的大型专业化工业废弃物资源综合利用企业集团,因而无法产生工业固体废弃物综合利用的规模效益。

③工业固体废弃物资源的综合利用技术能力较低。虽然我国在工业固体废弃物资源的综合利用技术方面已经取得了巨大的进步,有些技术研究已经达到国际水平,但还存在很多技术瓶颈,综合利用技术支撑力还不足。企业对工业固体废弃物资源的综合利用技术研究投入不足,缺少能起带动效应和增加附加值的重大设备和技术,企业所应用的综合利用技术设备落后,与时代发展水平脱节,工业固体废弃物资源的综合利用率仍然不高。

6.3　工业固体废弃物综合利用技术

　　综合利用是实现工业固体废弃物资源化和减量化,解决环境污染及实现经济效益、环境效益、社会效益统一的最重要手段之一。综合利用技术在固体废弃物处理处置技术体系中占据首要位置。

6.3.1　制备建筑材料

　　工业固废用于制备建筑材料或用于建筑施工具有相当重要的意义。

　　首先,缓解了固体废弃物的环境污染问题。工业生产中的固体废弃物主要有赤泥、钢渣、煤矸石以及炉渣等,以上材料皆可重新再利用于建筑材料,且可有效减少对环境的污染。建筑工程本身产生的建筑固废,大部分也可以进行回收利用。

　　其次,可以有效缓解资源短缺问题。随着建筑企业的持续发展,施工中常出现资源短缺现象,对施工的可靠性以及效益造成严重影响。在施工中利用固体废弃物,能有效降低成本且提高工作效率。

　　最后,有助于提升建筑材料的使用稳定性。工业固体废弃物分布广泛、产量大,种类也较为丰富,因此在建筑材料中应用工业固体废弃物可有效提升材料的稳定性。与此同时,废弃物中存在各种化学成分,与建筑的原材料较为相似,在实际应用上可以满足发展需求,提升建筑施工的成效。

　　因此,工业固废用于制备建筑材料或建筑施工的重要性不可忽视。常用于生产建筑材料的固体废弃物如表 6.3 所示。

表 6.3　可用于生产建筑材料的固体废弃物

建材品种	主要可利用的固体废弃物类型
水泥:用于生料配料、混合材料、外掺剂等	相当于石灰成分的废石、铁或铜的尾矿粉、粉煤灰、锅炉渣、高炉渣、煤矸石、钢渣、铜渣、铅渣、镍渣、赤泥、硫酸渣、铬渣、油母页岩渣、碎砖瓦、水泥窑灰、废石膏、电石渣、铁合金渣等
砖瓦:烧制、蒸制或高压蒸制砖瓦	铁和铜尾矿粉、煤矸石、粉煤灰、锅炉渣、高炉渣、钢渣、铜渣、镍渣、赤泥、硫酸渣、电石渣等;铬渣、油母页岩渣等只能供烧制砖瓦
砌块、墙板及混凝土制品	废石膏、锅炉渣、高炉渣、电石渣、废石膏、铁合金水渣等
混凝土骨料:普通混凝土及轻质混凝土骨料	化学成分及体积固定的各种废石、自然或焙烧膨胀的煤矸石、粉煤灰陶粒、高炉重矿渣、膨胀矿渣、膨珠、水渣、铜渣、膨胀镍渣、赤泥陶粒、烧胀页岩、锅炉渣、碎砖、铁合金水渣等

建材品种	主要可利用的固体废弃物类型
道路材料:用于垫层、路基、结构层、面层	化学成分及体积固定的废石、铁和铜尾矿粉、自燃后的煤矸石、粉煤灰、锅炉渣、高炉渣、钢、铜、铅、镍、锌渣、赤泥、废石膏、电石渣等
铸石及微晶玻璃	类似玄武岩、辉绿岩的废石、煤矸石、粉煤灰、高炉渣、铜渣、镍渣、铬渣、铁合金渣等
保温材料	高炉渣棉及其制品,高炉水渣,粉煤灰及其微珠等
其他材料	高炉渣可作耐热混凝土骨料、陶瓷及搪瓷原料,粉煤灰作塑料填料,铬渣作玻璃着色剂等

1. 制备硫铝酸盐水泥

目前国内外研究者已经对工业固废制备水泥进行了大量研究。由于受到材料中有毒有害成分的限制以及含水量高且难以脱出的技术上的制约,用工业固废直接制造硅酸盐水泥的复杂性大且成本高,故用工业废固制备硫铝酸盐水泥渐渐成为重点研究领域并取得了一系列成果。

硫铝酸盐水泥是以硫铝酸钙($3CaO \cdot 3Al_2O_3 \cdot CaSO_4$)、硅酸二钙($2CaO \cdot SiO_2$)和铁相为主要矿物相,在 1250~1350℃下低温烧成的早强、高强、快硬的胶凝材料,具有高抗渗、高抗冻、耐腐蚀等优良性能。硫铝酸盐水泥熟料中 CaO 仅为 38%~48%,烧成温度比硅酸盐水泥低 150~200℃,不仅能耗低,而且生产的 CO_2 排放量可比硅酸盐水泥降低 20%~50%,是一种有巨大发展潜力、节能减排的绿色胶凝材料。

利用固废作为原料,发挥硅铝铁基和硫酸钙基固废的成分互补性,通过 Ca、Si、Al、Fe、S 等元素的优化匹配,实现硫铝酸盐水泥的制备,不仅能够降低硫铝酸盐水泥的生产成本,而且能取代部分硅酸盐水泥市场。用固废制备硫铝酸盐水泥的优势在于利用硅铝铁基固废的广泛适应性,能把众多硫酸钙基的固废转化为高性能的胶凝材料。硫铝酸盐水泥熟料中硫铝酸钙、硅酸二钙和铁相三种物相之间的比例可以在很宽的范围内调节,对不同成分的固废物料具有很强的适应性。

固废原料的成分波动和高水分特征是限制其生产、使用的关键,将"湿法粉磨-均化-压滤"的湿法工艺用于以赤泥、脱硫石膏等固废为原料制备硫铝酸盐水泥,能够充分适应固废原料的自身特性并有效克服生产上的限制。湿法工艺的突破性应用使得完全以固废为原料制备硫铝酸盐水泥的山东茌平 1500t/d 回转窑生产线得以成功投运。赤泥、脱硫石膏和电石渣含水率达 30%~60%,若采用干法粉磨工艺须对原料进行干燥处理,设备和能耗受到很大限制。本技术生产中,不对固废原料进行干燥脱水处理,反而加水操作,在物料总水分 60%~70% 下,利用湿法磨完成粉磨,细度控制在 0.20 mm 筛余 1% 以下。然后,在大型均化池内约 12 h 的搅拌与成分校正,得到成分均匀的浆液。最后通过机械压滤脱水,脱水生料的水分含量为 20%～25%。"湿法粉磨-均化-压滤"的生料制备工艺实现了对固废原料复杂多变特性的完全适应和生料的高质量均化,也有效解决了固废原料高水分特性的限制。固废物料以机械方式去除水分的能耗成本不到直接干燥成本的 10%。另外,固废原料中的 Cl 等有害挥发性组分含量也可在机械压滤脱水过程中得以消除和降低[6]。

2. 制备黏土砖

黏土砖历史悠久,古至万里长城,今至房屋庭院,都存在黏土砖的痕迹。1952 年我国黏土制砖量为 149 亿块,至 1992 年达 5200 亿块,2004 年烧结砖产量更是达到 8000 亿块,其中超过半数为实心黏土砖。烧结砖行业发展迅猛,然而黏土资源为不可再生资源,储量有限。

因此,除黏土外,利用页岩、煤矸石、粉煤灰等化学组成与黏土类似的原料来制备烧结砖的工艺随之产生。但是替代黏土的材料由于可塑性、氧化物含量范围不合适等,常需加入部分黏土方可制出合适的烧结砖。从 20 世纪 40 年代开始,发达国家就开始了墙体材料的变革,到 20 世纪五六十年代基本完成从实心黏土砖向空心砖、各类轻质高强新型墙体材料的转变。虽然受资源、自然条件、科技发展水平等的限制,各国所使用的新型墙体材料有很大不同,但节能、节土、低污染是共同的方向,减少黏土砖的使用是努力的目标。

(1)页岩砖

利用页岩和煤矸石为原料高温烧制而成的砖称为页岩砖,是重点发展的取代黏土砖的新型墙体材料之一。疏松的黏土经固结、压实、脱水、部分重结晶形成片状结构的岩石称为页岩。我国页岩储量丰富,不同地区的页岩由于形成时各种因素的影响,所含矿物和化学组成略有不同,因此在使用时首先要检测其中矿物的组成,特别是蒙脱石和方解石的含量。研究表明,蒙脱石的含量高容易使烧结砖产生较多裂纹;方解石含量高会造成石灰爆裂;黄铁矿的含量高会使烧结砖在使用时产生泛霜的现象,影响烧结砖的寿命。由于页岩也是短时间内无法再生的原料,因此学者们在研究页岩烧结砖时常在其中添加煤矸石、污泥、粉煤灰、渣土、铬渣、钛矿渣、植物秸秆等固体废弃物以减少页岩的用量或提升砖体的性能。

(2)煤矸石砖

煤矸石是在成煤过程中与煤层伴生的一种含碳量比煤低、硬度比煤大的黑色岩石,是采煤、洗煤及后续工艺过程中排放的固体废弃物,目前已成为我国排放量最大的固体废弃物之一。利用煤矸石的自发热作用,煤矸石砖的生产成本较低,是一种节能、环保的材料。煤矸石在生产烧结砖的过程中,颗粒细度影响可塑性,钙含量较高、颗粒尺寸较大时会引起石灰爆裂,颗粒级配和陈化质量对烧结砖的性能也存在一定影响。我国在对煤矸石砖的研究中,常添加页岩、粉煤灰、污泥、尾矿等材料,页岩可提高煤矸石的可塑性、降低煤矸石热值;粉煤灰组成以多孔的玻璃体为主,可以降低烧结砖的密度、提高保温隔热性能;污泥可改变煤矸石的塑性,在烧结过程中可固化重金属离子。

（3）灰砂砖

以石灰、河砂、石英砂尾矿等为原料,通过拌和、成形、蒸汽蒸压养护等过程制成灰砂砖。德国是使用灰砂砖最早的国家,现在每年生产约55亿块。除德国外,波兰、俄罗斯等也是使用灰砂砖较多的国家。我国第一家正式的灰砂砖厂于1958年成立,2000年产量超过70亿块。随着墙改力度的加大,灰砂砖作为一种新型墙体材料发展迅速,生产线迅速增多,产量一度上涨到近200亿块。

（4）粉煤灰砖

粉煤灰烧结砖是在黏土中掺加30%以上的粉煤灰,经搅拌、成形、干燥、烧结而成的承重砌体材料。由于粉煤灰的化学组成和物理性质,成型、烧结能力较差,掺加量过多时也会造成烧结砖的强度下降,因此它在烧结砖中一般作为掺加料使用,可降低产品密度,改善保温隔热和吸声性能。粉煤灰可以添加到黏土、页岩、煤矸石等中,共同作为原料,或减少资源使用,或改善原料性能,或提升烧结砖性能。

（5）炉渣砖

炉渣又称熔渣,是冶金过程中生成的浮在金属等液态物质表面的熔体经冷却后形成的工业固体废弃物。组成以SiO_2、Al_2O_3、CaO等氧化物为主,并含有少量金属、硫化物等物质。炉渣无法单独制备烧结砖,常作为添加剂在黏土砖、页岩砖、煤矸石砖等烧结砖中使用,以提升烧结砖性能、降低制备过程的能耗,同时要确保炉渣在烧结砖中对人体无害或者经过烧结后对人体和环境无害。

除了页岩、煤矸石等材料,烧结砖的原料还包含赤泥、白泥、尾矿、石英砂等物质,在烧结过程中存在烧结温度高、环境负荷大、来源不稳定的缺陷,均无法完全取代黏土在烧结砖生产中的地位[7]。

3. 制备混凝土骨料、混凝土制品

工业矿渣废料可作为混凝土生产中的重要材料,商品混凝土中掺加的矿渣粉具有潜在的水化活性效应,除可以作为混凝土浇筑中的骨料使用以外,还有效地减少了建筑工程施工中混凝土的用量。这些应用不但提高了矿渣粉利用率,还有效降低了商品混凝土成本,为商品混凝土供应企业的全面发展奠定了坚实的基础。

工业矿渣由于成分、强度、氯离子含量等差异较大,需要研究矿渣成分掺量等因素对混凝土强度、耐久、耐热、防水、抗冻、保温、养护等性能和作业方式的影响[8-10],保证混凝土的强度达到设计标准和要求。用于混凝土骨料的工业固体废弃物主要有如下几种。

(1)粉煤灰

粉煤灰是燃煤电厂或其他燃煤设备排放的废弃物,按氧化钙含量可以分为低钙粉煤灰和高钙粉煤灰,其中低钙粉煤灰含有铝硅玻璃体,活性通常低于高钙粉煤灰中的钙铝硅酸盐玻璃体。低钙粉煤灰中主要晶体矿物为石英、莫来石($3Al_2O_3 \cdot 2SiO_2$)、硅线石($Al_2O_3 \cdot SiO_2$)、赤铁矿和磁铁矿,这些矿物并不具备任何的火山灰活性或者火山灰活性很低。高钙粉煤灰中主要晶体矿物为石英、铝酸三钙($3CaO \cdot Al_2O_3$)、硫铝酸钙($4CaO \cdot 3Al_2O_3 \cdot SO_3$)、硬石膏($CaSO_4$)、游离氧化钙(f-CaO)、方镁石(f-MgO)和碱性硫酸盐。高钙粉煤灰中除了石英和方镁石外,其他的晶体矿物均具有较高的火山灰活性。

粉煤灰最初是作为活性掺和料添加到硅酸盐水泥中,以调整水泥标号。粉煤灰的掺入在以下几方面提高混凝土的工作性能:①粉煤灰的密度比水泥小,在配制混凝土时,用粉煤灰替代水泥可在一定程度上增加混凝土的浆体体积。②混凝土的工作性能主要与混凝土的配合比设计有关。在配合比相同的情况下,用粉煤灰替代水泥可增加混凝土的浆体体积和浆体塑性,具有降低混凝土浆体黏度的作用。同时,可增加混凝土浆体中氧化钙和二氧化硅的浓度,在一定程度上降低水泥和粉煤灰处于高碱环境中颗粒分散度的稳定性,有效改变混凝土的流变特性。③粉煤灰原有颗粒形貌多为球形,若采用分选的粉煤灰,粉煤灰的原有颗粒形貌不受破坏。当拌和混凝土时,球形粉煤灰在混凝土中充当滚珠,可有效降低混凝土的黏稠度,增加混凝土的流动性。④粉煤灰的用水量相较于水泥更低。在用水量相同的情况下,用粉煤灰替代水泥配制混凝土,可减少因多余水分在混凝土硬化后形成的大直径孔隙,使得混凝土更加致密,工作性能、坍落度更优。

经历三十余年的应用研究,我国制定了《粉煤灰混凝土应用技术规范》(GB/T 50146—2014),进一步规范了粉煤灰作为主要掺和料在水泥混凝土中的应用,为粉煤灰掺入混凝土后改善混凝土性能、提高工程质量、降低混凝土成本、节约资源发挥了积极的指导作用。目前,粉煤灰因耐有害离子侵蚀能力强及后期强度高等特点,耐海水侵蚀能力较强,并具有较好的水密性,粉煤灰混凝土较好地应用于临海工程,如胶州湾跨海大桥、港珠澳跨海大桥、厦门大桥和海澜大桥等。

(2)钢渣

钢渣种类多样,除了转炉炼钢过程排放的转炉钢渣,其他还有电炉炼钢过程排放的电炉钢渣、不锈钢冶炼过程排放的不锈钢钢渣,有的企业把铁水预处理、精炼等炼钢相关工艺排放的预处理渣、精炼渣、铸余渣等也算作钢渣。部分钢铁厂将这些废渣全部排放到渣场处理,不同的废渣被混合,大大增加了钢渣利用的难度。

钢渣的矿物组成相对复杂,目前国内外的研究表明钢渣的矿物相组成主要有硅酸二钙(C_2S)、硅酸三钙(C_3S)、铁酸二钙(C_2F)、钙镁橄榄石(CMS)、钙镁蔷薇辉石(C_3MS_2)、RO 相(MgO、FeO 和 MnO 的固熔体)及少量的游离氧化钙(f-CaO)和 Ca(OH)$_2$等[8]。在我国,目前约 90% 的粗钢采用转炉炼钢工艺生产,钢渣中转炉钢渣占比接近 90%。钢渣处理主要经过热态钢渣冷却和冷渣破碎磁选工艺,以实现回收 10% ~ 15% 具有经济价值的铁质组分,同时剩余 85% 左右难以利用的钢渣尾渣。通常所说的钢渣即是指这部分磁选后的转炉钢渣尾渣。

转炉钢渣安定性不良的特点正是钢渣难以利用的一个最重要因素。相关研究表明,钢渣尾渣含有安定性不良的游离氧化钙和游离氧化镁矿物,这些矿物在遇水后体积会膨胀为原体积的 1.98 倍和 2.48 倍,并且反应速度缓慢。如果这些矿物在建筑服役过程中发生水化,则会导致建筑出现开裂、鼓包甚至整体失去强度等。已有研究以粒径在 4.75 ~ 9.5mm 的钢渣骨料代替天然骨料,制备全钢渣、强度和透水性好的混凝土[11]。也有将钢渣作为掺和料制备发泡混凝土[12],可以起到提升发泡混凝土力学性能的凝胶活性作用、惰性充填作用、抑制重金属浸出的化学固化和物理包裹作用,使钢渣在应用于发泡混凝土方面更具有安全性。

为了更好地利用钢渣,通常采用将钢渣与粉煤灰、煤矸石或矿渣复合双掺或三掺的办法加入水泥中,但钢渣在水泥中的实际掺量仍然小于 10%。较少或不含水泥熟料的全固废胶凝材料中氢氧化钙类水化产物较少,将钢渣作为原料应用到这些新的全固废胶凝材料是提高钢渣掺量的一个有效办法。此外,将钢渣磨细至比表面积为 550m^2/kg 或更细被认为能够加速钢渣中游离氧化钙的反应速度,避免后期膨胀,有望成为钢渣利用的有效途径[13,14]。

(3)赤泥

氧化铝在生产过程中会产生大量碱性极强的固体废料,这些废料中含有较多的氧化铁从而表现为红色,因而被称为赤泥,也称红泥。氧化铝的生产工艺分为拜耳法、烧结法和联合法三种,其产生的赤泥也分别称为拜耳法赤泥、烧结法赤泥和联合法赤泥。

我国赤泥以拜耳法赤泥为主,其组分以氧化硅、氧化铁、氧化铝、氧化钠和氧化钙为主,还含有 Cr、Cd、Mn、Pb 或 As 等重金属元素,pH 值为 9.7 ~ 12.8。

赤泥的高碱性是其形成危害和难以资源化利用的主要原因。赤泥碱性物质分为可溶性碱和化学结合碱。可溶性碱包括 NaOH、Na$_2$CO$_3$、NaAl(OH)$_4$等,通过水洗仅能去除部分可溶性碱,仍有部分残留在赤泥难溶固相表面并随赤泥堆存。结合碱多存在于赤泥难溶固相中,如方钠石[Na$_8$Al$_6$Si$_6$O$_{24}$·(OH)$_2$(H$_2$O)$_2$]、钙霞石[Na$_6$Ca$_2$Al$_6$Si$_6$O$_{24}$(CO$_3$)$_2$·2H$_2$O]等,这类含水矿物并不稳定,存在一定的溶解平衡,从而导致赤泥仍然具有碱性但难以通过水洗直接去除。

在硅酸盐水泥中,一方面游离的 Na$^+$会在毛细管力作用下向外迁移,另一方面硅酸盐水泥中大量的 Ca^{2+}进一步取代硅酸盐中的 Na$^+$,加剧了 Na$^+$的溶出和返碱,这导致赤泥建材产品广泛存在返碱返霜问题,因而产品中不能大量掺入赤泥。此外,水泥混凝土及制品中大量的 Na^+ 还会进一步与骨料中的 SiO_2 发生碱骨料反应,生成水化凝胶而使得体积膨胀,材料结构被破坏,导致建筑产品开裂、耐久性能恶化。因此,赤泥在普通水泥混凝土类建筑材料中难以大量利用[15]。

烧结法赤泥与联合法赤泥中钙硅含量极高,而钙硅正是托贝莫来石生成的必备条件,所以这两种赤泥应用于生产蒸压加气混凝土是可行的。以赤泥、粉煤灰、砂、水泥、生石灰为主要原料并用铝粉发泡,利用蒸压养护制备出容重、抗压强度符合 05 级国标的加气混凝土技术日趋成熟[16]。

4. 制备道路材料

工业固体废弃物用于制备路基材料,不仅能够节约大量的成本,还能保护生态环境。但是路基材料需要满足规范的相关要求,如强度、耐久性和环境无害性等。化学成分及体积固定的废石、铁和铜尾矿粉、自燃后的煤矸石、粉煤灰、锅炉渣、高炉渣、钢-铜-铅-镍-锌等金属矿渣、赤泥、废石膏、电石渣等均可用于制备路基材料[17,18]。

(1)尾矿砂填筑路基和路面基层

国外对尾矿在道路基层中的应用已经进行了系统的理论研究和工程实践。美国明尼苏达州道路工程的实际应用表明,利用铁尾矿碎石作为路基材料以及沥青作为路面材料修筑的公路强度高、耐久性好。与国外的研究相比,国内在尾矿路用方面的研究起步较晚。较早的应用是将尾矿砂用作路基填料,后因尾矿碎石与碎石集料具有良好的相似性,2004 年迁安至撒鼓台新建工程采用二灰稳定尾矿砂碎石代替二灰碎石作为道路基层。同年,在连云港新建工程中,磷矿尾矿砂在碎石垫层、基层和排水管道沟槽回填中均得到了应用。新的研究表明,尾矿在作为道路基层材料使用时,通过掺加外加剂和水泥可以显著提高二灰稳定尾矿料的早期强度。尾矿在道路基层中的应用降低了道路建筑成本,缓解了尾矿库存压力,减轻了尾矿对生态环境的污染和对市民生命健康的危害。尾矿应用于道路基层需要进行系统的基础研究,应用于不同地区和不同类型的路面结构时,需要针对尾矿自身的组成和分布特点因地制宜。

(2)粉煤灰

粉煤灰可以用于道路基层是因为粉煤灰与活化剂发生火山灰反应后形成的水泥质基体具有一定的强度。由于一项关于由不同比例石灰、粉煤灰和集料组成道路基层材料的专利问世,美国于 20 世纪 50 年代开始将粉煤灰应用于道路基层中。国外在道路基层中应用粉煤灰最多的是在柔性路面基层中应用石灰、波特兰水泥、粉煤灰和砂的混合材料。目前中国主要是以粉煤灰稳定土的形式用于路面基层,即在土壤中掺入一定比例的石灰和粉煤灰,搅拌均匀,然后摊铺碾压使其整体性能较好。作为基层、底基层材料,要求粉煤灰中 SiO_2、Al_2O_3 和 Fe_2O_3 的总含量大于 70%,粉煤灰的烧失量不超过 20%,粉煤灰的比表面积大于 $2500cm^2/g$,湿粉煤的含水量不超过 35%。有研究表明,水泥粉煤灰稳定碎石的路用性能优于水泥稳定碎石。若粉煤灰原料有凝固现象,在使用时应打碎或者过筛,并清除有害杂质,避免对使用性能造成不利影响。目前粉煤灰在道路基层应用中面临的主要问题是使用粉煤灰材料铺筑的路面基层常常出现收缩裂缝,这主要是因为粉煤灰和活化剂发生了水化反应,一些裂缝也会反射到沥青面层造成表面破坏。目前还没有切实可行的方法来减少或者避免这种混合料的收缩裂缝。粉煤灰发生水化时消耗混凝土中的 $Ca(OH)_2$,从而使混凝土的碱性降低,碳化深度增加,使混凝土耐久性降低。

(3)煤矸石

煤矸石在道路工程中主要用于软土地基处理、路基填筑以及低等级公路的路面基层。国外在 20 世纪 60 年代后期成为研究应用热点。英国等欧洲国家成功地用石灰、水泥来稳定煤矸石,并尝试将自然煤矸石用于道路基层。美国通过试验研究发现,将粉煤灰、煤矸石混合料用于道路基层在技术和环境方面是可行的,而且用于道路基层、底基层取得了成功。中国对煤矸石应用于公路基层的研究始于 20 世纪 80 年代,最初主要作为路基的填料,对路基进行加固。石灰、煤矸石与土混合后用于道路基层,充分发挥了煤矸石的优良性能。煤矸石提高道路基层的强度主要是通过自身强度和其活性成分与石灰发生的火山灰反应。现阶段,将煤矸石用作道路基层材料已积累了一些经验,应用技术也较成熟。但是将煤矸石用作固土材料尚未在实际工程中得到广泛应用,将煤矸石应用于道路基层仍在进一步研究中。目前煤矸石用于道路基层面临的主要问题有:煤矸石中的残留煤、软岩等组分会对路用性能产生不利影响,一定条件下残留煤发生自燃,软岩浸水后产生泥化以及一些化学分解等作用会使煤矸石的结构和密度发生改变,造成压缩变形增大,同时使路面结构抗剪强度降低,承载力下降。另外,因为煤矿的形成原因不同、生产煤矸石部位和方式不同,导致煤矸石的化学成分和特性也有明显不同。因此,在用作路面基层材料时,要尽量选取烧失量小、有机质含量较少的煤矸石,避免在一定条件下发生基层材料破坏,从而影响路面结构的使用性能。

(4)钢渣

钢渣中含有大量的铁,致密的间隙结构使其成为一种硬质材料,可以用来代替碎石作为基层材料。目前,欧美、日本等发达国家和地区的钢渣利用率已接近100%,其中 50%~60% 用于筑路,而中国的钢渣利用率还较低,主要将钢渣作为集料用于热拌沥青混合料。美国宾夕法尼亚运输部研究发现,钢渣的沥青吸收率较高,作为集料使用经济效益不太显著,但是含有钢渣的沥青混合料具有良好的稳定性、耐磨性以及长时间的保热性,有利于尽早压实。美国一直在开展钢渣水泥的研究,结果显示,虽然钢渣同普通波特兰水泥熟料矿物组分相似,但因为游离氧化钙的存在,钢渣不太稳定。采用钢渣粉煤灰道路基层材料代替常用的水泥稳定类基层材料不仅可大幅度节约工程成本,还可减少对天然土石料的开采。上海市政部门在20世纪60年代进行了将转炉渣用于道路基层和沥青面层的试验研究,积累了一些实践经验,但是因为当时钢渣未做处理,钢渣中游离氧化钙成分比较高,造成体积不稳定,使钢渣在道路中的应用受到了很大的限制。目前钢渣在道路基层应用中需关注的问题有:钢渣具有一定的活性,如用作道路基层材料,应重点关注如何解决钢渣的稳定性问题;另外,在将未加结合料的钢渣用作道路基层材料时,钢渣一定要有合适的级配。级配钢渣做道路基层时,钢渣膨胀将向约束最弱的方向发展,而城市道路两侧建筑物较多,可能会引起膨胀破坏。

5. 制备无机保温砂浆

无机保温砂浆主要由内部多孔且具有保温性质的无机轻质骨料、胶凝材料、添加剂和其他掺合料组成,是一种低密度、耐腐蚀、不易开裂脱落且防火等级高的无机建筑保温材料。利用工业固体废弃物生产无机保温砂浆,不仅能够大量消耗工业固废,而且有效改善无机保温砂浆自身的各种性能,从而实现良好的经济、社会和环境效益[19,20]。

（1）利用工业固废生产轻骨料

轻骨料在无机保温砂浆中主要起骨架和保温隔热的作用,除了市场上已有的玻化微珠、膨胀珍珠岩等轻骨料,工业固废同样可以达到低密高强的性能要求。采用淤泥陶砂和废弃加气混凝土复合玻化微珠作为保温砂浆骨料,分别制备出两种自保温墙体配套砂浆。还有专家以粉煤灰、电石渣和脱硫石膏为主要原料,采用一次低温烧成工艺,成功制备出具有多微孔结构的新型无机胶凝材料。研究利用废旧资源生产保温砂浆轻骨料,不仅可以有效降低保温砂浆生产成本,而且是综合回收工业废旧陶砂或加气材料的方向之一,同时也为新型无机保温砂浆骨料的研究提供了技术参考。

（2）利用工业固废生产胶凝材料

胶凝材料在无机保温砂浆中主要起胶结作用,同时也使砂浆具有足够的强度和施工性能。常用的胶凝材料是水泥,但近年很多工业固体废弃物(矿渣、粉煤灰、脱硫石膏、煤矸石)被开发成辅助胶凝材料。

粉煤灰容重轻且具有一定的水硬活性。有研究以粉煤灰作为胶凝材料替代部分水泥,用玻化微珠作为无机轻骨料来制备干混无机保温砂浆。研究表明,随着粉煤灰掺量的增大,砂浆的抗压强度呈现先增大后减小的趋势,当粉煤灰的掺量为20%时,可制备出性能较好的保温砂浆。也有研究利用粉煤灰作为胶凝材料替代部分水泥,复合废弃泡沫塑料,开发了新型建筑保温隔热材料。还有以粉煤灰和煤矸石作为主要胶凝材料,获得了和易性好、黏结性强、抗裂能力高的保温砂浆。

向无机保温砂浆中掺加矿粉能够改善砂浆的力学性能,增加混凝土的强度和使用寿命,同时提高抗渗性和耐水性。研究表明矿粉的掺入在一定程度上降低砂浆的拉伸黏结强度,但同时也改善砂浆的吸水量和压折比,从而保证了保温砂浆的安全。

石膏与适量水拌和后能形成可塑性良好的浆体,随着石膏与水的反应,浆体的可塑性消失而很快发生凝结,硬化后进一步产生和发展强度。利用工业固体废弃物可生产外加剂和掺和料,在无机保温砂浆中加入外加剂可改善砂浆的性能,工业固废也可以起到类似的作用。而向保温砂浆中加入掺和料,目的是在不影响砂浆性能的基础上,尽可能地降低原材料的成本。

6.3.2　冶炼金属原料

目前,世界上已探明的金属有 86 种之多,其中铁、铬、锰称为黑色金属,其他金属统称为有色金属。冶炼工业中常见的有色金属包括铜、镍、铅、锌、锡、铝、钨、钛等。由于冶炼工艺等原因,有色金属冶炼过程中会富集大量的其他元素。当前大多数有色冶金企业将这些元素当做废渣进行丢弃,既是对有效元素的浪费,又加重了当地的环境污染。因此对有色金属冶炼废渣中的有效元素进行回收,二次利用,变废为宝,将会产生巨大的社会效益和经济效益。

我国有色金属冶炼废渣处理采用了许多种方法,例如溶剂浸出法、离子交换法、沉淀法、磁场流体分离法等,这些方法的使用,在很大程度上提高了有色金属冶炼过程中有用物质的利用率,从而减少能源、资源的浪费。另外,在有色金属废渣处理过程中,对绝对无用的废渣的排放极大减少了污染。但是,这些并不意味着我国有色金属冶炼废渣处理过程已经完善,还存在许多问题需要解决。

目前,比较常见的有色冶金废渣有价金属回收技术包括火法冶炼、湿法冶炼。

1. 火法冶炼

火法冶炼对有价金属的回收主要是依靠高温实现提炼。火法冶炼的提炼方式比较简单,不需要复杂的工艺。首先有色冶金废渣经过蒸压等处理,大概提取含有有价金属的物质,重复焙烧;然后采取电炉还原的方式即可得到有价金属的合金;最后根据合金的状态,选择对应的浸出萃取方式,待溶液沉淀后,获得纯度很高的有价金属。由于火法冶炼消耗的能源比较多,所以其在有色冶金废渣有价金属回收技术中发展缓慢。

2. 湿法冶炼

有价金属湿法冶炼主要是通过一系列的化学反应。湿法冶炼采用酸碱化学反应、电化学反应等多种途径,实现有价金属的回收。湿法冶炼并不能适用于所有的有价金属,具有一定的选择性。湿法冶炼常用于难熔化的有色金属废渣,如镍-钴废渣。因此,有色冶金废渣回收有价金属时,需要有针对性地选择湿法冶炼技术。湿法冶炼过程中,要提前采用氧化的方式促使除有价金属以外的物质挥发,以免影响回收的效果。

6.3.3　回收能源

我国一些电厂特别是比较老的电厂,由于锅炉陈旧或煤质差、煤源变化大以及锅炉燃烧温度偏低等原因,有 50% 的电厂粉煤灰含碳量高于 8% ,30% 的电厂粉煤灰含碳量高于 12% ,这些碳不回收不仅浪费能源,而且严重影响建材原料的质量。根据粉煤灰性质的不同,可采用浮选法从湿式排放的粉煤灰中回收精煤和电选法从静电除尘干式排放的粉煤灰中回收精煤。

煤矸石含碳量的多少直接决定其能源利用率的高低。根据煤矸石含碳量可将其分为三种:含碳量在 10% 以下,此类煤矸石无能源利用条件;含碳量在 10% ~ 20% ,此类煤矸石可作为制砖及水泥等材料;含碳量在 20% 以上,可作为能源物质进行综合利用,例如可以回收其中的煤炭成分,制备煤气等。

1. 回收煤炭

回收混在煤矸石中的煤炭资源是煤矸石资源进行再生利用必需的预处理工作。煤矸石作为煤矿工业产生的固体废料,其内部夹杂着大量优质的煤炭资源,若这些煤炭资源跟随煤矸石进行再生利用处理,不仅会造成能源的浪费,而且会降低煤矿企业的生产效益。为了避免这种现象的发生,在煤矸石资源化再生利用之前,必须通过技术手段对其内部煤炭资源进行回收。目前,从煤矸石资源中回收煤炭主要是通过洗选工艺实现。洗选工艺中的水力旋流器分选以及重力介质分选,可有效地对煤矸石资源和煤炭资源进行分离。对煤炭资源进行回收之后,煤矸石将具备更加稳定的性能,进而确保煤矸石建材以及化工利用的质量。

2. 煤矸石资源发电

含碳量较高的煤矸石资源可以作为流化床锅炉的燃料进行利用。随着科学技术的发展,我国在 20 世纪 90 年代已经掌握了相应的消烟除尘技术,这为煤矸石资源发电的实现提供了保障。随着对利用煤矸石资源发电技术研究的深入,利用煤矸石资源发电已经成为我国煤矸石再生利用的主要途径。煤矸石发电工艺简单,要求较低:首先将煤矸石以及劣质煤的混合物经破碎及筛分,制成粒径在 0 ~ 8mm 的粉末状燃料;然后由皮带机将其运输至循环流化床中进行燃烧,循环流化床可以使上述粉末处于一定的流化状态;最后燃烧所产生的粉尘经过粉尘处理器送入烟道之中,燃烧所产生的灰渣经过水冷泵至灰场,对煤矸石产生的污染物质则通过消烟除尘技术进行处理,避免出现二次污染的现象。利用煤矸石发电不仅解决了煤矸石带来的环境污染问题,而且利用煤矸石再次提供能源,帮助煤矿企业完成节能减排的目标。

6.3.4　制备农用材料

我国土地资源面临土地荒漠化、水土流失严重、土壤质量下降、肥力降低等问题,土壤改良和新型农肥是潜在可利用土地恢复、保证我国基本耕地红线的重要途径。

1. 土壤改良剂

根据2020年提出的"碳达峰,碳中和"目标,我国开展了生态型低碳土地的整治工作,以实现"低排放、高碳汇、高效益"的土地利用。土壤改良剂的出现无疑为上述问题的解决提供了一个有效的途径,其可以显著促进土壤团粒的形成,有效改善土壤结构,固定表土,保护土壤耕层,提高土壤肥力,增加土壤保水、保土、保肥性能,提高粮食产量。近年来,若干新型绿色环保土壤改良剂的出现、使用方法的不断改进和成本的逐渐降低,使土壤改良剂的普遍使用成为可能,土壤改良剂可应用于农业生产、贫瘠地改良和水土保持等领域。

（1）粉煤灰用作土壤改良剂

粉煤灰中的硅酸盐矿物和碳粒具有多孔性,是土壤本身的硅酸盐类矿物所不具备的。将粉煤灰施入土壤,能进一步改善空气和溶液在土壤内的扩散,从而调节土壤的温度和湿度,有利于植物根部加速对营养物质的吸收和分泌物的排出,不仅能保证农作物的根系发育完整,而且能防止或减少因土温低、湿度大引起的病虫害。粉煤灰掺入黏质土壤,可使土壤疏松,降低土壤容重,增加透气透水性,提高地温,缩小膨胀率;掺入盐碱土,除使土壤变得疏松外,还有改良土壤盐碱性的功能。农业用粉煤灰应符合《农田粉煤灰有害元素控制标准》（GB 8173）的要求。

国内外对粉煤灰用于农业方面的研究主要集中在以下方面:

①提高土壤肥力。研究表明,基于生产粉煤灰母体的不同,粉煤灰可以是酸性或碱性,用其作为土壤 pH 值缓冲剂,可以调整土壤的酸碱性,改善土壤的理化性状。粉煤灰的加入可以降低土壤的容重并增加土壤水分的保持力。有研究将粉煤灰加入矿山复垦的酸性土壤中,由于增加了土壤中的 Ca^{2+} 和 Mg^{2+},通过降低土壤的酸性而减少了 Al^{3+} 和 Mn^{2+} 的影响,因此增加了农作物的产量。

②粉煤灰和有机肥混施对土壤微生物的影响。受粉煤灰加入土壤中其 pH 值和肥力成正相关的启发,在酸性土壤中加入粉煤灰和有机物混合物可以改变土壤中微生物种类、数量,并对作物生长产生有益影响。国外学者研究了在动物粪便中加入粉煤灰施加到土壤中,可使对土壤有害的单价和二价金属离子达到动态平衡

比,从而增加作物可吸收的 Ca、Mg 有益元素。另外,粉煤灰和造纸厂淤泥混合,可以改善土壤的物理性质,提高 pH 值,增加微生物种类和谷物产量。

③对土壤质量的影响。土壤质量优劣是事关土壤生产力和土壤生态环境的大问题。研究表明,粉煤灰作为土壤改良剂能改变土壤物理性状,所含微量重金属溶解度均小于 10%,在有机土、风化土和冲积土上的小麦盆栽试验表明,土壤重金属元素的生物效应与土壤的 pH 值密切相关[21]。

(2)煤矸石用作土壤改良剂

2015 年实施的《煤矸石综合利用管理办法》中提到煤矸石用于土地复垦。这方面中国科学院沈阳应用生态研究所在多年前有所研究,并在辽宁省朝阳和抚顺进行了保护地土壤改良工作,效果显著。经过处理后的土壤盐渍化现象降低,肥料利用率提高 8% ~15%,作物产量增加 8% ~11.3%。

煤矸石用于土壤调理剂,经过微生物活化后,腐殖酸、有机质等有效成分明显提高,可帮助土壤释放有利于植物吸收的各种营养元素,治理土壤板结、沙化、盐碱化现象,提高土壤渗透性,增加土壤的保水保肥能力,减少土壤水分蒸发,增加土壤的阳离子交换能力,促进微量元素更好地被植物根系吸收,有利于植物对铁、镁、锌、铜的螯合,减少盐分吸收土壤中的 Na^+ 等。

2. 农用肥料

粉煤灰、煤矸石等工业废弃物经过生物、物理、化学等方法活化处理,可以制成复合肥料的添加料、生物肥料等,减少对膨润土等资源的开发,为推动现代农业和环境保护做出贡献。

(1)粉煤灰、煤矸石生产复合肥料

粉煤灰磁化复合肥是利用粉煤灰为填充材料,加入适当比例的营养元素,经电磁场加工制成的。它不但保持了化肥原有的速效养分,还添加了剩磁,两者协同作用肥效更高。利用粉煤灰制作的磁化复合肥对蔬菜和各种农作物均有显著的增产作用。

(2)煤矸石生产有机复合肥料

与其他肥料相比,煤矸石有机复合肥生产加工简单,产品可多样化,成本低廉,含有丰富的有机质和微量元素,并有较大的吸收容量,有明显的增产效果,而且能使农作物的品质有所改善。煤矸石有机复合肥属于长效肥,随着颗粒的风化,其中养分陆续析出,在 2 ~3 年内均有肥效。施用后,可增强土壤的生物活性和腐殖酸的含量。同时由于氮菌的大量繁殖,还使土壤的固氮能力大大增强。

煤炭企业利用煤矸石生产有机复合肥已有多年历史。陕西韩城下峪口煤矿利用煤矸石生产的有机复合肥料,在运城地区进行的农田小区肥效实施后有明显的增产效果,在当年的气候条件下冬小麦增产 13.4%。

（3）煤矸石微生物肥料

自然界中微生物与植物共同存在,且依靠植物肥料氮、磷、钾生长,因而可以作为微生物肥料,又称菌肥。近年来,在发展生态农业及绿色食品的倡导下,微生物的研制及应用有了新的意义。目前,国内微生物肥料的年产量在 30 万 t 左右,主要以固氮菌肥、磷肥、钾细菌肥为主。煤矸石中不仅含有有机质,还含有多种微量元素,更能够丰富生物肥料的功能。

（4）钢渣生产硅钙复合肥

钢渣中含农作物需要的多种养分成分,其中以钙、硅为主,可作为原料生产具有速效又有缓效的复合矿质肥料。由于钢渣在冶炼过程中经高温煅烧,其溶解度已发生很大的改变,所含各种主要成分的易溶量已达总量的 0.3% ~ 0.5%,有的甚至更高,更容易被植物吸收。通常在炼钢生产中,转炉铁水进行脱硅处理时,在铁水包内连续加入碳酸钾,再向铁水包内吹入氮气,同时不断搅动融入炉渣,经铁水脱硅处理的炉渣冷却后即可磨成粉状缓释性硅钾肥。

钢渣由于其中含有多种养分成分,用于生产农业肥料,对缺乏微量元素的不同土壤和不同作物可以起到不同程度的肥效作用。最常见的钢渣肥料是磷肥,在不加萤石造渣条件下,所得的转炉钢渣可用于制取钢渣磷肥。应用实践证明,不仅含 $w(P_2O_5)>10\%$ 的钢渣磷肥肥效显著,即使是含 $w(P_2O_5)>7\%$ 的普通钢渣也有一定的肥效,这种钢渣肥料不仅适用于酸性土壤,对缺磷碱性土壤施用也可使作物增产,而且不仅在水田施用效果好,即使是在旱田施用,钢渣肥效仍能起良好的作用。

钢渣也可用作硅肥,硅是水稻生长需求量大的元素,$w(SiO_2)>15\%$ 的钢渣磨细至 60 目以下即可作硅肥,用于水稻生产,一般每亩施用 100kg,水稻增产 10% 左右。太钢集团不锈钢钢渣的主要成分是钙、铁、硅、镁以及少量铝、锰、磷等的氧化物,经过湿选沉积后,再进一步分离净化,就得到几乎没有有害元素并含有丰富可溶性硅、钙等成分的剩余物质,经过科学配制加工,可制成钢渣硅钙复合肥料,各种指标均达到或优于国家有关标准。种植实验显示,施用太钢钢渣生产的硅钙肥料,农作物生长状况发生明显改变,不容易发生病虫害,作物茎秆粗壮、枝叶茂盛、果实丰满,增产增收,可以使农作物增产 15% 以上。

6.4　石墨尾矿制备烧结砖的工艺与机理研究

6.4.1　尾矿的定义及利用方法

尾矿是指矿石经粉碎、选矿产生精矿后的其余部分。通常情况下,尾矿的主要成分以非金属矿物为主(如石英、长石等)。大规模的矿产开采,使我国资源环境遭受严重的破坏,形势不容乐观。不仅矿产资源面临枯竭,而且开采矿产造成大量尾矿堆存。根据发改委调查统计,2015 年我国尾矿堆积量为 173 亿 t,到 2020 年我国尾矿堆积量增长至 222.6 亿 t。2015 年以来受国内铁矿尾矿产生量下滑的影响,国内尾矿产量呈下降态势,2018 年我国尾矿产生量为 12.11 亿 t,2020 年为 12.75亿 t。2015 年我国尾矿综合利用量为 3.51 亿 t,2020 年增长至 4.05 亿 t,尾矿综合利用率提高至 31.8%。目前国内外尾矿综合利用的主要途径包括尾矿再利用和尾矿复垦[22]。

1. 尾矿再利用

将尾矿再利用于建筑材料始于 20 世纪 80 年代,最早利用尾矿作建材的是我国的马钢姑山铁矿企业,该矿山产生的铁尾矿结构致密,适用于混凝土骨料。强磁尾矿中主要含有 SiO_2 和 Al_2O_3,粗粒的尾矿质地均匀、洁净,且不含云母和硫化物等有害杂质。强磁尾矿通常用在铁路、公路的建筑用砂、筑路碎石中,并且都取得了较为明显的效果。此外,还可以利用尾矿来制作空心砌砖以及广场砖,具有良好的市场效益。利用尾矿最有效的途径之一是采空区充填,该法可以就地取材,减少了运费以及尾矿库管理的费用。

2. 尾矿复垦

国外对土地的复垦都十分重视,德国、美国、俄罗斯、加拿大等国家的矿山复垦率达到 80% 以上。我国的矿山复垦始于 20 世纪 60 年代初,近年来,随着相关政策的不断完善,以及企业对尾矿综合利用的重视程度不断提高,我国在尾矿复垦植被方面取得显著成效。

一般尾矿中都含有锌、锰、铜、铁、硼等微量元素,而这些元素正是植物生长和发育过程中必需的元素。国内研究利用磁化尾矿来改善土壤的工作效果显著,采用磁化机来处理铁尾矿,得到磁化尾矿,其加入土壤之后,可以提高土壤的磁性,农作物的产量明显增加。磁化后的尾矿按照一定的比例混合,可制成磁化复合肥。

尾矿的综合利用符合国家大力支持固体废弃物综合利用政策和重点研发计划"固废资源化"重点专项的指南。尾矿用于建筑材料、在采空区处理中用作充填材料、制成微量元素肥料、用于改良土壤、尾矿重选回收有价矿物和元素以及重选后消除尾矿库堆存风险等均具有一定的经济效益和社会效益,因此加大尾矿资源的综合利用意义重大。

6.4.2　石墨尾矿的产生和影响

石墨是一种高能晶体碳素材料,是稀有珍贵的非金属矿种,可分为晶质石墨和隐晶质石墨。因石墨具有抗腐蚀、耐高温、抗辐射、抗热震、韧性好、强度大、自润滑以及导电、导热等特有的物理化学性能,广泛应用于冶金、机械、电子、军工、国防、航天等领域。

我国石墨资源储量和产量都居世界首位,分布于黑龙江、山东、四川、内蒙古等 20 个省(区),储量居世界第一,以鳞片状晶质类为主。晶质石墨主要分布在黑龙江、山东、内蒙古、山西、河北五省(区),隐晶质石墨主要分布在湖南、吉林两省。目前我国的石墨生产企业有 300 家之多,鳞片石墨生产能力达到每年 35 万 t,远远超过每年 25 万 t 的市场需求[23]。

石墨行业的生产流程大致相同,采用浮选工艺,每吨成品石墨用水 100t、矿石 10t,所以理论上生产每吨石墨产生废水和尾矿砂都超过了 100t。2005 年全国石墨产量在 50 万 t,尾矿排放量在 600 万 t 左右。大量石墨尾矿造成了环境污染、土地占用和安全问题,成为制约石墨企业可持续发展的主要因素,进行石墨尾矿资源化利用是解决这一矛盾的有效途径。

6.4.3　石墨尾矿综合利用的研究进展

目前石墨尾矿资源化综合利用的途径有:石墨尾矿中有用矿物、元素的再回收;生产建筑材料,主要制备免烧砖和烧结砖;作填筑材料;制备白炭黑;生产复合型保护渣;复垦植被。

1. 石墨尾矿中有用矿物、元素的再回收

我国石墨矿产资源基本上为共伴生矿,在选取其中的大部分石墨以后,仍有大量价值较高的矿物资源进入尾矿之中,如云母、金红石、钛铁矿、黄铁矿、磁黄铁矿和残余石墨等,都可以通过各种选矿手段加以回收利用。

余志伟等对金溪石墨尾矿进行了提钒研究,提钒工艺为加酸焙烧→水浸→除钾除铝→萃取→反萃取→氧化沉钒,尾矿中钒的浸出率达 95.5%、萃取率达 87.6%、反萃取率达 99.9%、沉淀率达 99.0%,得到钾明矾和铵明矾的产率分别为 9.2% 和 23.2%。此外,浸出渣主要由硅酸盐组成,具有较高活性,可以作为水泥掺和料和生产建筑材料的原料[24]。

曲鸿鲁等对山东省某石墨尾矿进行了回收黄铁矿、磁黄铁矿和金红石的研究[25]。对黄铁矿、磁黄铁矿的回收,采用不经磨矿直接浮硫的工艺,磁黄铁矿活化剂采用硫酸和硫酸铜,捕收剂为乙基黄药,起泡剂为松油,获得了含黄铁矿、磁黄铁矿的硫精矿产品,产率 9.18% ~ 11.54%,硫精矿品位含硫 29.10% ~ 37.26%,回收率 80.51% ~ 90.63%。对金红石的回收,先浮选除杂,然后经重选、磁选、电选,最终获得金红石精矿产品,金红石精矿品位含 TiO_2 87.86% ~ 89.91%,回收率 43.48% ~ 51.07%。

环境与新能源矿物材料

2. 利用石墨尾矿制备免烧砖

生产免烧砖时,尾矿主要起集料作用。利用尾矿生产免烧砖的一般工艺流程如图 6.2 所示[26]。

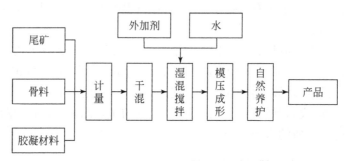

图 6.2 尾矿生产免烧砖的工艺流程

杨中喜等[27]对石墨尾矿制备固化砖进行了研究,结果表明,在石墨尾矿为82%、普通硅酸盐水泥为10%、固化剂为8%时,制备出的固化砖性能良好。15 次冻融循环后抗压强度损失 10%、质量损失 0.5%;25 次冻融循环后抗压强度损失 13%、重量损失 1.2%,且无裂纹产生。制品吸水率、体积密度、耐水性均完全符合 JC 422—91 规定的一等免烧砖标准。

3. 利用石墨尾矿作填筑材料

目前,利用石墨尾矿作填筑材料已有部分相关研究和报道,主要集中在道路工程的应用。利用石墨尾矿作填筑材料具有耗渣量大、工艺简单等优点,能有效地解决尾矿堆存问题,避免环境污染,是石墨尾矿综合利用的一种有效途径。

任成法[28]以石墨尾矿为研究对象,通过对其成分和性质的系统分析,进行填筑公路路基的研究。结果表明,填筑前要先在路基底层铺 10 cm 以上的黏土,路基边坡要满足 1~1.5 的坡度,以塑性指数至少为 15 的黏土作边坡和顶面的保护层,且顶面为人字横坡,坡度 2%~3%。图 6.3 为石墨尾矿路基横断面。

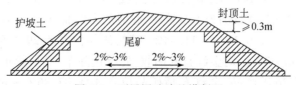

图 6.3 石墨尾矿路基横断面

毛洪录等[29]研究了石墨尾矿在高速公路路基中的应用。结果表明,用剂量 6% 的水泥稳定后的石墨尾矿水温稳定性好且强度较高,可以满足高速公路路基对材料的要求。

4. 利用石墨尾矿制备白炭黑

有学者进行了以黑龙江省鸡西市柳毛石墨矿尾矿为原料制备白炭黑的研究[30]。以石墨尾矿砂为原料,将其破碎后加 NaOH 并在 950℃焙烧使其熔融,冷却后加水浸泡,在反应釜中加 HCl 进行酸化,之后经洗涤、干燥、粉碎等工序得到白炭黑成品。结果表明,产品质量达到或接近 GB 1057—89 标准。

5. 利用石墨尾矿生产复合型保护渣

以黑龙江省鸡西市柳毛石墨矿尾矿为原料制备复合型保护渣的研究取得一定进展[31]。以当地大理岩调节碱度,萤石作为熔剂,固体水玻璃作为助熔剂,以石墨粉调节成渣速度。生产工艺流程:{粉状石墨+[尾矿砂、大理岩、萤石]+水玻璃+膨胀材料}→配料→搅拌→粉碎→成品。通过实验得出保护渣的配方为 65% ~85%的尾矿、10% ~30%的大理岩、2% ~8%的酸化石墨、5% ~25%的萤石、5% ~20%的固体水玻璃和 5% ~25%的粉状石墨。制品的熔点为 1120 ~1200℃、熔速≤38s、水分>0.7%、膨胀倍数>2。

6. 石墨尾矿废弃地植被复垦

孙景波等[32]对黑龙江省鸡西市柳毛石墨尾矿废弃地进行了分析研究,结果表明,该地土壤为强碱性,各类养分严重缺乏且重金属含量严重超标。经过植被修复后,土壤 pH 值略有下降,各类养分也得到不同程度的增加,超标重金属也减少到 3 种,植被修复对废弃地土壤的改善起到了一定作用。

刘文勇等[33]研究了黑龙江省鸡西市不同矿区石墨尾矿废弃地中重金属元素的含量,并评价了其污染情况。结果表明,废弃地中 Zn 和 Ni 含量超过国家土壤环境质量二级标准,Cr、As 和 Pb 含量未超过二级标准,Hg 含量超过三级标准,为重度污染。同时,也对废弃地的土壤养分元素含量进行了分析,结果表明,应用植物恢复后的土壤中,各养分指标均有所改善,其中改善效果最好的是旱柳。

李献智等[34]对黑龙江省鸡西市石墨尾矿废弃地进行了研究。分析了废弃地植被快速恢复与重建中应用植物的种类,通过对其成活率、生长量和盖度变化等的考察,指出各种植物的适用性。

6.4.4 石墨尾矿烧结砖的制备研究

烧结砖是现代建筑不可或缺的一种建筑材料。长期以来,我国烧结砖一直以黏土为主要原料,破坏了大量农田。国家在墙改政策中提出"禁止毁田制砖,保护土地资源,保护生态环境",明确指出禁止生产和使用黏土实心砖[26]。随着工业化程度的提高,各种工业废渣日益增多,国内外已陆续开展以粉煤灰、页岩、煤矸石、铁尾矿等废弃物为原料制备烧结砖的研究。

烧结砖所用的原料有多种,主要矿物成分为石英、长石、黏土矿物、含铁矿物、碳酸盐矿物等,主要化学成分为 SiO_2、Al_2O_3、Fe_2O_3、CaO、MgO、K_2O、Na_2O 等。烧结砖的烧成温度一般为 $950 \sim 1050℃$,烧成过程中,随着温度的升高,逐渐生成液相、固熔体以及新矿物,液相包裹新生成的物相并填充其间隙,从而使密度增加,强度提高。

目前,石墨尾矿主要用于制备烧结陶瓷砖和烧结普通砖。但已研发的技术存在坯体烧成温度较高、范围较窄问题,虽然提高配合料细度、调整颗粒级配或添加外加剂可得到一定程度改善,但也使工艺变复杂,不易实现工业化生产。

本书作者以黑龙江省鹤岗市萝北县云山石墨尾矿为原料,辅以适量的煤泥和黏土,采用压制成形的方法,进行了石墨尾矿烧结砖的制备研究。通过分析原料配比、陈化时间、烧成温度及恒温时间等因素对烧结砖性能的影响,结合工业生产中的实际情况,制定出优化的工艺参数。该研究获得国家"863"重大项目课题"石墨尾矿有价组分回收利用技术(SS2012AA062403)"和黑龙江立维科技发展有限公司委托项目"石墨尾矿综合利用""石墨尾矿制备烧结砖、免烧砖技术研发"的共同资助[22]。

1. 原料及制备方法

石墨尾矿取自黑龙江省鹤岗市萝北县云山石墨矿区,呈灰色–灰黑色;黏土取自石墨矿区周边,呈土黄色;煤泥也取自石墨矿区周边,呈黑色。

(1)化学成分分析

石墨尾矿、黏土及煤泥的化学成分分析结果见表 6.4。石墨尾矿中 SiO_2 和 Al_2O_3 的含量符合制备烧结砖的一般要求(SiO_2 50% ~70% 、 Al_2O_3 10% ~25%)但偏低,MgO 和 CaO 的含量均较高(CaO 小于 5%、MgO 小于 3%),而黏土中 SiO_2、Al_2O_3、MgO 和 CaO 的含量适中,两者以一定的配比混合能够提高 SiO_2 和 Al_2O_3 的含量、降低 MgO 和 CaO 的含量,满足制砖需求;石墨尾矿和黏土中 Fe_2O_3 的含量适中(Fe_2O_3 3% ~10%),Fe_2O_3 可使制品具有较好的外观质量,同时能够降低烧成温度;煤泥中 SiO_2、Al_2O_3 和 Fe_2O_3 的含量偏低,而且烧失量达 50%(烧失量一般要求小于15%),所以煤泥的掺入量不能太高。

表 6.4　石墨尾矿及其他原料的化学组成(wt%)

	石墨尾矿	黏土	煤泥
SiO_2	52.53	64.33	33.88
Al_2O_3	11.34	16.60	8.60

续表

	石墨尾矿	黏土	煤泥
Fe_2O_3	10.38	6.37	2.43
MgO	2.49	1.07	0.30
CaO	10.14	1.00	1.94
Na_2O	0.76	1.67	0.58
K_2O	2.58	2.65	1.77
H_2O^-	0.28	0.00	0.71
TiO_2	0.49	0.80	0.21
P_2O_5	0.11	0.083	0.032
MnO	0.010	0.011	0.013
L.O.I	8.50	5.31	49.44
合量	99.33	99.89	99.20

（2）物相分析

石墨尾矿的 XRD 谱如图 6.4 所示,结果表明,该石墨尾矿主要由石英、微斜长石、斜长石和白云母组成,另外含少量方解石、赤铁矿、闪石和绿泥石等。黏土的 XRD 谱如图 6.5 所示,结果表明,该黏土主要由石英、微斜长石、斜长石和高岭石组成。煤泥的 XRD 谱如图 6.6 所示,结果表明,该煤泥主要由石英、微斜长石和高岭石组成,含有少量斜长石、方解石等。

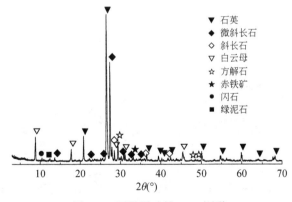

图 6.4　石墨尾矿的 XRD 图谱

（3）形貌分析

对石墨尾矿原料进行了扫描电镜测试,如图 6.7 所示。石墨尾矿中分布大量

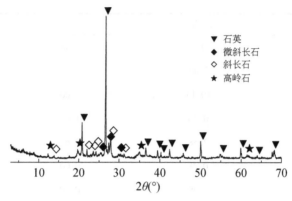

图 6.5　黏土的 XRD 图谱

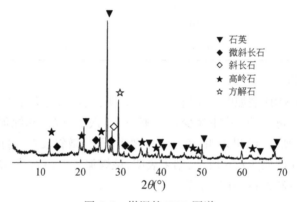

图 6.6　煤泥的 XRD 图谱

的鳞片状石墨,它们覆盖在石英、微斜长石、白云母等颗粒上,或填充在各种颗粒之间。石墨具有良好的自润滑性能,将直接影响原料的成形和烧结性能。

图 6.7　石墨尾矿的 SEM 图

(4)放射性分析

石墨尾矿的放射性核素比活度分析结果见表 6.5。测试温度及湿度分别为 $(22\pm1)℃$，$25\%\sim35\%(RH)$。

表 6.5　石墨尾矿的放射性核素比活度分析结果($\times10^{-3}Bq/g$)

样品名称	^{226}Ra 比活度(C_{Ra})	^{232}Th 比活度(C_{Th})	^{40}K 比活度(C_K)
石墨尾矿	368.37±19.30	33.15±3.92	501.01±27.85

内照射指数 $I_{Ra}=C_{Ra}/200=1.84$，外照射指数 $I_{\gamma}=C_{Ra}/370+C_{Th}/260+C_K/4200=1.24$。

按照国家标准《建筑材料放射性核素限量》(GB 6566—2001)，装修材料的放射性水平分为 3 类，该石墨尾矿属 C 类材料。为了使烧结砖的使用范围不受限制，制砖时必须减少石墨尾矿的用量，从而使烧结砖的 $I_{Ra}\leqslant1.0$，即石墨尾矿的用量不能高于 54%，结合其他原料的放射性，石墨尾矿用量不能高于 50%。

(5)粒度分布分析

石墨尾矿颗粒较大，125μm 以上的颗粒约占 83%；黏土颗粒大约分布在 0.7～60μm，在 3～30μm 较为集中，约占 85%，中位径 $d_{50}=11.24μm$；煤泥颗粒大约分布在 0.7～150μm，在 10～80μm 较为集中，约占 75%，中位径 $d_{50}=24.15μm$，10μm 以下累积含量 20%。

(6)制备工艺

制备工艺路线如图 6.8 所示。将各原料进行预处理，然后按照配方进行配料、湿法混料，控制含水率为 12%～13%，陈化一段时间，采用半干压成形方法，于 105℃±5℃干燥箱中干燥，最后对坯体进行烧结，烧成制度如图 6.9 所示。

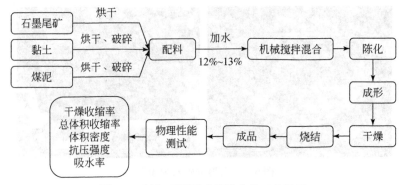

图 6.8　制备石墨尾矿烧结砖的工艺路线

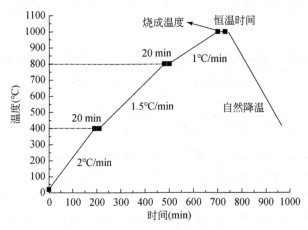

图 6.9　石墨尾矿烧结砖的烧成制度图

2. 石墨尾矿烧结砖表征结果与讨论

(1)煤泥用量对烧结砖性能的影响

石墨尾矿用量45%,改变煤泥用量分别为5%、10%、15%、20%、25%,其余部分添加黏土;加水12%~13%进行机械搅拌混料;陈化5天;采用半干压成形的方法,成形压力6MPa左右;在干燥箱中干燥至前后质量误差不大于1%;烧成温度1020℃,恒温30min。

不同煤泥用量条件下制备的石墨尾矿烧结砖样品如图6.10所示。

对烧结砖的干燥收缩率、总体积收缩率、体积密度、吸水率和抗压强度等物理性能进行了测试,煤泥用量对烧结砖物理性能的影响如图6.11所示。

由图6.11可知,随着煤泥用量的增加,烧结砖的干燥收缩率、总体积收缩率、

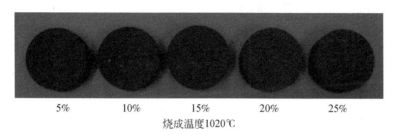

5%　　　10%　　　15%　　　20%　　　25%

烧成温度1020℃

图6.10　不同煤泥用量条件制备的石墨尾矿烧结砖样品的形貌(见彩图)

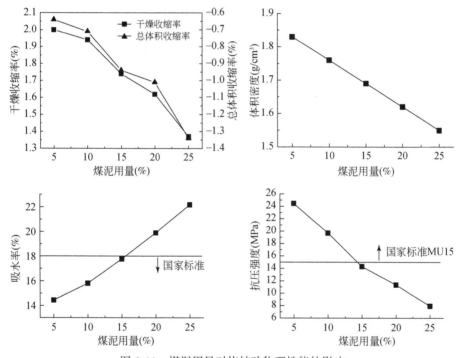

图6.11　煤泥用量对烧结砖物理性能的影响

体积密度和抗压强度均逐渐减小,吸水率逐渐增大。

　　煤泥属于脊性原料,而脊性原料的增加可以降低坯体的干燥收缩,干燥收缩率逐渐减小。总体积收缩率均为负值,说明烧结砖发生了轻微的膨胀,这是原料中的石英在烧成时发生膨胀所致。煤泥的烧失量高达50%,用量越多样品的质量损失越多,烧结砖内部形成的气孔也越多,导致体积密度逐渐减小、吸水率逐渐增大,同时,气孔的存在会降低烧结砖的强度,所以抗压强度逐渐减小。

　　煤泥用量低于15%时,吸水率均符合国家标准,抗压强度大部分符合国家标准 MU15 要求。

（2）陈化时间对烧结砖性能的影响

石墨尾矿用量45%，煤泥用量15%，黏土用量40%；加水12%～13%进行机械搅拌混料；改变陈化时间分别为0～8天；采用半干压成形方法，成形压力6MPa左右；在干燥箱中干燥至前后质量误差不大于1%；烧成温度1020℃，恒温30min。

对烧结砖的干燥收缩率、总体积收缩率、体积密度、吸水率和抗压强度等物理性能进行了测试，陈化时间对烧结砖物理性能的影响如图6.12所示。

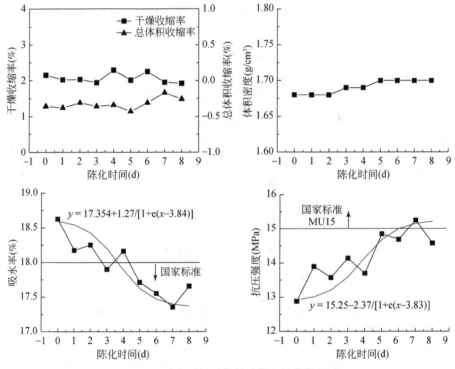

图6.12 陈化时间对烧结砖物理性能的影响

由图6.12可知，随着陈化时间的增加，烧结砖的干燥收缩率、总体积收缩率和体积密度均变化不大，说明陈化时间对其影响都不大。吸水率和抗压强度的变化范围也较小，且不稳定，但仍有一定的变化规律，经过曲线拟合可以看出，吸水率逐渐减小，抗压强度逐渐增大。这是因为陈化可以使原料中的小颗粒团分散，使颗粒能够更充分地接触，进而减少烧成过程中形成气孔的数量，所以吸水率逐渐减小。同时，陈化也能消除颗粒内部应力，使内外原料性质基本一致，进而消除各种缺陷，使烧结砖表面光滑、强度提高，所以抗压强度逐渐增大。

陈化时间多于4天时，吸水率均符合国家标准，当陈化超过6天，吸水率和抗压强度曲线均趋于平缓，且多于6天时，抗压强度均符合国家标准MU15要求。

（3）恒温时间对烧结砖性能的影响

石墨尾矿用量 45%，煤泥用量 15%，黏土用量 40%；加水 12%～13% 进行机械搅拌混料；陈化 6 天；采用半干压成形方法，成形压力 6MPa 左右；在干燥箱中干燥至前后质量误差不大于 1%；烧成温度 1020℃，改变恒温时间分别为 30min、90min、150min、210min、270min、330min。

对烧结砖的干燥收缩率、总体积收缩率、体积密度、吸水率和抗压强度等物理性能进行了测试，恒温时间对烧结砖物理性能的影响如图 6.13 所示。

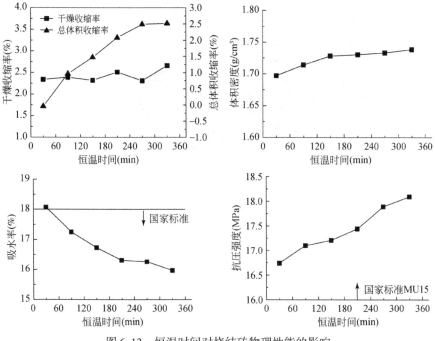

图 6.13　恒温时间对烧结砖物理性能的影响

由图 6.13 可知，随着恒温时间的增加，烧结砖的干燥收缩率变化不大，总体积收缩率、体积密度和抗压强度均逐渐增大，吸水率逐渐减小。

恒温时间与坯体干燥过程没有直接关系，所以对其影响不大。坯体烧成过程中会形成大量的液相，随着液相的产生与不断增加，气孔逐渐被填充，使气孔率降低，恒温时间越长，气孔被填充得越多，进而使致密度逐渐增加，导致总体积收缩率和体积密度均逐渐增大，而吸水率逐渐减小。同时，坯体致密度越高，其强度也会越高，抗压强度逐渐增大。

恒温时间 30min 以上的样品吸水率和抗压强度均符合国家标准。当恒温超过 300min，烧结砖的各项性能趋于稳定，说明坯体内的大部分气孔已被填充，即使再延长恒温时间，坯体的致密度也不会有明显变化。

（4）石墨尾矿用量及烧成温度对烧结砖性能的影响

改变石墨尾矿用量分别为 35%、40%、45%、50%，煤泥用量 15%，其余部分添加黏土；加水 12%～13%进行机械搅拌混料；陈化 6 天；采用半干压成形方法，成形压力 6MPa 左右；在干燥箱中干燥至前后质量误差不大于 1%；改变烧成温度分别为 960℃、980℃、1000℃、1020℃、1040℃、1060℃、1080℃、1100℃，恒温 300min。

不同石墨尾矿用量及烧成温度条件下制备的石墨尾矿烧结砖样品如图 6.14 所示，烧成温度为 1100℃时，烧结砖样品均发生较严重变形。

图 6.14　石墨尾矿烧结砖

对烧结砖的干燥收缩率、总体积收缩率、体积密度、吸水率和抗压强度等物理性能进行了测试，石墨尾矿用量及烧成温度对烧结砖物理性能的影响如图 6.15 所示。

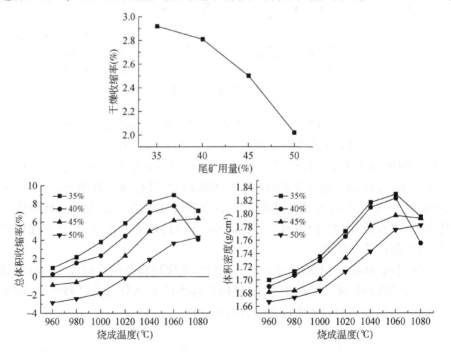

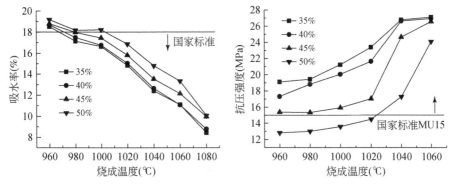

图 6.15　石墨尾矿用量及烧成温度对烧结砖物理性能的影响

由图 6.15 可知,随着石墨尾矿用量的增加,烧结砖的干燥收缩率逐渐减小。烧成温度相同时,石墨尾矿用量越多,烧结砖的总体积收缩率、体积密度和抗压强度越小,吸水率越大;石墨尾矿用量相同时,随着烧成温度的增加,烧结砖的总体积收缩率、体积密度和抗压强度均逐渐增大,吸水率逐渐减小。当烧成温度为 1080℃时,石墨尾矿用量为 35%、40% 和 45% 的样品均发生不同程度的轻微变形,略过烧,因而各物理性能出现异常。烧成温度为 1100℃ 时,烧结砖样品均过烧,发生较严重变形。

烧成温度相同时,由于石墨尾矿的颗粒度与黏土和煤泥相比较大,且为脊性原料,石墨尾矿用量越多,烧结砖内部形成的气孔就越多,坯体致密度越低,导致其总体积收缩率和体积密度逐渐减小、吸水率逐渐增大,而气孔的存在降低烧结砖的强度,所以抗压强度逐渐减小。

在坯体烧成过程中会形成大量的液相,随着液相的产生与不断增加,气孔逐渐被填充,使气孔率降低。当石墨尾矿用量相同时,烧成温度越高,形成的液相越多,气孔被填充得越多,坯体致密度越高,导致总体积收缩率、体积密度和抗压强度越高,而吸水率越小。

从图 6.15 看出,当石墨尾矿用量为 35% 和 40% 时,烧成温度高于 970℃ 的烧结砖样品的吸水率均符合国家标准,用量为 45% 时,烧成温度需要高于 980℃,而用量为 50% 时,烧成温度则需要至少 1000℃。石墨尾矿用量为 35%、40% 和 45% 时,烧成温度高于 960℃ 的烧结砖样品的抗压强度均符合国家标准 MU15 要求,用量为 50% 时,烧成温度则需要至少 1030℃。

在烧结砖不变形且性能符合国家标准的前提下,石墨尾矿用量为 35% 和 40%时,烧成温度范围 970~1060℃;石墨尾矿用量为 45% 时,烧成温度范围 980~1070℃;石墨尾矿用量为 50% 时,烧成温度范围仅为 1030~1080℃。为便于工业化生产,将石墨尾矿用量定为 40%~45%,烧成温度范围控制在 970~1070℃。

3. 石墨尾矿烧结砖的烧结机理研究

为了探讨石墨尾矿烧结砖的烧结机理,对优化配合原料进行了热重–差热(TG-DTA)分析;对不同条件下制备的烧结砖样品进行了粉晶 X 射线衍射分析(XRD),分析其物相组成;对优化条件下制备的石墨尾矿烧结砖样品进行了扫描电镜(SEM-EDS)测试,分析其微观形貌。

(1)烧结砖配合原料的热重–差热分析(TG-DTA)

对石墨尾矿烧结砖的优化配合原料进行了热重–差热(TG-DTA)分析,如图6.16 所示。原料配比为:石墨尾矿 42.5%、煤泥 15%、黏土 42.5%。

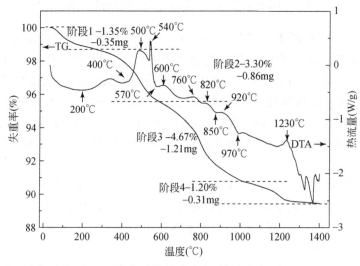

图 6.16　石墨尾矿烧结砖配合原料的 TG–DTA 图

差热曲线显示,在 200℃左右有一个吸热谷,这是原料中吸附水和自由水的排除所至;300~500℃的吸热谷源于原料中的高岭石释放结构水,晶体结构被破坏;碳素的氧化一般在 400~900℃,500℃、540℃、600℃、760℃、820℃的放热峰为原料中的碳素氧化所致;570℃左右的吸热谷是石英的晶型转变(α-石英向 β-石英转变)所致;850℃左右的吸热谷是因为石英发生晶型转变(β-石英向 β-鳞石英转变),并且白云母在此温度范围内脱去结构水;920℃左右的放热峰主要是钙长石开始结晶;970℃左右的微小吸热谷以及 1000~1200℃的吸热谷可能是液相大量产生造成;随后在 1230℃左右的放热峰为莫来石结晶放热所致。

失重率(热重曲线)结果表明,①室温~300℃失重率为 1.35%,主要是原料中吸附水和自由水的排除;②300~600℃失重率为 3.30%,主要是原料中黏土矿物结构水的排除、有机杂质及碳素的氧化;③600~1000℃失重率为 4.67%,主要是原料中方解石的分解、碳素的氧化以及石英的晶型转变;④1000 ~ 1400℃失重率为1.20%,主要是由于莫来石的结晶及晶体长大;⑤总失重率为10.52%。

(2)烧结砖的物相组成分析(XRD)

①煤泥用量对烧结砖物相组成的影响

石墨尾矿用量45%,煤泥用量5%、10%、15%、20%、25%,陈化5天,烧成温度1020℃,恒温30min。

由图6.17可知,不同煤泥用量条件下制备的石墨尾矿烧结砖样品,主晶相均为石英 SiO_2、赤铁矿 Fe_2O_3、钙长石 $CaAl_2Si_2O_8$ 和斜长石 $(Ca,Na)(Al,Si)_4O_8$,另外仍有少量微斜长石 $(K,Na)[AlSi_3O_8]$。煤泥用量的改变没有导致不同物相的生成。钙长石为高温下新生成的物相,强度较高,能够提高烧结砖的强度。微斜长石是烧结砖中产生液相(或玻璃相)的主要矿物原料,而在样品中仍有少量存在,说明微斜长石没有全部转变为玻璃相,可能是烧成温度较低所致。在 XRD 图中没有找到莫来石的衍射峰,表明并没有生成莫来石,这主要是因为烧成温度较低,还没有达到莫来石结晶的温度。

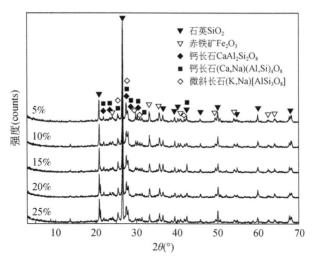

图6.17　不同煤泥用量烧结砖样品的 XRD 图谱

②陈化时间对烧结砖物相组成的影响

样品制备条件:石墨尾矿用量45%,煤泥用量15%,黏土用量40%,陈化时间分别为0 ~ 8天,烧成温度1020℃,恒温30min。图6.18为烧结砖样品的 XRD 图。

由图6.18可知,不同陈化时间条件下制备的石墨尾矿烧结砖样品,主晶相亦为石英 SiO_2、赤铁矿 Fe_2O_3、钙长石 $CaAl_2Si_2O_8$ 和斜长石 $(Ca,Na)(Al,Si)_4O_8$,以及少量微斜长石 $(K,Na)[AlSi_3O_8]$。陈化时间的改变也没有导致不同物相的生成,且微斜长石仍没有全部转变为玻璃相。由于还未达到莫来石结晶的温度,在图中

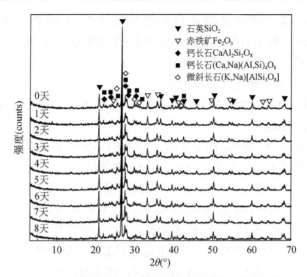

图 6.18　不同陈化时间的烧结砖样品的 XRD 图谱

没有找到其衍射峰。钙长石对烧结砖强度的提高起到重要的作用。

　　③恒温时间对烧结砖物相组成的影响

　　样品制备条件:石墨尾矿用量 45%,煤泥用量 15%,黏土用量 40%,陈化 6 天,烧成温度 1020℃,恒温时间分别为 30min、90min、150min、210min、270min、330min。图 6.19 为烧结砖样品的 XRD 图。

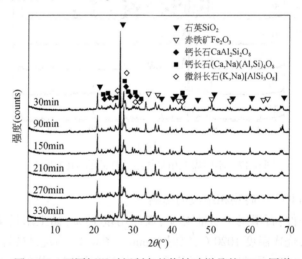

图 6.19　不同恒温时间制备的烧结砖样品的 XRD 图谱

　　由图 6.19 可知,不同恒温时间条件下制备的石墨尾矿烧结砖样品,主晶相为石英 SiO_2、赤铁矿 Fe_2O_3、钙长石 $CaAl_2Si_2O_8$ 和斜长石$(Ca,Na)(Al,Si)_4O_8$,以及少

量微斜长石 $(K,Na)[AlSi_3O_8]$。恒温时间的延长没有产生新的物相,但是微斜长石的量有减少的趋势,说明恒温时间的延长有利于微斜长石向玻璃相转变。在图中没有找到莫来石的衍射峰。对烧结砖强度提高起作用的仍主要为钙长石。

④石墨尾矿用量及烧成温度对烧结砖物相组成的影响

样品制备条件:石墨尾矿用量分别为 35%、40%、45%、50%,煤泥用量 15%,陈化 6 天,烧成温度分别为 960℃、980℃、1000℃、1020℃、1040℃、1060℃、1080℃、1100℃,恒温 300min。图 6.20 为烧结砖样品的 XRD 图。

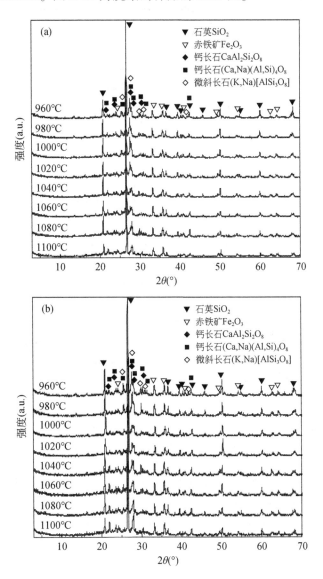

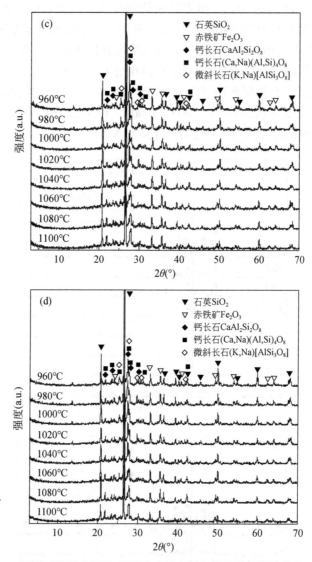

图 6.20　不同石墨尾矿用量、不同烧成温度制备的烧结砖样品的 XRD 图谱
(a)~(d)石墨尾矿添加量为 35%、40%、45%、50%

　　由图 6.20 可知,当烧成温度较低时,不同石墨尾矿用量条件下制备的石墨尾矿烧结砖样品,主晶相仍为石英 SiO_2、赤铁矿 Fe_2O_3、钙长石 $CaAl_2Si_2O_8$ 和斜长石 $(Ca,Na)(Al,Si)_4O_8$,以及少量微斜长石 $(K,Na)[AlSi_3O_8]$。随着烧成温度的升高,微斜长石的衍射峰逐渐消失,斜长石 $(Ca,Na)(Al,Si)_4O_8$ 的衍射峰逐渐变弱甚至消失,说明温度升高时,越来越多的微斜长石转变为玻璃相,直至全部转变,而斜

长石(Ca,Na)(Al,Si)$_4$O$_8$逐渐向钙长石 CaAl$_2$Si$_2$O$_8$ 转变。当烧成温度升高到1040℃时,已几乎看不到微斜长石的衍射峰。由于钙长石强度较高,能够对烧结砖强度的提高起到重要的作用,钙长石越多,则烧结砖的强度越高,所以随着烧成温度的升高,烧结砖的强度越来越大。图中未找到莫来石的衍射峰,表明烧成温度即使达到1100℃仍没有莫来石生成,这也与热重-差热分析中莫来石在1230℃左右结晶相符合。

(3)烧结砖的微观形貌分析(SEM-EDS)

对优化条件下制备的石墨尾矿烧结砖样品进行了扫描电镜(SEM-EDS)测试,分析其微观形貌。样品制备条件:石墨尾矿用量42.5%、煤泥用量15%、黏土用量42.5%,陈化6天,烧成温度分别为960℃、1020℃、1080℃、1100℃,恒温300min。样品的 SEM-EDS 图谱如图6.21~图6.24所示。

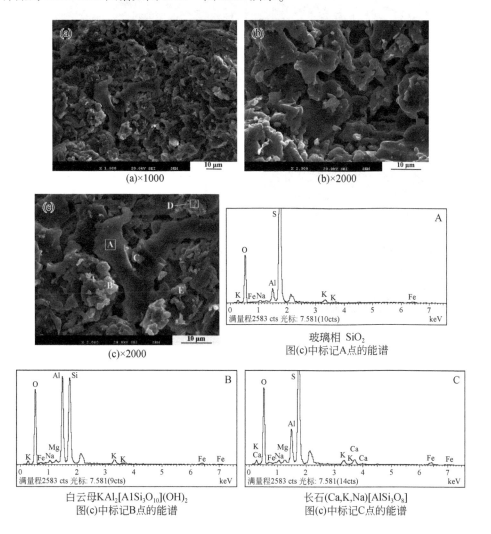

(a)×1000

(b)×2000

(c)×2000

玻璃相 SiO$_2$
图(c)中标记A点的能谱

白云母KAl$_2$[AlSi$_3$O$_{10}$](OH)$_2$
图(c)中标记B点的能谱

长石(Ca,K,Na)[AlSi$_3$O$_8$]
图(c)中标记C点的能谱

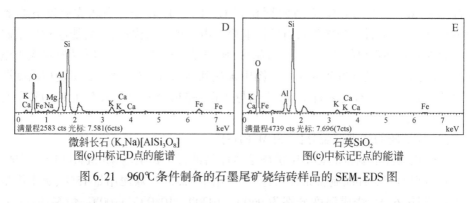

微斜长石(K,Na)[AlSi$_3$O$_8$]
图(c)中标记D点的能谱

石英SiO$_2$
图(c)中标记E点的能谱

图6.21　960℃条件制备的石墨尾矿烧结砖样品的 SEM-EDS 图

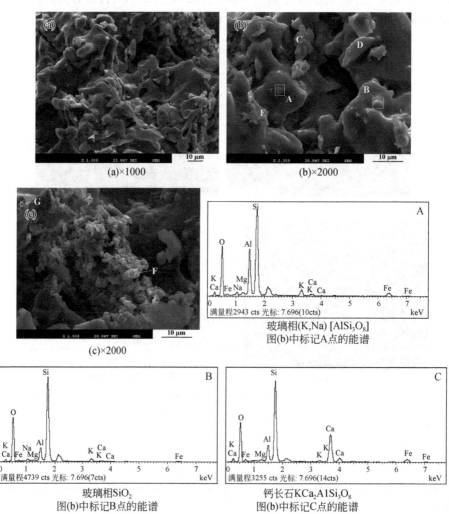

(a)×1000

(b)×2000

(c)×2000

玻璃相(K,Na) [AlSi$_3$O$_8$]
图(b)中标记A点的能谱

玻璃相SiO$_2$
图(b)中标记B点的能谱

钙长石KCa$_2$A1Si$_3$O$_8$
图(b)中标记C点的能谱

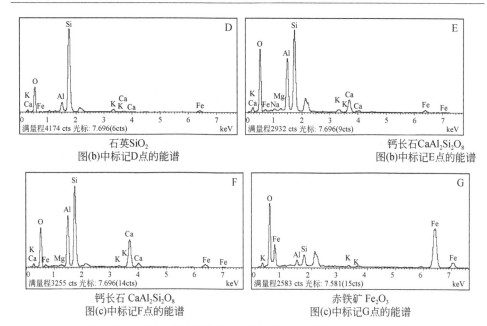

石英SiO₂
图(b)中标记D点的能谱

钙长石CaAl₂Si₂O₈
图(b)中标记E点的能谱

钙长石 CaAl₂Si₂O₈
图(c)中标记F点的能谱

赤铁矿 Fe₂O₃
图(c)中标记G点的能谱

图 6.22　1020℃条件制备的石墨尾矿烧结砖样品的 SEM-EDS 图

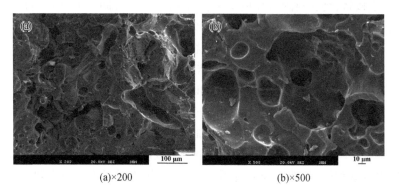

(a)×200

(b)×500

图 6.23　1080℃条件制备的石墨尾矿烧结砖样品的 SEM 图

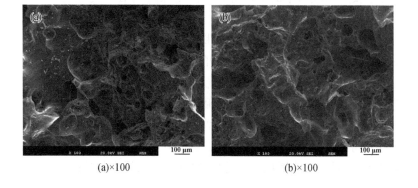

(a)×100

(b)×100

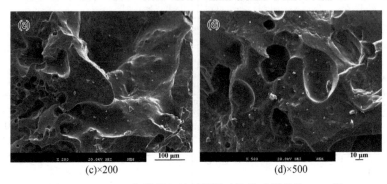

(c)×200　　　　　　　　　　　　　　　　(d)×500

图 6.24　1100℃条件制备的石墨尾矿烧结砖样品的 SEM 图

当烧成温度为 960℃,已经有玻璃相生成,而且随着烧成温度的升高,玻璃相越来越多,大量颗粒分布在玻璃相的表面或间隙,也有一些颗粒嵌入玻璃相表面或被玻璃相包裹。同时,可以看到断面处有大量气孔。能谱分析显示,大部分颗粒为石英、白云母、微斜长石、赤铁矿和钙长石,这与 XRD 物相分析结果较为符合。

当烧成温度升高到 1020℃时,玻璃相的量明显增多,开始形成更多的钙长石,多呈块状或板状,钙长石附着在玻璃相表面或嵌入其中,同时可以看到石英颗粒被包裹在玻璃相中。大量的颗粒状物质团聚在一起,能谱分析证明为钙长石、赤铁矿、石英和玻璃相,这可能是制样时混入烧结砖的碎屑。

当烧成温度达到 1080℃以上时,烧结砖样品已经成瓷,断面纹路无规则,为光滑的玻璃相断面特征,是一种普通陶瓷的断面形貌,断面处有大量气孔。

烧结砖断面的气孔是烧成时坯体内气体没有被排除干净而残留下来造成。随着烧成过程的进行,液相产生并不断增加,气孔被逐渐填充,烧结砖致密度提高。但是,坯料中的碳酸盐、硫酸盐等在高温下分解放出的气体往往被黏度较大的熔体所包裹,很难顺利排出,随着烧成过程的完结,这些残留气体被最大限度压缩而封闭在里面,从而形成气孔。气孔的存在降低烧结砖的机械强度。

玻璃相主要是由坯料中的熔剂组分与石英、黏土等在一定温度下共熔,然后在冷却过程中凝结而成。玻璃相在高温条件下为液态,一方面可以促使晶体发生重结晶;另一方面,在液相黏滞流动和表面张力的作用下,逐渐填充在坯体孔隙中,使坯体致密化,提高烧结砖的强度。玻璃相的含量与坯体的组成、原料的粒度及烧成制度等因素有关,坯体中熔剂与易熔杂质越多,坯料颗粒越细,烧成温度越高或保温时间越长,生成的玻璃相越多。玻璃相含量过多会使制品的骨架变弱,导致变形;含量少时不能填满坯体中所有空隙,增加气孔率,从而降低制品的机械强度。

钙长石为高温下新生成的物相,强度较高,在坯体中与残留石英、赤铁矿等颗粒一起构成坯体的骨架,能增加制品抵抗变形的能力,提高制品的强度和化学稳定性。钙长石是烧结砖的主要晶相,对其强度的提高起到重要的作用。

在高温条件下,液相填充到气孔中,与石英、钙长石和赤铁矿交错在一起,在烧结砖内形成交织的网状结构,能够大大提高烧结砖的强度。玻璃相对烧结砖强度的提高同样具有重要的意义。

4. 石墨尾矿烧结砖制备中试

作者进行了石墨尾矿烧结砖制备的中试,以黑龙江萝北云山石墨尾矿为原料,开展了烧结砖的中试配方和工艺研究。

(1)中试配方及工艺

根据实验室的研究结果,以质量比 40% ~45% 的石墨尾矿、15% 的煤泥、40% ~45% 的黏土作为中试配方。为便于实际生产,将质量比转换为体积比,因石墨尾矿、黏土、煤泥的堆积密度分别为 1.55g/cm³、1.2g/cm³、1.4g/cm³,因此体积比为 35% ~40% 的石墨尾矿、15% 的煤泥、45% ~50% 的黏土。中试工艺流程如图 6.25 所示。

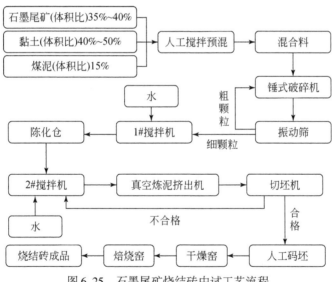

图 6.25　石墨尾矿烧结砖中试工艺流程

对石墨尾矿、黏土和煤泥分别计量后,人工搅拌预混得到混合料。混合料经由皮带输送机输送至锤式破碎机,对大块的物料进行破碎,并使物料充分混合。之后经振动筛筛分,粗的颗粒返回锤式破碎机再次破碎,细的颗粒进入 1#双轴搅拌机加水搅拌,控制混合料的含水量,充分搅拌后输送至陈化仓,陈化 6 天待用。将陈化后的物料输送至 2#双轴搅拌机,再次加水搅拌,搅拌后进入真空练泥挤出机,挤出成形压力约 6MPa,成形后经切坯机切成砖坯,不合格的砖坯返回 2#双轴搅拌机,合格的砖坯则人工码垛在隧道窑车上,高度可达 12～13 层,之后进入干燥窑约 20h 左右,然后进入焙烧窑,烧成温度 1000～1050℃,周期约 36h 左右。

(2)中试结果与讨论

石墨尾矿烧结砖的中试样品规格为 240mm×115mm×53mm。按照国家标准《砌墙砖试验方法》(GB/T 2542—2003)对烧结砖物理性能进行测试,测试内容包括烧结砖的尺寸偏差、外观质量、体积密度、吸水率、抗压强度、抗冻性、泛霜和石灰爆裂等。

①尺寸偏差

尺寸偏差的检测结果如表 6.6 所示。

表 6.6 石墨尾矿烧结砖中试样品的尺寸偏差(mm)

公称尺寸	GB 5101—2003 优等品要求		检测结果	
	样本平均偏差	样本极差≤	样本平均偏差	样本极差
240	±2.0	6	-1.2	2
115	±1.5	5	-1.5	2
53	±1.5	4	-0.8	1

由表 6.6 可知,石墨尾矿烧结砖的尺寸偏差达到国家标准 GB 5101—2003 优等品的要求。

②外观质量

外观质量的检测结果如表 6.7 所示。

表 6.7 石墨尾矿烧结砖中试样品的外观质量(mm)

测试项目		优等品要求	检测结果
两条面高度差	≤	2	符合
弯曲	≤	2	符合
杂质凸出高度	≤	2	符合
缺棱掉角的三个破坏尺寸	不得同时大于	5	符合
裂纹长度 ≤	a. 大面上宽度方向及其延伸至条面的长度	30	符合
	b. 大面上长度方向及其延伸至顶面的长度或条顶面上水平裂纹的长度	50	
完整面	不得少于	二条面和二顶面	符合
颜色		基本一致	符合

由表 6.7 可知,石墨尾矿烧结砖的外观质量达到国家标准 GB 5101—2003 优等品的要求。石墨尾矿烧结砖的中试样品如图 6.26 所示。

图6.26　石墨尾矿烧结砖中试样品

③体积密度

清理烧结砖样品表面,然后将其置于105℃±5℃鼓风干燥箱中干燥至前后质量误差不大于1%,称量其质量M_0。测量烧结砖的长L、宽B、高H。根据体积密度公式$\rho = M_0/(LBH)$计算各烧结砖的体积密度,取其算术平均值。国家标准GB 5101—2003要求普通黏土砖的体积密度为1.80g/cm^3左右。

检测结果:石墨尾矿烧结砖体积密度的最大值为1.82g/cm^3,最小值为1.78g/cm^3,平均值为1.80g/cm^3。符合国家标准要求。

④吸水率

清理烧结砖样品表面,然后将其置于105℃±5℃鼓风干燥箱中干燥至前后质量误差不大于1%,称量其质量M_0。将干燥样品浸入室温水中24h后称量其质量M_{24}。将浸水24h后的湿试样再次放入水中,分别加热至沸腾并沸煮3h和5h,冷却至常温后称量其质量M_3和M_5。

浸泡24h的吸水率$W_{24} = 100(M_{24} - M_0)/M_0$

沸煮3h的吸水率$W_3 = 100(M_3 - M_0)/M_0$

沸煮5h的吸水率$W_5 = 100(M_5 - M_0)/M_0$

饱和系数$K = 100(M_{24} - M_0)/(M_5 - M_0)$

计算各烧结砖的吸水率及饱和系数,取其算术平均值。国家标准GB 5101—2003要求普通黏土砖的吸水率为18%左右。

检测结果:石墨尾矿烧结砖浸泡24h的吸水率为13.5%～15.5%,平均值为14.4%;沸煮3h的吸水率为14.9%～17.1%,平均值为15.8%;沸煮5h的吸水率为15.7%～18.2%,平均值为16.7%;饱和系数为84%～87%,平均值为86%。符合国家标准要求。

⑤抗压强度

将石墨尾矿烧结砖中试样品按照国家标准GB/T 2542—2003的实验方法进行预处理。测量每个样品受压面的长L和宽B,将样品置于万能试验机上进行测试,

得到最大破坏荷载 P。根据抗压强度公式 $R = P/(LB)$ 计算各烧结砖的抗压强度，取其算术平均值。

检测结果：石墨尾矿烧结砖抗压强度的最大值为 25.4MPa，最小值为 20.3MPa，平均值为 22.7MPa，符合国家标准 GB 5101—2003 中 MU20 级的要求。

⑥抗冻性

清理烧结砖样品表面，然后将其置于 105℃±5℃ 鼓风干燥箱中干燥至前后质量误差不大于 0.2%，称量其质量 M_0。将干燥样品浸入室温水中 24h，然后擦去表面水分并放入 -15℃ 以下的冷冻箱中冷冻 3h，之后放入室温水中融化至少 2h。经过如此 15 次冻融循环后，将样品干燥至前后质量误差不大于 1%，并称重 M_1。对干燥后的样品进行抗压强度的测试，记录冻融后抗压强度 R_1，与冻融前抗压强度 R_0 比较。

抗压强度损失率 $P_m = 100(R_0 - R_1)/R_0$

质量损失率 $M_m = 100(M_0 - M_1)/M_0$

检测结果：石墨尾矿烧结砖经 15 次冻融循环后，强度平均值为 20.4MPa，强度损失约 10%，质量损失约 0.6%，没有出现裂纹、分层、掉皮、缺棱、掉角等冻坏现象，符合国家标准 GB 5101—2003 要求。

⑦泛霜

检测结果：石墨尾矿烧结砖出现轻微到中等程度泛霜，符合国家标准一等品要求。

⑧石灰爆裂

检测结果：石墨尾矿烧结砖不发生石灰爆裂，符合国家标准优等品要求。

5. 小结

本书作者以黑龙江省鹤岗市萝北县云山石墨尾矿为原料，辅以适量的煤泥和黏土，采用压制成形的方法，进行了石墨尾矿烧结砖的制备研究和烧结机理分析，并进行了中试生产，得出以下主要结论：

①以石墨尾矿为主要原料，辅以一定量的黏土和煤泥，能够降低配合料中 MgO 和 CaO 的含量，降低其放射性，同时提高配合料的塑性，且三种原料符合一定的颗粒级配，有利于坯料的成形。所以三种原料配合，适合制备烧结砖。

②获得优化的工艺参数：石墨尾矿用量 40%～45%，煤泥用量 15%，黏土用量 40%～45%，加水 12%～13% 进行机械搅拌混料，陈化时间 6 天，采用半干压成形方法，成形压力 6MPa 左右，在干燥箱中干燥至前后质量误差不大于 1%，烧成温度 970～1070℃，恒温时间 300min。优化条件下制备的烧结砖可达到 GB 5101—2003 标准中 MU15 甚至 MU20 以上的要求。

③探讨了石墨尾矿烧结砖的烧结机理。烧成温度较低时，石墨尾矿烧结砖样

品的主晶相为石英 SiO_2、赤铁矿 Fe_2O_3、钙长石 $CaAl_2Si_2O_8$ 和斜长石 $(Ca,Na)(Al,Si)_4O_8$,以及少量微斜长石 $(K,Na)[AlSi_3O_8]$。随着烧成温度的升高,微斜长石和斜长石 $(Ca,Na)(Al,Si)_4O_8$ 的衍射峰逐渐变弱。当烧成温度升高到 1040℃ 时,微斜长石的衍射峰几乎消失。钙长石为高温下新生成的物相,强度较高,多呈块状或板状,与残留石英、赤铁矿等颗粒一起构成了坯体的骨架,能够增加制品抵抗变形的能力,提高制品的强度和化学稳定性。在高温条件下,液相填充到气孔中,与石英、钙长石和赤铁矿等颗粒交错在一起,在烧结砖内形成交织的网状结构,大大提高了烧结砖的强度。玻璃相和钙长石对烧结砖强度的提高都起到重要的作用。

④基于实验室实验的结果,对石墨尾矿烧结砖进行了中试生产,并对其各项物理性能进行检测。结果表明,除泛霜性能外,尺寸偏差、外观质量等各项指标均达到 GB 5101—2003 中 MU20 优等品要求。体积密度为 $1.80g/cm^3$;浸泡 24h 的吸水率为 14.4%,沸煮 3h 的吸水率为 15.8%,沸煮 5h 的吸水率为 16.7%,饱和系数为 84% ~ 87%;抗压强度为 22.7MPa;经 15 次冻融循环后强度为 20.4MPa,强度损失约 10%,质量损失约 0.6%,没有出现裂纹、分层、掉皮、缺棱、掉角等冻坏现象;不发生石灰爆裂;出现轻微泛霜。

6.5　石墨尾矿制备抗静电橡胶填料的研究

随着军事和商业的快速发展,导电橡胶材料受到高度关注,其应用日益广泛。导电橡胶按内部结构可分为半导体导电橡胶和复合型导电橡胶。半导体导电橡胶是通过橡胶分子中引入导电性分子而得到;复合型导电橡胶则是通过向橡胶中添加导电填料制备而成,常用的导电填料包括金属粉和炭系填料。

本书作者以黑龙江省萝北县云山石墨尾矿为主要原料,将由尾矿回收的云母、石墨复合粉体经研磨、改性后用作导电橡胶填料,制备出力学和电学性能良好的导电橡胶复合材料[35]。

6.5.1　原料与材料制备方法

导电填料按成分分为碳系和金属系两大类。碳系填料主要包括炭黑、石墨和碳纤维;金属系主要包括金粉、银粉、铜粉、镍粉等。碳系填料成本低,易加工,但导电性与金属填料相比较低;金属系导电填料颜色多样,相比单一黑色的炭系导电填料,应用领域更为广泛。但金属系填料的密度偏大,添加量达到一定范围后对复合材料的稳定性和物理性能有不利影响[36]。

萝北云山石墨尾矿中存留有一定量的有价矿物,如石墨、绢云母、石英等,这些矿物可以用于制备建筑材料及橡胶填料。目前,市场上的橡胶增强剂以白炭黑为主,成本较高,若能利用价格低廉的石墨尾矿对其进行部分替代,既可以大大降低成本,还可以解决当地的尾矿堆积问题。下面介绍尾矿原料处理方法与分析测试结果。

尾矿原料采用如下方法处理:①擦洗过筛。擦洗尾矿原料,料浆比 1 : 1,分散剂 2g,擦洗时间 10min。擦洗后将原料湿法过 200 目和 320 目筛。过筛后将不同粒级原料分别放入 100℃±5℃ 干燥箱烘干装袋,用于制备测试样品。②酸洗。将擦洗后不同粒级的尾矿用 0.2mol/L 的盐酸酸洗,去除其中的 CO_3^{2-},水洗烘干后进行碳元素分析,测定其中的 C 含量,将结果换算后即可得出尾矿中的石墨含量。

(1)尾矿的矿物相组成及含量

表 6.8 为石墨尾矿原矿的化学成分分析结果,尾矿的主要化学组成为 SiO_2、Al_2O_3、Fe_2O_3、CaO,此外,还含有少量 MgO、K_2O、TiO_2、P_2O_5、MnO 等。

表 6.8　石墨尾矿的化学组成(wt%)

成分	SiO_2	Al_2O_3	Fe_2O_3	MgO	CaO	Na_2O	K_2O
百分比	52.53	11.34	10.38	2.49	10.14	0.76	2.58
成分	H_2O	TiO_2	P_2O_5	MnO	L.O.I		合量
百分比	0.28	0.49	0.11	0.010	8.50		99.33

图 6.27 为石墨尾矿的 XRD 图谱。如图 6.27 所示,石英(011)特征峰出现在 $2\theta=26.61°$ 处,衍射峰极为明锐、强度很高,说明石英在该石墨尾矿中含量很高。除石英外,在 $2\theta=27.44°$ 处存在另一个明显衍射峰,为微斜长石的(002)衍射峰,表明该尾矿中含有较多的微斜长石。此外,XRD 图谱中还存在一些强度较弱的衍射峰,为白云母、斜长石、方解石、闪石、赤铁矿和绿泥石的衍射峰。

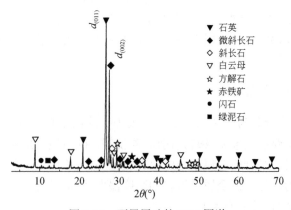

图 6.27　石墨尾矿的 XRD 图谱

表 6.9 为不同粒级尾矿中各矿物的相对含量。石墨尾矿原矿中石墨含量只有 2.5%,云母含量约为 7%,两者含量都很低,不易直接分选回收。对比 ±200 目样品

的矿物含量,随着粒径变小,石墨和云母明显富集。–200 目筛下样品中,石墨含量达到 4%,云母含量达到 17%。由此可以看出,不同粒径的样品中各矿物含量变化很大,可采用旋流选矿方法,通过调整旋流器的口径对尾矿中的石墨和云母进行部分回收。石英和长石在原矿中含量较多,为主要矿物,两者总含量接近尾矿总量的 80%。因为硬度大,不易被磨碎,随着样品粒径变小其含量降低;闪石、方解石、绿泥石等其他矿物硬度相对较低,易被磨碎,故伴随粒径变小其含量不同程度提高。

表 6.9　不同粒级石墨尾矿中的矿物含量(%)

样品	石墨	石英	云母	斜长石	微斜长石	闪石	方解石	赤铁矿	绿泥石
原矿	2.5	35	7	19.5	25	3	4	2	2
+200 目	2	43	6	8	33	3	2	1	2
–200 目	4	31	17	9	14	4	13	3	5

(2)主要矿物形貌

图 6.28 为石墨尾矿中各矿物的扫描电镜图,表 6.10 为背散射电子图像中选定区域的能谱分析结果。

图 6.28(a)中矿物呈细小鳞片状,以薄片层的方式结合在一起。根据表 6.10 中 a 对应的能谱结果,此矿物内 C 元素含量极高,可达 94.94%,除 C 元素外还有少量的 O、Si、Al 等元素,结合矿物形貌推断该矿物为石墨。

图 6.28(b)中矿物呈灰白色,存在明显书页状解理,表 6.10 能谱结果显示该矿物含 O、Al、Si、Fe、K、Mg 等元素,原子百分含量分别为 59.97%、11.15%、17.84%、0.51%、8.92%、1.61%,与绢云母化学通式 $K_{0.5 \sim 1}(Al、Fe、Mg)_2(Si、Al)_4O_{10}(OH)_2$ 中各元素的含量基本吻合,可确定该矿物为绢云母。该尾矿是经过浮选工艺留下的矿渣部分,石墨和绢云母都具有良好的浮选性,因此二者在尾矿中常以片层形式结合。

图 6.28(c)中有三棱锥状矿物,表 6.10 中 c 对应能谱结果显示其主要元素为 O、Si,原子百分含量比为 77.87% : 20.84%,此外还存在少量的 Al、Ca 等元素,可确定该矿物为石英。

图 6.28(d)的中心区域有一细长柱状矿物,具有清晰的棱柱状边界。表 6.10 中 d 数据显示该矿物中 O 元素含量最高,Si、Al、Fe、Ca、Mg 等元素含量相对较低,6 种元素的原子百分含量分别为 71.07%、14.94%、0.58%、0.44%、3.50%、9.37%,与普通角闪石化学成分 $(Ca、Na)_{2 \sim 3}(Mg^{2+}、Fe^{2+}、Fe^{3+}、Al^{3+})_5[(Al、Si)_8O_{22}](OH)_2$ 相吻合,推测其为角闪石族矿物。

图 6.28(e)中存在不规则块状矿物。由表 6.10 中 e 对应的能谱分析结果可知,O、Al、Si 元素含量较高,还发现了含量相对低的 Ca 元素,推断为钙长石。少量的 Fe、Mg 元素可能来自周围的其他矿物或杂质成分。

　　图 6.28(f)中有一形状规则的块状矿物。根据表 6.10 中 f 的能谱结果,O 元素峰值最高,Al、Si、K 三种元素次之,推测该矿物为钾长石。其他少量 Fe、Ca、S 等元素可能来自周围矿物或杂质成分。

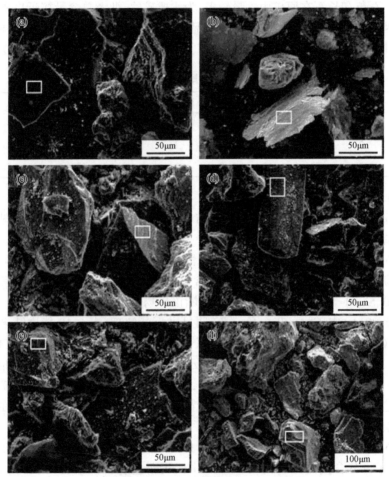

图 6.28　尾矿中各矿物的 SEM 图
(a)石墨;(b)绢云母;(c)石英;(d)角闪石;(e)钙长石;(f)钾长石

表 6.10　尾矿中各矿物扫描电镜能谱分析结果(%)

元素		a	b	c	d	e	f
C	重量	94.94	–	–	–	–	–
	原子	96.27	–	–	–	–	–
O	重量	4.65	44.06	66.34	57.79	55.71	68.98
	原子	3.54	59.97	77.87	71.07	70.70	81.47

续表

元素		a	b	c	d	e	f
Al	重量	0.20	13.81	0.63	0.80	14.12	5.05
	原子	0.09	11.15	0.43	0.58	10.63	3.55
Si	重量	0.21	23.02	31.17	21.33	15.91	14.26
	原子	0.09	17.84	20.84	14.94	11.50	9.60
Fe	重量	–	1.28	0.23	1.24	0.72	2.28
	原子	–	0.51	0.08	0.44	0.26	0.76
Ca	重量	–	–	1.15	7.11	13.35	2.31
	原子	–	–	0.53	3.50	6.76	1.10
K	重量	–	16.03	0.28	–	–	6.16
	原子	–	8.92	0.13	–	–	2.97
S	重量	–	–	0.20	0.16	–	0.95
	原子	–	–	0.12	0.10	–	0.55
Mg	重量	–	1.80	–	11.57	0.17	–
	原子	–	1.61	–	9.37	0.15	–

尾矿中大多数矿物为透明矿物,可在偏光镜下观察;石墨和赤铁矿为不透明矿物,金属光泽,可以在反光镜下观察。根据各个矿物的形状、干涉色、解理、光泽等特征,对尾矿中的矿物进行了分析。图 6.29 为石墨尾矿中各矿物的显微镜照片。

由图 6.29(a)可以看出,绢云母多呈细小片状或长薄片状,一组完全解理,理解平直。多以小片层形式存在,延长方向长度为 0.03~0.5mm,多数集中在0.15~0.4mm。图 6.29(b)显示,绢云母常常结合在大颗粒如石英和长石等的表面或边缘处。此外,由于绢云母和石墨都具有很好的分散悬浮性,在经浮选后留下的尾矿中,两者也经常以片层形式结合在一起。

图 6.29(c)中,石墨多呈细小片状和不规则的粒状、条状。因硬度小,表面显粗糙[图 6.29(e)],在尾矿中分布不均匀,延长方向长度约为 0.02~0.5mm,多数集中在 0.1~0.25mm。小片层者多包覆在石英或长石的表面[图 6.29(d)]。

图 6.29(e)中,呈明亮金属光泽的矿物为赤铁矿。形态多呈不规则粒状、块状。延长方向长度 0.2mm 左右,含量很少,多结合在石英和长石的表面及边缘。

由图 6.29(f)可观察到石英呈不规则粒状,表面光滑,无解理。粒度为0.015~1.3mm,颗粒大多独立分布[图 6.29(h)],部分表面被细小片状石墨和绢云母包覆。

图 6.29(g)中,呈灰白色的板状矿物为长石,颗粒比较大,分布较为均匀,相对其他矿物其含量较多。粒径约为 0.3~1mm,常常与云母、石墨、闪石等小颗粒矿物结合在一起。

　　由图 6.29(i)观察到方解石具有三组明显解理,呈较为规则的板状或块状。大小比较均匀,粒径较大,集中在 0.4 ~ 0.6mm。

　　图 6.29(j)中闪石多呈短柱状或柱状排列,粒径较小,延长方向约为 0.05 ~ 0.22mm,多数结合在长石和石英等大颗粒的表面或边缘。

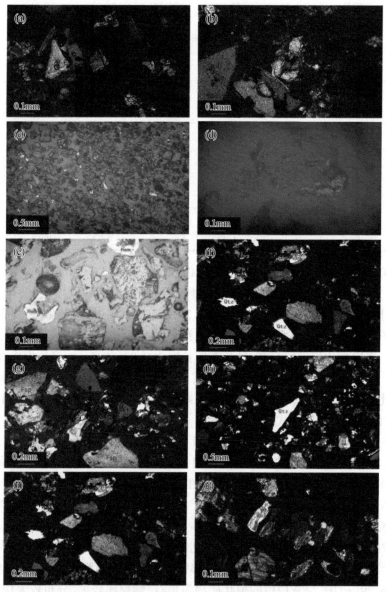

图 6.29　尾矿中各矿物的显微镜照片(见彩图)

(a)绢云母;(b)绢云母;(c)石墨;(d)石墨;(e)石墨和赤铁矿;(f)石英;(g)长石;

(h)石英;(i)方解石;(j)闪石

（3）复合粉体的物相组成及含量

图 6.30 为由尾矿回收的复合粉体的 XRD 图。如图 6.30 所示,石墨和石英的衍射峰极为明锐、强度很高,可以推断,两者在复合粉体中含量较高。此外,在 XRD 图谱中,还存在一些强度较弱的衍射峰,为云母、方解石和绿泥石。

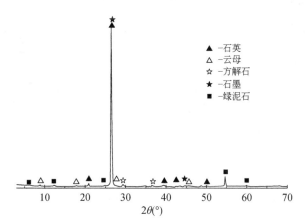

图 6.30　尾矿回收的复合粉体的 XRD 图谱

采用 MLA(mineral liberation analyser)工艺矿物学自动检测技术,对复合粉体的矿物组成和含量进行检测,表 6.11 为尾矿的 MLA 定量分析结果。尾矿回收的复合粉体主要由石墨、云母、石英和长石组成。石墨为复合粉体中的主要矿物,含量可达 61.01%。云母包括白云母和黑云母两种,其中白云母的含量为 10.36%,黑云母含量为 3.56%。复合粉体中石英含量为 7.66%,长石种类包括钙长石、钾长石、钠长石,含量分别为 1.27%、3.14%、2.31%。除了以上几种主要物相外,还检测到少量或微量的方解石、角闪石、黄铁矿、高岭石等矿物。

表 6.11　尾矿回收复合粉体的 MLA 定量分析结果(%)

矿物	石墨	白云母	黑云母	石英	钙长石	钾长石	钠长石	方解石	角闪石	黄铁矿
含量	61.01	10.36	3.56	7.66	1.27	3.14	2.31	1.01	2.06	0.58

矿物	磷灰石	高岭石	金红石	榍石	褐铁矿	绿帘石	透闪石	其他		合计
含量(%)	0.06	0.88	0.01	0.37	0.46	0.50	0.44	4.30		100.00

（4）尾矿回收复合粉体的主要矿物形貌

石墨为回收复合粉体中主要物相,图 6.31 为复合粉体中石墨的 SEM 图。由图可知,石墨多呈细小片层状,片层表面平整,这是因为石墨自身的层状结构使其在受到外力时优先沿平行解理面碎裂。随着石英、长石等大颗粒的减少,石墨包覆大颗粒的现象减少,片层状颗粒多数独立分布,其粒径相比原矿中的石墨明显变小,延长方向长度主要集中在 10 ~ 50μm,厚度约 5 ~ 10μm。

　　图6.32为复合粉体中云母的SEM图,云母呈细小片层状,集合体呈板状,解理明显,有书页状断口。其延长方向长度多集中在15 ～ 30μm,径厚比很大。

 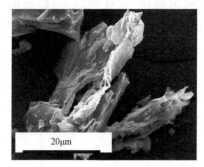

图6.31　复合粉体中石墨的SEM图　　　图6.32　复合粉体中云母的SEM图

　　由以上表征结果可知,萝北云山石墨尾矿由石英、长石(包括钾长石、钠长石和钙长石)、云母、方解石、赤铁矿、透闪石、绿泥石和少量石墨组成。尾矿的主要物相为石英和长石,其颗粒较大,因硬度大不易被磨碎,含量随着尾矿粒径的减小而明显降低。其他矿物的硬度相对较低,含量均随粒径变小而不同程度提高。尾矿原矿中石墨和云母的含量较低,随着粒径减小明显富集。

　　尾矿回收复合粉体主要由石墨、云母、石英和长石组成,其中石墨含量高达61.01%,多呈细小片层状;云母以细小白云母(绢云母)为主,薄片状。石墨、云母尺寸多集中在50μm以内。

6.5.2　尾矿复合粉体–丁苯橡胶复合材料的制备与表征

1. 实验方法

　　橡胶复合材料的性能与填料颗粒的尺寸密切相关,填料颗粒尺寸越小,填料在橡胶基体中的分散性就越好。尾矿复合粉体粒径约为几十微米,作为橡胶填料需要进一步研磨。实验中采用湿法超细研磨工艺对复合粉体进行细化处理。无机矿物填料多为亲水性,表面活性差,与有机聚合物之间的相容性差,因此将尾矿复合粉体用作橡胶填料,必须对其表面进行改性[37]。实验中采用硅烷偶联剂KH-550、十二烷基苯磺酸钠(SDBS)、硬脂酸三种改性剂对复合粉体进行改性,得到三种改性粉体。之后将三种粉体分别与丁苯橡胶及基本配料进行混炼、硫化,制备出橡胶复合材料,并对其性能进行测试。制备实验流程如图6.33所示。

　　胶料配方见表6.12,常温下采用双辊开炼机对胶料进行混炼。停放12h后取5g样品在硫化仪上测试硫化曲线,得到最佳硫化时间$t90$。在平板硫化机上硫化试样,条件为145℃×$t90$,压强保持10MPa。

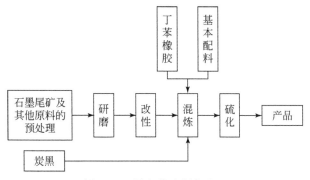

图 6.33　导电橡胶制备流程

表 6.12　导电橡胶的胶料配方

原料	份
丁苯橡胶	100
复合粉体	0,10,20,30,40,50
导电炭黑	10
氧化锌	3
硬脂酸	1
硫磺	1.75
改性剂 DM	1

2. 结果与讨论

(1)复合粉体研磨实验

称量复合粉体 200g,研磨球 800g,加入 400mL 水与 1g 分散剂。以研磨转速和研磨时间为变量,比较不同研磨条件下粉体的粒径,获得优化的研磨转速与研磨时间。

在恒定研磨时间为 5h 的条件下,改变超细研磨搅拌仪的搅拌转速,设变量为 600r/min、800r/min、1000r/min、1200r/min、1400r/min。将研磨后的粉体通过激光粒度仪测量粉体粒径。

在恒定最佳转速条件下,将粉体通过超细研磨搅拌机湿法研磨 6h,每隔 1h 取一次样,再通过激光粒度仪测量粉体粒径。

研磨转速对粉体粒径的影响见图 6.34,由图可知,随着超细研磨搅拌仪转速的增加,粉体粒径逐渐减小,当转速达到 1200r/min 时,D_{50} 达到 6.42μm,D_{90} 达到 16.51μm。再增加转速,粉体粒径趋于稳定。因此,实验最佳转速选择为 1200r/min。

研磨时间对粉体粒径的影响见图 6.35。由图可知,固定转速为 1200r/min,随着研磨时间的增加,粉体粒径明显减小。当研磨时间达到 5h 时,D_{50} 达到 6.38μm,D_{90} 达到 16.56μm。此后增加研磨时间,粒度不再明显变化。因此,实验的最佳研磨时间选择为 5h。综上,最佳研磨条件为转速 1200r/min、研磨时间 5h。

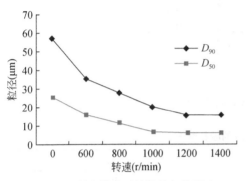

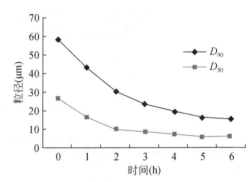

图 6.34　研磨转速对粉体粒径的影响　　　图 6.35　研磨时间对粉体粒径的影响

（2）粉体改性实验

为探讨改性剂种类对无机填料改性效果的影响,采用硬脂酸、硅烷偶联剂 KH-550、十二烷基苯磺酸钠三种改性剂对复合粉体进行改性。将湿法研磨后的粉体在 80℃下烘干 24h,称取 50g 粉体,加入 400mL 水,分别加入 2g 硅烷偶联剂、2g 十二烷基苯磺酸钠、2g 硬脂酸,用磁力搅拌器在 80℃下搅拌 2h,抽滤、烘干后得到改性粉体,按照表 6.12 胶料配方制备橡胶样品。图 6.36 和图 6.37 分别为改性剂种类对橡胶样品拉伸强度和体积电阻率的影响。

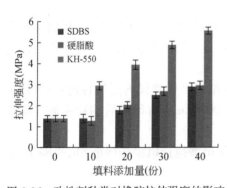

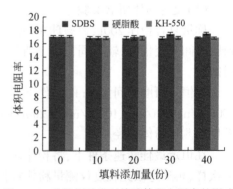

图 6.36　改性剂种类对橡胶拉伸强度的影响　　　图 6.37　改性剂种类对橡胶体积电阻率的影响

三种改性剂改性的复合粉体作为填料加入橡胶后,橡胶的拉伸强度均有不同程度提高。其中,硅烷偶联剂 KH-550 改性的复合粉体样品拉伸强度提高最为显著,最高可达5.544MPa,改性效果远优于其他两种改性剂。由此也证明了改性复合粉体用于橡胶填料的可行性。三种改性剂改性的复合粉体作为填料加入橡胶后,橡胶的体积电阻率几乎无变化,一直保持在10^{17}数量级,即改性复合粉体对橡胶基体的电学性能没有影响。原因可能是复合粉体成分复杂,石墨含量尚未达到导电填料的要求,需进一步提高导电颗粒的浓度。

(3)复合粉体粒径、用量对橡胶拉伸性能和体积电阻率的影响

随着导电填料粒径减小,比表面积增大,达到相同电导率所需导电填料的用量减少。实验采用11μm和5μm两种粒径的复合粉体作为填料,添加到橡胶中,观察复合粉体粒径、用量对橡胶拉伸性能和体积电阻率的影响。图6.38为中位径分别为11μm和5μm的复合粉体的SEM照片。11μm粉体由湿法超细研磨5h获得,5μm粉体通过三级旋风分离得到。可以看出,11μm复合粉体的颗粒较规则,多数呈片层状,部分呈粒状,颗粒径差距较大。5μm复合粉体多呈粒状,大小比较均匀,大部分在4~5μm左右。

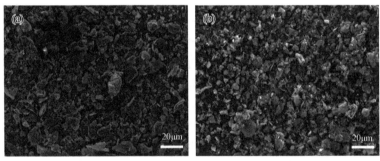

图6.38 两种粒径复合粉体的SEM照片
(a)11μm;(b)5μm

图6.39为复合粉体填料的粒径及添加量对橡胶复合材料拉伸强度的影响。随着复合粉体添加量的增加,橡胶样品的拉伸强度明显提高,而5μm填料添加效果明显优于11μm填料添加效果。当添加量为50份时,添加11μm填料的橡胶样品拉伸强度最大值为7.38MPa,添加5μm填料的橡胶样品的最大拉伸强度为9.64MPa,填充效果更好。以上结果表明,此尾矿回收的复合粉体作为橡胶填料具有很好的补强效果,填料的粒径对橡胶样品的拉伸性能有很大影响,填料粒径越小,拉伸强度提高越显著。这主要是因为粉体的粒径越小,比表面积越大,与橡胶的界面结合性能越好。

图6.40为复合粉体填料的粒径及添加量对橡胶复合材料体积电阻率的影响。图6.40显示,随着11μm和5μm两种不同粒径复合粉体添加量的增加,橡胶样品的体积电阻率变化不大,一直保持在$10^{16}\Omega\cdot cm$数量级,说明体系内未形成导电网

络。这是因为此复合粉体中石墨的含量不高,粉体中近40%的矿物都不导电,丁苯橡胶与石墨间的间隙大,无法形成电子通道^[38]。

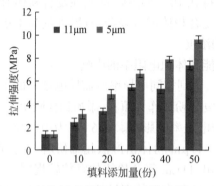

图 6.39　不同粒径填料对橡胶拉伸强度的影响　　　图 6.40　不同粒径填料对橡胶体积
电阻率的影响

(4)复合粉体与导电炭黑并用对橡胶拉伸性能和体积电阻率的影响

复合粉体中石墨含量不高,导致复合粉体单独用作橡胶填料时导电粒子浓度不高,无法提高橡胶复合材料的导电性。因此选择复合粉体与导电炭黑并用填充橡胶基体。固定一定量的导电炭黑(10 份),改变复合粉体的添加量,探讨其在橡胶体系中的协同效应。

图 6.41 为复合粉体与导电炭黑并用对橡胶复合材料拉伸强度的影响。固定导电炭黑用量为 10 份时,橡胶样品的拉伸强度随复合粉体填料添加量增大呈现先增大后下降的趋势。复合粉体用量为 40 份时,拉伸强度达到最大,为 14.18MPa,相比复合粉体单独用量为 50 份时的最大拉伸强度 9.64MPa 提高了 47%,说明复合粉体与导电炭黑并用对增强橡胶的拉伸性能有很大的帮助。

图 6.42 为复合粉体与导电炭黑并用对橡胶复合材料体积电阻率的影响。结果显示,固定导电炭黑用量为 10 份时,橡胶样品的体积电阻率随复合粉体添加量增大先下降后上升。复合粉体用量为 30 份时,体系的体积电阻率从 $10^{16}\Omega\cdot cm$ 突降至 $10^7\Omega\cdot cm$,出现渗滤阈值。复合粉体用量增加到 40 份时,体积电阻率达到最小,约为 $10^6\Omega\cdot cm$。说明导电炭黑与复合粉体并用时,复合粉体中的石墨和炭黑颗粒相互充填在彼此的空隙间,导电粒子充分接触而形成有效的导电网络,导电炭黑与复合粉体并用可以很大程度提高橡胶材料的导电性。

(5)复合粉体与导电炭黑并用的导电机理分析

导电复合材料的导电机理比较复杂,现有两种理论:一是宏观的渗流理论,称为导电通道学说;二是从微观量子力学角度出发的隧道效应理论。渗流理论主要用来解释导电复合材料的电阻率与导电填料含量之间的关系。当复合体系中导电

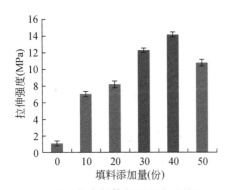

图6.41 复合粉体与导电炭黑并用
对橡胶拉伸强度的影响

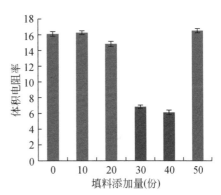

图6.42 复合粉体与导电炭黑并用
对橡胶体积电阻率的影响

填料的含量增加到某一临界值时,体系的电阻率急剧下降,这种现象通常称为渗滤现象,导电填料的临界含量通常称为渗滤阈值。在突变区域之后,体系电阻率随导电填料含量的变化恢复平缓[39-41]。隧道效应理论认为,当复合体系中导电填料含量较低时,体系中依然存在导电网络,但导电不是仅仅靠导电粒子的接触来实现,而是热振动时电子在导电粒子之间的迁移造成。但隧道效应几乎仅发生在距离很接近的导电粒子之间,间隙过大的导电粒子之间无电流传导行为[42,43]。

碳系导电填料包括炭黑、碳纤维和石墨三大类。炭黑导电性能较好,但分散性差,容易发生团聚。石墨由于自润滑作用易造成混炼胶易碎、分层,从而导致导电性能不稳定。因此,石墨很少单独作为导电填料,经常与导电炭黑并用改善其在橡胶中的分散性,并减少导电炭黑的填充量。石墨导电应属于直接接触导电,即导电通路学说,而炭黑应是以上提到的两种导电机理的综合表现。

本研究中采用复合粉体与导电炭黑并用,由于复合粉体成分复杂,除石墨外,还含有云母、石英等近40%的不导电矿物,其导电机理更为复杂。图6.43为复合粉体与导电炭黑并用的导电机理图,简要说明了复合粉体与导电炭黑并用对橡胶体系导电性的影响。实验结果表明,当复合粉体添加量较少,即其中石墨的含量较低时,虽与导电炭黑较均匀地分布于橡胶基体中,但并未达到电阻率突降的临界含量,即渗滤阈值,不能形成导电网络。当复合粉体添加量达到一定量(30~40份)时,石墨和导电炭黑能均匀相间分散在橡胶基体中,填料含量达到临界含量,形成导电通路,从而使体系的体积电阻率急剧下降。随着复合粉体用量的进一步增加,其中云母、石英等不导电物质也随之增加,有效占据石墨和导电炭黑的间隙,致使导电粒子间隙过大,无法形成导电网络,从而导致体系体积电阻率又急剧升高。

用扫描电镜观察了导电和不导电两种橡胶样品的断口,比较填料在其中的分散性。导电样品(30份复合粉体/10份导电炭黑)中填料粉体分散情况见图6.44,

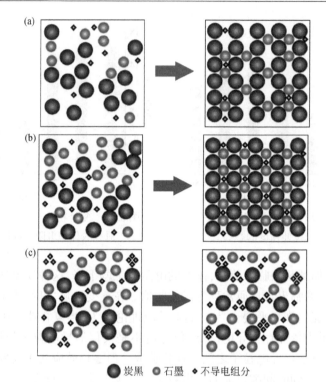

◯ 炭黑　◉ 石墨　◆ 不导电组分

图 6.43　复合粉体与导电炭黑并用的导电机理图

(a)复合粉体添加量较少；(b)复合粉体添加量适当；(c)复合粉体添加量过多

不导电样品(50 份复合粉体/10 份导电炭黑)中填料粉体分散情况见图 6.45。由图 6.44 可观察到填料分散比较均匀,呈片层状分布,导电颗粒接触紧密,可形成导电网络。从图 6.45 可以看出,在不导电橡胶样品中,填料粉体分散不均匀,存在不同角度穿插堆垛,填料颗粒间隙较大,导致导电颗粒不能完全接触,从而无法形成有效的导电网络,使体积电阻率明显升高。

图 6.44　30 份复合粉体/10 份导电炭黑填充　　图 6.45　50 份复合粉体/10 份导电炭黑填
　　橡胶断口的扫描电镜图　　　　　　　　　　　充橡胶断口的扫描电镜图

(6)复合粉体与导电炭黑并用对橡胶其他性能的影响

随着技术的进步和经济的发展,导电性功能高分子材料的应用领域不断扩展,对微粒填充型导电高分子复合材料的研究日益增多。导电高分子复合材料的导电填料主要包括炭黑、金属粉末、金属纤维、石墨、碳纤维、玻纤等。在众多的导电填料中,炭黑由于具有密度小、品种多、易加工、成本低等优点,成为主要的导电高分子材料填料,得到了较为广泛的应用。导电炭黑具有较低电阻率,可以使橡胶材料和塑料制品具有一定的导电性能,从而在导电或抗静电领域得到应用,如抗静电或导电橡胶、塑料制品等。市场上的导电炭黑价格平均在 2 万 ~ 5 万元/t 左右,价格较高。复合粉体回收自尾矿,价格低廉。前面的研究结果表明,复合粉体与导电炭黑并用作为橡胶填料可使橡胶复合材料的拉伸性能和导电性能明显提高,复合粉体可以部分代替导电炭黑从而减少导电炭黑的用量,节省原料成本。从实际应用的角度,本书作者用 30 份复合粉体与不同比例的导电炭黑复配,对橡胶的体积电阻率、拉伸强度、耐磨性、抗屈挠性、硬度等性能进行了测试分析,并与导电炭黑单独填充丁苯橡胶样品进行对比。

加入 30 份复合粉体的橡胶样品与未添加复合粉体的纯炭黑充填橡胶样品进行对比,样品的体积电阻率如图 6.46 所示。炭黑单独添加至 15 份时,体系体积电阻率突然降至 $10^6\Omega\cdot$cm(电阻率对数为 6.45),而随着添加量的进一步增加,电阻率变化趋于平缓,一直保持在 10^5 ~ 10^6 数量级。炭黑单独添加量 15 份时电阻突降称为渗滤阈值现象,根据 Markov 等的研究[44],渗滤阈值不仅取决于填料的类型、添加量及填料粒子的尺寸等,还取决于填料表面的理化性能、聚合物基体的类型及其物理性质以及复合材料合成的工艺条件等。炭黑单独添加量低于 15 份时,橡胶中导电粒子相对分离,粒子之间的间隙很大,这被视为电子流经橡胶基体的物理障碍,此时体系的导电能力很弱。添加量为 15 份时出现渗滤阈值现象,因为随添加量的增加,导电填料颗粒之间的间隙变小,电流容易通过橡胶基体形成导电网络,从而使体积电阻率突降[45]。

石墨和炭黑同属于碳系导电填料,添加石墨相当于增加导电填料的浓度,实验中的复合粉体 60% 以上矿物组成为石墨,因此添加复合粉体后,体系的渗滤阈值从 15 份提前至 10 份,节省炭黑用量达 33%。石墨的加入改善了炭黑粒子浓度过高时容易团聚的缺点,使复合粉体和炭黑均匀分布在橡胶基体中。

图 6.47 为复合粉体–导电炭黑填充丁苯橡胶 & 纯炭黑填充丁苯橡胶的拉伸强度变化曲线。可以看出,随着炭黑添加量的增加,橡胶样品的拉伸强度先增加后降低。起初,由于较低的填充量,拉伸强度的提高并不明显。这可能是由于炭黑粒子与丁苯橡胶基体之间的相互作用力较弱造成。根据填料加固理论[46],随着填料添加量的增加,炭黑与橡胶的有效接触面增大,交联性增强。而当添加量达到一定极限值时,炭黑将不再起到补强的作用。单独添加炭黑和复合粉体–炭黑并用均对

改善体系的拉伸强度有所贡献。然而,添加复合粉体的样品拉伸强度明显高于单独添加炭黑的样品,这是由于复合粉体的主要组成矿物为石墨和绢云母,绢云母由于其表面性质、形状及粒度等理化特征,是一种良好的新型橡胶补强填充剂,可增加橡胶的耐磨性、抗拉强度及抗扯裂性。石墨为层状结构,当橡胶材料受到外力时,填充的石墨可以发生剪切滑移,减少橡胶断裂,提高橡胶的力学性能[47]。在炭黑添加量为 10 份时,添加复合粉体的橡胶样品的拉伸强度(12.305MPa)与单独添加炭黑样品的拉伸强度(3.08MPa)相比提高了 300%。

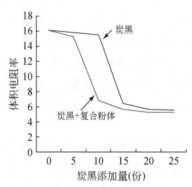

图 6.46　复合粉体–导电炭黑填充
丁苯橡胶 & 纯炭黑填充丁苯橡胶
对体积电阻率的影响

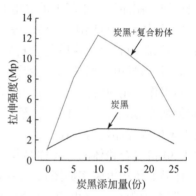

图 6.47　复合粉体–导电炭黑填
充 & 纯炭黑填充丁苯橡胶对
拉伸强度的影响

橡胶复合材料的硬度主要与填料的加入量、胶料的交联密度有关。图 6.48 为复合粉体–导电炭黑填充丁苯橡胶、纯炭黑填充丁苯橡胶的硬度变化曲线。单纯用炭黑作为橡胶填料,硬度缓慢上升。加入 30 份复合粉体后,橡胶样品的硬度相比单纯炭黑添加的橡胶明显提高。硬度过低,补强不完全,承重能力差,综合性能差;硬度过高,填料添加量大,破坏橡胶自身的结构,导致综合性能降低。综合考虑,填料的最佳配比为 10 份导电炭黑∶30 份复合粉体。

炭黑影响硫化胶磨耗性能的特性包括填充量、聚结大小及其分布、结构、比表面积和表面活性等。增加炭黑的添加量一般会对橡胶起到补强作用,在一定范围增加耐磨性能。图 6.49 为复合粉体–导电炭黑填充丁苯橡胶、纯炭黑填充丁苯橡胶的磨耗变化曲线。由图可知,炭黑添加量在 0~15 份之间,橡胶样品的磨耗体积逐渐下降,耐磨性能提高,当炭黑添加量大于 15 份时,磨耗体积逐渐上升,耐磨性能明显下降。这说明适当提高炭黑用量,有利于橡胶耐磨性能的提高。根据图 6.49,炭黑添加量相同时,添加 30 份复合粉体的样品磨耗体积均高于单独添加炭黑的样品,说明复合粉体的加入并未使橡胶耐磨性能提高。原因是复合粉体内矿物种类复杂,各矿物粒径不均等,相对纯炭黑结构度较低,各矿物与橡胶间的交联程度不同,在受摩擦时容易导致局部应力集中。橡胶磨损的过程实质上是由于局部应力集中引起的裂口增长,进而造成表面层的机械破坏。

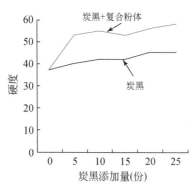

图 6.48　复合粉体–导电炭黑填充 & 纯炭黑填充对丁苯橡胶硬度的影响

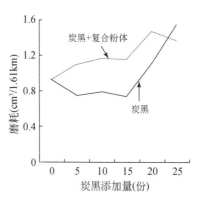

图 6.49　复合粉体–导电炭黑填充丁苯橡胶 & 纯炭黑填充丁苯橡胶的磨耗

橡胶材料的抗屈挠性除了与填料的种类和含量有关外,还与体系内部的缺陷密切相关。图 6.50 为复合粉体–导电炭黑填充丁苯橡胶 & 纯炭黑填充丁苯橡胶的屈挠龟裂变化曲线。由图可知,单独添加炭黑和炭黑–复合粉体并用样品的抗屈挠性能都是先增加后下降,只是添加炭黑后增长的幅度不同,出现了两个较大峰值。整体看,添加复合粉体–炭黑填料后,体系的屈挠疲劳性能较添加纯炭黑时有所降低,原因是纯炭黑为单一种类填料,它的结构度要高于复合粉体–炭黑并用填料的整体结构度,结合胶的网构密度会更高一些,所以屈挠疲劳性能会好一些。而添加 10 份炭黑时,添加复合粉体后的屈挠性能要高于纯炭黑,可能因为此时炭黑与复合粉体的含量配比最优,能够均匀分散在彼此的空隙中,填料的补强效果抵消了起始缺口尺寸的增大。综上得出的结论为:炭黑添加量在 5 ~ 20 份时,不论是否添加复合粉体,相比丁苯橡胶原胶而言,体系的屈挠疲劳性能均不同程度增加。其中,当炭黑用量 10 份,添加复合粉体后,较添加纯炭黑的样品提高了 17%。此时橡胶其他性能,如导电、拉伸、硬度、磨耗性能等也较为理想。

(7)复合粉体–导电炭黑填充丁苯橡胶制备抗静电制品的实验

橡胶是优良的绝缘体,体积电阻大于 $10^{14}\Omega\cdot cm$ 左右。而导电橡胶通常是指体积电阻在 $10^{9}\Omega\cdot cm$ 以内的橡胶。导电橡胶按导电性的不同,又分为以下三种:

ρ_v:$10^4 \sim 10^7\Omega\cdot cm$ —— 抗静电性橡胶

ρ_v:$1 \sim 10^4\Omega\cdot cm$ —— 导电性橡胶

ρ_v:$10 \sim 10^{-3}\Omega\cdot cm$ —— 高导电性橡胶

本研究得到的导电橡胶体积电阻率为 $10^6 \sim 10^7\Omega\cdot cm$,应用领域应为抗静电

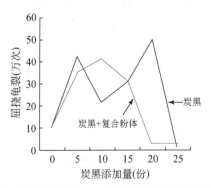

图 6.50　复合粉体–导电炭黑填充 & 纯炭黑填充的丁苯橡胶的屈挠龟裂变化

性橡胶制品。作为电绝缘材料,当橡胶表面受到摩擦时,静止的电荷积聚形成静电,静电的不断积累容易形成火花。能把静电导除的抗静电橡胶被广泛关注和应用。

综合橡胶样品的各个性能,在最优实验条件下(30 份复合粉体/10 份炭黑)制备了混炼胶样品 2kg,由北京鑫利橡胶制品中心制得抗静电橡胶软管和密封圈样品。在易燃、易爆液体的生产和运输中,多存在起火和爆炸的可能性,例如矿井下的输油管道等,采用电绝缘性能好的橡胶输油软管则容易起火,若改用抗静电橡胶材料,便可确保油品的安全运输。

3. 小结

石墨尾矿回收复合粉体对丁苯橡胶具有很好的补强作用,且粉体的粒径对橡胶的拉伸性能有明显影响,粉体粒径越小,填充橡胶的拉伸强度越大。不同粒径的复合粉体填充对体系的体积电阻率影响不大,一直保持在 $10^{17}\Omega\cdot cm$ 量级。

复合粉体与导电炭黑并用大大提高了体系的拉伸性能和导电性能。固定导电炭黑用量 10 份,复合粉体用量为 40 份时,达到最大拉伸强度 14.18MPa,相比复合粉体单独用量 50 份时的最大拉伸强度 9.64MPa 提高了 47%。复合粉体用量在 30 ~ 40 份时,橡胶体积电阻率急剧下降,40 份时达到最低,约 $10^6\Omega\cdot cm$,体系内已经形成有效的导电网络。

复合粉体与导电炭黑并用,当复合粉体添加量较少时不能形成导电网络。当复合粉体添加量达到 30 ~ 40 份时,石墨和导电炭黑均匀相间分散在橡胶基体中,形成导电通路。而随着复合粉体用量的进一步增加,其中不导电物质也随之增加,有效占据石墨和导电炭黑的间隙,致使导电粒子间隙过大,无法形成导电网络。

石墨尾矿中回收的复合粉体可以用于填充丁苯橡胶,制备性能优良的抗静电橡胶制品,具有较大的经济效益和环境效益。

6.6　有色金属冶炼渣制备胶凝材料的研究

有色金属开采会在地下留有大范围采空区,采空区造成地压不平衡而对环境造成破坏,也威胁工作人员的安全。此外,矿石的开采与冶炼产生诸多固体废弃物。目前对此类固体废弃物的处理方式以就地掩埋与封存入库为主,不仅占用土地面积,固体废弃物中的有害元素还因雨水冲刷等渗入地下,故迫切需要通过绿色采矿加强矿山环境保护和矿产资源综合利用。充填采矿技术是绿色采矿的主体支撑技术。充填胶凝材料的高强度可以稳定地压,同时其原材料来源广泛,可以选择矿区固体废弃物作为骨料或水泥替代物。固废基充填胶凝材料的开发与应用对于矿区环境治理具有重要意义。但在实际工作中,因泌水沉缩等原因充填胶凝材料通常无法接顶。因此充填接顶问题已成为人们关注的重点。

本书作者以铜镍矿冶炼渣为原料,制备了铜镍矿冶炼渣基充填胶凝材料和充填胶凝膨胀材料,对两种材料的性能和环境行为进行了研究[48]。

6.6.1　材料和制备方法

1. 铜镍矿冶炼渣

有色冶炼渣原料来自新疆喀拉通克矿业有限责任公司。图6.51(a)为冶炼渣的 XRD 图谱,表明冶炼渣主要晶相为铁橄榄石,含少量硅酸钙,因此冶炼渣具有一定的胶凝活性,可部分替代水泥作为胶结剂。冶炼渣粒径较大,需经过球磨后才能使用。图6.51(b)为球磨后的冶炼渣的粒径分布,D_{10}为5.131μm,D_{50}为48.71μm,D_{90}为111.3μm。

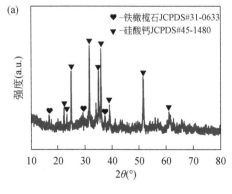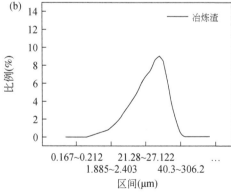

图 6.51　冶炼渣的(a)XRD 图谱和(b)球磨后粒径分析

冶炼渣的 XRF 分析结果见表 6.13。其主要元素组成与 XRD 测试结果吻合，其中含有 Cu、Ni、Co、Cr 等有害元素。

表 6.13　冶炼渣的 XRF 分析

元素	Fe	Si	Mg	Al	Cu	Ni	Co	Cr	Mn	Zn
含量(%)	36.87	14.82	3.43	1.96	0.285	0.253	0.127	0.0872	0.0788	0.0246

2. 普通硅酸盐水泥和标准砂

实验所用普通硅酸盐水泥(P·O 42.5 水泥)产自中国建筑材料科学研究总院有限公司，主要成分为硅酸二钙、硅酸三钙、铁铝硅酸钙和铝酸三钙。图 6.52(a) 为 P·O 42.5 水泥的 XRD 图谱。实验所用标准砂产自中国建筑材料科学研究总院有限公司，主要成分为石英，含少量硅酸镁。图 6.52(b)为标准砂的 XRD 图谱。

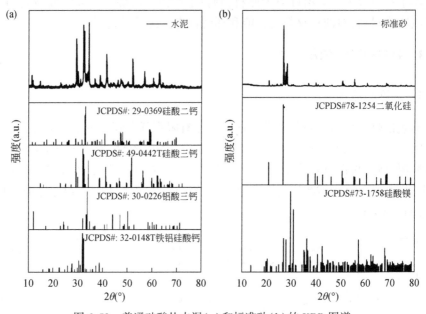

图 6.52　普通硅酸盐水泥(a)和标准砂(b)的 XRD 图谱

3. 实验方法

充填胶凝材料工艺参数设计如表 6.14 所示。采用掺杂 30% 冶炼渣的水泥作为胶结剂，根据表 6.14 制备不同砂灰比的料浆。搅拌均匀后将其注入模具中，在常温下放置 48h 脱模，放入湿度为 99% 的养护箱中养护 3 d 与 28 d 后取出，待其干燥后进行力学性能测试。

表 6.14　充填胶凝材料配比

编号	冶炼渣掺量(%)	P·O 42.5 水泥掺量(%)	砂灰比(k)
G1	30	70	2.00
G2	30	70	2.50
G3	30	70	3.03
G4	30	70	4.24
G5	30	70	7.65

充填胶凝膨胀材料制备采用正交实验法,表 6.15 为实验设计方案。将水泥与冶炼矿渣分别以砂灰比(S/C)为 4∶1、7∶3、3∶2、2∶3、3∶7 和 1∶4 混合,加入 CTAB 和水并搅拌 10min。根据水量的不同加入 H_2O_2 溶液并搅拌 1min。将浆料倒入 50mm×50mm×25mm 的硅胶模具中。砂灰比不同的样品表示为 A-1 至 A-6。之后,将其在室温下保持 24h。最后将其在 99% 湿度的养护箱中放置 3d、7d 和 28d,养护结束后取出。在室温下干燥 24h 后测量抗压强度。之后,选择 28d 抗压强度高于 1MPa 的最佳砂灰比配方,添加不同量的硅酸钠,不同用量硅酸钠样品表示为 B-1 至 B-5。养护 3d、7d 和 28d 后,进行抗压强度试验。确定最佳添加量后,添加不同用量的 CTAB,样品表示为 C-1 至 C-5。在 3d、7d 和 28d 后进行抗压强度测试。最后添加不同用量的 H_2O_2 溶液,样品表示为 D-1 至 D-4,养护结束后进行抗压强度测试。最后确定水泥、冶炼渣、外加剂与发泡剂的最佳比例。

环境特性研究采用酸浸出实验方法,探讨砂灰比、浸出时间、浸出液 pH 值和养护时间对冶炼渣与充填胶凝材料中 Cu、Ni、Co、Cr 浸出行为的影响,研究充填胶凝材料对有害元素的固化能力及固化机理。

将胶凝材料破碎,采用质量比为 2∶1 的浓硫酸与浓硝酸混合液配置 pH 值为 2、3、4、5、6 的酸溶液,在液固比为 10∶1 的条件下将酸溶液与冶炼渣、胶凝材料置于翻转振荡装置中持续 16h 进行酸浸出实验。速度为 30r/min,在 0.5h、1h、3h、6h、10h 和 16h 时间点取样并进行 ICP 测试,对浸出后的材料样品进行 XRD 等表征。

表 6.15　膨胀材料实验设计

编号	S/C	SS(wt%)	CTAB(wt%)	H_2O_2(wt%)
A-1	4	0	0.26	4
A-2	2.3	0	0.30	5
A-3	1.5	0	0.30	5
A-4	0.67	0	0.32	6

编号	S/C	SS(wt%)	CTAB(wt%)	H_2O_2(wt%)
A-5	0.43	0	0.32	6
A-6	0.25	0	0.34	7
B-1	2.3	1	0.30	5
B-2	2.3	2	0.30	5
B-3	2.3	3	0.30	5
B-4	2.3	4	0.30	5
B-5	2.3	5	0.30	5
C-1	2.3	2	0.15	5
C-2	2.3	2	0.30	5
C-3	2.3	2	0.45	5
C-4	2.3	2	0.60	5
C-5	2.3	2	0.75	5
D-1	2.3	2	0.30	2.5
D-2	2.3	2	0.30	5
D-3	2.3	2	0.30	7.5
D-4	2.3	2	0.30	10

6.6.2　结果与讨论

1. 充填胶凝材料的力学性能

强度通常被认为是混凝土最重要的性能之一,也是一般质量控制的主要指标。影响砂浆强度的因素包括材料的类型和质量、混合比、施工方法、固化条件和测试方法。图 6.53 为不同砂灰比、养护 3d 和 28d 的胶凝材料的抗压强度。可以看出,随砂灰比增大,材料抗压强度降低。砂灰比为 2.00 时,养护 3d 和 28d 的胶凝材料的抗压强度分别达到 10.4MPa 和 12.7MPa。胶凝材料的抗压强度主要来自水泥与水发生水化反应生成的 C—S—H 凝胶、钙矾石等物质。砂灰比越高,同体积胶凝材料中水泥占比越小,水化产物相对较少,导致其抗压强度降低。同时由于冶炼渣中重金属的存在,会对水泥的水化过程产生抑制作用,导致充填胶凝材料抗压强度降低。

图 6.54 为不同砂灰比充填胶凝材料的 XRD 图。从图中可知,砂灰比较小的

胶凝材料含有较多的 C—S—H 凝胶、钙矾石等物质。材料的抗压强度与养护时间成正比。水泥水化反应是一个漫长的过程。硅酸二钙与硅酸三钙的水化反应产物为材料提供强度,而硅酸二钙的反应速度相比于硅酸三钙要慢得多,因此养护 3d 与养护 28d 的胶凝材料抗压强度具有较大差异。

为进一步说明养护时间与工艺参数对充填胶凝材料强度的影响,本书作者对养护 3d 与 28d 的 G1 组和 G5 组充填胶凝材料进行 SEM 分析,通过观察充填胶凝材料的微观形貌对其强度差异进行分析。图 6.55 为养护 3d 与 28d 的 G1 组和 G5 组充填胶凝材料的 SEM 图。可以看到,两种不同工艺参数制备的充填胶凝材料具有相似的形貌。养护 28d 后,材料表面可以观察到大量针状水泥水化产物,远多于养护 3d 的材料。同时 G1 组充填胶凝材料所含的水泥水化产物多于 G5 组。这与 XRD 分析所得出的结论一致。

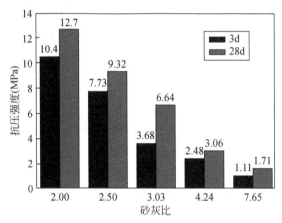

图 6.53　养护 3d 与 28d 的充填胶凝材料的抗压强度

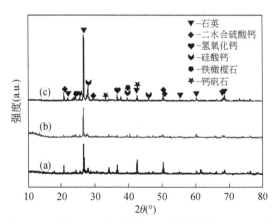

图 6.54　养护 28d 的不同配比胶凝材料的 XRD 图谱
(a)G1 组;(b)G3 组;(c)G5 组

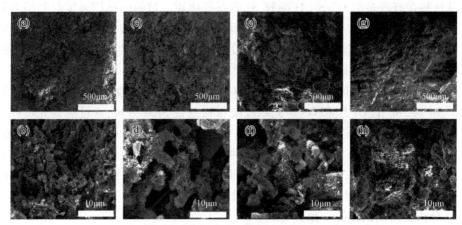

图 6.55　养护 3d 与 28d 充填胶凝材料的微观形貌

(a)、(b) G1 组养护 3d;(c)、(d) G1 组养护 28d;

(e)、(f) G5 组养护 3d;(g)、(h) G5 组养护 28d

2. 充填胶凝膨胀材料的力学性能

(1)砂灰比对膨胀材料性能的影响

选择砂灰比分别为 4∶1、7∶3、3∶2、2∶3、3∶7 和 1∶4 制备充填胶凝膨胀材料(A-1 至 A-6),养护 3d、7d 和 28d 后测试抗压强度,结果如图 6.56(a)所示。随着水泥比例增加,材料的抗压强度增加。养护 28d 后,砂灰比为 3∶7 的膨胀材料的抗压强度可以达到 1.52MPa。砂灰比为 1∶4 的膨胀材料具有最高抗压强度,达到 3.65MPa。这是因为水泥是一种良好的胶凝材料,经过水化反应后具有很好的抗压强度。水泥添加量越高,水泥水化产物越多,材料的抗压强度越高。由于 A-2 组材料的抗压强度已达到 1MPa,为了最大限度地提高冶炼渣的利用率,后续的实验选择砂灰比为 7∶3(A-2)。

图 6.56(b)为养护 3d、7d 和 28d 后 A-2 组材料的 XRD 图。可以看出,随着养护天数的增加,水泥的水化产物衍射峰逐渐增强,说明养护时间影响材料的抗压强度。在养护 3 d 和 7 d 的胶凝材料的 XRD 图中可以看到很强的 $Ca(OH)_2$ 衍射峰,为水泥的主要成分硅酸二钙和硅酸三钙与水反应生成。当养护时间达到 28d 时,$Ca(OH)_2$ 相消失。原因是材料中的 $Ca(OH)_2$ 与活性 SiO_2 和 Al_2O_3 反应生成了 C—S—H 凝胶和水合铝酸钙,这两种物质在维持试块早期强度方面起着重要作用。

图 6.56(c)和(d)显示了材料的密度和孔隙率。可以看出,材料密度与孔隙率呈负相关,与水泥比例呈正相关。从图 6.56(d)可以看出,养护 3d 的试样的孔隙率与养护 7d 的试样的孔隙率无太大差异,但是养护 28d 的试样的孔隙率明显降低。原因是材料养护 28d 后,材料中的水泥已与水充分反应,生成大量水化产物,

导致孔隙率降低。

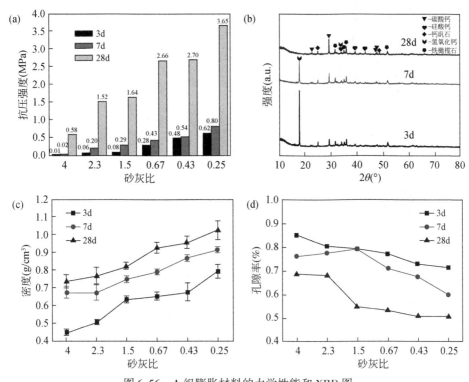

图 6.56　A 组膨胀材料的力学性能和 XRD 图
(a)抗压强度;(b)养护不同天数的 A-2 组材料的 XRD 图;(c)密度;(d)孔隙率

　　图 6.57 是不同砂灰比膨胀材料的 SEM 图像。当水泥比例较低时,材料的孔壁光滑,孔分布相对均匀且致密。当水泥比例较高时,材料的孔结构疏松,孔隙中含有很多水化产物,导致材料孔隙率降低,表面存在大孔。证明在材料发泡过程中,当气体聚集到一定尺寸时,孔壁破裂形成新孔。当浆料固化时,孔隙留在材料内部,形成具有大量孔隙的膨胀材料。

　　(2)硅酸钠对膨胀材料性能的影响

　　选择 28 d 抗压强度高于 1MPa 的最佳砂灰比,添加不同量硅酸钠(1%、2%、3%、4% 和 5%)制备膨胀胶凝材料(B-1 ~ B-5),研究硅酸钠对膨胀材料性能的影响。在材料养护过程中可以观察到,硅酸钠可以有效降低材料膨胀速率,这是由于硅酸纳可封闭 $HO_2\cdot$,抑制 $HO\cdot$ 自由基的形成和分解,从而起到抑制 H_2O_2 分解以达到减缓材料膨胀速率的目的。材料养护 3d、7d 和 28d 后进行抗压强度等测试,结果如图 6.58(a)所示。可以看出,材料的抗压强度随硅酸钠添加量增加而降低。添加 2% 或低于 2% 的硅酸钠,材料抗压强度可以达到 1MPa 以上。对比不添加硅

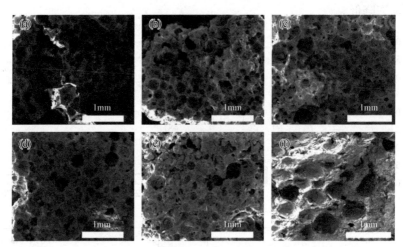

图 6.57　养护 28 d 的不同砂灰比膨胀材料的 SEM 图

(a)A-1;(b)A-2;(c)A-3;(d)A-4;(e)A-5;(f)A-6

酸钠的材料抗压强度可以看出,在水化初期,添加硅酸钠的材料抗压强度明显更高。这是因为硅酸钠的水解产生大量的硅离子和氢氧根离子,氢氧根离子与冶炼渣中的活性 SiO_2 反应形成钙硅比高的 C—S—H 凝胶,C—S—H 凝胶为材料提供了早期的水硬强度。图 6.58(b) 显示了养护 7d 的材料 A-2 和 B-2 的 XRD 图谱。可以看出,养护 7d 后,B-2 材料的水化硅酸钙峰较强且氢氧化钙峰较弱。当硅酸钠的量过高时,水泥的水化反应将受到影响,过量的硅酸钠会抑制水泥的水化反应。

　　材料的密度和孔隙率如图 6.58(c) 和(d)所示。随硅酸钠的增加,膨胀材料的密度和孔隙率降低,但变化不大。尽管加入 1% 硅酸钠的材料抗压强度也达到标准(1MPa),但从图 6.58(d) 可以看出,加入 2% 硅酸钠的材料的孔隙率优于加入 1% 硅酸钠的材料。因此,后续的实验选择 2% 硅酸钠添加量。

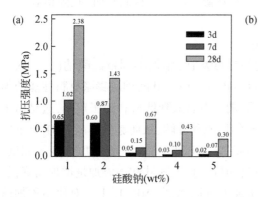

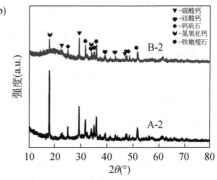

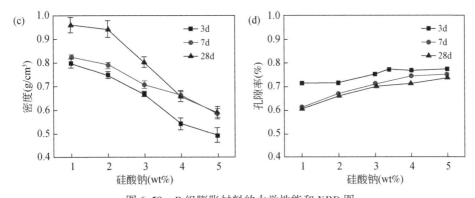

图 6.58　B 组膨胀材料的力学性能和 XRD 图

(a)抗压强度;(b)养护 7 d 的 A-2 与 B-2 材料的 XRD 图谱;(c)密度;(d)孔隙率

图 6.59 为不同硅酸钠添加量膨胀材料的 SEM 图。硅酸钠具有缓解 H_2O_2 分解速率的作用,少量添加硅酸钠可以使气孔更加均匀并一定程度提高膨胀效率。但当硅酸钠含量较多时,孔隙率提高,导致材料抗压强度下降。

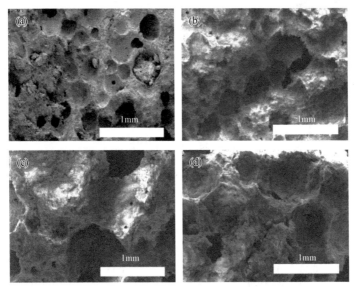

图 6.59　不同硅酸钠添加量制备的膨胀材料的 SEM 图

(a)B-1;(b)B-3;(c)B-4;(d)B-5

(3)表面活性剂对膨胀材料性能的影响

为了进一步探讨不同 CTAB 增加量对材料力学性能的影响,在硅酸钠添加量为 2%的基础上分别添加 0.15%、0.3%、0.45%、0.6% 和 0.75% 的 CTAB 制备膨胀胶凝材料,养护3d、7d和28d后进行抗压强度等测试,结果如图6.60(a)所示。只有添加0.3% CTAB的材料抗压强度达到1MPa以上。发泡过程中CTAB降低了料浆表面张力,使发泡过程更容易进行,同时CTAB可以吸附在冶炼渣上,改变其表面电势和分散度,这影响了C—S—H凝胶的形成,进而影响材料的抗压强度。如图6.60(b)所示,材料中水化产物的含量随着养护时间的延长而增加。材料密度与抗压强度之间呈正相关,如图6.60(c)所示,与之前的测试结果一致。

　　如图6.60(d)所示,材料的孔隙率随CTAB用量增加而增大,导致材料的抗压强度降低。图6.61为不同CTAB添加量膨胀材料的SEM图。CTAB的存在使得膨胀材料具有更加均匀致密的孔隙结构。但CTAB用量过多会使发泡过程更容易进行,导致材料的膨胀倍率过高,从而降低其抗压强度。

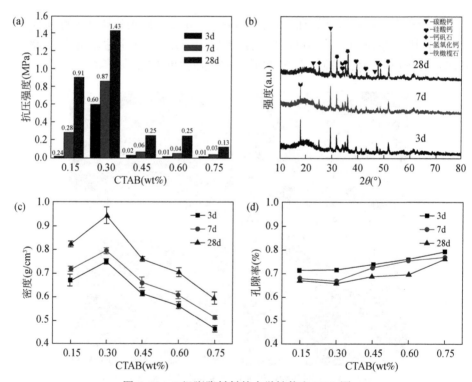

图6.60　C组膨胀材料的力学性能和XRD图
(a)抗压强度;(b)养护不同天数的C-2组材料的XRD图;(c)密度;(d)孔隙率

(4)发泡剂对膨胀材料性能的影响

　　为了探讨不同H_2O_2用量对材料力学性能的影响,在以上实验结果基础上,分别添加2.5%、5.0%、7.5%和10.0%的H_2O_2制备膨胀胶凝材料(D-1~D-4),养护

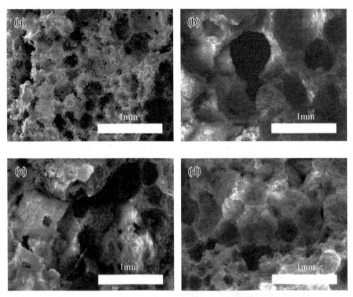

图 6.61　不同 CTAB 添加量膨胀材料的 SEM 图

(a)C-1;(b)C-3;(c)C-4;(d)C-5

3d、7d 和 28d 后进行抗压强度等测试,结果如图 6.62 所示。图 6.62(a)显示,材料抗压强度随着 H_2O_2 用量的增加而降低,且影响较为明显。材料的密度与 H_2O_2 添加量成负相关,孔隙率与 H_2O_2 添加量成正相关[图 6.62(c)、(d)]。这是由于 H_2O_2 用量的增加导致材料中气孔量增加,从而降低抗压强度。图 6.62(b)为发泡前后胶凝材料的 XRD 对比图,可以看到发泡前后材料物相无明显变化,H_2O_2 仅起到膨胀的作用。

如图 6.63 所示,添加 2.5wt% 的 H_2O_2(D-1),材料孔径较小且分布不均匀,添加 10wt% 的 H_2O_2(D-4)时,孔径极大,且材料内部塌陷严重,导致材料抗压强度降低。

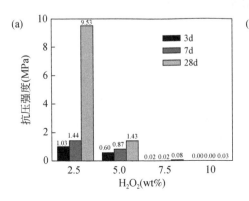

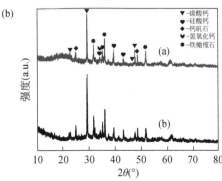

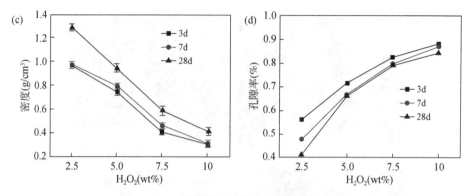

图 6.62　D 组膨胀材料的力学性能和 XRD 图
(a)抗压强度;(b)材料膨胀前与膨胀后的 XRD 图谱;(c)密度;(d)孔隙率

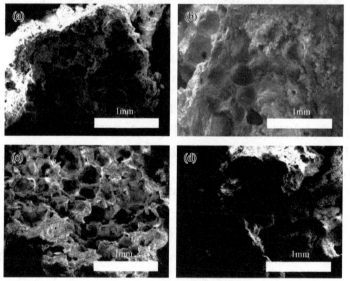

图 6.63　不同 H_2O_2 添加量膨胀材料的 SEM 图
(a)D-1;(b)D-2;(c)D-3;(d)D-4

养护 28d 后,D-2 组膨胀材料的抗压强度为 1.43MPa,符合标准要求。因此,D2 组材料的配方可以用作矿山采空区与顶板接触的填充材料的配方。图 6.64 为养护 3d、7d 和 28d 的 D-2 组材料断面的 SEM 图像。可以看出,材料表面有许多针状的水泥水合产物,可确保材料的强度。以最佳原料配比制备的材料的孔隙率高达65.9%,提高了接顶填充的效率,同时该材料对铜镍冶炼渣利用率可达 70%,有效减少对环境的污染。

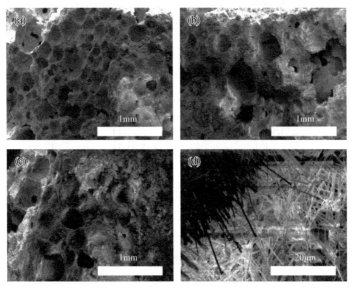

图6.64　不同养护时间 D-2 组膨胀材料断面的 SEM 图

(a)养护3d;(b)养护7d;(c)、(d)养护28d

3. 充填胶凝材料的环境特性

(1)砂灰比的影响

图6.65为养护28d的不同充填胶凝材料在 pH 值为3的酸溶液中浸出16h后的 ICP 测试结果。可以看出,不同工艺参数制备的充填胶凝材料对 Cu、Ni、Co 元素的固化效果相差不大。G1 组的 Cu、Ni、Co 元素浸出浓度分别为 5.60μg/L、2.31μg/L 和 1.50μg/L;G3 组分别为 7.81μg/L、2.926μg/L 和 1.94μg/L;G5 组分别为 9.38μg/L、6.19μg/L 和 6.35μg/L。随砂灰比升高,充填胶凝材料对冶炼渣中有害元素的固化能力降低,这是由于水泥在水化反应过程中生成的 C—S—H 凝胶对 Cu 等元素产生物理包封作用以及部分水化产物对有害元素的化学固定作用,降低其浸出浓度。同时生成较多的碱性物质,这些物质与酸发生中和反应降低其对有害元素的溶出,且部分碱性物质溶于水可与有害元素反应生成沉淀,也可降低 Cu 等元素的浸出浓度。砂灰比升高导致胶凝材料中水泥含量降低,养护过程中生成的水化产物减少,导致充填胶凝材料对重金属元素的固化能力降低。

相比于 Cu、Ni、Co 元素,Cr 的固化程度相对较差。当砂灰比为 7.65 时,Cr 的浸出浓度为 70.9μg/L,固化率仅有 35%。当砂灰比为 2.50 时,Cr 的固化率达到 68%,当砂灰比为 2.00 时,Cr 的固化率可达 70%。Cr 在充填胶凝材料中的固化与钙矾石水合相以及 C—S—H 凝胶的键合有关。砂灰比越低,胶凝材料中的钙矾石水合相及 C—S—H 凝胶越多,越有利于 Cr 的固定。由于 Cr 的特殊性,当浸出液 pH 值高于 11.5 时浸出浓度升高。同时充填胶凝材料因为在酸中脱钙使其具有较强的酸中和能力。

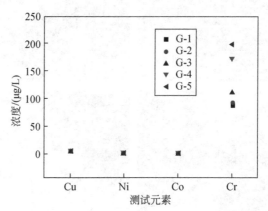

图 6.65　不同砂灰比充填胶凝材料在 pH 值为 3 的酸溶液中浸出 16h 后浸出液中有害元素浓度

对酸溶前后的充填胶凝材料进行了 SEM 测试。图 6.66 为 G-1、G-3、G-5 组胶凝材料酸溶前后的微观形貌图。酸溶后充填胶凝材料表面的水泥水化产物明显减少,表明水泥参与了溶出反应,浸出液中有害元素的存在进一步证明了水泥水化产物对冶炼渣及其中的有害元素进行了包裹及固化。

图 6.66　不同工艺参数制备的充填胶凝材料酸溶前后的 SEM 图
(a)G-1 组酸溶前;(b)G-1 组酸溶后;(c)G-3 组酸溶前;(d)G-3 组酸溶后;
(e)G-5 组酸溶前;(f)G-5 组酸溶后

图 6.67 为不同工艺参数制备的充填胶凝材料酸浸出前后的 XRD 图谱。由图可知,胶凝材料在酸浸出前后主要物相未发生明显改变,仍然以石英、橄榄石以及硅酸钙、钙矾石等水泥水化产物为主,其中还包括二水合硫酸钙物相。这是由于浸出液中的硫酸与水泥反应造成水泥脱钙生成微溶于水的二水合硫酸钙并沉淀在浸出后的充填胶凝材料中。

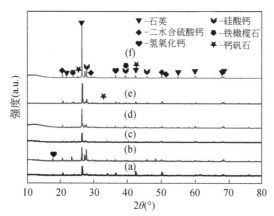

图 6.67　不同工艺参数制备的充填胶凝材料酸浸出前后的 XRD 图谱
(a)G-1 组酸浸出前;(b)G-1 组酸浸出后;(c)G-3 组酸浸出前;(d)G-3 组酸浸出后;
(e)G-5 组酸浸出前;(f)G-5 组酸浸出后

为了探究固废基充填胶凝材料固化冶炼渣中有害元素的机理,对酸浸出前后的胶凝材料进行了红外光谱测试,结果如图 6.68 所示。1504cm^{-1} 与 2854cm^{-1} 处的峰值为 C—S—H 凝胶和钙矾石中结晶水的 O—H 键伸缩振动特征峰。这些特征峰在胶凝材料酸浸后略有减小,证明 C—S—H 凝胶和钙矾石参与固定有害元素。870cm^{-1} 附近的峰与硅酸二钙中的 Si—O 伸缩振动有关,且峰强随着砂灰比的减小而增强,材料酸浸后该特征峰增强。970cm^{-1} 附近的特征峰为 SiO_4^{2-} 伸缩振动,充填胶凝材料酸浸后明显变窄,证明水泥水化产物与浸出液发生了反应。

(2)浸出时间的影响

结果如图 6.69 所示。可以看出,冶炼渣中 Cu、Ni、Co、Cr 元素的浸出浓度均较大,且随浸出时间的延长增大,这是由于冶炼渣中含有金属氧化物,在酸环境中会与酸反应而溶解。浸出 16h 后四种元素浓度分别为 361.4μg/L、244.4μg/L、170.3μg/L、283.6μg/L。充填胶凝材料浸出 16h 后,浸出液中 Cu、Ni、Co、Cr 的浓度分别为 5.6μg/L、2.3μg/L、3.7μg/L,86.3μg/L,Cu、Ni、Co 的固化效率均在 95%以上,对 Cr 的固化效率也接近 70%。证明充填胶凝材料对冶炼渣中的有害元素具有较好的固化作用。

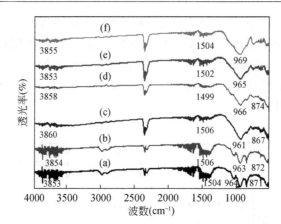

图6.68 不同工艺参数条件制备的充填胶凝材料酸浸前后的 FTIR 光谱图

(a)G-1 组酸浸前;(b)G-1 组酸浸后;(c)G-3 组酸浸前;(d)G-3 组酸浸后;

(e)G-5 组酸浸前;(f)G-5 组酸浸后

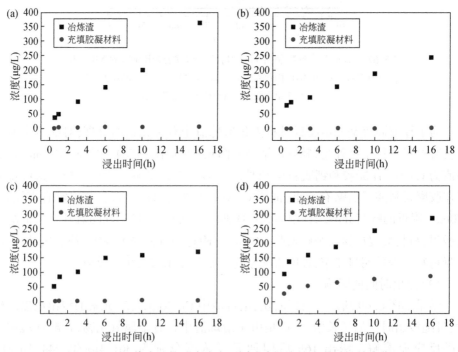

图6.69 pH 值为 3 的酸溶液中不同元素浸出浓度随时间的变化

(a)铜;(b)镍;(c)钴;(d)铬

(3)pH 值的影响

如图6.70所示,随着 pH 值的增加,浸出液中有害元素的浓度逐渐下降。pH

值为2时,冶炼渣浸出液中Cu、Ni、Co、Cr的浓度分别为652.4μg/L、556.5μg/L、361.0μg/L、456.0μg/L,而胶凝材料浸出液中Cu、Ni、Co、Cr的浓度分别为5.9μg/L、2.6μg/L、1.8μg/L、321.5μg/L。pH值为6时,冶炼渣浸出液中Cu、Ni、Co、Cr元素的浓度分别为198.0μg/L、103.0μg/L、124.0μg/L、57.9μg/L,而胶凝材料浸出液中分别为1.5μg/L、1.9μg/L、0.1μg/L、21.8μg/L。可见,酸浓度越大,金属氧化物溶解量越大,浸出液中有害元素浓度越高。浸出液pH值对冶炼渣浸出浓度影响较大,而对充填胶凝材料浸出浓度影响较小,证明胶凝材料具有优良的抗酸腐蚀能力。

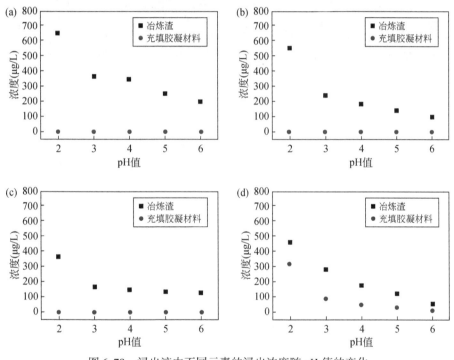

图6.70 浸出液中不同元素的浸出浓度随pH值的变化
(a)铜;(b)镍;(c)钴;(d)铬

对不同pH值酸溶液浸出后的冶炼渣和充填胶凝材料进行了SEM测试。图6.71为冶炼渣与充填胶凝材料在不同pH值酸溶液中浸出16h后的微观形貌。可以看出,冶炼渣表面形貌变化较为明显,酸溶液pH值越高,冶炼渣腐蚀程度越强,证明冶炼渣的抗腐蚀能力较差。充填胶凝材料表面形貌变化不明显,主要是胶凝材料表面的水泥水化产物发生变化,酸溶液pH值越高,表面水泥水化产物变化越大,证明水泥水化产物参与对有害元素的固化,这与前文所得结论一致。

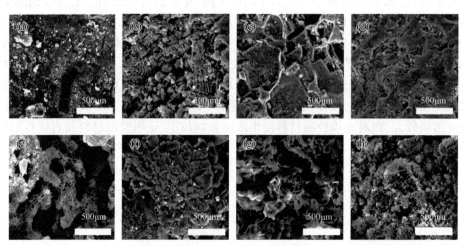

图 6.71　冶炼渣与充填胶凝材料在不同 pH 值酸溶液中浸出 16h 后的 SEM 图
(a) ~ (d)冶炼渣酸浸前及其在 pH 值为 2、3、5 的酸溶液中浸出后;(e) ~ (h)充填胶凝材料酸浸前
及其在 pH 值为 2、3、5 的酸溶液中浸出后

　　图 6.72 为充填胶凝材料在不同 pH 值酸溶液中浸出 16h 前后的 XRD 图。可见,胶凝材料在浸出前后主要物相基本不变,仍以石英、铁橄榄石及钙矾石、C—S—H 凝胶等水泥水化产物为主。对比 pH 值为 2 与 6 的酸溶液浸出后的充填胶凝材料物相可以看出,前者钙矾石较后者少。结合浸出液 ICP 测试结果可以证明,钙矾石吸附是 Cr 的主要固化方式。与前面所得结论一致。

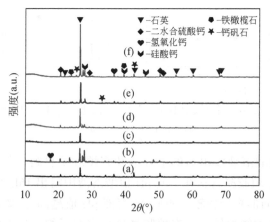

图 6.72　充填胶凝材料在不同 pH 值酸溶液中浸出 16h 前后的 XRD 图
(a)充填胶凝材料原样;(b)pH=2;(c)pH=3;(d)pH=4;(e)pH=5;(f)pH=6

（4）养护时间的影响

选取 G-1 组胶凝材料分别养护 3d 与 28d，在 pH 值为 3 的酸溶液中进行浸出实验，结果如图 6.73 所示。可以看出，养护 3d 与 28d 的充填胶凝材料的浸出液中，Cu、Ni、Co 的浸出浓度分别为 5.8μg/L、2.5μg/L、1.6μg/L 与 5.6μg/L、2.3μg/L、1.5μg/L，浸出浓度与充填胶凝材料的养护时间关系不大。而 Cr 的浸出浓度分别为 157.4μg/L 及 86.3μg/L，相对来说，Cr 的浸出浓度受充填胶凝材料养护时间的影响较大。Cr 的固化与钙矾石水合相和 C—S—H 凝胶有关，而钙矾石水合相和 C—S—H 凝胶含量随养护时间的延长而增加，因此 Cr 的浸出浓度受充填胶凝材料养护时间的影响较大。

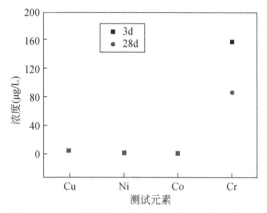

图 6.73　养护 3d、28d 充填胶凝材料在 pH 值为 3 的酸溶液中浸出 16h
后各元素的浸出浓度

图 6.74 为不同养护时间充填胶凝材料在 pH 值为 3 的酸溶液中浸出 16h 后的 SEM 图。对比图 6.74（a）、（c）可以看出，养护 3d 与养护 28d 的充填胶凝材料均有优良的抗腐蚀性能。养护 28d 的胶凝材料含更多的水泥水化产物，固化 Cr 的能力强于养护 3d 的充填胶凝材料。

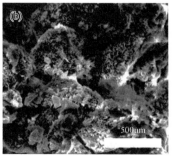

图 6.74　不同养护时间的充填胶凝材料在 pH 值为 3 的酸溶液中浸出 16h 后的 SEM 图
(a)、(b)养护 3d 充填胶凝材料浸出前、后；(c)、(d)养护 28d 充填胶凝材料浸出前、后

　　图 6.75 为不同养护时间充填胶凝材料在 pH 值为 3 的酸溶液中浸出 16h 前后的 XRD 图。可以看出，浸出前后充填胶凝材料主要物相仍以石英与水泥水化产物为主，养护 28d 的充填胶凝材料含更多的钙矾石等物相，而 Cr 的固化与钙矾石有关，因此养护 28d 的充填胶凝材料的 Cr 固化能力更强。

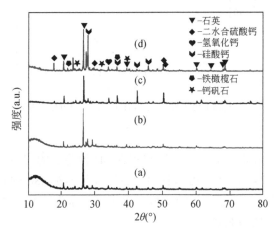

图 6.75　不同养护时间的充填胶凝材料在 pH 值为 3 的酸溶液中浸出 16h 前后的 XRD 图
(a)养护 3d 浸出前；(b)养护 3d 浸出后；(c)养护 28d 浸出前；(d)养护 28d 浸出后

4. 充填胶凝膨胀材料的环境特性

(1)浸出时间的影响

如图 6.76 所示。由于充填胶凝材料与充填胶凝膨胀材料中冶炼渣所占比例不同，因此冶炼渣浸出对比实验中冶炼渣用量不同。测试结果显示，冶炼渣浸出 16h 后 Cu、Ni、Co、Cr 的浓度分别为 506.0μg/L、342.2μg/L、238.4μg/L、397.0μg/L，充填胶凝膨胀材料浸出液中 Cu、Ni、Co、Cr 的浓度分别为 112.4μg/L、105.0μg/L、

102.2μg/L、60.9μg/L。充填胶凝膨胀材料对 Cu、Ni、Co 三种元素的固化效率均低于充填胶凝材料,而 Cr 的固化效率达 84.6%,高于充填胶凝材料(70%)。相比于充填胶凝材料,充填胶凝膨胀材料的水泥用量较少,因此材料中的水泥水化产物较少。Cu、Ni、Co 的固化机制主要为 C—S—H 凝胶包裹,水泥含量低导致充填胶凝膨胀材料对这三种元素的固化效率降低。Cr 的固化机制除了 C—S—H 凝胶包裹外,钙矾石的吸附与固定起到重要作用。充填胶凝膨胀材料中添加的硅酸钠除了起到延缓发泡速率的作用,也可加速水泥水化反应,使充填胶凝膨胀材料中形成更多的钙矾石,从而增强了对 Cr 的固化能力。

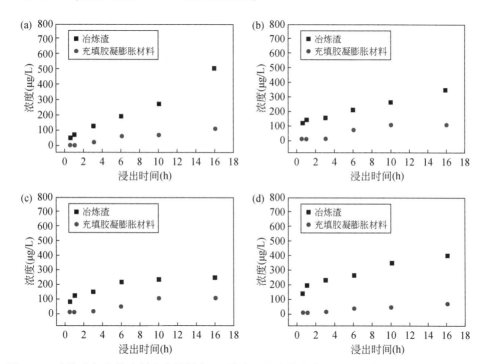

图 6.76　冶炼渣与充填胶凝膨胀材料在 pH 值为 3 的酸溶液中重金属元素浸出浓度随时间变化
(a)铜;(b)镍;(c)钴;(d)铬

(2)pH 值的影响

如图 6.77 所示。随着 pH 值的增大,浸出液中有害元素浓度均逐渐下降。pH 值为 2 时,冶炼渣浸出液中 Cu、Ni、Co、Cr 的浓度分别为 913.4μg/L、779.1μg/L、505.4μg/L、638.4μg/L,膨胀材料浸出液中 Cu、Ni、Co、Cr 的浓度分别为 129.5μg/L、134.7μg/L、198.1μg/L、374.5μg/L。pH 值为 6 时,冶炼渣浸出液中 Cu、Ni、Co、Cr 的浓度分别为 277.2μg/L、144.2μg/L、173.6μg/L、81.1μg/L,胶凝材料浸出液中分别为 21.7μg/L、7.8μg/L、9.4μg/L、4.9μg/L。可以看出,酸溶液 pH 值对充填胶

凝膨胀材料浸出液中 Cu、Ni、Co、Cr 浓度的影响规律与充填胶凝材料一致,充填胶凝膨胀材料也具有良好的有害元素固化能力。

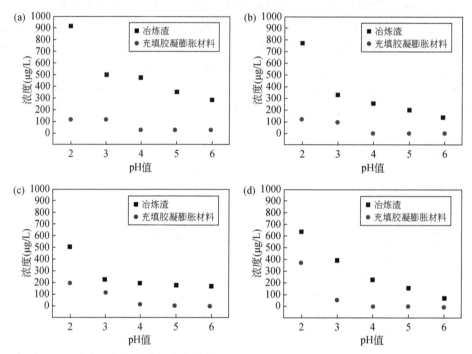

图 6.77　冶炼渣与充填胶凝膨胀材料的重金属元素浸出浓度与酸溶液 pH 值的关系
(a)铜;(b)镍;(c)钴;(d)铬

不同 pH 值酸溶液浸出后的膨胀材料的 SEM 测试结果如图 6.78 所示。可以看出,在 pH 值为 2 的酸溶液浸出后,充填胶凝膨胀材料孔隙结构腐蚀较为严重,表面可以观察到大量针状水泥水化产物。随着酸溶液 pH 值升高,膨胀材料受腐蚀程度逐渐降低。由于充填胶凝膨胀材料内存在大量孔隙结构,导致其与酸的接触面积较大,同时膨胀材料中冶炼渣含量较高,因此充填胶凝膨胀材料对有害元素的固化能力相比于充填胶凝材料降低。

图 6.79 为充填胶凝膨胀材料在不同 pH 值浸出液中浸出 16h 前后的 XRD 图。可见,膨胀材料浸出前后主要物相基本不变,但铁橄榄石、碳酸钙、C—S—H 等水泥水化产物的峰强有变化,证明参与了溶出反应。

(3)养护时间的影响

如图 6.80 所示,养护 3d 的膨胀材料的 Cu、Ni、Co 浸出浓度分别为 113.9μg/L、105.8μg/L、118.5μg/L,养护 7 d 的膨胀材料的 Cu、Ni、Co 浸出浓度分别为 112.6μg/L、105.3μg/L、116.1μg/L,养护 28 d 的膨胀材料的 Cu、Ni、Co 浸出浓度

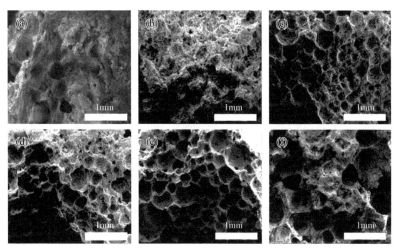

图 6.78　充填胶凝膨胀材料在不同 pH 值酸溶液中浸出 16h 后的 SEM 图

(a)浸出前;(b) ~ (f)在 pH 值为 2、3、4、5、6 的酸溶液中浸出后

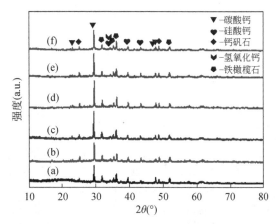

图 6.79　充填胶凝膨胀材料在不同 pH 值酸溶液中浸出 16h 前后的 XRD 图

(a)渗出前;(b)pH=2;(c)pH=3;(d)pH=4;(e)pH=5;(f)pH=6

分别为 112.4μg/L、105.0μg/L、117.5μg/L,养护时间对充填胶凝膨胀材料的 Cu、Ni、Co 浸出浓度影响不大。养护 3 d 与 7 d 的膨胀材料的 Cr 浸出浓度分别为 64.9μg/L、64.4μg/L,养护 28 d 的膨胀材料的 Cr 浸出浓度为 60.9μg/L。相比于 Cu、Co、Ni,养护时间对充填胶凝膨胀材料的 Cr 浸出浓度影响相对明显。

图 6.81 为不同养护时间的充填胶凝膨胀材料在 pH 值为 3 的酸溶液中浸出 16h 后的 SEM 图。可以看出,酸浸出反应对膨胀材料的孔隙结构没有大的影响,证明该膨胀材料具有一定的稳定性。膨胀材料内部孔隙结构发育,这些孔隙结构增加了材料与酸的接触面积,进而增加了有害元素的溶出量。

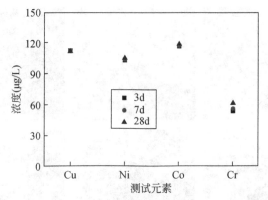

图 6.80　不同养护时间的充填胶凝膨胀材料在 pH 值为 3 的酸溶液中浸出 16h
后浸出液中有害元素的浓度

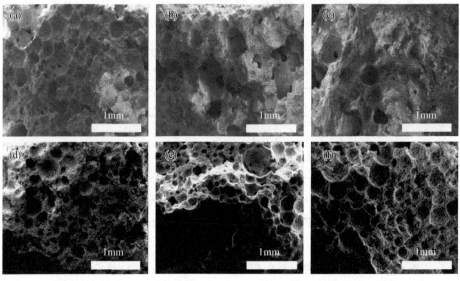

图 6.81　不同养护时间的充填胶凝膨胀材料在 pH 值为 3 的酸溶液中浸出 16h 后的 SEM 图
(a)～(c)养护 3 d、7 d 与 28 d 的膨胀材料浸出前;(d)～(f)养护 3 d、7 d 与 28 d 的膨胀材料浸出后

　　图 6.82 为不同养护时间的充填胶凝膨胀材料在 pH 值为 3 的酸溶液中浸出
16h 前后的 XRD 图。可以看出,浸出前后膨胀材料主要物相基本不变。养护 3d
的膨胀材料中可以观察到 Ca(OH)$_2$ 物相,与酸反应后消失;养护 7 d 的膨胀材料中
Ca(OH)$_2$ 物相峰减弱,浸出反应后未完全消失;养护 28 d 的充填胶凝膨胀材料含
有更多的钙矾石等物相。Cr 的固化与钙矾石有关,因此养护 28 d 的充填胶凝材料
的 Cr 固化能力最强。

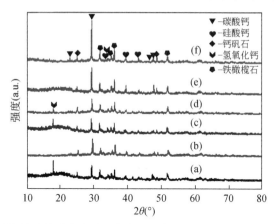

图 6.82　不同养护时间的充填胶凝膨胀材料在 pH 值为 3 的酸溶液中浸出 16h 前后的 XRD 图
(a)养护 3 d 浸出前;(b)养护 3 d 浸出后;(c)养护 7 d 浸出前;(d)养护 7d 浸出后;
(e)养护 2 d 浸出前;(f)养护 28 d 浸出后

5. 结论

以铜镍矿冶炼渣为原料制备了铜镍矿冶炼渣基充填胶凝材料和充填胶凝膨胀材料,研究了砂灰比、外加剂与发泡剂对材料性能的影响,获得了优化的制备工艺条件。在优化工艺条件下制备的充填胶凝膨胀材料抗压强度可达 1.43MPa,孔隙率为 65.9%,对冶炼渣的利用率为 70%。

采用新的评价方法对两种冶炼渣基胶凝材料的有害元素浸出行为进行了研究。结果表明,制备的胶凝材料具有良好的稳定性,两种冶炼渣基充填胶凝材料的有害元素浸出浓度均低于《污水综合排放标准》(GB 8978—1996)规定浓度,可以有效地固化有害元素,且受环境影响较小,有利于控制冶炼渣中有害元素对矿区环境的污染。

参 考 文 献

[1] 中华人民共和国固体废物污染环境防治法 [J]. 江西建材,2018,(09):1-7.
[2] 孙坚,耿春雷,张作泰,等. 工业固体废弃物资源综合利用技术现状 [J]. 材料导报,2012,26(11):105-109.
[3] 夏仕兵,李振猛,周屹. 工业固体废弃物资源综合利用现状及展望分析 [J]. 低碳世界,2016,(25):18-19.
[4] 发改委.《关于"十四五"大宗固体废弃物综合利用的指导意见》发布 [J]. 建材技术与应用,2021,(02):66.
[5] 丁晓琳. 我国工业固体废弃物研究 [J]. 交通运输系统工程与信息,2002,2(2):80-86.
[6] 王文龙,田伟,段广彬,等. 完全以工业固废为原料制备硫铝酸盐水泥的研究与应用 [J].

水泥工程,2015,(6):12-15.

[7] 张灵. 利用建筑垃圾和工业废渣制备新型烧结砖及其性能研究 [D]. 郑州:郑州大学,2019.

[8] 李超. 工业废料在混凝土中的应用 [D].青岛:青岛理工大学,2012.

[9] 刘成国. 浅谈粉煤灰在高性能混凝土中的应用 [J]. 中国高新技术企业,2009,(07):182-183.

[10] 北京市建筑工程局. 利用工业废料建造硅酸盐混凝土大型壁板居住建筑 [J]. 硅酸盐建筑制品,1974,(03):6-8.

[11] 王琪. 迁钢未陈化钢渣透水混凝土试验研究 [D].北京:北方工业大学,2020.

[12] 陈华. 利用特殊钢渣微粉制备发泡混凝土的基础研究 [D].西安:西安建筑科技大学,2020.

[13] 万江凯,张朝晖,刘佰龙,等. 钢渣在混凝土中的应用 [J]. 硅酸盐通报,2016,35(12):4020-4402.

[14] 王吉凤,付恒毅,闫晓彤,等. 钢渣综合利用研究现状 [J]. 中国有色冶金,2021,50(06):77-82.

[15] 李宇,刘月明. 我国冶金固废大宗利用技术的研究进展及趋势 [J]. 工程科学学报,2021,43(12):1713-1724.

[16] 蒋军,王路明,徐子芳. 赤泥在蒸压加气混凝土中应用研究 [J]. 福建质量管理,2019,(18):169-170.

[17] 盛燕萍,乔云雁,薛哲,等. 工业固体废弃物在道路基层应用中的研究进展 [J]. 筑路机械与施工机械化,2016,33(04):78-81.

[18] 覃莉. 干湿循环作用下固废复合路基材料应用性能研究 [J]. 西部交通科技,2020,(12):97-99+187.

[19] 姜梅芬,吕宪俊. 工业固体废弃物在无机保温砂浆中的应用 [J]. 现代矿业,2014,30(06):180-182.

[20] 焦宏涛,高文元,唐乃岭,等. 不同固体废弃物对保温材料形成和性能的影响 [J]. 大连工业大学学报,2012,31(04):309-312.

[21] 孙洪宾. 利用煤矸石/粉煤灰和作物秸秆研制含硅有机复合肥 [D].青岛:山东科技大学,2008.

[22] 陈宝海. 利用黑龙江萝北云山石墨尾矿制备烧结砖的工艺与机理研究 [D].北京:中国地质大学(北京),2012.

[23] 殷树海. 加强"三废"防治,促进石墨矿山可持续发展 [J]. 中国非金属矿工业导刊,2007,(05):46-48+64.

[24] 余志伟,邢丽华. 含钒石墨尾矿提钒技术研究 [J]. 金属矿山,2008,(08):142-144+7.

[25] 曲鸿鲁,巩宝珍. 山东省矿产资源综合利用研究成果及生产实践 [J]. 矿冶,2002,11(z1):252-256+111.

[26] 邱媛媛,赵由才. 尾矿在建材工业中的应用 [J]. 有色冶金设计与研究,2008,(01):35-37.

[27] 杨中喜,岳云龙,陶文宏,等. 利用固化技术研制石墨尾矿墙体材料 [J]. 河南建材,2001,(02):13-14.

[28] 任成法. 潍莱高速公路石墨矿渣路基的施工 [J]. 铁道建筑技术,1999,(06):1-3.

[29] 毛洪录,赵东江,赵军,等. 石墨矿渣在高速公路底基层中应用 [J]. 辽宁工程技术大学学报,2005,(02):202-204.

[30] 李洪君,王立平. 利用石墨选矿尾矿砂生产白炭黑的研究 [J]. 非金属矿,1996,(04):34+3.

[31] 李洪君. 利用石墨选矿尾矿砂生产复合型保护渣 [J]. 非金属矿,1997,(02):44-5+19.

[32] 孙景波,王笑峰,刘春河,等. 石墨尾矿废弃地植被恢复过程中重金属和养分变化特征及相关性 [J]. 水土保持学报,2009,23(03):102-106.

[33] 刘文勇,满秀玲. 植物恢复措施对鸡西矿区废弃地土壤养分的影响 [J]. 中国水土保持科学,2008,6(6):74-78.

[34] 李献智,张润儒,高德武. 石墨尾矿植被快速恢复与重建研究 [J]. 黑龙江水利科技,2007,(03):67-68.

[35] 海韵. 黑龙江萝北石墨尾矿的工艺矿物学研究及其在导电橡胶中的应用 [D].北京:中国地质大学(北京),2015.

[36] Gojny F H,Wichmann M H G,Fiedler B,et al. Evaluation and identification of electrical and thermal conduction mechanisms in carbon nanotube/epoxy composites [J]. Polymer,2006,47(6):2036-2045.

[37] 张军,王庭慰,李立洪. 绢云母表面改性及其在天然橡胶中应用研究 [J]. 非金属矿,2003,(02):22-24.

[38] 郭巍,吴行,郑振忠,等. 导电炭黑/天然橡胶力学和导电性能研究 [J]. 绝缘材料,2011,44(01):58-60+5.

[39] Ruschau G,Yoshikawa S,Newnham R. Resistivities of conductive composites [J]. Journal of applied physics,1992,72(3):953-959.

[40] 黄勇,陈善勇,刘俊红. 导电复合橡胶用导电填料的应用研究进展 [J]. 云南化工,2009,36(05):47-51.

[41] 卢金荣,吴大军,陈国华. 聚合物基导电复合材料几种导电理论的评述 [J]. 塑料2004,(05):43-47+69.

[42] Medalia A I. Electrical conduction in carbon black composites [J]. Rubber Chemistry and Technology,1986,59(3):432-454.

[43] Sumita M,Sakata K,Asai S,et al. Dispersion of fillers and the electrical conductivity of polymer blends filled with carbon black [J]. Polymer Bulletin,1991,25(2):265-271.

[44] Markov A,Fiedler B,Schulte K. Electrical conductivity of carbon black/fibres filled glass-fibre-reinforced thermoplastic composites [J]. Composites Part A:Applied Science and Manufacturing,2006,37(9):1390-1395.

[45] Ghosh P,Chakrabarti A. Conducting carbon black filled EPDM vulcanizates:assessment of dependence of physical and mechanical properties and conducting character on variation of filler

loading [J]. European Polymer Journal,2000,36(5):1043-1054.

[46] Azura A,Ghazali S,Mariatti M. Effects of the filler loading and aging time on the mechanical and electrical conductivity properties of carbon black filled natural rubber [J]. Journal of Applied Polymer Science,2008,110(2):747-752.

[47] Yang J,Tian M,Jia Q X,et al. Influence of graphite particle size and shape on the properties of NBR [J]. Journal of Applied Polymer Science,2006,102(4):4007-4015.

[48] 那华. 基于铜镍冶炼渣的充填胶凝材料制备与环境行为研究 [D]. 北京:中国地质大学(北京),2021.

彩　　图

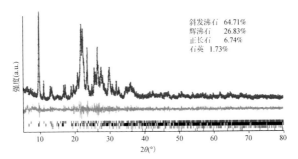

斜发沸石 64.71%
辉沸石 26.83%
正长石 6.74%
石英 1.73%

图 2.8　沸石原矿的 XRD 图谱和全谱拟合结果

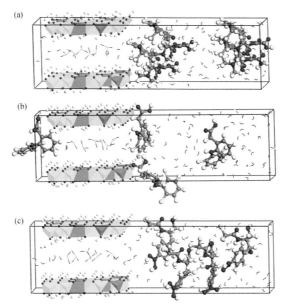

图 2.43　(a)CO_3^{2-}-LDH 吸附四环素的分子动力学模拟；(b)CO_3^{2-}-LDH 吸附双氯芬酸钠的分子动力学模拟；(c)CO_3^{2-}-LDH 吸附氯霉素的分子动力学模拟

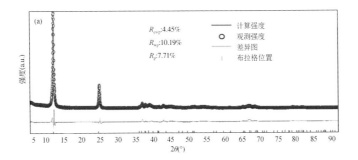

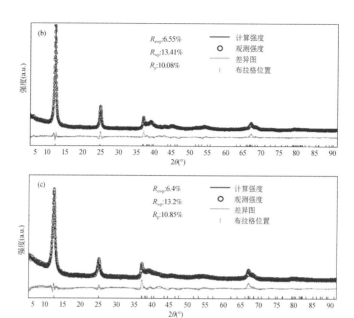

图 2.46 Fe 掺杂水钠锰矿的结构精修

（a）FeB1；（b）FeB5；（c）FeB10

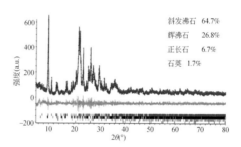

图 2.78 沸石原料的 XRD 衍射谱和全谱拟合定量分析

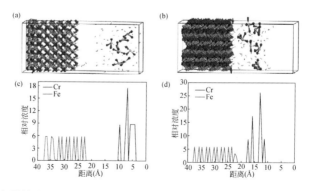

图 2.93 （a）Cr 在针铁矿（110）面上吸附的拟合；（b）Cr（VI）在赤铁矿（110）面上吸附的拟合；

（c）Fe/Cr 在针铁矿（110）面上的径向分布；（d）Fe/Cr 在赤铁矿（110）面上的径向分布

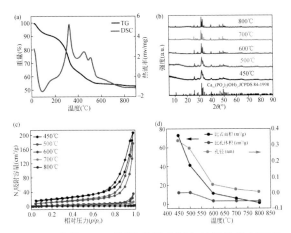

图 2.95 （a）牛骨的 TG-DSC 曲线；（b）不同煅烧温度制备的羟基磷灰石的 XRD 图；（c）不同煅烧温度制备的羟基磷灰石的 N_2 吸附等温线；（d）不同煅烧温度制备的羟基磷灰石的比表面积、孔结构参数

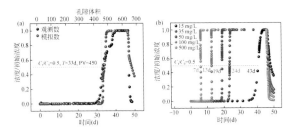

图 2.97 （a）实验和拟合的羟基磷灰石柱的铜穿透曲线（铜的输入浓度为 20mg/L，羟基磷灰石质量为 20g）；（b）模拟的不同浓度下羟基磷灰石柱的铜穿透曲线

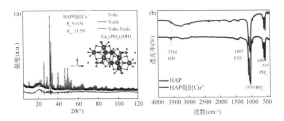

图 2.98 （a）吸附铜的羟基磷灰石的 XRD 结构精修图；（b）羟基磷灰石吸附铜前后的红外光谱

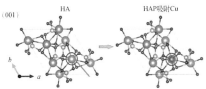

图 2.101 铜在羟基磷灰石表面吸附能的 DFT 计算：铜在羟基磷灰石（001）上的吸附（氧、钙、磷、氢和铜分别呈红色、蓝色、粉色、黄色和绿色）

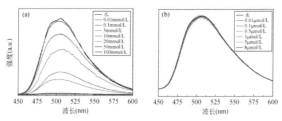

图 2.102　BNMA/MMT 粉末上滴加不同浓度苯胺后的荧光光谱

(a)0.01mmol/L～100mmol/L;(b)0.01μmol/L～8μmol/L

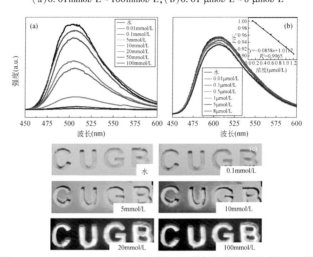

图 2.103　BNMA/MMT 粉末上滴加不同浓度苯酚后的荧光光谱

(a)0.01～100mmol/L;(b)0.01～8μmol/L,内插图为在510nm下的荧光强度之比(F/F_0);

(c)BNMA/MMT 上滴加不同浓度苯酚后在紫外光下的照片

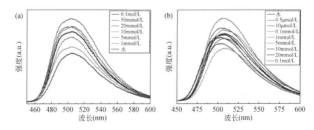

图 2.104　(a)BNMA/MMT 粉末上滴加不同浓度甲苯后的荧光光谱;

(b)BNMA/MMT 粉末上滴加不同浓度硝基苯后的荧光光谱图

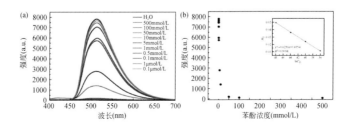

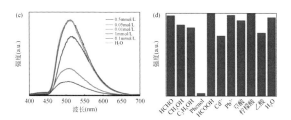

图 2.108　(a)BNMA/SEP 上滴加不同浓度苯酚后的荧光光谱图;(b)荧光强度与苯酚浓度的关系图(内插图为荧光强度之比与苯酚浓度 ln 指数的线性关系);(c)BNMA/SEP 上滴加不同浓度苯胺后的荧光光谱图;(d)BNMA/SEP 粉末上滴加不同污染物后的荧光强度

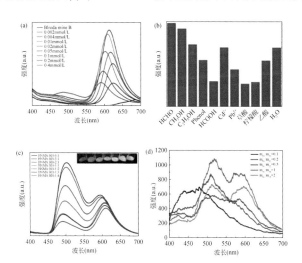

图 2.109　(a)吸附不同浓度 RB 的海泡石的荧光光谱图;(b)RB/SEP 粉末上滴加不同污染物后的荧光强度;(c)BNMA/SEP 和 RB/SEP 不同比例复合粉末的荧光光谱图(内插图为实物在紫外灯下的照片);(d)不同粉/纸比复合制备的荧光试纸的荧光光谱图

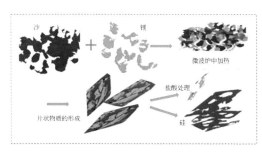

图 3.13　微波加热镁热还原法
从沙中制取硅示意图

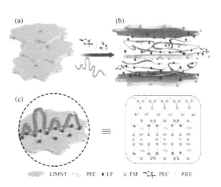

图 3.15　插层型复合固态电解质
锂离子迁移机理示意图[178]

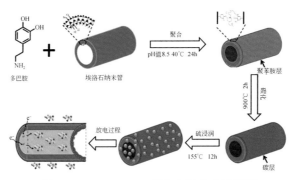

图 3.18 HNTs@ C/S 复合电极合成流程图

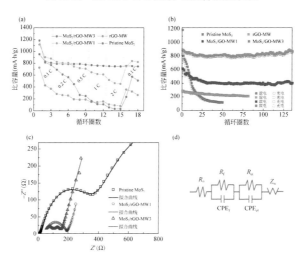

图 3.26 Pristine MoS$_2$、MoS$_2$/rGO-MW1、MoS$_2$/rGO-MW3 复合材料的(a)倍率曲线;
(b)循环特性;(c)交流阻抗谱及(d)等效电路图

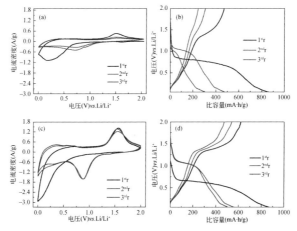

图 3.34 (a)Pristine ZnS 和(b)ZnS/rGO-MW3 电极的循环伏安曲线;(c)Pristine ZnS
和(d)ZnS/rGO-MW3 电极前三圈的充放电曲线

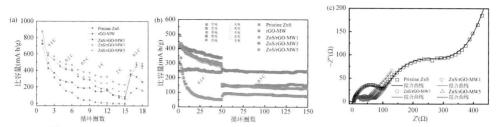

图 3.35　Pristine ZnS、ZnS/rGO-MW1、ZnS/rGO-MW3、ZnS/rGO-MW5 复合材料的
(a)倍率曲线,(b)循环性能,(c)电化学阻抗谱

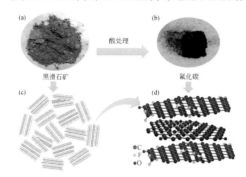

图 3.38　酸处理黑滑石提取(类石墨烯)碳材料的制备过程示意图及其碳材料结构示意图:黑滑
石原矿的图片(a);制备的(类石墨烯)碳材料的图片(b);黑滑石(c)和制备的碳材料(d)的结构
示意图

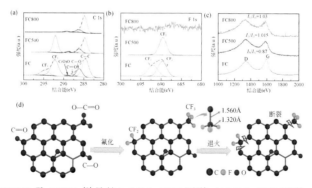

图 3.42　FC、FC500 及 FC800 样品的(a)C 1s XPS 图谱;(b)F 1s XPS 图谱;(c)拉曼图谱;
(d)热处理过程中 CF$_x$官能团去除机制示意图

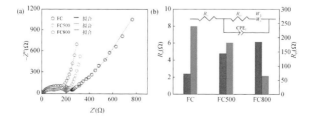

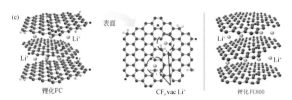

图 3.45 （a）FC、FC500 和 FC800 电极的 EIS 图谱；（b）利用图中等效电路拟合计算得到的阻抗参数，其中 R_o 和 R_{ct} 分别代表电极中的欧姆电阻和电荷转移阻抗，CPE 和 W_o 分别对应恒相位元件和 Warburg 阻抗；（c）FC 和 FC800 电极中可能的锂离子存储机制示意图

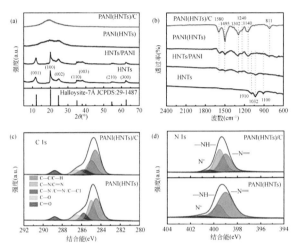

图 3.47 HNTs、HNTs/PANI、PANI（HNTs）和 PANI（HNTs）/C 的（a）XRD 图谱；（b）FTIR 图谱；PANI（HNTs）和 PANI（HNTs）/C 的（c）C 1s 和（d）N 1s XPS 图谱

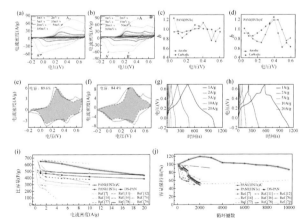

图 3.49 （a）PANI（HNTs）和（b）PANI（HNTs）/C 电极在不同扫描速率下的 CV 曲线；（c）PANI（HNTs）和（d）PANI（HNTs）/C 电极在 0.0~0.6V，b 值与还原扫描电压和氧化扫描电压的关系；（e）PANI（HNTs）和（f）PANI（HNTs）/C 电极在 5mV/s 扫描速率下的 CV 曲线及电容对总电荷存储的贡献；（g）PANI（HNTs）和（h）PANI（HNTs）/C 电极在不同电流密度下的充放电曲线；PANI（HNTs）、PANI（HNTs）/C 和 Acid-DS-PANI 电极的（i）倍率性能（j）循环性能

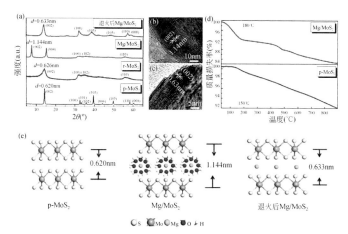

图 3.55 （a）p-MoS₂、r-MoS₂ 和 Mg/MoS₂ 的 XRD 图；（b）Mg/MoS₂ 和（c）退火 Mg/MoS₂ 的 HRTEM 图；（d）p-MoS₂ 和 Mg/MoS₂ 的 TGA 图；（e）不同样品的结构示意图

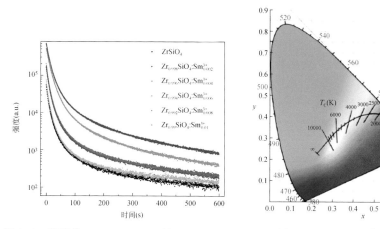

图 4.4 荧光粉 $Zr_{(1-x)}SiO_4 : Sm_x^{3+}(x=0 \sim 0.1)$ 的余辉曲线图[4]

图 4.5 CIE 1931 色度图[5]

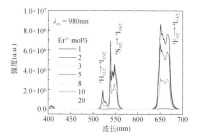

图 4.27 不同 Er^{3+} 掺杂浓度的 $Sr_{0.69}La_{0.31}F_{2.31} : Yb^{3+}, Er^{3+}$ 的 上转换发射光谱

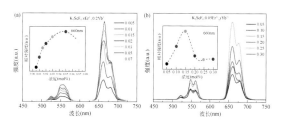

图 4.56 $K_3ScF_6 : Er^{3+}, Yb^{3+}$ 分别随 Er^{3+}（a） 和 Yb^{3+}（b）掺杂量变化的上转换发射光谱图

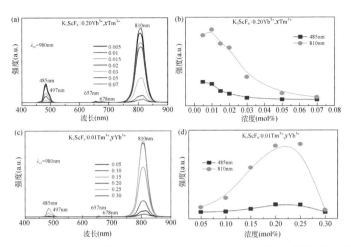

图 4.58　K_3ScF_6：$0.20Yb^{3+}$，xTm^{3+}(a)和 K_3ScF_6：$0.01Tm^{3+}$，yYb^{3+}(c)的光谱图；样品在 485nm 和 810nm 处的上转换发光强度分别随 Tm^{3+}(b)和 Yb^{3+}(d)掺杂量的变化图

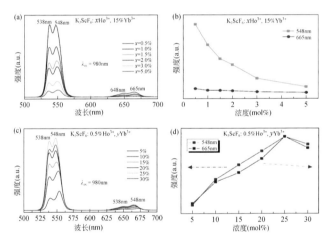

图 4.60　(a)K_3ScF_6：xHo^{3+}，15% Yb^{3+} 样品的发射光谱图；(b)548nm 和 665nm 处发射峰强度随 Yb^{3+} 掺杂量的变化趋势图；(c)K_3ScF_6：0.5% Ho^{3+}，yYb^{3+} 样品的发射光谱图；(d)548nm 和 665nm 处发射峰强度随 Ho^{3+} 掺杂量变化趋势图

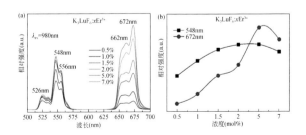

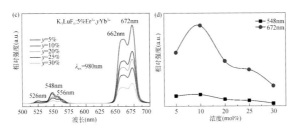

图 4.62 K_3LuF_6：xEr^{3+}(a) 和 K_3LuF_6：5% Er^{3+}，yYb^{3+}(c) 的发射光谱图；样品上转换
发光强度分别随 Er^{3+}(b) 和 Yb^{3+}(d) 掺杂量的变化图

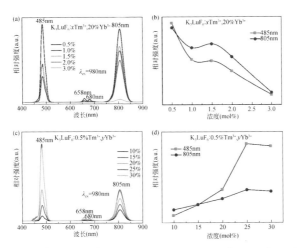

图 4.64 K_3LuF_6：xTm^{3+}，20% Yb^{3+}(a) 和 K_3LuF_6：0.5% Tm^{3+}，$y Yb^{3+}$(c) 的发射光谱图；
样品上转换发光强度分别随 Tm^{3+}(b) 和 Yb^{3+}(d) 掺杂量的变化图

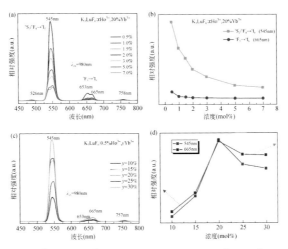

图 4.66 K_3LuF_6：xHo^{3+}，20% Yb^{3+}(a) 和 K_3LuF_6：0.5% Ho^{3+}，yYb^{3+}(c) 的发射光谱图；
样品上转换发光强度分别随 Ho^{3+}(b) 和 Yb^{3+}(d) 掺杂量的变化图

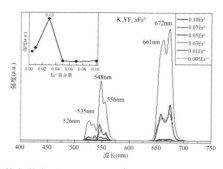

图 4.69　980nm 红外激光激发下 $K_3YF_6：xEr^{3+}$(0.005、0.01、0.03、0.05、0.07 和 0.10)的上转换发射光谱,插图中显示了 672nm 处样品发射强度与 Er^{3+}掺杂量的关系

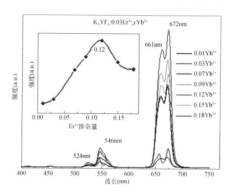

图 4.70　980nm 激光激发下 $K_3YF_6：0.03Er^{3+}$,yYb^{3+}(y=0.01、0.03、0.07、0.09、0.12、0.15 和 0.18)的上转换发射光谱图,内插图为 672nm 处样品发射强度与 Yb^{3+}掺杂量的关系

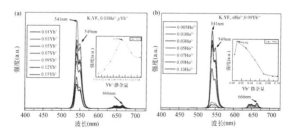

图 4.72　$K_3YF_6：0.03Ho^{3+}$,yYb^{3+}(a) 和 $K_3YF_6：xHo^{3+}$,$0.09Yb^{3+}$(b) 的发射光谱图

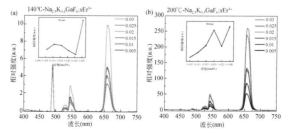

图 4.74　140℃(a) 和 200(b)℃条件下水热反应 10h 制备的 $Na_{2.5}K_{0.5}GaF_6：xEr^{3+}$的荧光光谱图(激发波长为 980nm)

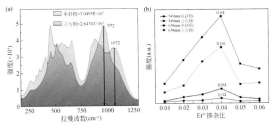

图 4.77　C-$K_3Sc_{0.5}Lu_{0.5}F_6$ 和 M-$K_3Sc_{0.5}Lu_{0.5}F_6$ 的拉曼光谱(a)以及单斜相和
立方相在 549nm、658nm 处发光强度随 Er^{3+} 掺杂量的变化图(b)

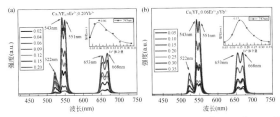

图 4.79　Cs_3YF_6：xEr^{3+},0.20Yb^{3+}(a)和 Cs_3YF_6：0.06Er^{3+},yYb^{3+}(b)的发射光谱图;内
插图分别为样品上转换发光强度随 Er^{3+} 和 Yb^{3+} 掺杂量的变化图

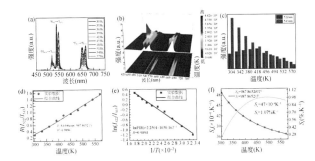

图 4.80　(a)在 303～573K Cs_3YF_6：0.06Er^{3+},0.15Yb^{3+} 的发射光谱;(b)Cs_3YF_6：Er^{3+},
Yb^{3+} 的三维(3D)TL 光谱;(c)Cs_3YF_6：0.06Er^{3+},0.15Yb^{3+} 在不同温度下 522nm 和 543nm
的 PL 强度直方图;(d)I_{522}/I_{543} 的 FIR 与温度关系的拟合曲线;(e)FIR 的对数与温度倒数
的关系图;(f)Cs_3YF_6：0.06Er^{3+},0.15Yb^{3+} 在 303～573K 的绝对灵敏度和相对灵敏度

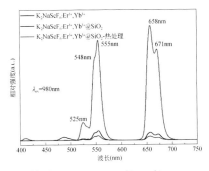

图 4.85　980nm 激发下,样品 K_2NaScF_6：Er^{3+},Yb^{3+},K_2NaScF_6：Er^{3+},Yb^{3+}@ SiO_2
和热处理的 K_2NaScF_6：Er^{3+},Yb^{3+}@ SiO_2 的上转换发射光谱图

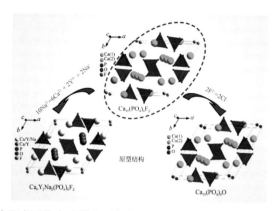

图 4.87　通过在阳离子位点或阴离子位点上的不同取代作用,从典型的磷灰石型基础
相 $Ca_{10}(PO_4)_6F_2$ 到新相 $Ca_6Y_2Na_2(PO_4)_6F_2$ 和 $Ca_{10}(PO_4)_6O$ 的结构相变演示图

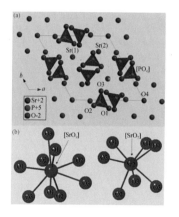

图 4.88　(a)$Sr_{10}(PO_4)_6O$ 基质沿 c 轴方向的
晶体结构图,(b)$Sr_{10}(PO_4)_6O$ 结构中 Sr^{2+}
的配位环境

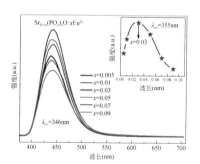

图 4.93　$Sr_{10-x}(PO_4)_6O$: xEu^{2+}
($x=0.005$、0.01、0.03、0.07)的发射光谱

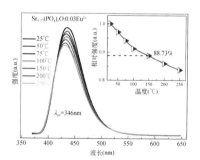

图 4.96　346nm 激发下 $Sr_{9.97}(PO_4)_6O$:$0.03Eu^{2+}$荧光粉的变温荧光光谱图($25\sim250$℃),
插图为不同温度下最强发射峰的相对强度

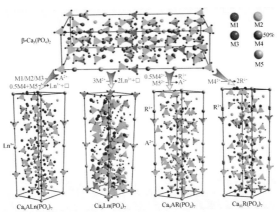

图 4.103　通过不同 Ca 位点的离子取代,从典型的 β- Ca$_3$(PO$_4$)$_2$到 Ca$_8$ ALn(PO$_4$)$_7$(A = Mg、Zn、Mn,Ln = Bi、Cr、稀土)、Ca$_9$Ln(PO$_4$)$_7$、Ca$_9$AR(PO$_4$)$_7$、Ca$_{10}$R(PO$_4$)$_7$(R = Li、Na、K)新相的结构转变策略[116]

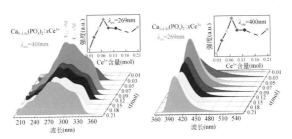

图 4.106　β-Ca$_{3-1.5x}$(PO$_4$)$_2$∶ xCe^{3+} 的发射和激发光谱图

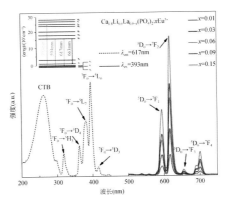

图 4.108　Ca$_{1.8}$Li$_{0.6}$La$_{0.51}$(PO$_4$)$_2$∶ 0.09Eu^{3+}(λ$_{ex}$ =617nm)的激发光谱图和
Ca$_{1.8}$Li$_{0.6}$La$_{0.6-x}$(PO$_4$)$_2$∶ xEu^{3+}样品的发射光谱(λ$_{em}$ =393nm)及 Eu^{3+}能级跃迁插图

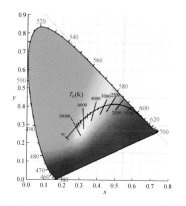

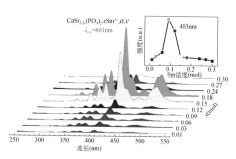

图 4.109 $Ca_{1.8}Li_{0.6}La_{0.6-x}(PO_4)_2$：$xEu^{3+}(x=0$、0.01、0.03、0.06、0.09、0.15)的 CIE 色坐标图

图 4.118 $CaSr_{2-2x}(PO_4)_2$：xSm^{3+}，xLi^+（$x=0.01\sim0.3$）荧光粉的 PLE 光谱

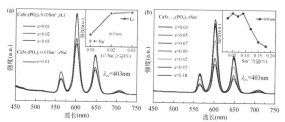

图 4.119 $CaSr_2(PO_4)_2$：$0.03Sm^{3+}$，$xLi^+(x=0.01$、0.02、0.03)荧光粉的发射光谱和 $CaSr_2(PO_4)_2$：$0.03Sm^{3+}$，$xNa^+(x=0.01)$ 的发射光谱（a）；$CaSr_{2-1.5x}(PO_4)_2$：$xSm^{3+}(x=0.03\sim0.18)$荧光粉的发射光谱（b）

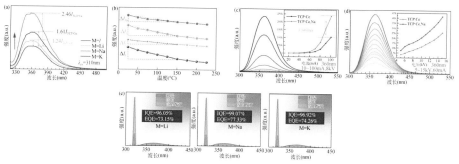

图 4.120 （a）白磷钙石荧光粉的光致发光光谱；（b）发光热稳定性；（c）恒定电压阴极发光（CL）光谱；（d）恒定电流 CL 光谱；（e）引入不同碱金属离子后的高内外量子效率

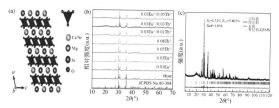

图 4.121 （a）$Ca_{0.75}Sr_{0.2}Mg_{1.05}Si_2O_6$基质结构模型，（b）不同掺杂浓度 $Ca_{0.75}Sr_{0.2}Mg_{1.05}Si_2O_6$：$Eu^{2+}$，$Tb^{3+}$样品的 XRD 图，（c）$Ca_{0.75}Sr_{0.2}Mg_{1.05}Si_2O_6$：$0.03Eu^{2+}$，$0.05Tb^{3+}$样品的结构精修图

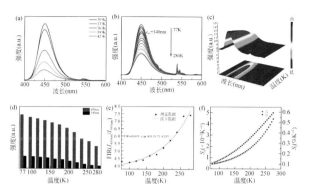

图 4.123　(a)、(b)双掺杂样品 CSMS∶Eu²⁺,Tb³⁺的热稳定性光谱图,77～423K;(c)热稳定性
3D 图;(d)特征发射峰强度变化图;(e)、(f)绝对灵敏度、相对灵敏度图

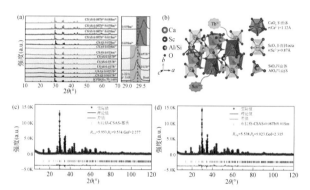

图 4.124　(a)CaScAlSiO₆∶xTb³⁺,Sm³⁺样品的 XRD 图;(b)晶体结构图;(c)基质结构精修图;
(d)双掺样品结构精修图

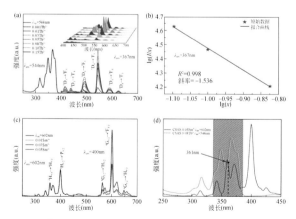

图 4.126　(a)CSAS∶xTb³⁺ 的光谱图;(b)367nm 波长激发下 lg(I/x) 与 lgx 关系曲线;
(c)400nm 波长激发下 CSAS∶ySm³⁺(y=0.01、0.03 和 0.05)的光谱图;(d)CSAS∶0.05Sm³⁺ 和
CSAS∶0.08Tb³⁺样品的激发光谱图

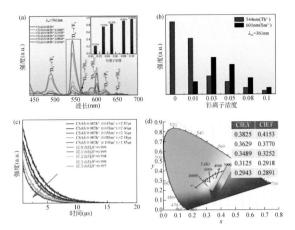

图 4.127　(a)CSMS：Tb^{3+},Sm^{3+} 的光谱图;(b)I_{554} 和 I_{601} 强度变化趋势图;
(c)样品寿命图;(d)CIE 图

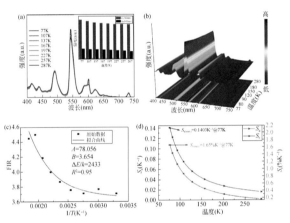

图 4.128　(a)CSAS：0.08Tb^{3+},0.01Sm^{3+} 样品的热稳定性图;(b)热稳定 3D 图;
(c)FIR 图;(d)绝对灵敏度、相对灵敏度图

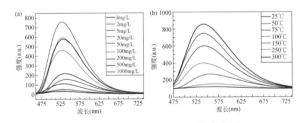

图 4.131　BNMA/MMT 的荧光光谱
(a)和变温荧光光谱(b)

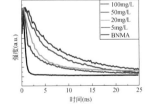

图 4.133　BNMA 和 BNMA/MMT
的荧光寿命

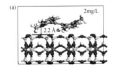
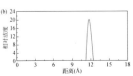
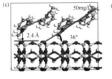
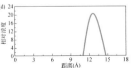

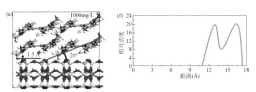

图 4.134　BNMA 插层 MMT 后倾斜角的分子动力学模拟[(a)、(c)、(e)]和片层的距离[(b)、
(d)、(f)]。灰色为 C;蓝色为 N;白色为 H;红色为 O;黄色为 Si;粉色为 Al;绿色为 Mg

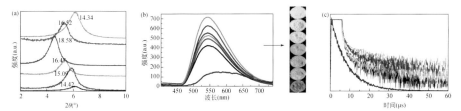

图 4.136　BNMA/MMT 的 XRD 图(a)[d(Å)];BNMA/MMT 的荧光寿命曲线
(b)和荧光光谱图(c)

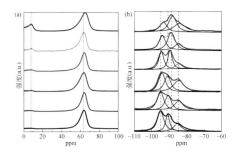

图 4.141　皂石的 ^{27}Al MAS NMR 图(a)和 ^{29}Si MAS NMR 图(b)

黑色为 A 皂石;红色为 B 皂石;蓝色为 C 皂石;粉色为 D 皂石;黄绿色为 E 皂石;深棕色为 F 皂石

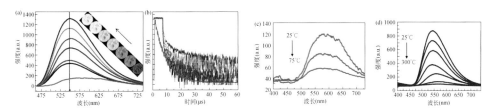

图 4.142　BNMA 和 BNMA/SAP 的发光性能

(a)荧光光谱图;(b)荧光寿命曲线;(c)BNMA 的变温荧光光谱;(d)BNAM/SAP 的变温荧光光谱

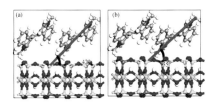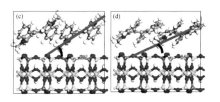

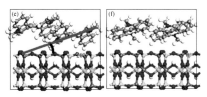

图 4.145 BNMA 插层皂石后在层间的倾斜角度的分子动力学模拟,取向角分别为 42°(a)、35°(b)、30°(c)、25°(d)、20°(e)、0°(f)。灰色为 C;蓝色为 N;白色为 H;红色为 O;黄色为 Si;粉色为 Al;绿色为为 Mg

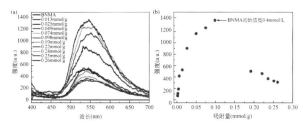

图 4.146 不同吸附量的 BNMA/REC 的荧光光谱图(a)以及 BNMA 在累托石上吸附量与发光强度的关系图(b)

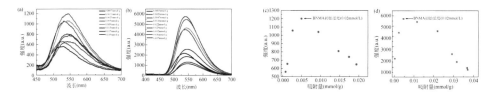

图 4.148 吸附量不同的 BNMA/KLN(a)和 BNMA/HAL(b)的荧光光谱图以及 BNMA 在高岭石(c)和埃洛石(d)上吸附量与发光强度的关系图

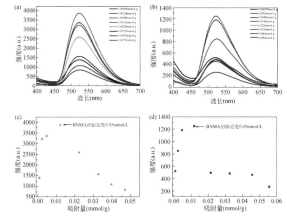

图 4.150 BNMA 吸附量不同的海泡石(a)和坡缕石(b)的荧光光谱图,以及吸附量与发光强度的关系图(c)、(d)

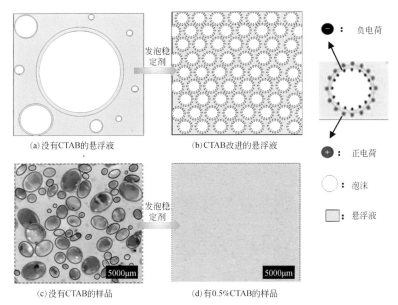

(a)没有CTAB的悬浮液　　　(b)CTAB改进的悬浮液

⊖ : 负电荷

⊕ : 正电荷

○ : 泡沫

▭ : 悬浮液

(c)没有CTAB的样品　　　(d) 有0.5%CTAB的样品

5000μm　　　5000μm

图 5.80　表面活性剂稳泡和提高孔隙率的机理(以 CTAB 为例)

5%　　10%　　15%　　20%　　25%

烧成温度1020℃

图 6.10　不同煤泥用量条件制备的石墨尾矿烧结砖样品的形貌

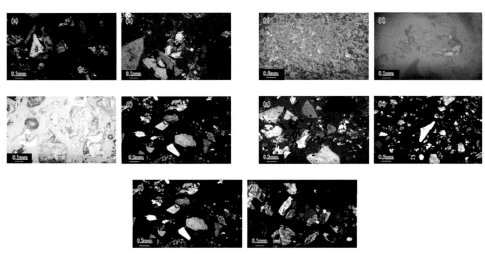

图 6.29　尾矿中各矿物的显微镜照片

(a)绢云母;(b)绢云母;(c)石墨;(d)石墨;(e)石墨和赤铁矿;(f)石英;(g)长石;
(h)石英;(i)方解石;(j)闪石